U0162362

"博学而笃志，切问而近思。"

（《论语》）

博晓古今，可立一家之说；
学贯中西，或成经国之才。

复旦博学·复旦博学·复旦博学·复旦博学·复旦博学·复旦博学

"十二五"普通高等教育
本科国家级规划教材

复旦博学·数学系列

高等代数

（第四版）

谢启鸿　姚慕生　吴泉水　编著

Advanced Algebra

復旦大學出版社

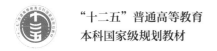

《高等代数学（第四版）》教材多媒体资料

1.易班优课高等代数在线课程网址链接

https://xueyuan.yooc.me/courses/FDDX/FDDXLG1743/20160505/about

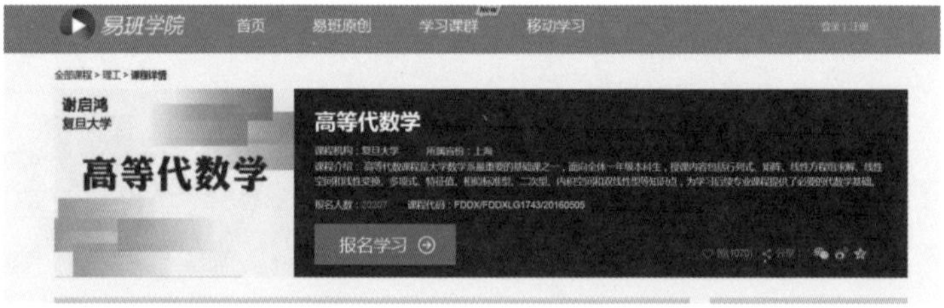

2.高等代数博客网址链接

https://www.cnblogs.com/torsor/

3.《高等代数学（第四版）》习题解答

第四版前言

本书的第三版作为普通高等教育“十二五”国家级规划教材于 2014 年出版以来，得到了广大读者的关心和肯定．一方面，在 8 年来的教学实践过程中，我们陆续收到了兄弟院校的同行专家以及学生们的各种意见和建议；另一方面，复旦大学高等代数课程被认定为 2020 年首批国家级一流本科课程，我们遂以此两点为契机开始教材的再次修订．

本书的第四版完全保持了第三版原有的框架和体系，但在以下几个方面作了进一步的修改和完善．首先，更正了第三版中出现的错误和不当之处．其次，对全书的习题和复习题进行了大幅度的调整和更新，使每一节之后的习题更加基础，利于读者理解该节的内容；使每一章之后的复习题富有层次和挑战性，利于读者掌握该章中的重要思想和方法．再次，每一章增加了“历史与展望”栏目，着重介绍与该章知识点相关的历史和发展等内容，可作为课程思政的教学参考资料．最后，我们还编撰了本书第四版的习题解答供读者参考．读者可以扫描相应的二维码下载习题解答的电子文件．

本教材在编写和修订的过程中，始终贯彻“以学为中心”的教学理念，倡导“启发式教学”，充分调动学生的学习主动性．近 10 年来，我们构建了以教材和在线课程为基础，以学习方法指导书和习题课在线课程为提高，以高等代数博客和每周一题为进阶的高等代数新型学习体系．本教材正是这一新型学习体系的支撑和引领，在帮助学生建立完整的知识体系及其应用框架的同时，力求让他们掌握高等代数中的重要思想和方法，并为后续专业课程的学习打下坚实的基础．

本书第四版作为国家级一流本科课程的建设成果出版，借此机会谨向复旦大学数学科学学院、复旦大学出版社以及多年来一直关心和支持本书的读者们表示衷心的感谢！我们真诚地欢迎读者以及同行提出进一步的批评意见和建议．

谢启鸿　姚慕生　吴泉水

2022 年 7 月于复旦大学

第三版前言

本书的第二版作为普通高等教育“十一五”国家级规划教材于 2007 年出版以来，得到了广大读者的关心和肯定. 在 7 年来的教学实践过程中，我们陆续收到了兄弟院校的同行专家以及学生们的各种意见和建议，遂以此为契机开始教材的再次修订.

本书的第三版完全保持了第二版原有的框架和体系，但在以下几个方面做了进一步的修改和完善. 首先，更正了第二版中出现的错误和不当之处，并对某些重要章节的叙述顺序和展开方式进行了适当的调整，使之更符合本书“倡导启发式教学”的主导思想. 其次，每一章都增加了相当数量的复习题，并在本书的最后添加了关于重要概念和定理的名词索引以及相关的参考文献，这将使读者能更有效地利用本书进行学习. 最后，在第九章增加了矩阵奇异值分解的内容，并强调了矩阵分解的相关计算等.

在编者看来，学好高等代数的方法应该是“深刻理解几何意义；熟练掌握代数方法；强调代数与几何之间的相互转换和有机统一”，而这也正是本书编写的一条主线. 这种高等代数的教学方法经历了在复旦数学学科近 20 年的教学实践，取得了良好的教学效果. 值得一提的是，本书的第三版也融入了与之相关的教学体会.

本书第三版作为普通高等教育“十二五”国家级规划教材出版，借此机会谨向复旦大学数学科学学院、复旦大学出版社以及多年来一直关心和支持本书的读者们表示衷心的感谢! 我们真诚地欢迎读者以及同行提出进一步的批评意见和建议.

姚慕生　吴泉水　谢启鸿
2014 年于复旦大学

第二版前言

本书的第一版作为普通高等教育“十五”国家级规划教材于 2003 年出版. 本书出版以来, 得到了广大读者的关心和肯定. 本书第二版又作为普通高等教育“十一五”国家级规划教材. 第二版的主导思想是: 废止灌输式, 倡导启发式. 编者始终认为学习数学的最好方法是自己动手做数学. 虽然基础课讲授的内容都是前人积累下来的成果, 但是自己动手做一遍和光听别人说一遍或被动地读一遍, 其收获完全不同. 主动地学习, 不断地思考问题, 自己动手解决问题是培养创新能力的关键. 编者建议读者在阅读本书的每一章节时, 都要认真地思考一下: 这一节要解决什么问题? 我有什么办法去解决这些问题? 对一些定理、例题可尝试给出自己的证明或解答, 然后和书本的证明或解答进行比较. 为了帮助初学的读者思考问题, 在本书的许多章节, 编者都安排了各种问题, 读者可以此作为学习的线索; 在引进基本概念时也尽量对其来龙去脉进行了说明. 书中配有大量各个层次的习题, 有些习题有相当的难度 (往往打有星号), 初学者可跳过, 不必为之大伤脑筋, 亦可参考姚慕生编著的《高等代数 (大学数学学习方法指导丛书)》(复旦大学出版社) 一书.

与第一版相比, 本书第二版作了较大的改动. 第一章和第九章的大部分章节都重新编写. 行列式的引进采用了更加易懂的方法. 第三章也作了较大的改动, 特别对向量线性关系的引进、向量线性相关和线性无关的判定、向量秩的计算等方面都作了比较多的改动. 其他各章也不同程度地作了修改. 比如第五章, 删去了 Sturm 定理, 加进了中国剩余定理. 各章节中许多概念的引进、定理的证明、内容的编排次序也都有不同程度的变动. 第一版中一些文字上的错误及不妥之处也得到了纠正. 所有这些变动的目的是为了使本书更加容易理解, 对读者更具启发性. 当然话好说, 做起来却不那么容易. 这本书究竟能否达到编者的目的还有待于实践的检验, 因此我们真诚地欢迎读者以及同行的批评意见和建议.

本书的出版得到了复旦大学出版社的大力支持, 在此谨向他们表示衷心的感谢!

姚慕生　吴泉水

2007 年于复旦大学

第一版前言

一、编写指导思想

高等代数是大学数学系学生的一门基础课. 本书是根据国家教育部关于综合性大学数学系的课程设置及教学大纲的要求编写的, 可作为综合性大学数学系、师范大学数学系的教材或教学参考书, 也可供力学、物理学、工程学、经济学、管理学等系科学生与教师作参考书.

高等代数是一门基础课, 它涉及的内容都是早已积累起来的成熟知识. 我们的目的是要根据现代科学技术发展的需要, 通过进一步的整理和组织, 使学生学到必要的基础知识, 为今后的学习和工作打下良好的基础.

本书在结构上采用以线性空间为纲的做法, 即把高等代数的主要内容放在线性空间的框架下展开, 同时对必要的代数方法也作了尽可能详细的介绍. 事实证明: 几何的直观可以帮助学生更好地理解, 而代数方法则往往比较简洁直接. 如何使两者有机地结合起来是一个值得研究的问题, 编者希望在这一方面作一尝试. 本书常常采用这样的方法: 在线性空间的框架下"几何地"提出问题, 再把问题"代数化", 然后用代数方法来解决问题.

学生能力的培养比单纯知识的积累更重要. 本书在叙述基础知识的同时, 努力做到交代清楚概念的来龙去脉. 通过不断地提出问题、分析问题、指明解决问题的途径, 让学生主动地思考问题, 提高分析能力.

高等代数的内容极其丰富, 人们很难简单地断言哪些是有用的, 哪些是没有用的. 此外, 学生的需要和能力是因人而异的, 因而每个学生对学习内容的要求也不相同. 我们不可能做到面面俱到, 因此在选材上只能选择最基本、最重要的内容. 同时为了照顾不同的需要, 把一些内容作为选修 (即打 $*$ 号的内容), 教师应鼓励学有余力的学生学习这些内容.

二、内容说明

全书共分 10 章.

第一章主要讲行列式. 在行列式的引进上采用比较容易理解的方法, 即从解线性方程组提出问题, 用归纳的方法引进行列式. 这样做的好处是目的性强, 容易为学生接受. Cramer 法则放在比较前面也是为了同一个目的.

第二章介绍矩阵的基本概念和运算. 重点放在矩阵的乘法和矩阵的初等变换上. 对分块矩阵也作了比较详细的介绍.

第三章引进线性空间的概念. 从学生熟悉的二维和三维空间出发, 引入 n 维向量和 n 维空间. 我们把线性空间的基域假设为一般的数域, 这样虽然在开始时比较抽象, 但对以后的学习有很大的好处. 对一般抽象的 n 维空间, 我们尽早引入坐标的概念使之表示为具体的 n 维行向量空间或列向量空间. 这种把几何的概念代数化的思想将在以后的章节中重复出现, 并且作为一种基本的方法要求学生熟练掌握. 在引进子空间概念后我们立即引进了直和的概念, 为相似标准型理论的几何背景做好准备. 对向量的线性关系、向量组秩的概念和矩阵秩的概念等作了统一处理, 从而精简了篇幅. 线性方程组的解可以借助子空间的概念来阐明, 这样可以使线性方程组的解有了几何意义. 当然解法仍然是"代数的", 即用矩阵方法.

第四章主要介绍线性映射和线性变换的概念. 在思想方法上重点向学生阐明线性映射 (或线性变换) 与矩阵的关系, 让学生学会如何把一个"几何的"问题代数化并用代数的工具加以处理, 或者反过来把一个代数的问题"几何"化, 用线性空间的理论来解决它.

第五章介绍多项式. 多项式理论在本课程中主要作为标准型理论的准备而安排的, 因此在内容上可以根据实际情况加以取舍.

第六章介绍特征值. 特征值与特征向量是作为一维不变子空间而引进的, 这种引进方法具有直观的几何意义. 接着就用它们来解决矩阵相似于对角阵的问题. Cayley-Hamilton 定理的引进和证明采用了典型的几何与代数相结合的方法.

第七章介绍相似标准型. 相似标准型的理论有各种讲述法, 我们采用比较简单的 λ-矩阵的方法. 首先把数字矩阵的相似等价于它们的特征矩阵的相抵, 然后用 λ-矩阵的初等变换来求法式, 求不变因子和初等因子. 这样处理不仅比较简单易算, 而且可以向学生介绍处理各种标准型问题的思想方法. 由于约当标准型的重要性, 约当型将作重点介绍. 这一章的处理方法基本上是"代数"的, 为了让学生从几何的角度来了解标准型理论, 我们在本章第七节介绍了根子空间和循环子空间的概念. 考虑到矩阵函数在后继课程中的用途, 我们在最后一节中作了介绍, 可作为选修内容.

第八章介绍二次型. 在二次型理论的叙述中, 我们仍然将几何问题与代数方法紧密结合, 把几何问题代数化, 然后用矩阵来处理.

第九章介绍内积空间. 内积空间主要介绍欧氏空间的理论, 但同时也介绍酉空间的理论, 而且在一些地方加以统一的处理. 这种安排的目的是让学生对复空间不再感到神秘, 看到复线性空间理论与实空间理论的共同之处. 正规算子、谱分解等概念在通常的线性代数课程中不作介绍, 但这是一些重要的概念, 可以作为选修的内容让学有余力的同学选学. 最小二乘解是很有用的, 用欧氏空间来处理非常直观和简单, 因此也把它作为选学内容.

第十章介绍双线性型. 这一章都是选修内容. 安排这部分内容主要考虑在我国的大学教育中很少有这方面的内容, 而这些内容对数学学科又具有重要的意义, 让有兴趣的学生学习这一内容是有益的.

本书是编者在复旦大学数学系多年教学实践的基础上编写而成的, 并在教学实践中作了多次修改. 尽管如此, 限于编者的水平与经验, 错误和不妥之处在所难免. 恳请专家、学者和读者提出宝贵意见.

姚慕生

2002 年 7 月

目　　录

第一章　行　列　式

§ 1.1　二阶行列式

我们在中学里曾经学过如何解二元一次方程组和三元一次方程组. 在许多实际问题中, 我们还会遇到未知数更多的一次方程组, 通常称之为线性方程组. 一般来说, 具有下列形状的方程组称为 n 元线性方程组的标准式:

$$\begin{cases} a_{11}x_1 + a_{12}x_2 + \cdots + a_{1n}x_n = b_1, \\ a_{21}x_1 + a_{22}x_2 + \cdots + a_{2n}x_n = b_2, \\ \qquad\qquad \cdots\cdots\cdots\cdots \\ a_{m1}x_1 + a_{m2}x_2 + \cdots + a_{mn}x_n = b_m, \end{cases} \tag{1.1.1}$$

其中 a_{ij}, b_i $(i = 1, 2, \cdots, m;\ j = 1, 2, \cdots, n)$ 都是常数, $x_j (j = 1, 2, \cdots, n)$ 是未知数, 方程组中所有未知数都是一次的. 注意在一般的线性方程组中, m 和 n 可以不相等, 即方程组中未知数个数和方程式个数可以不等. 凡是经过有限次移项、合并同类项可以变为 (1.1.1) 式形状的方程组都称为线性方程组. 求解线性方程组是线性代数的一个重要任务, 我们在这一章中主要讨论当 $m = n$, 即方程式个数等于未知数个数时如何来解上述线性方程组.

我们首先回忆一下中学里学过的解二元一次方程组的方法. 先看一个简单的例子.

例 1.1.1　*求解二元一次方程组:*

$$\begin{cases} 2x - y = 5, \\ 3x + 2y = 11. \end{cases} \tag{1.1.2}$$

解　用代入消去法, 在第一个方程式中解出 y 用 x 表示的式子:

$$y = 2x - 5.$$

代入第二个方程式中得到

$$3x + 2(2x - 5) = 11.$$

整理后得

$$7x = 21.$$

解得 $x=3$, 代入 $y=2x-5$ 求得 $y=1$. 于是上述线性方程组有唯一一组解:

$$\begin{cases} x = 3, \\ y = 1. \end{cases}$$

读者不难想象这种方法也可用来解一般的线性方程组. 比如对一个含 10 个未知数的方程组, 利用一个方程式将第一个未知数用其他 9 个未知数表示出来以后分别代入其余方程式, 于是原来的方程组就化为只含有 9 个未知数的方程组了. 再用同样的方法可以得到一个只含 8 个未知数的方程组, 等等. 一直做到只含 1 个未知数. 解出这个一元一次方程式并返回去求所有其他未知数. 这个办法在理论上似乎是可行的, 但是当未知数个数很多时 (在许多实际问题中, 未知数的个数可能有成千上万个), 运算将变得难以想象的复杂. 另外, 用代入法无法得出一个规范化的公式, 这对于从理论上分析线性方程组的解不能不说是个很大的缺陷. 我们现在希望给出线性方程组解的一个公式. 这样的公式真的存在吗? 我们首先来考察二元一次方程组的解, 设有二元一次方程组:

$$\begin{cases} a_{11}x_1 + a_{12}x_2 = b_1, \\ a_{21}x_1 + a_{22}x_2 = b_2. \end{cases} \tag{1.1.3}$$

用 a_{22} 乘第一式的两边, 用 $-a_{12}$ 乘第二式的两边得

$$\begin{cases} a_{11}a_{22}x_1 + a_{12}a_{22}x_2 = b_1a_{22}, \\ -a_{12}a_{21}x_1 - a_{12}a_{22}x_2 = -b_2a_{12}. \end{cases}$$

将这两个方程式两边相加得

$$(a_{11}a_{22} - a_{12}a_{21})x_1 = b_1a_{22} - b_2a_{12}.$$

于是

$$x_1 = \frac{b_1a_{22} - b_2a_{12}}{a_{11}a_{22} - a_{12}a_{21}}.$$

用类似的办法消去 x_1, 解得

$$x_2 = \frac{a_{11}b_2 - a_{21}b_1}{a_{11}a_{22} - a_{12}a_{21}}.$$

注意到二元一次方程组的两个解都可以表示为分数的形状, 其中分母仅和未知数的系数有关. 二元一次方程组解的公式是有了, 但是这个公式不太好记忆.

如果我们引进二阶行列式

$$\begin{vmatrix} a & b \\ c & d \end{vmatrix} = ad - bc,$$

则上述解可用行列式表示:

$$x_1 = \frac{\begin{vmatrix} b_1 & a_{12} \\ b_2 & a_{22} \end{vmatrix}}{\begin{vmatrix} a_{11} & a_{12} \\ a_{21} & a_{22} \end{vmatrix}}, \ x_2 = \frac{\begin{vmatrix} a_{11} & b_1 \\ a_{21} & b_2 \end{vmatrix}}{\begin{vmatrix} a_{11} & a_{12} \\ a_{21} & a_{22} \end{vmatrix}}. \tag{1.1.4}$$

在用行列式表示的解公式 (1.1.4) 中, 我们发现解的表达有一定的规律:

(1) x_1 与 x_2 的分母都是行列式 $\begin{vmatrix} a_{11} & a_{12} \\ a_{21} & a_{22} \end{vmatrix}$, 即只需将原方程组未知数前的系数按原顺序排成一个行列式即可.

(2) x_1 的分子行列式的第一列是原方程组的常数列, 第二列由 x_2 的系数组成, 因此这个行列式可以看成是将 x_1 与 x_2 的分母行列式 $\begin{vmatrix} a_{11} & a_{12} \\ a_{21} & a_{22} \end{vmatrix}$ 中的第一列换成常数项而得. 这个规则对 x_2 的分子行列式也适用.

显而易见, 这样的解的公式一目了然而且很容易记忆. 我们自然希望用同样的公式来表示三元一次方程组的解乃至 n 元线性方程组的解. 在做这件事之前, 我们先来研究二阶行列式的性质, 这将启发我们如何定义一般的 n 阶行列式.

设有二阶行列式

$$|\boldsymbol{A}| = \begin{vmatrix} a_{11} & a_{12} \\ 0 & a_{22} \end{vmatrix},$$

$|\boldsymbol{A}|$ 的值根据定义为 $a_{11}a_{22}$. 我们称上述行列式为上三角行列式, 元素 a_{11}, a_{22} 为行列式的对角线元素 (或主对角元素), 于是我们得到行列式的第一个性质.

性质 1 上三角行列式的值等于其对角线元素之积.

性质 2 行列式某行或某列全为零, 则行列式值等于零.

比如若第一行全为零, 则显然

$$\begin{vmatrix} 0 & 0 \\ a_{21} & a_{22} \end{vmatrix} = 0.$$

其他几种情形也类似可验证.

性质 3 用常数 c 乘以行列式的某一行或某一列, 得到的行列式的值等于原行列式值的 c 倍.

比如将 c 乘以 $|\boldsymbol{A}|$ 的第一行, 有

$$\begin{vmatrix} ca_{11} & ca_{12} \\ a_{21} & a_{22} \end{vmatrix} = (ca_{11})a_{22} - (ca_{12})a_{21} = c|\boldsymbol{A}|.$$

其他几种情形读者可自己验证.

性质 4 交换行列式不同的两行 (列), 行列式的值改变符号.

证明也很容易:

$$\begin{vmatrix} a_{21} & a_{22} \\ a_{11} & a_{12} \end{vmatrix} = a_{21}a_{12} - a_{11}a_{22} = -\begin{vmatrix} a_{11} & a_{12} \\ a_{21} & a_{22} \end{vmatrix}.$$

同理

$$\begin{vmatrix} a_{12} & a_{11} \\ a_{22} & a_{21} \end{vmatrix} = -\begin{vmatrix} a_{11} & a_{12} \\ a_{21} & a_{22} \end{vmatrix}.$$

性质 5 若行列式两行或两列成比例, 则行列式的值等于零. 特别, 若行列式两行或两列相同, 则行列式的值等于零.

对列成比例的情形可证明如下:

$$\begin{vmatrix} a_{11} & ka_{11} \\ a_{21} & ka_{21} \end{vmatrix} = a_{11}ka_{21} - ka_{11}a_{21} = 0.$$

同理可证明行成比例的情形.

性质 6 若行列式中某行 (列) 元素均为两项之和, 则行列式可表示为两个行列式之和.

如

$$\begin{vmatrix} a_{11} & a_{12} \\ b_{21}+c_{21} & b_{22}+c_{22} \end{vmatrix} = \begin{vmatrix} a_{11} & a_{12} \\ b_{21} & b_{22} \end{vmatrix} + \begin{vmatrix} a_{11} & a_{12} \\ c_{21} & c_{22} \end{vmatrix};$$

$$\begin{vmatrix} b_{11}+c_{11} & a_{12} \\ b_{21}+c_{21} & a_{22} \end{vmatrix} = \begin{vmatrix} b_{11} & a_{12} \\ b_{21} & a_{22} \end{vmatrix} + \begin{vmatrix} c_{11} & a_{12} \\ c_{21} & a_{22} \end{vmatrix}.$$

验证也非常容易, 只需按照行列式定义计算等式两边的值即可. 需要注意的是下面的等式不成立:

$$\begin{vmatrix} a_{11}+b_{11} & a_{12}+b_{12} \\ a_{21}+b_{21} & a_{22}+b_{22} \end{vmatrix} = \begin{vmatrix} a_{11} & a_{12} \\ a_{21} & a_{22} \end{vmatrix} + \begin{vmatrix} b_{11} & b_{12} \\ b_{21} & b_{22} \end{vmatrix}.$$

请读者想一想为什么？上式左边的行列式应该等于什么？

性质 7 行列式的某一行 (列) 乘以某个数加到另一行 (列) 上, 行列式的值不变.

比如行列式

$$\begin{aligned}\begin{vmatrix} a_{11} & a_{12}+ka_{11} \\ a_{21} & a_{22}+ka_{21} \end{vmatrix} &= a_{11}(a_{22}+ka_{21})-a_{21}(a_{12}+ka_{11}) \\ &= a_{11}a_{22}-a_{21}a_{12}=\begin{vmatrix} a_{11} & a_{12} \\ a_{21} & a_{22} \end{vmatrix}.\end{aligned}$$

同理可证

$$\begin{vmatrix} a_{11}+ka_{12} & a_{12} \\ a_{21}+ka_{22} & a_{22} \end{vmatrix}=\begin{vmatrix} a_{11} & a_{12} \\ a_{21} & a_{22} \end{vmatrix};$$

$$\begin{vmatrix} a_{11} & a_{12} \\ a_{21}+ka_{11} & a_{22}+ka_{12} \end{vmatrix}=\begin{vmatrix} a_{11} & a_{12} \\ a_{21} & a_{22} \end{vmatrix};$$

$$\begin{vmatrix} a_{11}+ka_{21} & a_{12}+ka_{22} \\ a_{21} & a_{22} \end{vmatrix}=\begin{vmatrix} a_{11} & a_{12} \\ a_{21} & a_{22} \end{vmatrix}.$$

设有二阶行列式

$$|\boldsymbol{A}|=\begin{vmatrix} a_{11} & a_{12} \\ a_{21} & a_{22} \end{vmatrix},$$

$|\boldsymbol{A}|$ 的值根据定义为 $a_{11}a_{22}-a_{12}a_{21}$. 我们称下列行列式为 $|\boldsymbol{A}|$ 的转置:

$$\begin{vmatrix} a_{11} & a_{21} \\ a_{12} & a_{22} \end{vmatrix},$$

记为 $|\boldsymbol{A}'|$. 注意 $|\boldsymbol{A}'|$ 的第一列就是 $|\boldsymbol{A}|$ 的第一行, $|\boldsymbol{A}'|$ 的第二列就是 $|\boldsymbol{A}|$ 的第二行. 根据定义 $|\boldsymbol{A}'|=a_{11}a_{22}-a_{21}a_{12}$, 发现它就等于行列式 $|\boldsymbol{A}|$ 的值. 于是我们得到行列式的又一个性质.

性质 8 行列式和其转置具有相同的值.

注 从性质 1 到性质 7, 我们发现行列式性质具有行和列的对称性, 即对行成立的性质, 对列也成立. 这是因为性质 8 在起作用. 转置将行变成了相应的列, 既然行列式转置后值不改变, 那么同样的性质对列也成立.

现在我们试着用行列式的性质来解二元一次方程组 (1.1.3).

将 b_1, b_2 代入下面的行列式:

$$\begin{vmatrix} b_1 & a_{12} \\ b_2 & a_{22} \end{vmatrix} = \begin{vmatrix} a_{11}x_1 + a_{12}x_2 & a_{12} \\ a_{21}x_1 + a_{22}x_2 & a_{22} \end{vmatrix}.$$

由性质 7, 在右边的行列式中用 $-x_2$ 乘以第二列加到第一列上, 行列式值应该不变, 即上式等于

$$\begin{vmatrix} a_{11}x_1 + a_{12}x_2 - a_{12}x_2 & a_{12} \\ a_{21}x_1 + a_{22}x_2 - a_{22}x_2 & a_{22} \end{vmatrix} = \begin{vmatrix} a_{11}x_1 & a_{12} \\ a_{21}x_1 & a_{22} \end{vmatrix}.$$

再由性质 3,

$$\begin{vmatrix} a_{11}x_1 & a_{12} \\ a_{21}x_1 & a_{22} \end{vmatrix} = x_1 \begin{vmatrix} a_{11} & a_{12} \\ a_{21} & a_{22} \end{vmatrix}.$$

综上所述,

$$x_1 \begin{vmatrix} a_{11} & a_{12} \\ a_{21} & a_{22} \end{vmatrix} = \begin{vmatrix} b_1 & a_{12} \\ b_2 & a_{22} \end{vmatrix},$$

故

$$x_1 = \frac{\begin{vmatrix} b_1 & a_{12} \\ b_2 & a_{22} \end{vmatrix}}{\begin{vmatrix} a_{11} & a_{12} \\ a_{21} & a_{22} \end{vmatrix}}.$$

同理, 通过计算行列式

$$\begin{vmatrix} a_{11} & b_1 \\ a_{21} & b_2 \end{vmatrix},$$

我们得到

$$x_2 = \frac{\begin{vmatrix} a_{11} & b_1 \\ a_{21} & b_2 \end{vmatrix}}{\begin{vmatrix} a_{11} & a_{12} \\ a_{21} & a_{22} \end{vmatrix}}.$$

从这里我们得到启发, 既然用二阶行列式性质 (注意没有用到性质 8) 就可以求解二元一次方程组, 那么只要从性质着手定义出一般的 n 阶行列式, 我们就可以求出 n 元线性方程组的解.

习　题 1.1

1. 计算下列行列式:

(1) $\begin{vmatrix} 1 & 2 \\ 3 & 4 \end{vmatrix}$;　　(2) $\begin{vmatrix} 0 & 1 \\ -1 & 0 \end{vmatrix}$.

2. 计算下面两个行列式并和性质 3 比较:

(1) $\begin{vmatrix} 2 & 1 \\ -1 & 1 \end{vmatrix}$, $\begin{vmatrix} 2 & 1 \\ -4 & 4 \end{vmatrix}$;　　(2) $\begin{vmatrix} 2 & 1 \\ -1 & 1 \end{vmatrix}$, $\begin{vmatrix} 2 & 3 \\ -1 & 3 \end{vmatrix}$.

3. 计算下面 3 个行列式并和性质 6 比较 (第一个行列式的第二行等于后两个行列式第二行之和):

$$\begin{vmatrix} 3 & 2 \\ 4 & 3 \end{vmatrix}, \begin{vmatrix} 3 & 2 \\ 3 & 1 \end{vmatrix}, \begin{vmatrix} 3 & 2 \\ 1 & 2 \end{vmatrix}.$$

4. 比较下列行列式的值:

$$\begin{vmatrix} 5 & -2 \\ 2 & 1 \end{vmatrix}, \begin{vmatrix} -2 & 1 \\ 5 & 2 \end{vmatrix}.$$

5. 计算下面两个行列式并和性质 8 比较:

$$\begin{vmatrix} 2 & 3 \\ -3 & 1 \end{vmatrix}, \begin{vmatrix} 2 & -3 \\ 3 & 1 \end{vmatrix}.$$

6. 举例说明下列等式不成立:

$$\begin{vmatrix} a_{11}+b_{11} & a_{12}+b_{12} \\ a_{21}+b_{21} & a_{22}+b_{22} \end{vmatrix} = \begin{vmatrix} a_{11} & a_{12} \\ a_{21} & a_{22} \end{vmatrix} + \begin{vmatrix} b_{11} & b_{12} \\ b_{21} & b_{22} \end{vmatrix}.$$

问: 根据性质 6, 行列式 $\begin{vmatrix} a_{11}+b_{11} & a_{12}+b_{12} \\ a_{21}+b_{21} & a_{22}+b_{22} \end{vmatrix}$ 应等于什么?

§ 1.2　三阶行列式

我们遵循上一节的思路来定义三阶行列式, 设

$$|\boldsymbol{A}| = \begin{vmatrix} a_{11} & a_{12} & a_{13} \\ a_{21} & a_{22} & a_{23} \\ a_{31} & a_{32} & a_{33} \end{vmatrix}, \tag{1.2.1}$$

称 $|\boldsymbol{A}|$ 是一个三阶行列式. 我们要定义三阶行列式的值, 使得行列式具有上节中所述的 8 个性质. 我们不妨倒过来, 假设行列式已经定义且适合 8 个性质, 那么行列式 $|\boldsymbol{A}|$ 的值应该等于什么?

根据行列式性质 6, 上述行列式 $|\boldsymbol{A}|$ 可以表示成为 3 个行列式之和:

$$|\boldsymbol{A}|=\begin{vmatrix}a_{11}&a_{12}&a_{13}\\0&a_{22}&a_{23}\\0&a_{32}&a_{33}\end{vmatrix}+\begin{vmatrix}0&a_{12}&a_{13}\\a_{21}&a_{22}&a_{23}\\0&a_{32}&a_{33}\end{vmatrix}+\begin{vmatrix}0&a_{12}&a_{13}\\0&a_{22}&a_{23}\\a_{31}&a_{32}&a_{33}\end{vmatrix}.$$

对于上述和式中的第二个行列式, 利用性质 4, 将其第二行和第一行对换, 就可将它化为与和式中第一个行列式相同的类型. 同理, 和式中第三个行列式也可以通过行对换化为和第一个行列式相同的类型. 因此, 现在的问题是, 行列式

$$\begin{vmatrix}a_{11}&a_{12}&a_{13}\\0&a_{22}&a_{23}\\0&a_{32}&a_{33}\end{vmatrix}$$

应该等于什么? 我们利用性质 7 可以将上面这个行列式化为上三角行列式: 将 $-a_{22}^{-1}a_{32}$ 乘以第二行加到第三行上, 由性质 7, 行列式值不变, 即

$$\begin{vmatrix}a_{11}&a_{12}&a_{13}\\0&a_{22}&a_{23}\\0&a_{32}&a_{33}\end{vmatrix}=\begin{vmatrix}a_{11}&a_{12}&a_{13}\\0&a_{22}&a_{23}\\0&0&a_{33}-a_{22}^{-1}a_{32}a_{23}\end{vmatrix}.$$

再根据性质 1, 有

$$\begin{aligned}\begin{vmatrix}a_{11}&a_{12}&a_{13}\\0&a_{22}&a_{23}\\0&0&a_{33}-a_{22}^{-1}a_{32}a_{23}\end{vmatrix}&=a_{11}a_{22}(a_{33}-a_{22}^{-1}a_{32}a_{23})\\&=a_{11}(a_{22}a_{33}-a_{32}a_{23})\\&=a_{11}\begin{vmatrix}a_{22}&a_{23}\\a_{32}&a_{33}\end{vmatrix}.\end{aligned}$$

于是

$$\begin{vmatrix}a_{11}&a_{12}&a_{13}\\0&a_{22}&a_{23}\\0&a_{32}&a_{33}\end{vmatrix}=a_{11}\begin{vmatrix}a_{22}&a_{23}\\a_{32}&a_{33}\end{vmatrix}.$$

再由性质 4 和上面的结果, 我们得到

$$\begin{vmatrix} 0 & a_{12} & a_{13} \\ a_{21} & a_{22} & a_{23} \\ 0 & a_{32} & a_{33} \end{vmatrix} = -a_{21}\begin{vmatrix} a_{12} & a_{13} \\ a_{32} & a_{33} \end{vmatrix},$$

$$\begin{vmatrix} 0 & a_{12} & a_{13} \\ 0 & a_{22} & a_{23} \\ a_{31} & a_{32} & a_{33} \end{vmatrix} = a_{31}\begin{vmatrix} a_{12} & a_{13} \\ a_{22} & a_{23} \end{vmatrix}.$$

现在我们引进几个名词. 如果将上述行列式 $|\boldsymbol{A}|$ 划去某个元素 $a_{ij}\,(i,j=1,2,3)$ 所在的一行和一列, 则剩下的元素按原来的次序组成一个二阶行列式, 我们称这个二阶行列式为元素 a_{ij} 的余子式, 记为 M_{ij}.

比如 $|\boldsymbol{A}|$ 中元素 a_{11} 的余子式为 $M_{11}=\begin{vmatrix} a_{22} & a_{23} \\ a_{32} & a_{33} \end{vmatrix}$, 元素 a_{12} 的余子式为 $M_{12}=\begin{vmatrix} a_{21} & a_{23} \\ a_{31} & a_{33} \end{vmatrix}$, 元素 a_{23} 的余子式为 $M_{23}=\begin{vmatrix} a_{11} & a_{12} \\ a_{31} & a_{32} \end{vmatrix}$, 等等.

根据上面的分析, 我们有理由作出如下的定义.

定义 (1.2.1) 式中行列式 $|\boldsymbol{A}|$ 的值为

$$|\boldsymbol{A}| = a_{11}M_{11} - a_{21}M_{21} + a_{31}M_{31}.$$

例 1.2.1 计算下列三阶行列式:

$$\begin{vmatrix} 1 & -1 & 2 \\ 2 & 0 & 3 \\ -1 & -3 & 2 \end{vmatrix}.$$

解 根据定义, 行列式的值为

$$1\times\begin{vmatrix} 0 & 3 \\ -3 & 2 \end{vmatrix} - 2\times\begin{vmatrix} -1 & 2 \\ -3 & 2 \end{vmatrix} + (-1)\times\begin{vmatrix} -1 & 2 \\ 0 & 3 \end{vmatrix} = 4.$$

例 1.2.2 计算下列行列式:

$$\begin{vmatrix} a & a^2+a+1 & 1 \\ 0 & -a & a-1 \\ 1 & 0 & 0 \end{vmatrix}.$$

解　由定义得此行列式的值为

$$a \times \begin{vmatrix} -a & a-1 \\ 0 & 0 \end{vmatrix} - 0 \times \begin{vmatrix} a^2+a+1 & 1 \\ 0 & 0 \end{vmatrix} + 1 \times \begin{vmatrix} a^2+a+1 & 1 \\ -a & a-1 \end{vmatrix} = a^3+a-1.$$

从三阶行列式的定义, 我们可以容易地证明所有三阶行列式都满足 § 1.1 中的 8 条性质. 但我们将这个任务交给读者来完成.

现在我们要用三阶行列式的性质来解三元一次方程组. 设有下列三元一次方程组:

$$\begin{cases} a_{11}x_1 + a_{12}x_2 + a_{13}x_3 = b_1, \\ a_{21}x_1 + a_{22}x_2 + a_{23}x_3 = b_2, \\ a_{31}x_1 + a_{32}x_2 + a_{33}x_3 = b_3. \end{cases} \tag{1.2.2}$$

和第一节的做法类似, 我们计算行列式

$$\begin{vmatrix} b_1 & a_{12} & a_{13} \\ b_2 & a_{22} & a_{23} \\ b_3 & a_{32} & a_{33} \end{vmatrix} = \begin{vmatrix} a_{11}x_1 + a_{12}x_2 + a_{13}x_3 & a_{12} & a_{13} \\ a_{21}x_1 + a_{22}x_2 + a_{23}x_3 & a_{22} & a_{23} \\ a_{31}x_1 + a_{32}x_2 + a_{33}x_3 & a_{32} & a_{33} \end{vmatrix}.$$

将上述右边行列式的第二列乘以 $-x_2$ 加到第一列上, 再将第三列乘以 $-x_3$ 加到第一列上, 根据行列式性质 7, 得到的行列式的值等于原行列式的值, 即

$$\begin{vmatrix} b_1 & a_{12} & a_{13} \\ b_2 & a_{22} & a_{23} \\ b_3 & a_{32} & a_{33} \end{vmatrix} = \begin{vmatrix} a_{11}x_1 & a_{12} & a_{13} \\ a_{21}x_1 & a_{22} & a_{23} \\ a_{31}x_1 & a_{32} & a_{33} \end{vmatrix}.$$

再由行列式性质 3, 可将上式右边第一列中的 x_1 提出来, 即

$$\begin{vmatrix} b_1 & a_{12} & a_{13} \\ b_2 & a_{22} & a_{23} \\ b_3 & a_{32} & a_{33} \end{vmatrix} = x_1 \begin{vmatrix} a_{11} & a_{12} & a_{13} \\ a_{21} & a_{22} & a_{23} \\ a_{31} & a_{32} & a_{33} \end{vmatrix},$$

于是得到 x_1 的解:

$$x_1 = \frac{\begin{vmatrix} b_1 & a_{12} & a_{13} \\ b_2 & a_{22} & a_{23} \\ b_3 & a_{32} & a_{33} \end{vmatrix}}{\begin{vmatrix} a_{11} & a_{12} & a_{13} \\ a_{21} & a_{22} & a_{23} \\ a_{31} & a_{32} & a_{33} \end{vmatrix}}.$$

同理, 可得

$$x_2 = \frac{\begin{vmatrix} a_{11} & b_1 & a_{13} \\ a_{21} & b_2 & a_{23} \\ a_{31} & b_3 & a_{33} \end{vmatrix}}{\begin{vmatrix} a_{11} & a_{12} & a_{13} \\ a_{21} & a_{22} & a_{23} \\ a_{31} & a_{32} & a_{33} \end{vmatrix}}, \quad x_3 = \frac{\begin{vmatrix} a_{11} & a_{12} & b_1 \\ a_{21} & a_{22} & b_2 \\ a_{31} & a_{32} & b_3 \end{vmatrix}}{\begin{vmatrix} a_{11} & a_{12} & a_{13} \\ a_{21} & a_{22} & a_{23} \\ a_{31} & a_{32} & a_{33} \end{vmatrix}}.$$

可见, 三元一次方程组有着和二元一次方程组类似的公式解. 这里行列式

$$\begin{vmatrix} a_{11} & a_{12} & a_{13} \\ a_{21} & a_{22} & a_{23} \\ a_{31} & a_{32} & a_{33} \end{vmatrix}$$

称为方程组 (1.2.2) 的系数行列式, 即由未知数的系数组成的行列式.

习 题 1.2

1. 计算下列行列式:

(1) $\begin{vmatrix} 2 & 3 & -5 \\ 0 & 2 & -1 \\ 0 & 0 & -2 \end{vmatrix}$; (2) $\begin{vmatrix} 0 & 1 & 2 \\ 2 & 1 & 1 \\ -1 & 3 & 1 \end{vmatrix}$.

2. 计算下列行列式:

(1) $\begin{vmatrix} 1 & 2 & 3 \\ 2 & 4 & 6 \\ -3 & 7 & -2 \end{vmatrix}$; (2) $\begin{vmatrix} 0 & 2 & 4 \\ 2 & 1 & 1 \\ -1 & 3 & 1 \end{vmatrix}$.

3. 计算下列行列式:

(1) $\begin{vmatrix} x & y & z \\ z & x & y \\ y & z & x \end{vmatrix}$; (2) $\begin{vmatrix} x & x^2+1 & -1 \\ 0 & -x & \mathrm{e}^x \\ 1 & 0 & 0 \end{vmatrix}$.

4. 解下列方程:

(1) $\begin{vmatrix} 1 & 2 & 3 \\ 1 & x & 3 \\ 1 & 5 & -2 \end{vmatrix} = 0$; (2) $\begin{vmatrix} x-2 & 1 & -2 \\ 2 & 2 & 1 \\ -1 & 1 & 1 \end{vmatrix} = 0$.

5. 用行列式解下列三元一次方程组:

(1) $\begin{cases} x_1 - x_2 + x_3 = 2, \\ x_1 + 2x_2 = 1, \\ x_1 - x_3 = 4; \end{cases}$　　(2) $\begin{cases} x + y + z = 0, \\ 2x - 5y - 3z = 10, \\ 4x + 8y + 2z = 4. \end{cases}$

§ 1.3 n 阶行列式

有了二阶行列式和三阶行列式的概念, 定义 n 阶行列式就不困难了.

我们先介绍 n 阶行列式及其相关概念. 我们称下面用两条竖线围起来的由 n 行 n 列元素组成的式子为一个 n 阶行列式:

$$|\boldsymbol{A}| = \begin{vmatrix} a_{11} & a_{12} & \cdots & a_{1n} \\ a_{21} & a_{22} & \cdots & a_{2n} \\ \vdots & \vdots & & \vdots \\ a_{n1} & a_{n2} & \cdots & a_{nn} \end{vmatrix}. \tag{1.3.1}$$

它由 n 行 n 列共 n^2 个元素组成, 第 i 行上元素全体称为行列式 $|\boldsymbol{A}|$ 的第 i 行, 第 j 列上元素全体称为行列式 $|\boldsymbol{A}|$ 的第 j 列. 第 i 行第 j 列交点上的元素 a_{ij} 称为行列式 $|\boldsymbol{A}|$ 的第 (i,j) 元素. 元素 $a_{11}, a_{22}, \cdots, a_{nn}$ 称为 $|\boldsymbol{A}|$ 的主对角线, 因为如果把行列式看成一个正方形, 这些元素恰在正方形的对角线上.

定义 1.3.1 定义元素 a_{ij} 的余子式 M_{ij} 为由行列式 $|\boldsymbol{A}|$ 中划去第 i 行第 j 列后剩下的 $n-1$ 行与 $n-1$ 列元素组成的行列式:

$$M_{ij} = \begin{vmatrix} a_{11} & \cdots & a_{1,j-1} & a_{1,j+1} & \cdots & a_{1n} \\ \vdots & & \vdots & \vdots & & \vdots \\ a_{i-1,1} & \cdots & a_{i-1,j-1} & a_{i-1,j+1} & \cdots & a_{i-1,n} \\ a_{i+1,1} & \cdots & a_{i+1,j-1} & a_{i+1,j+1} & \cdots & a_{i+1,n} \\ \vdots & & \vdots & \vdots & & \vdots \\ a_{n1} & \cdots & a_{n,j-1} & a_{n,j+1} & \cdots & a_{nn} \end{vmatrix}.$$

我们注意到三阶行列式的值是用二阶行列式来定义的, 因此 n 阶行列式的值可以用 $n-1$ 阶行列式来定义. 即我们可以用归纳法来定义上述行列式 $|\boldsymbol{A}|$ 的值.

定义 1.3.2 当 $n=1$ 时, (1.3.1) 式的值定义为 $|\boldsymbol{A}|=a_{11}$. 现假设对 $n-1$ 阶行列式已经定义了它们的值, 则对任意的 i,j, M_{ij} 的值已经定义, 定义 n 阶行列式 $|\boldsymbol{A}|$ 的值为

$$|\boldsymbol{A}|=a_{11}M_{11}-a_{21}M_{21}+\cdots+(-1)^{n+1}a_{n1}M_{n1}. \tag{1.3.2}$$

对于任一自然数 n, (1.3.2) 式给出了一个计算 n 阶行列式的方法: 将 n 阶行列式化为 $n-1$ 阶行列式, 再化 $n-1$ 阶行列式为 $n-2$ 阶, ……, 最后便可求出 $|\boldsymbol{A}|$ 的值. (1.3.2) 式又称为行列式 $|\boldsymbol{A}|$ 按第一列展开的展开式.

为了使 (1.3.2) 式的形状更好些, 我们引进代数余子式的概念.

定义 1.3.3 在行列式 $|\boldsymbol{A}|$ 中, a_{ij} 的代数余子式定义为

$$A_{ij}=(-1)^{i+j}M_{ij},$$

其中 M_{ij} 是 a_{ij} 的余子式.

用代数余子式, (1.3.2) 式可写为如下形状:

$$|\boldsymbol{A}|=a_{11}A_{11}+a_{21}A_{21}+\cdots+a_{n1}A_{n1}. \tag{1.3.3}$$

注 我们的定义与二阶、三阶行列式的定义是一致的. 以二阶行列式为例, 设有二阶行列式

$$\begin{vmatrix} a_{11} & a_{12} \\ a_{21} & a_{22} \end{vmatrix},$$

a_{11} 的余子式 $M_{11}=a_{22}$, a_{21} 的余子式 $M_{21}=a_{12}$, 故 $A_{11}=(-1)^{1+1}a_{22}=a_{22}$, $A_{21}=(-1)^{2+1}a_{12}=-a_{12}$. 而

$$\begin{vmatrix} a_{11} & a_{12} \\ a_{21} & a_{22} \end{vmatrix}=a_{11}a_{22}-a_{12}a_{21},$$

恰好和二阶行列式的定义一致.

例 1.3.1 设有五阶行列式

$$|\boldsymbol{A}|=\begin{vmatrix} 1 & 0 & -1 & 3 & 1 \\ 0 & 2 & -5 & 4 & 1 \\ 3 & -2 & -1 & 1 & 0 \\ 0 & 0 & 2 & 1 & 3 \\ 1 & 3 & -1 & 5 & 1 \end{vmatrix}.$$

$|\boldsymbol{A}|$ 的第 $(1,1)$ 元素 $a_{11}=1$, 它的余子式为

$$M_{11}=\begin{vmatrix}2 & -5 & 4 & 1\\ -2 & -1 & 1 & 0\\ 0 & 2 & 1 & 3\\ 3 & -1 & 5 & 1\end{vmatrix}.$$

a_{11} 的代数余子式为 $A_{11}=(-1)^{1+1}M_{11}=M_{11}$.

$|\boldsymbol{A}|$ 的第 $(3,4)$ 元素 $a_{34}=1$, 它的余子式为

$$M_{34}=\begin{vmatrix}1 & 0 & -1 & 1\\ 0 & 2 & -5 & 1\\ 0 & 0 & 2 & 3\\ 1 & 3 & -1 & 1\end{vmatrix}.$$

a_{34} 的代数余子式 $A_{34}=(-1)^{3+4}M_{34}=-M_{34}$.

$|\boldsymbol{A}|$ 的第 $(4,1)$ 元素 $a_{41}=0$, 它的余子式为

$$M_{41}=\begin{vmatrix}0 & -1 & 3 & 1\\ 2 & -5 & 4 & 1\\ -2 & -1 & 1 & 0\\ 3 & -1 & 5 & 1\end{vmatrix}.$$

a_{41} 的代数余子式 $A_{41}=(-1)^{4+1}M_{41}=-M_{41}$.

n 阶行列式同样适合前二节中二阶行列式和三阶行列式适合的 8 条性质, 因为我们是用归纳法定义的行列式, 自然地, 这些性质的证明也要用归纳法.

性质 1 若 $|\boldsymbol{A}|$ 是一个 n 阶行列式, 且

$$|\boldsymbol{A}|=\begin{vmatrix}a_{11} & a_{12} & \cdots & a_{1n}\\ 0 & a_{22} & \cdots & a_{2n}\\ \vdots & \vdots & & \vdots\\ 0 & 0 & \cdots & a_{nn}\end{vmatrix}, \text{或 } |\boldsymbol{A}|=\begin{vmatrix}a_{11} & 0 & \cdots & 0\\ a_{21} & a_{22} & \cdots & 0\\ \vdots & \vdots & & \vdots\\ a_{n1} & a_{n2} & \cdots & a_{nn}\end{vmatrix},$$

则 $|\boldsymbol{A}|=a_{11}a_{22}\cdots a_{nn}$.

证明　我们称上式中左边的行列式为上三角行列式 (这时 $a_{ij}=0$ 对一切 $i>j$ 成立), 称右边的行列式为下三角行列式 (这时 $a_{ij}=0$ 对一切 $i<j$ 成立).

现在用归纳法分别证明上述结论. 当 $n=1$ 时结论显然成立. 对上三角行列式, 由定义, 有

$$|\boldsymbol{A}|=a_{11}M_{11}.$$

但 M_{11} 仍是一个上三角行列式, 故由归纳假设 $M_{11}=a_{22}\cdots a_{nn}$ 即知 $|\boldsymbol{A}|=a_{11}a_{22}\cdots a_{nn}$.

对下三角行列式, 由定义, 有

$$|\boldsymbol{A}|=a_{11}M_{11}-a_{21}M_{21}+\cdots+(-1)^{n+1}a_{n1}M_{n1}. \tag{1.3.4}$$

对 $M_{i1}\,(i>1)$, 它仍是一个下三角行列式且 M_{i1} 主对角线上的元素至少有一个为 0, 故由归纳假设 $M_{i1}=0\,(i>1)$. 对 M_{11}, 由归纳假设等于 $a_{22}\cdots a_{nn}$, 于是 $|\boldsymbol{A}|=a_{11}a_{22}\cdots a_{nn}$. □

性质 2 若 n 阶行列式 $|\boldsymbol{A}|$ 的某一行或某一列的元素全为 0, 则 $|\boldsymbol{A}|=0$.

证明 仍用数学归纳法. 当 $n=1$ 时显然正确. 假设结论对 $n-1$ 阶行列式成立. 先设 $|\boldsymbol{A}|$ 中第 i 行元素全为 0, 则

$$|\boldsymbol{A}|=a_{11}M_{11}-a_{21}M_{21}+\cdots+(-1)^{n+1}a_{n1}M_{n1},$$

其中每个 $M_{j1}\,(j\neq i)$ 都有一行元素全为 0, 故由归纳假设 $M_{j1}=0\,(j\neq i)$. 另外, $a_{i1}=0$, 故 $a_{i1}M_{i1}=0$, 从而 $|\boldsymbol{A}|=0$.

再设 $|\boldsymbol{A}|$ 中第 i 列全为 0. 若 $i=1$, 显然 $|\boldsymbol{A}|=0$. 若 $i>1$, 在展开式中每个 M_{j1} 都有一列元素全为 0, 由归纳假设 $M_{j1}=0$, 故 $|\boldsymbol{A}|=0$. □

性质 3 将行列式 $|\boldsymbol{A}|$ 的某一行或某一列乘以一个常数 c, 则得到的行列式 $|\boldsymbol{B}|=c|\boldsymbol{A}|$.

证明 对行列式的阶用数学归纳法. 当 $n=1$ 时显然正确. 假设 $|\boldsymbol{B}|$ 中第 i 行的每个元素等于 $|\boldsymbol{A}|$ 中第 i 行的每个元素乘以 c, 而其他行元素与 $|\boldsymbol{A}|$ 完全相同. 由定义可知,

$$|\boldsymbol{B}|=a_{11}N_{11}-\cdots+(-1)^{i+1}ca_{i1}N_{i1}+\cdots+(-1)^{n+1}a_{n1}N_{n1}, \tag{1.3.5}$$

其中 N_{r1} 为 $|\boldsymbol{B}|$ 的第 r 行第一列元素的余子式. 由题意及归纳假设知道

$$N_{r1}=cM_{r1}\,(r\neq i),\ \ N_{i1}=M_{i1},$$

其中 M_{r1}, M_{i1} 均为 $|\boldsymbol{A}|$ 相应的余子式. 由 (1.3.5) 式即知 $|\boldsymbol{B}|=c|\boldsymbol{A}|$.

对列的情形也不难证明. 若 $|\boldsymbol{B}|$ 的第一列元素都是 $|\boldsymbol{A}|$ 的第一列元素的 c 倍, 则将 $|\boldsymbol{B}|$ 按定义展开即知. 若 $|\boldsymbol{B}|$ 的第 $i\,(i>1)$ 列元素是 $|\boldsymbol{A}|$ 的第 i 列元素的 c 倍, 利用展开式及归纳假设即可得到结论. □

性质 4 对换行列式 $|\boldsymbol{A}|$ 的任意不同的两行, 则行列式的值改变符号 (绝对值不变).

证明 对 n 用归纳法, $n=2$ 时已知成立, 假设结论对 $n-1$ 阶行列式也成立. 对 n 阶行列式 $|\boldsymbol{A}|$, 先证明特殊情形, 即对换行列式的相邻两行, 其值改变符号. 设 $|\boldsymbol{B}|$ 由 $|\boldsymbol{A}|$ 对换第 r 行及第 $r+1$ 行而得. 记 N_{ij} 为 $|\boldsymbol{B}|$ 的第 i 行第 j 列元素的余子式, 将 $|\boldsymbol{B}|$ 按行列式定义展开并注意到 $|\boldsymbol{B}|$ 由 $|\boldsymbol{A}|$ 对换第 r 行及第 $r+1$ 行而得:

$$\begin{aligned}|\boldsymbol{B}| &= a_{11}N_{11}-a_{21}N_{21}+\cdots+(-1)^{r+1}a_{r+1,1}N_{r1}\\&\quad+(-1)^{r+2}a_{r,1}N_{r+1,1}+\cdots+(-1)^{n+1}a_{n1}N_{n1}.\end{aligned}$$

若 $i\neq r,r+1$, 则由归纳假设 $N_{i1}=-M_{i1}$, 而 $N_{r1}=M_{r+1,1}$, $N_{r+1,1}=M_{r1}$, 由此即知 $|\boldsymbol{B}|=-|\boldsymbol{A}|$.

现来考虑一般情形. 要将 $|\boldsymbol{A}|$ 的两行对换, 不妨设所换两行为第 i 行及第 j 行, 且 $j>i$. 我们可先将第 i 行与第 $i+1$ 行对换, 再与第 $i+2$ 行对换, 一直到与第 j 行对换. 然后再将第 $j-1$ 行经过不断与相邻行的对换换到原来第 i 行的位置. 这样一共换了 $2(j-i)-1$ 次, 因此仍有 $|\boldsymbol{B}|=-|\boldsymbol{A}|$. □

性质 5 若行列式 $|\boldsymbol{A}|$ 的两行成比例, 则 $|\boldsymbol{A}|=0$. 特别, 若行列式的两行相同, 则行列式的值等于零.

证明 先证明特例, 设行列式 $|\boldsymbol{A}|$ 有两行相同, 将这两行对换, 则由性质 4 可得 $|\boldsymbol{A}|=-|\boldsymbol{A}|$, 因此 $|\boldsymbol{A}|=0$. 再证明一般情形, 设 $|\boldsymbol{A}|$ 有两行成比例, 则由性质 3, 将比例因子提出后得到的行列式有两行相同, 值等于零, 故 $|\boldsymbol{A}|=0$. □

性质 6 设 $|\boldsymbol{A}|, |\boldsymbol{B}|, |\boldsymbol{C}|$ 是 3 个 n 阶行列式, 它们的第 (i,j) 元素分别记为 a_{ij}, b_{ij}, c_{ij}. $|\boldsymbol{A}|, |\boldsymbol{B}|, |\boldsymbol{C}|$ 的第 r 行元素适合条件:

$$c_{rj}=a_{rj}+b_{rj}\,(j=1,2,\cdots,n), \tag{1.3.6}$$

而其他元素相同, 即 $c_{ij}=a_{ij}=b_{ij}\,(i\neq r,\ j=1,2,\cdots,n)$, 则

$$|\boldsymbol{C}|=|\boldsymbol{A}|+|\boldsymbol{B}|.$$

证明 对 n 用数学归纳法, $n=1$ 时结论显然成立. 设结论对 $n-1$ 阶行列式成立. 将 $|\boldsymbol{C}|$ 按定义展开:

$$\begin{aligned}|\boldsymbol{C}| = & a_{11}Q_{11} - a_{21}Q_{21} + \cdots + (-1)^{r+1}(a_{r1}+b_{r1})Q_{r1} \\ & + \cdots + (-1)^{n+1}a_{n1}Q_{n1},\end{aligned} \tag{1.3.7}$$

其中 Q_{ij} 为 $|\boldsymbol{C}|$ 的余子式. 若 $i \neq r$, 则 Q_{i1} 仍适合 (1.3.6) 式, 由归纳假设得

$$Q_{i1} = M_{i1} + N_{i1},$$

这里 M_{i1}, N_{i1} 分别是 $|\boldsymbol{A}|$, $|\boldsymbol{B}|$ 的余子式. 若 $i=r$, 则

$$Q_{r1} = M_{r1} = N_{r1}.$$

因此 (1.3.7) 式为

$$\begin{aligned}|\boldsymbol{C}| &= a_{11}(M_{11}+N_{11}) - a_{21}(M_{21}+N_{21}) + \cdots \\ &\quad +(-1)^{r+1}(a_{r1}M_{r1}+b_{r1}N_{r1}) + \cdots + (-1)^{n+1}a_{n1}(M_{n1}+N_{n1}) \\ &= (a_{11}M_{11} - a_{21}M_{21} + \cdots + (-1)^{n+1}a_{n1}M_{n1}) \\ &\quad +(a_{11}N_{11} - a_{21}N_{21} + \cdots + (-1)^{n+1}a_{n1}N_{n1}) \\ &= |\boldsymbol{A}| + |\boldsymbol{B}|. \ \Box\end{aligned}$$

性质 6 可用行列式具体表示如下:

$$\begin{vmatrix} a_{11} & a_{12} & \cdots & a_{1n} \\ \vdots & \vdots & & \vdots \\ a_{r1}+b_{r1} & a_{r2}+b_{r2} & \cdots & a_{rn}+b_{rn} \\ \vdots & \vdots & & \vdots \\ a_{n1} & a_{n2} & \cdots & a_{nn} \end{vmatrix}$$

$$= \begin{vmatrix} a_{11} & a_{12} & \cdots & a_{1n} \\ \vdots & \vdots & & \vdots \\ a_{r1} & a_{r2} & \cdots & a_{rn} \\ \vdots & \vdots & & \vdots \\ a_{n1} & a_{n2} & \cdots & a_{nn} \end{vmatrix} + \begin{vmatrix} a_{11} & a_{12} & \cdots & a_{1n} \\ \vdots & \vdots & & \vdots \\ b_{r1} & b_{r2} & \cdots & b_{rn} \\ \vdots & \vdots & & \vdots \\ a_{n1} & a_{n2} & \cdots & a_{nn} \end{vmatrix}.$$

性质 7 将行列式的一行乘以某个常数 c 加到另一行上, 行列式的值不变, 即

$$\begin{vmatrix} a_{11} & a_{12} & \cdots & a_{1n} \\ \vdots & \vdots & & \vdots \\ a_{i1} & a_{i2} & \cdots & a_{in} \\ \vdots & \vdots & & \vdots \\ a_{j1}+ca_{i1} & a_{j2}+ca_{i2} & \cdots & a_{jn}+ca_{in} \\ \vdots & \vdots & & \vdots \\ a_{n1} & a_{n2} & \cdots & a_{nn} \end{vmatrix} = \begin{vmatrix} a_{11} & a_{12} & \cdots & a_{1n} \\ \vdots & \vdots & & \vdots \\ a_{i1} & a_{i2} & \cdots & a_{in} \\ \vdots & \vdots & & \vdots \\ a_{j1} & a_{j2} & \cdots & a_{jn} \\ \vdots & \vdots & & \vdots \\ a_{n1} & a_{n2} & \cdots & a_{nn} \end{vmatrix}.$$

证明　由性质 6 可将上式左边分拆成两个行列式之和, 一个等于右边的行列式, 另一个由性质 5 知其值应为零. □

上面我们对行证明了性质 4 至性质 7. 实际上这些性质对列也成立.

性质 5′ 若行列式 $|\boldsymbol{A}|$ 的两列成比例, 则 $|\boldsymbol{A}|=0$. 特别, 若行列式的两列相同, 则行列式的值等于零.

证明　先证明若 $|\boldsymbol{A}|$ 有两列相同, 则值等于零. 假设 $|\boldsymbol{A}|$ 中相同的两列都不是第一列, 则将 $|\boldsymbol{A}|$ 展开并用归纳法即可得 $|\boldsymbol{A}|=0$. 因此我们不妨设 $|\boldsymbol{A}|$ 的第一列与第 r 列相同. 这时如果第一列元素全为 0, 则 $|\boldsymbol{A}|=0$. 故假设 $|\boldsymbol{A}|$ 的第一列元素至少有一个不等于零, 比如 $a_{s1}\neq 0$. 将 $|\boldsymbol{A}|$ 的第一行与第 s 行对换, 仅改变 $|\boldsymbol{A}|$ 的符号, 由于 $-|\boldsymbol{A}|=0$ 即意味着 $|\boldsymbol{A}|=0$, 因此我们不妨设 $a_{11}\neq 0$, 这时 $|\boldsymbol{A}|$ 的形状为

$$\begin{vmatrix} a_{11} & \cdots & a_{11} & \cdots \\ a_{21} & \cdots & a_{21} & \cdots \\ \vdots & & \vdots & \vdots \\ a_{n1} & \cdots & a_{n1} & \cdots \end{vmatrix}.$$

将 $|\boldsymbol{A}|$ 的第一行乘以 $-\dfrac{a_{i1}}{a_{11}}$ 加到第 i 行上去 $(i=2,3,\cdots,n)$, 则得到一个新的行列式 $|\boldsymbol{C}|$, 它的形状为

$$\begin{vmatrix} a_{11} & \cdots & a_{11} & \cdots \\ 0 & * & 0 & * \\ \vdots & \vdots & \vdots & \vdots \\ 0 & * & 0 & * \end{vmatrix}.$$

由性质 7 知 $|\boldsymbol{C}| = |\boldsymbol{A}|$, 将 $|\boldsymbol{C}|$ 按定义展开, $|\boldsymbol{C}| = a_{11}Q_{11}$. 而 Q_{11} 是一个有一列全为 0 的 $n-1$ 阶行列式, 故 $Q_{11} = 0$, 即有 $|\boldsymbol{C}| = 0$, 于是 $|\boldsymbol{A}| = 0$. 一般情形的证明和行性质证明相同. □

性质 6′ $|\boldsymbol{A}|, |\boldsymbol{B}|, |\boldsymbol{C}|$ 是 3 个 n 阶行列式, $|\boldsymbol{C}|$ 的第 r 列元素等于 $|\boldsymbol{A}|$ 的第 r 列元素与 $\boldsymbol{B}$ 的第 r 列元素之和:

$$c_{ir} = a_{ir} + b_{ir}\, (i = 1, 2, \cdots, n),$$

而其他元素相同, 即 $c_{ij} = a_{ij} = b_{ij}\, (i = 1, 2, \cdots, n,\ j \neq r)$, 则

$$|\boldsymbol{C}| = |\boldsymbol{A}| + |\boldsymbol{B}|.$$

证明 若 $r = 1$, 用行列式定义展开 $|\boldsymbol{C}|$ 即可得到结论. 若 $r > 1$, 将 $|\boldsymbol{C}|$ 展开:

$$|\boldsymbol{C}| = a_{11}Q_{11} - a_{21}Q_{21} + \cdots + (-1)^{n+1}a_{n1}Q_{n1},$$

每个 Q_{i1} 由归纳假设得

$$Q_{i1} = M_{i1} + N_{i1},$$

其中 Q_{i1}, M_{i1}, N_{i1} 分别是 $|\boldsymbol{C}|, |\boldsymbol{A}|, |\boldsymbol{B}|$ 的余子式. 代入可得

$$|\boldsymbol{C}| = |\boldsymbol{A}| + |\boldsymbol{B}|. \square$$

性质 7′ 将行列式的一列乘以常数 c 加到另一列上, 行列式的值不变.

证明 类似性质 7 的证明. 利用性质 6′ 及性质 5′ 即可证明. □

性质 4′ 交换行列式的两列, 行列式的值改变符号.

证明 设 $|\boldsymbol{B}|$ 由 $|\boldsymbol{A}|$ 交换第 r 列及第 s 列得到, 即

$$|\boldsymbol{A}| = \begin{vmatrix} a_{11} & \cdots & a_{1r} & \cdots & a_{1s} & \cdots & a_{1n} \\ a_{21} & \cdots & a_{2r} & \cdots & a_{2s} & \cdots & a_{2n} \\ \vdots & & \vdots & & \vdots & & \vdots \\ a_{n1} & \cdots & a_{nr} & \cdots & a_{ns} & \cdots & a_{nn} \end{vmatrix},$$

$$|\boldsymbol{B}|=\begin{vmatrix} a_{11} & \cdots & a_{1s} & \cdots & a_{1r} & \cdots & a_{1n} \\ a_{21} & \cdots & a_{2s} & \cdots & a_{2r} & \cdots & a_{2n} \\ \vdots & & \vdots & & \vdots & & \vdots \\ a_{n1} & \cdots & a_{ns} & \cdots & a_{nr} & \cdots & a_{nn} \end{vmatrix}.$$

作行列式 $|\boldsymbol{C}|$, 它的第 r 列及第 s 列相同, 都等于 $|\boldsymbol{A}|$ 的第 r 列及第 s 列之和, 则

$$\begin{aligned} |\boldsymbol{C}| &= \begin{vmatrix} a_{11} & \cdots & a_{1r}+a_{1s} & \cdots & a_{1r}+a_{1s} & \cdots & a_{1n} \\ a_{21} & \cdots & a_{2r}+a_{2s} & \cdots & a_{2r}+a_{2s} & \cdots & a_{2n} \\ \vdots & & \vdots & & \vdots & & \vdots \\ a_{n1} & \cdots & a_{nr}+a_{ns} & \cdots & a_{nr}+a_{ns} & \cdots & a_{nn} \end{vmatrix} \\ &= \begin{vmatrix} a_{11} & \cdots & a_{1r} & \cdots & a_{1r}+a_{1s} & \cdots & a_{1n} \\ a_{21} & \cdots & a_{2r} & \cdots & a_{2r}+a_{2s} & \cdots & a_{2n} \\ \vdots & & \vdots & & \vdots & & \vdots \\ a_{n1} & \cdots & a_{nr} & \cdots & a_{nr}+a_{ns} & \cdots & a_{nn} \end{vmatrix} \\ &\quad + \begin{vmatrix} a_{11} & \cdots & a_{1s} & \cdots & a_{1r}+a_{1s} & \cdots & a_{1n} \\ a_{21} & \cdots & a_{2s} & \cdots & a_{2r}+a_{2s} & \cdots & a_{2n} \\ \vdots & & \vdots & & \vdots & & \vdots \\ a_{n1} & \cdots & a_{ns} & \cdots & a_{nr}+a_{ns} & \cdots & a_{nn} \end{vmatrix} \\ &= |\boldsymbol{A}| + \begin{vmatrix} a_{11} & \cdots & a_{1r} & \cdots & a_{1r} & \cdots & a_{1n} \\ a_{21} & \cdots & a_{2r} & \cdots & a_{2r} & \cdots & a_{2n} \\ \vdots & & \vdots & & \vdots & & \vdots \\ a_{n1} & \cdots & a_{nr} & \cdots & a_{nr} & \cdots & a_{nn} \end{vmatrix} \\ &\quad + |\boldsymbol{B}| + \begin{vmatrix} a_{11} & \cdots & a_{1s} & \cdots & a_{1s} & \cdots & a_{1n} \\ a_{21} & \cdots & a_{2s} & \cdots & a_{2s} & \cdots & a_{2n} \\ \vdots & & \vdots & & \vdots & & \vdots \\ a_{n1} & \cdots & a_{ns} & \cdots & a_{ns} & \cdots & a_{nn} \end{vmatrix}. \end{aligned}$$

除 $|\boldsymbol{A}|$, $|\boldsymbol{B}|$ 外的两个行列式各自都有两列相同, 因此值为 0. 而 $|\boldsymbol{C}|$ 也有两列相同, 值也等于 0. 于是 $|\boldsymbol{B}|=-|\boldsymbol{A}|$. □

行列式的第 8 个性质我们将在下一节证明.

习 题 1.3

1. 求下列行列式中第 (1,2), 第 (3,1) 及第 (3,3) 元素的余子式和代数余子式:

(1) $\begin{vmatrix} 1 & -1 & 1 & 1 \\ -1 & 2 & -1 & 0 \\ 1 & 1 & 2 & -1 \\ 1 & -1 & 0 & -2 \end{vmatrix}$; (2) $\begin{vmatrix} 3 & 1 & 0 & -1 \\ 2 & 1 & 1 & 0 \\ -1 & 3 & 1 & 2 \\ 0 & 6 & 5 & 1 \end{vmatrix}$.

2. 计算下列行列式的值:

(1) $\begin{vmatrix} 1 & 2 & 3 & 4 \\ 0 & -3 & -1 & 0 \\ 0 & 0 & -2 & \sqrt{7} \\ 0 & 0 & 0 & 10 \end{vmatrix}$; (2) $\begin{vmatrix} 2 & 0 & 0 & 0 \\ 3 & -1 & 0 & 0 \\ -2 & 0 & 3 & 0 \\ 9 & -1 & 2 & 1 \end{vmatrix}$.

3. 计算下列行列式的值:

(1) $\begin{vmatrix} 1 & 1 & 0 & -1 \\ 2 & 1 & 1 & 0 \\ 2 & 2 & 0 & -2 \\ 10 & 4 & 5 & 9 \end{vmatrix}$; (2) $\begin{vmatrix} 1 & 0 & 0 & 0 \\ 2 & 1 & -2 & 1 \\ 5 & 0 & 1 & 3 \\ 7 & -1 & 2 & 1 \end{vmatrix}$.

4. 计算下列行列式的值:

(1) $\begin{vmatrix} a & 0 & 0 & e \\ 0 & b & f & 0 \\ 0 & g & c & 0 \\ h & 0 & 0 & d \end{vmatrix}$; (2) $\begin{vmatrix} 0 & a & b & c \\ -a & 0 & d & e \\ -b & -d & 0 & f \\ -c & -e & -f & 0 \end{vmatrix}$.

§ 1.4 行列式的展开和转置

行列式的定义通常称为行列式按第一列展开的展开式, 那么行列式是否也可以按其他列展开呢?

我们可这样考虑 (仍用上一节中的行列式 $|\boldsymbol{A}|$): 先交换第 r 列与第 $r-1$ 列, 再交换第 $r-1$ 列与第 $r-2$ 列, 等等, 经过 $r-1$ 次这样的交换便可将 $|\boldsymbol{A}|$ 的第 r 列换到第一列, 再按定义展开行列式. 记 $|\boldsymbol{B}|$ 是经过这样变换以后的行列式, 则

$$\begin{aligned}(-1)^{r-1}|\boldsymbol{A}| = |\boldsymbol{B}| &= a_{1r}N_{11} - a_{2r}N_{21} + \cdots + (-1)^{n+1}a_{nr}N_{n1} \\ &= a_{1r}M_{1r} - a_{2r}M_{2r} + \cdots + (-1)^{n+1}a_{nr}M_{nr},\end{aligned}$$

因此

$$|\boldsymbol{A}| = (-1)^{1+r}a_{1r}M_{1r} + (-1)^{2+r}a_{2r}M_{2r} + \cdots + (-1)^{n+r}a_{nr}M_{nr}, \tag{1.4.1}$$

上面 N_{i1}, M_{ir} 分别表示 $|\boldsymbol{B}|$ 及 $|\boldsymbol{A}|$ 的余子式. 利用代数余子式可将上式改写为

$$|\boldsymbol{A}| = a_{1r}A_{1r} + a_{2r}A_{2r} + \cdots + a_{nr}A_{nr}, \tag{1.4.2}$$

其中 $A_{ir} = (-1)^{i+r}M_{ir}$ 是 $|\boldsymbol{A}|$ 的代数余子式.

定理 1.4.1 设 $|\boldsymbol{A}|$ 是 n 阶行列式, 第 i 行第 j 列元素 a_{ij} 的代数余子式记为 A_{ij}, 则对任意的 $r\,(r = 1, 2, \cdots, n)$ 有展开式:

$$|\boldsymbol{A}| = a_{1r}A_{1r} + a_{2r}A_{2r} + \cdots + a_{nr}A_{nr}. \tag{1.4.3}$$

又对任意的 $s \neq r$, 有

$$a_{1r}A_{1s} + a_{2r}A_{2s} + \cdots + a_{nr}A_{ns} = 0. \tag{1.4.4}$$

证明 只需证明后一结论. 注意下面的行列式, 由于其第 r 列与第 s 列相同, 其值应为零:

$$\begin{vmatrix} a_{11} & \cdots & a_{1r} & \cdots & a_{1r} & \cdots & a_{1n} \\ a_{21} & \cdots & a_{2r} & \cdots & a_{2r} & \cdots & a_{2n} \\ \vdots & & \vdots & & \vdots & & \vdots \\ a_{n1} & \cdots & a_{nr} & \cdots & a_{nr} & \cdots & a_{nn} \end{vmatrix} = 0.$$

将这个行列式按第 s 列展开便有

$$a_{1r}A_{1s} + a_{2r}A_{2s} + \cdots + a_{nr}A_{ns} = 0. \ \square$$

定理 1.4.1 告诉我们行列式可以按任一列展开, 那么是否也可以按任一行展开呢? 我们先通过一个特例看看能否按第一行展开.

例 1.4.1

$$|\boldsymbol{A}| = \begin{vmatrix} 0 & \cdots & 0 & a_{1s} & 0 & \cdots & 0 \\ a_{21} & \cdots & a_{2,s-1} & a_{2s} & a_{2,s+1} & \cdots & a_{2n} \\ \vdots & & \vdots & \vdots & \vdots & & \vdots \\ a_{n1} & \cdots & a_{n,s-1} & a_{ns} & a_{n,s+1} & \cdots & a_{nn} \end{vmatrix} = a_{1s}A_{1s}.$$

证明 由定理 1.4.1 将上述行列式按第 s 列展开, 得

$$|\boldsymbol{A}| = a_{1s}A_{1s} + a_{2s}A_{2s} + \cdots + a_{ns}A_{ns}.$$

除了 A_{1s} 外, $A_{is}\,(i > 1)$ 中都有一行等于零, 因此 $A_{is} = 0$. 此即 $|\boldsymbol{A}| = a_{1s}A_{1s}$. □

引理 1.4.1 若

$$|\boldsymbol{A}| = \begin{vmatrix} a_{11} & a_{12} & \cdots & a_{1n} \\ a_{21} & a_{22} & \cdots & a_{2n} \\ \vdots & \vdots & & \vdots \\ a_{n1} & a_{n2} & \cdots & a_{nn} \end{vmatrix}, \tag{1.4.5}$$

则

$$|\boldsymbol{A}| = a_{11}A_{11} + a_{12}A_{12} + \cdots + a_{1n}A_{1n}.$$

证明 由行列式的性质 6 及上面的结论得

$$|\boldsymbol{A}| = \begin{vmatrix} a_{11} & 0 & \cdots & 0 \\ a_{21} & a_{22} & \cdots & a_{2n} \\ \vdots & \vdots & & \vdots \\ a_{n1} & a_{n2} & \cdots & a_{nn} \end{vmatrix} + \begin{vmatrix} 0 & a_{12} & \cdots & 0 \\ a_{21} & a_{22} & \cdots & a_{2n} \\ \vdots & \vdots & & \vdots \\ a_{n1} & a_{n2} & \cdots & a_{nn} \end{vmatrix} + \cdots + \begin{vmatrix} 0 & 0 & \cdots & a_{1n} \\ a_{21} & a_{22} & \cdots & a_{2n} \\ \vdots & \vdots & & \vdots \\ a_{n1} & a_{n2} & \cdots & a_{nn} \end{vmatrix}$$

$$= a_{11}A_{11} + a_{12}A_{12} + \cdots + a_{1n}A_{1n}. \ \square$$

定理 1.4.2 设 $|\boldsymbol{A}|$ 是如 (1.4.5) 式所示的行列式, 则对任意的 $r\,(r = 1, 2, \cdots, n)$ 有展开式:

$$|\boldsymbol{A}| = a_{r1}A_{r1} + a_{r2}A_{r2} + \cdots + a_{rn}A_{rn}. \tag{1.4.6}$$

又对任意的 $s \neq r$, 有

$$a_{r1}A_{s1} + a_{r2}A_{s2} + \cdots + a_{rn}A_{sn} = 0. \tag{1.4.7}$$

证明 由引理 1.4.1 以及性质 4, 采用与定理 1.4.1 的证明类似的方法即得. □

定义 1.4.1 设 $|\boldsymbol{A}|$ 是如 (1.4.5) 式所示的行列式, 令

$$|\boldsymbol{A}'| = \begin{vmatrix} a_{11} & a_{21} & \cdots & a_{n1} \\ a_{12} & a_{22} & \cdots & a_{n2} \\ \vdots & \vdots & & \vdots \\ a_{1n} & a_{2n} & \cdots & a_{nn} \end{vmatrix},$$

即 $|\boldsymbol{A}'|$ 的第一行为 $|\boldsymbol{A}|$ 的第一列, $|\boldsymbol{A}'|$ 的第二行为 $|\boldsymbol{A}|$ 的第二列, $\cdots\cdots$, $|\boldsymbol{A}'|$ 的第 n 行为 $|\boldsymbol{A}|$ 的第 n 列, 则称 $|\boldsymbol{A}'|$ 是 $|\boldsymbol{A}|$ 的转置. 换言之, $|\boldsymbol{A}'|$ 可由 $|\boldsymbol{A}|$ 将行变成列、列变成行得到.

我们现在来证明行列式的性质 8.

性质 8 行列式转置后的值不变, 即 $|\boldsymbol{A}'| = |\boldsymbol{A}|$.

证明 对行列式的阶用数学归纳法. 当 $n=1$ 时显然成立. 设 M_{ij} 及 N_{ij} 分别是 $|\boldsymbol{A}|$ 及 $|\boldsymbol{A}'|$ 的余子式, 则 N_{ij} 等于 M_{ji} 的转置. 由归纳假设, $N_{ij} = M_{ji}$. 将 $|\boldsymbol{A}'|$ 按第一行展开:

$$\begin{aligned} |\boldsymbol{A}'| &= a_{11}N_{11} - a_{21}N_{12} + \cdots + (-1)^{n+1}a_{n1}N_{1n} \\ &= a_{11}M_{11} - a_{21}M_{21} + \cdots + (-1)^{n+1}a_{n1}M_{n1} \\ &= |\boldsymbol{A}|. \ \square \end{aligned}$$

现在我们的任务是利用行列式性质, 求出 n 元线性方程组的公式解. 设有 n 个未知数 n 个方程式的线性方程组

$$\begin{cases} a_{11}x_1 + a_{12}x_2 + \cdots + a_{1n}x_n = b_1, \\ a_{21}x_1 + a_{22}x_2 + \cdots + a_{2n}x_n = b_2, \\ \quad\cdots\cdots\cdots\cdots \\ a_{n1}x_1 + a_{n2}x_2 + \cdots + a_{nn}x_n = b_n. \end{cases} \tag{1.4.8}$$

记方程组的系数行列式为

$$|\boldsymbol{A}| = \begin{vmatrix} a_{11} & a_{12} & \cdots & a_{1n} \\ a_{21} & a_{22} & \cdots & a_{2n} \\ \vdots & \vdots & & \vdots \\ a_{n1} & a_{n2} & \cdots & a_{nn} \end{vmatrix}.$$

行列式

$$|\boldsymbol{A}_1| = \begin{vmatrix} b_1 & a_{12} & \cdots & a_{1n} \\ b_2 & a_{22} & \cdots & a_{2n} \\ \vdots & \vdots & & \vdots \\ b_n & a_{n2} & \cdots & a_{nn} \end{vmatrix} = \begin{vmatrix} a_{11}x_1 + a_{12}x_2 + \cdots + a_{1n}x_n & a_{12} & \cdots & a_{1n} \\ a_{21}x_1 + a_{22}x_2 + \cdots + a_{2n}x_n & a_{22} & \cdots & a_{2n} \\ \vdots & \vdots & & \vdots \\ a_{n1}x_1 + a_{n2}x_2 + \cdots + a_{nn}x_n & a_{n2} & \cdots & a_{nn} \end{vmatrix}.$$

用 $-x_2$ 乘以右边行列式的第二列加到第一列上, 再用 $-x_3$ 乘以第三列加到第一列上, $\cdots$, 最后将 $-x_n$ 乘以第 n 列加到第一列上, 由行列式性质知道行列式的值不变, 即

$$|\boldsymbol{A}_1| = \begin{vmatrix} a_{11}x_1 & a_{12} & \cdots & a_{1n} \\ a_{21}x_1 & a_{22} & \cdots & a_{2n} \\ \vdots & \vdots & & \vdots \\ a_{n1}x_1 & a_{n2} & \cdots & a_{nn} \end{vmatrix} = x_1 \begin{vmatrix} a_{11} & a_{12} & \cdots & a_{1n} \\ a_{21} & a_{22} & \cdots & a_{2n} \\ \vdots & \vdots & & \vdots \\ a_{n1} & a_{n2} & \cdots & a_{nn} \end{vmatrix}.$$

于是

$$x_1 = \frac{|\boldsymbol{A}_1|}{|\boldsymbol{A}|} = \frac{\begin{vmatrix} b_1 & a_{12} & \cdots & a_{1n} \\ b_2 & a_{22} & \cdots & a_{2n} \\ \vdots & \vdots & & \vdots \\ b_n & a_{n2} & \cdots & a_{nn} \end{vmatrix}}{\begin{vmatrix} a_{11} & a_{12} & \cdots & a_{1n} \\ a_{21} & a_{22} & \cdots & a_{2n} \\ \vdots & \vdots & & \vdots \\ a_{n1} & a_{n2} & \cdots & a_{nn} \end{vmatrix}}.$$

同理, 通过计算

$$|\boldsymbol{A}_2| = \begin{vmatrix} a_{11} & b_1 & \cdots & a_{1n} \\ a_{21} & b_2 & \cdots & a_{2n} \\ \vdots & \vdots & & \vdots \\ a_{n1} & b_n & \cdots & a_{nn} \end{vmatrix}$$

可得

$$x_2 = \frac{|\boldsymbol{A}_2|}{|\boldsymbol{A}|} = \frac{\begin{vmatrix} a_{11} & b_1 & \cdots & a_{1n} \\ a_{21} & b_2 & \cdots & a_{2n} \\ \vdots & \vdots & & \vdots \\ a_{n1} & b_n & \cdots & a_{nn} \end{vmatrix}}{\begin{vmatrix} a_{11} & a_{12} & \cdots & a_{1n} \\ a_{21} & a_{22} & \cdots & a_{2n} \\ \vdots & \vdots & & \vdots \\ a_{n1} & a_{n2} & \cdots & a_{nn} \end{vmatrix}}.$$

不断做下去, 得

$$x_n = \frac{|\boldsymbol{A}_n|}{|\boldsymbol{A}|} = \frac{\begin{vmatrix} a_{11} & a_{12} & \cdots & b_1 \\ a_{21} & a_{22} & \cdots & b_2 \\ \vdots & \vdots & & \vdots \\ a_{n1} & a_{n2} & \cdots & b_n \end{vmatrix}}{\begin{vmatrix} a_{11} & a_{12} & \cdots & a_{1n} \\ a_{21} & a_{22} & \cdots & a_{2n} \\ \vdots & \vdots & & \vdots \\ a_{n1} & a_{n2} & \cdots & a_{nn} \end{vmatrix}}.$$

上述结论通常称为 Cramer (克莱姆) 法则, 我们把它写成如下定理.

定理 1.4.3 (Cramer 法则) 设有线性方程组

$$\begin{cases} a_{11}x_1 + a_{12}x_2 + \cdots + a_{1n}x_n = b_1, \\ a_{21}x_1 + a_{22}x_2 + \cdots + a_{2n}x_n = b_2, \\ \cdots\cdots\cdots\cdots \\ a_{n1}x_1 + a_{n2}x_2 + \cdots + a_{nn}x_n = b_n. \end{cases} \tag{1.4.9}$$

记这个方程组的系数行列式为 $|\boldsymbol{A}|$, 若 $|\boldsymbol{A}| \neq 0$, 则方程组有且仅有一组解:

$$x_1 = \frac{|\boldsymbol{A}_1|}{|\boldsymbol{A}|},\ x_2 = \frac{|\boldsymbol{A}_2|}{|\boldsymbol{A}|},\ \cdots,\ x_n = \frac{|\boldsymbol{A}_n|}{|\boldsymbol{A}|}, \tag{1.4.10}$$

其中 $|\boldsymbol{A}_j|\,(j = 1, 2, \cdots, n)$ 是一个 n 阶行列式, 它由 $|\boldsymbol{A}|$ 去掉第 j 列换上方程组的常数项 $b_1, b_2, \cdots, b_n$ 组成的列而成.

证明 前面的讨论说明, 如果线性方程组 (1.4.9) 有解, 那么解一定是 (1.4.10) 的形式, 因此我们只要验证 (1.4.10) 确实是线性方程组 (1.4.9) 的解即可.

将 $|\boldsymbol{A}_j|$ 按第 j 列展开, 得

$$|\boldsymbol{A}_j| = b_1A_{1j} + b_2A_{2j} + \cdots + b_nA_{nj},$$

从而

$$x_j = \frac{|\boldsymbol{A}_j|}{|\boldsymbol{A}|} = \frac{1}{|\boldsymbol{A}|}(b_1A_{1j} + b_2A_{2j} + \cdots + b_nA_{nj}),\ j = 1, 2, \cdots, n.$$

因此对任意的 $1 \le i \le n$, 由定理 1.4.2 可得

$$\begin{aligned}
& a_{i1}x_1 + a_{i2}x_2 + \cdots + a_{in}x_n \\
= & \frac{a_{i1}}{|\boldsymbol{A}|}(b_1A_{11} + b_2A_{21} + \cdots + b_nA_{n1}) \\
& + \cdots + \frac{a_{in}}{|\boldsymbol{A}|}(b_1A_{1n} + b_2A_{2n} + \cdots + b_nA_{nn}) \\
= & \frac{b_1}{|\boldsymbol{A}|}(a_{i1}A_{11} + a_{i2}A_{12} + \cdots + a_{in}A_{1n}) \\
& + \cdots + \frac{b_n}{|\boldsymbol{A}|}(a_{i1}A_{n1} + a_{i2}A_{n2} + \cdots + a_{in}A_{nn}) \\
= & \frac{b_1}{|\boldsymbol{A}|} \cdot 0 + \cdots + \frac{b_i}{|\boldsymbol{A}|} \cdot |\boldsymbol{A}| + \cdots + \frac{b_n}{|\boldsymbol{A}|} \cdot 0 = b_i,
\end{aligned}$$

即 (1.4.10) 是线性方程组 (1.4.9) 的解. □

注　当系数行列式 $|\boldsymbol{A}| = 0$ 时, 方程组的解比较复杂, 我们将在第三章讨论这个问题.

习　题　1.4

1. 将下列行列式分别按第一行及第一列展开求值并比较其结果:

(1) $\begin{vmatrix} 1 & 0 & 0 \\ 2 & 7 & 3 \\ 5 & 2 & 2 \end{vmatrix}$;　　(2) $\begin{vmatrix} 1 & 0 & -5 \\ 6 & 2 & -1 \\ 5 & -11 & 6 \end{vmatrix}$.

2. 将下列行列式分别按第二行及第三列展开求值并比较其结果:

(1) $\begin{vmatrix} 2 & 3 & 5 \\ 1 & 2 & 0 \\ 0 & 3 & 8 \end{vmatrix}$;　　(2) $\begin{vmatrix} 3 & 2 & -2 \\ 2 & -1 & 3 \\ 9 & 6 & -7 \end{vmatrix}$.

3. 设 $|\boldsymbol{A}|$ 是 n 阶行列式, 若 $|\boldsymbol{A}|$ 的第 (i,j) 元素 a_{ij} 与第 (j,i) 元素 a_{ji} 适合关系式:

$$a_{ij} = -a_{ji},$$

则称 $|\boldsymbol{A}|$ 是一个反对称行列式. 求证: 当 n 是奇数时, n 阶反对称行列式的值等于零.

4. 求证: n 阶行列式

$$\begin{vmatrix} 0 & 0 & \cdots & 0 & b_1 \\ 0 & 0 & \cdots & b_2 & 0 \\ \vdots & \vdots & & \vdots & \vdots \\ 0 & b_{n-1} & \cdots & 0 & 0 \\ b_n & 0 & \cdots & 0 & 0 \end{vmatrix} = (-1)^{\frac{1}{2}n(n-1)} b_1 b_2 \cdots b_n.$$

5. 求下列关于 x 的多项式中一次项的系数:

$$f(x) = \begin{vmatrix} 2 & x & -5 & 3 \\ 1 & 2 & 3 & 4 \\ -1 & 0 & -2 & -3 \\ -1 & 7 & -2 & -2 \end{vmatrix}.$$

6. 用 Cramer 法则求下列线性方程组的解:

$$\begin{cases} x_1 + 2x_2 + 3x_4 = 1, \\ 2x_1 + 5x_2 - x_3 + 4x_4 = 2, \\ 3x_1 + 6x_2 + x_3 + 10x_4 = 3, \\ -x_1 - 2x_2 - 2x_4 = 4. \end{cases}$$

§ 1.5　行列式的计算

我们已经看到, 线性方程组可以用行列式求解. 但是当未知数个数很多时, 行列式的阶将很大, 用行列式的定义来计算高阶行列式是非常麻烦的. 有没有好办法使得行列式的计算简单一些? 这是本节要研究的问题.

我们先来看下面一个例子.

例 1.5.1　设有行列式

$$|\boldsymbol{A}| = \begin{vmatrix} a_{11} & a_{12} & \cdots & a_{1n} \\ 0 & a_{22} & \cdots & a_{2n} \\ \vdots & \vdots & & \vdots \\ 0 & a_{n2} & \cdots & a_{nn} \end{vmatrix},$$

即 $|\boldsymbol{A}|$ 的第一列除了第一个元素外都等于零, 则 $|\boldsymbol{A}| = a_{11}M_{11}$.

注意 M_{11} 是一个 $n-1$ 阶行列式. 这个命题启发我们, 如果能设法把一个行列式变成上例中行列式的形状, 那么就可以将这个行列式"降阶处理". 不断地重复这个过程, 就可以将高阶行列式的值计算出来. 如何做到这一点? 我们来看下面的例子.

例 1.5.2 计算下列行列式:

$$|\boldsymbol{A}| = \begin{vmatrix} 1 & 0 & 2 & 1 \\ 2 & -1 & 1 & 0 \\ 1 & 0 & 0 & 3 \\ -1 & 0 & 2 & 1 \end{vmatrix}.$$

解　我们的目的首先是设法将 $|\boldsymbol{A}|$ 的第一列中的第二、第三及第四行的元素变为零. 为此, 先将 $|\boldsymbol{A}|$ 的第一行乘以 -2 加到第二行上去, 由性质 7 可知 $|\boldsymbol{A}|$ 的值不变, 我们用下列记号来表示这个过程:

$$\begin{matrix} (-2) \\ \llcorner\!\!\longrightarrow \\ \\ \\ \end{matrix} \begin{vmatrix} 1 & 0 & 2 & 1 \\ 2 & -1 & 1 & 0 \\ 1 & 0 & 0 & 3 \\ -1 & 0 & 2 & 1 \end{vmatrix} = \begin{vmatrix} 1 & 0 & 2 & 1 \\ 0 & -1 & -3 & -2 \\ 1 & 0 & 0 & 3 \\ -1 & 0 & 2 & 1 \end{vmatrix}.$$

再将第一行乘以 -1 加到第三行上, 即

$$\begin{matrix} (-1) \\ \\ \llcorner\!\!\longrightarrow \\ \\ \end{matrix} \begin{vmatrix} 1 & 0 & 2 & 1 \\ 0 & -1 & -3 & -2 \\ 1 & 0 & 0 & 3 \\ -1 & 0 & 2 & 1 \end{vmatrix} = \begin{vmatrix} 1 & 0 & 2 & 1 \\ 0 & -1 & -3 & -2 \\ 0 & 0 & -2 & 2 \\ -1 & 0 & 2 & 1 \end{vmatrix}.$$

再将第一行加到第四行上去:

$$\begin{matrix} (1) \\ \\ \\ \llcorner\!\!\longrightarrow \end{matrix} \begin{vmatrix} 1 & 0 & 2 & 1 \\ 0 & -1 & -3 & -2 \\ 0 & 0 & -2 & 2 \\ -1 & 0 & 2 & 1 \end{vmatrix} = \begin{vmatrix} 1 & 0 & 2 & 1 \\ 0 & -1 & -3 & -2 \\ 0 & 0 & -2 & 2 \\ 0 & 0 & 4 & 2 \end{vmatrix}.$$

这样就把 $|\boldsymbol{A}|$ 的第一列除第一行外的元素全化为零, 于是可将行列式降阶处理:

$$|\boldsymbol{A}| = 1 \cdot \begin{vmatrix} -1 & -3 & -2 \\ 0 & -2 & 2 \\ 0 & 4 & 2 \end{vmatrix}.$$

在上面的三阶行列式中第一列元素除 -1 外都是零, 又可作降阶处理:

$$|\boldsymbol{A}| = (-1) \cdot \begin{vmatrix} -2 & 2 \\ 4 & 2 \end{vmatrix}.$$

对二阶行列式可直接用定义计算出它的值:

$$|\boldsymbol{A}| = (-1)(-4-8) = 12.$$

我们详细分析了求 $|\boldsymbol{A}|$ 值的过程. 在实际运算过程中, 常把上述运算简写为

$$\begin{matrix} (1)(-1)(-2) \end{matrix} \begin{vmatrix} 1 & 0 & 2 & 1 \\ 2 & -1 & 1 & 0 \\ 1 & 0 & 0 & 3 \\ -1 & 0 & 2 & 1 \end{vmatrix} = \begin{vmatrix} 1 & 0 & 2 & 1 \\ 0 & -1 & -3 & -2 \\ 0 & 0 & -2 & 2 \\ 0 & 0 & 4 & 2 \end{vmatrix}$$

$$= \begin{vmatrix} -1 & -3 & -2 \\ 0 & -2 & 2 \\ 0 & 4 & 2 \end{vmatrix} = - \begin{vmatrix} -2 & 2 \\ 4 & 2 \end{vmatrix} = -(-4-8) = 12.$$

上面的方法是基于行列式可按列展开这一事实. 同理, 由于行列式也可按行展开, 故可采用将第一行除第一个元素外都消为零的办法来求行列式的值. 仍以上面的行列式为例, 采用行消去法:

$$\begin{matrix} (-1) \\ (-2) \end{matrix}$$

$$\begin{vmatrix} 1 & 0 & 2 & 1 \\ 2 & -1 & 1 & 0 \\ 1 & 0 & 0 & 3 \\ -1 & 0 & 2 & 1 \end{vmatrix} = \begin{vmatrix} 1 & 0 & 0 & 0 \\ 2 & -1 & -3 & -2 \\ 1 & 0 & -2 & 2 \\ -1 & 0 & 4 & 2 \end{vmatrix} = \begin{vmatrix} -1 & -3 & -2 \\ 0 & -2 & 2 \\ 0 & 4 & 2 \end{vmatrix}.$$

这时再按列展开即可.

究竟何时用行消去法, 何时用列消去法, 要具体分析, 看用哪种方法能较顺利地降阶. 在计算一个行列式中可以交叉地使用这两种方法.

有时会出现这样的情形, 行列式的第一行第一列的元素等于零, 这时可用其他非零元素来消去别的行或列, 再将行列式降阶.

例 1.5.3 计算行列式:

$$|\boldsymbol{A}|=\begin{vmatrix}0 & -2 & 4\\ 2 & 5 & -1\\ 6 & 1 & 7\end{vmatrix}.$$

解 这时可将第二行乘以 -3 加到第三行上去再按定义展开:

$$\begin{vmatrix}0 & -2 & 4\\ 2 & 5 & -1\\ 6 & 1 & 7\end{vmatrix}=\begin{vmatrix}0 & -2 & 4\\ 2 & 5 & -1\\ 0 & -14 & 10\end{vmatrix}=(-1)^{2+1}\cdot 2\cdot\begin{vmatrix}-2 & 4\\ -14 & 10\end{vmatrix}$$

$$=-2(-20+56)=-72.$$

有时为了方便, 我们不必拘泥于消去第一行或第一列的元素, 看哪行 (列) 消为零方便就消去该行 (列).

例 1.5.4 计算行列式:

$$|\boldsymbol{A}|=\begin{vmatrix}7 & 3 & 1 & -5\\ 2 & 6 & -3 & 0\\ 3 & 11 & -1 & 4\\ -6 & 5 & 2 & -9\end{vmatrix}.$$

解 这时若消去第一列将出现分数运算. 因此我们采用消去第三列的方法:

(−2) (1) (3)

$$\begin{vmatrix}7 & 3 & 1 & -5\\ 2 & 6 & -3 & 0\\ 3 & 11 & -1 & 4\\ -6 & 5 & 2 & -9\end{vmatrix}=\begin{vmatrix}7 & 3 & 1 & -5\\ 23 & 15 & 0 & -15\\ 10 & 14 & 0 & -1\\ -20 & -1 & 0 & 1\end{vmatrix}$$

(1)

$$=(-1)^{1+3}\begin{vmatrix}23 & 15 & -15\\ 10 & 14 & -1\\ -20 & -1 & 1\end{vmatrix}=\begin{vmatrix}23 & 15 & 0\\ 10 & 14 & 13\\ -20 & -1 & 0\end{vmatrix}$$

$$=(-1)^{2+3}\cdot 13\cdot\begin{vmatrix}23 & 15\\ -20 & -1\end{vmatrix}=-13(-23+300)=-3601.$$

如果一个行列式中某一行或某一列有公因子, 则根据性质 3 可以将它提出来, 这样往往能简化计算.

例 1.5.5 计算行列式:

$$|\boldsymbol{A}| = \begin{vmatrix} 3 & 6 & 12 \\ 2 & -3 & 0 \\ 5 & 1 & 2 \end{vmatrix}.$$

解 先将第一行中的公因子提出:

$$|\boldsymbol{A}| = 3\begin{vmatrix} 1 & 2 & 4 \\ 2 & -3 & 0 \\ 5 & 1 & 2 \end{vmatrix}.$$

再计算

$$\begin{matrix} (-5)\ (-2) \\ \downarrow\ \ \ \ \downarrow \end{matrix}\begin{vmatrix} 1 & 2 & 4 \\ 2 & -3 & 0 \\ 5 & 1 & 2 \end{vmatrix} = \begin{vmatrix} 1 & 2 & 4 \\ 0 & -7 & -8 \\ 0 & -9 & -18 \end{vmatrix} = \begin{vmatrix} -7 & -8 \\ -9 & -18 \end{vmatrix} = 54,$$

因此, $|\boldsymbol{A}| = 3 \times 54 = 162$.

上面详细介绍了计算行列式的方法. 在实际计算过程中不必拘于固定的步骤, 可以根据不同的情况灵活运用行列式的性质, 较快地计算出行列式的值. 其原则是尽可能多地使行列式的元素变为零, 尽可能快地将行列式降阶处理.

下面举几个文字行列式的例子.

例 1.5.6 计算 n 阶 Vandermonde (范德蒙) 行列式:

$$V_n = \begin{vmatrix} 1 & x_1 & x_1^2 & \cdots & x_1^{n-2} & x_1^{n-1} \\ 1 & x_2 & x_2^2 & \cdots & x_2^{n-2} & x_2^{n-1} \\ \vdots & \vdots & \vdots & & \vdots & \vdots \\ 1 & x_{n-1} & x_{n-1}^2 & \cdots & x_{n-1}^{n-2} & x_{n-1}^{n-1} \\ 1 & x_n & x_n^2 & \cdots & x_n^{n-2} & x_n^{n-1} \end{vmatrix}.$$

解 我们采用行消去法. 将第 $n-1$ 列乘以 $-x_n$ 后加到第 n 列上, 再将第 $n-2$ 列乘以 $-x_n$ 加到第 $n-1$ 列上. 这样一直做下去, 直至将第一列乘以 $-x_n$

加到第二列上为止. 每次这样变形后行列式的值不改变, 于是

$$V_n = \begin{vmatrix} 1 & x_1 - x_n & x_1^2 - x_1x_n & \cdots & x_1^{n-2} - x_1^{n-3}x_n & x_1^{n-1} - x_1^{n-2}x_n \\ 1 & x_2 - x_n & x_2^2 - x_2x_n & \cdots & x_2^{n-2} - x_2^{n-3}x_n & x_2^{n-1} - x_2^{n-2}x_n \\ \vdots & \vdots & \vdots & & \vdots & \vdots \\ 1 & x_{n-1} - x_n & x_{n-1}^2 - x_{n-1}x_n & \cdots & x_{n-1}^{n-2} - x_{n-1}^{n-3}x_n & x_{n-1}^{n-1} - x_{n-1}^{n-2}x_n \\ 1 & 0 & 0 & \cdots & 0 & 0 \end{vmatrix}$$

$$= (-1)^{n+1} \begin{vmatrix} x_1-x_n & x_1(x_1-x_n) & \cdots & x_1^{n-3}(x_1-x_n) & x_1^{n-2}(x_1-x_n) \\ x_2-x_n & x_2(x_2-x_n) & \cdots & x_2^{n-3}(x_2-x_n) & x_2^{n-2}(x_2-x_n) \\ \vdots & \vdots & & \vdots & \vdots \\ x_{n-1}-x_n & x_{n-1}(x_{n-1}-x_n) & \cdots & x_{n-1}^{n-3}(x_{n-1}-x_n) & x_{n-1}^{n-2}(x_{n-1}-x_n) \end{vmatrix}.$$

将上式中各行公因子提出后得到的 $n-1$ 阶行列式恰好是一个 $x_1, x_2, \cdots, x_{n-1}$ 的 $n-1$ 阶 Vandermonde 行列式, 我们记之为 V_{n-1}. 于是

$$V_n = (-1)^{n+1}(x_1 - x_n)(x_2 - x_n)\cdots(x_{n-1} - x_n) \cdot \begin{vmatrix} 1 & x_1 & x_1^2 & \cdots & x_1^{n-2} \\ 1 & x_2 & x_2^2 & \cdots & x_2^{n-2} \\ \vdots & \vdots & \vdots & & \vdots \\ 1 & x_{n-1} & x_{n-1}^2 & \cdots & x_{n-1}^{n-2} \end{vmatrix}$$

$$= (x_n - x_1)(x_n - x_2)\cdots(x_n - x_{n-1})V_{n-1}.$$

我们得到了递推公式:

$$V_n = (x_n - x_1)(x_n - x_2)\cdots(x_n - x_{n-1})V_{n-1}.$$

于是

$$V_n = \prod_{1\le i<j\le n}(x_j - x_i),$$

这里 Π 表示连乘积, i, j 在保持 $i < j$ 的条件下遍历 1 到 n. 例如,

$$V_4 = (x_4 - x_1)(x_4 - x_2)(x_4 - x_3)(x_3 - x_1)(x_3 - x_2)(x_2 - x_1),$$

$$V_5 = (x_5 - x_1)(x_5 - x_2)(x_5 - x_3)(x_5 - x_4)V_4.$$

例 1.5.7 求下列行列式的值:

$$F_n = \begin{vmatrix} \lambda & 0 & 0 & \cdots & 0 & a_n \\ -1 & \lambda & 0 & \cdots & 0 & a_{n-1} \\ 0 & -1 & \lambda & \cdots & 0 & a_{n-2} \\ \vdots & \vdots & \vdots & & \vdots & \vdots \\ 0 & 0 & 0 & \cdots & \lambda & a_2 \\ 0 & 0 & 0 & \cdots & -1 & \lambda + a_1 \end{vmatrix}.$$

解 按第一行展开并注意到以下两点: 一是 a_n 的余子式是一个上三角行列式, 故其值等于 $(-1)^{n-1}$; 二是 λ 的余子式是与 F_n 相类似的 $n-1$ 阶行列式, 我们记之为 F_{n-1}, 于是

$$F_n = \lambda F_{n-1} + (-1)^{1+n}(-1)^{n-1}a_n = \lambda F_{n-1} + a_n.$$

利用递推关系不难求得

$$F_n = \lambda^n + a_1\lambda^{n-1} + a_2\lambda^{n-2} + \cdots + a_n.$$

例 1.5.8 求证:

$$|\boldsymbol{A}| = \begin{vmatrix} ax+by & ay+bz & az+bx \\ ay+bz & az+bx & ax+by \\ az+bx & ax+by & ay+bz \end{vmatrix} = (a^3+b^3)\begin{vmatrix} x & y & z \\ y & z & x \\ z & x & y \end{vmatrix}.$$

证明 注意到行列式 $|\boldsymbol{A}|$ 的每个元素都是两个数之和, 根据行列式的性质 6, 可依次将第一列、第二列、第三列拆分开, 得到行列式 $|\boldsymbol{A}|$ 是 8 个行列式之和. 注意到其中 6 个行列式都有两列成比例, 从而值为零, 最后可得

$$|\boldsymbol{A}| = \begin{vmatrix} ax & ay & az \\ ay & az & ax \\ az & ax & ay \end{vmatrix} + \begin{vmatrix} by & bz & bx \\ bz & bx & by \\ bx & by & bz \end{vmatrix} = (a^3+b^3)\begin{vmatrix} x & y & z \\ y & z & x \\ z & x & y \end{vmatrix}. \square$$

例 1.5.9 计算下列 n 阶行列式:

$$|\boldsymbol{A}| = \begin{vmatrix} x & a & a & \cdots & a \\ a & x & a & \cdots & a \\ a & a & x & \cdots & a \\ \vdots & \vdots & \vdots & & \vdots \\ a & a & a & \cdots & x \end{vmatrix}.$$

解 将第二行、第三行直至第 n 行都加到第一行上, $|\boldsymbol{A}|$ 的值不变:

$$
\begin{aligned}
|\boldsymbol{A}| &= \begin{vmatrix} x+(n-1)a & x+(n-1)a & x+(n-1)a & \cdots & x+(n-1)a \\ a & x & a & \cdots & a \\ a & a & x & \cdots & a \\ \vdots & \vdots & \vdots & & \vdots \\ a & a & a & \cdots & x \end{vmatrix} \\
&= \big(x+(n-1)a\big) \begin{vmatrix} 1 & 1 & 1 & \cdots & 1 \\ a & x & a & \cdots & a \\ a & a & x & \cdots & a \\ \vdots & \vdots & \vdots & & \vdots \\ a & a & a & \cdots & x \end{vmatrix}.
\end{aligned}
$$

再将第一行乘以 $-a$ 分别加到第二行、第三行, 直至第 n 行上, 得

$$
\begin{aligned}
|\boldsymbol{A}| &= \big(x+(n-1)a\big) \begin{vmatrix} 1 & 1 & 1 & \cdots & 1 \\ 0 & x-a & 0 & \cdots & 0 \\ 0 & 0 & x-a & \cdots & 0 \\ \vdots & \vdots & \vdots & & \vdots \\ 0 & 0 & 0 & \cdots & x-a \end{vmatrix} \\
&= \big(x+(n-1)a\big)(x-a)^{n-1}.
\end{aligned}
$$

例 1.5.10 计算

$$
|\boldsymbol{A}| = \begin{vmatrix} x & y & z & w \\ y & x & w & z \\ z & w & x & y \\ w & z & y & x \end{vmatrix}.
$$

解 将第二列、第三列和第四列都加到第一列上, $|\boldsymbol{A}|$ 的值不变:

$$
|\boldsymbol{A}| = \begin{vmatrix} x+y+z+w & y & z & w \\ x+y+z+w & x & w & z \\ x+y+z+w & w & x & y \\ x+y+z+w & z & y & x \end{vmatrix} = (x+y+z+w) \begin{vmatrix} 1 & y & z & w \\ 1 & x & w & z \\ 1 & w & x & y \\ 1 & z & y & x \end{vmatrix}.
$$

再将第一行乘以 -1 分别加到第二行、第三行和第四行上, 得

$$\begin{aligned}|\boldsymbol{A}| &= (x+y+z+w)\begin{vmatrix}1 & y & z & w\\ 0 & x-y & w-z & z-w\\ 0 & w-y & x-z & y-w\\ 0 & z-y & y-z & x-w\end{vmatrix}\\ &= (x+y+z+w)\begin{vmatrix}x-y & w-z & z-w\\ w-y & x-z & y-w\\ z-y & y-z & x-w\end{vmatrix}.\end{aligned}$$

再将第二列分别加到第一列和第三列上, 得

$$\begin{aligned}|\boldsymbol{A}| &= (x+y+z+w)\begin{vmatrix}x+w-y-z & w-z & 0\\ x+w-y-z & x-z & x+y-z-w\\ 0 & y-z & x+y-z-w\end{vmatrix}\\ &= (x+y+z+w)(x+y-z-w)(x+w-y-z)\begin{vmatrix}1 & w-z & 0\\ 1 & x-z & 1\\ 0 & y-z & 1\end{vmatrix}\\ &= (x+y+z+w)(x+y-z-w)(x+z-y-w)(x+w-y-z).\end{aligned}$$

一般来说, 文字行列式的计算往往需要较高的技巧. 然而在实际问题中人们大量遇到的是数字行列式, 这类行列式现在已可借助计算机进行计算, 但是懂得行列式的计算原理及行列式的性质对正确应用计算机计算行列式是有益的.

习 题 1.5

1. 用行列式性质计算下列行列式的值:

(1) $\begin{vmatrix}1 & 2 & -1 & 2\\ 3 & 0 & 1 & 5\\ 1 & -2 & 0 & 3\\ -2 & -4 & 1 & 6\end{vmatrix}$; (2) $\begin{vmatrix}1 & -1 & 2 & -1\\ -3 & 4 & 1 & -1\\ 2 & -5 & -3 & 8\\ -2 & 6 & -4 & 1\end{vmatrix}$;

(3) $\begin{vmatrix}0 & 1 & 1 & 1 & 1\\ 1 & 0 & 1 & 1 & 1\\ 1 & 1 & 0 & 1 & 1\\ 1 & 1 & 1 & 0 & 1\\ 1 & 1 & 1 & 1 & 0\end{vmatrix}$; (4) $\begin{vmatrix}1 & 2 & 3 & 4 & 5\\ 2 & 3 & 7 & 10 & 13\\ 3 & 5 & 11 & 16 & 21\\ 2 & -7 & 7 & 7 & 2\\ 1 & 4 & 5 & 3 & 10\end{vmatrix}$.

2. 计算 n 阶行列式的值:

(1) $\begin{vmatrix} 1 & 1 & \cdots & 1 \\ 1 & \mathrm{C}_2^1 & \cdots & \mathrm{C}_n^1 \\ 1 & \mathrm{C}_3^2 & \cdots & \mathrm{C}_{n+1}^2 \\ \vdots & \vdots & & \vdots \\ 1 & \mathrm{C}_n^{n-1} & \cdots & \mathrm{C}_{2n-2}^{n-1} \end{vmatrix}$;　　(2) $\begin{vmatrix} 1 & 2 & 3 & \cdots & n \\ -1 & 0 & 3 & \cdots & n \\ -1 & -2 & 0 & \cdots & n \\ \vdots & \vdots & \vdots & & \vdots \\ -1 & -2 & -3 & \cdots & 0 \end{vmatrix}$;

(3) $\begin{vmatrix} a_1b_1 & a_1b_2 & a_1b_3 & \cdots & a_1b_n \\ a_1b_2 & a_2b_2 & a_2b_3 & \cdots & a_2b_n \\ a_1b_3 & a_2b_3 & a_3b_3 & \cdots & a_3b_n \\ \vdots & \vdots & \vdots & & \vdots \\ a_1b_n & a_2b_n & a_3b_n & \cdots & a_nb_n \end{vmatrix}$;　　(4) $\begin{vmatrix} a & 0 & \cdots & 0 & 1 \\ 0 & a & \cdots & 0 & 0 \\ \vdots & \vdots & & \vdots & \vdots \\ 0 & 0 & \cdots & a & 0 \\ 1 & 0 & \cdots & 0 & a \end{vmatrix}$.

3. 设 $b_{ij} = (a_{i1} + a_{i2} + \cdots + a_{in}) - a_{ij}$, 求证:

$$\begin{vmatrix} b_{11} & \cdots & b_{1n} \\ \vdots & & \vdots \\ b_{n1} & \cdots & b_{nn} \end{vmatrix} = (-1)^{n-1}(n-1)\begin{vmatrix} a_{11} & \cdots & a_{1n} \\ \vdots & & \vdots \\ a_{n1} & \cdots & a_{nn} \end{vmatrix}.$$

4. 利用 Vandermonde 行列式计算下列行列式的值:

$$\begin{vmatrix} a_1^{n-1} & a_1^{n-2}b_1 & \cdots & a_1b_1^{n-2} & b_1^{n-1} \\ a_2^{n-1} & a_2^{n-2}b_2 & \cdots & a_2b_2^{n-2} & b_2^{n-1} \\ \vdots & \vdots & & \vdots & \vdots \\ a_n^{n-1} & a_n^{n-2}b_n & \cdots & a_nb_n^{n-2} & b_n^{n-1} \end{vmatrix}.$$

5. 设 $f_i(x)\,(i = 1, 2, \cdots, n)$ 是次数不超过 $n-2$ 的多项式, 求证: 对任意 n 个数 $a_1, a_2, \cdots, a_n$, 均有

$$\begin{vmatrix} f_1(a_1) & f_1(a_2) & \cdots & f_1(a_n) \\ f_2(a_1) & f_2(a_2) & \cdots & f_2(a_n) \\ \vdots & \vdots & & \vdots \\ f_n(a_1) & f_n(a_2) & \cdots & f_n(a_n) \end{vmatrix} = 0.$$

提示: 设法证明下列行列式的值恒为零:

$$\begin{vmatrix} f_1(x) & f_1(a_2) & \cdots & f_1(a_n) \\ f_2(x) & f_2(a_2) & \cdots & f_2(a_n) \\ \vdots & \vdots & & \vdots \\ f_n(x) & f_n(a_2) & \cdots & f_n(a_n) \end{vmatrix}.$$

6. 设 t 是一个参数,

$$|\boldsymbol{A}(t)| = \begin{vmatrix} a_{11}+t & a_{12}+t & \cdots & a_{1n}+t \\ a_{21}+t & a_{22}+t & \cdots & a_{2n}+t \\ \vdots & \vdots & & \vdots \\ a_{n1}+t & a_{n2}+t & \cdots & a_{nn}+t \end{vmatrix},$$

求证:

$$|\boldsymbol{A}(t)| = |\boldsymbol{A}(0)| + t\sum_{i,j=1}^{n} A_{ij},$$

其中 A_{ij} 是 a_{ij} 在 $|\boldsymbol{A}(0)|$ 中的代数余子式.

§ 1.6 行列式的等价定义

设有行列式

$$|\boldsymbol{A}| = \begin{vmatrix} a_{11} & a_{12} & \cdots & a_{1n} \\ a_{21} & a_{22} & \cdots & a_{2n} \\ \vdots & \vdots & & \vdots \\ a_{n1} & a_{n2} & \cdots & a_{nn} \end{vmatrix}. \tag{1.6.1}$$

我们已经知道如何用归纳法求它的值, 但是读者也许仍觉得不满意. 能否将 $|\boldsymbol{A}|$ 的值直接表示出来呢? 我们可以这样考虑: 利用行列式性质, 将 $|\boldsymbol{A}|$ 拆分成若干个简单的行列式之和, 然后设法将这些简单的行列式计算出来再求和.

为了得到具体的想法, 我们先来看三阶行列式的情形. 设

$$|\boldsymbol{A}| = \begin{vmatrix} a_{11} & a_{12} & a_{13} \\ a_{21} & a_{22} & a_{23} \\ a_{31} & a_{32} & a_{33} \end{vmatrix}.$$

根据行列式性质 6, 将 $|\boldsymbol{A}|$ 的第一列拆分开, 则 $|\boldsymbol{A}|$ 可以表示成为 3 个行列式之和:

$$|\boldsymbol{A}| = \begin{vmatrix} a_{11} & a_{12} & a_{13} \\ 0 & a_{22} & a_{23} \\ 0 & a_{32} & a_{33} \end{vmatrix} + \begin{vmatrix} 0 & a_{12} & a_{13} \\ a_{21} & a_{22} & a_{23} \\ 0 & a_{32} & a_{33} \end{vmatrix} + \begin{vmatrix} 0 & a_{12} & a_{13} \\ 0 & a_{22} & a_{23} \\ a_{31} & a_{32} & a_{33} \end{vmatrix}.$$

继续将上述第一个行列式 (其余类似) 的第二列和第三列分别拆分开, 则可得

$$\begin{aligned}\begin{vmatrix}a_{11}&a_{12}&a_{13}\\0&a_{22}&a_{23}\\0&a_{32}&a_{33}\end{vmatrix}&=\begin{vmatrix}a_{11}&a_{12}&a_{13}\\0&0&0\\0&0&0\end{vmatrix}+\begin{vmatrix}a_{11}&a_{12}&0\\0&0&a_{23}\\0&0&0\end{vmatrix}+\begin{vmatrix}a_{11}&a_{12}&0\\0&0&0\\0&0&a_{33}\end{vmatrix}\\&+\begin{vmatrix}a_{11}&0&a_{13}\\0&a_{22}&0\\0&0&0\end{vmatrix}+\begin{vmatrix}a_{11}&0&0\\0&a_{22}&a_{23}\\0&0&0\end{vmatrix}+\begin{vmatrix}a_{11}&0&0\\0&a_{22}&0\\0&0&a_{33}\end{vmatrix}\\&+\begin{vmatrix}a_{11}&0&a_{13}\\0&0&0\\0&a_{32}&0\end{vmatrix}+\begin{vmatrix}a_{11}&0&0\\0&0&a_{23}\\0&a_{32}&0\end{vmatrix}+\begin{vmatrix}a_{11}&0&0\\0&0&0\\0&a_{32}&a_{33}\end{vmatrix}.\end{aligned}$$

进一步, 由行列式性质 3, 将上述 9 个行列式每一列的公因子分别提出, 则有

$$\begin{aligned}\begin{vmatrix}a_{11}&a_{12}&a_{13}\\0&a_{22}&a_{23}\\0&a_{32}&a_{33}\end{vmatrix}&=a_{11}a_{12}a_{13}\begin{vmatrix}1&1&1\\0&0&0\\0&0&0\end{vmatrix}+a_{11}a_{12}a_{23}\begin{vmatrix}1&1&0\\0&0&1\\0&0&0\end{vmatrix}+a_{11}a_{12}a_{33}\begin{vmatrix}1&1&0\\0&0&0\\0&0&1\end{vmatrix}\\&+a_{11}a_{22}a_{13}\begin{vmatrix}1&0&1\\0&1&0\\0&0&0\end{vmatrix}+a_{11}a_{22}a_{23}\begin{vmatrix}1&0&0\\0&1&1\\0&0&0\end{vmatrix}+a_{11}a_{22}a_{33}\begin{vmatrix}1&0&0\\0&1&0\\0&0&1\end{vmatrix}\\&+a_{11}a_{32}a_{13}\begin{vmatrix}1&0&1\\0&0&0\\0&1&0\end{vmatrix}+a_{11}a_{32}a_{23}\begin{vmatrix}1&0&0\\0&0&1\\0&1&0\end{vmatrix}+a_{11}a_{32}a_{33}\begin{vmatrix}1&0&0\\0&0&0\\0&1&1\end{vmatrix}.\end{aligned}$$

此时, 所有的三阶行列式都具有十分简单的形式, 即行列式的每一列只有一个元素为 1, 其余元素全为 0. 注意到: 如果有两个 1 处于同一行, 则由行列式性质 5, 此行列式的值为零; 如果所有的 1 处于不同的行, 则通过列之间的对换可将此行列式变为所有的 1 都在主对角线上的行列式, 由行列式性质 4 可知此行列式的值等于 1 或 -1. 因此

$$\begin{vmatrix}a_{11}&a_{12}&a_{13}\\0&a_{22}&a_{23}\\0&a_{32}&a_{33}\end{vmatrix}=a_{11}a_{22}a_{33}-a_{11}a_{32}a_{23}.$$

最后可得

$$\begin{vmatrix} a_{11} & a_{12} & a_{13} \\ a_{21} & a_{22} & a_{23} \\ a_{31} & a_{32} & a_{33} \end{vmatrix} = a_{11}a_{22}a_{33} + a_{21}a_{32}a_{13} + a_{31}a_{12}a_{23}$$
$$-a_{11}a_{32}a_{23} - a_{21}a_{12}a_{33} - a_{31}a_{22}a_{13}.$$

我们可以把上述讨论推广到 n 阶行列式的情形. 为了叙述方便, 我们先做一些约定. 行列式第 j 列简记为 $\boldsymbol{\alpha}_j\,(j=1,2,\cdots,n)$. $|\boldsymbol{A}|$ 写为 $|\boldsymbol{\alpha}_1,\boldsymbol{\alpha}_2,\cdots,\boldsymbol{\alpha}_n|$. 又用 $\boldsymbol{e}_1$ 表示由 n 个数组成的列, 其中第一个数为 1, 其余为零, 即

$$\boldsymbol{e}_1 = \begin{pmatrix} 1 \\ 0 \\ \vdots \\ 0 \end{pmatrix}.$$

为了防止混淆, 我们把这一列数用括号括起来. 类似地定义 $\boldsymbol{e}_i$ 为由 n 个数组成的列, 其第 i 行为 1, 其余行为 0. 定义一个数 a 与 $\boldsymbol{e}_i$ 的乘积仍为一个由 n 个数组成的列, 其第 i 行元素为 a, 其余为零. 定义 $a\boldsymbol{e}_i + b\boldsymbol{e}_j$ 为这样的一个由 n 个数组成的列: 若 $i \neq j$, 则第 i 行为 a, 第 j 行为 b, 其余为零; 若 $i=j$, 则第 i 行为 $a+b$, 其余行为零. 这样, 行列式 $|\boldsymbol{A}|$ 的第一列可写为

$$\boldsymbol{\alpha}_1 = \begin{pmatrix} a_{11} \\ a_{21} \\ \vdots \\ a_{n1} \end{pmatrix} = a_{11}\boldsymbol{e}_1 + a_{21}\boldsymbol{e}_2 + \cdots + a_{n1}\boldsymbol{e}_n = \sum_{i=1}^{n} a_{i1}\boldsymbol{e}_i.$$

同样, 第 j 列写为

$$\boldsymbol{\alpha}_j = a_{1j}\boldsymbol{e}_1 + a_{2j}\boldsymbol{e}_2 + \cdots + a_{nj}\boldsymbol{e}_n = \sum_{i=1}^{n} a_{ij}\boldsymbol{e}_i.$$

由行列式性质 6 及性质 3, 有

$$\begin{aligned} |\boldsymbol{A}| &= |\boldsymbol{\alpha}_1,\boldsymbol{\alpha}_2,\cdots,\boldsymbol{\alpha}_n| = |\sum_{i=1}^{n} a_{i1}\boldsymbol{e}_i,\boldsymbol{\alpha}_2,\cdots,\boldsymbol{\alpha}_n| \\ &= \sum_{i=1}^{n} a_{i1}|\boldsymbol{e}_i,\boldsymbol{\alpha}_2,\cdots,\boldsymbol{\alpha}_n|. \end{aligned}$$

对行列式 $|\boldsymbol{e}_i,\boldsymbol{\alpha}_2,\cdots,\boldsymbol{\alpha}_n|$, 由 $\boldsymbol{\alpha}_2=\sum\limits_{k=1}^{n}a_{k2}\boldsymbol{e}_k$ 得

$$|\boldsymbol{e}_i,\boldsymbol{\alpha}_2,\cdots,\boldsymbol{\alpha}_n|=\sum_{k=1}^{n}a_{k2}|\boldsymbol{e}_i,\boldsymbol{e}_k,\cdots,\boldsymbol{\alpha}_n|.$$

于是

$$|\boldsymbol{A}|=\sum_{i,k}a_{i1}a_{k2}|\boldsymbol{e}_i,\boldsymbol{e}_k,\cdots,\boldsymbol{\alpha}_n|.$$

不断做下去即可得

$$|\boldsymbol{A}|=\sum_{k_1,k_2,\cdots,k_n}a_{k_11}a_{k_22}\cdots a_{k_nn}|\boldsymbol{e}_{k_1},\boldsymbol{e}_{k_2},\cdots,\boldsymbol{e}_{k_n}|.$$

注意行列式 $|\boldsymbol{e}_{k_1},\boldsymbol{e}_{k_2},\cdots,\boldsymbol{e}_{k_n}|$, 当 $\boldsymbol{e}_{k_i}=\boldsymbol{e}_{k_j}$ 时其值为零. 因此不为零的行列式 $|\boldsymbol{e}_{k_1},\boldsymbol{e}_{k_2},\cdots,\boldsymbol{e}_{k_n}|$ 必须适合条件: $k_i\neq k_j$, 即 $(k_1,k_2,\cdots,k_n)$ 是数 $1,2,\cdots,n$ 的一个全排列或称 $(k_1,k_2,\cdots,k_n)$ 是 $1,2,\cdots,n$ 的一个置换. 这时候, 行列式 $|\boldsymbol{e}_{k_1},\boldsymbol{e}_{k_2},\cdots,\boldsymbol{e}_{k_n}|$ 是一个每一行和每一列都有且只有一个元素等于 1, 其余元素都为零的行列式. 显然, 经过若干次行或列的对换, 这样的行列式可以化为下列形状:

$$\begin{vmatrix}1 & 0 & \cdots & 0\\ 0 & 1 & \cdots & 0\\ \vdots & \vdots & & \vdots\\ 0 & 0 & \cdots & 1\end{vmatrix}.$$

上面行列式的值等于 1, 因此行列式 $|\boldsymbol{e}_{k_1},\boldsymbol{e}_{k_2},\cdots,\boldsymbol{e}_{k_n}|$ 的值等于 1 或 -1. 故 $|\boldsymbol{A}|$ 的展开式一共有 $n!$ 项, 每一项的值为

$$(-1)^{\varepsilon}a_{k_11}a_{k_22}\cdots a_{k_nn},$$

其中 ε 只与排列 $(k_1,k_2,\cdots,k_n)$ 有关.

为了决定行列式中每一项的符号, 我们引进逆序数的概念.

定义 1.6.1　我们称 n 个数 $1,2,\cdots,n$ 的排列 $(1,2,\cdots,n)$ 为常序排列, 即数字从小到大的排列为常序排列. 如果在一个排列中 j 排在 i 之前但是 $j>i$, 则称这是一个逆序对. 一个排列的所有逆序对的总个数称为这个排列的逆序数.

逆序数的求法是: 设排列为 $(k_1,k_2,\cdots,k_n)$, 先看 k_1 后面有多少个数小于 k_1, 不妨设为 m_1; 再看 k_2 后面有多少个数小于 k_2, 不妨设为 m_2; $\cdots\cdots$; 最后看 k_{n-1}

后面有多少个数小于 k_{n-1}, 不妨设为 m_{n-1}. 由定义, 排列 $(k_1,k_2,\cdots,k_n)$ 的逆序数就等于 $m_1+m_2+\cdots+m_{n-1}$, 通常记为 $N(k_1,k_2,\cdots,k_n)$. 例如, 常序排列 $(1,2,\cdots,n)$ 的逆序数为零.

例 1.6.1 试确定 $(4,1,3,2)$ 的逆序数.

解 $m_1=3, m_2=0, m_3=1$, 故逆序数 $N(4,1,3,2)=3+0+1=4$.

定义 1.6.2 若排列 $(k_1,k_2,\cdots,k_n)$ 的逆序数是一个偶数 (包括零), 则称之为偶排列; 若 $(k_1,k_2,\cdots,k_n)$ 的逆序数是一个奇数, 则称之为奇排列.

设 S_n 为由 $1,2,\cdots,n$ 的所有全排列构成的集合, 则 S_n 的元素个数为 $n!$.

引理 1.6.1 设 $(k_1,k_2,\cdots,k_n)\in S_n$, 若将其中 k_i 与 k_j 的位置对换, 其余数不动, 则排列的奇偶性改变. 即奇排列变为偶排列, 偶排列变为奇排列.

证明 首先我们考虑相邻两个数的对换. 若 $k_i>k_{i+1}$, 则对换后逆序数减少了 1; 若 $k_i<k_{i+1}$, 则对换后逆序数增加了 1, 无论哪种情形, 奇偶性都改变了. 再考虑一般情形. k_i 与 k_j 的对换可通过相邻两个数的对换来实现: 不妨设 $i<j$, 将 k_i 与 k_{i+1} 对换, 再与 k_{i+2} 对换, $\cdots\cdots$, 最后与 k_j 对换 (共换了 $j-i$ 次); 再将 k_j 与 k_{j-1} 对换, 再与 k_{j-2} 对换, $\cdots\cdots$, 最后与 k_{i+1} 对换 (共换了 $j-i-1$ 次); 此时 k_j 到了 k_i 原来的位置, k_i 到了原来 k_j 的位置. 这样一共换了 $2(j-i)-1$ 次, 因此改变了奇偶性. □

引理 1.6.2 设 $n\geq 2$, 则 S_n 中的奇排列与偶排列各占一半.

证明 设 S_n 中的奇排列有 p 个, 偶排列有 q 个. 由于 $n\geq 2$, 故可将每个奇排列的头两个数对换一下, 则所有的奇排列变成了互不相同的偶排列, 因此 $p\leq q$. 同理可证 $q\leq p$, 故 $p=q$. □

逆序数的实际意义是, 它给出了任一排列与常序排列之间相互转换的关系.

引理 1.6.3 设 $(k_1,k_2,\cdots,k_n)\in S_n$, 则通过 $N(k_1,k_2,\cdots,k_n)$ 次相邻对换, 可将 $(k_1,k_2,\cdots,k_n)$ 变为常序排列 $(1,2,\cdots,n)$.

证明 对 n 进行归纳. $n=1$ 时结论显然成立, 设对 $1,2,\cdots,n-1$ 的任一排列结论成立. 设 n 在排列 $(k_1,k_2,\cdots,k_n)$ 的第 i 位置, 即 $k_i=n$, 其逆序数为 m_i (这时 $m_i=n-i$). 将 k_i 与 k_{i+1} 对换, 再与 k_{i+2} 对换, $\cdots$, 最后与 k_n 对换 (共换了 m_i 次), 此时 n 就到了最末一位. 注意到

$$N(k_1,k_2,\cdots,k_n)=m_i+N(k_1,\cdots,k_{i-1},k_{i+1},\cdots,k_n),$$

且 $(k_1,\cdots,k_{i-1},k_{i+1},\cdots,k_n)\in S_{n-1}$, 由归纳假设知 $(k_1,\cdots,k_{i-1},k_{i+1},\cdots,k_n)$ 经过 $N(k_1,\cdots,k_{i-1},k_{i+1},\cdots,k_n)$ 次相邻对换可变为常序排列 $(1,2,\cdots,n-1)$, 因此由上面的讨论知 $(k_1,k_2,\cdots,k_n)$ 经过 $N(k_1,k_2,\cdots,k_n)$ 次相邻对换可变为常序排列 $(1,2,\cdots,n)$. □

例 1.6.2 试通过相邻对换将 $(4,1,3,2)$ 变为常序排列 $(1,2,3,4)$.

解 $(4,1,3,2)\xrightarrow{\text{将 4 相邻对换 3 次}}(1,3,2,4)\xrightarrow{\text{将 3 相邻对换 1 次}}(1,2,3,4)$.

现在我们来计算行列式 $|\boldsymbol{e}_{k_1},\boldsymbol{e}_{k_2},\cdots,\boldsymbol{e}_{k_n}|$. 由引理 1.6.3 知, $(k_1,k_2,\cdots,k_n)$ 经过 $N(k_1,k_2,\cdots,k_n)$ 次相邻对换可变为常序排列 $(1,2,\cdots,n)$. 因此, 行列式 $|\boldsymbol{e}_{k_1},\boldsymbol{e}_{k_2},\cdots,\boldsymbol{e}_{k_n}|$ 经过 $N(k_1,k_2,\cdots,k_n)$ 次相邻列对换可变为行列式 $|\boldsymbol{e}_1,\boldsymbol{e}_2,\cdots,\boldsymbol{e}_n|$. 因此 $|\boldsymbol{e}_{k_1},\boldsymbol{e}_{k_2},\cdots,\boldsymbol{e}_{k_n}|$ 的值等于 $(-1)^{N(k_1,k_2,\cdots,k_n)}$, 这样就求得了行列式的值.

定理 1.6.1 设 $|\boldsymbol{A}|$ 是如 (1.6.1) 式所示的 n 阶行列式, 则

$$|\boldsymbol{A}|=\sum_{(k_1,k_2,\cdots,k_n)\in S_n}(-1)^{N(k_1,k_2,\cdots,k_n)}a_{k_11}a_{k_22}\cdots a_{k_nn}. \tag{1.6.2}$$

注 我们也可以将上式作为行列式值的定义, 从而推出行列式的诸性质. 事实上, 有不少教科书就是采用这种方法来定义行列式的. 读者不妨自己作一尝试.

习 题 1.6

1. 证明行列式的值还可以这样定义:

$$|\boldsymbol{A}|=\sum_{(k_1,k_2,\cdots,k_n)\in S_n}(-1)^{N(k_1,k_2,\cdots,k_n)}a_{1k_1}a_{2k_2}\cdots a_{nk_n}. \tag{1.6.3}$$

2. 试用 (1.6.2) 式或 (1.6.3) 式作为行列式值的定义来证明行列式的诸性质.

3. 试求 (1.6.2) 式中单项 $a_{1n}a_{2,n-1}a_{3,n-2}\cdots a_{n1}$ 所带的符号.

4. 若一个 n 阶行列式中零元素的个数超过 n^2-n 个, 证明: 这个行列式的值等于零.

5. 设 $f_{ij}(t)$ 是可微函数,

$$F(t)=\begin{vmatrix}f_{11}(t)&f_{12}(t)&\cdots&f_{1n}(t)\\f_{21}(t)&f_{22}(t)&\cdots&f_{2n}(t)\\\vdots&\vdots&&\vdots\\f_{n1}(t)&f_{n2}(t)&\cdots&f_{nn}(t)\end{vmatrix},$$

求证: $\dfrac{\mathrm{d}}{\mathrm{d}t}F(t)=\sum\limits_{j=1}^{n}F_j(t)$, 其中

$$F_j(t)=\begin{vmatrix} f_{11}(t) & f_{12}(t) & \cdots & \dfrac{\mathrm{d}}{\mathrm{d}t}f_{1j}(t) & \cdots & f_{1n}(t) \\ f_{21}(t) & f_{22}(t) & \cdots & \dfrac{\mathrm{d}}{\mathrm{d}t}f_{2j}(t) & \cdots & f_{2n}(t) \\ \vdots & \vdots & & \vdots & & \vdots \\ f_{n1}(t) & f_{n2}(t) & \cdots & \dfrac{\mathrm{d}}{\mathrm{d}t}f_{nj}(t) & \cdots & f_{nn}(t) \end{vmatrix}.$$

6. 设

$$f(x)=\begin{vmatrix} x-a_{11} & -a_{12} & \cdots & -a_{1n} \\ -a_{21} & x-a_{22} & \cdots & -a_{2n} \\ \vdots & \vdots & & \vdots \\ -a_{n1} & -a_{n2} & \cdots & x-a_{nn} \end{vmatrix},$$

其中 x 是未知数, a_{ij} 是常数. 证明: $f(x)$ 是一个最高次项系数为 1 的 n 次多项式, 且其 $n-1$ 次项的系数等于 $-(a_{11}+a_{22}+\cdots+a_{nn})$.

* § 1.7 Laplace 定理

我们已经知道, 行列式可以按任一列或任一行展开. 现在我们要将这个结论作进一步的推广. 首先引进 k 阶子式的概念.

定义 1.7.1 设 $|\boldsymbol{A}|$ 是一个 n 阶行列式, $k<n$. 又 $i_1,i_2,\cdots,i_k$ 及 $j_1,j_2,\cdots,j_k$ 是两组自然数且适合条件:

$$1\le i_1<i_2<\cdots<i_k\le n;\ \ 1\le j_1<j_2<\cdots<j_k\le n.$$

取行列式 $|\boldsymbol{A}|$ 中第 i_1 行, 第 i_2 行, $\cdots\cdots$, 第 i_k 行以及第 j_1 列, 第 j_2 列, $\cdots\cdots$, 第 j_k 列交点上的元素, 按原来 $|\boldsymbol{A}|$ 中的相对位置构成一个 k 阶行列式. 我们称之为 $|\boldsymbol{A}|$ 的一个 k 阶子式, 记为

$$\boldsymbol{A}\begin{pmatrix} i_1 & i_2 & \cdots & i_k \\ j_1 & j_2 & \cdots & j_k \end{pmatrix}. \tag{1.7.1}$$

把这个子式写出来就是:

$$\begin{vmatrix} a_{i_1j_1} & a_{i_1j_2} & \cdots & a_{i_1j_k} \\ a_{i_2j_1} & a_{i_2j_2} & \cdots & a_{i_2j_k} \\ \vdots & \vdots & & \vdots \\ a_{i_kj_1} & a_{i_kj_2} & \cdots & a_{i_kj_k} \end{vmatrix}.$$

在行列式 $|\boldsymbol{A}|$ 中去掉第 i_1 行, 第 i_2 行, ……, 第 i_k 行以及第 j_1 列, 第 j_2 列, ……, 第 j_k 列以后剩下的元素按原来的相对位置构成一个 $n-k$ 阶行列式. 这个行列式称为子式 (1.7.1) 的余子式, 记为

$$M\begin{pmatrix} i_1 & i_2 & \cdots & i_k \\ j_1 & j_2 & \cdots & j_k \end{pmatrix}. \tag{1.7.2}$$

若令 $p=i_1+i_2+\cdots+i_k$, $q=j_1+j_2+\cdots+j_k$, 记

$$\widehat{\boldsymbol{A}}\begin{pmatrix} i_1 & i_2 & \cdots & i_k \\ j_1 & j_2 & \cdots & j_k \end{pmatrix}=(-1)^{p+q}M\begin{pmatrix} i_1 & i_2 & \cdots & i_k \\ j_1 & j_2 & \cdots & j_k \end{pmatrix}, \tag{1.7.3}$$

称之为子式 (1.7.1) 的代数余子式.

我们这一节主要证明如下的 Laplace (拉普拉斯) 定理.

定理 1.7.1 (Laplace 定理) 设 $|\boldsymbol{A}|$ 是 n 阶行列式, 在 $|\boldsymbol{A}|$ 中任取 k 行 (列), 那么含于这 k 行 (列) 的全部 k 阶子式与它们所对应的代数余子式的乘积之和等于 $|\boldsymbol{A}|$. 即若取定 k 个行: $1\le i_1<i_2<\cdots<i_k\le n$, 则

$$|\boldsymbol{A}|=\sum_{1\le j_1<j_2<\cdots<j_k\le n}\boldsymbol{A}\begin{pmatrix} i_1 & i_2 & \cdots & i_k \\ j_1 & j_2 & \cdots & j_k \end{pmatrix}\widehat{\boldsymbol{A}}\begin{pmatrix} i_1 & i_2 & \cdots & i_k \\ j_1 & j_2 & \cdots & j_k \end{pmatrix}. \tag{1.7.4}$$

同样若取定 k 个列: $1\le j_1<j_2<\cdots<j_k\le n$, 则

$$|\boldsymbol{A}|=\sum_{1\le i_1<i_2<\cdots<i_k\le n}\boldsymbol{A}\begin{pmatrix} i_1 & i_2 & \cdots & i_k \\ j_1 & j_2 & \cdots & j_k \end{pmatrix}\widehat{\boldsymbol{A}}\begin{pmatrix} i_1 & i_2 & \cdots & i_k \\ j_1 & j_2 & \cdots & j_k \end{pmatrix}. \tag{1.7.5}$$

在证明 Laplace 定理之前, 我们先举一个例子以弄清子式、代数余子式的含义以及 Laplace 定理的内容. 例如, 设有下列四阶行列式:

$$\begin{vmatrix} 1 & 2 & -1 & 3 \\ 7 & 0 & 5 & 2 \\ -2 & 4 & 6 & 1 \\ 2 & 3 & 1 & 4 \end{vmatrix}.$$

若固定其第二、第三行, 则共有 $C_4^2(=6)$ 个二阶子式:

$$\begin{aligned}
A\begin{pmatrix}2&3\\1&2\end{pmatrix} &= \begin{vmatrix}7&0\\-2&4\end{vmatrix}, \quad A\begin{pmatrix}2&3\\1&3\end{pmatrix}=\begin{vmatrix}7&5\\-2&6\end{vmatrix},\\
A\begin{pmatrix}2&3\\1&4\end{pmatrix} &= \begin{vmatrix}7&2\\-2&1\end{vmatrix}, \quad A\begin{pmatrix}2&3\\2&3\end{pmatrix}=\begin{vmatrix}0&5\\4&6\end{vmatrix},\\
A\begin{pmatrix}2&3\\2&4\end{pmatrix} &= \begin{vmatrix}0&2\\4&1\end{vmatrix}, \quad A\begin{pmatrix}2&3\\3&4\end{pmatrix}=\begin{vmatrix}5&2\\6&1\end{vmatrix}.
\end{aligned}$$

这 6 个子式相对应的代数余子式为

$$\begin{aligned}
\widehat{A}\begin{pmatrix}2&3\\1&2\end{pmatrix} &= (-1)^{2+3+1+2}\begin{vmatrix}-1&3\\1&4\end{vmatrix}=\begin{vmatrix}-1&3\\1&4\end{vmatrix},\\
\widehat{A}\begin{pmatrix}2&3\\1&3\end{pmatrix} &= (-1)^{2+3+1+3}\begin{vmatrix}2&3\\3&4\end{vmatrix}=-\begin{vmatrix}2&3\\3&4\end{vmatrix},\\
\widehat{A}\begin{pmatrix}2&3\\1&4\end{pmatrix} &= (-1)^{2+3+1+4}\begin{vmatrix}2&-1\\3&1\end{vmatrix}=\begin{vmatrix}2&-1\\3&1\end{vmatrix},\\
\widehat{A}\begin{pmatrix}2&3\\2&3\end{pmatrix} &= (-1)^{2+3+2+3}\begin{vmatrix}1&3\\2&4\end{vmatrix}=\begin{vmatrix}1&3\\2&4\end{vmatrix},\\
\widehat{A}\begin{pmatrix}2&3\\2&4\end{pmatrix} &= (-1)^{2+3+2+4}\begin{vmatrix}1&-1\\2&1\end{vmatrix}=-\begin{vmatrix}1&-1\\2&1\end{vmatrix},\\
\widehat{A}\begin{pmatrix}2&3\\3&4\end{pmatrix} &= (-1)^{2+3+3+4}\begin{vmatrix}1&2\\2&3\end{vmatrix}=\begin{vmatrix}1&2\\2&3\end{vmatrix}.
\end{aligned}$$

于是 Laplace 定理说

$$\begin{aligned}
|A| &= \begin{vmatrix}7&0\\-2&4\end{vmatrix}\begin{vmatrix}-1&3\\1&4\end{vmatrix}-\begin{vmatrix}7&5\\-2&6\end{vmatrix}\begin{vmatrix}2&3\\3&4\end{vmatrix}+\begin{vmatrix}7&2\\-2&1\end{vmatrix}\begin{vmatrix}2&-1\\3&1\end{vmatrix}\\
&\quad+\begin{vmatrix}0&5\\4&6\end{vmatrix}\begin{vmatrix}1&3\\2&4\end{vmatrix}-\begin{vmatrix}0&2\\4&1\end{vmatrix}\begin{vmatrix}1&-1\\2&1\end{vmatrix}+\begin{vmatrix}5&2\\6&1\end{vmatrix}\begin{vmatrix}1&2\\2&3\end{vmatrix}\\
&= 28\times(-7)-52\times(-1)+11\times 5+(-20)\times(-2)\\
&\quad-(-8)\times 3+(-7)\times(-1)\\
&= -18.
\end{aligned}$$

通过行列式计算, 我们也得到原行列式的值为 -18. 读者还可固定其列, 比如第三、第四列来验证 Laplace 定理.

为了证明 Laplace 定理, 我们可这样考虑: n 阶行列式按照 (1.6.2) 式共有 $n!$ 项, 其中每一项如不考虑符号都由 n 个元素的积组成, $|\boldsymbol{A}|$ 中的每一行及每一列有且仅有一个元素在这一项中. 若固定 $|\boldsymbol{A}|$ 的 k 行 (或列), 则一共有 C_n^k 个不同的子式, 每一个子式完全展开后均含有 $k!$ 项, 相应的余子式完全展开后均含有 $(n-k)!$ 项. 因此在 Laplace 定理中 (1.7.4) 式 (或 (1.7.5) 式) 右端一共有

$$\mathrm{C}_n^k \cdot k!(n-k)! = n!$$

项. 所以如果我们能够证明每个 k 阶子式与其代数余子式之积中的每一项都互不相同且都属于 $|\boldsymbol{A}|$ 的展开式, 那么就证明了 Laplace 定理.

引理 1.7.1 n 阶行列式 $|\boldsymbol{A}|$ 的任一 k 阶子式与其代数余子式之积的展开式中的每一项都属于 $|\boldsymbol{A}|$ 的展开式.

证明 先证明一个特殊情形: $i_1=1, i_2=2, \cdots, i_k=k$; $j_1=1, j_2=2, \cdots, j_k=k$. 这时 $|\boldsymbol{A}|$ 可写为

$$\begin{vmatrix} \boldsymbol{A}_1 & * \\ * & \boldsymbol{A}_2 \end{vmatrix}, \tag{1.7.6}$$

其中

$$|\boldsymbol{A}_1| = \boldsymbol{A}\begin{pmatrix} 1 & 2 & \cdots & k \\ 1 & 2 & \cdots & k \end{pmatrix} = \begin{vmatrix} a_{11} & \cdots & a_{1k} \\ \vdots & & \vdots \\ a_{k1} & \cdots & a_{kk} \end{vmatrix}, \tag{1.7.7}$$

$$|\boldsymbol{A}_2| = \widehat{\boldsymbol{A}}\begin{pmatrix} 1 & 2 & \cdots & k \\ 1 & 2 & \cdots & k \end{pmatrix} = \begin{vmatrix} a_{k+1,k+1} & \cdots & a_{k+1,n} \\ \vdots & & \vdots \\ a_{n,k+1} & \cdots & a_{nn} \end{vmatrix}. \tag{1.7.8}$$

(1.7.7) 式中的任一项具有形式:

$$(-1)^{N(j_1,j_2,\cdots,j_k)} a_{j_1 1} a_{j_2 2} \cdots a_{j_k k},$$

其中 $N(j_1, j_2, \cdots, j_k)$ 是排列 $(j_1, j_2, \cdots, j_k)$ 的逆序数. (1.7.8) 式中的任一项具有形式:

$$(-1)^{N(j_{k+1},j_{k+2},\cdots,j_n)} a_{j_{k+1},k+1} a_{j_{k+2},k+2} \cdots a_{j_n,n},$$

所以

$$A\begin{pmatrix}1 & 2 & \cdots & k\\ 1 & 2 & \cdots & k\end{pmatrix}\widehat{A}\begin{pmatrix}1 & 2 & \cdots & k\\ 1 & 2 & \cdots & k\end{pmatrix}$$

中的任一项具有下列形式:

$$(-1)^{\sigma}a_{j_1 1}a_{j_2 2}\cdots a_{j_k k}a_{j_{k+1},k+1}\cdots a_{j_n,n}, \tag{1.7.9}$$

其中 $\sigma = N(j_1,\cdots,j_k)+N(j_{k+1},\cdots,j_n)$. 注意 $(j_1,\cdots,j_k)$ 是 $(1,\cdots,k)$ 的一个排列, $(j_{k+1},\cdots,j_n)$ 是 $(k+1,\cdots,n)$ 的一个排列, 因此 $(j_1,\cdots,j_k,j_{k+1},\cdots,j_n)$ 是 $(1,2,\cdots,n)$ 的一个排列且

$$N(j_1,\cdots,j_k,j_{k+1},\cdots,j_n)=N(j_1,\cdots,j_k)+N(j_{k+1},\cdots,j_n).$$

这就是说 (1.7.9) 式是 $|A|$ 中的某一项.

再对一般情况进行证明, 设

$$1\le i_1<i_2<\cdots<i_k\le n;\ 1\le j_1<j_2<\cdots<j_k\le n.$$

显然, 经过 i_1-1 次相邻两行的对换, 可把第 i_1 行调至第一行. 同理, 经过 i_2-2 次对换, 可把第 i_2 行调至第二行, ……, 经过 $(i_1+\cdots+i_k)-\dfrac{1}{2}k(k+1)$ 次对换即可把第 $i_1,i_2,\cdots,i_k$ 行调至前 k 行. 同理, 经过 $(j_1+\cdots+j_k)-\dfrac{1}{2}k(k+1)$ 次对换, 可把第 $j_1,j_2,\cdots,j_k$ 列调至前 k 列. 因此, $|A|$ 经过 $(i_1+\cdots+i_k)+(j_1+\cdots+j_k)-k(k+1)$ 次行列的对换, 得到了一个新的行列式:

$$|C|=\begin{vmatrix}D & *\\ * & B\end{vmatrix},$$

其中

$$|D|=A\begin{pmatrix}i_1 & i_2 & \cdots & i_k\\ j_1 & j_2 & \cdots & j_k\end{pmatrix}.$$

显然 $|C|=(-1)^{p+q}|A|$, $p=i_1+\cdots+i_k$, $q=j_1+\cdots+j_k$. $|B|$ 是子式 $|D|$ 在 $|C|$ 中的余子式 (也是代数余子式). 由刚才讨论过的情形知道 $|D||B|$ 中的任一项都是 $|C|$ 中的项. 但是显然

$$\widehat{A}\begin{pmatrix}i_1 & i_2 & \cdots & i_k\\ j_1 & j_2 & \cdots & j_k\end{pmatrix}=(-1)^{p+q}|B|,$$

因此

$$\boldsymbol{A}\begin{pmatrix} i_1 & i_2 & \cdots & i_k \\ j_1 & j_2 & \cdots & j_k \end{pmatrix} \widehat{\boldsymbol{A}}\begin{pmatrix} i_1 & i_2 & \cdots & i_k \\ j_1 & j_2 & \cdots & j_k \end{pmatrix} = (-1)^{p+q}|\boldsymbol{D}||\boldsymbol{B}| \tag{1.7.10}$$

中的任一项都是 $(-1)^{p+q}|\boldsymbol{C}| = |\boldsymbol{A}|$ 中的项. □

现在我们来完成 Laplace 定理的证明.

证明　只需证明 (1.7.4) 式, (1.7.5) 式同理可得. 由引理 1.7.1 可知, (1.7.10) 式中的任一项均属于 $|\boldsymbol{A}|$ 的展开式. 容易验证当 $i_1, i_2, \cdots, i_k$ 固定时, 对不同的 $1 \leq j_1 < j_2 < \cdots < j_k \leq n$, 由 (1.7.10) 式展开得到的项是没有重复的, 且一共有 $n!$ 项. 又 $|\boldsymbol{A}|$ 的展开式中也有 $n!$ 项, 因此 (1.7.4) 式成立. □

Laplace 定理通常用来做理论分析, 也可以用来计算一些特殊的行列式. 下面就是两个简单的例子.

例 1.7.1　计算行列式:

$$|\boldsymbol{A}| = \begin{vmatrix} -1 & 1 & 1 & 2 & -1 \\ 0 & -1 & 0 & 1 & 2 \\ 2 & 1 & 1 & 3 & -1 \\ 1 & 2 & 2 & 1 & 0 \\ 0 & 3 & 0 & 1 & 3 \end{vmatrix}.$$

解　因为第一、第三列含有较多的零, 因此在这两列上作 Laplace 展开, 得

$$\begin{aligned} |\boldsymbol{A}| &= \begin{vmatrix} -1 & 1 \\ 2 & 1 \end{vmatrix} \cdot (-1)^{1+3+1+3} \begin{vmatrix} -1 & 1 & 2 \\ 2 & 1 & 0 \\ 3 & 1 & 3 \end{vmatrix} \\ &\quad + \begin{vmatrix} -1 & 1 \\ 1 & 2 \end{vmatrix} \cdot (-1)^{1+4+1+3} \begin{vmatrix} -1 & 1 & 2 \\ 1 & 3 & -1 \\ 3 & 1 & 3 \end{vmatrix} \\ &\quad + \begin{vmatrix} 2 & 1 \\ 1 & 2 \end{vmatrix} \cdot (-1)^{3+4+1+3} \begin{vmatrix} 1 & 2 & -1 \\ -1 & 1 & 2 \\ 3 & 1 & 3 \end{vmatrix} \\ &= (-3) \times (-11) + (-3) \times 32 + 3 \times (-23) \\ &= -132. \end{aligned}$$

例 1.7.2 设 n 阶行列式前 k 行和后 $n-k$ 列的交点上的元素都是零, 即

$$|\boldsymbol{A}|=\begin{vmatrix} a_{11} & \cdots & a_{1k} & 0 & \cdots & 0 \\ \vdots & & \vdots & \vdots & & \vdots \\ a_{k1} & \cdots & a_{kk} & 0 & \cdots & 0 \\ a_{k+1,1} & \cdots & a_{k+1,k} & a_{k+1,k+1} & \cdots & a_{k+1,n} \\ \vdots & & \vdots & \vdots & & \vdots \\ a_{n1} & \cdots & a_{nk} & a_{n,k+1} & \cdots & a_{nn} \end{vmatrix},$$

计算其值.

解 由 Laplace 定理 (按前 k 行展开) 立即得到

$$|\boldsymbol{A}|=\begin{vmatrix} a_{11} & \cdots & a_{1k} \\ \vdots & & \vdots \\ a_{k1} & \cdots & a_{kk} \end{vmatrix}\begin{vmatrix} a_{k+1,k+1} & \cdots & a_{k+1,n} \\ \vdots & & \vdots \\ a_{n,k+1} & \cdots & a_{nn} \end{vmatrix}.$$

习 题 1.7

1. 写出下列行列式第一、第三行的所有子式及相应的代数余子式, 并用 Laplace 定理计算其值:

(1) $\begin{vmatrix} 1 & 2 & 0 & 1 \\ -1 & 0 & 2 & 1 \\ 3 & 1 & -1 & -1 \\ 1 & -1 & 1 & -1 \end{vmatrix}$; (2) $\begin{vmatrix} 3 & -1 & 0 & -3 \\ 0 & 2 & 7 & -2 \\ 5 & 0 & 2 & 1 \\ 1 & -1 & 2 & 3 \end{vmatrix}$.

2. 设 ω 是 1 的虚立方根, 即

$$\omega=-\frac{1}{2}+\frac{\sqrt{3}}{2}\mathrm{i},$$

试求下列行列式的值:

$$\begin{vmatrix} 1 & 1 & 0 & 0 & 1 & 0 \\ 1 & \omega & 0 & 0 & \omega^2 & 0 \\ a_1 & b_1 & 1 & 1 & c_1 & 1 \\ a_2 & b_2 & 1 & \omega^2 & c_2 & \omega \\ a_3 & b_3 & 1 & \omega & c_3 & \omega^2 \\ 1 & \omega^2 & 0 & 0 & \omega & 0 \end{vmatrix}.$$

3. 证明: 在确定代数余子式的符号时, 可以不利用该子式的行和列的号码和, 而利用该子式的余子式的号码和.

4. 利用行列式及 Laplace 定理, 证明下列恒等式:

$$(ab'-a'b)(cd'-c'd)-(ac'-a'c)(bd'-b'd)+(ad'-a'd)(bc'-b'c)=0.$$

5. 求 $2n$ 阶行列式的值 (空缺处都是零):

$$\begin{vmatrix} a & & & & & b \\ & \ddots & & & \iddots & \\ & & a & b & & \\ & & b & a & & \\ & \iddots & & & \ddots & \\ b & & & & & a \end{vmatrix}.$$

历史与展望

对线性代数而言, 最原始的驱动问题就是线性方程组的求解. 早在 4000 年前, 古巴比伦人就知道如何求解二元线性方程组. 公元前 200 年, 著名的《九章算术》一书中记载了中国人如何求解三元线性方程组. 这些求解方法是矩阵方法的原型, 与 2000 年后 Gauss (高斯) 和其他人给出的消元法有着类似之处. 行列式和矩阵都是为解决线性方程组的求解问题所创建的新理论, 然而从历史上看, 行列式却先于矩阵出现.

线性方程组求解理论的近代研究起源于 Leibniz (莱布尼茨), 他在 1693 年给出了行列式的概念, 并应用于线性方程组的求解, 但这些研究在当时并不为人所知. 1674 年日本数学家关孝和在著作《解伏题元法》中也提出了行列式的概念与算法.

1750 年, Cramer 把代数曲线问题的研究转化为线性方程组求解问题的研究, 并利用行列式给出了 n 个未定元 n 个方程的线性方程组有解的判定准则, 后称之为 Cramer 法则. 稍后, Bezout (贝祖) 将确定行列式每一单项符号的方法进行了系统化, 利用系数行列式的概念指出了如何判断一个齐次线性方程组有非零解. 总之, 在很长一段时间内, 行列式只是作为求解线性方程组的一种工具被使用, 并没有人意识到它可以独立于线性方程组之外, 单独形成一门理论加以研究.

在行列式的发展史上, 第一个对行列式理论做出连贯的逻辑的阐述, 即把行列式理论与线性方程组求解相分离的人是 Vandermonde. 他给出了用二阶子式和它们的余子式来展开行列式的法则, 就行列式本身来说, Vandermonde 是这门理论的奠基人. 1772 年, Laplace 在一篇论文中证明了 Vandermonde 提出的一些规则, 推广了展开行列式的方法.

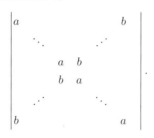

继 Vandermonde 之后, 在行列式理论方面, 又一位做出突出贡献的数学家是 Cauchy (柯西). 1815 年, Cauchy 给出了行列式的第一个系统的、几乎是近代的处理. 他给出了行列式的许多性质, 例如行列式的乘法定理等, 这些工作为数学家们研究 n 维代数、几何和分析提供了强

有力的工具. 例如, 1843 年 Cayley (凯莱) 以行列式为基本工具发展了 n 维解析几何; 1870 年 Dedekind (戴德金) 利用行列式证明了代数整数的和与乘积仍为代数整数等重要结论.

19 世纪的半个多世纪中, 对行列式理论研究始终不渝的数学家是 Sylvester (西尔维斯特). 他的重要成就之一是改进了从一个 m 次和一个 n 次多项式中消去未定元的方法 (他称之为配析法), 并给出了形成的行列式等于零是这两个多项式有公共根的充分必要条件这一结果.

继 Cauchy 之后, 在行列式理论方面最多产的数学家是 Jacobi (雅可比), 他引进了函数行列式, 即 "Jacobi 行列式", 指出函数行列式在多重积分的变量代换中的作用, 给出了函数行列式的导数公式. Jacobi 的著名论文《论行列式的形成和性质》标志着行列式理论系统的建成.

行列式理论在 19 世纪得到了极大的发展. 整个 19 世纪都有行列式的新结果出现, 除了一般行列式的大量定理之外, 还相继得到许多关于特殊行列式的定理. 19 世纪 60 年代, Weierstrass (魏尔斯特拉斯) 和 Kronecker (克罗内克) 分别给出了行列式的公理化定义. 20 世纪初随着数学公理化浪潮的兴起, 这些工作才逐渐被世人知晓.

行列式理论有着广泛的应用. 在后续章节可以看到, 除了线性方程组的求解, 行列式还能应用于矩阵非异性的判定, 矩阵秩的计算, 矩阵特征值的计算, 二次型的化简, 实对称矩阵正定性的判定等. 另外, 行列式理论在微分方程组的求解和天体力学等领域也有着重要的应用. 虽然从现代数学的角度来看, 行列式理论已经十分成熟, 没有进一步发展的空间, 但它的确是一种强有力的计算工具.

复 习 题 一

1. 计算下列 n 阶行列式的值, 其中 $a_i \neq 0\,(2 \leq i \leq n)$:

$$|\boldsymbol{A}| = \begin{vmatrix} a_1 & b_2 & b_3 & \cdots & b_n \\ c_2 & a_2 & 0 & \cdots & 0 \\ c_3 & 0 & a_3 & \cdots & 0 \\ \vdots & \vdots & \vdots & & \vdots \\ c_n & 0 & 0 & \cdots & a_n \end{vmatrix}.$$

2. 计算下列 n 阶行列式的值, 其中 $a_i \neq 0\,(1 \leq i \leq n)$:

$$|\boldsymbol{A}| = \begin{vmatrix} x_1 - a_1 & x_2 & x_3 & \cdots & x_n \\ x_1 & x_2 - a_2 & x_3 & \cdots & x_n \\ x_1 & x_2 & x_3 - a_3 & \cdots & x_n \\ \vdots & \vdots & \vdots & & \vdots \\ x_1 & x_2 & x_3 & \cdots & x_n - a_n \end{vmatrix}.$$

3. 设 $|\boldsymbol{A}|=|a_{ij}|$ 是一个 n 阶行列式, A_{ij} 是它的第 (i,j) 元素的代数余子式, 求证:

$$\begin{vmatrix} a_{11} & a_{12} & \cdots & a_{1n} & x_1 \\ a_{21} & a_{22} & \cdots & a_{2n} & x_2 \\ \vdots & \vdots & & \vdots & \vdots \\ a_{n1} & a_{n2} & \cdots & a_{nn} & x_n \\ y_1 & y_2 & \cdots & y_n & z \end{vmatrix} = z|\boldsymbol{A}| - \sum_{i=1}^{n}\sum_{j=1}^{n} A_{ij}x_iy_j.$$

4. 计算下列 n 阶行列式的值:

$$|\boldsymbol{A}| = \begin{vmatrix} a_1+b & a_2 & a_3 & \cdots & a_n \\ a_1 & a_2+b & a_3 & \cdots & a_n \\ a_1 & a_2 & a_3+b & \cdots & a_n \\ \vdots & \vdots & \vdots & & \vdots \\ a_1 & a_2 & a_3 & \cdots & a_n+b \end{vmatrix}.$$

5. 计算下列 n 阶行列式的值:

$$|\boldsymbol{A}| = \begin{vmatrix} 1 & 2 & 3 & \cdots & n-1 & n \\ n & 1 & 2 & \cdots & n-2 & n-1 \\ n-1 & n & 1 & \cdots & n-3 & n-2 \\ \vdots & \vdots & \vdots & & \vdots & \vdots \\ 3 & 4 & 5 & \cdots & 1 & 2 \\ 2 & 3 & 4 & \cdots & n & 1 \end{vmatrix}.$$

6. 计算下列 n 阶行列式的值 $(bc \neq 0)$:

$$|\boldsymbol{A}| = \begin{vmatrix} a & b & & & & \\ c & a & b & & & \\ & c & a & b & & \\ & & \ddots & \ddots & \ddots & \\ & & & c & a & b \\ & & & & c & a \end{vmatrix}.$$

7. 求证: n 阶行列式

$$\begin{vmatrix} \cos x & 1 & 0 & 0 & \cdots & 0 & 0 & 0 \\ 1 & 2\cos x & 1 & 0 & \cdots & 0 & 0 & 0 \\ 0 & 1 & 2\cos x & 1 & \cdots & 0 & 0 & 0 \\ \vdots & \vdots & \vdots & \vdots & & \vdots & \vdots & \vdots \\ 0 & 0 & 0 & 0 & \cdots & 1 & 2\cos x & 1 \\ 0 & 0 & 0 & 0 & \cdots & 0 & 1 & 2\cos x \end{vmatrix} = \cos nx.$$

8. 计算下列 n 阶行列式的值:

$$|\boldsymbol{A}|=\begin{vmatrix} x_1 & y & y & \cdots & y & y \\ z & x_2 & y & \cdots & y & y \\ z & z & x_3 & \cdots & y & y \\ \vdots & \vdots & \vdots & & \vdots & \vdots \\ z & z & z & \cdots & x_{n-1} & y \\ z & z & z & \cdots & z & x_n \end{vmatrix}.$$

9. 计算下列 n 阶行列式的值:

$$|\boldsymbol{A}|=\begin{vmatrix} 1-a_1 & a_2 & 0 & 0 & \cdots & 0 & 0 \\ -1 & 1-a_2 & a_3 & 0 & \cdots & 0 & 0 \\ 0 & -1 & 1-a_3 & a_4 & \cdots & 0 & 0 \\ \vdots & \vdots & \vdots & \vdots & & \vdots & \vdots \\ 0 & 0 & 0 & 0 & \cdots & -1 & 1-a_n \end{vmatrix}.$$

10. 计算下列 n 阶行列式的值:

$$|\boldsymbol{A}|=\begin{vmatrix} (a_1+b_1)^{-1} & (a_1+b_2)^{-1} & \cdots & (a_1+b_n)^{-1} \\ (a_2+b_1)^{-1} & (a_2+b_2)^{-1} & \cdots & (a_2+b_n)^{-1} \\ \vdots & \vdots & & \vdots \\ (a_n+b_1)^{-1} & (a_n+b_2)^{-1} & \cdots & (a_n+b_n)^{-1} \end{vmatrix}.$$

11. 设 n 阶行列式

$$|\boldsymbol{A}|=\begin{vmatrix} a_0+a_1 & a_1 & 0 & 0 & \cdots & 0 & 0 \\ a_1 & a_1+a_2 & a_2 & 0 & \cdots & 0 & 0 \\ 0 & a_2 & a_2+a_3 & a_3 & \cdots & 0 & 0 \\ \vdots & \vdots & \vdots & \vdots & & \vdots & \vdots \\ 0 & 0 & 0 & 0 & \cdots & a_{n-1} & a_{n-1}+a_n \end{vmatrix},$$

求证:

$$|\boldsymbol{A}|=a_0a_1\cdots a_n(\frac{1}{a_0}+\frac{1}{a_1}+\cdots+\frac{1}{a_n}).$$

12. 设 $n\,(n>2)$ 阶行列式 $|\boldsymbol{A}|$ 的所有元素或为 1 或为 -1, 求证: $|\boldsymbol{A}|$ 的绝对值小于等于 $\dfrac{2}{3}n!$.

13. 计算下列 n 阶行列式的值:

$$|\boldsymbol{A}|=\begin{vmatrix} a & b & \cdots & b \\ c & a & \cdots & b \\ \vdots & \vdots & & \vdots \\ c & c & \cdots & a \end{vmatrix}.$$

14. 解方程

$$\begin{vmatrix} 1 & 1 & 1 & 1 \\ 1 & 2 & 4 & 8 \\ 1 & -2 & 4 & -8 \\ 1 & x & x^2 & x^3 \end{vmatrix} = 0.$$

15. 设 $f_k(x) = x^k + a_{k1}x^{k-1} + a_{k2}x^{k-2} + \cdots + a_{kk}$, 求下列行列式的值:

$$\begin{vmatrix} 1 & f_1(x_1) & f_2(x_1) & \cdots & f_{n-1}(x_1) \\ 1 & f_1(x_2) & f_2(x_2) & \cdots & f_{n-1}(x_2) \\ \vdots & \vdots & \vdots & & \vdots \\ 1 & f_1(x_n) & f_2(x_n) & \cdots & f_{n-1}(x_n) \end{vmatrix}.$$

16. 计算下列行列式的值:

$$|\boldsymbol{A}| = \begin{vmatrix} 1 & \cos\theta_1 & \cos 2\theta_1 & \cdots & \cos(n-1)\theta_1 \\ 1 & \cos\theta_2 & \cos 2\theta_2 & \cdots & \cos(n-1)\theta_2 \\ \vdots & \vdots & \vdots & & \vdots \\ 1 & \cos\theta_n & \cos 2\theta_n & \cdots & \cos(n-1)\theta_n \end{vmatrix}.$$

17. 计算下列行列式的值:

$$|\boldsymbol{A}| = \begin{vmatrix} \sin\theta_1 & \sin 2\theta_1 & \cdots & \sin n\theta_1 \\ \sin\theta_2 & \sin 2\theta_2 & \cdots & \sin n\theta_2 \\ \vdots & \vdots & & \vdots \\ \sin\theta_n & \sin 2\theta_n & \cdots & \sin n\theta_n \end{vmatrix}.$$

18. 计算下列行列式的值:

$$|\boldsymbol{A}| = \begin{vmatrix} 1+x_1 & 1+x_1^2 & \cdots & 1+x_1^n \\ 1+x_2 & 1+x_2^2 & \cdots & 1+x_2^n \\ \vdots & \vdots & & \vdots \\ 1+x_n & 1+x_n^2 & \cdots & 1+x_n^n \end{vmatrix}.$$

19. 计算下列 n 阶行列式的值 $(1 \leq i \leq n-1)$:

$$|\boldsymbol{A}| = \begin{vmatrix} 1 & x_1 & \cdots & x_1^{i-1} & x_1^{i+1} & \cdots & x_1^n \\ 1 & x_2 & \cdots & x_2^{i-1} & x_2^{i+1} & \cdots & x_2^n \\ \vdots & \vdots & & \vdots & \vdots & & \vdots \\ 1 & x_n & \cdots & x_n^{i-1} & x_n^{i+1} & \cdots & x_n^n \end{vmatrix}.$$

20. 计算行列式的值:

$$|\boldsymbol{A}|=\begin{vmatrix}1 & 1 & 2 & 3\\ 1 & 2-x^2 & 2 & 3\\ 2 & 3 & 1 & 5\\ 2 & 3 & 1 & 9-x^2\end{vmatrix}.$$

21. 计算行列式的值:

$$|\boldsymbol{A}|=\begin{vmatrix}0 & x & y & z\\ x & 0 & z & y\\ y & z & 0 & x\\ z & y & x & 0\end{vmatrix}.$$

22. 计算行列式的值:

$$\begin{vmatrix}1+x & 1 & 1 & 1\\ 1 & 1-x & 1 & 1\\ 1 & 1 & 1+y & 1\\ 1 & 1 & 1 & 1-y\end{vmatrix}.$$

23. 计算行列式的值:

$$|\boldsymbol{A}|=\begin{vmatrix}(a+b)^2 & c^2 & c^2\\ a^2 & (b+c)^2 & a^2\\ b^2 & b^2 & (c+a)^2\end{vmatrix}.$$

24. 计算下列 n 阶行列式的值:

$$|\boldsymbol{A}|=\begin{vmatrix}(x-a_1)^2 & a_2^2 & \cdots & a_n^2\\ a_1^2 & (x-a_2)^2 & \cdots & a_n^2\\ \vdots & \vdots & & \vdots\\ a_1^2 & a_2^2 & \cdots & (x-a_n)^2\end{vmatrix}.$$

25. 设 n 阶行列式 $|\boldsymbol{A}|=|a_{ij}|$, A_{ij} 是元素 a_{ij} 的代数余子式, 求证:

$$\begin{vmatrix}a_{11}-a_{12} & a_{12}-a_{13} & \cdots & a_{1,n-1}-a_{1n} & 1\\ a_{21}-a_{22} & a_{22}-a_{23} & \cdots & a_{2,n-1}-a_{2n} & 1\\ a_{31}-a_{32} & a_{32}-a_{33} & \cdots & a_{3,n-1}-a_{3n} & 1\\ \vdots & \vdots & & \vdots & \vdots\\ a_{n1}-a_{n2} & a_{n2}-a_{n3} & \cdots & a_{n,n-1}-a_{nn} & 1\end{vmatrix}=\sum_{i,j=1}^{n}A_{ij}.$$

第二章 矩 阵

§ 2.1 矩阵的概念

矩阵是什么? 它有什么用处?

在上一章我们学习了 n 阶行列式的概念. 一个 n 阶行列式从形式上看无非是将 n^2 个元素排成 n 行与 n 列:

$$\begin{matrix} a_{11} & a_{12} & \cdots & a_{1n} \\ a_{21} & a_{22} & \cdots & a_{2n} \\ \vdots & \vdots & & \vdots \\ a_{n1} & a_{n2} & \cdots & a_{nn} \end{matrix},$$

在许多实际问题中, 还会碰到由若干个数排成行与列的长方形数组. 在研究问题时常常需要把它作为一个整体来处理, 这就需要我们引进矩阵的概念.

定义 2.1.1 由 mn 个数 $a_{ij}\,(i=1,2,\cdots,m;\ j=1,2,\cdots,n)$ 排成 m 行、n 列的矩形阵列:

$$\begin{matrix} a_{11} & a_{12} & \cdots & a_{1n} \\ a_{21} & a_{22} & \cdots & a_{2n} \\ \vdots & \vdots & & \vdots \\ a_{m1} & a_{m2} & \cdots & a_{mn} \end{matrix}$$

称为 m 行 n 列矩阵, 简称为 $m \times n$ 矩阵 (或 $m \times n$ 阵).

矩阵常用大写英文字母来表示, 且为了写得紧凑便于分辨, 往往用括弧将上述矩阵括起来. 比如上面定义中的矩阵可记为

$$\boldsymbol{A} = \begin{pmatrix} a_{11} & a_{12} & \cdots & a_{1n} \\ a_{21} & a_{22} & \cdots & a_{2n} \\ \vdots & \vdots & & \vdots \\ a_{m1} & a_{m2} & \cdots & a_{mn} \end{pmatrix}.$$

有时为了简单起见, 就记为 $\boldsymbol{A}=(a_{ij})_{m\times n}$. 这里 m 写在前面表示共有 m 行, n 写在后面表示共有 n 列.

$a_{ij}\,(i=1,2,\cdots,m;\ j=1,2,\cdots,n)$ 称为矩阵 $\boldsymbol{A}$ 的元素, 前一个足标 i 表示这个元素在第 i 行, 后一个足标 j 表示这个元素在第 j 列. a_{ij} 称为矩阵 $\boldsymbol{A}$ 的第 i 行第 j 列元素, 或简称为 $\boldsymbol{A}$ 的第 (i,j) 元素. 矩阵的元素通常用英文小写字母表示或直接用数字表示.

如果矩阵 $\boldsymbol{A}$ 的元素全是实数, 则称 $\boldsymbol{A}$ 为实矩阵; 如果 $\boldsymbol{A}$ 的元素全为复数, 则称之为复矩阵. 所有元素均为零的矩阵, 叫零矩阵, 记为 $\boldsymbol{O}$. 但是必须注意这个 $\boldsymbol{O}$ 不是一个数, 而是一个矩阵. 有时为了强调这是一个 $m\times n$ 阵, 可写为 $\boldsymbol{O}_{m\times n}$.

若矩阵的行列数相等, 则称之为方阵. 含有 n 行及 n 列的矩阵称为 n 阶方阵 (亦称为 n 阶矩阵), 行列数不相等的矩阵称为长方阵. 方阵在矩阵理论中占有特别重要的位置. 若 $\boldsymbol{A}=(a_{ij})$ 是 n 阶方阵, 则元素 a_{11}, a_{22}, $\cdots$, a_{nn} 称为 $\boldsymbol{A}$ 的主对角线. 若一个方阵除了主对角线上的元素外其余元素都等于零, 就称之为对角阵. 对角阵的形状为

$$\boldsymbol{A}=\begin{pmatrix} a_{11} & 0 & \cdots & 0\\ 0 & a_{22} & \cdots & 0\\ \vdots & \vdots & & \vdots\\ 0 & 0 & \cdots & a_{nn}\end{pmatrix}.$$

上述对角阵可简记为 $\mathrm{diag}\{a_{11},a_{22},\cdots,a_{nn}\}$. 若进一步有 $a_{11}=a_{22}=\cdots=a_{nn}=1$, 则称这个矩阵为单位阵. n 阶单位阵通常记为 $\boldsymbol{I}_n$:

$$\boldsymbol{I}_n=\begin{pmatrix} 1 & 0 & \cdots & 0\\ 0 & 1 & \cdots & 0\\ \vdots & \vdots & & \vdots\\ 0 & 0 & \cdots & 1\end{pmatrix}.$$

一个 n 阶方阵, 如果它的主对角线以下的元素都等于零, 即它具有下列形状:

$$\boldsymbol{A}=\begin{pmatrix} a_{11} & a_{12} & \cdots & a_{1n}\\ 0 & a_{22} & \cdots & a_{2n}\\ \vdots & \vdots & & \vdots\\ 0 & 0 & \cdots & a_{nn}\end{pmatrix},$$

则称 $\boldsymbol{A}$ 为上三角阵. 同样地, 若 $\boldsymbol{A}$ 的主对角线上面的元素全为零, 则称 $\boldsymbol{A}$ 为下三

角阵. 下三角阵的形状为

$$A = \begin{pmatrix} a_{11} & 0 & \cdots & 0 \\ a_{21} & a_{22} & \cdots & 0 \\ \vdots & \vdots & & \vdots \\ a_{n1} & a_{n2} & \cdots & a_{nn} \end{pmatrix}.$$

我们定义了矩阵的概念. 从定义可以看出, 矩阵可以是各种各样的. 为了判断其异同, 我们必须说明什么叫两个矩阵相等. 简单地说, 两个矩阵相等要求它们“完全一样”. 即若 $\boldsymbol{A} = (a_{ij})_{m\times n}$, $\boldsymbol{B} = (b_{ij})_{s\times t}$, 则 $\boldsymbol{A} = \boldsymbol{B}$ 当且仅当 $m = s, n = t$, 且 $a_{ij} = b_{ij}$ 对所有 i, j 都成立. 换言之, 两个矩阵相等要求它们含有相同数目的行及相同数目的列, 且第 (i, j) 元素都对应相等.

矩阵相等的概念并不复杂, 但有时也会产生混淆. 比如下面两个矩阵:

$$\begin{pmatrix} 0 & 0 \\ 0 & 0 \end{pmatrix}, \begin{pmatrix} 0 & 0 & 0 \\ 0 & 0 & 0 \end{pmatrix}$$

都是零矩阵且常用同一个符号表示, 但它们不相等. 因为一个是 2×2 矩阵, 另一个是 2×3 矩阵. 下面两个矩阵也不相等, 虽然它们都是二阶矩阵且都含有两个 0 与两个 1:

$$\begin{pmatrix} 1 & 1 \\ 0 & 0 \end{pmatrix}, \begin{pmatrix} 1 & 0 \\ 0 & 1 \end{pmatrix}.$$

矩阵的每一行称为这个矩阵的一个行向量, 同样它的每一列称为它的一个列向量. 一个 $1\times n$ 矩阵:

$$(a_1, a_2, \cdots, a_n)$$

称为 n 维行向量; 一个 $n\times 1$ 矩阵:

$$\begin{pmatrix} a_1 \\ a_2 \\ \vdots \\ a_n \end{pmatrix}$$

称为 n 维列向量.

读者可能会问, 矩阵和行列式有什么不同? 从上面的定义我们可以看出, 矩阵就是矩形数组, 而行列式 (注意仅对方阵而言) 是指这个方阵所对应的一个数值.

若 $\boldsymbol{A}$ 是 n 阶方阵, 则我们用 $|\boldsymbol{A}|$ 或 $\det \boldsymbol{A}$ 表示矩阵 $\boldsymbol{A}$ 的行列式. 注意对长方阵而言, 谈论其行列式显然没有意义.

§ 2.2 矩阵的运算

初等代数研究的是数, 但是数不仅仅是数字的集合, 它们之间还可以进行运算. 因此, 初等代数可以说是研究数及其运算的学科. 现在我们要研究矩阵, 即数组. 数组之间也可以定义运算, 研究矩阵及其运算规律是高等代数的基本任务. 读者要注意, 矩阵的代数运算是应实际需要引进的而不是数学家的随意创造. 在这一节里我们将介绍矩阵的加减法、数乘、乘法 (包括乘方)、转置与共轭. 这些运算有些与通常数字的运算相似, 有些则有很大的差别. 读者务须熟练掌握这些概念.

一、矩阵的加减法

定义 2.2.1 设有两个 $m\times n$ 矩阵 $\boldsymbol{A}=(a_{ij})$, $\boldsymbol{B}=(b_{ij})$, 定义 $\boldsymbol{A}+\boldsymbol{B}$ 是一个 $m\times n$ 矩阵且 $\boldsymbol{A}+\boldsymbol{B}$ 的第 (i,j) 元素等于 $a_{ij}+b_{ij}$, 即

$$\boldsymbol{A}+\boldsymbol{B}=(a_{ij}+b_{ij}).$$

例如

$$\begin{pmatrix} 1 & 2 & 0 \\ -1 & 3 & 1 \end{pmatrix}+\begin{pmatrix} 1 & -2 & 1 \\ -1 & -3 & 0 \end{pmatrix}=\begin{pmatrix} 2 & 0 & 1 \\ -2 & 0 & 1 \end{pmatrix}.$$

在进行矩阵加法时需特别注意, 相加的两个矩阵的行数与列数必须分别对应相等. 凡不满足这个条件的矩阵是不可以相加的.

一个 $m\times n$ 矩阵 $\boldsymbol{A}$ 与一个 $m\times n$ 零矩阵相加显然仍等于 $\boldsymbol{A}$, 即

$$\boldsymbol{A}+\boldsymbol{O}=\boldsymbol{A}.$$

因此零矩阵在矩阵加法中的作用与数字 0 在数的加法中的作用类似.

矩阵的减法可以看成是矩阵加法的逆运算, 因此行数与列数分别相等的两个矩阵才可以相减. 若 $\boldsymbol{A}=(a_{ij})_{m\times n}$, $\boldsymbol{B}=(b_{ij})_{m\times n}$, 则

$$\boldsymbol{A}-\boldsymbol{B}=(a_{ij}-b_{ij}).$$

例如

$$\begin{pmatrix} 1 & 3 \\ 5 & 2 \\ -1 & 0 \end{pmatrix}-\begin{pmatrix} 1 & 1 \\ 3 & 0 \\ 0 & 1 \end{pmatrix}=\begin{pmatrix} 0 & 2 \\ 2 & 2 \\ -1 & -1 \end{pmatrix}.$$

两个相等的矩阵相减为零矩阵, 即若 $\boldsymbol{A}=\boldsymbol{B}$, 则

$$\boldsymbol{A}-\boldsymbol{B}=\boldsymbol{O}.$$

我们还可以定义负矩阵, 设 $\boldsymbol{A}=(a_{ij})$, 定义 $-\boldsymbol{A}=(-a_{ij})$. 显然

$$\boldsymbol{A}+(-\boldsymbol{A})=\boldsymbol{O}.$$

矩阵加减法运算规则 矩阵的加减法运算适合下列规则:

(1) 交换律: $\boldsymbol{A}+\boldsymbol{B}=\boldsymbol{B}+\boldsymbol{A}$;

(2) 结合律: $(\boldsymbol{A}+\boldsymbol{B})+\boldsymbol{C}=\boldsymbol{A}+(\boldsymbol{B}+\boldsymbol{C})$;

(3) $\boldsymbol{O}+\boldsymbol{A}=\boldsymbol{A}+\boldsymbol{O}=\boldsymbol{A}$;

(4) $\boldsymbol{A}+(-\boldsymbol{B})=\boldsymbol{A}-\boldsymbol{B}$.

这些规则的验证是十分容易的, 请读者自己完成.

二、矩阵的数乘

定义 2.2.2 设 $\boldsymbol{A}$ 是一个 $m\times n$ 矩阵, $\boldsymbol{A}=(a_{ij})_{m\times n}$, c 是一个数, 定义 $c\boldsymbol{A}=(ca_{ij})_{m\times n}$. $c\boldsymbol{A}$ 称为数 c 与矩阵 $\boldsymbol{A}$ 的数乘.

上述定义告诉我们: 一个数与一个矩阵的数乘等于将这个数乘以矩阵的每一项 (即每个元素) 所得的矩阵. 例如:

$$3\cdot\begin{pmatrix}1&1\\3&0\\0&1\end{pmatrix}=\begin{pmatrix}3&3\\9&0\\0&3\end{pmatrix}.$$

矩阵 $\boldsymbol{A}$ 的负矩阵也可以看成是 -1 与 $\boldsymbol{A}$ 的数乘.

矩阵数乘运算规则 矩阵的数乘运算适合下列规则:

(1) $c(\boldsymbol{A}+\boldsymbol{B})=c\boldsymbol{A}+c\boldsymbol{B}$;

(2) $(c+d)\boldsymbol{A}=c\boldsymbol{A}+d\boldsymbol{A}$;

(3) $(cd)\boldsymbol{A}=c(d\boldsymbol{A})$;

(4) $1\cdot\boldsymbol{A}=\boldsymbol{A}$;

(5) $0\cdot\boldsymbol{A}=\boldsymbol{O}$.

三、矩阵的乘法

下面要定义的矩阵乘法是矩阵运算中最复杂也是最重要的一种运算. 矩阵乘法的概念是从实际需要中产生出来的, 读者以后会看到这一点.

定义 2.2.3 设有 $m\times k$ 矩阵 $\boldsymbol{A}=(a_{ij})_{m\times k}$, 以及 $k\times n$ 矩阵 $\boldsymbol{B}=(b_{ij})_{k\times n}$. 定义 $\boldsymbol{A}$ 和 $\boldsymbol{B}$ 的乘积 $\boldsymbol{AB}$ 是一个 $m\times n$ 矩阵且 $\boldsymbol{AB}$ 的第 (i,j) 元素

$$c_{ij}=a_{i1}b_{1j}+a_{i2}b_{2j}+\cdots+a_{ik}b_{kj}.$$

为了使读者看得更清楚, 我们写出矩阵乘积的表达式:

$$\begin{pmatrix} a_{11} & a_{12} & \cdots & a_{1k} \\ a_{21} & a_{22} & \cdots & a_{2k} \\ \vdots & \vdots & & \vdots \\ a_{m1} & a_{m2} & \cdots & a_{mk} \end{pmatrix}\begin{pmatrix} b_{11} & b_{12} & \cdots & b_{1n} \\ b_{21} & b_{22} & \cdots & b_{2n} \\ \vdots & \vdots & & \vdots \\ b_{k1} & b_{k2} & \cdots & b_{kn} \end{pmatrix}$$
$$=\begin{pmatrix} \sum\limits_{r=1}^{k} a_{1r}b_{r1} & \sum\limits_{r=1}^{k} a_{1r}b_{r2} & \cdots & \sum\limits_{r=1}^{k} a_{1r}b_{rn} \\ \sum\limits_{r=1}^{k} a_{2r}b_{r1} & \sum\limits_{r=1}^{k} a_{2r}b_{r2} & \cdots & \sum\limits_{r=1}^{k} a_{2r}b_{rn} \\ \vdots & \vdots & & \vdots \\ \sum\limits_{r=1}^{k} a_{mr}b_{r1} & \sum\limits_{r=1}^{k} a_{mr}b_{r2} & \cdots & \sum\limits_{r=1}^{k} a_{mr}b_{rn} \end{pmatrix}.$$

为了掌握这个定义, 我们需要注意以下两个要点:

第一, $\boldsymbol{A}$ 和 $\boldsymbol{B}$ 只有在 $\boldsymbol{A}$ 的列数等于 $\boldsymbol{B}$ 的行数时才可以相乘, 这时的积写为 $\boldsymbol{AB}$ (注意不能写为 $\boldsymbol{BA}$). 得到的积矩阵 $\boldsymbol{AB}$ 的行数等于 $\boldsymbol{A}$ 的行数, 列数等于 $\boldsymbol{B}$ 的列数. 我们用下列式子来帮助记忆:

$$\begin{array}{cccc} \boldsymbol{A} & \boldsymbol{B} & \longrightarrow & \boldsymbol{AB}, \\ m\times k & k\times n & \longrightarrow & m\times n, \end{array}$$

即 $\boldsymbol{AB}$ 的行列数只需把 $\boldsymbol{A}$ 与 $\boldsymbol{B}$ 的行列数合并去掉中间的两个 k 就可以了.

第二, $\boldsymbol{A}$ 与 $\boldsymbol{B}$ 的积 $\boldsymbol{AB}$ 的第 (i,j) 元素为

$$c_{ij}=a_{i1}b_{1j}+a_{i2}b_{2j}+\cdots+a_{ik}b_{kj}.$$

上式中只涉及 $\boldsymbol{A}$ 的第 i 行元素与 $\boldsymbol{B}$ 的第 j 列元素. 也就是说 c_{ij} 等于将 $\boldsymbol{A}$ 的第 i 行元素与 $\boldsymbol{B}$ 的第 j 列元素分别相乘以后再求和的结果.

例 2.2.1

$$\boldsymbol{A}=\begin{pmatrix}1&0&1\\2&1&0\end{pmatrix},\ \boldsymbol{B}=\begin{pmatrix}1&0&1&1\\1&1&2&-1\\-1&0&-1&0\end{pmatrix},$$

求 $\boldsymbol{AB}$.

解 $\boldsymbol{A}$ 是 2×3 矩阵, $\boldsymbol{B}$ 是 3×4 矩阵. 因此 $\boldsymbol{AB}$ 是 2×4 矩阵. 若令

$$\boldsymbol{C}=(c_{ij})=\boldsymbol{AB},$$

则

$$\begin{aligned}
c_{11}&=1\cdot 1+0\cdot 1+1\cdot(-1)=0,\\
c_{12}&=1\cdot 0+0\cdot 1+1\cdot 0=0,\\
c_{13}&=1\cdot 1+0\cdot 2+1\cdot(-1)=0,\\
c_{14}&=1\cdot 1+0\cdot(-1)+1\cdot 0=1,\\
c_{21}&=2\cdot 1+1\cdot 1+0\cdot(-1)=3,\\
c_{22}&=2\cdot 0+1\cdot 1+0\cdot 0=1,\\
c_{23}&=2\cdot 1+1\cdot 2+0\cdot(-1)=4,\\
c_{24}&=2\cdot 1+1\cdot(-1)+0\cdot 0=1.
\end{aligned}$$

所以

$$\boldsymbol{AB}=\begin{pmatrix}0&0&0&1\\3&1&4&1\end{pmatrix}.$$

在这个例子中, 如果把 $\boldsymbol{A}$, $\boldsymbol{B}$ 的次序倒过来, 则由于 $\boldsymbol{B}$ 的列数等于 4, $\boldsymbol{A}$ 的行数等于 2, $\boldsymbol{B}$ 与 $\boldsymbol{A}$ 不能相乘或者说它们的乘法无意义. 从这里可以看出, 矩阵的乘法一般不满足交换律, 即一般来说 $\boldsymbol{AB}\neq\boldsymbol{BA}$. 对于某些矩阵 $\boldsymbol{A}$, $\boldsymbol{B}$, 即使 $\boldsymbol{AB}$ 与 $\boldsymbol{BA}$ 都有意义, 它们也未必相等.

例 2.2.2

$$\boldsymbol{A}=(1,0,4),\ \boldsymbol{B}=\begin{pmatrix}1\\1\\0\end{pmatrix},$$

求 $\boldsymbol{AB}$ 和 $\boldsymbol{BA}$.

解

$$\boldsymbol{AB} = (1,0,4)\begin{pmatrix}1\\1\\0\end{pmatrix} = 1\cdot 1 + 0\cdot 1 + 4\cdot 0 = 1,$$

$$\boldsymbol{BA} = \begin{pmatrix}1\\1\\0\end{pmatrix}(1,0,4) = \begin{pmatrix}1 & 0 & 4\\1 & 0 & 4\\0 & 0 & 0\end{pmatrix}.$$

从上面可以看出 $\boldsymbol{AB}$ 是一个 1×1 矩阵 (我们通常把 1×1 矩阵看成是一个数, 不必加括号), 而 $\boldsymbol{BA}$ 是一个 3×3 矩阵, 显然 $\boldsymbol{AB}\neq\boldsymbol{BA}$.

例 2.2.3

$$\boldsymbol{A} = \begin{pmatrix}0 & 0\\0 & 1\end{pmatrix},\ \boldsymbol{B} = \begin{pmatrix}0 & 1\\0 & 0\end{pmatrix},$$

求 $\boldsymbol{AB}$ 和 $\boldsymbol{BA}$.

解

$$\boldsymbol{AB} = \begin{pmatrix}0 & 0\\0 & 0\end{pmatrix},\ \boldsymbol{BA} = \begin{pmatrix}0 & 1\\0 & 0\end{pmatrix}.$$

在这个例子中, $\boldsymbol{A},\boldsymbol{B}$ 都是二阶方阵, 但 $\boldsymbol{AB}$ 是零矩阵, $\boldsymbol{BA}$ 不是零矩阵, 因此 $\boldsymbol{AB}\neq\boldsymbol{BA}$. 由于矩阵乘法不满足交换律, 因此读者在进行运算时千万要注意, 不能把乘积的次序搞错.

矩阵的乘法比通常人们所熟悉的数的乘法要复杂得多. 读者也许会问: 为什么要这样来定义矩阵乘法? 当 $\boldsymbol{A}=(a_{ij})_{m\times n}$, $\boldsymbol{B}=(b_{ij})_{m\times n}$ 时, 定义 $\boldsymbol{A}$ 与 $\boldsymbol{B}$ 之积为矩阵 $(a_{ij}\cdot b_{ij})_{m\times n}$ 不是更简单吗? 我们说矩阵乘法的定义是出于实际需要. 将 $\boldsymbol{A}$ 与 $\boldsymbol{B}$ 的积定义成 $(a_{ij}\cdot b_{ij})_{m\times n}$ 在历史上也有过, 但是这种乘法比起我们刚才定义的乘法来, 用处要小得多. 矩阵乘法虽然比较复杂, 但只要多练习, 是不难掌握的. 下面我们举例来说明矩阵乘法的用途.

例 2.2.4 设有 n 个未知数 m 个方程式的线性方程组:

$$\begin{cases}a_{11}x_1 + a_{12}x_2 + \cdots + a_{1n}x_n = b_1,\\ a_{21}x_1 + a_{22}x_2 + \cdots + a_{2n}x_n = b_2,\\ \qquad\cdots\cdots\cdots\cdots\\ a_{m1}x_1 + a_{m2}x_2 + \cdots + a_{mn}x_n = b_m,\end{cases}\tag{2.2.1}$$

令

$$\boldsymbol{A}=\begin{pmatrix} a_{11} & a_{12} & \cdots & a_{1n} \\ a_{21} & a_{22} & \cdots & a_{2n} \\ \vdots & \vdots & & \vdots \\ a_{m1} & a_{m2} & \cdots & a_{mn} \end{pmatrix},$$

$$\boldsymbol{x}=\begin{pmatrix} x_1 \\ x_2 \\ \vdots \\ x_n \end{pmatrix},\ \boldsymbol{\beta}=\begin{pmatrix} b_1 \\ b_2 \\ \vdots \\ b_m \end{pmatrix}.$$

注意到 $\boldsymbol{A}$ 是一个 $m\times n$ 矩阵, $\boldsymbol{x}$ 是一个 $n\times 1$ 矩阵, 因此 $\boldsymbol{Ax}$ 是一个 $m\times 1$ 矩阵. 方程组 (2.2.1) 用矩阵乘法就可简写为

$$\boldsymbol{Ax}=\boldsymbol{\beta}. \tag{2.2.2}$$

这种写法不仅节省了篇幅, 更重要的是可以用矩阵的方法来处理线性方程组.

矩阵乘法运算规则 矩阵乘法运算适合下列规则:

(1) 结合律: $(\boldsymbol{AB})\boldsymbol{C}=\boldsymbol{A}(\boldsymbol{BC})$;

(2) 分配律: $\boldsymbol{A}(\boldsymbol{B}+\boldsymbol{C})=\boldsymbol{AB}+\boldsymbol{AC}$, $(\boldsymbol{A}+\boldsymbol{B})\boldsymbol{C}=\boldsymbol{AC}+\boldsymbol{BC}$;

(3) $c(\boldsymbol{AB})=(c\boldsymbol{A})\boldsymbol{B}=\boldsymbol{A}(c\boldsymbol{B})$, 这里 c 是一个数;

(4) 对任意的 $m\times n$ 矩阵 $\boldsymbol{A}$, $\boldsymbol{I}_m\boldsymbol{A}=\boldsymbol{A}=\boldsymbol{AI}_n$, 其中 $\boldsymbol{I}_m$ 和 $\boldsymbol{I}_n$ 分别是 m 阶和 n 阶单位阵, 即单位阵在矩阵乘法运算中起的作用和数 1 在数的乘法运算中起的作用类似.

证明 (1) 结合律.

首先我们注意到, 由于 $\boldsymbol{A}$ 与 $\boldsymbol{B}$ 可相乘, $\boldsymbol{B}$ 与 $\boldsymbol{C}$ 也可相乘, 因此可设 $\boldsymbol{A}$ 是 $m\times n$ 阵, $\boldsymbol{B}$ 是 $n\times p$ 阵, $\boldsymbol{C}$ 是 $p\times q$ 阵. 于是, $\boldsymbol{AB}$ 是一个 $m\times p$ 阵, $(\boldsymbol{AB})\boldsymbol{C}$ 是一个 $m\times q$ 阵. 另一方面 $\boldsymbol{BC}$ 是一个 $n\times q$ 阵, $\boldsymbol{A}(\boldsymbol{BC})$ 是一个 $m\times q$ 阵. 因此只需验证两个 $m\times q$ 阵的任意第 (i,j) 元素对应相等就可以了. 现设 $\boldsymbol{A}=(a_{ij})_{m\times n}$, $\boldsymbol{B}=(b_{ij})_{n\times p}$, $\boldsymbol{C}=(c_{ij})_{p\times q}$. 矩阵 $(\boldsymbol{AB})\boldsymbol{C}$ 的第 (i,j) 元素可以看成是 $\boldsymbol{AB}$ 的第 i 行元素与 $\boldsymbol{C}$ 的第 j 列元素对应相乘之和, 而 $\boldsymbol{AB}$ 的第 i 行的元素为

$$(\sum_{r=1}^{n}a_{ir}b_{r1},\sum_{r=1}^{n}a_{ir}b_{r2},\cdots,\sum_{r=1}^{n}a_{ir}b_{rp}),$$

$\boldsymbol{C}$ 的第 j 列为

$$\begin{pmatrix} c_{1j} \\ c_{2j} \\ \vdots \\ c_{pj} \end{pmatrix},$$

因此, $(\boldsymbol{AB})\boldsymbol{C}$ 的第 (i,j) 元素为

$$\begin{aligned} & (\sum_{r=1}^{n} a_{ir}b_{r1})c_{1j} + (\sum_{r=1}^{n} a_{ir}b_{r2})c_{2j} + \cdots + (\sum_{r=1}^{n} a_{ir}b_{rp})c_{pj} \\ = \ & \sum_{k=1}^{p}(\sum_{r=1}^{n} a_{ir}b_{rk})c_{kj} = \sum_{k=1}^{p}\sum_{r=1}^{n} a_{ir}b_{rk}c_{kj}. \end{aligned}$$

另一方面, 用同样办法可以求得 $\boldsymbol{A}(\boldsymbol{BC})$ 的第 (i,j) 元素为

$$\sum_{r=1}^{n} a_{ir}(\sum_{k=1}^{p} b_{rk}c_{kj}) = \sum_{r=1}^{n}\sum_{k=1}^{p} a_{ir}b_{rk}c_{kj}.$$

由于

$$\sum_{k=1}^{p}\sum_{r=1}^{n} a_{ir}b_{rk}c_{kj} = \sum_{r=1}^{n}\sum_{k=1}^{p} a_{ir}b_{rk}c_{kj},$$

因此有

$$(\boldsymbol{AB})\boldsymbol{C} = \boldsymbol{A}(\boldsymbol{BC}).$$

(2) 分配律.

设 $\boldsymbol{A} = (a_{ij})_{m\times n}$, $\boldsymbol{B} = (b_{ij})_{n\times p}$, $\boldsymbol{C} = (c_{ij})_{n\times p}$, 则 $\boldsymbol{B} + \boldsymbol{C} = (b_{ij} + c_{ij})_{n\times p}$. 因此 $\boldsymbol{A}(\boldsymbol{B} + \boldsymbol{C})$ 的第 (i,j) 元素为

$$\begin{aligned} & a_{i1}(b_{1j} + c_{1j}) + a_{i2}(b_{2j} + c_{2j}) + \cdots + a_{in}(b_{nj} + c_{nj}) \\ = \ & (a_{i1}b_{1j} + a_{i2}b_{2j} + \cdots + a_{in}b_{nj}) + (a_{i1}c_{1j} + a_{i2}c_{2j} + \cdots + a_{in}c_{nj}). \end{aligned}$$

显然这就是 $\boldsymbol{AB} + \boldsymbol{AC}$ 的第 (i,j) 元素.

(3) 与 (4) 都很容易, 请读者自己验证. □

由矩阵乘法的结合律, 我们今后将 $(\boldsymbol{AB})\boldsymbol{C}$ 或 $\boldsymbol{A}(\boldsymbol{BC})$ 直接写为 $\boldsymbol{ABC}$, 中间不再加括号. 利用结合律还可将若干个矩阵的乘积简写为 $\boldsymbol{A}_1\boldsymbol{A}_2\cdots\boldsymbol{A}_m$, 中间无需加任何括号.

我们还可以定义同一矩阵的乘方 (即幂). 记

$$\begin{aligned} \boldsymbol{A}^2 &= \boldsymbol{A}\cdot\boldsymbol{A}, \\ \boldsymbol{A}^3 &= \boldsymbol{A}\cdot\boldsymbol{A}\cdot\boldsymbol{A}, \\ &\cdots\cdots\cdots\cdots \\ \boldsymbol{A}^k &= \boldsymbol{A}\cdot\boldsymbol{A}\cdot\cdots\cdot\boldsymbol{A}\ (k\ \text{个}\ \boldsymbol{A}). \end{aligned}$$

要使 $\boldsymbol{A}$ 的乘方有意义, $\boldsymbol{A}$ 的行数必须等于列数, 也就是说 $\boldsymbol{A}$ 必须是方阵.

方阵幂的运算规则

(1) $\boldsymbol{A}^r\boldsymbol{A}^s=\boldsymbol{A}^{r+s}$;

(2) $(\boldsymbol{A}^r)^s=\boldsymbol{A}^{rs}$.

由于矩阵的乘法不满足交换律, 因此一般来说, 若 $r>1$, $(\boldsymbol{AB})^r\neq\boldsymbol{A}^r\boldsymbol{B}^r$. 只有当 $\boldsymbol{AB}=\boldsymbol{BA}$ 时, 才有 $(\boldsymbol{AB})^r=\boldsymbol{A}^r\boldsymbol{B}^r$. 虽然矩阵乘法不可交换, 但对于某些特殊的矩阵, 乘法仍是可交换的. 比如由矩阵乘法的运算规则 (4) 知, $\boldsymbol{I}_n$ 与任一 n 阶方阵乘法可交换. 事实上, 若 c 是某个数, 则 $c\boldsymbol{I}_n$ 与任一 n 阶方阵乘法也可交换. 当 $\boldsymbol{AB}=\boldsymbol{BA}$ 时, 不难验证 "二项式定理" 也成立:

$$(\boldsymbol{A}+\boldsymbol{B})^n=\boldsymbol{A}^n+\mathrm{C}_n^1\boldsymbol{A}^{n-1}\boldsymbol{B}+\mathrm{C}_n^2\boldsymbol{A}^{n-2}\boldsymbol{B}^2+\cdots+\mathrm{C}_n^{n-1}\boldsymbol{A}\boldsymbol{B}^{n-1}+\boldsymbol{B}^n.$$

矩阵乘法除了不可交换是它的一个特点外, 还有一个特点是两个非零矩阵的乘积可能为零矩阵. 这一点由前面的例子我们已经看到. 由于这个缘故, 对矩阵的乘法来说, 消去律一般不成立, 即若 $\boldsymbol{AB}=\boldsymbol{AC}$, $\boldsymbol{A}\neq\boldsymbol{O}$, 我们不能推出 $\boldsymbol{B}=\boldsymbol{C}$. 何时可用消去律, 我们将在后面讨论.

四、矩阵的转置

矩阵的转置与行列式的转置定义是类似的.

定义 2.2.4 设 $\boldsymbol{A}=(a_{ij})$ 是 $m\times n$ 矩阵, 定义 $\boldsymbol{A}$ 的转置 $\boldsymbol{A}'$ 为一个 $n\times m$ 矩阵, 它的第 k 行正好是矩阵 $\boldsymbol{A}$ 的第 k 列 $(k=1,2,\cdots,n)$; 它的第 r 列是 $\boldsymbol{A}$ 的第 r 行 $(r=1,2,\cdots,m)$.

例如, 设

$$\boldsymbol{A}=\begin{pmatrix} 1 & 2 & 1 & 0 \\ -1 & 3 & 0 & 5 \\ \sqrt{2} & 1 & -2 & 0 \end{pmatrix},$$

则

$$A' = \begin{pmatrix} 1 & -1 & \sqrt{2} \\ 2 & 3 & 1 \\ 1 & 0 & -2 \\ 0 & 5 & 0 \end{pmatrix}.$$

矩阵转置运算规则

(1) $(\boldsymbol{A}')' = \boldsymbol{A}$;

(2) $(\boldsymbol{A}+\boldsymbol{B})' = \boldsymbol{A}' + \boldsymbol{B}'$;

(3) $(c\boldsymbol{A})' = c\boldsymbol{A}'$;

(4) $(\boldsymbol{AB})' = \boldsymbol{B}'\boldsymbol{A}'$.

证明　上述 (1) ~ (3) 是显然的, 现来证明 (4). 设 $\boldsymbol{A} = (a_{ij})_{m\times n}$, $\boldsymbol{B} = (b_{ij})_{n\times p}$, 又设 $\boldsymbol{C} = \boldsymbol{AB}$, 且 $\boldsymbol{C} = (c_{ij})_{m\times p}$, 则 $\boldsymbol{C}$ 的第 (i,j) 元素为

$$c_{ij} = \sum_{r=1}^{n} a_{ir} b_{rj}.$$

因此 $\boldsymbol{C}'$ 的第 (j,i) 元素为 c_{ij}. 再看 $\boldsymbol{B}'\boldsymbol{A}'$, 它的第 (j,i) 元素等于 $\boldsymbol{B}'$ 的第 j 行元素与 $\boldsymbol{A}'$ 的第 i 列元素对应相乘之和. 但 $\boldsymbol{B}'$ 的第 j 行元素等于 $\boldsymbol{B}$ 的第 j 列元素, $\boldsymbol{A}'$ 的第 i 列元素等于 $\boldsymbol{A}$ 的第 i 行元素. 它们对应元素相乘之和恰为

$$a_{i1}b_{1j} + a_{i2}b_{2j} + \cdots + a_{in}b_{nj} = c_{ij}.$$

另外, 显然 $\boldsymbol{C}'$ 与 $\boldsymbol{B}'\boldsymbol{A}'$ 的行、列数分别相等, 因此 $\boldsymbol{C}' = \boldsymbol{B}'\boldsymbol{A}'$. □

一个矩阵经转置以后得到的矩阵一般来说与原矩阵不同. 如果一个方阵转置后仍与原矩阵相同, 即 $\boldsymbol{A}' = \boldsymbol{A}$, 则称这样的矩阵为对称阵. 例如, 下列矩阵为对称阵:

$$\begin{pmatrix} 1 & 1 & 0 \\ 1 & 3 & 5 \\ 0 & 5 & -1 \end{pmatrix}.$$

若一个方阵经转置后等于原矩阵的负矩阵, 即 $\boldsymbol{A}' = -\boldsymbol{A}$, 就称它是一个反对称阵. 例如, 下列矩阵为反对称阵:

$$\begin{pmatrix} 0 & 2 & 1 \\ -2 & 0 & -5 \\ -1 & 5 & 0 \end{pmatrix}.$$

对称阵特别是实对称阵我们今后还要进行仔细研究. 读者不难看出, 对称阵的元素以主对角线为对称线, 即 $a_{ij}=a_{ji}$; 反对称阵主对角线上的元素皆为零, 且 $a_{ij}=-a_{ji}$.

五、矩阵的共轭

复矩阵还有一种运算, 称为共轭运算. 设 z 是一个复数, $z=a+b\mathrm{i}$, 我们用 $\overline{z}$ 表示 z 的共轭复数 $a-b\mathrm{i}$.

定义 2.2.5 设 $\boldsymbol{A}=(a_{ij})_{m\times n}$ 是一个复矩阵, 则 $\boldsymbol{A}$ 的共轭矩阵 $\overline{\boldsymbol{A}}$ 是一个 $m\times n$ 复矩阵, 且

$$\overline{\boldsymbol{A}}=(\overline{a}_{ij})_{m\times n}.$$

这就是说 $\boldsymbol{A}$ 的共轭矩阵的每个第 (i,j) 元素是 $\boldsymbol{A}$ 的第 (i,j) 元素的共轭复数. 例如

$$\boldsymbol{A}=\begin{pmatrix}1+\mathrm{i} & 0 & 1+\sqrt{2}\mathrm{i}\\ 2\mathrm{i} & -1 & -4\mathrm{i}\\ -4-\mathrm{i} & \sqrt{3}\mathrm{i} & \mathrm{i}\end{pmatrix},$$

则

$$\overline{\boldsymbol{A}}=\begin{pmatrix}1-\mathrm{i} & 0 & 1-\sqrt{2}\mathrm{i}\\ -2\mathrm{i} & -1 & 4\mathrm{i}\\ -4+\mathrm{i} & -\sqrt{3}\mathrm{i} & -\mathrm{i}\end{pmatrix}.$$

矩阵共轭运算规则

(1) $\overline{\boldsymbol{A}+\boldsymbol{B}}=\overline{\boldsymbol{A}}+\overline{\boldsymbol{B}}$;

(2) $\overline{c\boldsymbol{A}}=\overline{c}\,\overline{\boldsymbol{A}}$;

(3) $\overline{\boldsymbol{A}\boldsymbol{B}}=\overline{\boldsymbol{A}}\,\overline{\boldsymbol{B}}$;

(4) $\overline{(\boldsymbol{A}')}=(\overline{\boldsymbol{A}})'$.

这些规则很容易验证, 请读者自己完成.

习 题 2.2

1. 计算:

(1) $\begin{pmatrix}1 & 2\\ -3 & 0\end{pmatrix}+\begin{pmatrix}2 & -2\\ 0 & 1\end{pmatrix}$; (2) $3\begin{pmatrix}1 & \sqrt{2}\\ 0 & -4\end{pmatrix}$;

(3) $2\begin{pmatrix}1 & 2 & 3\\ 4 & -1 & \sqrt{2}\end{pmatrix}-3\begin{pmatrix}\frac{1}{3} & 1 & 0\\ 0 & -1 & -\sqrt{2}\end{pmatrix}$; (4) $\begin{pmatrix}1 & 2 & 3 & 4\\ 0 & 1 & -1 & 0\\ 3 & 4 & 1 & 5\end{pmatrix}-\frac{1}{2}\begin{pmatrix}2 & 4 & 0 & 1\\ 0 & 2 & 3 & 1\\ 4 & 2 & 8 & 0\end{pmatrix}$.

2. 计算:

(1) $\begin{pmatrix}1 & 2 & 0\\ 1 & -1 & 1\end{pmatrix}\begin{pmatrix}1 & 3\\ 0 & 1\\ 1 & -1\end{pmatrix}$; (2) $\begin{pmatrix}2 & 0\\ 0 & 1\end{pmatrix}\begin{pmatrix}-1 & 1\\ -2 & 0\end{pmatrix}$;

(3) $\begin{pmatrix}0 & 1 & -1 & 3\\ -1 & 2 & 1 & 0\end{pmatrix}\begin{pmatrix}1 & 1\\ -1 & 4\\ 3 & 0\\ 1 & 2\end{pmatrix}$; (4) $\begin{pmatrix}2 & 1 & -2\\ 1 & 0 & 4\\ -3 & 1 & 0\\ 0 & 1 & 1\end{pmatrix}\begin{pmatrix}3 & 1 & 0\\ 0 & 0 & 1\\ -1 & 2 & 0\end{pmatrix}$.

3. 设

$$\boldsymbol{A}=\begin{pmatrix}1 & 0 & 3\\ 2 & -1 & 0\end{pmatrix},\ \boldsymbol{B}=\begin{pmatrix}1 & -1\\ 2 & 3\\ 4 & 0\end{pmatrix},$$

试求 $\boldsymbol{AB}$ 与 $\boldsymbol{BA}$.

4. 计算下列矩阵的 k 次幂, 其中 k 为正整数:

(1) $\boldsymbol{A}=\begin{pmatrix}a & 0 & 0\\ 0 & b & 0\\ 0 & 0 & c\end{pmatrix}$; (2) $\boldsymbol{A}=\begin{pmatrix}\cos\theta & -\sin\theta\\ \sin\theta & \cos\theta\end{pmatrix}$;

(3) $\boldsymbol{A}=\begin{pmatrix}a & 1 & 0\\ 0 & a & 1\\ 0 & 0 & a\end{pmatrix}$; (4) $\boldsymbol{A}=\begin{pmatrix}1 & 2 & 4\\ 2 & 4 & 8\\ 3 & 6 & 12\end{pmatrix}$.

5. 设 $\boldsymbol{A}=(a_{ij})$ 是 n 阶对称阵, $\boldsymbol{x}=(x_1,x_2,\cdots,x_n)'$ 是 n 维列向量, 试求 $\boldsymbol{x}'\boldsymbol{A}\boldsymbol{x}$.

6. 求证: 上 (下) 三角阵的和、差、数乘及乘积仍是上 (下) 三角阵, 并且所得上 (下) 三角阵的主对角元是原上 (下) 三角阵的对应主对角元的和、差、数乘及乘积.

7. 若 $\boldsymbol{A}$ 是 n 阶方阵且 $\boldsymbol{A}^n=\boldsymbol{O}$, 求证:

$$(\boldsymbol{I}_n-\boldsymbol{A})(\boldsymbol{I}_n+\boldsymbol{A}+\boldsymbol{A}^2+\cdots+\boldsymbol{A}^{n-1})=\boldsymbol{I}_n.$$

8. 设 $\boldsymbol{A}$ 是实对称阵, 若 $\boldsymbol{A}^2=\boldsymbol{O}$, 求证: $\boldsymbol{A}=\boldsymbol{O}$.

9. 证明: 任一 n 阶方阵均可表示为一个对称阵和一个反对称阵之和.

10. 设 $\boldsymbol{A}$ 是 n 阶复矩阵, 若 $\overline{\boldsymbol{A}}'=\boldsymbol{A}$ (即矩阵的共轭转置等于自身), 则称 $\boldsymbol{A}$ 是一个 Hermite (厄米特) 矩阵. 若 $\overline{\boldsymbol{A}}'=-\boldsymbol{A}$, 称 $\boldsymbol{A}$ 是斜 Hermite 矩阵. 求证: 任一 n 阶复矩阵均可表示为一个 Hermite 矩阵与一个斜 Hermite 矩阵之和.

11. 设 $\boldsymbol{A}$ 是 n 阶复矩阵, 求证: $|\overline{\boldsymbol{A}}| = \overline{|\boldsymbol{A}|}$.

12. 设 $\boldsymbol{A}, \boldsymbol{B}$ 为 n 阶方阵, 求证:

(1) 若 $\boldsymbol{A}, \boldsymbol{B}$ 为对称阵, 则 $\boldsymbol{AB}$ 为对称阵的充分必要条件是 $\boldsymbol{AB} = \boldsymbol{BA}$, $\boldsymbol{AB}$ 为反对称阵的充分必要条件是 $\boldsymbol{AB} = -\boldsymbol{BA}$;

(2) 若 $\boldsymbol{A}$ 为对称阵, $\boldsymbol{B}$ 为反对称阵, 则 $\boldsymbol{AB}$ 为反对称阵的充分必要条件是 $\boldsymbol{AB} = \boldsymbol{BA}$, $\boldsymbol{AB}$ 为对称阵的充分必要条件是 $\boldsymbol{AB} = -\boldsymbol{BA}$.

13. 求与矩阵 $\boldsymbol{A}$ 乘法可交换的所有矩阵:

(1) $\boldsymbol{A} = \begin{pmatrix} 1 & 1 \\ 0 & 1 \end{pmatrix}$; (2) $\boldsymbol{A} = \begin{pmatrix} 0 & 1 \\ 1 & 0 \end{pmatrix}$;

(3) $\boldsymbol{A} = \begin{pmatrix} 1 & 0 & 0 \\ 0 & 1 & 0 \\ 3 & 1 & 1 \end{pmatrix}$; (4) $\boldsymbol{A} = \begin{pmatrix} 0 & 1 & 0 \\ 0 & 0 & 1 \\ 1 & 1 & 0 \end{pmatrix}$.

14. 求证:

(1) 与所有 n 阶对角阵乘法可交换的矩阵也必是 n 阶对角阵;

(2) 与所有 n 阶矩阵乘法可交换的矩阵是形如 $c\boldsymbol{I}_n$ 的对角阵 ($c\boldsymbol{I}_n$ 称为纯量阵或数量阵).

§ 2.3 方阵的逆阵

我们已经介绍了矩阵的加减法、数乘、乘法等运算, 读者会问: 矩阵有除法吗? 我们知道, 在数的运算中, 除法是乘法的逆运算, 它可以通过求倒数来实现. 即若求数 a 除以 $b\,(b \neq 0)$ 的商, 只需求出 $b^{-1} = \dfrac{1}{b}$, 则 $\dfrac{a}{b} = ab^{-1}$. 对矩阵我们也可以这样做, 先定义矩阵的逆阵, 然后将矩阵的除法归结为一个矩阵和另外一个矩阵的逆阵之积. 但是现在有一个问题: 矩阵的乘法一般是不可交换的, 因此对矩阵逆的定义要有更严格的要求.

定义 2.3.1 设 $\boldsymbol{A}$ 是 n 阶方阵, 若存在一个 n 阶方阵 $\boldsymbol{B}$, 使得

$$\boldsymbol{AB} = \boldsymbol{BA} = \boldsymbol{I}_n,$$

则称 $\boldsymbol{B}$ 是 $\boldsymbol{A}$ 的逆阵, 记为 $\boldsymbol{B} = \boldsymbol{A}^{-1}$. 凡有逆阵的矩阵称为可逆阵或非奇异阵 (简称非异阵), 否则称为奇异阵.

矩阵的求逆运算有它自己的特点, 我们必须注意:

(1) 根据上述定义, 只有对方阵才有逆阵的定义, 长方阵没有逆阵.

(2) 并非任一非零方阵都有逆阵. 比如, 矩阵

$$\boldsymbol{A}=\begin{pmatrix}1&1\\0&0\end{pmatrix}$$

就没有逆阵. 因为对任一 $\boldsymbol{B}=(b_{ij})_{2\times 2}$, 有

$$\boldsymbol{AB}=\begin{pmatrix}1&1\\0&0\end{pmatrix}\begin{pmatrix}b_{11}&b_{12}\\b_{21}&b_{22}\end{pmatrix}=\begin{pmatrix}b_{11}+b_{21}&b_{12}+b_{22}\\0&0\end{pmatrix}.$$

$\boldsymbol{AB}$ 不可能是单位阵.

注 从这里我们可以发现, 若某个矩阵有一行元素全等于零, 则这个矩阵一定不是可逆阵. 同理不难证明, 若某个矩阵的一列元素全等于零, 则该矩阵也必不是可逆阵.

(3) 由于矩阵的乘法一般不满足交换律, 因此一般来说, $\boldsymbol{AB}^{-1}\neq\boldsymbol{B}^{-1}\boldsymbol{A}$, 即右除不一定等于左除.

一个 n 阶方阵 $\boldsymbol{A}$ 若有逆阵, 则逆阵唯一吗? 设 $\boldsymbol{B}, \boldsymbol{C}$ 是 n 阶方阵, 且都是 $\boldsymbol{A}$ 的逆阵, 即

$$\boldsymbol{AB}=\boldsymbol{BA}=\boldsymbol{I}_n,\ \boldsymbol{AC}=\boldsymbol{CA}=\boldsymbol{I}_n,$$

则

$$\boldsymbol{B}=\boldsymbol{BI}_n=\boldsymbol{B}(\boldsymbol{AC})=(\boldsymbol{BA})\boldsymbol{C}=\boldsymbol{I}_n\boldsymbol{C}=\boldsymbol{C}.$$

因此只要矩阵可逆, 其逆阵必唯一.

矩阵求逆运算规则

(1) 若 $\boldsymbol{A}$ 是非异阵, 则 $(\boldsymbol{A}^{-1})^{-1}=\boldsymbol{A}$;

(2) 若 $\boldsymbol{A}, \boldsymbol{B}$ 都是 n 阶非异阵, 则 $\boldsymbol{AB}$ 也是 n 阶非异阵且 $(\boldsymbol{AB})^{-1}=\boldsymbol{B}^{-1}\boldsymbol{A}^{-1}$;

(3) 若 $\boldsymbol{A}$ 是非异阵, c 是非零数, 则 $c\boldsymbol{A}$ 也是非异阵且 $(c\boldsymbol{A})^{-1}=c^{-1}\boldsymbol{A}^{-1}$;

(4) 若 $\boldsymbol{A}$ 是非异阵, 则 $\boldsymbol{A}$ 的转置 $\boldsymbol{A}'$ 也是非异阵且 $(\boldsymbol{A}')^{-1}=(\boldsymbol{A}^{-1})'$.

证明 (1) 因为 $(\boldsymbol{A}^{-1})\boldsymbol{A}=\boldsymbol{A}(\boldsymbol{A}^{-1})=\boldsymbol{I}_n$, 故 $\boldsymbol{A}$ 是 $\boldsymbol{A}^{-1}$ 的逆阵.

(2) 我们有

$$(\boldsymbol{AB})(\boldsymbol{B}^{-1}\boldsymbol{A}^{-1})=\boldsymbol{A}(\boldsymbol{BB}^{-1})\boldsymbol{A}^{-1}=\boldsymbol{AI}_n\boldsymbol{A}^{-1}=\boldsymbol{AA}^{-1}=\boldsymbol{I}_n.$$

同理 $(\boldsymbol{B}^{-1}\boldsymbol{A}^{-1})(\boldsymbol{AB})=\boldsymbol{I}_n$.

(3) 显然.

(4) 由 $\boldsymbol{A}\boldsymbol{A}^{-1}=\boldsymbol{I}_n$, 两边转置并注意到 $\boldsymbol{I}_n'=\boldsymbol{I}_n$, 得

$$(\boldsymbol{A}\boldsymbol{A}^{-1})'=\boldsymbol{I}_n.$$

由转置的性质知

$$(\boldsymbol{A}\boldsymbol{A}^{-1})'=(\boldsymbol{A}^{-1})'\boldsymbol{A}'.$$

因此

$$(\boldsymbol{A}^{-1})'\boldsymbol{A}'=\boldsymbol{I}_n.$$

同理可得

$$\boldsymbol{A}'(\boldsymbol{A}^{-1})'=\boldsymbol{I}_n. \ \square$$

需要提醒读者注意的是规则 (2): $(\boldsymbol{AB})^{-1}=\boldsymbol{B}^{-1}\boldsymbol{A}^{-1}$. 一般来说, $(\boldsymbol{AB})^{-1}\neq\boldsymbol{A}^{-1}\boldsymbol{B}^{-1}$, 只有当 $\boldsymbol{AB}=\boldsymbol{BA}$ 时, 才有 $(\boldsymbol{AB})^{-1}=\boldsymbol{A}^{-1}\boldsymbol{B}^{-1}$.

用数学归纳法容易证明:

$$(\boldsymbol{A}_1\boldsymbol{A}_2\cdots\boldsymbol{A}_k)^{-1}=\boldsymbol{A}_k^{-1}\cdots\boldsymbol{A}_2^{-1}\boldsymbol{A}_1^{-1},$$

其中每个 $\boldsymbol{A}_i$ 都是可逆阵.

如何求逆阵? 我们介绍一个方法.

设 $\boldsymbol{A}$ 是 n 阶方阵, 这个方阵决定了一个 n 阶行列式, 记为 $|\boldsymbol{A}|$ 或 $\det\boldsymbol{A}$. 若 $\boldsymbol{A}=(a_{ij})_{n\times n}$, 则

$$|\boldsymbol{A}|=\begin{vmatrix} a_{11} & a_{12} & \cdots & a_{1n}\\ a_{21} & a_{22} & \cdots & a_{2n}\\ \vdots & \vdots & & \vdots\\ a_{n1} & a_{n2} & \cdots & a_{nn}\end{vmatrix}.$$

定义 2.3.2 设 $\boldsymbol{A}$ 是 n 阶方阵, A_{ij} 是行列式 $|\boldsymbol{A}|$ 中第 (i,j) 元素 a_{ij} 的代数余子式, 则称下列方阵为 $\boldsymbol{A}$ 的伴随阵:

$$\begin{pmatrix} A_{11} & A_{21} & \cdots & A_{n1}\\ A_{12} & A_{22} & \cdots & A_{n2}\\ \vdots & \vdots & & \vdots\\ A_{1n} & A_{2n} & \cdots & A_{nn}\end{pmatrix}.$$

$\boldsymbol{A}$ 的伴随阵通常记为 $\boldsymbol{A}^*$.

方阵与其伴随阵之间有如下的关系:

引理 2.3.1 设 $\boldsymbol{A}$ 为 n 阶方阵, $\boldsymbol{A}^*$ 为 $\boldsymbol{A}$ 的伴随阵, 则

$$\boldsymbol{A}\boldsymbol{A}^* = \boldsymbol{A}^*\boldsymbol{A} = |\boldsymbol{A}| \cdot \boldsymbol{I}_n.$$

证明

$$\boldsymbol{A}\boldsymbol{A}^* = \begin{pmatrix} a_{11} & a_{12} & \cdots & a_{1n} \\ a_{21} & a_{22} & \cdots & a_{2n} \\ \vdots & \vdots & & \vdots \\ a_{n1} & a_{n2} & \cdots & a_{nn} \end{pmatrix} \begin{pmatrix} A_{11} & A_{21} & \cdots & A_{n1} \\ A_{12} & A_{22} & \cdots & A_{n2} \\ \vdots & \vdots & & \vdots \\ A_{1n} & A_{2n} & \cdots & A_{nn} \end{pmatrix}.$$

上式中两个矩阵乘积的第 (i,j) 元素为

$$a_{i1}A_{j1} + a_{i2}A_{j2} + \cdots + a_{in}A_{jn}.$$

由定理 1.4.2 可知, 当 $i=j$ 时上式为 $|\boldsymbol{A}|$, 当 $i \neq j$ 时上式等于零. 因此

$$\boldsymbol{A}\boldsymbol{A}^* = \begin{pmatrix} |\boldsymbol{A}| & 0 & \cdots & 0 \\ 0 & |\boldsymbol{A}| & \cdots & 0 \\ \vdots & \vdots & & \vdots \\ 0 & 0 & \cdots & |\boldsymbol{A}| \end{pmatrix} = |\boldsymbol{A}| \cdot \boldsymbol{I}_n.$$

由定理 1.4.1 同理可证

$$\boldsymbol{A}^*\boldsymbol{A} = |\boldsymbol{A}| \cdot \boldsymbol{I}_n. \ \square$$

定理 2.3.1 若 $|\boldsymbol{A}| \neq 0$, 则 $\boldsymbol{A}$ 是一个非异阵, 且

$$\boldsymbol{A}^{-1} = \frac{1}{|\boldsymbol{A}|}\boldsymbol{A}^*.$$

证明 注意到 $|\boldsymbol{A}| \neq 0$, 由引理 2.3.1 可得

$$\boldsymbol{A}\left(\frac{1}{|\boldsymbol{A}|}\boldsymbol{A}^*\right) = \left(\frac{1}{|\boldsymbol{A}|}\boldsymbol{A}^*\right)\boldsymbol{A} = \boldsymbol{I}_n,$$

因此 $\boldsymbol{A}$ 是一个非异阵, 且 $\boldsymbol{A}^{-1} = \dfrac{1}{|\boldsymbol{A}|}\boldsymbol{A}^*$. $\square$

注 我们在以后将证明若 $\boldsymbol{A}$ 是非异阵, 则 $|\boldsymbol{A}| \neq 0$. 因此上述定理提供了计算逆阵的一般方法. 但是用这个定理计算逆阵必须计算所有的 A_{ij}, 计算量一般是相当大的. 我们将在 § 2.5 中介绍一种比较简单的计算方法.

利用逆阵来解线性方程组将显得特别简单. 由 § 2.2 知道一个线性方程组

$$\begin{cases} a_{11}x_1 + a_{12}x_2 + \cdots + a_{1n}x_n = b_1, \\ a_{21}x_1 + a_{22}x_2 + \cdots + a_{2n}x_n = b_2, \\ \qquad\qquad \cdots\cdots\cdots\cdots \\ a_{n1}x_1 + a_{n2}x_2 + \cdots + a_{nn}x_n = b_n \end{cases}$$

可写成矩阵形式

$$\boldsymbol{A}\boldsymbol{x} = \boldsymbol{\beta},$$

其中 $\boldsymbol{A} = (a_{ij})$. 若 $|\boldsymbol{A}| \neq 0$, 则 $\boldsymbol{A}^{-1}$ 必存在, 因此

$$\boldsymbol{A}^{-1}(\boldsymbol{A}\boldsymbol{x}) = \boldsymbol{A}^{-1}\boldsymbol{\beta},$$

即

$$\boldsymbol{x} = \boldsymbol{A}^{-1}\boldsymbol{\beta}.$$

将上式中的矩阵写出来就是:

$$\begin{pmatrix} x_1 \\ x_2 \\ \vdots \\ x_n \end{pmatrix} = \frac{1}{|\boldsymbol{A}|} \begin{pmatrix} A_{11} & A_{21} & \cdots & A_{n1} \\ A_{12} & A_{22} & \cdots & A_{n2} \\ \vdots & \vdots & & \vdots \\ A_{1n} & A_{2n} & \cdots & A_{nn} \end{pmatrix} \begin{pmatrix} b_1 \\ b_2 \\ \vdots \\ b_n \end{pmatrix}.$$

于是

$$x_1 = \frac{1}{|\boldsymbol{A}|}(b_1A_{11} + b_2A_{21} + \cdots + b_nA_{n1}) = \frac{|\boldsymbol{A}_1|}{|\boldsymbol{A}|},$$

其中

$$|\boldsymbol{A}_1| = \begin{vmatrix} b_1 & a_{12} & \cdots & a_{1n} \\ b_2 & a_{22} & \cdots & a_{2n} \\ \vdots & \vdots & & \vdots \\ b_n & a_{n2} & \cdots & a_{nn} \end{vmatrix}.$$

同理可得其余的 x_i. 显然这就是 Cramer 法则.

习 题 2.3

1. 求下列矩阵的逆阵:

(1) $\boldsymbol{A}=\begin{pmatrix}1&1&-1\\1&2&-3\\0&1&1\end{pmatrix}$;　　(2) $\boldsymbol{A}=\begin{pmatrix}a_1&0&\cdots&0\\0&a_2&\cdots&0\\\vdots&\vdots&&\vdots\\0&0&\cdots&a_n\end{pmatrix}$ $(a_i\neq 0)$.

2. 用求逆阵的方法解线性方程组:

$$\begin{cases}x_1-x_2+3x_3=8,\\2x_1-x_2+4x_3=11,\\-x_1+2x_2-4x_3=-11.\end{cases}$$

3. 求证: 有一行元素或一列元素全为零的 n 阶方阵必是奇异阵.

4. 设 $\boldsymbol{A}$ 是非异阵, 求证: 对任一正整数 k, 有 $(\boldsymbol{A}^k)^{-1}=(\boldsymbol{A}^{-1})^k$.

5. 设 $\boldsymbol{A}$ 是非异阵, 证明乘法消去律成立, 即从 $\boldsymbol{AB}=\boldsymbol{AC}$, 可推出 $\boldsymbol{B}=\boldsymbol{C}$; 从 $\boldsymbol{BA}=\boldsymbol{CA}$ 也可推出 $\boldsymbol{B}=\boldsymbol{C}$.

6. 若 n 阶方阵 $\boldsymbol{A}$ 满足 $\boldsymbol{A}^2=\boldsymbol{I}_n$, 则称为对合阵. 设 $\boldsymbol{A}$ 是对合阵且 $\boldsymbol{I}_n+\boldsymbol{A}$ 是非异阵, 求证: $\boldsymbol{A}=\boldsymbol{I}_n$.

7. 设 $\boldsymbol{A}$ 是非零实矩阵且 $\boldsymbol{A}^*=\boldsymbol{A}'$, 求证: $\boldsymbol{A}$ 是非异阵.

8. 设 $\boldsymbol{A},\boldsymbol{B}$ 及 $\boldsymbol{A}+\boldsymbol{B}$ 都是非异阵, 求证: $\boldsymbol{A}^{-1}+\boldsymbol{B}^{-1}$ 也是非异阵.

9. 若 n 阶方阵 $\boldsymbol{A}$ 满足 $\boldsymbol{A}^m=\boldsymbol{O}$, 其中 m 为正整数, 则称为幂零阵. 设 $\boldsymbol{A}$ 是幂零阵, 求证: $\boldsymbol{I}_n-\boldsymbol{A}$ 是非异阵.

10. 若 n 阶方阵 $\boldsymbol{A}$ 满足 $\boldsymbol{A}^2=\boldsymbol{A}$, 则称为幂等阵. 设 $\boldsymbol{A}$ 是幂等阵, 求证: $\boldsymbol{A}+\boldsymbol{I}_n$ 是非异阵.

11. 设 $\boldsymbol{A}$ 适合条件 $\boldsymbol{A}^2-\boldsymbol{A}-3\boldsymbol{I}_n=\boldsymbol{O}$, 求证: $\boldsymbol{A}-2\boldsymbol{I}_n$ 是非异阵.

12. 设 n 阶方阵 $\boldsymbol{A},\boldsymbol{B}$ 满足 $\boldsymbol{A}+\boldsymbol{B}=\boldsymbol{AB}$, 求证: $\boldsymbol{I}_n-\boldsymbol{A}$ 是可逆阵且 $\boldsymbol{AB}=\boldsymbol{BA}$.

§ 2.4 矩阵的初等变换与初等矩阵

一、Gauss 消去法与矩阵的初等变换

用 Gauss 消去法来解线性方程组是一种简便常用的方法, 特别当未知数个数

不太多时，人们乐意采用这种方法在计算机上解线性方程组. 我们举例来说明这种方法.

例 2.4.1 用 Gauss 消去法求解下列线性方程组:

$$\begin{cases} x_2 + x_3 = 2, \\ 2x_1 + 3x_2 + 2x_3 = 5, \\ 3x_1 + x_2 - x_3 = -1. \end{cases}$$

解 将上述方程组中的第一式与第二式对调得

$$\begin{cases} 2x_1 + 3x_2 + 2x_3 = 5, \\ x_2 + x_3 = 2, \\ 3x_1 + x_2 - x_3 = -1. \end{cases}$$

将得到的方程组的第一式乘以 $-\dfrac{3}{2}$ 加到第三式上:

$$\begin{cases} 2x_1 + 3x_2 + 2x_3 = 5, \\ x_2 + x_3 = 2, \\ -\dfrac{7}{2}x_2 - 4x_3 = -\dfrac{17}{2}. \end{cases}$$

将上面的第二式乘以 $\dfrac{7}{2}$ 加到第三式上:

$$\begin{cases} 2x_1 + 3x_2 + 2x_3 = 5, \\ x_2 + x_3 = 2, \\ -\dfrac{1}{2}x_3 = -\dfrac{3}{2}. \end{cases}$$

将得到的第三式两边乘以 -2:

$$\begin{cases} 2x_1 + 3x_2 + 2x_3 = 5, \\ x_2 + x_3 = 2, \\ x_3 = 3. \end{cases}$$

将上面的最后一式分别乘以 -1, -2 加到第二式及第一式上:

$$\begin{cases} 2x_1 + 3x_2 = -1, \\ x_2 = -1, \\ x_3 = 3. \end{cases}$$

最后将上面的第二式乘以 -3 加到第一式上, 两边再乘以 $\frac{1}{2}$ 就得到方程组的解:

$$\begin{cases} x_1 = 1, \\ x_2 = -1, \\ x_3 = 3. \end{cases}$$

上述求解过程可以用矩阵的变换来代替. 将原方程组的系数及常数列排成一个矩阵, 称为系数矩阵的增广矩阵, 用 $\widetilde{\boldsymbol{A}}$ 表示:

$$\widetilde{\boldsymbol{A}} = \begin{pmatrix} 0 & 1 & 1 & 2 \\ 2 & 3 & 2 & 5 \\ 3 & 1 & -1 & -1 \end{pmatrix}.$$

现在将求解过程用矩阵来描述如下.

将 $\widetilde{\boldsymbol{A}}$ 的第一行与第二行对换得

$$\begin{pmatrix} 2 & 3 & 2 & 5 \\ 0 & 1 & 1 & 2 \\ 3 & 1 & -1 & -1 \end{pmatrix}.$$

将上面矩阵的第一行乘以 $-\frac{3}{2}$ 加到第三行上:

$$\begin{pmatrix} 2 & 3 & 2 & 5 \\ 0 & 1 & 1 & 2 \\ 0 & -\frac{7}{2} & -4 & -\frac{17}{2} \end{pmatrix}.$$

将第二行乘以 $\frac{7}{2}$ 加到第三行上:

$$\begin{pmatrix} 2 & 3 & 2 & 5 \\ 0 & 1 & 1 & 2 \\ 0 & 0 & -\frac{1}{2} & -\frac{3}{2} \end{pmatrix}.$$

将第三行乘以 -2 得

$$\begin{pmatrix} 2 & 3 & 2 & 5 \\ 0 & 1 & 1 & 2 \\ 0 & 0 & 1 & 3 \end{pmatrix}.$$

将第三行乘以 -1 加到第二行上, 将第三行乘以 -2 加到第一行上得

$$\begin{pmatrix} 2 & 3 & 0 & -1 \\ 0 & 1 & 0 & -1 \\ 0 & 0 & 1 & 3 \end{pmatrix}.$$

将第二行乘以 -3 加到第一行上, 最后将第一行乘以 $\frac{1}{2}$:

$$\begin{pmatrix} 1 & 0 & 0 & 1 \\ 0 & 1 & 0 & -1 \\ 0 & 0 & 1 & 3 \end{pmatrix}.$$

从上面的分析可以看出, 用 Gauss 消去法解线性方程组的过程可以归结为对矩阵的变换. 这不仅简化了解方程组的过程, 更重要的是为彻底弄清线性方程组解的理论提供了工具. 上面例子适用于求解一般的线性方程组, 我们把这种矩阵形式的 Gauss 消去法归结如下:

第一步: 将线性方程组写成标准形式并写出系数矩阵的增广矩阵 $\widetilde{\boldsymbol{A}}$.

第二步: 将 $\widetilde{\boldsymbol{A}}$ 中某一行调到第一行, 使第一行第一列的元素不为零.

第三步: 将得到的矩阵的第一行乘以某个数加到第二行上, 消去第二行第一列的元素. 重复这一方法, 直到消去第一列除第一行以外的所有元素.

第四步: 重复上述步骤, 使第二行第二列的元素不为零并消去第二列上其余元素. 不断用这个方法, 将系数矩阵变成对角阵.

第五步: 在每一行乘以某个非零数使系数矩阵变为单位阵, 从而写出线性方程组的解.

在上述步骤中, 我们对矩阵施行了以下 3 种变换:

(1) 两行对换;

(2) 以某一非零数乘以某一行;

(3) 以某一数乘以某一行后加到另一行上去.

这 3 种变换并不改变线性方程组的解. 也就是说, 对应的新方程组与原方程组总是同解的.

定义 2.4.1 下列 3 种矩阵变换分别称为矩阵的第一类、第二类、第三类初等行 (列) 变换:

(1) 对调矩阵中某两行 (列) 的位置;

(2) 用一非零常数 c 乘以矩阵的某一行 (列);

(3) 将矩阵的某一行 (列) 乘以常数 c 后加到另一行 (列) 上去.

上述 3 种变换统称为矩阵的初等变换.

显而易见, 我们在上面对方程组的增广矩阵实施了矩阵的初等行变换.

定义 2.4.2 如果一个矩阵 $\boldsymbol{A}$ 经过有限次初等变换后变成 $\boldsymbol{B}$, 则称 $\boldsymbol{A}$ 与 $\boldsymbol{B}$ 是等价的, 或 $\boldsymbol{A}$ 与 $\boldsymbol{B}$ 相抵, 记为 $\boldsymbol{A}\sim\boldsymbol{B}$.

用初等变换可以将一个矩阵化简到什么程度? 下面的定理回答了这个问题.

定理 2.4.1 任一 $m\times n$ 矩阵 $\boldsymbol{A}=(a_{ij})_{m\times n}$ 必相抵于下列 $m\times n$ 矩阵:

$$\boldsymbol{B}=\begin{pmatrix}1&\cdots&0&0&\cdots&0\\ \vdots&&\vdots&\vdots&&\vdots\\ 0&\cdots&1&0&\cdots&0\\ 0&\cdots&0&0&\cdots&0\\ \vdots&&\vdots&\vdots&&\vdots\\ 0&\cdots&0&0&\cdots&0\end{pmatrix},\tag{2.4.1}$$

其中 $\boldsymbol{B}$ 的前 r 行及前 r 列交点处有 r 个 1, 其余元素皆为零. 换言之, 任一 $m\times n$ 矩阵均与一个主对角线上元素等于 1 或 0 而其余元素均为 0 的 $m\times n$ 矩阵相抵.

证明 若 $\boldsymbol{A}=\boldsymbol{O}$, 则结论显然成立. 现设 $\boldsymbol{A}\neq\boldsymbol{O}$, 即 $\boldsymbol{A}$ 至少有一个元素 $a_{ij}\neq 0$. 如果 a_{ij} 不在第 $(1,1)$ 位置, 那么可将它所在的行与第一行对换, 再将它所在的列与第一列对换就可将 a_{ij} 调至第 $(1,1)$ 位置. 因此我们不妨设 $a_{11}\neq 0$. 接下去将第一行依次乘以 $-a_{11}^{-1}a_{i1}$ 加到第 i 行上去 $(i=2,3,\cdots,m)$, 于是第一列元素除 a_{11} 外都变成了零. 再将第一列元素乘以 $-a_{11}^{-1}a_{1j}$ 后加到第 j 列上去 $(j=2,3,\cdots,n)$, 则第一行元素除了 a_{11} 外都变成零. 再用 a_{11}^{-1} 乘以第一行, 就得到第 $(1,1)$ 元素等于 1 而第一行及第一列其他元素都是零的矩阵, 其形状如下:

$$\begin{pmatrix}1&0&\cdots&0\\ 0&b_{22}&\cdots&b_{2n}\\ \vdots&\vdots&&\vdots\\ 0&b_{m2}&\cdots&b_{mn}\end{pmatrix}.$$

再对第二行第二列采用与上面相同的步骤使第 $(2,2)$ 位置的元素不等于 0, 并用同样办法消去除第 $(2,2)$ 元素外第二行及第二列的所有元素. 显然在进行上述

过程中第一列及第一行的元素保持不变. 这样不断做下去, 直到变成 (2.4.1) 式的形状为止. □

注 在这个定理中, 对给定的矩阵 $\boldsymbol{A}$, 无论进行怎样的初等变换, 最后得到的对角形矩阵中的 r 总是不变的, 这一重要事实将在第三章予以证明. 矩阵 (2.4.1) 称为矩阵 $\boldsymbol{A}$ 的相抵标准型.

例 2.4.2 用初等变换将下列矩阵化为相抵标准型:

$$\begin{pmatrix} 2 & 0 & -1 & 3 \\ 1 & 2 & -2 & 4 \\ 0 & 1 & 3 & -1 \end{pmatrix}.$$

解

$$\begin{array}{r} \ulcorner\!\rightarrow \\ \llcorner\!\rightarrow \\ \\ \end{array}\begin{pmatrix} 2 & 0 & -1 & 3 \\ 1 & 2 & -2 & 4 \\ 0 & 1 & 3 & -1 \end{pmatrix} \to \begin{array}{r} (-2) \\ \llcorner\!\rightarrow \\ \\ \end{array}\begin{pmatrix} 1 & 2 & -2 & 4 \\ 2 & 0 & -1 & 3 \\ 0 & 1 & 3 & -1 \end{pmatrix} \to \begin{pmatrix} 1 & 2 & -2 & 4 \\ 0 & -4 & 3 & -5 \\ 0 & 1 & 3 & -1 \end{pmatrix}.$$

化到这一步接下去可将第一列分别乘以 -2、乘以 2、乘以 -4 后加到第二列、第三列、第四列上去, 使第一行中除第 $(1,1)$ 元素外其余都等于零. 但这时由于第一列除第一个元素外其余都为零, 因此在整个过程中第二列、第三列、第四列的元素除处在第一行的元素外都不变, 因此我们不必再写出具体过程而直接写出结果:

$$\begin{pmatrix} 1 & 2 & -2 & 4 \\ 0 & -4 & 3 & -5 \\ 0 & 1 & 3 & -1 \end{pmatrix} \to \begin{pmatrix} 1 & 0 & 0 & 0 \\ 0 & -4 & 3 & -5 \\ 0 & 1 & 3 & -1 \end{pmatrix}.$$

接下去再继续进行初等变换:

$$\begin{array}{r} \\ \ulcorner\!\rightarrow \\ \llcorner\!\rightarrow \end{array}\begin{pmatrix} 1 & 0 & 0 & 0 \\ 0 & -4 & 3 & -5 \\ 0 & 1 & 3 & -1 \end{pmatrix} \to \begin{pmatrix} 1 & 0 & 0 & 0 \\ 0 & 1 & 3 & -1 \\ 0 & -4 & 3 & -5 \end{pmatrix}.$$

这一步是为了避免分数运算.

$$\begin{array}{r} \\ (4) \\ \llcorner\!\rightarrow \end{array}\begin{pmatrix} 1 & 0 & 0 & 0 \\ 0 & 1 & 3 & -1 \\ 0 & -4 & 3 & -5 \end{pmatrix} \to \begin{pmatrix} 1 & 0 & 0 & 0 \\ 0 & 1 & 3 & -1 \\ 0 & 0 & 15 & -9 \end{pmatrix} \to$$

$$\begin{pmatrix}1&0&0&0\\0&1&0&0\\0&0&15&-9\end{pmatrix}\to\begin{pmatrix}1&0&0&0\\0&1&0&0\\0&0&15&0\end{pmatrix}\to\begin{pmatrix}1&0&0&0\\0&1&0&0\\0&0&1&0\end{pmatrix}.$$

在进行初等变换时, 有些步骤可并在一起以节省篇幅.

我们在进行初等变换的过程中, 通常需要同时用行变换和列变换, 如果将初等变换仅限制为行变换, 定理 2.4.1 还成立吗?

考虑下面的 1×3 矩阵:

$$(0,1,2).$$

显然, 我们仅用初等行变换无论如何也不能将它化为标准型. 但是我们可以用初等行变换将矩阵化为所谓的阶梯形 (上阶梯形).

定义 2.4.3 设 $\boldsymbol{A}=(a_{ij})_{m\times n}$ 为 $m\times n$ 矩阵. 对任意的 $1\leq i\leq m$, 定义 k_i 如下: 若 $\boldsymbol{A}$ 的第 i 行元素全为零, 则 $k_i=+\infty$; 若 $\boldsymbol{A}$ 的第 i 行元素不全为零, 则 k_i 是第 i 行所有非零元素列指标的最小值. 即若 $k_i<+\infty$, 则 a_{ik_i} 是 $\boldsymbol{A}$ 的第 i 行中从左至右第一个非零元素, a_{ik_i} 称为第 i 行的阶梯点.

若存在 $0\leq r\leq m$, 使得 $k_1<k_2<\cdots<k_r$, $k_{r+1}=\cdots=k_m=+\infty$, 则称这样的矩阵 $\boldsymbol{A}$ 为阶梯形矩阵. 简单地说, 若矩阵阶梯点的列指标随着行数严格递增, 或者从图形上看非零元素全体构成一个阶梯, 我们就称之为阶梯形矩阵.

下面几个矩阵是阶梯形矩阵的例子 (用双下划线标记阶梯点):

$$\begin{pmatrix}\underline{\underline{1}}&2&-1&0&7&10\\0&0&\underline{\underline{1}}&-2&2&0\\0&0&0&\underline{\underline{5}}&-1&1\\0&0&0&0&0&\underline{\underline{-1}}\\0&0&0&0&0&0\end{pmatrix},\quad\begin{pmatrix}\underline{\underline{-11}}&20&-\sqrt{2}&5&7\\0&\underline{\underline{1}}&1&-2&2\\0&0&0&\underline{\underline{5}}&-1\\0&0&0&0&0\end{pmatrix},$$

$$\begin{pmatrix}\underline{\underline{31}}&21&-1&0&7&10\\0&0&\underline{\underline{1}}&-2&2&0\\0&0&0&\underline{\underline{15}}&1&0\end{pmatrix},\quad\begin{pmatrix}\underline{\underline{3}}&2&-1\\0&0&\underline{\underline{1}}\\0&0&0\\0&0&0\\0&0&0\end{pmatrix}.$$

下面几个矩阵不是阶梯形矩阵 (用双下划线标记阶梯点):

$$
\begin{pmatrix}
\underline{\underline{1}} & 0 & 0 & 0 & 0 & 0\\
\underline{\underline{2}} & 1 & 0 & 0 & 0 & 0\\
\underline{\underline{1}} & 2 & 3 & 1 & 0 & 0\\
\underline{\underline{-3}} & -1 & 1 & 1 & 2 & 1
\end{pmatrix},\quad
\begin{pmatrix}
\underline{\underline{1}} & 2 & -1 & 0\\
0 & 0 & \underline{\underline{1}} & -2\\
0 & 0 & \underline{\underline{2}} & 5\\
0 & 0 & 0 & \underline{\underline{-1}}
\end{pmatrix},
$$

$$
\begin{pmatrix}
\underline{\underline{1}} & 2 & -1 & 0 & 7 & 10\\
\underline{\underline{-1}} & 0 & 1 & -2 & 2 & 0\\
0 & 0 & 0 & \underline{\underline{5}} & -1 & 1\\
0 & 0 & 0 & 0 & 0 & 0
\end{pmatrix},\quad
\begin{pmatrix}
\underline{\underline{1}} & 2 & -1 & 0 & 7 & 10\\
0 & 0 & \underline{\underline{1}} & -2 & 2 & 0\\
0 & 0 & 0 & \underline{\underline{5}} & -1 & 1\\
0 & 0 & 0 & 0 & 0 & \underline{\underline{-1}}\\
0 & 0 & 0 & 0 & 0 & \underline{\underline{2}}
\end{pmatrix}.
$$

定理 2.4.2 设 $\boldsymbol{A}$ 是一个 $m\times n$ 矩阵, 则经过若干次初等行变换, $\boldsymbol{A}$ 可以化为阶梯形矩阵.

证明 若 $\boldsymbol{A}$ 的第一列元素全为零, 则初等变换从第二列开始. 现设 $\boldsymbol{A}$ 的第一列元素不全为零, 则用行对换将非零元素换到第 $(1,1)$ 位置, 再用第三类初等行变换即可将第一列其余元素消为零. 再看第二列, 如果这时从第 $(2,2)$ 位置 (包括第 $(2,2)$ 元素) 以下全为零, 则移至下一列. 若否, 用行对换将非零元素换到第 $(2,2)$ 位置, 再用第三类初等行变换消去这一列第 $(2,2)$ 位置以下的元素. 这样不断做下去, 最后可以得到一个矩阵, 其阶梯点的列指标随着行数严格递增, 从而是阶梯形矩阵. □

例 2.4.3 用初等行变换化下列矩阵为阶梯形矩阵:

$$
\begin{pmatrix}
0 & 2 & -4\\
-1 & -4 & 5\\
3 & 1 & 7\\
0 & 5 & -10\\
2 & 3 & 0
\end{pmatrix}.
$$

解

$$
\begin{pmatrix}
0 & 2 & -4\\
-1 & -4 & 5\\
3 & 1 & 7\\
0 & 5 & -10\\
2 & 3 & 0
\end{pmatrix}
\to
\overset{(2)\ (3)}{}
\begin{pmatrix}
-1 & -4 & 5\\
0 & 2 & -4\\
3 & 1 & 7\\
0 & 5 & -10\\
2 & 3 & 0
\end{pmatrix}
\to
$$

$$\begin{matrix}(\frac{5}{2})\,(\frac{-5}{2})\,(\frac{11}{2})\end{matrix}\begin{pmatrix}-1&-4&5\\0&2&-4\\0&-11&22\\0&5&-10\\0&-5&10\end{pmatrix}\to\begin{pmatrix}-1&-4&5\\0&2&-4\\0&0&0\\0&0&0\\0&0&0\end{pmatrix}.$$

二、初等矩阵

矩阵的初等变换能否通过矩阵的运算来实现？为此我们引进初等矩阵的概念.

定义 2.4.4 对单位阵 $\boldsymbol{I}_n$ 施以第一类、第二类、第三类初等变换后得到的矩阵分别称为第一类、第二类及第三类初等矩阵.

3 类初等矩阵的形状如下.

第一类初等矩阵 第一类初等矩阵 $\boldsymbol{P}_{ij}$ 表示将单位阵的第 i 行与第 j 行 (第 i 列与第 j 列) 对换后得到的矩阵:

$$\boldsymbol{P}_{ij}=\begin{pmatrix}1&&&&&&\\&\ddots&&&&&\\&&0&\cdots&1&&\\&&\vdots&&\vdots&&\\&&1&\cdots&0&&\\&&&&&\ddots&\\&&&&&&1\end{pmatrix}.$$

第二类初等矩阵 第二类初等矩阵 $\boldsymbol{P}_i(c)$ 表示将常数 $c\,(c\neq 0)$ 乘以单位阵的第 i 行 (第 i 列) 而得到的矩阵:

$$\boldsymbol{P}_i(c)=\begin{pmatrix}1&&&&\\&\ddots&&&\\&&c&&\\&&&\ddots&\\&&&&1\end{pmatrix}.$$

第三类初等矩阵 第三类初等矩阵 $\boldsymbol{T}_{ij}(c)$ 表示将单位阵的第 i 行 (第 j 列) 乘

以 c 后加到第 j 行 (第 i 列) 上得到的矩阵:

$$
\boldsymbol{T}_{ij}(c)=\begin{pmatrix}
1 & & & & & & \\
& \ddots & & & & & \\
& & 1 & \cdots & 0 & & \\
& & \vdots & & \vdots & & \\
& & c & \cdots & 1 & & \\
& & & & & \ddots & \\
& & & & & & 1
\end{pmatrix}.
$$

下面的定理揭示了初等变换与初等矩阵的密切联系.

定理 2.4.3 设 $\boldsymbol{A}$ 是一个 $m\times n$ 阵, 则对 $\boldsymbol{A}$ 作一次初等行变换后得到的矩阵等于用一个 m 阶相应的初等矩阵 (即第一类初等变换相应于第一类初等矩阵, 第二类初等变换相应于第二类初等矩阵, 等等) 左乘 $\boldsymbol{A}$ 后得到的积. 矩阵 $\boldsymbol{A}$ 作一次初等列变换后得到的矩阵等于用一个 n 阶相应的初等矩阵右乘 $\boldsymbol{A}$ 后所得到的积.

证明 我们只对初等行变换进行证明, 对列的证明类似可得. 设 $\boldsymbol{A}=(a_{ij})_{m\times n}$, 由实际计算得

$$
\boldsymbol{P}_{ij}\boldsymbol{A}=\begin{pmatrix}
a_{11} & a_{12} & \cdots & a_{1n}\\
\vdots & \vdots & & \vdots\\
a_{j1} & a_{j2} & \cdots & a_{jn}\\
\vdots & \vdots & & \vdots\\
a_{i1} & a_{i2} & \cdots & a_{in}\\
\vdots & \vdots & & \vdots\\
a_{m1} & a_{m2} & \cdots & a_{mn}
\end{pmatrix},
$$

这等于将 $\boldsymbol{A}$ 的第 i 行与第 j 行对换.

$$
\boldsymbol{P}_{i}(c)\boldsymbol{A}=\begin{pmatrix}
a_{11} & a_{12} & \cdots & a_{1n}\\
\vdots & \vdots & & \vdots\\
ca_{i1} & ca_{i2} & \cdots & ca_{in}\\
\vdots & \vdots & & \vdots\\
a_{m1} & a_{m2} & \cdots & a_{mn}
\end{pmatrix},
$$

这等于将 $\boldsymbol{A}$ 的第 i 行乘以 c. 而

$$\boldsymbol{T}_{ij}(c)\boldsymbol{A}=\begin{pmatrix} a_{11} & a_{12} & \cdots & a_{1n} \\ \vdots & \vdots & & \vdots \\ a_{i1} & a_{i2} & \cdots & a_{in} \\ \vdots & \vdots & & \vdots \\ ca_{i1}+a_{j1} & ca_{i2}+a_{j2} & \cdots & ca_{in}+a_{jn} \\ \vdots & \vdots & & \vdots \\ a_{m1} & a_{m2} & \cdots & a_{mn} \end{pmatrix},$$

这等于将 $\boldsymbol{A}$ 的第 i 行乘以 c 后加到第 j 行上去. □

注 我们通常用“行左列右”来表示定理中初等矩阵与初等变换的关系.

推论 2.4.1 初等矩阵都是非异阵且其逆阵仍是同类初等矩阵:

$$\boldsymbol{P}_{ij}^{-1}=\boldsymbol{P}_{ij},\ \boldsymbol{P}_i(c)^{-1}=\boldsymbol{P}_i\left(\frac{1}{c}\right),\ \boldsymbol{T}_{ij}(c)^{-1}=\boldsymbol{T}_{ij}(-c).$$

证明 由定理立即可得. □

推论 2.4.2 非异阵经初等变换后仍是非异阵, 奇异阵经初等变换后仍是奇异阵.

证明 因为初等矩阵都是可逆阵, 可逆阵和可逆阵之积仍可逆, 所以第一个结论成立. 又设 $\boldsymbol{A}$ 是奇异阵, $\boldsymbol{P}$ 是初等矩阵, 假设 $\boldsymbol{PA}$ 是非异阵, 注意到 $\boldsymbol{P}^{-1}$ 也是初等矩阵, 故 $\boldsymbol{A}=\boldsymbol{P}^{-1}(\boldsymbol{PA})$ 将是非异阵, 矛盾, 因此 $\boldsymbol{PA}$ 必是奇异阵. 同理 $\boldsymbol{AP}$ 也是奇异阵. □

推论 2.4.3 3 类初等矩阵的行列式如下:

$$|\boldsymbol{P}_{ij}|=-1,\ |\boldsymbol{P}_i(c)|=c,\ |\boldsymbol{T}_{ij}(c)|=1.$$

证明 因为单位阵的行列式等于 1, 故交换单位阵两行而得到的矩阵 $\boldsymbol{P}_{ij}$ 的行列式等于 -1. 其余结论显然. □

定理 2.4.4 矩阵的相抵关系适合下列性质:

(1) $\boldsymbol{A}\sim\boldsymbol{A}$;

(2) 若 $\boldsymbol{A}\sim\boldsymbol{B}$, 则 $\boldsymbol{B}\sim\boldsymbol{A}$;

(3) 若 $\boldsymbol{A}\sim\boldsymbol{B}$, $\boldsymbol{B}\sim\boldsymbol{C}$, 则 $\boldsymbol{A}\sim\boldsymbol{C}$.

证明 (1) 显然单位阵 $\boldsymbol{I}$ 也是初等矩阵, 而 $\boldsymbol{IA}=\boldsymbol{A}$ 表明 $\boldsymbol{A}\sim\boldsymbol{A}$.

(2) 由 $\boldsymbol{A}\sim\boldsymbol{B}$ 知存在初等矩阵 $\boldsymbol{P}_1,\cdots,\boldsymbol{P}_m$ 以及初等矩阵 $\boldsymbol{Q}_1,\cdots,\boldsymbol{Q}_k$, 使

$$\boldsymbol{P}_m\cdots\boldsymbol{P}_1\boldsymbol{A}\boldsymbol{Q}_1\cdots\boldsymbol{Q}_k=\boldsymbol{B}.$$

于是

$$\boldsymbol{P}_1^{-1}\cdots\boldsymbol{P}_m^{-1}\boldsymbol{B}\boldsymbol{Q}_k^{-1}\cdots\boldsymbol{Q}_1^{-1}=\boldsymbol{A}.$$

但是初等矩阵的逆阵仍是初等矩阵, 因此 $\boldsymbol{B}\sim\boldsymbol{A}$.

(3) 由 $\boldsymbol{A}\sim\boldsymbol{B}$, $\boldsymbol{B}\sim\boldsymbol{C}$, 可设

$$\boldsymbol{B}=\boldsymbol{P}_m\cdots\boldsymbol{P}_1\boldsymbol{A}\boldsymbol{Q}_1\cdots\boldsymbol{Q}_k,\ \boldsymbol{C}=\boldsymbol{S}_s\cdots\boldsymbol{S}_1\boldsymbol{B}\boldsymbol{T}_1\cdots\boldsymbol{T}_t,$$

其中 $\boldsymbol{P}_i,\boldsymbol{Q}_i,\boldsymbol{S}_i,\boldsymbol{T}_i$ 都是初等矩阵. 于是

$$\boldsymbol{C}=\boldsymbol{S}_s\cdots\boldsymbol{S}_1\boldsymbol{P}_m\cdots\boldsymbol{P}_1\boldsymbol{A}\boldsymbol{Q}_1\cdots\boldsymbol{Q}_k\boldsymbol{T}_1\cdots\boldsymbol{T}_t.$$

因此 $\boldsymbol{A}\sim\boldsymbol{C}$. □

习 题 2.4

1. 用初等变换将下列矩阵化为相抵标准型:

(1) $\begin{pmatrix}-1&0&1&2\\3&1&0&-1\\0&2&1&4\end{pmatrix}$; (2) $\begin{pmatrix}1&2&3&4\\0&-1&0&-2\\1&1&3&2\\2&2&6&4\end{pmatrix}$.

2. 用初等行变换将下列矩阵化为阶梯形矩阵:

(1) $\begin{pmatrix}1&2&3\\-1&0&1\\0&1&2\\2&2&4\end{pmatrix}$; (2) $\begin{pmatrix}1&0&-1&2&3\\2&2&1&3&8\\3&4&4&5&11\\1&2&4&3&1\end{pmatrix}$.

3. 判断下列矩阵是否有相同的相抵标准型:

(1) $\begin{pmatrix}1&2&3\\2&4&6\\0&1&2\end{pmatrix}$, $\begin{pmatrix}1&-1&5\\0&3&3\\0&2&2\end{pmatrix}$; (2) $\begin{pmatrix}-1&0&4\\3&0&-1\\0&1&-1\end{pmatrix}$, $\begin{pmatrix}1&-1&5\\-1&4&-2\\0&3&3\end{pmatrix}$.

4. 求证: n 阶方阵 $\boldsymbol{A}$ 非异的充分必要条件是它和 $\boldsymbol{I}_n$ 相抵.

5. 求证: 对任意的 $m\times n$ 矩阵 $\boldsymbol{A}$, 总存在 m 阶可逆阵 $\boldsymbol{P}$ 和 n 阶可逆阵 $\boldsymbol{Q}$, 使得 $\boldsymbol{PAQ}$ 是相抵标准型.

§ 2.5 矩阵乘积的行列式与初等变换法求逆阵

一、矩阵乘积的行列式

我们在上一节中证明了任意一个矩阵 $\boldsymbol{A}$ 都可以通过初等变换化为相抵标准型, 还证明了如果限制只用行变换, 则可以将矩阵化为阶梯形. 如果矩阵 $\boldsymbol{A}$ 是一个 n 阶可逆阵, 是否能够只用行变换就将它化为标准型呢?

引理 2.5.1 设 $\boldsymbol{A}$ 是一个 n 阶可逆阵 (即非异阵), 则仅用初等行变换或仅用初等列变换就可以将它化为单位阵 $\boldsymbol{I}_n$.

证明 因为 $\boldsymbol{A}$ 可逆, 所以它没有整行或整列元素全为零, 于是 $\boldsymbol{A}$ 的第一列至少有一个非零元素, 通过初等行变换可以将它换到第 $(1,1)$ 位置. 用这个非零元素经过第三类初等行变换就可以将第一列元素 (除第 $(1,1)$ 元素外) 全化为零. 于是不妨假设

$$\boldsymbol{A}=\begin{pmatrix} a_{11} & a_{12} & \cdots & a_{1n} \\ 0 & a_{22} & \cdots & a_{2n} \\ \vdots & \vdots & & \vdots \\ 0 & a_{n2} & \cdots & a_{nn} \end{pmatrix}.$$

现在要说明 $a_{22},\cdots,a_{n2}$ 不全为零. 若否, 则可以通过第三类初等列变换用 a_{11} 消去 a_{12}, 于是非异阵 $\boldsymbol{A}$ 经过初等变换可化为一个第二列全为零的矩阵, 即化为一个奇异阵, 这与推论 2.4.2 矛盾. 既然 $a_{22},\cdots,a_{n2}$ 不全为零, 我们又可以通过初等行变换将非零元素换到第 $(2,2)$ 位置. 再用这个非零元素经过第三类初等行变换就可以将第二列元素 (除第 $(2,2)$ 元素外) 全化为零. 不断这样做下去, 即可将 $\boldsymbol{A}$ 化为一个主对角元素全不为零的对角阵. 最后用第二类初等行变换即可将之化为单位阵 $\boldsymbol{I}_n$. 同理可证仅用初等列变换也可以将非异阵 $\boldsymbol{A}$ 化为单位阵 $\boldsymbol{I}_n$. □

推论 2.5.1 任一 n 阶非异阵均可表示成有限个初等矩阵的积.

证明 由引理 2.5.1 知道, 存在有限个初等矩阵 $\boldsymbol{P}_1,\cdots,\boldsymbol{P}_m$, 使得

$$\boldsymbol{P}_m\cdots\boldsymbol{P}_1\boldsymbol{A}=\boldsymbol{I}_n,$$

因此

$$\boldsymbol{A}=\boldsymbol{P}_1^{-1}\cdots\boldsymbol{P}_m^{-1}.$$

而初等矩阵的逆阵仍是初等矩阵, 故结论成立. □

下面我们要讨论这样一个问题: 若 $\boldsymbol{A},\boldsymbol{B}$ 都是 n 阶矩阵, 它们积的行列式 $|\boldsymbol{AB}|$ 和 $|\boldsymbol{A}|$, $|\boldsymbol{B}|$ 有什么关系? 我们先讨论简单的情形, 即 $\boldsymbol{A}$, $\boldsymbol{B}$ 中至少有一个是初等矩阵的情形. 由行列式性质, 很容易得到下面的引理.

引理 2.5.2 设 $\boldsymbol{A}$ 是一个 n 阶方阵, $\boldsymbol{Q}$ 是一个 n 阶初等矩阵, 则

$$|\boldsymbol{QA}|=|\boldsymbol{Q}||\boldsymbol{A}|=|\boldsymbol{AQ}|.$$

证明 若 $\boldsymbol{Q}=\boldsymbol{P}_{ij}$, 则 $\boldsymbol{QA}$ 为 $\boldsymbol{A}$ 的第 i 行及第 j 行对换后所得之矩阵, 其行列式值等于 $-|\boldsymbol{A}|$. 又 $|\boldsymbol{P}_{ij}|=-1$, 因此 $|\boldsymbol{P}_{ij}\boldsymbol{A}|=-|\boldsymbol{A}|=|\boldsymbol{P}_{ij}||\boldsymbol{A}|$. 若 $\boldsymbol{Q}=\boldsymbol{P}_i(c)\,(c\neq 0)$, 不难验证 $|\boldsymbol{P}_i(c)\boldsymbol{A}|=c|\boldsymbol{A}|=|\boldsymbol{P}_i(c)||\boldsymbol{A}|$. 若 $\boldsymbol{Q}=\boldsymbol{T}_{ij}(c)$, 同样不难验证 $|\boldsymbol{T}_{ij}(c)\boldsymbol{A}|=|\boldsymbol{A}|=|\boldsymbol{T}_{ij}(c)||\boldsymbol{A}|$. 当 $\boldsymbol{Q}$ 作用在 $\boldsymbol{A}$ 的右侧时也可类似证明. □

定理 2.5.1 一个 n 阶方阵 $\boldsymbol{A}$ 为非异阵的充分必要条件是它的行列式的值不等于零.

证明 由定理 2.3.1 知道若 $|\boldsymbol{A}|\neq 0$, 则 $\boldsymbol{A}$ 是非异阵, 故只需证明若 $\boldsymbol{A}$ 非异, 则 $|\boldsymbol{A}|\neq 0$. 由推论 2.5.1, 非异阵 $\boldsymbol{A}$ 等于有限个初等矩阵之积, 设 $\boldsymbol{A}=\boldsymbol{P}_1\boldsymbol{P}_2\cdots\boldsymbol{P}_t$, 则从上面的引理知道, $|\boldsymbol{A}|=|\boldsymbol{P}_1||\boldsymbol{P}_2|\cdots|\boldsymbol{P}_t|$. 由于初等矩阵的行列式不等于零, 故 $|\boldsymbol{A}|\neq 0$. □

现在我们可以证明下述重要的行列式乘法定理.

定理 2.5.2 设 $\boldsymbol{A},\boldsymbol{B}$ 都是 n 阶矩阵, 则

$$|\boldsymbol{AB}|=|\boldsymbol{A}||\boldsymbol{B}|.$$

证明 分两种情形进行讨论. 第一种情形, 设 $\boldsymbol{A}$ 是非异阵, 则存在若干个初等矩阵 $\boldsymbol{Q}_1,\cdots,\boldsymbol{Q}_m$, 使得 $\boldsymbol{A}=\boldsymbol{Q}_1\cdots\boldsymbol{Q}_m$, 故

$$|\boldsymbol{AB}|=|\boldsymbol{Q}_1\cdots\boldsymbol{Q}_m\boldsymbol{B}|=|\boldsymbol{Q}_1|\cdots|\boldsymbol{Q}_m||\boldsymbol{B}|=|\boldsymbol{Q}_1\cdots\boldsymbol{Q}_m||\boldsymbol{B}|=|\boldsymbol{A}||\boldsymbol{B}|.$$

第二种情形, 设 $\boldsymbol{A}$ 为奇异阵, 这时 $|\boldsymbol{A}|=0$, 故只需证明 $|\boldsymbol{AB}|=0$. 因为 $\boldsymbol{A}$ 是奇异阵, 故存在初等矩阵 $\boldsymbol{P}_1,\cdots,\boldsymbol{P}_s$; $\boldsymbol{Q}_1,\cdots,\boldsymbol{Q}_r$, 使得

$$\boldsymbol{P}_s\cdots\boldsymbol{P}_1\boldsymbol{A}\boldsymbol{Q}_1\cdots\boldsymbol{Q}_r=\boldsymbol{D},$$

其中 $\boldsymbol{D}$ 是 $\boldsymbol{A}$ 的相抵标准型, 它是一个对角阵, 主对角元素为 1 或 0. 因为 $\boldsymbol{A}$ 奇异, 所以 $\boldsymbol{D}$ 也是奇异阵, 于是至少最后一行元素全为零. 注意到

$$\boldsymbol{P}_s\cdots\boldsymbol{P}_1\boldsymbol{A}=\boldsymbol{D}\boldsymbol{Q}_r^{-1}\cdots\boldsymbol{Q}_1^{-1},$$

由矩阵乘法可知, 因为 $\boldsymbol{D}$ 的第 n 行元素全为零, 所以 $\boldsymbol{D}\boldsymbol{Q}_r^{-1}\cdots\boldsymbol{Q}_1^{-1}=\boldsymbol{P}_s\cdots\boldsymbol{P}_1\boldsymbol{A}$ 的第 n 行元素全为零, 从而 $\boldsymbol{P}_s\cdots\boldsymbol{P}_1\boldsymbol{A}\boldsymbol{B}$ 的第 n 行元素也全为零. 于是

$$|\boldsymbol{P}_s|\cdots|\boldsymbol{P}_1||\boldsymbol{A}\boldsymbol{B}|=|\boldsymbol{P}_s\cdots\boldsymbol{P}_1\boldsymbol{A}\boldsymbol{B}|=0,$$

又 $|\boldsymbol{P}_i|\neq 0\,(i=1,\cdots,s)$, 故 $|\boldsymbol{A}\boldsymbol{B}|=0=|\boldsymbol{A}||\boldsymbol{B}|$. □

推论 2.5.2 一个奇异阵与任一同阶方阵之积仍为奇异阵, 两个同阶非异阵之积仍为非异阵.

证明 由定理 2.5.2 及定理 2.5.1 即得. □

推论 2.5.3 若 $\boldsymbol{A}$ 是非异阵, 则 $|\boldsymbol{A}^{-1}|=|\boldsymbol{A}|^{-1}$.

证明 由 $1=|\boldsymbol{I}_n|=|\boldsymbol{A}\boldsymbol{A}^{-1}|=|\boldsymbol{A}||\boldsymbol{A}^{-1}|$ 即得 $|\boldsymbol{A}^{-1}|=|\boldsymbol{A}|^{-1}$. □

推论 2.5.4 若 $\boldsymbol{A},\boldsymbol{B}$ 都是 n 阶方阵且 $\boldsymbol{A}\boldsymbol{B}=\boldsymbol{I}_n$ (或 $\boldsymbol{B}\boldsymbol{A}=\boldsymbol{I}_n$), 则 $\boldsymbol{B}\boldsymbol{A}=\boldsymbol{I}_n$ (或 $\boldsymbol{A}\boldsymbol{B}=\boldsymbol{I}_n$), 即 $\boldsymbol{B}=\boldsymbol{A}^{-1}$.

证明 因为 $|\boldsymbol{A}||\boldsymbol{B}|=|\boldsymbol{A}\boldsymbol{B}|=|\boldsymbol{I}_n|=1$, 所以 $|\boldsymbol{A}|\neq 0$, 即 $\boldsymbol{A}$ 是非异阵. 设 $\boldsymbol{C}$ 是 $\boldsymbol{A}$ 的逆阵, 则 $\boldsymbol{C}\boldsymbol{A}=\boldsymbol{I}_n$, 而 $\boldsymbol{B}=\boldsymbol{I}_n\boldsymbol{B}=(\boldsymbol{C}\boldsymbol{A})\boldsymbol{B}=\boldsymbol{C}(\boldsymbol{A}\boldsymbol{B})=\boldsymbol{C}\boldsymbol{I}_n=\boldsymbol{C}$, 因此 $\boldsymbol{B}=\boldsymbol{A}^{-1}$. 同理若 $\boldsymbol{B}\boldsymbol{A}=\boldsymbol{I}_n$, 也可推出 $\boldsymbol{A}\boldsymbol{B}=\boldsymbol{I}_n$. □

例 2.5.1 计算下列 $n+1$ 阶矩阵 $\boldsymbol{A}$ 的行列式:

$$\boldsymbol{A}=\begin{pmatrix}(a_0+b_0)^n & (a_0+b_1)^n & \cdots & (a_0+b_n)^n\\(a_1+b_0)^n & (a_1+b_1)^n & \cdots & (a_1+b_n)^n\\\vdots & \vdots & & \vdots\\(a_n+b_0)^n & (a_n+b_1)^n & \cdots & (a_n+b_n)^n\end{pmatrix}.$$

解 将 $\boldsymbol{A}$ 分解为两个矩阵之积:

$$\boldsymbol{A}=\begin{pmatrix}1 & \mathrm{C}_n^1a_0 & \mathrm{C}_n^2a_0^2 & \cdots & \mathrm{C}_n^na_0^n\\1 & \mathrm{C}_n^1a_1 & \mathrm{C}_n^2a_1^2 & \cdots & \mathrm{C}_n^na_1^n\\\vdots & \vdots & \vdots & & \vdots\\1 & \mathrm{C}_n^1a_n & \mathrm{C}_n^2a_n^2 & \cdots & \mathrm{C}_n^na_n^n\end{pmatrix}\begin{pmatrix}b_0^n & b_1^n & b_2^n & \cdots & b_n^n\\b_0^{n-1} & b_1^{n-1} & b_2^{n-1} & \cdots & b_n^{n-1}\\\vdots & \vdots & \vdots & & \vdots\\1 & 1 & 1 & \cdots & 1\end{pmatrix}.$$

上式左边矩阵的行列式每一列提出公因子后就是一个 Vandermonde 行列式. 右边矩阵的行列式也可以化为 Vandermonde 行列式并求出其值, 于是

$$|\boldsymbol{A}|=\mathrm{C}_n^1\mathrm{C}_n^2\cdots\mathrm{C}_n^n\prod_{0\leq i<j\leq n}(a_j-a_i)(b_i-b_j).$$

例 2.5.2 计算行列式:

$$\begin{vmatrix} x & -y & -z & -w \\ y & x & -w & z \\ z & w & x & -y \\ w & -z & y & x \end{vmatrix}.$$

解 设该行列式代表的矩阵为 $\boldsymbol{A}$, 则

$$\boldsymbol{A}\boldsymbol{A}' = \begin{pmatrix} x & -y & -z & -w \\ y & x & -w & z \\ z & w & x & -y \\ w & -z & y & x \end{pmatrix} \begin{pmatrix} x & y & z & w \\ -y & x & w & -z \\ -z & -w & x & y \\ -w & z & -y & x \end{pmatrix} = \begin{pmatrix} u & 0 & 0 & 0 \\ 0 & u & 0 & 0 \\ 0 & 0 & u & 0 \\ 0 & 0 & 0 & u \end{pmatrix},$$

其中 $u = x^2 + y^2 + z^2 + w^2$. 因此

$$|\boldsymbol{A}|^2 = (x^2 + y^2 + z^2 + w^2)^4.$$

令 $x = 1, y = z = w = 0$, 显然 $|\boldsymbol{A}| = 1$, 故

$$|\boldsymbol{A}| = (x^2 + y^2 + z^2 + w^2)^2.$$

二、初等变换法求逆阵

我们知道, 用伴随阵求非异阵的逆阵是非常麻烦的, 有没有更加简单的方法?

由引理 2.5.1 知道, 任意一个可逆阵都可以只用初等行变换将它化为单位阵. 若 $\boldsymbol{A}$ 是可逆阵, 则存在初等矩阵 $\boldsymbol{Q}_1, \boldsymbol{Q}_2, \cdots, \boldsymbol{Q}_t$, 使得

$$\boldsymbol{Q}_1\boldsymbol{Q}_2\cdots\boldsymbol{Q}_t\boldsymbol{A} = \boldsymbol{I}_n,$$

故

$$\boldsymbol{A}^{-1} = \boldsymbol{Q}_1\boldsymbol{Q}_2\cdots\boldsymbol{Q}_t = \boldsymbol{Q}_1\boldsymbol{Q}_2\cdots\boldsymbol{Q}_t\boldsymbol{I}_n.$$

这两个式子启发我们可以这样来求逆阵:

作一个 $n \times 2n$ 矩阵 $(\boldsymbol{A} \mid \boldsymbol{I}_n)$, 这个矩阵的前 n 列为 $\boldsymbol{A}$, 后 n 列为单位阵 $\boldsymbol{I}_n$. 对矩阵 $(\boldsymbol{A} \mid \boldsymbol{I}_n)$ 进行初等行变换把 $\boldsymbol{A}$ 变成 $\boldsymbol{I}_n$, 这时右边的 $\boldsymbol{I}_n$ 就变成了 $\boldsymbol{A}^{-1}$. 我们下面举例来说明这个方法.

例 2.5.3 求下列非异阵 $\boldsymbol{A}$ 的逆阵:

$$\boldsymbol{A}=\begin{pmatrix}1&2&3\\2&1&2\\1&3&4\end{pmatrix}.$$

解

$$(\boldsymbol{A}\,\vdots\,\boldsymbol{I}_3)=\left(\begin{array}{ccc|ccc}1&2&3&1&0&0\\2&1&2&0&1&0\\1&3&4&0&0&1\end{array}\right).$$

对 $(\boldsymbol{A}\,\vdots\,\boldsymbol{I}_3)$ 进行初等行变换:

$$\begin{array}{c}(-1)\,(-2)\end{array}\left(\begin{array}{ccc|ccc}1&2&3&1&0&0\\2&1&2&0&1&0\\1&3&4&0&0&1\end{array}\right)\to\left(\begin{array}{ccc|ccc}1&2&3&1&0&0\\0&-3&-4&-2&1&0\\0&1&1&-1&0&1\end{array}\right)\to$$

$$\begin{array}{c}(3)\;(-2)\end{array}\left(\begin{array}{ccc|ccc}1&2&3&1&0&0\\0&1&1&-1&0&1\\0&-3&-4&-2&1&0\end{array}\right)\to\begin{array}{c}(1)\;(1)\end{array}\left(\begin{array}{ccc|ccc}1&0&1&3&0&-2\\0&1&1&-1&0&1\\0&0&-1&-5&1&3\end{array}\right)\to$$

$$\begin{array}{c}(-1)\end{array}\left(\begin{array}{ccc|ccc}1&0&0&-2&1&1\\0&1&0&-6&1&4\\0&0&-1&-5&1&3\end{array}\right)\to\left(\begin{array}{ccc|ccc}1&0&0&-2&1&1\\0&1&0&-6&1&4\\0&0&1&5&-1&-3\end{array}\right).$$

于是

$$\boldsymbol{A}^{-1}=\begin{pmatrix}-2&1&1\\-6&1&4\\5&-1&-3\end{pmatrix}.$$

注 在用初等变换法求逆阵的整个过程中, 对 $(\boldsymbol{A}\,\vdots\,\boldsymbol{I}_n)$ 只能用初等行变换而不能用初等列变换. 请读者考虑这样一个问题:

如果我们只用初等列变换, 如何来求已知可逆阵的逆阵?

例 2.5.4　求解下列矩阵方程:

$$\begin{pmatrix} 1 & 0 & 1 \\ -1 & 1 & 1 \\ 2 & -1 & 1 \end{pmatrix} \boldsymbol{X} = \begin{pmatrix} 1 & 1 \\ 0 & 1 \\ -1 & 0 \end{pmatrix}.$$

解　因为

$$\begin{vmatrix} 1 & 0 & 1 \\ -1 & 1 & 1 \\ 2 & -1 & 1 \end{vmatrix} \neq 0,$$

故

$$\boldsymbol{X} = \begin{pmatrix} 1 & 0 & 1 \\ -1 & 1 & 1 \\ 2 & -1 & 1 \end{pmatrix}^{-1} \begin{pmatrix} 1 & 1 \\ 0 & 1 \\ -1 & 0 \end{pmatrix}.$$

我们用与求逆阵类似的初等变换法求 $\boldsymbol{X}$:

$$\begin{pmatrix} 1 & 0 & 1 & 1 & 1 \\ -1 & 1 & 1 & 0 & 1 \\ 2 & -1 & 1 & -1 & 0 \end{pmatrix} \xrightarrow{r_2+(1)r_1,\ r_3+(-2)r_1} \begin{pmatrix} 1 & 0 & 1 & 1 & 1 \\ 0 & 1 & 2 & 1 & 2 \\ 0 & -1 & -1 & -3 & -2 \end{pmatrix} \xrightarrow{r_3+(1)r_2}$$

$$\begin{pmatrix} 1 & 0 & 1 & 1 & 1 \\ 0 & 1 & 2 & 1 & 2 \\ 0 & 0 & 1 & -2 & 0 \end{pmatrix} \xrightarrow{r_1+(-1)r_3,\ r_2+(-2)r_3} \begin{pmatrix} 1 & 0 & 0 & 3 & 1 \\ 0 & 1 & 0 & 5 & 2 \\ 0 & 0 & 1 & -2 & 0 \end{pmatrix}.$$

因此

$$\boldsymbol{X} = \begin{pmatrix} 3 & 1 \\ 5 & 2 \\ -2 & 0 \end{pmatrix}.$$

习　题　2.5

1. 用初等变换法求下列矩阵的逆阵:

(1) $\begin{pmatrix} 1 & 2 & 3 & 4 \\ 2 & 3 & 1 & 2 \\ 1 & 1 & -1 & -1 \\ 1 & 0 & -6 & -6 \end{pmatrix}$; (2) $\begin{pmatrix} 1 & 1 & 0 \\ -2 & 1 & -1 \\ 3 & 1 & 1 \end{pmatrix}$; (3) $\begin{pmatrix} 1 & 2 & -1 \\ 3 & 1 & 0 \\ 7 & 6 & -2 \end{pmatrix}$.

2. 求下列 n 阶方阵的逆阵:

$$\boldsymbol{A} = \begin{pmatrix} 0 & a_1 & 0 & \cdots & 0 \\ 0 & 0 & a_2 & \cdots & 0 \\ \vdots & \vdots & \vdots & & \vdots \\ 0 & 0 & 0 & \cdots & a_{n-1} \\ a_n & 0 & 0 & \cdots & 0 \end{pmatrix},$$

其中 $a_i \neq 0\,(i = 1, 2, \cdots, n)$.

3. 求下列矩阵方程的解:

$$\begin{pmatrix} 2 & 2 & 3 \\ 1 & -1 & 0 \\ -1 & 2 & 1 \end{pmatrix} \boldsymbol{X} = \begin{pmatrix} 4 & -1 \\ 2 & 1 \\ 1 & 0 \end{pmatrix}.$$

4. 求下列矩阵方程的解:

$$\boldsymbol{X} \begin{pmatrix} 2 & 2 & 3 \\ 1 & -1 & 0 \\ -1 & 2 & 1 \end{pmatrix} = \begin{pmatrix} 1 & 1 & 2 \\ 0 & -1 & 3 \end{pmatrix}.$$

5. 设

$$\boldsymbol{S} = \begin{pmatrix} s_0 & s_1 & s_2 & \cdots & s_{n-1} \\ s_1 & s_2 & s_3 & \cdots & s_n \\ s_2 & s_3 & s_4 & \cdots & s_{n+1} \\ \vdots & \vdots & \vdots & & \vdots \\ s_{n-1} & s_n & s_{n+1} & \cdots & s_{2n-2} \end{pmatrix},$$

其中 $s_k = x_1^k + x_2^k + \cdots + x_n^k$. 计算 $|\boldsymbol{S}|$ 并证明 $|\boldsymbol{S}| \geq 0$ 对一切实数 $x_i\,(i = 1, 2, \cdots, n)$ 成立.

6. 利用行列式乘法证明循环矩阵的行列式的值等于 $f(\varepsilon_1)f(\varepsilon_2)\cdots f(\varepsilon_n)$, 其中 $f(x) = a_1 + a_2x + a_3x^2 + \cdots + a_nx^{n-1}$, $\varepsilon_i\,(i = 1, 2, \cdots, n)$ 为 1 的全体 n 次方根:

$$\begin{vmatrix} a_1 & a_2 & a_3 & \cdots & a_n \\ a_n & a_1 & a_2 & \cdots & a_{n-1} \\ a_{n-1} & a_n & a_1 & \cdots & a_{n-2} \\ \vdots & \vdots & \vdots & & \vdots \\ a_2 & a_3 & a_4 & \cdots & a_1 \end{vmatrix}.$$

7. 利用习题 6 的结论计算复习题一第 5 题.

§ 2.6 分块矩阵

矩阵运算是一种比较复杂的运算. 为了简化这种运算, 我们引进分块矩阵及其运算的概念. 请读者务必注意, 分块矩阵及其运算不是新的运算, 而是矩阵运算的简化形式.

什么叫矩阵的分块? 简单地说就是用横虚线与竖虚线将一个矩阵分成若干块, 这样得到的矩阵就称为 "分块矩阵". 例如:

$$\boldsymbol{A}=\left(\begin{array}{ccc:c}1 & 2 & -1 & 0 \\ 2 & 5 & 0 & -2 \\ \hdashline 3 & 1 & -1 & 3\end{array}\right)$$

是一个分块矩阵, 若记

$$\boldsymbol{A}_{11}=\begin{pmatrix}1 & 2 & -1 \\ 2 & 5 & 0\end{pmatrix},\ \boldsymbol{A}_{12}=\begin{pmatrix}0 \\ -2\end{pmatrix},$$

$$\boldsymbol{A}_{21}=(3,1,-1),\ \boldsymbol{A}_{22}=(3),$$

则 $\boldsymbol{A}$ 可表示为

$$\boldsymbol{A}=\begin{pmatrix}\boldsymbol{A}_{11} & \boldsymbol{A}_{12} \\ \boldsymbol{A}_{21} & \boldsymbol{A}_{22}\end{pmatrix},$$

这是一个分了 4 块的矩阵.

一般地, 对 $m\times n$ 矩阵 $\boldsymbol{A}$, 若先用若干条横虚线把它分成 r 块, 再用若干条竖虚线把它分成 s 块, 我们就得到了一个 rs 块的分块矩阵, 可记为

$$\boldsymbol{A}=\begin{pmatrix}\boldsymbol{A}_{11} & \boldsymbol{A}_{12} & \cdots & \boldsymbol{A}_{1s} \\ \boldsymbol{A}_{21} & \boldsymbol{A}_{22} & \cdots & \boldsymbol{A}_{2s} \\ \vdots & \vdots & & \vdots \\ \boldsymbol{A}_{r1} & \boldsymbol{A}_{r2} & \cdots & \boldsymbol{A}_{rs}\end{pmatrix}.$$

注意, 这里 $\boldsymbol{A}_{ij}$ 代表一个矩阵, $\boldsymbol{A}_{ij}$ 常称为 $\boldsymbol{A}$ 的第 (i,j) 块. $\boldsymbol{A}$ 也可记为 $\boldsymbol{A}=(\boldsymbol{A}_{ij})$, 但需注明这是分块矩阵.

一个矩阵可以有各种各样的分块方法, 究竟怎么分比较好, 要看具体需要而

定. 例如:

$$A = \left(\begin{array}{cc|cc|c} 1 & 1 & 0 & 0 & 0 \\ -1 & 1 & 0 & 0 & 0 \\ \hline 0 & 0 & 1 & 0 & 0 \\ 0 & 0 & 1 & 1 & 0 \\ \hline 0 & 0 & 0 & 0 & 1 \end{array}\right),$$

记

$$A_1 = \begin{pmatrix} 1 & 1 \\ -1 & 1 \end{pmatrix},\ A_2 = \begin{pmatrix} 1 & 0 \\ 1 & 1 \end{pmatrix},\ A_3 = (1),$$

则

$$A = \begin{pmatrix} A_1 & O & O \\ O & A_2 & O \\ O & O & A_3 \end{pmatrix}.$$

A 作为分块矩阵看, 是一个对角阵. 这种矩阵称为分块对角阵, 尽管它本身并不是对角阵. 需要注意的是 A 中的 O 都表示零矩阵.

两个分块矩阵 $A = (A_{ij})_{r\times s}$ 及 $B = (B_{ij})_{k\times l}$ 称为相等, 若 $r = k$, $s = l$, 且 $A_{ij} = B_{ij}\ (i = 1, 2, \cdots, r;\ j = 1, 2, \cdots, s)$. 因此两个分块矩阵相等, 不仅它们的分块方式相同, 而且每一块也相等. 显然, 这时 A 与 B 作为普通矩阵也相等.

下面我们依次来研究分块矩阵的运算.

一、分块矩阵的加减法

设有 $m\times n$ 矩阵 A 及 B, 它们具有相同的分块, 即

$$A = (A_{ij})_{r\times s},\ B = (B_{ij})_{r\times s},$$

且 A_{ij} 与 B_{ij} 作为矩阵其行数与列数分别相等, 则

$$A + B = (A_{ij} + B_{ij}),\ A - B = (A_{ij} - B_{ij}).$$

显然, 两个分块矩阵之和 (或差) 仍是一个分块矩阵, 且这个和 (或差) 与 A, B 作为普通矩阵之和 (或差) 是一致的.

二、分块矩阵的数乘

分块矩阵 $A = (A_{ij})_{r\times s}$ 与常数 c 的数乘为

$$cA = (cA_{ij})_{r\times s}.$$

三、分块矩阵的乘法

分块矩阵的乘法与普通矩阵的乘法在形式上类似, 只是在处理块与块之间的乘法时必须保证符合矩阵相乘的条件. 因此, 对分块的情况要特别予以注意. 设 $\boldsymbol{A}=(\boldsymbol{A}_{ij})_{r\times s}$, $\boldsymbol{B}=(\boldsymbol{B}_{ij})_{s\times t}$ 是两个分块矩阵 (注意: $\boldsymbol{A}$ 的列分成 s 块而 $\boldsymbol{B}$ 的行也分成 s 块). 又设

$$\boldsymbol{A}=\begin{pmatrix}\boldsymbol{A}_{11} & \boldsymbol{A}_{12} & \cdots & \boldsymbol{A}_{1s}\\ \boldsymbol{A}_{21} & \boldsymbol{A}_{22} & \cdots & \boldsymbol{A}_{2s}\\ \vdots & \vdots & & \vdots\\ \boldsymbol{A}_{r1} & \boldsymbol{A}_{r2} & \cdots & \boldsymbol{A}_{rs}\end{pmatrix},\ \boldsymbol{B}=\begin{pmatrix}\boldsymbol{B}_{11} & \boldsymbol{B}_{12} & \cdots & \boldsymbol{B}_{1t}\\ \boldsymbol{B}_{21} & \boldsymbol{B}_{22} & \cdots & \boldsymbol{B}_{2t}\\ \vdots & \vdots & & \vdots\\ \boldsymbol{B}_{s1} & \boldsymbol{B}_{s2} & \cdots & \boldsymbol{B}_{st}\end{pmatrix}.$$

上述分块矩阵适合如下条件: 在 $\boldsymbol{A}$ 中, 第 $(1,1)$ 块 $\boldsymbol{A}_{11}$ 的行数为 m_1, 列数为 n_1, 第 $(1,2)$ 块 $\boldsymbol{A}_{12}$ 的行数为 m_1, 列数为 n_2, $\cdots$, 第 (i,j) 块 $\boldsymbol{A}_{ij}$ 的行数为 m_i, 列数为 n_j. $\boldsymbol{B}$ 中第 (i,j) 块 $\boldsymbol{B}_{ij}$ 的行数为 n_i, 列数为 l_j. 这样的分块方式保证了分块相乘有意义. 若记分块矩阵 $\boldsymbol{A}$ 与 $\boldsymbol{B}$ 的积为

$$\boldsymbol{C}=\begin{pmatrix}\boldsymbol{C}_{11} & \boldsymbol{C}_{12} & \cdots & \boldsymbol{C}_{1t}\\ \boldsymbol{C}_{21} & \boldsymbol{C}_{22} & \cdots & \boldsymbol{C}_{2t}\\ \vdots & \vdots & & \vdots\\ \boldsymbol{C}_{r1} & \boldsymbol{C}_{r2} & \cdots & \boldsymbol{C}_{rt}\end{pmatrix},$$

则 $\boldsymbol{C}_{ij}$ 是一个 $m_i\times l_j$ 矩阵, 且

$$\boldsymbol{C}_{ij}=\boldsymbol{A}_{i1}\boldsymbol{B}_{1j}+\boldsymbol{A}_{i2}\boldsymbol{B}_{2j}+\cdots+\boldsymbol{A}_{is}\boldsymbol{B}_{sj}.$$

例 2.6.1

$$\boldsymbol{A}=\left(\begin{array}{cc|c|cc}1 & 0 & 2 & -1 & 0\\ 0 & 1 & 1 & -2 & 1\\ \hline 0 & 0 & 3 & 1 & 0\\ 1 & 0 & -2 & 0 & 1\end{array}\right),\ \boldsymbol{B}=\left(\begin{array}{cc|c}1 & 0 & 2\\ 0 & 1 & 0\\ \hline -1 & 1 & 3\\ \hline 0 & 1 & -1\\ 2 & 0 & 1\end{array}\right),$$

求 $\boldsymbol{AB}$.

解 将 $\boldsymbol{A},\boldsymbol{B}$ 写成下列分块形状:

$$\boldsymbol{A}=\begin{pmatrix}\boldsymbol{A}_{11} & \boldsymbol{A}_{12} & \boldsymbol{A}_{13}\\ \boldsymbol{A}_{21} & \boldsymbol{A}_{22} & \boldsymbol{A}_{23}\end{pmatrix},\ \boldsymbol{B}=\begin{pmatrix}\boldsymbol{B}_{11} & \boldsymbol{B}_{12}\\ \boldsymbol{B}_{21} & \boldsymbol{B}_{22}\\ \boldsymbol{B}_{31} & \boldsymbol{B}_{32}\end{pmatrix},$$

其中 $\boldsymbol{A}_{ij}$, $\boldsymbol{B}_{ij}$ 是 $\boldsymbol{A},\boldsymbol{B}$ 中相应的块. 容易看出这两个分块矩阵符合相乘的条件. 设 $\boldsymbol{C}=\boldsymbol{AB}$, 则 $\boldsymbol{C}$ 也是分块矩阵. 因为 $\boldsymbol{A}$ 是 2×3 分块, $\boldsymbol{B}$ 是 3×2 分块, 故 $\boldsymbol{C}$ 是 2×2 分块. 不难看出

$$\boldsymbol{C}_{11}=\boldsymbol{A}_{11}\boldsymbol{B}_{11}+\boldsymbol{A}_{12}\boldsymbol{B}_{21}+\boldsymbol{A}_{13}\boldsymbol{B}_{31}.$$

将各块代入, 得到

$$\begin{aligned}\boldsymbol{C}_{11} &= \begin{pmatrix}1&0\\0&1\end{pmatrix}\begin{pmatrix}1&0\\0&1\end{pmatrix}+\begin{pmatrix}2\\1\end{pmatrix}(-1,1)+\begin{pmatrix}-1&0\\-2&1\end{pmatrix}\begin{pmatrix}0&1\\2&0\end{pmatrix}\\ &= \begin{pmatrix}1&0\\0&1\end{pmatrix}+\begin{pmatrix}-2&2\\-1&1\end{pmatrix}+\begin{pmatrix}0&-1\\2&-2\end{pmatrix}=\begin{pmatrix}-1&1\\1&0\end{pmatrix}.\end{aligned}$$

同理

$$\boldsymbol{C}_{12}=\boldsymbol{A}_{11}\boldsymbol{B}_{12}+\boldsymbol{A}_{12}\boldsymbol{B}_{22}+\boldsymbol{A}_{13}\boldsymbol{B}_{32}=\begin{pmatrix}9\\6\end{pmatrix},$$

$$\boldsymbol{C}_{21}=\boldsymbol{A}_{21}\boldsymbol{B}_{11}+\boldsymbol{A}_{22}\boldsymbol{B}_{21}+\boldsymbol{A}_{23}\boldsymbol{B}_{31}=\begin{pmatrix}-3&4\\5&-2\end{pmatrix},$$

$$\boldsymbol{C}_{22}=\boldsymbol{A}_{21}\boldsymbol{B}_{12}+\boldsymbol{A}_{22}\boldsymbol{B}_{22}+\boldsymbol{A}_{23}\boldsymbol{B}_{32}=\begin{pmatrix}8\\-3\end{pmatrix}.$$

于是

$$\boldsymbol{C}=\left(\begin{array}{cc:c}-1&1&9\\1&0&6\\ \hdashline -3&4&8\\5&-2&-3\end{array}\right).$$

读者也许感到, 上述例子似乎比不分块更麻烦. 现在来看几个例子, 它们表明了分块运算的优越性.

例 2.6.2 设有两个分块对角阵:

$$\boldsymbol{A}=\begin{pmatrix}\boldsymbol{A}_1&\boldsymbol{O}&\cdots&\boldsymbol{O}\\\boldsymbol{O}&\boldsymbol{A}_2&\cdots&\boldsymbol{O}\\\vdots&\vdots&&\vdots\\\boldsymbol{O}&\boldsymbol{O}&\cdots&\boldsymbol{A}_k\end{pmatrix},\quad \boldsymbol{B}=\begin{pmatrix}\boldsymbol{B}_1&\boldsymbol{O}&\cdots&\boldsymbol{O}\\\boldsymbol{O}&\boldsymbol{B}_2&\cdots&\boldsymbol{O}\\\vdots&\vdots&&\vdots\\\boldsymbol{O}&\boldsymbol{O}&\cdots&\boldsymbol{B}_k\end{pmatrix},$$

其中 $\boldsymbol{A}_i$ 与 $\boldsymbol{B}_i$ 都是同阶方阵, 因此 $\boldsymbol{A}$ 与 $\boldsymbol{B}$ 可按分块矩阵相乘,

$$\boldsymbol{AB}=\begin{pmatrix}\boldsymbol{A}_1\boldsymbol{B}_1 & \boldsymbol{O} & \cdots & \boldsymbol{O}\\ \boldsymbol{O} & \boldsymbol{A}_2\boldsymbol{B}_2 & \cdots & \boldsymbol{O}\\ \vdots & \vdots & & \vdots\\ \boldsymbol{O} & \boldsymbol{O} & \cdots & \boldsymbol{A}_k\boldsymbol{B}_k\end{pmatrix}.$$

这个例子表明, 分块对角阵相乘时只需将主对角线上的块相乘即可.

例 2.6.3 $\boldsymbol{A}$ 是一个分块对角阵:

$$\boldsymbol{A}=\begin{pmatrix}\boldsymbol{A}_1 & \boldsymbol{O} & \cdots & \boldsymbol{O}\\ \boldsymbol{O} & \boldsymbol{A}_2 & \cdots & \boldsymbol{O}\\ \vdots & \vdots & & \vdots\\ \boldsymbol{O} & \boldsymbol{O} & \cdots & \boldsymbol{A}_k\end{pmatrix},$$

其中每块 $\boldsymbol{A}_i$ 都是非异阵, 求证: $\boldsymbol{A}$ 也是非异阵.

证明 设 $\boldsymbol{A}_i$ 之逆为 $\boldsymbol{A}_i^{-1}$, 则显然

$$\boldsymbol{A}^{-1}=\begin{pmatrix}\boldsymbol{A}_1^{-1} & \boldsymbol{O} & \cdots & \boldsymbol{O}\\ \boldsymbol{O} & \boldsymbol{A}_2^{-1} & \cdots & \boldsymbol{O}\\ \vdots & \vdots & & \vdots\\ \boldsymbol{O} & \boldsymbol{O} & \cdots & \boldsymbol{A}_k^{-1}\end{pmatrix}. \square$$

又如, 设 $\boldsymbol{A}$ 是一个 $m\times n$ 矩阵, $\boldsymbol{B}$ 是一个 $n\times r$ 矩阵, 可对 $\boldsymbol{B}$ 作列分块, 即将 $\boldsymbol{B}$ 的每个列向量分作一块, 记为 $\boldsymbol{\beta}_j\,(j=1,2,\cdots,r)$, 则

$$\boldsymbol{B}=(\boldsymbol{\beta}_1,\boldsymbol{\beta}_2,\cdots,\boldsymbol{\beta}_r).$$

又将 $\boldsymbol{A}$ 看成是只分成一块的矩阵, 则 $\boldsymbol{AB}$ 可按分块矩阵相乘, 且 $\boldsymbol{AB}$ 的列分块为

$$\boldsymbol{AB}=(\boldsymbol{A\beta}_1,\boldsymbol{A\beta}_2,\cdots,\boldsymbol{A\beta}_r).$$

同样, 可对 $\boldsymbol{A}$ 作行分块, 即将 $\boldsymbol{A}$ 的每个行向量分作一块, 记为 $\boldsymbol{\alpha}_i\,(i=1,2,\cdots,m)$, 则

$$\boldsymbol{A}=\begin{pmatrix}\boldsymbol{\alpha}_1\\ \boldsymbol{\alpha}_2\\ \vdots\\ \boldsymbol{\alpha}_m\end{pmatrix}.$$

又将 $\boldsymbol{B}$ 看成是只有一块的矩阵, 则 $\boldsymbol{AB}$ 可按分块矩阵相乘, 且 $\boldsymbol{AB}$ 的行分块为

$$\boldsymbol{AB}=\begin{pmatrix}\boldsymbol{\alpha}_1\boldsymbol{B}\\ \boldsymbol{\alpha}_2\boldsymbol{B}\\ \vdots\\ \boldsymbol{\alpha}_m\boldsymbol{B}\end{pmatrix}.$$

四、分块矩阵的转置

设有分块矩阵 $\boldsymbol{A}=(\boldsymbol{A}_{ij})_{r\times s}$, 则 $\boldsymbol{A}$ 的转置为 $s\times r$ 分块矩阵:

$$\boldsymbol{A}'=\begin{pmatrix}\boldsymbol{A}'_{11} & \boldsymbol{A}'_{21} & \cdots & \boldsymbol{A}'_{r1}\\ \boldsymbol{A}'_{12} & \boldsymbol{A}'_{22} & \cdots & \boldsymbol{A}'_{r2}\\ \vdots & \vdots & & \vdots\\ \boldsymbol{A}'_{1s} & \boldsymbol{A}'_{2s} & \cdots & \boldsymbol{A}'_{rs}\end{pmatrix}.$$

五、分块矩阵的共轭

设 $\boldsymbol{A}$ 是一个分块复矩阵, $\boldsymbol{A}=(\boldsymbol{A}_{ij})_{r\times s}$, 则 $\boldsymbol{A}$ 的共轭矩阵也是一个 $r\times s$ 分块矩阵, 且

$$\overline{\boldsymbol{A}}=\begin{pmatrix}\overline{\boldsymbol{A}_{11}} & \overline{\boldsymbol{A}_{12}} & \cdots & \overline{\boldsymbol{A}_{1s}}\\ \overline{\boldsymbol{A}_{21}} & \overline{\boldsymbol{A}_{22}} & \cdots & \overline{\boldsymbol{A}_{2s}}\\ \vdots & \vdots & & \vdots\\ \overline{\boldsymbol{A}_{r1}} & \overline{\boldsymbol{A}_{r2}} & \cdots & \overline{\boldsymbol{A}_{rs}}\end{pmatrix}.$$

对分块矩阵而言, 也有分块初等变换和分块初等矩阵的概念. 它们是处理分块矩阵问题的有用工具.

分块初等变换和普通的初等变换类似, 包含 3 类:

第一类: 对调分块矩阵的两个分块行或两个分块列;

第二类: 以某个可逆阵左乘以分块矩阵的某个分块行, 或右乘以某个分块列;

第三类: 以某个矩阵左乘以分块矩阵的某个分块行后加到另一分块行上去, 或以某个矩阵右乘以分块矩阵的某个分块列后加到另一分块列上去.

我们假设上面所提到的运算都是可以进行的.

分块初等矩阵也和普通的初等矩阵类似.

记 $\boldsymbol{I}=\operatorname{diag}\{\boldsymbol{I}_{m_1},\boldsymbol{I}_{m_2},\cdots,\boldsymbol{I}_{m_k}\}$ 是分块单位阵, 定义下列 3 种矩阵为 3 类分块初等矩阵:

第一类: 对调 $\boldsymbol{I}$ 的第 i 分块行 (列) 与第 j 分块行 (列) 得到的矩阵;

第二类: 以可逆阵 $\boldsymbol{C}$ 左 (右) 乘以 $\boldsymbol{I}$ 的第 i 分块行 (列) 得到的矩阵;

第三类: 以矩阵 $\boldsymbol{B}$ 左 (右) 乘以 $\boldsymbol{I}$ 的第 i 分块行 (列) 后加到第 j 分块行 (列) 上得到的矩阵.

容易验证分块初等矩阵都是可逆阵, 其中第三类分块初等矩阵的行列式的值等于 1, 并且矩阵的分块初等行 (列) 变换相当于用同类分块初等矩阵左 (右) 乘以被变换的矩阵.

注 由上面的结论知道, 进行第三类分块初等变换不改变矩阵的行列式的值. 更一般地, 进行分块初等变换不改变矩阵的秩 (秩的概念将在下一章介绍).

引理 2.6.1 设 $\boldsymbol{A}, \boldsymbol{C}$ 分别是 m, n 阶方阵, 则对分块上 (下) 三角行列式有:

$$|\boldsymbol{G}| = \begin{vmatrix} \boldsymbol{A} & \boldsymbol{B} \\ \boldsymbol{O} & \boldsymbol{C} \end{vmatrix} = |\boldsymbol{A}||\boldsymbol{C}|, \ |\boldsymbol{H}| = \begin{vmatrix} \boldsymbol{A} & \boldsymbol{O} \\ \boldsymbol{B} & \boldsymbol{C} \end{vmatrix} = |\boldsymbol{A}||\boldsymbol{C}|.$$

证明 本命题可以用 Laplace 定理立即得到, 但我们采用另外一种方法来证明. 只对第一式进行证明, 第二式同理可得. 对 $\boldsymbol{A}$ 的阶 m 用归纳法, 当 $m=1$ 时, 结论显然成立. 假设对左上角是 $m-1$ 阶矩阵的分块上三角行列式结论为真. 设

$$\boldsymbol{A} = \begin{pmatrix} a_{11} & a_{12} & \cdots & a_{1m} \\ a_{21} & a_{22} & \cdots & a_{2m} \\ \vdots & \vdots & & \vdots \\ a_{m1} & a_{m2} & \cdots & a_{mm} \end{pmatrix},$$

将 $|\boldsymbol{G}|$ 按第一列展开 (注意到第一列从第 $m+1$ 行起的元素全为零):

$$|\boldsymbol{G}| = a_{11}G_{11} + a_{21}G_{21} + \cdots + a_{m1}G_{m1},$$

其中 G_{i1} 是 a_{i1} 在 $|\boldsymbol{G}|$ 中的代数余子式. 与每个 G_{i1} 相应的余子式是一个左上角为 $m-1$ 阶矩阵的分块上三角行列式, 由归纳假设可得

$$G_{i1} = A_{i1}|\boldsymbol{C}|,$$

其中 A_{i1} 是元素 a_{i1} 在 $|\boldsymbol{A}|$ 中的代数余子式. 因此

$$|\boldsymbol{G}| = a_{11}A_{11}|\boldsymbol{C}| + a_{21}A_{21}|\boldsymbol{C}| + \cdots + a_{m1}A_{m1}|\boldsymbol{C}| = |\boldsymbol{A}||\boldsymbol{C}|. \ \square$$

定理 2.6.1 若 $\boldsymbol{A}$ 是 m 阶可逆阵, $\boldsymbol{D}$ 是 n 阶矩阵, $\boldsymbol{B}$ 为 $m\times n$ 矩阵, $\boldsymbol{C}$ 为 $n\times m$ 矩阵, 则

$$\begin{vmatrix} \boldsymbol{A} & \boldsymbol{B} \\ \boldsymbol{C} & \boldsymbol{D} \end{vmatrix} = |\boldsymbol{A}||\boldsymbol{D}-\boldsymbol{C}\boldsymbol{A}^{-1}\boldsymbol{B}|.$$

若 $\boldsymbol{D}$ 可逆 (这时 $\boldsymbol{A}$ 不必假设可逆), 则有

$$\begin{vmatrix} \boldsymbol{A} & \boldsymbol{B} \\ \boldsymbol{C} & \boldsymbol{D} \end{vmatrix} = |\boldsymbol{D}||\boldsymbol{A}-\boldsymbol{B}\boldsymbol{D}^{-1}\boldsymbol{C}|.$$

证明 用第三类分块初等变换, 以 $-\boldsymbol{C}\boldsymbol{A}^{-1}$ 左乘以第一分块行加到第二分块行上得到

$$\begin{pmatrix} \boldsymbol{A} & \boldsymbol{B} \\ \boldsymbol{C} & \boldsymbol{D} \end{pmatrix} \to \begin{pmatrix} \boldsymbol{A} & \boldsymbol{B} \\ \boldsymbol{O} & \boldsymbol{D}-\boldsymbol{C}\boldsymbol{A}^{-1}\boldsymbol{B} \end{pmatrix}.$$

第三类分块初等变换不改变行列式的值, 由引理即得结论. 另一结论类似可证. □

注 当 $\boldsymbol{A}$ 和 $\boldsymbol{D}$ 都是可逆阵时, 我们得到等式

$$|\boldsymbol{D}||\boldsymbol{A}-\boldsymbol{B}\boldsymbol{D}^{-1}\boldsymbol{C}| = |\boldsymbol{A}||\boldsymbol{D}-\boldsymbol{C}\boldsymbol{A}^{-1}\boldsymbol{B}|.$$

这个等式称为行列式的降阶公式. 因为当 $\boldsymbol{D}$ 和 $\boldsymbol{A}$ 的阶不等时, 可以利用它把高阶行列式的计算化为低阶行列式的计算.

例 2.6.4 计算下列矩阵的行列式的值:

$$\boldsymbol{M} = \begin{pmatrix} a_1^2 & a_1a_2+1 & \cdots & a_1a_n+1 \\ a_2a_1+1 & a_2^2 & \cdots & a_2a_n+1 \\ \vdots & \vdots & & \vdots \\ a_na_1+1 & a_na_2+1 & \cdots & a_n^2 \end{pmatrix}.$$

解 将 $\boldsymbol{M}$ 化为

$$\boldsymbol{M} = -\boldsymbol{I}_n + \begin{pmatrix} a_1 & 1 \\ a_2 & 1 \\ \vdots & \vdots \\ a_n & 1 \end{pmatrix} \boldsymbol{I}_2^{-1} \begin{pmatrix} a_1 & a_2 & \cdots & a_n \\ 1 & 1 & \cdots & 1 \end{pmatrix}.$$

由降阶公式得到

$$
\begin{aligned}
|\boldsymbol{M}| &= |\boldsymbol{I}_2|^{-1}|-\boldsymbol{I}_n|\left|\boldsymbol{I}_2+\begin{pmatrix}a_1 & a_2 & \cdots & a_n\\ 1 & 1 & \cdots & 1\end{pmatrix}(-\boldsymbol{I}_n)^{-1}\begin{pmatrix}a_1 & 1\\ a_2 & 1\\ \vdots & \vdots\\ a_n & 1\end{pmatrix}\right|\\
&= (-1)^n\left|\boldsymbol{I}_2-\begin{pmatrix}\sum\limits_{i=1}^n a_i^2 & \sum\limits_{i=1}^n a_i\\ \sum\limits_{i=1}^n a_i & n\end{pmatrix}\right|\\
&= (-1)^n\Big((1-n)(1-\sum_{i=1}^n a_i^2)-(\sum_{i=1}^n a_i)^2\Big).
\end{aligned}
$$

例 2.6.5 已知 $\boldsymbol{A}$ 和 $\boldsymbol{D}$ 是可逆阵, 求下列分块矩阵的逆阵:

$$
\begin{pmatrix}\boldsymbol{A} & \boldsymbol{B}\\ \boldsymbol{O} & \boldsymbol{D}\end{pmatrix}.
$$

解 设 $\boldsymbol{A}, \boldsymbol{D}$ 分别是 m, n 阶矩阵, 对下列分块矩阵进行初等变换, 先将第二分块行左乘以 $-\boldsymbol{B}\boldsymbol{D}^{-1}$ 加到第一分块行上去:

$$
\left(\begin{array}{cc:cc}\boldsymbol{A} & \boldsymbol{B} & \boldsymbol{I}_m & \boldsymbol{O}\\ \boldsymbol{O} & \boldsymbol{D} & \boldsymbol{O} & \boldsymbol{I}_n\end{array}\right)\to\left(\begin{array}{cc:cc}\boldsymbol{A} & \boldsymbol{O} & \boldsymbol{I}_m & -\boldsymbol{B}\boldsymbol{D}^{-1}\\ \boldsymbol{O} & \boldsymbol{D} & \boldsymbol{O} & \boldsymbol{I}_n\end{array}\right),
$$

再用 $\boldsymbol{A}^{-1}$ 和 $\boldsymbol{D}^{-1}$ 分别左乘以第一分块行及第二分块行得到

$$
\left(\begin{array}{cc:cc}\boldsymbol{I}_m & \boldsymbol{O} & \boldsymbol{A}^{-1} & -\boldsymbol{A}^{-1}\boldsymbol{B}\boldsymbol{D}^{-1}\\ \boldsymbol{O} & \boldsymbol{I}_n & \boldsymbol{O} & \boldsymbol{D}^{-1}\end{array}\right).
$$

因此原矩阵的逆阵为

$$
\begin{pmatrix}\boldsymbol{A}^{-1} & -\boldsymbol{A}^{-1}\boldsymbol{B}\boldsymbol{D}^{-1}\\ \boldsymbol{O} & \boldsymbol{D}^{-1}\end{pmatrix}.
$$

习 题 2.6

1. 计算下列分块矩阵的乘积:

$$(1)\ \left(\begin{array}{cc|ccc} 1 & 0 & 1 & 2 & -1 \\ 0 & 1 & 3 & 2 & -2 \\ \hline -1 & 4 & 0 & 0 & 0 \\ 0 & 2 & 0 & 0 & 0 \end{array}\right)\left(\begin{array}{cc|cc} 2 & -3 & 0 & 0 \\ 0 & -2 & 0 & 0 \\ \hline 1 & 0 & 5 & -1 \\ 1 & 1 & 0 & 2 \\ 0 & 0 & 3 & 0 \end{array}\right);$$

$$(2)\ \left(\begin{array}{cc|cc} 1 & 0 & 0 & 1 \\ 0 & 1 & 1 & 0 \\ \hline 0 & -1 & 1 & 0 \\ -1 & 0 & 0 & 1 \end{array}\right)\left(\begin{array}{cc|cc} 0 & 1 & 0 & -1 \\ 0 & 0 & -1 & 0 \\ \hline 0 & 0 & 0 & 1 \\ 1 & 0 & 0 & 1 \end{array}\right).$$

2. 计算下列分块矩阵的乘积, 假设其中相乘的分块矩阵都符合相乘的条件:

$$(1)\ \begin{pmatrix} \boldsymbol{A}_1 & \boldsymbol{O} \\ \boldsymbol{O} & \boldsymbol{A}_2 \end{pmatrix}\begin{pmatrix} \boldsymbol{B}_{11} & \boldsymbol{B}_{12} \\ \boldsymbol{B}_{21} & \boldsymbol{B}_{22} \end{pmatrix};\qquad (2)\ \begin{pmatrix} \boldsymbol{A}_{11} & \boldsymbol{A}_{12} & \boldsymbol{A}_{13} \\ \boldsymbol{O} & \boldsymbol{A}_{22} & \boldsymbol{A}_{23} \\ \boldsymbol{O} & \boldsymbol{O} & \boldsymbol{A}_{33} \end{pmatrix}\begin{pmatrix} \boldsymbol{B}_{11} & \boldsymbol{B}_{12} & \boldsymbol{B}_{13} \\ \boldsymbol{O} & \boldsymbol{B}_{22} & \boldsymbol{B}_{23} \\ \boldsymbol{O} & \boldsymbol{O} & \boldsymbol{B}_{33} \end{pmatrix}.$$

3. 设

$$\boldsymbol{A} = \begin{pmatrix} 0 & 1 & 0 & \cdots & 0 & 0 \\ 0 & 0 & 1 & \cdots & 0 & 0 \\ \vdots & \vdots & \vdots & & \vdots & \vdots \\ 0 & 0 & 0 & \cdots & 0 & 1 \\ 1 & 0 & 0 & \cdots & 0 & 0 \end{pmatrix},$$

求证:

$$\boldsymbol{A}^k = \begin{pmatrix} \boldsymbol{O} & \boldsymbol{I}_{n-k} \\ \boldsymbol{I}_k & \boldsymbol{O} \end{pmatrix}\ (k = 1, 2, \cdots, n).$$

4. 设

$$\boldsymbol{A} = \begin{pmatrix} 0 & 1 & 0 & \cdots & 0 & 0 \\ 0 & 0 & 1 & \cdots & 0 & 0 \\ \vdots & \vdots & \vdots & & \vdots & \vdots \\ 0 & 0 & 0 & \cdots & 0 & 1 \\ 0 & 0 & 0 & \cdots & 0 & 0 \end{pmatrix},$$

求证:

$$\boldsymbol{A}^k = \begin{pmatrix} \boldsymbol{O} & \boldsymbol{I}_{n-k} \\ \boldsymbol{O} & \boldsymbol{O} \end{pmatrix}\ (k = 1, 2, \cdots, n).$$

5. 求证: 分块矩阵的乘法所得的结果与作为普通矩阵的乘法所得的结果是一致的.

6. 求证: 分块矩阵的第三类初等变换是普通矩阵的若干次第三类初等变换的复合.

7. 设有分块矩阵 $\boldsymbol{C} = \begin{pmatrix} \boldsymbol{O} & \boldsymbol{A} \\ \boldsymbol{B} & \boldsymbol{O} \end{pmatrix}$, 其中 $\boldsymbol{A}$, $\boldsymbol{B}$ 为可逆阵, 求 $\boldsymbol{C}$ 的逆阵.

8. 设 $\boldsymbol{A},\boldsymbol{B}$ 为 n 阶方阵, 求证:

$$\begin{vmatrix} \boldsymbol{A} & \boldsymbol{B} \\ \boldsymbol{B} & \boldsymbol{A} \end{vmatrix} = |\boldsymbol{A}+\boldsymbol{B}||\boldsymbol{A}-\boldsymbol{B}|.$$

9. 设 $\boldsymbol{A},\boldsymbol{B}$ 为 n 阶复方阵, 求证:

$$\begin{vmatrix} \boldsymbol{A} & -\boldsymbol{B} \\ \boldsymbol{B} & \boldsymbol{A} \end{vmatrix} = |\boldsymbol{A}+\mathrm{i}\boldsymbol{B}||\boldsymbol{A}-\mathrm{i}\boldsymbol{B}|.$$

10. 设 $\boldsymbol{A},\boldsymbol{B}$ 为 n 阶方阵且 $\boldsymbol{AB}=\boldsymbol{BA}$, 求证:

$$\begin{vmatrix} \boldsymbol{A} & -\boldsymbol{B} \\ \boldsymbol{B} & \boldsymbol{A} \end{vmatrix} = |\boldsymbol{A}^2+\boldsymbol{B}^2|.$$

11. 试用分块矩阵的方法求例 1.5.10 和例 2.5.2 中行列式的值.

12. 求下列矩阵 $\boldsymbol{A}$ 的行列式的值:

(1) $\boldsymbol{A}=\begin{pmatrix} 0 & 2 & 3 & \cdots & n \\ 1 & 0 & 3 & \cdots & n \\ 1 & 2 & 0 & \cdots & n \\ \vdots & \vdots & \vdots & & \vdots \\ 1 & 2 & 3 & \cdots & 0 \end{pmatrix}$;　　(2) $\boldsymbol{A}=\begin{pmatrix} 1+a_1^2 & a_1a_2 & \cdots & a_1a_n \\ a_2a_1 & 1+a_2^2 & \cdots & a_2a_n \\ \vdots & \vdots & & \vdots \\ a_na_1 & a_na_2 & \cdots & 1+a_n^2 \end{pmatrix}$.

* § 2.7　Cauchy-Binet 公式

我们在本章第五节中, 证明了方阵乘积的行列式等于各方阵行列式之积. 现在的问题是: 如果 $\boldsymbol{A}$ 是 $m\times n$ 矩阵, $\boldsymbol{B}$ 是 $n\times m$ 矩阵, $\boldsymbol{AB}$ 是 m 阶方阵, 则行列式 $|\boldsymbol{AB}|$ 应该等于什么? Cauchy-Binet (柯西–毕内) 公式回答了这个问题. 它可以看成是矩阵乘法的行列式定理的推广.

定理 2.7.1 (Cauchy-Binet 公式)　*设 $\boldsymbol{A}=(a_{ij})$ 是 $m\times n$ 矩阵, $\boldsymbol{B}=(b_{ij})$ 是 $n\times m$ 矩阵. $\boldsymbol{A}\begin{pmatrix} i_1 & \cdots & i_s \\ j_1 & \cdots & j_s \end{pmatrix}$ 表示 $\boldsymbol{A}$ 的一个 s 阶子式, 它由 $\boldsymbol{A}$ 的第 $i_1,\cdots,i_s$ 行与第 $j_1,\cdots,j_s$ 列交点上的元素按原次序排列组成的行列式. 同理可定义 $\boldsymbol{B}$ 的 s 阶子式.*

(1) 若 $m>n$, 则必有 $|\boldsymbol{AB}|=0$;

(2) 若 $m \le n$, 则必有

$$|\boldsymbol{AB}| = \sum_{1\le j_1<j_2<\cdots<j_m\le n} \boldsymbol{A}\begin{pmatrix} 1 & 2 & \cdots & m \\ j_1 & j_2 & \cdots & j_m \end{pmatrix} \boldsymbol{B}\begin{pmatrix} j_1 & j_2 & \cdots & j_m \\ 1 & 2 & \cdots & m \end{pmatrix}.$$

证明 令 $\boldsymbol{C} = \begin{pmatrix} \boldsymbol{A} & \boldsymbol{O} \\ -\boldsymbol{I}_n & \boldsymbol{B} \end{pmatrix}$. 我们将用不同的方法来计算行列式 $|\boldsymbol{C}|$.

首先, 对 $\boldsymbol{C}$ 进行第三类分块初等变换得到矩阵 $\boldsymbol{M} = \begin{pmatrix} \boldsymbol{O} & \boldsymbol{AB} \\ -\boldsymbol{I}_n & \boldsymbol{B} \end{pmatrix}$. 事实上, $\boldsymbol{M}$ 可写为

$$\boldsymbol{M} = \begin{pmatrix} \boldsymbol{I}_m & \boldsymbol{A} \\ \boldsymbol{O} & \boldsymbol{I}_n \end{pmatrix} \boldsymbol{C},$$

因此 $|\boldsymbol{M}| = |\boldsymbol{C}|$. 用 Laplace 定理来计算 $|\boldsymbol{M}|$, 按前 m 行展开得

$$|\boldsymbol{M}| = (-1)^{(n+1+n+2+\cdots+n+m)+(1+2+\cdots+m)}|-\boldsymbol{I}_n||\boldsymbol{AB}| = (-1)^{n(m+1)}|\boldsymbol{AB}|.$$

再来计算 $|\boldsymbol{C}|$, 用 Laplace 定理按前 m 行展开. 这时若 $m > n$, 则前 m 行中任意一个 m 阶子式都至少有一列全为零, 因此行列式值等于零, 即 $|\boldsymbol{AB}| = 0$. 若 $m \le n$, 则由 Laplace 定理得

$$|\boldsymbol{C}| = \sum_{1\le j_1<j_2<\cdots<j_m\le n} \boldsymbol{A}\begin{pmatrix} 1 & 2 & \cdots & m \\ j_1 & j_2 & \cdots & j_m \end{pmatrix} \widehat{\boldsymbol{C}}\begin{pmatrix} 1 & 2 & \cdots & m \\ j_1 & j_2 & \cdots & j_m \end{pmatrix},$$

其中 $\widehat{\boldsymbol{C}}\begin{pmatrix} 1 & 2 & \cdots & m \\ j_1 & j_2 & \cdots & j_m \end{pmatrix}$ 是 $\boldsymbol{A}\begin{pmatrix} 1 & 2 & \cdots & m \\ j_1 & j_2 & \cdots & j_m \end{pmatrix}$ 在矩阵 $\boldsymbol{C}$ 中的代数余子式. 显然

$$\widehat{\boldsymbol{C}}\begin{pmatrix} 1 & 2 & \cdots & m \\ j_1 & j_2 & \cdots & j_m \end{pmatrix} = (-1)^{\frac{1}{2}m(m+1)+(j_1+j_2+\cdots+j_m)}|-\boldsymbol{e}_{i_1}, -\boldsymbol{e}_{i_2}, \cdots, -\boldsymbol{e}_{i_{n-m}}, \boldsymbol{B}|,$$

其中 $i_1, i_2, \cdots, i_{n-m}$ 是 $\boldsymbol{C}$ 中前 n 列去掉 $j_1, j_2, \cdots, j_m$ 列后余下的列序数. $\boldsymbol{e}_{i_1}$, $\boldsymbol{e}_{i_2}$, $\cdots$, $\boldsymbol{e}_{i_{n-m}}$ 是相应的 n 维标准单位列向量 (标准单位向量定义参见本章复习题 1). 记

$$|\boldsymbol{N}| = |-\boldsymbol{e}_{i_1}, -\boldsymbol{e}_{i_2}, \cdots, -\boldsymbol{e}_{i_{n-m}}, \boldsymbol{B}|,$$

现来计算 $|\boldsymbol{N}|$. $|\boldsymbol{N}|$ 用 Laplace 定理按前 $n-m$ 列展开. 注意只有一个子式非零, 其值等于 $|-\boldsymbol{I}_{n-m}| = (-1)^{n-m}$. 而这个子式的余子式为

$$\boldsymbol{B}\begin{pmatrix} j_1 & j_2 & \cdots & j_m \\ 1 & 2 & \cdots & m \end{pmatrix}.$$

因此

$$|\boldsymbol{N}| = (-1)^{(n-m)+(i_1+i_2+\cdots+i_{n-m})+(1+2+\cdots+n-m)} \boldsymbol{B}\begin{pmatrix} j_1 & j_2 & \cdots & j_m \\ 1 & 2 & \cdots & m \end{pmatrix}.$$

注意到 $(i_1+i_2+\cdots+i_{n-m})+(j_1+j_2+\cdots+j_m)=1+2+\cdots+n$. 综合上面的结论, 通过简单计算不难得到

$$|\boldsymbol{AB}| = \sum_{1\le j_1 < j_2 < \cdots < j_m \le n} \boldsymbol{A}\begin{pmatrix} 1 & 2 & \cdots & m \\ j_1 & j_2 & \cdots & j_m \end{pmatrix} \boldsymbol{B}\begin{pmatrix} j_1 & j_2 & \cdots & j_m \\ 1 & 2 & \cdots & m \end{pmatrix}. \square$$

下面的定理是 Cauchy-Binet 公式的进一步推广, 它告诉我们如何求矩阵乘积的 r 阶子式.

定理 2.7.2　设 $\boldsymbol{A}=(a_{ij})$ 是 $m\times n$ 矩阵, $\boldsymbol{B}=(b_{ij})$ 是 $n\times m$ 矩阵, r 是一个正整数且 $r\le m$.

(1) 若 $r>n$, 则 $\boldsymbol{AB}$ 的任意一个 r 阶子式等于零;

(2) 若 $r\le n$, 则 $\boldsymbol{AB}$ 的 r 阶子式

$$\boldsymbol{AB}\begin{pmatrix} i_1 & i_2 & \cdots & i_r \\ j_1 & j_2 & \cdots & j_r \end{pmatrix}$$

$$= \sum_{1\le k_1 < k_2 < \cdots < k_r \le n} \boldsymbol{A}\begin{pmatrix} i_1 & i_2 & \cdots & i_r \\ k_1 & k_2 & \cdots & k_r \end{pmatrix} \boldsymbol{B}\begin{pmatrix} k_1 & k_2 & \cdots & k_r \\ j_1 & j_2 & \cdots & j_r \end{pmatrix}.$$

证明　设 $\boldsymbol{C}=\boldsymbol{AB}$, 则 $\boldsymbol{C}=(c_{ij})$ 是 m 阶矩阵且

$$c_{ij} = a_{i1}b_{1j} + a_{i2}b_{2j} + \cdots + a_{in}b_{nj}.$$

因此

$$\boldsymbol{C}\begin{pmatrix} i_1 & i_2 & \cdots & i_r \\ j_1 & j_2 & \cdots & j_r \end{pmatrix} = \begin{pmatrix} a_{i_1 1} & a_{i_1 2} & \cdots & a_{i_1 n} \\ a_{i_2 1} & a_{i_2 2} & \cdots & a_{i_2 n} \\ \vdots & \vdots & & \vdots \\ a_{i_r 1} & a_{i_r 2} & \cdots & a_{i_r n} \end{pmatrix}\begin{pmatrix} b_{1j_1} & b_{1j_2} & \cdots & b_{1j_r} \\ b_{2j_1} & b_{2j_2} & \cdots & b_{2j_r} \\ \vdots & \vdots & & \vdots \\ b_{nj_1} & b_{nj_2} & \cdots & b_{nj_r} \end{pmatrix}.$$

由定理 2.7.1 可知: 当 $r>n$ 时, $\boldsymbol{C}\begin{pmatrix} i_1 & i_2 & \cdots & i_r \\ j_1 & j_2 & \cdots & j_r \end{pmatrix}=0$; 当 $r\le n$ 时,

$$\boldsymbol{C}\begin{pmatrix} i_1 & i_2 & \cdots & i_r \\ j_1 & j_2 & \cdots & j_r \end{pmatrix}$$

$$= \sum_{1\le k_1<k_2<\cdots<k_r\le n} \boldsymbol{A}\begin{pmatrix} i_1 & i_2 & \cdots & i_r \\ k_1 & k_2 & \cdots & k_r \end{pmatrix} \boldsymbol{B}\begin{pmatrix} k_1 & k_2 & \cdots & k_r \\ j_1 & j_2 & \cdots & j_r \end{pmatrix}. \square$$

矩阵 $\boldsymbol{A}$ 的子式

$$\boldsymbol{A}\begin{pmatrix} i_1 & i_2 & \cdots & i_r \\ j_1 & j_2 & \cdots & j_r \end{pmatrix}$$

如果满足条件 $i_1 = j_1, i_2 = j_2, \cdots, i_r = j_r$, 则称为主子式.

推论 2.7.1 设 $\boldsymbol{A}$ 是 $m \times n$ 实矩阵, 则矩阵 $\boldsymbol{AA}'$ 的任一主子式都非负.

证明 若 $r \le n$, 则由定理 2.7.2 得到

$$\boldsymbol{AA}'\begin{pmatrix} i_1 & i_2 & \cdots & i_r \\ i_1 & i_2 & \cdots & i_r \end{pmatrix} = \sum_{1\le k_1<k_2<\cdots<k_r\le n} \boldsymbol{A}\begin{pmatrix} i_1 & i_2 & \cdots & i_r \\ k_1 & k_2 & \cdots & k_r \end{pmatrix}^2 \ge 0;$$

若 $r > n$, 则 $\boldsymbol{AA}'$ 的任一 r 阶主子式都等于零, 结论也成立. □

下面介绍 Cauchy-Binet 公式的两个重要应用. 它们分别是著名的 Lagrange (拉格朗日) 恒等式和 Cauchy-Schwarz (柯西–许瓦兹) 不等式. 这两个结论也可以用其他方法证明, 但用矩阵方法显得非常简洁.

例 2.7.1 证明 Lagrange 恒等式 ($n \ge 2$):

$$(\sum_{i=1}^n a_i^2)(\sum_{i=1}^n b_i^2) - (\sum_{i=1}^n a_ib_i)^2 = \sum_{1\le i<j\le n} (a_ib_j - a_jb_i)^2.$$

证明 左边的式子等于

$$\begin{vmatrix} \sum\limits_{i=1}^n a_i^2 & \sum\limits_{i=1}^n a_ib_i \\ \sum\limits_{i=1}^n a_ib_i & \sum\limits_{i=1}^n b_i^2 \end{vmatrix},$$

这个行列式对应的矩阵可化为

$$\begin{pmatrix} a_1 & a_2 & \cdots & a_n \\ b_1 & b_2 & \cdots & b_n \end{pmatrix} \begin{pmatrix} a_1 & b_1 \\ a_2 & b_2 \\ \vdots & \vdots \\ a_n & b_n \end{pmatrix}.$$

用 Cauchy-Binet 公式得

$$\begin{vmatrix} \sum\limits_{i=1}^{n} a_i^2 & \sum\limits_{i=1}^{n} a_ib_i \\ \sum\limits_{i=1}^{n} a_ib_i & \sum\limits_{i=1}^{n} b_i^2 \end{vmatrix} = \sum_{1\le i<j\le n} \begin{vmatrix} a_i & a_j \\ b_i & b_j \end{vmatrix} \begin{vmatrix} a_i & b_i \\ a_j & b_j \end{vmatrix} = \sum_{1\le i<j\le n} (a_ib_j - a_jb_i)^2. \square$$

例 2.7.2 设 a_i, b_i 都是实数, 证明 Cauchy-Schwarz 不等式:

$$(\sum_{i=1}^{n} a_i^2)(\sum_{i=1}^{n} b_i^2) \ge (\sum_{i=1}^{n} a_ib_i)^2.$$

证明 由例 2.7.1, 恒等式右边总非负, 即得结论. □

习 题 2.7

1. 设 $n \ge 3$, 求证下列行列式的值为零:

$$|\boldsymbol{A}| = \begin{vmatrix} 1+x_1y_1 & 1+x_1y_2 & \cdots & 1+x_1y_n \\ 1+x_2y_1 & 1+x_2y_2 & \cdots & 1+x_2y_n \\ \vdots & \vdots & & \vdots \\ 1+x_ny_1 & 1+x_ny_2 & \cdots & 1+x_ny_n \end{vmatrix}.$$

2. 设 $\boldsymbol{A}$ 是 n 阶实方阵且 $\boldsymbol{A}\boldsymbol{A}' = \boldsymbol{I}_n$. 求证: 若 $1 \le i_1 < i_2 < \cdots < i_k \le n$, 则

$$\sum_{1\le j_1<j_2<\cdots<j_k\le n} \boldsymbol{A}\begin{pmatrix} i_1 & i_2 & \cdots & i_k \\ j_1 & j_2 & \cdots & j_k \end{pmatrix}^2 = 1.$$

3. 设 $\boldsymbol{A}, \boldsymbol{B}$ 是 n 阶方阵, r 是小于等于 n 的正整数. 求证: $\boldsymbol{AB}$ 和 $\boldsymbol{BA}$ 的所有 r 阶主子式之和相等.

4. 设 $\boldsymbol{A}, \boldsymbol{B}$ 都是 $m \times n$ 实矩阵, 求证:

$$|\boldsymbol{AA}'||\boldsymbol{BB}'| \ge |\boldsymbol{AB}'|^2.$$

5. 设 $\boldsymbol{A}$ 是 $m \times n$ 复矩阵, 求证: 矩阵 $\boldsymbol{A}\overline{\boldsymbol{A}}'$ 的任一主子式都非负.

6. 证明复数形式的 Cauchy-Schwarz 不等式:

$$\left(\sum_{i=1}^{n} |a_i|^2\right)\left(\sum_{i=1}^{n} |b_i|^2\right) \ge \left|\sum_{i=1}^{n} a_i\bar{b}_i\right|^2,$$

其中 a_i, b_i 都是复数, n 是大于等于 2 的正整数.

7. 将习题 4 推广到复数形式并证明之.

历史与展望

矩阵是一个重要的数学研究对象, 它伴随着线性方程组、线性变换、二次型和双线性型而自然出现, 在数论、几何和分析等数学分支, 以及物理和工程等学科中均有着广泛的应用. 简单来说, 矩阵就是一个长方形数组或二维数组. 矩阵的雏形最早出现在公元前 200 年的著作《九章算术》中, 根据该著作所述可知, 那时的中国人就利用矩阵和消元法来求解三元线性方程组.

与行列式一样, 矩阵也是解决线性方程组求解问题的产物. 由第一章的介绍可知, 利用行列式求解线性方程组的研究起源于 Leibniz. 到了 18 世纪, 线性方程组的研究通常被归类在行列式之下, 因此并没有研究方程个数与未定元个数不相等的线性方程组.

1800 年左右 Gauss 给出了利用矩阵求解线性方程组的系统方法, 现称之为 Gauss 消元法. 这一方法处理了方程个数与未定元个数不相等的线性方程组, 尽管当时 Gauss 并没有使用矩阵的符号.

Gauss 在著作《算术研究》中研究了二元二次型的算术理论. 虽然 Gauss 并没有明确地给出矩阵的术语, 但他将变量之间的线性变换含蓄地表示为矩阵, 将线性变换的复合含蓄地定义为矩阵的乘积. 当然, 他仅仅是考虑 2×2 矩阵和 3×3 矩阵.

1844 年 Eisenstein (爱森斯坦因) 给出了矩阵乘法的概念, 用于化简线性方程组求解过程中的变量代换. 1850 年 Sylvester 创造了矩阵的术语.

Cayley 在 1850 年和 1858 年的两篇论文中, 正式地给出了 $m\times n$ 矩阵的概念; 他指出 "矩阵把自己组合成单个实体", 并认识到矩阵在简化线性方程组的求解和线性变换的复合上的用处; 他给出了矩阵加法、乘法和数乘的定义, 给出了单位阵和方阵的逆阵的概念; 说明了在某种条件下, 如何用逆阵来求解 n 个未定元 n 个方程的线性方程组.

在 1858 年的论文《矩阵理论的研究报告》中, Cayley 证明了 Cayley-Hamilton (凯莱–哈密顿) 定理, 即方阵适合它自己的特征多项式. 这个证明由他对 2×2 矩阵和 3×3 矩阵的计算组成. 他指出这个结果可推广到更高阶, 但他补充道:"我认为没有必要花这个力气去正式证明这个定理对任意阶矩阵都成立." Hamilton 在他的四元数研究中独立地证明了这个定理 ($n=4$ 的情形, 但没有使用矩阵的符号). Cayley 在另一篇文章中使用矩阵解决了一个非常有意义的问题, 即 Cayley-Hermite 问题, 它要求确定使得 n 元二次型保持不变的所有的线性变换.

作为矩阵理论的奠基者, Cayley 极大地增强了将矩阵视为一种符号代数的重要思想. 特别地, 他使用了单个字母来表示矩阵, 这在矩阵代数的发展史上是具有重大意义的一步. 但是他写于 1850 年代的论文直到 1880 年代为止, 在英国以外并未被重视.

与行列式理论的研究在 20 世纪初就偃旗息鼓不同, 矩阵理论的研究直到今天仍然方兴未艾. 随着大数据科学、人工智能和 5G 技术等高新科技的异军突起, 矩阵理论的研究将越来越重要, 对现代科技的影响也越发深远. 矩阵理论的进一步发展及其应用将会在第六章、第七章、第八章和第九章继续介绍.

复 习 题 二

1. n 维标准单位列向量是指下面 n 个 n 维列向量:

$$e_1=\begin{pmatrix}1\\0\\\vdots\\0\end{pmatrix},\ e_2=\begin{pmatrix}0\\1\\\vdots\\0\end{pmatrix},\ \cdots,\ e_n=\begin{pmatrix}0\\0\\\vdots\\1\end{pmatrix}.$$

向量组 $e_1',e_2',\cdots,e_n'$ 则被称为 n 维标准单位行向量. 设 $f_1,f_2,\cdots,f_m$ 是 m 维标准单位列向量. 证明标准单位向量有下列基本性质:

(1) 若 $i\neq j$, 则 $e_i'e_j=0$, 而 $e_i'e_i=1$;

(2) 若 $A=(a_{ij})$ 是 $m\times n$ 矩阵, 则 Ae_i 是 A 的第 i 个列向量, $f_i'A$ 是 A 的第 i 个行向量;

(3) 若 $A=(a_{ij})$ 是 $m\times n$ 矩阵, 则 $f_i'Ae_j=a_{ij}$;

(4) 设 A,B 都是 $m\times n$ 矩阵, 则 $A=B$ 当且仅当 $Ae_i=Be_i\,(1\leq i\leq n)$, 也当且仅当 $f_i'A=f_i'B\,(1\leq i\leq m)$.

2. n 阶基础矩阵 (又称初级矩阵) 是指 n^2 个 n 阶矩阵 $\{E_{ij},1\leq i,j\leq n\}$. 这里 E_{ij} 是一个 n 阶矩阵, 它的第 (i,j) 元素等于 1, 其他元素全为 0. 基础矩阵也可以看成是标准单位向量的积: $E_{ij}=e_ie_j'$. 证明基础矩阵的下列性质:

(1) 若 $j\neq k$, 则 $E_{ij}E_{kl}=O$;

(2) 若 $j=k$, 则 $E_{ij}E_{kl}=E_{il}$;

(3) 若 A 是 n 阶矩阵且 $A=(a_{ij})$, 则 $A=\sum\limits_{i,j=1}^{n}a_{ij}E_{ij}$;

(4) 若 A 是 n 阶矩阵且 $A=(a_{ij})$, 则 $E_{ij}A$ 的第 i 行是 A 的第 j 行, $E_{ij}A$ 的其他行全为零;

(5) 若 A 是 n 阶矩阵且 $A=(a_{ij})$, 则 AE_{ij} 的第 j 列是 A 的第 i 列, AE_{ij} 的其他列全为零;

(6) 若 A 是 n 阶矩阵且 $A=(a_{ij})$, 则 $E_{ij}AE_{kl}=a_{jk}E_{il}$.

3. 设 A 为 n 阶方阵, 求证: A 是反对称阵的充分必要条件是对任意的 n 维列向量 α, 有

$$\alpha'A\alpha=0.$$

4. 设 A 是 n 阶上三角阵且主对角线上元素全为零, 求证: $A^n=O$.

5. 若 A,B 都是由非负实数组成的矩阵且 AB 有一行全为零, 求证: 或者 A 有一行全为零, 或者 B 有一行全为零.

6. 设 A 是二阶矩阵, 若存在 $n>2$, 使得 $A^n=O$, 求证: $A^2=O$.

7. 下列形状的矩阵称为循环矩阵:

$$\begin{pmatrix} a_1 & a_2 & a_3 & \cdots & a_n \\ a_n & a_1 & a_2 & \cdots & a_{n-1} \\ a_{n-1} & a_n & a_1 & \cdots & a_{n-2} \\ \vdots & \vdots & \vdots & & \vdots \\ a_2 & a_3 & a_4 & \cdots & a_1 \end{pmatrix}.$$

求证: 同阶循环矩阵之积仍是循环矩阵.

8. 设 n 阶方阵 $\boldsymbol{A}$ 的每一行元素之和等于常数 c, 求证:

(1) 对任意的正整数 k, $\boldsymbol{A}^k$ 的每一行元素之和等于常数 c^k;

(2) 若 $\boldsymbol{A}$ 为可逆阵, 则 $c \neq 0$ 并且 $\boldsymbol{A}^{-1}$ 的每一行元素之和等于 c^{-1}.

9. 设 $\boldsymbol{A}$ 是奇数阶矩阵, 满足 $\boldsymbol{A}\boldsymbol{A}' = \boldsymbol{I}_n$ 且 $|\boldsymbol{A}| > 0$, 求证: $\boldsymbol{I}_n - \boldsymbol{A}$ 是奇异阵.

10. 设 $\boldsymbol{A}, \boldsymbol{B}$ 为 n 阶可逆阵, 满足 $\boldsymbol{A}^2 = \boldsymbol{B}^2$ 且 $|\boldsymbol{A}| + |\boldsymbol{B}| = 0$, 求证: $\boldsymbol{A} + \boldsymbol{B}$ 是奇异阵.

11. 设 $\boldsymbol{A}, \boldsymbol{B}, \boldsymbol{A}\boldsymbol{B} - \boldsymbol{I}_n$ 都是 n 阶可逆阵, 证明: $\boldsymbol{A} - \boldsymbol{B}^{-1}$ 与 $(\boldsymbol{A} - \boldsymbol{B}^{-1})^{-1} - \boldsymbol{A}^{-1}$ 均可逆, 并求它们的逆阵.

12. 设 $\boldsymbol{A}$ 为 $m \times n$ 矩阵, $\boldsymbol{B}$ 为 $n \times m$ 矩阵, 使得 $\boldsymbol{I}_m + \boldsymbol{A}\boldsymbol{B}$ 可逆, 求证: $\boldsymbol{I}_n + \boldsymbol{B}\boldsymbol{A}$ 也可逆.

13. 设 $\boldsymbol{A}, \boldsymbol{B}, \boldsymbol{A} - \boldsymbol{B}$ 都是 n 阶可逆阵, 证明:

$$\boldsymbol{B}^{-1} - \boldsymbol{A}^{-1} = (\boldsymbol{B} + \boldsymbol{B}(\boldsymbol{A} - \boldsymbol{B})^{-1}\boldsymbol{B})^{-1}.$$

14. 设 $\boldsymbol{A}$ 是 n 阶可逆阵, $\boldsymbol{\alpha}, \boldsymbol{\beta}$ 是 n 维列向量, 且 $1 + \boldsymbol{\beta}'\boldsymbol{A}^{-1}\boldsymbol{\alpha} \neq 0$. 求证:

$$(\boldsymbol{A} + \boldsymbol{\alpha}\boldsymbol{\beta}')^{-1} = \boldsymbol{A}^{-1} - \frac{1}{1 + \boldsymbol{\beta}'\boldsymbol{A}^{-1}\boldsymbol{\alpha}}\boldsymbol{A}^{-1}\boldsymbol{\alpha}\boldsymbol{\beta}'\boldsymbol{A}^{-1}.$$

注: 上述公式称为 Sherman-Morrison (谢尔曼–莫里森) 公式.

15. 求证: n 阶方阵 $\boldsymbol{A}$ 是奇异阵的充分必要条件是存在非零的 n 维列向量 $\boldsymbol{x}$, 使得 $\boldsymbol{A}\boldsymbol{x} = \boldsymbol{0}$.

16. 设 $\boldsymbol{A}$ 为 n 阶实反对称阵, 证明: $\boldsymbol{I}_n - \boldsymbol{A}$ 是非异阵.

17. 设 $\boldsymbol{A}$ 为 n 阶可逆阵, 求证: 只用第三类初等变换就可以将 $\boldsymbol{A}$ 化为如下形状:

$$\operatorname{diag}\{1, 1, \cdots, |\boldsymbol{A}|\}.$$

18. 求证: 任一 n 阶矩阵均可表示为形如 $\boldsymbol{I}_n + a_{ij}\boldsymbol{E}_{ij}$ 这样的矩阵之积, 其中 $\boldsymbol{E}_{ij}$ 是 n 阶基础矩阵.

19. 求下列 n 阶矩阵的逆阵, 其中 $a_i \neq 0\,(1 \leq i \leq n)$:

$$\boldsymbol{A} = \begin{pmatrix} 1+a_1 & 1 & 1 & \cdots & 1 \\ 1 & 1+a_2 & 1 & \cdots & 1 \\ 1 & 1 & 1+a_3 & \cdots & 1 \\ \vdots & \vdots & \vdots & & \vdots \\ 1 & 1 & 1 & \cdots & 1+a_n \end{pmatrix}.$$

20. 设 $\boldsymbol{A}, \boldsymbol{B}$ 为 n 阶矩阵, 求证: $(\boldsymbol{AB})^* = \boldsymbol{B}^*\boldsymbol{A}^*$.

21. 设 $\boldsymbol{A}$ 为 n 阶矩阵, 求证: $|\boldsymbol{A}^*| = |\boldsymbol{A}|^{n-1}$.

22. 设 $\boldsymbol{A}$ 为 $n\,(n > 2)$ 阶矩阵, 求证: $(\boldsymbol{A}^*)^* = |\boldsymbol{A}|^{n-2}\boldsymbol{A}$.

23. 设 $\boldsymbol{A}$ 为 m 阶矩阵, $\boldsymbol{B}$ 为 n 阶矩阵, 求分块对角阵 $\boldsymbol{C}$ 的伴随矩阵:

$$\boldsymbol{C} = \begin{pmatrix} \boldsymbol{A} & \boldsymbol{O} \\ \boldsymbol{O} & \boldsymbol{B} \end{pmatrix}.$$

24. 已知 $\boldsymbol{A}^* = \begin{pmatrix} 1 & -2 & 1 \\ 0 & 2 & -2 \\ -1 & 2 & 1 \end{pmatrix}$, 试求 $\boldsymbol{A}$.

25. 设 n 阶矩阵

$$\boldsymbol{A} = \begin{pmatrix} 2 & 2 & 2 & \cdots & 2 \\ 0 & 1 & 1 & \cdots & 1 \\ 0 & 0 & 1 & \cdots & 1 \\ \vdots & \vdots & \vdots & & \vdots \\ 0 & 0 & 0 & \cdots & 1 \end{pmatrix},$$

试求 $\sum\limits_{i,j=1}^{n} A_{ij}$, 即 $|\boldsymbol{A}|$ 的所有代数余子式之和.

26. 设 $\boldsymbol{A} = (a_{ij})$ 是 n 阶矩阵, 则 $\boldsymbol{A}$ 主对角线上元素之和

$$a_{11} + a_{22} + \cdots + a_{nn}$$

称为矩阵 $\boldsymbol{A}$ 的迹, 记为 $\mathrm{tr}(\boldsymbol{A})$. 设 $\boldsymbol{A}$, $\boldsymbol{B}$ 是 n 阶矩阵, k 是常数, 求证:

(1) $\mathrm{tr}(\boldsymbol{A}+\boldsymbol{B}) = \mathrm{tr}(\boldsymbol{A}) + \mathrm{tr}(\boldsymbol{B})$;
(2) $\mathrm{tr}(k\boldsymbol{A}) = k\,\mathrm{tr}(\boldsymbol{A})$;
(3) $\mathrm{tr}(\boldsymbol{A}') = \mathrm{tr}(\boldsymbol{A})$;
(4) $\mathrm{tr}(\boldsymbol{AB}) = \mathrm{tr}(\boldsymbol{BA})$.

27. 求证: 不存在 n 阶矩阵 $\boldsymbol{A}, \boldsymbol{B}$, 使得 $\boldsymbol{AB} - \boldsymbol{BA} = k\boldsymbol{I}_n\,(k \neq 0)$.

28. 证明下列结论:

(1) 若 $\boldsymbol{A}$ 是 $m \times n$ 实矩阵, 则 $\mathrm{tr}(\boldsymbol{AA}') \geq 0$, 等号成立的充分必要条件是 $\boldsymbol{A} = \boldsymbol{O}$;
(2) 若 $\boldsymbol{A}$ 是 $m \times n$ 复矩阵, 则 $\mathrm{tr}(\boldsymbol{A}\overline{\boldsymbol{A}}') \geq 0$, 等号成立的充分必要条件是 $\boldsymbol{A} = \boldsymbol{O}$.

29. 设 $\boldsymbol{A}_i\,(i=1,2,\cdots,k)$ 是实对称阵且 $\boldsymbol{A}_1^2+\boldsymbol{A}_2^2+\cdots+\boldsymbol{A}_k^2=\boldsymbol{O}$, 证明: 每个 $\boldsymbol{A}_i=\boldsymbol{O}$.

30. 证明下列结论:

(1) 设 n 阶实矩阵 $\boldsymbol{A}$ 适合 $\boldsymbol{A}'=-\boldsymbol{A}$, 如果存在同阶实矩阵 $\boldsymbol{B}$, 使得 $\boldsymbol{AB}=\boldsymbol{B}$, 则 $\boldsymbol{B}=\boldsymbol{O}$;

(2) 设 n 阶复矩阵 $\boldsymbol{A}$ 适合 $\overline{\boldsymbol{A}}'=-\boldsymbol{A}$, 如果存在同阶复矩阵 $\boldsymbol{B}$, 使得 $\boldsymbol{AB}=\boldsymbol{B}$, 则 $\boldsymbol{B}=\boldsymbol{O}$.

31. 设 $\boldsymbol{A}$ 为 n 阶实矩阵, 求证: $\mathrm{tr}(\boldsymbol{A}^2)\le\mathrm{tr}(\boldsymbol{AA}')$, 等号成立当且仅当 $\boldsymbol{A}$ 是对称阵.

32. 设 $\boldsymbol{A},\boldsymbol{B}$ 是 n 阶矩阵, 使得 $\mathrm{tr}(\boldsymbol{ABC})=\mathrm{tr}(\boldsymbol{CBA})$ 对任意 n 阶矩阵 $\boldsymbol{C}$ 成立, 求证: $\boldsymbol{AB}=\boldsymbol{BA}$.

33. 设 f 是数域 $\mathbb{F}$ 上 n 阶矩阵集合到 $\mathbb{F}$ 的一个映射, 它满足下列条件:

(1) 对任意的 n 阶矩阵 $\boldsymbol{A},\boldsymbol{B}$, $f(\boldsymbol{A}+\boldsymbol{B})=f(\boldsymbol{A})+f(\boldsymbol{B})$;

(2) 对任意的 n 阶矩阵 $\boldsymbol{A}$ 和 $\mathbb{F}$ 中数 k, $f(k\boldsymbol{A})=kf(\boldsymbol{A})$;

(3) 对任意的 n 阶矩阵 $\boldsymbol{A},\boldsymbol{B}$, $f(\boldsymbol{AB})=f(\boldsymbol{BA})$;

(4) $f(\boldsymbol{I}_n)=n$.

求证: f 就是迹, 即 $f(\boldsymbol{A})=\mathrm{tr}(\boldsymbol{A})$ 对一切 $\mathbb{F}$ 上 n 阶矩阵 $\boldsymbol{A}$ 成立.

34. 计算矩阵 $\boldsymbol{A}$ 的行列式的值:

$$\boldsymbol{A}=\begin{pmatrix}\cos\theta & \cos 2\theta & \cos 3\theta & \cdots & \cos n\theta\\ \cos n\theta & \cos\theta & \cos 2\theta & \cdots & \cos(n-1)\theta\\ \cos(n-1)\theta & \cos n\theta & \cos\theta & \cdots & \cos(n-2)\theta\\ \vdots & \vdots & \vdots & & \vdots\\ \cos 2\theta & \cos 3\theta & \cos 4\theta & \cdots & \cos\theta\end{pmatrix}.$$

35. 计算矩阵 $\boldsymbol{A}$ 的行列式的值:

$$\boldsymbol{A}=\begin{pmatrix}a_1 & a_2 & a_3 & \cdots & a_n\\ -a_n & a_1 & a_2 & \cdots & a_{n-1}\\ -a_{n-1} & -a_n & a_1 & \cdots & a_{n-2}\\ \vdots & \vdots & \vdots & & \vdots\\ -a_2 & -a_3 & -a_4 & \cdots & a_1\end{pmatrix}.$$

36. 计算矩阵 $\boldsymbol{A}$ 的行列式的值:

$$\boldsymbol{A}=\begin{pmatrix}a_1-b_1 & a_1-b_2 & \cdots & a_1-b_n\\ a_2-b_1 & a_2-b_2 & \cdots & a_2-b_n\\ \vdots & \vdots & & \vdots\\ a_n-b_1 & a_n-b_2 & \cdots & a_n-b_n\end{pmatrix}.$$

37. 设 $n \geq 3$, 证明下列矩阵是奇异阵:

$$\boldsymbol{A} = \begin{pmatrix} \cos(\alpha_1 - \beta_1) & \cos(\alpha_1 - \beta_2) & \cdots & \cos(\alpha_1 - \beta_n) \\ \cos(\alpha_2 - \beta_1) & \cos(\alpha_2 - \beta_2) & \cdots & \cos(\alpha_2 - \beta_n) \\ \vdots & \vdots & & \vdots \\ \cos(\alpha_n - \beta_1) & \cos(\alpha_n - \beta_2) & \cdots & \cos(\alpha_n - \beta_n) \end{pmatrix}.$$

38. 计算矩阵 $\boldsymbol{A}$ 的行列式的值, 其中 $a_i \neq 0\,(1 \leq i \leq n)$:

$$\boldsymbol{A} = \begin{pmatrix} 0 & a_1 + a_2 & \cdots & a_1 + a_n \\ a_2 + a_1 & 0 & \cdots & a_2 + a_n \\ \vdots & \vdots & & \vdots \\ a_n + a_1 & a_n + a_2 & \cdots & 0 \end{pmatrix}.$$

39. 设 $\boldsymbol{A}, \boldsymbol{B}, \boldsymbol{C}, \boldsymbol{D}$ 都是 n 阶矩阵, 求证:

$$|\boldsymbol{M}| = \begin{vmatrix} \boldsymbol{A} & \boldsymbol{B} & \boldsymbol{C} & \boldsymbol{D} \\ \boldsymbol{B} & \boldsymbol{A} & \boldsymbol{D} & \boldsymbol{C} \\ \boldsymbol{C} & \boldsymbol{D} & \boldsymbol{A} & \boldsymbol{B} \\ \boldsymbol{D} & \boldsymbol{C} & \boldsymbol{B} & \boldsymbol{A} \end{vmatrix} = |\boldsymbol{A}+\boldsymbol{B}+\boldsymbol{C}+\boldsymbol{D}||\boldsymbol{A}+\boldsymbol{B}-\boldsymbol{C}-\boldsymbol{D}||\boldsymbol{A}-\boldsymbol{B}+\boldsymbol{C}-\boldsymbol{D}||\boldsymbol{A}-\boldsymbol{B}-\boldsymbol{C}+\boldsymbol{D}|.$$

40. 设 $\boldsymbol{A}, \boldsymbol{B}$ 都是 n 阶矩阵, 求证:

$$|\boldsymbol{A}+\boldsymbol{B}| = |\boldsymbol{A}| + |\boldsymbol{B}| + \sum_{1 \leq k \leq n-1} \left(\sum_{\substack{1 \leq i_1 < i_2 < \cdots < i_k \leq n \\ 1 \leq j_1 < j_2 < \cdots < j_k \leq n}} \boldsymbol{A}\begin{pmatrix} i_1 & i_2 & \cdots & i_k \\ j_1 & j_2 & \cdots & j_k \end{pmatrix} \widehat{\boldsymbol{B}}\begin{pmatrix} i_1 & i_2 & \cdots & i_k \\ j_1 & j_2 & \cdots & j_k \end{pmatrix} \right).$$

41. 设 f 是数域 $\mathbb{F}$ 上 n 阶矩阵集合到 $\mathbb{F}$ 的一个映射, 使得对任意的 n 阶方阵 $\boldsymbol{A}$, 任意的指标 $1 \leq i \leq n$, 以及任意的常数 $c \in \mathbb{F}$, 满足下列条件:

(1) 设 $\boldsymbol{A}$ 的第 i 列是方阵 $\boldsymbol{B}$ 和 $\boldsymbol{C}$ 的第 i 列之和, 且 $\boldsymbol{A}$ 的其余列与 $\boldsymbol{B}$ 和 $\boldsymbol{C}$ 的对应列完全相同, 则 $f(\boldsymbol{A}) = f(\boldsymbol{B}) + f(\boldsymbol{C})$;

(2) 将 $\boldsymbol{A}$ 的第 i 列乘以常数 c 得到方阵 $\boldsymbol{B}$, 则 $f(\boldsymbol{B}) = cf(\boldsymbol{A})$;

(3) 对换 $\boldsymbol{A}$ 的任意两列得到方阵 $\boldsymbol{B}$, 则 $f(\boldsymbol{B}) = -f(\boldsymbol{A})$;

(4) $f(\boldsymbol{I}_n) = 1$.

求证: $f(\boldsymbol{A}) = |\boldsymbol{A}|$.

42. 设 $\boldsymbol{A}$ 是一个 n 阶方阵, 求证: 存在一个正数 a, 使得对任意的 $0 < t < a$, 矩阵 $t\boldsymbol{I}_n + \boldsymbol{A}$ 都是非异阵.

43. 设 $\boldsymbol{A}, \boldsymbol{B}, \boldsymbol{C}, \boldsymbol{D}$ 是 n 阶矩阵且 $\boldsymbol{AC} = \boldsymbol{CA}$, 求证:

$$\begin{vmatrix} \boldsymbol{A} & \boldsymbol{B} \\ \boldsymbol{C} & \boldsymbol{D} \end{vmatrix} = |\boldsymbol{AD} - \boldsymbol{CB}|.$$

第三章　线 性 空 间

§ 3.1　数　　域

读者已经在中学里学到过各种数集, 如整数集、有理数集、实数集及复数集. 这些数集不仅是一些数的符号的集合, 更重要的是在其上定义了运算. 常见的运算有: 加、减、乘、除. 我们常记整数集为 $\mathbb{Z}$, 有理数集为 $\mathbb{Q}$, 实数集为 $\mathbb{R}$, 复数集为 $\mathbb{C}$, 则 $\mathbb{Z}, \mathbb{Q}, \mathbb{R}$ 都是 $\mathbb{C}$ 的子集, 即 $\mathbb{C}$ 的一部分. 注意到在整数集 $\mathbb{Z}$ 中, 任意两个元素相加、相减或相乘以后仍属于 $\mathbb{Z}$, 但是两个整数相除 (除数不为零) 则并不一定属于 $\mathbb{Z}$, 它可能是一个分数. 这就是说, 整数集 $\mathbb{Z}$ 在加法、减法与乘法下封闭, 但在除法下不封闭. 在有理数集 $\mathbb{Q}$ 中, 加、减、乘、除都是封闭的. 在实数集及复数集中也如此. 我们把数集的这些特性抽象出来, 作如下的定义.

定义 3.1.1　设 $\mathbb{K}$ 是复数集 $\mathbb{C}$ 的子集且至少有两个不同的元素, 如果 $\mathbb{K}$ 中任意两个数的加法、减法、乘法及除法 (除数不为零) 仍属于 $\mathbb{K}$, 则称 $\mathbb{K}$ 是一个数域.

根据这个定义, 有理数集、实数集及复数集都是数域, 而整数集不是数域. 通常我们把在加法、减法、乘法下封闭 (不一定除法封闭) 的数集称为数环, 因此整数集是数环但不是数域.

数域是一个比较广泛的概念. 除了已知的有理数域、实数域及复数域外, 还有没有其他数域 (即在四则运算下封闭的数集)? 我们来看下面的例子.

所有形如

$$a + b\sqrt{2}$$

的数, 其中 a, b 都是有理数, 构成一个数域. 这个数域通常用 $\mathbb{Q}(\sqrt{2})$ 来表示. 现在我们来验证它确是一个数域. 首先注意到:

$$(a + b\sqrt{2}) \pm (c + d\sqrt{2}) = (a \pm c) + (b \pm d)\sqrt{2}.$$

由于两个有理数的和与差仍是有理数, $(a \pm c) + (b \pm d)\sqrt{2} \in \mathbb{Q}(\sqrt{2})$. 也就是说 $\mathbb{Q}(\sqrt{2})$ 在加法、减法下封闭. 又

$$(a + b\sqrt{2})(c + d\sqrt{2}) = (ac + 2bd) + (ad + bc)\sqrt{2}.$$

可见 $\mathbb{Q}(\sqrt{2})$ 在乘法下也封闭. 最后若 $c+d\sqrt{2}\neq 0$, 即 c,d 不同时为零, 则

$$\frac{a+b\sqrt{2}}{c+d\sqrt{2}}=\frac{ac-2bd}{c^2-2d^2}+\frac{bc-ad}{c^2-2d^2}\sqrt{2}.$$

注意到 $c^2-2d^2\neq 0$, 且 $\dfrac{ac-2bd}{c^2-2d^2}$, $\dfrac{bc-ad}{c^2-2d^2}$ 是有理数, 因此

$$\frac{a+b\sqrt{2}}{c+d\sqrt{2}}\in\mathbb{Q}(\sqrt{2}).$$

这就是说 $\mathbb{Q}(\sqrt{2})$ 在加法、减法、乘法及除法下均封闭, 因此它是一个数域.

又如, 设 π 是圆周率, 则所有形如

$$\frac{a_0+a_1\pi+\cdots+a_n\pi^n}{b_0+b_1\pi+\cdots+b_m\pi^m} \tag{3.1.1}$$

的数的全体构成一个数域, 其中 $a_i, b_j\ (i=0,1,\cdots,n;\ j=0,1,\cdots,m)$ 都是有理数, 但 b_j 不全为零, m,n 可以为任意非负整数. 这里需要注意的是

$$b_0+b_1\pi+\cdots+b_m\pi^m=0$$

当且仅当 $b_0=b_1=\cdots=b_m=0$, 即 π 是一个超越数. 有了这一点, 读者不难自己验证形如 (3.1.1) 式的数全体构成一个数域.

若限制 a,b 是任意整数, 则由形如 $a+b\sqrt{2}$ 的所有实数构成的集合只是一个数环而不是一个数域. 这是因为 1 和 2 属于这个数集而 $\dfrac{1}{2}$ 不属于该数集.

任一数域必包含 0 及 1 这两个数. 事实上任意两个相同数之差为 0, 两个相同的非零数 (由定义数域必包含非零元) 的商为 1. 因此 0, 1 是每个数域都必须拥有的数. 不仅如此, 我们有下列命题.

定理 3.1.1 任一数域必包含有理数域 $\mathbb{Q}$.

证明 由上面知道, 1 必属于任一数域. 将 1 连加 n 次, 则 n 也应属于该数域, 因此任一正整数属于该数域. 又 $0-n=-n$, 因此 $-n$ 也应在此数域中. 因而整数全体都必须在这个数域之中. 最后, 若 $m\neq 0$, m,n 为整数, 则由除法封闭性可知 $\dfrac{n}{m}$ 也应属于该数域, 即任一有理数都应在此数域中. □

定理 3.1.1 告诉我们, 有理数域是一个 "最小" 的数域.

习 题 3.1

1. 判断下列数集是不是数域并说明理由:

(1) 所有偶数全体;

(2) 所有形如 $a+b\sqrt{3}$ 的数的全体, 其中 a, b 为有理数;

(3) 所有形如 $a+b\sqrt{-1}$ 的数的全体, 其中 a, b 为有理数;

(4) 所有形如 $a\sqrt[3]{2}$ 的数的全体, 其中 a 为有理数.

2. 验证: 所有形如 (3.1.1) 式所示的数的全体构成一个数域.

3. 验证: 所有形如 $a+b\sqrt[3]{2}+c\sqrt[3]{4}$ 的数构成一个数域, 其中 a, b, c 是有理数.

4. 验证: 所有形如 $a+b\sqrt{2}+c\sqrt{3}+d\sqrt{6}$ 的数构成一个数域, 其中 a, b, c, d 是有理数.

§ 3.2 行向量和列向量

读者已经学过平面直角坐标系的概念. 在一个平面上, 如果建立了一个直角坐标系, 那么平面上任一点 C 均可以用两个有序实数 (a, b) 来表示, 其中 a 称为点 C 的横坐标, b 称为点 C 的纵坐标. 反过来, 给定两个有序实数 (a, b), 必有平面上一点与之对应. 这样平面上的点与有序实数对之间可建立起一个一一对应. 读者还学过向量 (矢量) 的概念. 所谓平面上的向量是指平面上的一条有向线段, 其中一端称为起点, 另一端称为终点. 如图 3.1 所示, 若将点 O 与点 C 连起来并用一个箭头表示这条线段的方向, 则 $\overrightarrow{OC}$ 就是一个向量, 它的起点为 O, 终点为 C.

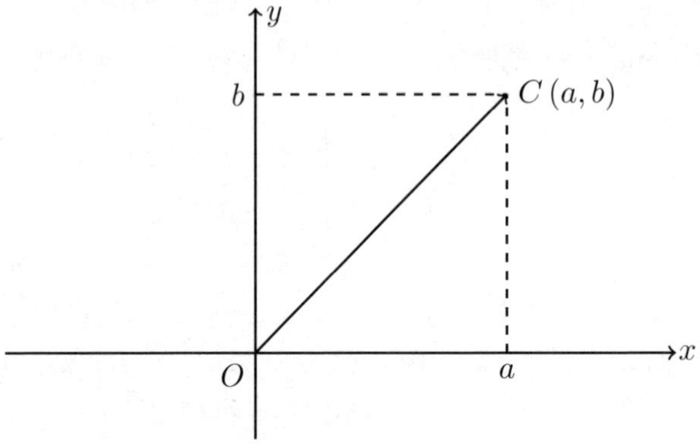

图 3.1

现在我们把平面上所有以原点 O 为起点的向量组成的集合记为 V. 显然 V 与平面 xOy 上的点之间有一个一一对应: 平面 xOy 上的任一点 C 对应于向量 $\overrightarrow{OC}$; 反之, 任一以 O 为起点的向量对应于平面上一点, 即该向量的终点. 起点为 O 而终点也为 O 的向量称为零向量, 它对应于原点 O. 我们刚才已经提到, 平面上的点与有序实数对之间有一个一一对应关系, 因此不难看出, 平面上任一以原点 O 为始点的向量均可对应一个实数对, 即向量 $\overrightarrow{OC}$ 可以用点 C 的坐标 (a,b) 来唯一确定. 这样, 我们可以用实数对来代替平面上以原点为始点的全体向量. 或者更直接地, 把实数对 (a,b) 就定义为平面上的以原点为始点的向量. 这种把向量"代数化"的方法有着明显的好处: 一是可以用代数的工具来研究几何对象; 二是它可以推广到更一般的情形, 即所谓的 n 维向量. 这种推广不仅是形式上的, 而且对于数学的发展及应用起着极其重要的作用. 下面我们就抛开向量的几何形象, 来定义 n 维向量的概念.

定义 3.2.1 设 $\mathbb{K}$ 是一个数域, $a_1,a_2,\cdots,a_n$ 是 $\mathbb{K}$ 中的元素, 由 $a_1,a_2,\cdots,a_n$ 组成的有序数组 $(a_1,a_2,\cdots,a_n)$ 称为数域 $\mathbb{K}$ 上的一个 n 维行向量.

对这个定义, 我们需要说明以下几点:

第一, 我们称 $\boldsymbol{\alpha}=(a_1,a_2,\cdots,a_n)$ 是 $\mathbb{K}$ 上的 n 维行向量. 当然也有 $\mathbb{K}$ 上的 n 维列向量的概念. 如果把 $\mathbb{K}$ 上的 n 个数 $a_1,a_2,\cdots,a_n$ 依次排成一列, 就称为 $\mathbb{K}$ 上的一个 n 维列向量:

$$\begin{pmatrix} a_1 \\ a_2 \\ \vdots \\ a_n \end{pmatrix}.$$

注意不要把行向量与列向量混为一谈. 即使一个行向量中的元素与一个列向量中的元素对应相等, 也不认为它们是一回事. 当然我们将会看到, 行向量与列向量有相同的性质, 这种相似性的本质我们将在后面加以阐明. 在不引起混淆的情况下, 行向量、列向量统称为向量.

第二, 两个行向量 $\boldsymbol{\alpha}=(a_1,a_2,\cdots,a_n)$, $\boldsymbol{\beta}=(b_1,b_2,\cdots,b_n)$ 仅当 $a_i=b_i\,(i=1,2,\cdots,n)$ 时相等. 如二维向量 $(1,2)$ 与 $(2,1)$ 是两个不同的向量, 虽然它们都由 $1,2$ 两个数组成. 因此两个向量相等不仅要求它们的元素相同, 而且要求元素出现的次序也相同.

第三, 读者可能已经看出, n 维行向量也可以看成一个 $1\times n$ 矩阵. n 维列向量可以看成是一个 $n\times 1$ 矩阵. 事实上我们确实可以这样看. 对一个 $m\times n$ 矩阵

$\boldsymbol{A}=(a_{ij})$, 我们在上一章中已经定义过它的第 i 行为第 i 行向量, 第 j 列为第 j 列向量. 用矩阵的观点来看上面的三点说明, 那就是不言而喻的了.

对数域 $\mathbb{K}$ 上的 n 维行向量 (或 n 维列向量), 我们可以定义加法、减法及数乘. 这些定义与矩阵的相应运算的定义相同.

若 $\boldsymbol{\alpha}=(a_1,a_2,\cdots,a_n)$, $\boldsymbol{\beta}=(b_1,b_2,\cdots,b_n)$, 定义

$$\begin{aligned}\boldsymbol{\alpha}+\boldsymbol{\beta} &= (a_1+b_1,a_2+b_2,\cdots,a_n+b_n),\\ \boldsymbol{\alpha}-\boldsymbol{\beta} &= (a_1-b_1,a_2-b_2,\cdots,a_n-b_n).\end{aligned}$$

若 $k\in\mathbb{K}$, 定义

$$k\boldsymbol{\alpha}=(ka_1,ka_2,\cdots,ka_n).$$

由于 $\mathbb{K}$ 是数域, 不难看出 $\mathbb{K}$ 上 n 维行向量的和、差及数乘 (该数取自 $\mathbb{K}$) 仍然是 $\mathbb{K}$ 上的 n 维行向量. 对列向量的加法、减法与数乘也可类似定义. 从这里可以看出, 如果把向量看成矩阵, 其运算就是相应的矩阵运算.

若一个 n 维向量的所有元素都等于零, 就称之为零向量, 记为 $\mathbf{0}$. 但需注意一个 n 维行 (列) 零向量指的是一个 $1\times n\,(n\times 1)$ 零矩阵. 又若 $\boldsymbol{\alpha}=(a_1,a_2,\cdots,a_n)$, 记 $-\boldsymbol{\alpha}=(-a_1,-a_2,\cdots,-a_n)$, 称 $-\boldsymbol{\alpha}$ 为 $\boldsymbol{\alpha}$ 的负向量.

向量运算规则

(1) 加法交换律: $\boldsymbol{\alpha}+\boldsymbol{\beta}=\boldsymbol{\beta}+\boldsymbol{\alpha}$;

(2) 加法结合律: $(\boldsymbol{\alpha}+\boldsymbol{\beta})+\boldsymbol{\gamma}=\boldsymbol{\alpha}+(\boldsymbol{\beta}+\boldsymbol{\gamma})$;

(3) $\boldsymbol{\alpha}+\mathbf{0}=\boldsymbol{\alpha}$;

(4) $\boldsymbol{\alpha}+(-\boldsymbol{\alpha})=\mathbf{0}$;

(5) $1\cdot\boldsymbol{\alpha}=\boldsymbol{\alpha}$;

(6) $k(\boldsymbol{\alpha}+\boldsymbol{\beta})=k\boldsymbol{\alpha}+k\boldsymbol{\beta},\ k\in\mathbb{K}$;

(7) $(k+l)\boldsymbol{\alpha}=k\boldsymbol{\alpha}+l\boldsymbol{\alpha},\ k,l\in\mathbb{K}$;

(8) $k(l\boldsymbol{\alpha})=(kl)\boldsymbol{\alpha}$.

上述规则也可以看成是矩阵的相应运算规则.

作为例子, 我们来看一下二维实向量的加法与数乘的几何意义. 设在平面直角坐标系内有两个向量 $\boldsymbol{\alpha}=(a_1,a_2)$, $\boldsymbol{\beta}=(b_1,b_2)$. 如图 3.2 所示, 则 $\boldsymbol{\alpha}+\boldsymbol{\beta}=(a_1+b_1,a_2+b_2)$. 这和用平行四边形法则求两个向量之和的结果完全一致.

再看图 3.3, 设 $\boldsymbol{\alpha}=(a_1,a_2)$, k 是一个实数, 则 $k\boldsymbol{\alpha}=(ka_1,ka_2)$ 表示将 $\boldsymbol{\alpha}$ 伸长 k 倍. 当 $k>0$ 时表示在原方向上伸长 k 倍, 当 $k<0$ 时表示在反方向上伸长 $-k$ 倍.

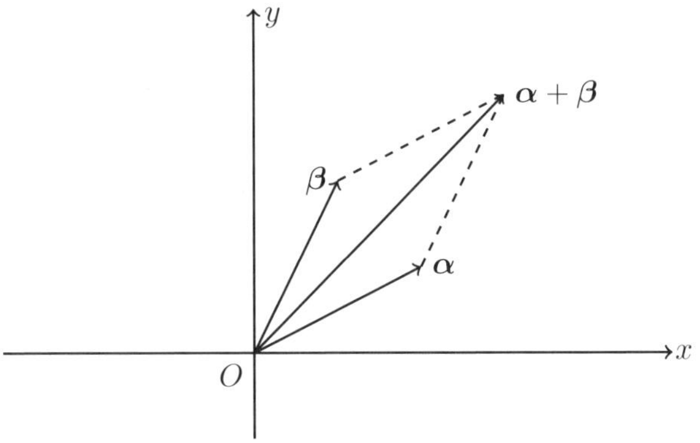

图 3.2

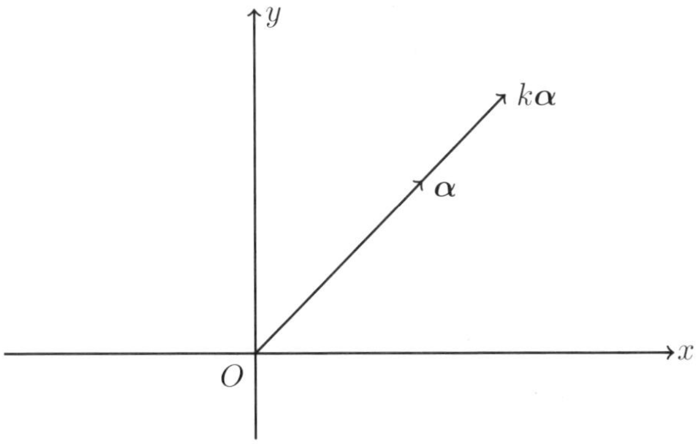

图 3.3

对三维实向量, 也有类似的几何意义.

由数域 $\mathbb{K}$ 上的 n 维行向量全体组成的集合称为域 $\mathbb{K}$ 上的 n 维行向量空间. 由 $\mathbb{K}$ 上的 n 维列向量全体组成的集合称为 $\mathbb{K}$ 上的 n 维列向量空间. 实数域 $\mathbb{R}$ 上的二维空间与三维空间就是我们所熟悉的平面及三维空间.

习 题 3.2

1. 已知向量 $\boldsymbol{\alpha}=(1,1,0,-1)$, $\boldsymbol{\beta}=(-2,1,0,0)$, $\boldsymbol{\gamma}=(-1,-2,0,1)$, 试求下列向量:

$$\boldsymbol{\alpha}+\boldsymbol{\beta}+\boldsymbol{\gamma};\quad 3\boldsymbol{\alpha}-\boldsymbol{\beta}+5\boldsymbol{\gamma}.$$

2. 已知 $\boldsymbol{\beta}=(1,0,1)$, $\boldsymbol{\gamma}=(1,1,-1)$, 求解下列向量方程:

$$3\boldsymbol{x}+\boldsymbol{\beta}=\boldsymbol{\gamma}.$$

§ 3.3 线性空间

在上一节中, 我们定义了行向量空间及列向量空间的概念, 它们可以看成是现实的实二维空间与实三维空间的推广. 现在我们要做进一步的抽象, 引进一般的向量空间的概念.

定义 3.3.1 设 $\mathbb{K}$ 是一个数域, V 是一个集合, 在 V 上定义了一个加法"+", 即对 V 中任意两个元素 $\boldsymbol{\alpha},\boldsymbol{\beta}$, 总存在 V 中唯一的元素 $\boldsymbol{\gamma}$ 与之对应, 记为 $\boldsymbol{\gamma}=\boldsymbol{\alpha}+\boldsymbol{\beta}$. 在数域 $\mathbb{K}$ 与 V 之间定义了一种运算, 称为数乘, 即对 $\mathbb{K}$ 中任一数 k 及 V 中任一元素 $\boldsymbol{\alpha}$, 在 V 中总有唯一的元素 $\boldsymbol{\delta}$ 与之对应, 记为 $\boldsymbol{\delta}=k\boldsymbol{\alpha}$. 若上述加法及数乘满足下列运算规则:

(1) 加法交换律: $\boldsymbol{\alpha}+\boldsymbol{\beta}=\boldsymbol{\beta}+\boldsymbol{\alpha}$;

(2) 加法结合律: $(\boldsymbol{\alpha}+\boldsymbol{\beta})+\boldsymbol{\gamma}=\boldsymbol{\alpha}+(\boldsymbol{\beta}+\boldsymbol{\gamma})$;

(3) 在 V 中存在一个元素 $\mathbf{0}$, 对于 V 中任一元素 $\boldsymbol{\alpha}$, 都有 $\boldsymbol{\alpha}+\mathbf{0}=\boldsymbol{\alpha}$;

(4) 对于 V 中每个元素 $\boldsymbol{\alpha}$, 存在元素 $\boldsymbol{\beta}$, 使 $\boldsymbol{\alpha}+\boldsymbol{\beta}=\mathbf{0}$;

(5) $1\cdot\boldsymbol{\alpha}=\boldsymbol{\alpha}$;

(6) $k(\boldsymbol{\alpha}+\boldsymbol{\beta})=k\boldsymbol{\alpha}+k\boldsymbol{\beta}$;

(7) $(k+l)\boldsymbol{\alpha}=k\boldsymbol{\alpha}+l\boldsymbol{\alpha}$;

(8) $k(l\boldsymbol{\alpha})=(kl)\boldsymbol{\alpha}$,

其中 $\boldsymbol{\alpha},\boldsymbol{\beta},\boldsymbol{\gamma}$ 是 V 中任意的元素, k,l 是 $\mathbb{K}$ 中任意的数, 则集合 V 称为数域 $\mathbb{K}$ 上的线性空间或向量空间. V 中的元素称为向量, V 中适合 (3) 的元素 $\mathbf{0}$ 称为零向量. 对 V 中的元素 $\boldsymbol{\alpha}$, 适合 $\boldsymbol{\alpha}+\boldsymbol{\beta}=\mathbf{0}$ 的元素 $\boldsymbol{\beta}$ 称为 $\boldsymbol{\alpha}$ 的负向量, 记为 $-\boldsymbol{\alpha}$.

读者可能要问: 为什么要引进抽象的线性空间? 我们先来看几个线性空间的例子.

例 3.3.1 上一节中数域 $\mathbb{K}$ 上 n 维行向量集合 (列向量集合) 是 $\mathbb{K}$ 上的线性空间, 这个空间我们记之为 $\mathbb{K}^n$ ($\mathbb{K}_n$). 我们以后将看到这种线性空间具有普遍的代表性.

例 3.3.2 系数取自数域 $\mathbb{K}$ 上的一元多项式全体, 记为 $\mathbb{K}[x]$, 按照通常的方式定义两个多项式的加法 (同次项系数相加) 及一个数与一个多项式的数乘 (将此数乘以多项式的每一个系数), 则不难验证 $\mathbb{K}[x]$ 是 $\mathbb{K}$ 上的线性空间. 在 $\mathbb{K}[x]$ 中, 取次数小于等于 n 的多项式全体, 记这个集合为 $\mathbb{K}_n[x]$, 则 $\mathbb{K}_n[x]$ 也是 $\mathbb{K}$ 上的线性空间.

例 3.3.3 闭区间 $[0,1]$ 上的连续函数全体记为 $C[0,1]$, 将函数的加法及数乘定义为

$$(f+g)(x)=f(x)+g(x);\ (kf)(x)=kf(x),$$

则 $C[0,1]$ 是实数域 $\mathbb{R}$ 上的线性空间.

例 3.3.4 数域 $\mathbb{K}$ 上 $m\times n$ 矩阵全体在矩阵的加法与数乘下也构成 $\mathbb{K}$ 上的线性空间.

例 3.3.5 复数域 $\mathbb{C}$ 可看成是实数域 $\mathbb{R}$ 上的线性空间. 这时 $\mathbb{C}$ 上向量的加法就是复数的加法. $\mathbb{R}$ 中元素对 $\mathbb{C}$ 中向量 (即复数) 的乘法就是通常的数的乘法. 一般来说, 若两个数域 $\mathbb{K}_1\subseteq\mathbb{K}_2$, 则 $\mathbb{K}_2$ 可以看成是 $\mathbb{K}_1$ 上的线性空间. 向量就是 $\mathbb{K}_2$ 中的数, 向量的加法就是数的加法, 数乘就是 $\mathbb{K}_1$ 中的数乘以 $\mathbb{K}_2$ 中的数. 特别地, 数域 $\mathbb{K}$ 也可以看成是 $\mathbb{K}$ 自身上的线性空间.

我们称实数域 $\mathbb{R}$ 上的线性空间为实线性空间, 称复数域 $\mathbb{C}$ 上的线性空间为复线性空间.

从上面的例子可以看出, 抽象线性空间概念的引入使我们扩大了视野, 它把众多不同研究对象的共同特点用线性空间这一概念加以概括, 从而极大地扩大了代数学理论的应用范围. 在这一章里, 我们将用线性空间的理论来进一步讨论线性方程组的解. 线性空间的理论是线性代数的核心.

现在我们来研究线性空间的一些最基本的性质.

命题 3.3.1 零向量是唯一的.

证明 假设 $\mathbf{0}_1,\mathbf{0}_2$ 是线性空间 V 中的两个零向量, 则

$$\mathbf{0}_1=\mathbf{0}_1+\mathbf{0}_2=\mathbf{0}_2.$$

这就证明了唯一性. □

命题 3.3.2 负向量也是唯一的.

证明 设 $\boldsymbol{\alpha}$ 是 V 中的向量, $\boldsymbol{\beta}_1,\boldsymbol{\beta}_2$ 也是 V 中的向量, 且

$$\boldsymbol{\alpha}+\boldsymbol{\beta}_1=\mathbf{0},\ \boldsymbol{\alpha}+\boldsymbol{\beta}_2=\mathbf{0},$$

则

$$\begin{aligned}\boldsymbol{\beta}_1&=\boldsymbol{\beta}_1+\mathbf{0}=\boldsymbol{\beta}_1+(\boldsymbol{\alpha}+\boldsymbol{\beta}_2)=(\boldsymbol{\beta}_1+\boldsymbol{\alpha})+\boldsymbol{\beta}_2\\&=(\boldsymbol{\alpha}+\boldsymbol{\beta}_1)+\boldsymbol{\beta}_2=\mathbf{0}+\boldsymbol{\beta}_2=\boldsymbol{\beta}_2.\end{aligned}$$

这说明负向量是唯一的. □

命题 3.3.3 对任意的 $\boldsymbol{\alpha},\boldsymbol{\beta},\boldsymbol{\gamma}\in V$, 有

(1) 从 $\boldsymbol{\alpha}+\boldsymbol{\beta}=\boldsymbol{\alpha}+\boldsymbol{\gamma}$ 可推出 $\boldsymbol{\beta}=\boldsymbol{\gamma}$, 即加法消去律成立;

(2) $0\cdot\boldsymbol{\alpha}=\mathbf{0}$, 这里左边的 0 表示数零, 右边的 $\mathbf{0}$ 表示零向量;

(3) $k\cdot\mathbf{0}=\mathbf{0}$;

(4) $(-1)\boldsymbol{\alpha}=-\boldsymbol{\alpha}$;

(5) 若 $k\boldsymbol{\alpha}=\mathbf{0}$, 则 $\boldsymbol{\alpha}=\mathbf{0}$ 或 $k=0$.

证明 (1) $(-\boldsymbol{\alpha})+(\boldsymbol{\alpha}+\boldsymbol{\beta})=(-\boldsymbol{\alpha})+(\boldsymbol{\alpha}+\boldsymbol{\gamma})$, 再由结合律得

$$((-\boldsymbol{\alpha})+\boldsymbol{\alpha})+\boldsymbol{\beta}=((-\boldsymbol{\alpha})+\boldsymbol{\alpha})+\boldsymbol{\gamma},$$

即

$$\mathbf{0}+\boldsymbol{\beta}=\mathbf{0}+\boldsymbol{\gamma},$$

于是 $\boldsymbol{\beta}=\boldsymbol{\gamma}$.

(2) $0\cdot\boldsymbol{\alpha}=(0+0)\boldsymbol{\alpha}=0\cdot\boldsymbol{\alpha}+0\cdot\boldsymbol{\alpha}$, 再由 (1) 两边消去 $0\cdot\boldsymbol{\alpha}$ 即得 $\mathbf{0}=0\cdot\boldsymbol{\alpha}$.

(3) $k\cdot\mathbf{0}=k(\mathbf{0}+\mathbf{0})=k\cdot\mathbf{0}+k\cdot\mathbf{0}$, 两边消去 $k\cdot\mathbf{0}$ 即得 $\mathbf{0}=k\cdot\mathbf{0}$.

(4) $\boldsymbol{\alpha}+(-1)\boldsymbol{\alpha}=1\cdot\boldsymbol{\alpha}+(-1)\boldsymbol{\alpha}=\big(1+(-1)\big)\boldsymbol{\alpha}=0\cdot\boldsymbol{\alpha}=\mathbf{0}$, 因此

$$(-1)\boldsymbol{\alpha}=-\boldsymbol{\alpha}.$$

(5) 假设 $k\neq 0$ 且 $k\boldsymbol{\alpha}=\mathbf{0}$, 则 k^{-1} 存在, 故

$$\boldsymbol{\alpha}=1\cdot\boldsymbol{\alpha}=(k^{-1}\cdot k)\boldsymbol{\alpha}=k^{-1}(k\boldsymbol{\alpha})=k^{-1}\cdot\mathbf{0}=\mathbf{0}. \ \square$$

注 (1) 在 V 中我们定义减法为

$$\boldsymbol{\alpha}-\boldsymbol{\beta}=\boldsymbol{\alpha}+(-1)\boldsymbol{\beta}.$$

由于消去律成立, V 中元素的等式可以进行 “移项”, 因此, 如若

$$\boldsymbol{\alpha}+\boldsymbol{\beta}=\boldsymbol{\gamma},$$

则

$$\boldsymbol{\alpha}=\boldsymbol{\gamma}-\boldsymbol{\beta},$$

或

$$\boldsymbol{\alpha}+\boldsymbol{\beta}-\boldsymbol{\gamma}=\mathbf{0},$$

等等. 在形式上与数的加减法运算完全一样.

(2) 由于 V 中元素满足加法结合律, $(\boldsymbol{\alpha}+\boldsymbol{\beta})+\boldsymbol{\gamma}=\boldsymbol{\alpha}+(\boldsymbol{\beta}+\boldsymbol{\gamma})$, 我们可以不用括号, 直接把上述元素写为 $\boldsymbol{\alpha}+\boldsymbol{\beta}+\boldsymbol{\gamma}$. 一般地, 几个向量相加, 也可以不用括号, 因为从结合律非常容易推出当几个向量相加时, 相加的先后次序不影响最后的结果. 比如 4 个向量做加法时, 有

$$((\boldsymbol{\alpha}_1+\boldsymbol{\alpha}_2)+\boldsymbol{\alpha}_3)+\boldsymbol{\alpha}_4=(\boldsymbol{\alpha}_1+\boldsymbol{\alpha}_2)+(\boldsymbol{\alpha}_3+\boldsymbol{\alpha}_4)=\boldsymbol{\alpha}_1+(\boldsymbol{\alpha}_2+(\boldsymbol{\alpha}_3+\boldsymbol{\alpha}_4)).$$

上述向量可写为 $\boldsymbol{\alpha}_1+\boldsymbol{\alpha}_2+\boldsymbol{\alpha}_3+\boldsymbol{\alpha}_4$.

习　题　3.3

1. 判断下列集合是否是实数域 $\mathbb{R}$ 上的线性空间:

(1) V 是次数等于 $n\,(n\geq 1)$ 的实系数多项式全体, 加法和数乘就是多项式的加法和数乘;

(2) V 是 n 阶实上三角阵全体, 加法和数乘就是矩阵的加法和数乘;

(3) V 是 $[0,1]$ 区间上可导函数全体, 加法和数乘就是函数的加法和数乘;

(4) V 是 n 阶实矩阵全体, 数乘就是矩阵的数乘, 加法 $\oplus$ 定义为 $\boldsymbol{A}\oplus\boldsymbol{B}=\boldsymbol{AB}-\boldsymbol{BA}$, 其中等式右边是矩阵的乘法和减法;

(5) V 是 n 阶实矩阵全体, 数乘就是矩阵的数乘, 加法 $\oplus$ 定义为 $\boldsymbol{A}\oplus\boldsymbol{B}=\boldsymbol{AB}+\boldsymbol{BA}$, 其中等式右边是矩阵的乘法和加法;

(6) V 是以 0 为极限的实数数列全体, 即 $V=\left\{\{a_n\}\,|\,\lim\limits_{n\to\infty}a_n=0\right\}$, 定义两个数列的加法 $\oplus$ 及数乘 $\circ$ 为: $\{a_n\}\oplus\{b_n\}=\{a_n+b_n\}$, $k\circ\{a_n\}=\{ka_n\}$, 其中等式右边分别是数的加法和乘法;

(7) V 是正实数全体 $\mathbb{R}^+$, 加法 $\oplus$ 定义为 $a\oplus b=ab$, 数乘 $\circ$ 定义为 $k\circ a=a^k$, 其中等式右边分别是数的乘法和乘方;

(8) V 是实数对全体 $\{(a,b)\,|\,a,b\in\mathbb{R}\}$, 加法 $\oplus$ 定义为 $(a_1,b_1)\oplus(a_2,b_2)=(a_1+a_2,b_1+b_2+a_1a_2)$, 数乘 $\circ$ 定义为 $k\circ(a,b)=(ka,kb+\dfrac{k(k-1)}{2}a^2)$, 其中等式右边分别是数的加法和乘法;

(9) V 是实数对全体 $\{(a,b)\,|\,a,b\in\mathbb{R}\}$, 加法 $\oplus$ 定义为 $(a_1,b_1)\oplus(a_2,b_2)=(a_1+a_2,b_1-b_2)$, 数乘 $\circ$ 定义为 $k\circ(a,b)=(ka,kb)$, 其中等式右边分别是数的加减法和乘法;

(10) V 是实数对全体 $\{(a,b)\,|\,a,b\in\mathbb{R}\}$, 加法 $\oplus$ 定义为 $(a_1,b_1)\oplus(a_2,b_2)=(a_1+a_2,0)$, 数乘 $\circ$ 定义为 $k\circ(a,b)=(ka,0)$, 其中等式右边分别是数的加法和乘法.

2. 求证在线性空间中下列等式成立:

(1) $-(-\boldsymbol{\alpha})=\boldsymbol{\alpha}$;

(2) $-(k\boldsymbol{\alpha})=(-k)\boldsymbol{\alpha}=k(-\boldsymbol{\alpha})$;

(3) $k(\boldsymbol{\alpha}-\boldsymbol{\beta})=k\boldsymbol{\alpha}-k\boldsymbol{\beta}$.

§ 3.4 向量的线性关系

设有 n 个未知数 m 个方程式的线性方程组:

$$\begin{cases} a_{11}x_1 + a_{12}x_2 + \cdots + a_{1n}x_n = b_1, \\ a_{21}x_1 + a_{22}x_2 + \cdots + a_{2n}x_n = b_2, \\ \cdots\cdots\cdots\cdots \\ a_{m1}x_1 + a_{m2}x_2 + \cdots + a_{mn}x_n = b_m. \end{cases} \tag{3.4.1}$$

这个方程组我们曾经用矩阵来表示过. 现在我们要用向量来表示该方程组, 设方程组的增广矩阵为

$$\widetilde{\boldsymbol{A}} = \begin{pmatrix} a_{11} & a_{12} & \cdots & a_{1n} & b_1 \\ a_{21} & a_{22} & \cdots & a_{2n} & b_2 \\ \vdots & \vdots & & \vdots & \vdots \\ a_{m1} & a_{m2} & \cdots & a_{mn} & b_m \end{pmatrix}.$$

分别用 $\boldsymbol{\alpha}_1, \boldsymbol{\alpha}_2, \cdots, \boldsymbol{\alpha}_n, \boldsymbol{\beta}$ 表示上述矩阵的列向量, 即

$$\boldsymbol{\alpha}_1 = \begin{pmatrix} a_{11} \\ a_{21} \\ \vdots \\ a_{m1} \end{pmatrix}, \ \boldsymbol{\alpha}_2 = \begin{pmatrix} a_{12} \\ a_{22} \\ \vdots \\ a_{m2} \end{pmatrix}, \ \cdots, \ \boldsymbol{\alpha}_n = \begin{pmatrix} a_{1n} \\ a_{2n} \\ \vdots \\ a_{mn} \end{pmatrix}; \ \boldsymbol{\beta} = \begin{pmatrix} b_1 \\ b_2 \\ \vdots \\ b_m \end{pmatrix},$$

则方程组 (3.4.1) 等价于下列向量形式的方程式:

$$x_1\boldsymbol{\alpha}_1 + x_2\boldsymbol{\alpha}_2 + \cdots + x_n\boldsymbol{\alpha}_n = \boldsymbol{\beta}. \tag{3.4.2}$$

定义 3.4.1 设 V 是数域 $\mathbb{K}$ 上的线性空间, $\boldsymbol{\alpha}_1, \boldsymbol{\alpha}_2, \cdots, \boldsymbol{\alpha}_n$ 和 $\boldsymbol{\beta}$ 均是 V 中的向量, 若存在 $\mathbb{K}$ 中的 n 个数 $k_1, k_2, \cdots, k_n$, 使

$$\boldsymbol{\beta} = k_1\boldsymbol{\alpha}_1 + k_2\boldsymbol{\alpha}_2 + \cdots + k_n\boldsymbol{\alpha}_n,$$

则称 $\boldsymbol{\beta}$ 是 $\boldsymbol{\alpha}_1, \boldsymbol{\alpha}_2, \cdots, \boldsymbol{\alpha}_n$ 的线性组合或 $\boldsymbol{\beta}$ 可由 $\boldsymbol{\alpha}_1, \boldsymbol{\alpha}_2, \cdots, \boldsymbol{\alpha}_n$ 线性表示.

显而易见, 方程组 (3.4.1) 有解当且仅当向量 $\boldsymbol{\beta}$ 可以表示为向量 $\boldsymbol{\alpha}_1, \boldsymbol{\alpha}_2, \cdots, \boldsymbol{\alpha}_n$ 的线性组合.

例 3.4.1 设 V 是三维行向量空间, 下列向量

$$\boldsymbol{\alpha}_1=(1,0,1),\ \boldsymbol{\alpha}_2=(-1,2,2),\ \boldsymbol{\beta}=(1,2,4)$$

适合关系式

$$\boldsymbol{\beta}=2\boldsymbol{\alpha}_1+\boldsymbol{\alpha}_2,$$

因此 $\boldsymbol{\beta}$ 是 $\boldsymbol{\alpha}_1,\boldsymbol{\alpha}_2$ 的线性组合.

例 3.4.2 设 $\boldsymbol{e}_1=(1,0,\cdots,0)$, $\boldsymbol{e}_2=(0,1,\cdots,0)$, $\cdots$, $\boldsymbol{e}_n=(0,0,\cdots,1)$ 是 n 维标准单位行向量, 则对任一 n 维行向量 $\boldsymbol{\alpha}=(a_1,a_2,\cdots,a_n)$,

$$\boldsymbol{\alpha}=a_1\boldsymbol{e}_1+a_2\boldsymbol{e}_2+\cdots+a_n\boldsymbol{e}_n,$$

即任一 n 维行向量 $\boldsymbol{\alpha}$ 均可由 $\boldsymbol{e}_1,\boldsymbol{e}_2,\cdots,\boldsymbol{e}_n$ 线性表示.

再看齐次线性方程组:

$$\begin{cases}a_{11}x_1+a_{12}x_2+\cdots+a_{1n}x_n=0,\\ a_{21}x_1+a_{22}x_2+\cdots+a_{2n}x_n=0,\\ \qquad\cdots\cdots\cdots\cdots\\ a_{m1}x_1+a_{m2}x_2+\cdots+a_{mn}x_n=0.\end{cases}\tag{3.4.3}$$

这个方程组等价于下列向量形式的方程式:

$$x_1\boldsymbol{\alpha}_1+x_2\boldsymbol{\alpha}_2+\cdots+x_n\boldsymbol{\alpha}_n=\boldsymbol{0}.\tag{3.4.4}$$

定义 3.4.2 设 V 是数域 $\mathbb{K}$ 上的线性空间, $\boldsymbol{\alpha}_1,\boldsymbol{\alpha}_2,\cdots,\boldsymbol{\alpha}_n$ 是 V 中的 n 个向量, 若存在 $\mathbb{K}$ 中不全为零的 n 个数 $k_1,k_2,\cdots,k_n$, 使

$$k_1\boldsymbol{\alpha}_1+k_2\boldsymbol{\alpha}_2+\cdots+k_n\boldsymbol{\alpha}_n=\boldsymbol{0},$$

则称 $\boldsymbol{\alpha}_1,\boldsymbol{\alpha}_2,\cdots,\boldsymbol{\alpha}_n$ 线性相关. 反之, 若不存在 $\mathbb{K}$ 中不全为零的数 $k_1,k_2,\cdots,k_n$, 使上式成立, 则称 $\boldsymbol{\alpha}_1,\boldsymbol{\alpha}_2,\cdots,\boldsymbol{\alpha}_n$ 线性无关或线性独立.

于是, 方程组 (3.4.3) 有非零解 (即在解中至少有一个数不等于零) 的充分必要条件是向量 $\boldsymbol{\alpha}_1,\boldsymbol{\alpha}_2,\cdots,\boldsymbol{\alpha}_n$ 线性相关.

注 (1) 在线性相关、线性无关的定义中, 数 $k_1,k_2,\cdots,k_n$ 必须取自数域 $\mathbb{K}$. 举例来说, 若把复数域看成是实数域上的线性空间, 那么 1 与 $\mathrm{i}=\sqrt{-1}$ 是两个线

性无关的向量, 因为不存在不全为零的实数 a,b 使 $a+b\mathrm{i}=0$. 但是如果允许 a,b 取复数, 比如取 $a=1$, $b=\mathrm{i}$, 就有 $a+b\mathrm{i}=0$.

(2) 线性无关还可这样等价地定义: 若存在 $k_1,k_2,\cdots,k_n\in\mathbb{K}$, 使

$$k_1\boldsymbol{\alpha}_1+k_2\boldsymbol{\alpha}_2+\cdots+k_n\boldsymbol{\alpha}_n=\mathbf{0},$$

则必有 $k_1=k_2=\cdots=k_n=0$.

例 3.4.3 设 V 是三维行向量空间, 下列向量

$$\boldsymbol{\alpha}_1=(1,2,3),\ \boldsymbol{\alpha}_2=(2,-1,-4),\ \boldsymbol{\alpha}_3=(1,1,1)$$

满足关系式

$$3\boldsymbol{\alpha}_1+\boldsymbol{\alpha}_2-5\boldsymbol{\alpha}_3=\mathbf{0},$$

因此 $\boldsymbol{\alpha}_1,\boldsymbol{\alpha}_2,\boldsymbol{\alpha}_3$ 线性相关.

例 3.4.4 同例 3.4.2 的假设, 则 $\boldsymbol{e}_1,\boldsymbol{e}_2,\cdots,\boldsymbol{e}_n$ 线性无关.

证明　假设

$$k_1\boldsymbol{e}_1+k_2\boldsymbol{e}_2+\cdots+k_n\boldsymbol{e}_n=\mathbf{0},$$

则 $(k_1,k_2,\cdots,k_n)=\mathbf{0}$, 即 $k_1=k_2=\cdots=k_n=0$, 因此这 n 个向量线性无关. □

注　对 n 维标准单位列向量也有同例 3.4.2 和例 3.4.4 一样的结论.

例 3.4.5 设 V 是数域 $\mathbb{K}$ 上的线性空间, 若 S 是只含一个向量 $\boldsymbol{\alpha}$ 的向量组, 则 S 线性相关的充分必要条件是 $\boldsymbol{\alpha}=\mathbf{0}$. 又若 S 是含有零向量的向量组, 则 S 必线性相关.

证明　从 $k\boldsymbol{\alpha}=\mathbf{0}$ 及 $k\neq0$ 可推出 $\boldsymbol{\alpha}=\mathbf{0}$, 反之亦然. 因此单个向量 $\boldsymbol{\alpha}$ 线性相关的充分必要条件是 $\boldsymbol{\alpha}=\mathbf{0}$.

设 $\mathbf{0},\boldsymbol{\alpha}_2,\cdots,\boldsymbol{\alpha}_m$ 是一个向量组, 则

$$1\cdot\mathbf{0}+0\cdot\boldsymbol{\alpha}_2+\cdots+0\cdot\boldsymbol{\alpha}_m=\mathbf{0},$$

即这组向量线性相关. □

在线性空间理论中, 线性组合、线性相关及线性无关是向量之间最基本的关系, 统称为向量的线性关系. 接下去, 我们要探讨向量线性关系最基本的性质.

定理 3.4.1 若 $\boldsymbol{\alpha}_1,\boldsymbol{\alpha}_2,\cdots,\boldsymbol{\alpha}_m$ 是一组线性相关的向量, 则任一包含这组向量的向量组必线性相关. 又若 $\boldsymbol{\alpha}_1,\boldsymbol{\alpha}_2,\cdots,\boldsymbol{\alpha}_m$ 是一组线性无关的向量, 则从这一组向量中任意取出一组向量必线性无关.

证明 设 $\boldsymbol{\alpha}_1,\boldsymbol{\alpha}_2,\cdots,\boldsymbol{\alpha}_m,\boldsymbol{\alpha}_{m+1},\cdots,\boldsymbol{\alpha}_n$ 是包含 $\boldsymbol{\alpha}_1,\boldsymbol{\alpha}_2,\cdots,\boldsymbol{\alpha}_m$ 的一组向量. 若 $\boldsymbol{\alpha}_1,\boldsymbol{\alpha}_2,\cdots,\boldsymbol{\alpha}_m$ 线性相关, 则存在不全为零的一组数 $k_1,k_2,\cdots,k_m$, 使

$$k_1\boldsymbol{\alpha}_1+k_2\boldsymbol{\alpha}_2+\cdots+k_m\boldsymbol{\alpha}_m=\mathbf{0}.$$

令 $k_{m+1}=\cdots=k_n=0$, 则仍有

$$k_1\boldsymbol{\alpha}_1+k_2\boldsymbol{\alpha}_2+\cdots+k_m\boldsymbol{\alpha}_m+k_{m+1}\boldsymbol{\alpha}_{m+1}+\cdots+k_n\boldsymbol{\alpha}_n=\mathbf{0}.$$

因此 $\boldsymbol{\alpha}_1,\boldsymbol{\alpha}_2,\cdots,\boldsymbol{\alpha}_n$ 线性相关. 另一个论断显然和已证明的结论是等价的. $\square$

定理 3.4.2 设 $\boldsymbol{\alpha}_1,\boldsymbol{\alpha}_2,\cdots,\boldsymbol{\alpha}_m$ 是线性空间 V 中的向量, 则 $\boldsymbol{\alpha}_1,\boldsymbol{\alpha}_2,\cdots,\boldsymbol{\alpha}_m$ 线性相关的充分必要条件是其中至少有一个向量可以表示为其余向量的线性组合.

证明 设 $\boldsymbol{\alpha}_1,\boldsymbol{\alpha}_2,\cdots,\boldsymbol{\alpha}_m$ 线性相关, 则存在不全为零的一组数 $k_1,k_2,\cdots,k_m$, 使 $k_1\boldsymbol{\alpha}_1+k_2\boldsymbol{\alpha}_2+\cdots+k_m\boldsymbol{\alpha}_m=\mathbf{0}$, 其中有某个 $k_i\neq 0$. 于是

$$\boldsymbol{\alpha}_i=-\frac{k_1}{k_i}\boldsymbol{\alpha}_1-\cdots-\frac{k_{i-1}}{k_i}\boldsymbol{\alpha}_{i-1}-\frac{k_{i+1}}{k_i}\boldsymbol{\alpha}_{i+1}-\cdots-\frac{k_m}{k_i}\boldsymbol{\alpha}_m,$$

即 $\boldsymbol{\alpha}_i$ 是其余 $m-1$ 个向量的线性组合.

反过来, 若

$$\boldsymbol{\alpha}_i=b_1\boldsymbol{\alpha}_1+\cdots+b_{i-1}\boldsymbol{\alpha}_{i-1}+b_{i+1}\boldsymbol{\alpha}_{i+1}+\cdots+b_m\boldsymbol{\alpha}_m,$$

则

$$b_1\boldsymbol{\alpha}_1+\cdots+b_{i-1}\boldsymbol{\alpha}_{i-1}+(-1)\boldsymbol{\alpha}_i+b_{i+1}\boldsymbol{\alpha}_{i+1}+\cdots+b_m\boldsymbol{\alpha}_m=\mathbf{0},$$

即 $\boldsymbol{\alpha}_1,\boldsymbol{\alpha}_2,\cdots,\boldsymbol{\alpha}_m$ 线性相关. $\square$

定理 3.4.3 设 $\boldsymbol{\alpha}_1,\boldsymbol{\alpha}_2,\cdots,\boldsymbol{\alpha}_m,\boldsymbol{\beta}$ 是线性空间 V 中的向量. 已知 $\boldsymbol{\beta}$ 可表示为 $\boldsymbol{\alpha}_1,\boldsymbol{\alpha}_2,\cdots,\boldsymbol{\alpha}_m$ 的线性组合, 即

$$\boldsymbol{\beta}=k_1\boldsymbol{\alpha}_1+k_2\boldsymbol{\alpha}_2+\cdots+k_m\boldsymbol{\alpha}_m,$$

则表示唯一的充分必要条件是向量 $\boldsymbol{\alpha}_1,\boldsymbol{\alpha}_2,\cdots,\boldsymbol{\alpha}_m$ 线性无关.

证明　假设向量 $\boldsymbol{\alpha}_1,\boldsymbol{\alpha}_2,\cdots,\boldsymbol{\alpha}_m$ 线性无关且另外有一个表示:

$$\boldsymbol{\beta}=b_1\boldsymbol{\alpha}_1+b_2\boldsymbol{\alpha}_2+\cdots+b_m\boldsymbol{\alpha}_m,$$

则将已知的两个表示式相减得到

$$(b_1-k_1)\boldsymbol{\alpha}_1+(b_2-k_2)\boldsymbol{\alpha}_2+\cdots+(b_m-k_m)\boldsymbol{\alpha}_m=\mathbf{0}.$$

因为 $\boldsymbol{\alpha}_1,\boldsymbol{\alpha}_2,\cdots,\boldsymbol{\alpha}_m$ 线性无关, 故 $b_1-k_1=b_2-k_2=\cdots=b_m-k_m=0$, 即 $b_i=k_i\,(i=1,2,\cdots,m)$. 也就是说 $\boldsymbol{\beta}$ 只能用唯一一种方式表示为 $\boldsymbol{\alpha}_1,\boldsymbol{\alpha}_2,\cdots,\boldsymbol{\alpha}_m$ 的线性组合.

反之, 若向量 $\boldsymbol{\alpha}_1,\boldsymbol{\alpha}_2,\cdots,\boldsymbol{\alpha}_m$ 线性相关, 即存在不全为零的数 $c_1,c_2,\cdots,c_m$, 使得

$$c_1\boldsymbol{\alpha}_1+c_2\boldsymbol{\alpha}_2+\cdots+c_m\boldsymbol{\alpha}_m=\mathbf{0},$$

则除了已知的表示外, $\boldsymbol{\beta}$ 还有另外一个不同的表示:

$$\boldsymbol{\beta}=(k_1+c_1)\boldsymbol{\alpha}_1+(k_2+c_2)\boldsymbol{\alpha}_2+\cdots+(k_m+c_m)\boldsymbol{\alpha}_m.\ \square$$

注　由上述定理知道, 如果方程组 (3.4.1) 或方程式 (3.4.2) 有解, 则有唯一解的充分必要条件是向量组 $\boldsymbol{\alpha}_1,\boldsymbol{\alpha}_2,\cdots,\boldsymbol{\alpha}_n$ 线性无关.

定理 3.4.4　设向量组 $A=\{\boldsymbol{\alpha}_1,\boldsymbol{\alpha}_2,\cdots,\boldsymbol{\alpha}_m\}$, $B=\{\boldsymbol{\beta}_1,\boldsymbol{\beta}_2,\cdots,\boldsymbol{\beta}_n\}$ 和 $C=\{\boldsymbol{\gamma}_1,\boldsymbol{\gamma}_2,\cdots,\boldsymbol{\gamma}_p\}$ 满足: A 中任一向量都是 B 中向量的线性组合, B 中任一向量都是 C 中向量的线性组合, 则 A 中任一向量都是 C 中向量的线性组合.

证明　设

$$\boldsymbol{\alpha}_i=\sum_{j=1}^{n}a_{ij}\boldsymbol{\beta}_j\,(1\leq i\leq m);\ \boldsymbol{\beta}_j=\sum_{k=1}^{p}b_{jk}\boldsymbol{\gamma}_k\,(1\leq j\leq n),$$

则可得

$$\boldsymbol{\alpha}_i=\sum_{j=1}^{n}a_{ij}\Big(\sum_{k=1}^{p}b_{jk}\boldsymbol{\gamma}_k\Big)=\sum_{k=1}^{p}\Big(\sum_{j=1}^{n}a_{ij}b_{jk}\Big)\boldsymbol{\gamma}_k,$$

即任一 $\boldsymbol{\alpha}_i$ 都是 $\boldsymbol{\gamma}_1,\boldsymbol{\gamma}_2,\cdots,\boldsymbol{\gamma}_p$ 的线性组合. $\square$

例 3.4.6　若 $\boldsymbol{\alpha}=(a_1,a_2,\cdots,a_n)$, $\boldsymbol{\beta}=(b_1,b_2,\cdots,b_n)$ 是两个 n 维行向量, 则 $\boldsymbol{\alpha},\boldsymbol{\beta}$ 线性相关的充分必要条件是 a_i,b_i 成比例.

证明 假设 $\boldsymbol{\alpha},\boldsymbol{\beta}$ 线性相关, 由定理 3.4.2, 不妨设 $\boldsymbol{\beta}$ 是 $\boldsymbol{\alpha}$ 的线性组合. 令 $\boldsymbol{\beta}=k\boldsymbol{\alpha}$, 则

$$(ka_1,ka_2,\cdots,ka_n)=(b_1,b_2,\cdots,b_n).$$

因此 $ka_i=b_i\,(1\le i\le n)$, 即 a_i,b_i 成比例.

反之, 若 $ka_i=b_i\,(1\le i\le n)$, 则 $k\boldsymbol{\alpha}-\boldsymbol{\beta}=\mathbf{0}$, 即 $\boldsymbol{\alpha},\boldsymbol{\beta}$ 线性相关. □

请读者思考下面两个问题:

(1) 在三维几何空间中, 3 个以原点为始点的向量线性相关、线性无关的几何意义是什么? 在 Descartes (笛卡尔) 平面上, 两个以原点为始点的向量线性相关的几何意义又是什么? 在 Descartes 平面上, 3 个以原点为始点的向量是否一定线性相关?

(2) 我们先看下面的线性方程组:

$$\begin{cases}x_1+x_2+x_3=3,\\ 2x_1-x_2-3x_3=-2,\\ 4x_1+x_2-x_3=4.\end{cases}$$

这个方程组的第三个方程式是多余的, 因为它可以由第一个方程式乘以 2 加上第二个方程式得到. 用向量的语言来说, 就是方程组增广矩阵

$$\widetilde{\boldsymbol{A}}=\begin{pmatrix}1&1&1&3\\2&-1&-3&-2\\4&1&-1&4\end{pmatrix}\tag{3.4.5}$$

的第三个行向量可以表示为第一和第二个行向量的线性组合. 现假设有线性方程组 (3.4.1), 其增广矩阵的行向量线性相关, 你能得到什么结论?

习 题 3.4

1. 确定下列三维实向量是线性相关还是线性无关:

(1) $(-1,3,1),(2,1,0),(1,4,1)$; (2) $(2,3,0),(-1,4,0),(0,0,2)$.

2. 问 a 取何值时, 下列实向量线性相关?

$$(a,1,1),\ (1,a,1),\ (1,1,a).$$

3. $\boldsymbol{\alpha}_1,\boldsymbol{\alpha}_2,\cdots,\boldsymbol{\alpha}_m$ 是一组线性无关的向量, c 是非零常数, 问 $c\boldsymbol{\alpha}_1,c\boldsymbol{\alpha}_2,\cdots,c\boldsymbol{\alpha}_m$ 是否线性无关?

4. 若 $\boldsymbol{\alpha}_1,\boldsymbol{\alpha}_2$ 线性相关, $\boldsymbol{\beta}_1,\boldsymbol{\beta}_2$ 线性相关, 问 $\boldsymbol{\alpha}_1+\boldsymbol{\beta}_1$ 和 $\boldsymbol{\alpha}_2+\boldsymbol{\beta}_2$ 是否必线性相关?

5. 若 $\boldsymbol{\alpha}_1$ 和 $\boldsymbol{\alpha}_2$ 线性无关, $\boldsymbol{\beta}$ 是另一个向量, 问 $\boldsymbol{\alpha}_1+\boldsymbol{\beta}$ 和 $\boldsymbol{\alpha}_2+\boldsymbol{\beta}$ 是否必线性无关?

6. 若 $\boldsymbol{\alpha},\boldsymbol{\beta}$ 线性无关, $\boldsymbol{\alpha},\boldsymbol{\gamma}$ 线性无关, $\boldsymbol{\beta},\boldsymbol{\gamma}$ 线性无关, 问 $\boldsymbol{\alpha},\boldsymbol{\beta},\boldsymbol{\gamma}$ 是否必线性无关?

7. 设 $\boldsymbol{\alpha}_1,\boldsymbol{\alpha}_2,\cdots,\boldsymbol{\alpha}_m$ 是线性空间 V 中一组线性无关的向量, $\boldsymbol{\beta}$ 是 V 中的向量. 求证: 或者 $\boldsymbol{\alpha}_1,\boldsymbol{\alpha}_2,\cdots,\boldsymbol{\alpha}_m,\boldsymbol{\beta}$ 线性无关, 或者 $\boldsymbol{\beta}$ 是 $\boldsymbol{\alpha}_1,\boldsymbol{\alpha}_2,\cdots,\boldsymbol{\alpha}_m$ 的线性组合.

8. 设向量 $\boldsymbol{\beta}$ 可由向量 $\boldsymbol{\alpha}_1,\boldsymbol{\alpha}_2,\cdots,\boldsymbol{\alpha}_m$ 线性表示, 但不能由其中任何个数少于 m 的部分向量线性表示, 求证: 这 m 个向量线性无关.

9. 设线性空间 V 中向量 $\boldsymbol{\alpha}_1,\boldsymbol{\alpha}_2,\cdots,\boldsymbol{\alpha}_r$ 线性无关, 已知有序向量组 $\{\boldsymbol{\beta},\boldsymbol{\alpha}_1,\boldsymbol{\alpha}_2,\cdots,\boldsymbol{\alpha}_r\}$ 线性相关, 求证: 最多只有一个 $\boldsymbol{\alpha}_i$ 可以表示为前面向量的线性组合.

10. 设 n 维列向量 $\boldsymbol{\alpha}_1,\boldsymbol{\alpha}_2,\cdots,\boldsymbol{\alpha}_m$ 线性无关, $\boldsymbol{A}$ 为 n 阶可逆阵, 求证: $\boldsymbol{A}\boldsymbol{\alpha}_1,\boldsymbol{A}\boldsymbol{\alpha}_2,\cdots,\boldsymbol{A}\boldsymbol{\alpha}_m$ 线性无关.

11. 设 $\boldsymbol{A}$ 是 $n\times m$ 矩阵, $\boldsymbol{B}$ 是 $m\times n$ 矩阵, 满足 $\boldsymbol{AB}=\boldsymbol{I}_n$, 求证: $\boldsymbol{B}$ 的 n 个列向量线性无关.

12. 设 $\{\boldsymbol{\alpha}_i=(a_{i1},a_{i2},\cdots,a_{in}),\ 1\leq i\leq m\}$ 是一组 n 维行向量, $1\leq j_1<j_2<\cdots<j_t\leq n$ 是给定的 $t\,(t<n)$ 个指标. 定义 $\widetilde{\boldsymbol{\alpha}}_i=(a_{ij_1},a_{ij_2},\cdots,a_{ij_t})$, 称 $\widetilde{\boldsymbol{\alpha}}_i$ 为 $\boldsymbol{\alpha}_i$ 的 t 维缩短向量. 求证:

(1) 若 $\boldsymbol{\alpha}_1,\boldsymbol{\alpha}_2,\cdots,\boldsymbol{\alpha}_m$ 线性相关, 则 $\widetilde{\boldsymbol{\alpha}}_1,\widetilde{\boldsymbol{\alpha}}_2,\cdots,\widetilde{\boldsymbol{\alpha}}_m$ 也线性相关;

(2) 设 n 维行向量 $\boldsymbol{\alpha}=(a_1,a_2,\cdots,a_n)$ 是 $\boldsymbol{\alpha}_1,\boldsymbol{\alpha}_2,\cdots,\boldsymbol{\alpha}_m$ 的线性组合, 则 $\widetilde{\boldsymbol{\alpha}}$ 也是 $\widetilde{\boldsymbol{\alpha}}_1,\widetilde{\boldsymbol{\alpha}}_2,\cdots,\widetilde{\boldsymbol{\alpha}}_m$ 的线性组合.

§ 3.5 向量组的秩

在上一节最后, 我们在思考题 (2) 中发现, 矩阵 (3.4.5) 的 3 个行向量线性相关, 第三个行向量可以用其余两个行向量线性表示. 这表明原线性方程组的第三个方程式是多余的. 我们也不难证明第一和第二两个行向量是线性无关的, 因此如果将原方程组的第三个方程式去掉以后, 剩下的两个方程式再也不能去掉了, 否则得到的方程组将和原方程组不同解. 一般来说, 给定一组向量, 如果线性相关, 这时必有某个向量可以用其余向量线性表示, 我们将它去掉. 不断地重复这个过程直到剩下的向量线性无关为止, 剩下的向量就称为原向量组的极大无关组. 我们给它下一个严格的定义.

定义 3.5.1 在线性空间 V 中, 向量的集合称为向量族, 向量的有限集合称为向量组. 设 S 是向量族, 若在 S 中存在一组向量 $\{\boldsymbol{\alpha}_1,\boldsymbol{\alpha}_2,\cdots,\boldsymbol{\alpha}_r\}$ 满足如下条件:

(1) $\boldsymbol{\alpha}_1,\boldsymbol{\alpha}_2,\cdots,\boldsymbol{\alpha}_r$ 线性无关;

(2) S 中任意一个向量都可以用 $\boldsymbol{\alpha}_1,\boldsymbol{\alpha}_2,\cdots,\boldsymbol{\alpha}_r$ 线性表示,

则称 $\{\boldsymbol{\alpha}_1,\boldsymbol{\alpha}_2,\cdots,\boldsymbol{\alpha}_r\}$ 是向量族 S 的极大线性无关组, 简称极大无关组.

注 上述定义 (2) 表明若将 S 中任一向量 $\boldsymbol{\alpha}$ 加入 $\{\boldsymbol{\alpha}_1,\boldsymbol{\alpha}_2,\cdots,\boldsymbol{\alpha}_r\}$, 则向量组 $\{\boldsymbol{\alpha}_1,\boldsymbol{\alpha}_2,\cdots,\boldsymbol{\alpha}_r,\boldsymbol{\alpha}\}$ 一定线性相关. 正是在这个意义上, 我们称 $\{\boldsymbol{\alpha}_1,\boldsymbol{\alpha}_2,\cdots,\boldsymbol{\alpha}_r\}$ 为极大线性无关组.

命题 3.5.1 设 S 是一个向量组且至少包含一个非零向量, 则 S 的极大无关组一定存在.

证明 设 S 所含向量的个数为 k, 对 k 用归纳法进行证明. 若 $k=1$, 则 S 由一个非零向量 $\boldsymbol{\alpha}$ 组成, 于是 $\{\boldsymbol{\alpha}\}$ 就是 S 的极大无关组. 一般地, 若 S 中的 k 个向量线性无关, 那么这 k 个向量就构成了 S 的极大无关组. 若这 k 个向量线性相关, 由定理 3.4.2 知至少有一个向量是其余向量的线性组合, 不妨设为 $\boldsymbol{\alpha}$. 考虑向量组 $S\setminus\{\boldsymbol{\alpha}\}$, 它所含向量的个数为 $k-1$ 且至少包含一个非零向量 (否则容易推出 S 只包含零向量), 由归纳假设知 $S\setminus\{\boldsymbol{\alpha}\}$ 存在极大无关组 $\{\boldsymbol{\alpha}_1,\boldsymbol{\alpha}_2,\cdots,\boldsymbol{\alpha}_r\}$. 由定理 3.4.4 知 $\boldsymbol{\alpha}$ 也可由 $\boldsymbol{\alpha}_1,\boldsymbol{\alpha}_2,\cdots,\boldsymbol{\alpha}_r$ 线性表示, 因此 $\{\boldsymbol{\alpha}_1,\boldsymbol{\alpha}_2,\cdots,\boldsymbol{\alpha}_r\}$ 也是 S 的极大无关组. □

一个向量族的极大无关组唯一吗? 我们来看一个简单的例子.

例 3.5.1 设有向量组 $S=\{(1,0),(0,1),(1,1)\}$. 这 3 个向量线性相关, 但不难验证 S 的 3 个子集 $\{(1,0),(0,1)\}$, $\{(1,0),(1,1)\}$ 以及 $\{(0,1),(1,1)\}$ 都是 S 的极大无关组. 因此一般来说, 向量族的极大无关组并不唯一.

虽然极大无关组不唯一, 但是我们在例 3.5.1 中发现, 向量组 S 的每个极大无关组所含向量的个数是相同的. 我们要问: 这个结论对一般的向量组还对吗?

我们不妨来分析一下: 假设已知向量族 S 有两个极大无关组 A,B. 由极大无关组的定义, A 和 B 都是线性无关的向量组, 且 A 中每个向量可以用 B 中向量线性表示, B 中每个向量也可以用 A 中向量线性表示. 我们希望证明: 两个线性无关的向量组如果能够互相线性表示, 则它们含有相同个数的向量. 这只需证明如下命题.

引理 3.5.1 设 A,B 是 V 中两组向量, A 含有 r 个向量, B 含有 s 个向量, 且 A 中每个向量均可用 B 中向量线性表示. 如果 A 中向量线性无关, 则 $r\le s$.

证明 我们用反证法. 设

$$\begin{aligned} A &= \{\boldsymbol{\alpha}_1, \boldsymbol{\alpha}_2, \cdots, \boldsymbol{\alpha}_r\}, \\ B &= \{\boldsymbol{\beta}_1, \boldsymbol{\beta}_2, \cdots, \boldsymbol{\beta}_s\}. \end{aligned}$$

假设 $r > s$, 我们来推出矛盾.

由已知, A 中向量 $\boldsymbol{\alpha}_1$ 可由 B 中向量的线性组合来表示, 即存在数 $\lambda_1, \lambda_2, \cdots, \lambda_s$, 使

$$\boldsymbol{\alpha}_1 = \lambda_1 \boldsymbol{\beta}_1 + \lambda_2 \boldsymbol{\beta}_2 + \cdots + \lambda_s \boldsymbol{\beta}_s. \tag{3.5.1}$$

因为 A 中向量线性无关, 故 $\boldsymbol{\alpha}_1 \neq \mathbf{0}$, 从而 λ_i 中至少有一个不为零, 不妨假设 $\lambda_1 \neq 0$. 由 (3.5.1) 式解出 $\boldsymbol{\beta}_1$:

$$\boldsymbol{\beta}_1 = \frac{1}{\lambda_1}\boldsymbol{\alpha}_1 - \frac{\lambda_2}{\lambda_1}\boldsymbol{\beta}_2 - \cdots - \frac{\lambda_s}{\lambda_1}\boldsymbol{\beta}_s. \tag{3.5.2}$$

但对任意的 $\boldsymbol{\alpha}_i\,(i = 2, 3, \cdots, r)$, 已知 $\boldsymbol{\alpha}_i$ 可由 $\boldsymbol{\beta}_1, \boldsymbol{\beta}_2, \cdots, \boldsymbol{\beta}_s$ 的线性组合表示, 将 (3.5.2) 式代入 $\boldsymbol{\alpha}_i$ 的表示式, 则 $\boldsymbol{\alpha}_i$ 可由 $\boldsymbol{\alpha}_1, \boldsymbol{\beta}_2, \cdots, \boldsymbol{\beta}_s$ 的线性组合表示. 这样, 我们可将 B 中的向量 $\boldsymbol{\beta}_1$ 换成 $\boldsymbol{\alpha}_1$, 这时 A 中任一向量仍可用 B 中向量的线性组合来表示.

现在我们用归纳法, 设 B 中向量已经换成 $\{\boldsymbol{\alpha}_1, \cdots, \boldsymbol{\alpha}_k; \boldsymbol{\beta}_{k+1}, \cdots, \boldsymbol{\beta}_s\}$, 且 A 中任一向量都可以用 $\{\boldsymbol{\alpha}_1, \cdots, \boldsymbol{\alpha}_k; \boldsymbol{\beta}_{k+1}, \cdots, \boldsymbol{\beta}_s\}$ 的线性组合表示. 假设 $k < r$, 则 $\boldsymbol{\alpha}_{k+1}$ 可表示为

$$\boldsymbol{\alpha}_{k+1} = \mu_1 \boldsymbol{\alpha}_1 + \cdots + \mu_k \boldsymbol{\alpha}_k + \mu_{k+1} \boldsymbol{\beta}_{k+1} + \cdots + \mu_s \boldsymbol{\beta}_s,$$

其中至少有一个 $\mu_i\,(i = k+1, \cdots, s)$ 不为零. 这是因为若 $\mu_{k+1} = \cdots = \mu_s = 0$, 则 $\boldsymbol{\alpha}_{k+1}$ 可用 $\boldsymbol{\alpha}_1, \cdots, \boldsymbol{\alpha}_k$ 线性表示, 这与 A 中向量线性无关矛盾. 不失一般性, 可设 $\mu_{k+1} \neq 0$. 用与上述相同的论证, 又可将 $\boldsymbol{\beta}_{k+1}$ 换成 $\boldsymbol{\alpha}_{k+1}$, 得到向量组 $\{\boldsymbol{\alpha}_1, \cdots, \boldsymbol{\alpha}_{k+1}; \boldsymbol{\beta}_{k+2}, \cdots, \boldsymbol{\beta}_s\}$, 且 A 中任一向量都可以用这组向量的线性组合表示. 这一事实表明, 我们可将 A 中向量依次换入 B. 但 $r > s$, 因此可将 A 中 s 个向量换入 B 中. 不妨设 B 经调换以后的向量组为 $\{\boldsymbol{\alpha}_1, \boldsymbol{\alpha}_2, \cdots, \boldsymbol{\alpha}_s\}$, 则 A 中向量 $\boldsymbol{\alpha}_r$ 也可用 $\boldsymbol{\alpha}_1, \boldsymbol{\alpha}_2, \cdots, \boldsymbol{\alpha}_s$ 的线性组合来表示, 从而向量组 $\{\boldsymbol{\alpha}_1, \boldsymbol{\alpha}_2, \cdots, \boldsymbol{\alpha}_s, \boldsymbol{\alpha}_r\}$ 线性相关, 引出矛盾. □

引理 3.5.1 的逆否命题也非常有用, 为了记住它, 我们用一句话来概括: “多” 若可以用 “少” 来线性表示, 则 “多” 线性相关.

引理 3.5.2 设 A, B 都是线性无关的向量组, 又 A 中任一向量可用 B 中向量的线性组合来表示, B 中任一向量也可用 A 中向量的线性组合来表示, 则这两组向量所含的向量个数相等.

证明 设 A 有 r 个向量, B 有 s 个向量. 由引理 3.5.1 得 $r \leq s$. 同理又有 $s \leq r$, 故 $r = s$. □

定理 3.5.1 设 A 与 B 都是向量族 S 的极大线性无关组, 则 A 与 B 所含的向量个数相等.

证明 由定义 3.5.1 及引理 3.5.2 即得. □

定义 3.5.2 向量族 S 的极大无关组所含的向量个数称为 S 的秩, 记作 $\mathrm{r}(S)$ 或 $\mathrm{rank}(S)$.

向量族的秩可以看成是向量族线性无关程度的度量.

定义 3.5.3 若向量组 A 和 B 可以互相线性表示, 则称这两个向量组等价.

定理 3.5.2 等价的向量组有相同的秩.

证明 设 A_1 和 B_1 分别是 A 和 B 的极大无关组, A_1 有 r 个向量, B_1 有 s 个向量, 则 $\mathrm{r}(A) = r$, $\mathrm{r}(B) = s$. 因为 B_1 中向量均可用 A 中向量线性表示, 而 A 中向量均可用 A_1 中向量线性表示, 故由定理 3.4.4, B_1 中向量均可用 A_1 中向量线性表示, 再由引理 3.5.1 可得 $s \leq r$. 同理可证 $r \leq s$, 于是 $r = s$. □

如果我们考虑的向量族是整个的线性空间, 其极大无关组就是所谓的基.

定义 3.5.4 设 V 是数域 $\mathbb{K}$ 上的线性空间, 若在 V 中存在线性无关的向量 $\boldsymbol{e}_1, \boldsymbol{e}_2, \cdots, \boldsymbol{e}_n$, 使得 V 中任一向量均可表示为这组向量的线性组合, 则称 $\{\boldsymbol{e}_1, \boldsymbol{e}_2, \cdots, \boldsymbol{e}_n\}$ 是 V 的一组基, 线性空间 V 称为 n 维线性空间 (具有维数 n). 如果不存在有限个向量组成 V 的一组基, 则称 V 是无限维线性空间.

注 对任一无限维线性空间, 也有基的概念. 无限维线性空间基的存在性证明超出了本课程的范围.

显然, V 中的一组极大线性无关组就是 V 的一组基. n 维线性空间任一组基都含有 n 个向量. 如果 V 是数域 $\mathbb{K}$ 上的 n 维线性空间, 则记为 $\dim_{\mathbb{K}} V = n$.

例 3.5.2 n 维标准单位行向量 $\{\boldsymbol{e}_1 = (1, 0, \cdots, 0),\ \boldsymbol{e}_2 = (0, 1, \cdots, 0),\ \cdots,\ \boldsymbol{e}_n = (0, 0, \cdots, 1)\}$ 是 n 维行向量空间 $\mathbb{K}^n$ 的一组基 (证明见例 3.4.2 和例 3.4.4),

因此 $\dim_{\mathbb{K}}\mathbb{K}^n=n$. 同理, n 维标准单位列向量 $\{\boldsymbol{e}_1',\boldsymbol{e}_2',\cdots,\boldsymbol{e}_n'\}$ 是 n 维列向量空间 $\mathbb{K}_n$ 的一组基, 因此 $\dim_{\mathbb{K}}\mathbb{K}_n=n$.

例 3.5.3 将复数域 $\mathbb{C}$ 看成是实数域 $\mathbb{R}$ 上的线性空间, 容易验证 $\{1,\mathrm{i}=\sqrt{-1}\}$ 是一组基, 因此 $\dim_{\mathbb{R}}\mathbb{C}=2$.

推论 3.5.1 n 维线性空间 V 中任一超过 n 个向量的向量组必线性相关.

证明 设 V 的一组基为 $\{\boldsymbol{e}_1,\boldsymbol{e}_2,\cdots,\boldsymbol{e}_n\}$, 且 $\boldsymbol{\alpha}_1,\boldsymbol{\alpha}_2,\cdots,\boldsymbol{\alpha}_m$ 为 V 中 $m\,(m>n)$ 个向量, 则 $\boldsymbol{\alpha}_i$ 均可由 $\boldsymbol{e}_1,\boldsymbol{e}_2,\cdots,\boldsymbol{e}_n$ 的线性组合来表示, 由引理 3.5.1 的逆否命题知 $\boldsymbol{\alpha}_1,\boldsymbol{\alpha}_2,\cdots,\boldsymbol{\alpha}_m$ 线性相关. □

定理 3.5.3 设 V 是 n 维线性空间, $\boldsymbol{e}_1,\boldsymbol{e}_2,\cdots,\boldsymbol{e}_n$ 是 V 中 n 个向量. 若它们适合下列条件之一, 则 $\{\boldsymbol{e}_1,\boldsymbol{e}_2,\cdots,\boldsymbol{e}_n\}$ 是 V 的一组基.

(1) $\boldsymbol{e}_1,\boldsymbol{e}_2,\cdots,\boldsymbol{e}_n$ 线性无关;

(2) V 中任一向量均可由 $\boldsymbol{e}_1,\boldsymbol{e}_2,\cdots,\boldsymbol{e}_n$ 线性表示.

证明 (1) 因为 V 中任意 $n+1$ 个向量一定线性相关, 故对 V 中任一向量 $\boldsymbol{v}$, 向量组 $\boldsymbol{e}_1,\boldsymbol{e}_2,\cdots,\boldsymbol{e}_n,\boldsymbol{v}$ 线性相关. 于是存在不全为零的数 $a_1,a_2,\cdots,a_n,c$, 使

$$a_1\boldsymbol{e}_1+a_2\boldsymbol{e}_2+\cdots+a_n\boldsymbol{e}_n+c\boldsymbol{v}=\boldsymbol{0},$$

其中 $c\neq 0$. 事实上若 $c=0$, 因为 $\boldsymbol{e}_1,\boldsymbol{e}_2,\cdots,\boldsymbol{e}_n$ 线性无关, 将导致 $a_1=a_2=\cdots=a_n=c=0$, 与假设矛盾. 由 $c\neq 0$ 可得

$$\boldsymbol{v}=-\frac{a_1}{c}\boldsymbol{e}_1-\frac{a_2}{c}\boldsymbol{e}_2-\cdots-\frac{a_n}{c}\boldsymbol{e}_n.$$

因此 $\boldsymbol{v}$ 可用向量组 $\{\boldsymbol{e}_1,\boldsymbol{e}_2,\cdots,\boldsymbol{e}_n\}$ 线性表示, 即 $\{\boldsymbol{e}_1,\boldsymbol{e}_2,\cdots,\boldsymbol{e}_n\}$ 是 V 的一组基.

(2) 由命题 3.5.1, 不妨设 $\{\boldsymbol{e}_1,\boldsymbol{e}_2,\cdots,\boldsymbol{e}_r\}$ 是 $\{\boldsymbol{e}_1,\boldsymbol{e}_2,\cdots,\boldsymbol{e}_n\}$ 的极大无关组, 其中 $r\leq n$. 由定理 3.4.4 知 V 中任一向量均可由 $\boldsymbol{e}_1,\boldsymbol{e}_2,\cdots,\boldsymbol{e}_r$ 线性表示, 因此 $\{\boldsymbol{e}_1,\boldsymbol{e}_2,\cdots,\boldsymbol{e}_r\}$ 是 V 的一组基. 特别地, $r=\dim V=n$, 即 $\{\boldsymbol{e}_1,\boldsymbol{e}_2,\cdots,\boldsymbol{e}_n\}$ 是 V 的一组基. □

定理 3.5.4 设 V 是 n 维线性空间, $\boldsymbol{v}_1,\boldsymbol{v}_2,\cdots,\boldsymbol{v}_m$ 是 V 中 $m\,(m<n)$ 个线性无关的向量, 又假设 $\{\boldsymbol{e}_1,\boldsymbol{e}_2,\cdots,\boldsymbol{e}_n\}$ 是 V 的一组基, 则必可在 $\{\boldsymbol{e}_1,\boldsymbol{e}_2,\cdots,\boldsymbol{e}_n\}$ 中选出 $n-m$ 个向量, 使之和 $\boldsymbol{v}_1,\boldsymbol{v}_2,\cdots,\boldsymbol{v}_m$ 一起组成 V 的一组基.

证明 将 $\boldsymbol{e}_i\,(i=1,\cdots,n)$ 依次放入 $\{\boldsymbol{v}_1,\boldsymbol{v}_2,\cdots,\boldsymbol{v}_m\}$, 则必有一个 $\boldsymbol{e}_i$, 使 $\boldsymbol{v}_1$, $\boldsymbol{v}_2$, $\cdots$, $\boldsymbol{v}_m,\boldsymbol{e}_i$ 线性无关. 这是因为若任一 $\boldsymbol{e}_i$ 加入 $\boldsymbol{v}_1,\boldsymbol{v}_2,\cdots,\boldsymbol{v}_m$ 后线性相

关, 则每个 $\boldsymbol{e}_i$ 可用 $\boldsymbol{v}_1, \boldsymbol{v}_2, \cdots, \boldsymbol{v}_m$ 线性表示, 将和引理 3.5.1 的结论矛盾. 现不妨设 $i = m+1$. 若 $m+1 < n$, 又可从 $\boldsymbol{e}_1, \boldsymbol{e}_2, \cdots, \boldsymbol{e}_n$ 中找到一个向量, 加入 $\{\boldsymbol{v}_1, \boldsymbol{v}_2, \cdots, \boldsymbol{v}_m, \boldsymbol{e}_{m+1}\}$ 后仍线性无关. 不断这样做下去, 便可将 $\boldsymbol{v}_1, \boldsymbol{v}_2, \cdots, \boldsymbol{v}_m$ 扩张成为 V 的一组基. □

注　定理 3.5.4 通常称为基扩张定理, 常用的形式是: n 维线性空间 V 中任意 $m\,(m < n)$ 个线性无关的向量均可扩张为 V 的一组基, 或 V 的任意一个子空间 (子空间的概念见 § 3.7) 的基均可扩张为 V 的一组基.

习　题　3.5

1. 若 $\boldsymbol{\alpha}_1, \boldsymbol{\alpha}_2, \cdots, \boldsymbol{\alpha}_n$ 是线性空间 V 中的向量, 且 V 中任一向量均可用唯一的方法表示为 $\boldsymbol{\alpha}_1, \boldsymbol{\alpha}_2, \cdots, \boldsymbol{\alpha}_n$ 的线性组合, 求证: $\{\boldsymbol{\alpha}_1, \boldsymbol{\alpha}_2, \cdots, \boldsymbol{\alpha}_n\}$ 是 V 的一组基.

2. 设 $\{\boldsymbol{\alpha}_1, \boldsymbol{\alpha}_2, \cdots, \boldsymbol{\alpha}_n\}$ 是线性空间 V 的一组基, $\boldsymbol{\beta}_1, \boldsymbol{\beta}_2, \cdots, \boldsymbol{\beta}_n$ 是 V 中 n 个向量, 若 $\boldsymbol{\alpha}_1, \boldsymbol{\alpha}_2, \cdots, \boldsymbol{\alpha}_n$ 中任一向量均可由 $\boldsymbol{\beta}_1, \boldsymbol{\beta}_2, \cdots, \boldsymbol{\beta}_n$ 线性表示, 求证: $\{\boldsymbol{\beta}_1, \boldsymbol{\beta}_2, \cdots, \boldsymbol{\beta}_n\}$ 也是 V 的一组基.

3. 设 V 是数域 $\mathbb{K}$ 上次数不超过 n 的多项式全体构成的实线性空间, 求证: $\{1, x, x^2, \cdots, x^n\}$ 是 V 的一组基, 并且 $\{1, x+1, (x+1)^2, \cdots, (x+1)^n\}$ 也是 V 的一组基.

4. 设 V 是数域 $\mathbb{K}$ 上次数小于 n 的多项式全体构成的线性空间, $a_1, a_2, \cdots, a_n$ 是 $\mathbb{K}$ 中互不相同的 n 个数, $f(x) = (x-a_1)(x-a_2)\cdots(x-a_n)$, $f_i(x) = f(x)/(x-a_i)$, 求证: $\{f_1(x), f_2(x), \cdots, f_n(x)\}$ 组成 V 的一组基.

5. 设 V 是数域 $\mathbb{K}$ 上 $m \times n$ 矩阵组成的线性空间, 令 $\boldsymbol{E}_{ij}\,(1 \leq i \leq m,\ 1 \leq j \leq n)$ 是第 (i,j) 元素为 1、其余元素为 0 的 $m \times n$ 矩阵, 求证: 全体 $\boldsymbol{E}_{ij}$ 组成了 V 的一组基, 从而 V 是 mn 维线性空间.

6. 设 V 是数域 $\mathbb{K}$ 上 n 阶上三角阵全体组成的线性空间, 求 V 的一组基和维数.

7. 设 V 是数域 $\mathbb{K}$ 上 n 阶对称阵全体组成的线性空间, 求 V 的一组基和维数.

8. 设 V 是数域 $\mathbb{K}$ 上 n 阶反对称阵全体组成的线性空间, 求 V 的一组基和维数.

9. 设 $V_1 = \{\boldsymbol{A} \in M_n(\mathbb{C}) \mid \overline{\boldsymbol{A}}' = \boldsymbol{A}\}$ 为 n 阶 Hermite 矩阵全体, $V_2 = \{\boldsymbol{A} \in M_n(\mathbb{C}) \mid \overline{\boldsymbol{A}}' = -\boldsymbol{A}\}$ 为 n 阶斜 Hermite 矩阵全体, 求证: 在矩阵加法和实数关于矩阵的数乘下, V_1, V_2 成为实数域 $\mathbb{R}$ 上的线性空间, 并且具有相同的维数.

10. 设 $V = \{a + b\sqrt[3]{2} + c\sqrt[3]{4}\}$, 其中 a, b, c 均是有理数, 证明: V 是有理数域上的线性空间并求其维数.

11. 设 $V = \{a + b\sqrt{2} + c\sqrt{3} + d\sqrt{6}\}$, 其中 a, b, c, d 均是有理数, 证明: V 是有理数域上的线性空间并求其维数.

§ 3.6 矩阵的秩

定义 3.6.1 设 $\boldsymbol{A}$ 是 $m\times n$ 矩阵, 则 $\boldsymbol{A}$ 的 m 个行向量的秩称为 $\boldsymbol{A}$ 的行秩; $\boldsymbol{A}$ 的 n 个列向量的秩称为 $\boldsymbol{A}$ 的列秩.

注 我们很快将证明矩阵的行秩等于它的列秩.

在 § 3.5 开始时, 我们从线性方程组引出了向量组秩的概念. 注意到交换线性方程组中的方程式, 用非零常数乘以某一个方程式以及某个方程式乘以一个常数加到另外一个方程式上去, 这 3 种变换并不改变线性方程组的同解性. 因此我们有理由猜想: 矩阵的行秩和列秩在初等变换下是不变的.

定理 3.6.1 矩阵的行秩与列秩在初等变换下不变.

证明 我们分两步走. 第一步证明矩阵的行秩在初等行变换下不变, 列秩在初等列变换下不变. 第二步证明列秩在初等行变换下不变, 行秩在初等列变换下不变.

第一步, 设 $\boldsymbol{A}=(a_{ij})_{m\times n}$, 为简单起见将它写成行分块的形状:

$$\boldsymbol{A}=\begin{pmatrix}\boldsymbol{\alpha}_1\\ \boldsymbol{\alpha}_2\\ \vdots\\ \boldsymbol{\alpha}_m\end{pmatrix},$$

其中 $\boldsymbol{\alpha}_i=(a_{i1},a_{i2},\cdots,a_{in})\,(i=1,2,\cdots,m)$ 是 $\boldsymbol{A}$ 的第 i 个行向量. 对换 $\boldsymbol{A}$ 的任意两行并不改变 $\boldsymbol{A}$ 的行向量组, 因此也不改变 $\boldsymbol{A}$ 的行秩. 这表明 $\boldsymbol{A}$ 的行秩在第一类初等行变换下不变. 又若以一个非零常数 k 乘以 $\boldsymbol{A}$ 的第 i 行, 则 $\boldsymbol{A}$ 变成

$$\boldsymbol{A}_1=\begin{pmatrix}\boldsymbol{\alpha}_1\\ \vdots\\ k\boldsymbol{\alpha}_i\\ \vdots\\ \boldsymbol{\alpha}_m\end{pmatrix}.$$

显然, $\boldsymbol{A}_1$ 的 m 个行向量可用 $\boldsymbol{A}$ 的 m 个行向量的线性组合来表示. 反之 $\boldsymbol{A}$ 的 m 个行向量也可用 $\boldsymbol{A}_1$ 的行向量的线性组合来表示, 因此 $\boldsymbol{A}$ 的行秩与 $\boldsymbol{A}_1$ 的行秩相

等. 接下来再看第三类初等行变换. 将矩阵 $\boldsymbol{A}$ 的第 i 行乘以 k 后加到第 j 行上去, 矩阵 $\boldsymbol{A}$ 变成了下列矩阵:

$$\boldsymbol{A}_2=\begin{pmatrix}\boldsymbol{\alpha}_1\\ \vdots\\ \boldsymbol{\alpha}_i\\ \vdots\\ k\boldsymbol{\alpha}_i+\boldsymbol{\alpha}_j\\ \vdots\\ \boldsymbol{\alpha}_m\end{pmatrix}.$$

显然, $\boldsymbol{A}_2$ 的行向量是 $\boldsymbol{A}$ 的行向量的线性组合. 反之,

$$\boldsymbol{\alpha}_j=(-k)\boldsymbol{\alpha}_i+(k\boldsymbol{\alpha}_i+\boldsymbol{\alpha}_j).$$

因此 $\boldsymbol{A}$ 的行向量也是 $\boldsymbol{A}_2$ 的行向量的线性组合, 从而 $\boldsymbol{A}$ 与 $\boldsymbol{A}_2$ 的行秩相等. 这就证明了 $\boldsymbol{A}$ 的行秩在初等行变换下不变. 同理, $\boldsymbol{A}$ 的列秩在初等列变换下也不变.

第二步, 我们证明 $\boldsymbol{A}$ 的列秩在初等行变换下不变. 由于 $\boldsymbol{A}$ 的初等行变换等价于用一个初等矩阵左乘以 $\boldsymbol{A}$, 我们只需证明对任一初等矩阵 $\boldsymbol{Q}$, $\boldsymbol{QA}$ 与 $\boldsymbol{A}$ 的列秩相等就可以了. 现把 $\boldsymbol{A}$ 写成列分块的形状:

$$\boldsymbol{A}=(\boldsymbol{\beta}_1,\boldsymbol{\beta}_2,\cdots,\boldsymbol{\beta}_n),$$

其中 $\boldsymbol{\beta}_j$ 是 $\boldsymbol{A}$ 的第 j 个列向量. 由分块矩阵的乘法得

$$\boldsymbol{QA}=(\boldsymbol{Q\beta}_1,\boldsymbol{Q\beta}_2,\cdots,\boldsymbol{Q\beta}_n).$$

设 $\boldsymbol{A}$ 的列向量的极大无关组为 $\boldsymbol{\beta}_{j_1},\cdots,\boldsymbol{\beta}_{j_r}$, 现在我们证明 $\{\boldsymbol{Q\beta}_{j_1},\cdots,\boldsymbol{Q\beta}_{j_r}\}$ 是 $\boldsymbol{QA}$ 的列向量的极大无关组.

先证明 $\boldsymbol{Q\beta}_{j_1},\cdots,\boldsymbol{Q\beta}_{j_r}$ 线性无关. 设有 $\lambda_1,\lambda_2,\cdots,\lambda_r\in\mathbb{K}$, 使

$$\lambda_1\boldsymbol{Q\beta}_{j_1}+\lambda_2\boldsymbol{Q\beta}_{j_2}+\cdots+\lambda_r\boldsymbol{Q\beta}_{j_r}=\boldsymbol{0},$$

则

$$\boldsymbol{Q}(\lambda_1\boldsymbol{\beta}_{j_1}+\lambda_2\boldsymbol{\beta}_{j_2}+\cdots+\lambda_r\boldsymbol{\beta}_{j_r})=\boldsymbol{0}.$$

但 $\boldsymbol{Q}$ 是非异阵, 在上式两边左乘 $\boldsymbol{Q}^{-1}$ 即得

$$\lambda_1\boldsymbol{\beta}_{j_1}+\lambda_2\boldsymbol{\beta}_{j_2}+\cdots+\lambda_r\boldsymbol{\beta}_{j_r}=\boldsymbol{0}.$$

再由 $\boldsymbol{\beta}_{j_1},\cdots,\boldsymbol{\beta}_{j_r}$ 线性无关即得 $\lambda_1=\cdots=\lambda_r=0$. 这就证明了 $\boldsymbol{Q}\boldsymbol{\beta}_{j_1},\cdots,\boldsymbol{Q}\boldsymbol{\beta}_{j_r}$ 是一组线性无关的向量.

再证明任一 $\boldsymbol{Q}\boldsymbol{\beta}_j$ 均可表示为 $\boldsymbol{Q}\boldsymbol{\beta}_{j_1},\cdots,\boldsymbol{Q}\boldsymbol{\beta}_{j_r}$ 的线性组合. 由于 $\boldsymbol{\beta}_{j_1},\cdots,\boldsymbol{\beta}_{j_r}$ 是 $\boldsymbol{A}$ 的列向量的极大无关组, 故

$$\boldsymbol{\beta}_j=\mu_1\boldsymbol{\beta}_{j_1}+\mu_2\boldsymbol{\beta}_{j_2}+\cdots+\mu_r\boldsymbol{\beta}_{j_r}.$$

上式两边左乘 $\boldsymbol{Q}$ 即得

$$\boldsymbol{Q}\boldsymbol{\beta}_j=\mu_1\boldsymbol{Q}\boldsymbol{\beta}_{j_1}+\mu_2\boldsymbol{Q}\boldsymbol{\beta}_{j_2}+\cdots+\mu_r\boldsymbol{Q}\boldsymbol{\beta}_{j_r}.$$

由上面的论证知道 $\boldsymbol{A}$ 与 $\boldsymbol{QA}$ 的列向量的极大无关组都有相同个数的向量, 因此 $\boldsymbol{A}$ 与 $\boldsymbol{QA}$ 的列秩相等. 同理可证明 $\boldsymbol{A}$ 的行秩在初等列变换下不变. □

推论 3.6.1 任一矩阵的行秩等于列秩.

证明 任一矩阵 $\boldsymbol{A}$ 经初等变换后均可变成下列分块对角阵:

$$\boldsymbol{B}=\begin{pmatrix}\boldsymbol{I}_r & \boldsymbol{O}\\ \boldsymbol{O} & \boldsymbol{O}\end{pmatrix},$$

其中 $\boldsymbol{B}$ 是分块矩阵, $\boldsymbol{I}_r$ 为 r 阶单位阵. 显然, $\boldsymbol{B}$ 的行秩与列秩都等于 r, 因此 $\boldsymbol{A}$ 的行秩与列秩都等于 r. □

有了这个推论, 我们今后将矩阵的行秩与列秩统称为矩阵的秩. 矩阵 $\boldsymbol{A}$ 的秩用 $\mathrm{r}(\boldsymbol{A})$ 或 $\mathrm{rank}(\boldsymbol{A})$ 来表示.

推论 3.6.2 设 $\boldsymbol{A}$ 是 $m\times n$ 矩阵且 $\boldsymbol{A}$ 的第 $j_1,\cdots$, 第 j_r 列向量是 $\boldsymbol{A}$ 的列向量的极大无关组, 则对任意的 m 阶非异阵 $\boldsymbol{Q}$, 矩阵 $\boldsymbol{QA}$ 的第 $j_1,\cdots$, 第 j_r 列向量也是 $\boldsymbol{QA}$ 的列向量的极大无关组.

证明 非异阵 $\boldsymbol{Q}$ 是若干个初等矩阵的乘积, 由定理 3.6.1 的证明即得结论. □

命题 3.6.1 设 $\boldsymbol{A}$ 是阶梯形矩阵, 则 $\boldsymbol{A}$ 的秩等于其非零行的个数, 且阶梯点所在的列向量是 $\boldsymbol{A}$ 的列向量的极大无关组.

证明 设阶梯形矩阵 $\boldsymbol{A}$ 有 r 个非零行, 其阶梯点依次是 $a_{1k_1},a_{2k_2},\cdots,a_{rk_r}$:

$$\boldsymbol{A}=\begin{pmatrix}0 & \cdots & a_{1k_1} & \cdots & \cdots & \cdots & \cdots & \cdots\\ 0 & \cdots & 0 & \cdots & a_{2k_2} & \cdots & \cdots & \cdots\\ \vdots & & \vdots & & \vdots & & \vdots & \vdots\\ 0 & \cdots & 0 & \cdots & 0 & \cdots & a_{rk_r} & \cdots\\ & & & & \boldsymbol{O} & & & \end{pmatrix}.$$

先用第三类初等列变换以及阶梯点上的元素依次消去同行的其他非零元素; 再用第二类初等列变换将阶梯点上的元素全部变成 1; 最后用列对换依次将 r 个阶梯点换到第 $(1,1), (2,2), \cdots, (r,r)$ 位置, 从而得到相抵标准型:

$$\begin{pmatrix} \boldsymbol{I}_r & \boldsymbol{O} \\ \boldsymbol{O} & \boldsymbol{O} \end{pmatrix}.$$

由定理 3.6.1 可得 $\mathrm{r}(\boldsymbol{A}) = r$.

对于第二个结论, 将 r 个阶梯点所在的列向量取出, 拼成一个新的矩阵:

$$\begin{pmatrix} a_{1k_1} & \cdots & \cdots & \cdots \\ 0 & a_{2k_2} & \cdots & \cdots \\ \vdots & \vdots & & \vdots \\ 0 & 0 & \cdots & a_{rk_r} \\ & \boldsymbol{O} & & \end{pmatrix}.$$

利用同样的方法可将此矩阵化为相抵标准型:

$$\begin{pmatrix} \boldsymbol{I}_r \\ \boldsymbol{O} \end{pmatrix}.$$

因此 r 个阶梯点所在的列向量组的秩等于 r, 即为 $\boldsymbol{A}$ 的列秩, 从而阶梯点所在的列向量是 $\boldsymbol{A}$ 的列向量的极大无关组. □

由定理 3.6.1 以及命题 3.6.1, 我们得到求一个矩阵秩的方法: 用初等行变换将一个矩阵 $\boldsymbol{A}$ 化为阶梯形矩阵 $\boldsymbol{B}$, 则矩阵 $\boldsymbol{B}$ 的非零行的个数就是矩阵 $\boldsymbol{A}$ 的秩.

例 3.6.1 求下列矩阵的秩以及列向量的极大无关组:

$$\boldsymbol{A} = \begin{pmatrix} 1 & 2 & 3 & 4 \\ -1 & -1 & -1 & -1 \\ 1 & 3 & 5 & 7 \end{pmatrix}.$$

解 通过初等行变换可将 $\boldsymbol{A}$ 化为如下阶梯形矩阵:

$$\begin{pmatrix} 1 & 2 & 3 & 4 \\ -1 & -1 & -1 & -1 \\ 1 & 3 & 5 & 7 \end{pmatrix} \to \begin{pmatrix} 1 & 2 & 3 & 4 \\ 0 & 1 & 2 & 3 \\ 0 & 1 & 2 & 3 \end{pmatrix} \to \begin{pmatrix} 1 & 2 & 3 & 4 \\ 0 & 1 & 2 & 3 \\ 0 & 0 & 0 & 0 \end{pmatrix}.$$

因此 $\boldsymbol{A}$ 的秩为 2. 由命题 3.6.1 和推论 3.6.2 可得 $\boldsymbol{A}$ 的第一列和第二列是其列向量的极大无关组.

推论 3.6.3 对任意一个秩为 r 的 $m\times n$ 矩阵 $\boldsymbol{A}$, 总存在 m 阶非异阵 $\boldsymbol{P}$ 和 n 阶非异阵 $\boldsymbol{Q}$, 使得

$$\boldsymbol{PAQ}=\begin{pmatrix}\boldsymbol{I}_r & \boldsymbol{O}\\ \boldsymbol{O} & \boldsymbol{O}\end{pmatrix}. \tag{3.6.1}$$

证明 由推论 3.6.1 的证明即得结论. □

推论 3.6.4 任一矩阵 $\boldsymbol{A}$ 的转置 $\boldsymbol{A}'$ 与 $\boldsymbol{A}$ 有相同的秩.

证明 由推论 3.6.1 即得结论. □

推论 3.6.5 任一矩阵与非异阵相乘, 其秩不变.

证明 任一非异阵均可化为有限个初等矩阵的积, 由此即得结论. □

若 n 阶方阵 $\boldsymbol{A}$ 的秩等于 n, 则称 $\boldsymbol{A}$ 为满秩阵. 根据矩阵秩的定义, 满秩条件等价于 $\boldsymbol{A}$ 的 n 个行向量线性无关, 也等价于 $\boldsymbol{A}$ 的 n 个列向量线性无关.

推论 3.6.6 n 阶方阵 $\boldsymbol{A}$ 为非异阵的充分必要条件是 $\boldsymbol{A}$ 为满秩阵.

证明 若 $\boldsymbol{A}$ 为非异阵, 则由推论 3.6.5 可得 $\mathrm{r}(\boldsymbol{A})=\mathrm{r}(\boldsymbol{AI}_n)=\mathrm{r}(\boldsymbol{I}_n)=n$, 即 $\boldsymbol{A}$ 为满秩阵. 若 $\boldsymbol{A}$ 为满秩阵, 则由推论 3.6.3 知 $\boldsymbol{A}$ 经过初等变换可化为单位阵 $\boldsymbol{I}_n$, 从而 $\boldsymbol{A}$ 为非异阵. □

由这个推论, 非异阵又称为满秩阵.

推论 3.6.7 两个 $m\times n$ 矩阵等价的充分必要条件是它们具有相同的秩.

证明 设矩阵 $\boldsymbol{A},\boldsymbol{B}$ 秩都等于 r, 则它们都等价于 (3.6.1) 式的矩阵, 因此 $\boldsymbol{A}$ 和 $\boldsymbol{B}$ 等价. 反之, 由于秩在初等变换下不变, 从 $\boldsymbol{A},\boldsymbol{B}$ 等价可知它们的秩相同. □

我们已经知道, 一个 n 阶方阵秩等于 n 的充分必要条件是该矩阵的行列式不等于零. 这个结论很容易被推广到秩为 r 的 $m\times n$ 矩阵上. 从推论 3.6.3 中我们发现, 在 $\boldsymbol{PAQ}$ (它的秩等于 r) 中, 有一个 r 阶子行列式 $|\boldsymbol{I}_r|$ 其值不等于 0, 而没有值不等于 0 的超过 r 阶的子行列式. 这个结论对一般的矩阵还对吗?

我们先解释一下子式的概念. 设 $\boldsymbol{A}=(a_{ij})$ 是一个 $m\times n$ 矩阵. 任取 $\boldsymbol{A}$ 的 k 行与 k 列, 位于这些行与这些列的交叉处的元素按原来的顺序构成一个 k 阶行列式, 称为 $\boldsymbol{A}$ 的一个 k 阶子式.

例如, 在矩阵

$$\boldsymbol{A}=\begin{pmatrix}1 & 2 & 3 & 1 & 0\\ -1 & 0 & 1 & -2 & 4\\ 0 & 1 & -3 & 5 & 7\end{pmatrix}$$

中取第一行、第二行及第一列、第三列得到的二阶子式为

$$\begin{vmatrix} 1 & 3 \\ -1 & 1 \end{vmatrix},$$

取第二行、第三行及第一列、第五列得到的二阶子式为

$$\begin{vmatrix} -1 & 4 \\ 0 & 7 \end{vmatrix}.$$

定理 3.6.2 设 $m \times n$ 矩阵 $\boldsymbol{A} = (a_{ij})$ 有一个 r 阶子式不等于零, 且 $\boldsymbol{A}$ 中任意 $r+1$ 阶子式 (如存在) 都等于零, 则 $\mathrm{r}(\boldsymbol{A}) = r$. 反之, 若 $\mathrm{r}(\boldsymbol{A}) = r$, 则 $\boldsymbol{A}$ 中必有一个 r 阶子式不等于零, 而所有 $r+1$ 阶子式都等于零.

证明 设 $\mathrm{r}(\boldsymbol{A}) = r$, 则 $\boldsymbol{A}$ 中任意 $r+1$ 行都线性相关, 由 § 3.4 习题 12 的结论知 $\boldsymbol{A}$ 的任意 $r+1$ 阶子式的行向量也线性相关, 再由推论 3.6.6 可知这些 $r+1$ 阶子式的值均为零. 再证明 $\boldsymbol{A}$ 至少有一个 r 阶子式不等于零. 因为 $\boldsymbol{A}$ 的秩为 r, $\boldsymbol{A}$ 中有 r 行线性无关. 不失一般性, 设为前 r 行. 把这 r 行取出得到一个矩阵:

$$\boldsymbol{B} = \begin{pmatrix} a_{11} & a_{12} & \cdots & a_{1n} \\ \vdots & \vdots & & \vdots \\ a_{r1} & a_{r2} & \cdots & a_{rn} \end{pmatrix}.$$

显然 $\mathrm{r}(\boldsymbol{B}) = r$, 因此 $\boldsymbol{B}$ 有 r 列线性无关, 同样不妨设为前 r 列, 则由 $\boldsymbol{B}$ 的前 r 列组成的行列式不等于零, 即 $\boldsymbol{A}$ 有一个 r 阶子式不等于零.

反之, 设 $\boldsymbol{A}$ 有一个 r 阶子式不为零而 $\boldsymbol{A}$ 的所有 $r+1$ 阶子式全等于零. 这时由 Laplace 定理可知, $\boldsymbol{A}$ 的所有高于 r 阶的子式均等于零. 设 $\mathrm{r}(\boldsymbol{A}) = t$, 则由前面的论述可知 $t \geq r$, 否则 $\boldsymbol{A}$ 的 r 阶子式无一不为零. 但 t 也不能大于 r, 否则 $\boldsymbol{A}$ 就要有一个大于 r 阶的子式不等于零而与假设矛盾, 因此 $t = r$. □

例 3.6.2 设 $\boldsymbol{C} = \begin{pmatrix} \boldsymbol{A} & \boldsymbol{O} \\ \boldsymbol{O} & \boldsymbol{B} \end{pmatrix}$, 求证: $\mathrm{r}(\boldsymbol{C}) = \mathrm{r}(\boldsymbol{A}) + \mathrm{r}(\boldsymbol{B})$.

证明 设 $\boldsymbol{A}, \boldsymbol{B}$ 的秩分别为 r_1, r_2, 则存在可逆阵 $\boldsymbol{P}_1, \boldsymbol{Q}_1$ 和可逆阵 $\boldsymbol{P}_2, \boldsymbol{Q}_2$, 使

$$\boldsymbol{P}_1\boldsymbol{A}\boldsymbol{Q}_1 = \begin{pmatrix} \boldsymbol{I}_{r_1} & \boldsymbol{O} \\ \boldsymbol{O} & \boldsymbol{O} \end{pmatrix}, \quad \boldsymbol{P}_2\boldsymbol{B}\boldsymbol{Q}_2 = \begin{pmatrix} \boldsymbol{I}_{r_2} & \boldsymbol{O} \\ \boldsymbol{O} & \boldsymbol{O} \end{pmatrix}.$$

于是

$$\begin{pmatrix} \boldsymbol{P}_1 & \boldsymbol{O} \\ \boldsymbol{O} & \boldsymbol{P}_2 \end{pmatrix}\begin{pmatrix} \boldsymbol{A} & \boldsymbol{O} \\ \boldsymbol{O} & \boldsymbol{B} \end{pmatrix}\begin{pmatrix} \boldsymbol{Q}_1 & \boldsymbol{O} \\ \boldsymbol{O} & \boldsymbol{Q}_2 \end{pmatrix}=\begin{pmatrix} \boldsymbol{P}_1\boldsymbol{A}\boldsymbol{Q}_1 & \boldsymbol{O} \\ \boldsymbol{O} & \boldsymbol{P}_2\boldsymbol{B}\boldsymbol{Q}_2 \end{pmatrix}=\begin{pmatrix} \boldsymbol{I}_{r_1} & \boldsymbol{O} & \boldsymbol{O} & \boldsymbol{O} \\ \boldsymbol{O} & \boldsymbol{O} & \boldsymbol{O} & \boldsymbol{O} \\ \boldsymbol{O} & \boldsymbol{O} & \boldsymbol{I}_{r_2} & \boldsymbol{O} \\ \boldsymbol{O} & \boldsymbol{O} & \boldsymbol{O} & \boldsymbol{O} \end{pmatrix}.$$

因此 $\mathrm{r}(\boldsymbol{C}) = r_1 + r_2$. □

例 3.6.3 求证: $\mathrm{r}(\boldsymbol{AB}) \le \min\{\mathrm{r}(\boldsymbol{A}), \mathrm{r}(\boldsymbol{B})\}$.

证明 设 $\boldsymbol{A}$ 是 $m \times n$ 矩阵, $\boldsymbol{B}$ 是 $n \times s$ 矩阵. 将矩阵 $\boldsymbol{B}$ 按列分块, $\boldsymbol{B} = (\boldsymbol{\beta}_1, \boldsymbol{\beta}_2, \cdots, \boldsymbol{\beta}_s)$, 则 $\boldsymbol{AB} = (\boldsymbol{A\beta}_1, \boldsymbol{A\beta}_2, \cdots, \boldsymbol{A\beta}_s)$. 若 $\boldsymbol{B}$ 的列向量的极大无关组为 $\{\boldsymbol{\beta}_{j_1}, \boldsymbol{\beta}_{j_2}, \cdots, \boldsymbol{\beta}_{j_r}\}$, 则 $\boldsymbol{B}$ 的任一列向量 $\boldsymbol{\beta}_j$ 可用 $\{\boldsymbol{\beta}_{j_1}, \boldsymbol{\beta}_{j_2}, \cdots, \boldsymbol{\beta}_{j_r}\}$ 线性表示. 于是任一 $\boldsymbol{A\beta}_j$ 也可用 $\{\boldsymbol{A\beta}_{j_1}, \boldsymbol{A\beta}_{j_2}, \cdots, \boldsymbol{A\beta}_{j_r}\}$ 来线性表示. 因此向量组 $\{\boldsymbol{A\beta}_1, \boldsymbol{A\beta}_2, \cdots, \boldsymbol{A\beta}_s\}$ 的秩不超过 r, 即 $\mathrm{r}(\boldsymbol{AB}) \le \mathrm{r}(\boldsymbol{B})$. 同理, 对矩阵 $\boldsymbol{A}$ 用行分块的方法可以证明 $\mathrm{r}(\boldsymbol{AB}) \le \mathrm{r}(\boldsymbol{A})$. □

例 3.6.4 求证: n 阶矩阵 $\boldsymbol{A}$ 是幂等阵 (即 $\boldsymbol{A}^2 = \boldsymbol{A}$) 的充分必要条件是

$$\mathrm{r}(\boldsymbol{A}) + \mathrm{r}(\boldsymbol{I}_n - \boldsymbol{A}) = n.$$

证明 在下列矩阵的分块初等变换中矩阵的秩保持不变:

$$\begin{pmatrix} \boldsymbol{A} & \boldsymbol{O} \\ \boldsymbol{O} & \boldsymbol{I}-\boldsymbol{A} \end{pmatrix}\to\begin{pmatrix} \boldsymbol{A} & \boldsymbol{A} \\ \boldsymbol{O} & \boldsymbol{I}-\boldsymbol{A} \end{pmatrix}\to\begin{pmatrix} \boldsymbol{A} & \boldsymbol{A} \\ \boldsymbol{A} & \boldsymbol{I} \end{pmatrix}\to\begin{pmatrix} \boldsymbol{A}-\boldsymbol{A}^2 & \boldsymbol{A} \\ \boldsymbol{O} & \boldsymbol{I} \end{pmatrix}\to\begin{pmatrix} \boldsymbol{A}-\boldsymbol{A}^2 & \boldsymbol{O} \\ \boldsymbol{O} & \boldsymbol{I} \end{pmatrix}.$$

因此

$$\mathrm{r}\begin{pmatrix} \boldsymbol{A} & \boldsymbol{O} \\ \boldsymbol{O} & \boldsymbol{I}-\boldsymbol{A} \end{pmatrix} = \mathrm{r}\begin{pmatrix} \boldsymbol{A}-\boldsymbol{A}^2 & \boldsymbol{O} \\ \boldsymbol{O} & \boldsymbol{I} \end{pmatrix},$$

即 $\mathrm{r}(\boldsymbol{A}) + \mathrm{r}(\boldsymbol{I} - \boldsymbol{A}) = \mathrm{r}(\boldsymbol{A} - \boldsymbol{A}^2) + n$. 由此即得结论. □

对矩阵求秩的方法也可以用来求向量组的秩, 方法是将向量组拼成一个矩阵, 用初等变换求出矩阵的秩. 由于矩阵的秩就是其行向量组或列向量组的秩, 因此就得到了向量组的秩. 我们也可以利用命题 3.6.1 和推论 3.6.2 来求向量组的极大无关组, 注意此时应将向量组按列分块的方式拼成矩阵, 并用初等行变换将矩阵变为阶梯形, 这样就可以得到原向量组的极大无关组了. 通常求向量组的秩和极大无关组可以同时进行.

例 3.6.5 求向量组的秩和极大无关组:

$$\{(1,0,2),\ (2,-1,3),\ (3,-2,4),\ (4,-3,5)\}.$$

解 将上述向量按列分块的方式拼成矩阵:

$$\begin{pmatrix}1 & 2 & 3 & 4\\ 0 & -1 & -2 & -3\\ 2 & 3 & 4 & 5\end{pmatrix}.$$

对上述矩阵进行初等行变换化为阶梯形矩阵:

$$\begin{pmatrix}1 & 2 & 3 & 4\\ 0 & -1 & -2 & -3\\ 2 & 3 & 4 & 5\end{pmatrix}\to\begin{pmatrix}1 & 2 & 3 & 4\\ 0 & -1 & -2 & -3\\ 0 & -1 & -2 & -3\end{pmatrix}\to\begin{pmatrix}1 & 2 & 3 & 4\\ 0 & -1 & -2 & -3\\ 0 & 0 & 0 & 0\end{pmatrix}.$$

得到矩阵的秩显然为 2, 所以向量组的秩也等于 2. 根据阶梯点所在的位置可知向量组的极大无关组为 $\{(1,0,2),(2,-1,3)\}$.

要判断向量组是否线性相关, 用定义来做将是一件很麻烦的事. 现在我们可以用求矩阵的秩的方法来判断. 具体来说, 我们将要判断的向量组拼成一个矩阵, 然后求出矩阵的秩. 若矩阵的秩 (实际上也是向量组的秩) 等于向量的个数, 则向量组线性无关; 若秩小于向量的个数, 则向量组线性相关.

例 3.6.6 判定下列向量组是否线性无关:

$$\{(-1,3,1),\ (2,1,0),\ (1,4,1)\}.$$

解 将向量组拼成矩阵并用初等变换求秩:

$$\begin{pmatrix}-1 & 3 & 1\\ 2 & 1 & 0\\ 1 & 4 & 1\end{pmatrix}\to\begin{pmatrix}-1 & 3 & 1\\ 0 & 7 & 2\\ 0 & 7 & 2\end{pmatrix}\to\begin{pmatrix}-1 & 3 & 1\\ 0 & 7 & 2\\ 0 & 0 & 0\end{pmatrix}.$$

矩阵的秩等于 2, 小于向量组中向量的个数, 因此向量组线性相关.

注 如果用向量组拼成的矩阵是一个方阵, 则也可用行列式法来判断这个矩阵的秩是否等于向量组中向量的个数. 比如计算出上面矩阵的行列式后我们发现它等于零, 因此矩阵的秩小于 3, 即向量组线性相关.

例 3.6.7 判断下列向量是否线性相关:

$$(1,2,-1),\ (0,2,2),\ (2,1,3).$$

解 计算由这 3 个向量组成的矩阵的行列式

$$\begin{vmatrix}1&2&-1\\0&2&2\\2&1&3\end{vmatrix}=\begin{vmatrix}1&2&-1\\0&2&2\\0&-3&5\end{vmatrix}=16\neq 0.$$

所以这 3 个向量线性无关.

习 题 3.6

1. 用初等变换法求下列矩阵的秩:

$$\begin{pmatrix}1&2&0\\0&1&1\\-1&2&3\end{pmatrix};\quad\begin{pmatrix}1&2&3\\0&-1&-1\\3&4&7\end{pmatrix};\quad\begin{pmatrix}1&2&3&4\\2&3&4&1\\3&4&1&2\\4&1&2&3\end{pmatrix};\quad\begin{pmatrix}-1&2&1&0\\1&-2&-1&0\\-1&0&1&1\\-2&0&2&2\end{pmatrix}.$$

2. 用矩阵的初等变换法求下列向量组的秩:

(1) $(2,1,3,0,4),(-1,2,3,1,0),(3,-1,0,-1,4)$;

(2) $(1,2,3,4),(0,-1,2,3),(2,3,8,11),(2,3,6,8)$.

3. 用矩阵的初等变换法判断下列向量组是否线性相关:

(1) $(5,1,2),(-3,1,3),(2,2,3)$;

(2) $(1,2,3),(3,6,9),(2,1,1)$;

(3) $(1,-2,2,3),(-2,4,-1,3),(0,6,2,3)$.

4. 已知向量组 $\{\boldsymbol{\alpha}_1=(1,2,3,4),\boldsymbol{\alpha}_2=(2,3,4,5),\boldsymbol{\alpha}_3=(3,4,5,6),\boldsymbol{\alpha}_4=(4,5,6,7)\}$, 用矩阵的初等变换法求该向量组的一个极大无关组.

5. 证明下列矩阵秩的公式:

(1) 若 $k\neq 0$, 则 $\mathrm{r}(k\boldsymbol{A})=\mathrm{r}(\boldsymbol{A})$;

(2) $\mathrm{r}\begin{pmatrix}\boldsymbol{A}&\boldsymbol{C}\\\boldsymbol{O}&\boldsymbol{B}\end{pmatrix}\geq\mathrm{r}(\boldsymbol{A})+\mathrm{r}(\boldsymbol{B})$, $\mathrm{r}\begin{pmatrix}\boldsymbol{A}&\boldsymbol{O}\\\boldsymbol{D}&\boldsymbol{B}\end{pmatrix}\geq\mathrm{r}(\boldsymbol{A})+\mathrm{r}(\boldsymbol{B})$;

(3) $\mathrm{r}(\boldsymbol{A}\,\vdots\,\boldsymbol{B})\leq\mathrm{r}(\boldsymbol{A})+\mathrm{r}(\boldsymbol{B})$, $\mathrm{r}\begin{pmatrix}\boldsymbol{A}\\\boldsymbol{B}\end{pmatrix}\leq\mathrm{r}(\boldsymbol{A})+\mathrm{r}(\boldsymbol{B})$;

(4) $\mathrm{r}(\boldsymbol{A}+\boldsymbol{B})\leq\mathrm{r}(\boldsymbol{A})+\mathrm{r}(\boldsymbol{B})$, $\mathrm{r}(\boldsymbol{A}-\boldsymbol{B})\leq\mathrm{r}(\boldsymbol{A})+\mathrm{r}(\boldsymbol{B})$;

(5) $\mathrm{r}(\boldsymbol{A}-\boldsymbol{B})\geq|\mathrm{r}(\boldsymbol{A})-\mathrm{r}(\boldsymbol{B})|$.

6. 证明: 一个矩阵添加一行或一列, 其秩不变或增加 1.

7. 设 $\boldsymbol{A}$ 是 $m\times n$ 矩阵, $\boldsymbol{B}$ 是 $n\times t$ 矩阵, 求证:

$$\mathrm{r}(\boldsymbol{AB})\geq \mathrm{r}(\boldsymbol{A})+\mathrm{r}(\boldsymbol{B})-n.$$

8. 求证: n 阶矩阵 $\boldsymbol{A}$ 是对合阵 (即 $\boldsymbol{A}^2=\boldsymbol{I}_n$) 的充分必要条件是

$$\mathrm{r}(\boldsymbol{I}_n+\boldsymbol{A})+\mathrm{r}(\boldsymbol{I}_n-\boldsymbol{A})=n.$$

9. 设 $\boldsymbol{A}$ 是 n 阶矩阵, 求证: $\mathrm{r}(\boldsymbol{A})+\mathrm{r}(\boldsymbol{I}_n+\boldsymbol{A})\geq n$.

10. 设 $\boldsymbol{A}$ 是 $m\times n$ 矩阵, 求证:
(1) 若 $\mathrm{r}(\boldsymbol{A})=n$, 则必存在秩为 n 的 $n\times m$ 矩阵 $\boldsymbol{B}$, 使得 $\boldsymbol{BA}=\boldsymbol{I}_n$;
(2) 若 $\mathrm{r}(\boldsymbol{A})=m$, 则必存在秩为 m 的 $n\times m$ 矩阵 $\boldsymbol{C}$, 使得 $\boldsymbol{AC}=\boldsymbol{I}_m$.

11. 设 $m\times n$ 矩阵 $\boldsymbol{A}$ 的秩为 r, 证明:
(1) $\boldsymbol{A}=\boldsymbol{BC}$, 其中 $\boldsymbol{B}$ 是 $m\times r$ 矩阵且 $\mathrm{r}(\boldsymbol{B})=r$, $\boldsymbol{C}$ 是 $r\times n$ 矩阵且 $\mathrm{r}(\boldsymbol{C})=r$, 这种分解称为 $\boldsymbol{A}$ 的满秩分解;
(2) 若 $\boldsymbol{A}$ 有两个满秩分解 $\boldsymbol{A}=\boldsymbol{B}_1\boldsymbol{C}_1=\boldsymbol{B}_2\boldsymbol{C}_2$, 则存在 r 阶非异阵 $\boldsymbol{P}$, 使得 $\boldsymbol{B}_2=\boldsymbol{B}_1\boldsymbol{P}$, $\boldsymbol{C}_2=\boldsymbol{P}^{-1}\boldsymbol{C}_1$.

§ 3.7 坐标向量

读者已经学过解析几何. 解析几何就是用代数工具来研究几何问题, 做到这一点最根本的是要建立坐标系, 将平面 (或空间) 上的点和有序实数组对应起来. 我们在线性空间中引进基的目的就是为了要在其中引进 “坐标”.

引理 3.7.1 设 $\{\boldsymbol{e}_1,\boldsymbol{e}_2,\cdots,\boldsymbol{e}_n\}$ 是 n 维线性空间 V 的一组基, 且

$$\boldsymbol{\alpha}=a_1\boldsymbol{e}_1+a_2\boldsymbol{e}_2+\cdots+a_n\boldsymbol{e}_n=b_1\boldsymbol{e}_1+b_2\boldsymbol{e}_2+\cdots+b_n\boldsymbol{e}_n,$$

则 $a_1=b_1,a_2=b_2,\cdots,a_n=b_n$.

证明 由假设得

$$(a_1-b_1)\boldsymbol{e}_1+(a_2-b_2)\boldsymbol{e}_2+\cdots+(a_n-b_n)\boldsymbol{e}_n=0.$$

但 $\boldsymbol{e}_1,\boldsymbol{e}_2,\cdots,\boldsymbol{e}_n$ 线性无关, 因此 $a_i-b_i=0$, 即 $a_i=b_i\,(i=1,2,\cdots,n)$. □

这个引理表明, 如果取定 V 中的一组基, 则 V 中任一向量可以而且只可以用一种方式表示为 $\boldsymbol{e}_1,\boldsymbol{e}_2,\cdots,\boldsymbol{e}_n$ 的线性组合. 如果我们固定基向量的次序为

$\{\boldsymbol{e}_1, \boldsymbol{e}_2, \cdots, \boldsymbol{e}_n\}$, 则 $\boldsymbol{\alpha}$ 唯一地对应 $\mathbb{K}$ 中的一组有序数 $(a_1, a_2, \cdots, a_n)$. 我们称这组有序数为 $\boldsymbol{\alpha}$ 在基 $\{\boldsymbol{e}_1, \boldsymbol{e}_2, \cdots, \boldsymbol{e}_n\}$ 下的坐标向量, 其中 a_i 称为第 i 个坐标. 反过来, $\mathbb{K}$ 中的任一组有序的 n 个数 $(a_1, a_2, \cdots, a_n)$ 也唯一地对应 V 中的一个向量 $a_1\boldsymbol{e}_1 + a_2\boldsymbol{e}_2 + \cdots + a_n\boldsymbol{e}_n$. 我们把坐标向量看成是 n 维行向量, 于是在 V 与 $\mathbb{K}^n$ 之间存在一个一一对应的映射 $\boldsymbol{\varphi}$:

$$a_1\boldsymbol{e}_1 + a_2\boldsymbol{e}_2 + \cdots + a_n\boldsymbol{e}_n \mapsto (a_1, a_2, \cdots, a_n).$$

我们知道, V 不仅是一个集合, 而且在其中存在着一个代数结构, 即向量之间有加减法与数乘. 同样的道理, $\mathbb{K}^n$ 也是一个向量空间, 其向量之间也有运算关系. 我们希望知道上述一一对应和这两个线性空间中向量的运算有着怎样的联系.

先来看加法. 设

$$\boldsymbol{\alpha} = a_1\boldsymbol{e}_1 + a_2\boldsymbol{e}_2 + \cdots + a_n\boldsymbol{e}_n,$$
$$\boldsymbol{\beta} = b_1\boldsymbol{e}_1 + b_2\boldsymbol{e}_2 + \cdots + b_n\boldsymbol{e}_n,$$

则

$$\boldsymbol{\alpha} + \boldsymbol{\beta} = (a_1 + b_1)\boldsymbol{e}_1 + (a_2 + b_2)\boldsymbol{e}_2 + \cdots + (a_n + b_n)\boldsymbol{e}_n.$$

于是 $\boldsymbol{\alpha} + \boldsymbol{\beta}$ 对应于

$$(a_1 + b_1, a_2 + b_2, \cdots, a_n + b_n).$$

当我们把 $(a_1, a_2, \cdots, a_n)$ 看成行向量空间 $\mathbb{K}^n$ 中的向量时,

$$(a_1 + b_1, a_2 + b_2, \cdots, a_n + b_n) = (a_1, a_2, \cdots, a_n) + (b_1, b_2, \cdots, b_n),$$

因此

$$\boldsymbol{\varphi}(\boldsymbol{\alpha} + \boldsymbol{\beta}) = \boldsymbol{\varphi}(\boldsymbol{\alpha}) + \boldsymbol{\varphi}(\boldsymbol{\beta}).$$

这里需要注意的是 $\boldsymbol{\alpha} + \boldsymbol{\beta}$ 中的 "+" 是在 V 中的加法, 而 $\boldsymbol{\varphi}(\boldsymbol{\alpha}) + \boldsymbol{\varphi}(\boldsymbol{\beta})$ 中的 "+" 是 $\mathbb{K}^n$ 中的加法.

另一方面, 若 $k \in \mathbb{K}$, 则

$$k\boldsymbol{\alpha} = ka_1\boldsymbol{e}_1 + ka_2\boldsymbol{e}_2 + \cdots + ka_n\boldsymbol{e}_n,$$

因此

$$\boldsymbol{\varphi}(k\boldsymbol{\alpha}) = (ka_1, ka_2, \cdots, ka_n) = k(a_1, a_2, \cdots, a_n) = k\boldsymbol{\varphi}(\boldsymbol{\alpha}).$$

上面的分析表明, 当我们在 V 中引进一组基后, 可以建立起 V 中的向量与 $\mathbb{K}$ 上的 n 维行向量之间的一一对应. 这个对应保持了线性运算, 即

$$\boldsymbol{\varphi}(\boldsymbol{\alpha} + \boldsymbol{\beta}) = \boldsymbol{\varphi}(\boldsymbol{\alpha}) + \boldsymbol{\varphi}(\boldsymbol{\beta});\ \boldsymbol{\varphi}(k\boldsymbol{\alpha}) = k\boldsymbol{\varphi}(\boldsymbol{\alpha}).$$

定义 3.7.1 设 V, U 是数域 $\mathbb{K}$ 上的两个线性空间, 若存在 V 到 U 上的一个一一对应的映射 φ, 使得对任意 V 中向量 $\boldsymbol{\alpha}, \boldsymbol{\beta}$ 以及 $\mathbb{K}$ 中的数 k, 均有

$$\varphi(\boldsymbol{\alpha}+\boldsymbol{\beta})=\varphi(\boldsymbol{\alpha})+\varphi(\boldsymbol{\beta});\quad \varphi(k\boldsymbol{\alpha})=k\varphi(\boldsymbol{\alpha}),$$

则称 V 与 U 这两个线性空间同构, 记为 $V \cong U$.

上面的论证可归结为下列定理.

定理 3.7.1 数域 $\mathbb{K}$ 上的任一 n 维线性空间 V 均与 $\mathbb{K}$ 上的 n 维行向量空间 $\mathbb{K}^n$ 同构.

同构的线性空间顾名思义其代数结构是相同的, 那么它们中向量的线性关系应该是一致的. 事实上同构的线性空间有如下定理所表述的性质.

定理 3.7.2 (1) 设 $\varphi: V \to U$ 为线性空间的同构, 则

$$\varphi(\mathbf{0})=\mathbf{0}.$$

(2) φ 将线性相关的向量组映成线性相关的向量组, 将线性无关的向量组映成线性无关的向量组.

(3) 同构关系是一个等价关系, 即

(i) $V \cong V$;

(ii) 若 $V \cong U$, 则 $U \cong V$;

(iii) 若 $V \cong U$, $U \cong W$, 则 $V \cong W$.

(4) 数域 $\mathbb{K}$ 上的两个有限维线性空间同构的充分必要条件是它们具有相同的维数.

证明 (1) 显然有

$$\varphi(\mathbf{0})=\varphi(\mathbf{0}+\mathbf{0})=\varphi(\mathbf{0})+\varphi(\mathbf{0}).$$

消去一个 $\varphi(\mathbf{0})$ 就有 $\varphi(\mathbf{0})=\mathbf{0}$.

(2) 若 $\boldsymbol{\alpha}_1, \boldsymbol{\alpha}_2, \cdots, \boldsymbol{\alpha}_m$ 是 V 中线性相关的向量, 则存在不全为零的数 $k_1, k_2, \cdots, k_m$, 使

$$k_1\boldsymbol{\alpha}_1+k_2\boldsymbol{\alpha}_2+\cdots+k_m\boldsymbol{\alpha}_m=\mathbf{0},$$

于是由 (1), 有

$$\varphi(k_1\boldsymbol{\alpha}_1+k_2\boldsymbol{\alpha}_2+\cdots+k_m\boldsymbol{\alpha}_m)=\mathbf{0}.$$

上式左端为

$$\boldsymbol{\varphi}(k_1\boldsymbol{\alpha}_1)+\boldsymbol{\varphi}(k_2\boldsymbol{\alpha}_2)+\cdots+\boldsymbol{\varphi}(k_m\boldsymbol{\alpha}_m)=k_1\boldsymbol{\varphi}(\boldsymbol{\alpha}_1)+k_2\boldsymbol{\varphi}(\boldsymbol{\alpha}_2)+\cdots+k_m\boldsymbol{\varphi}(\boldsymbol{\alpha}_m).$$

因此 $\boldsymbol{\varphi}(\boldsymbol{\alpha}_1),\boldsymbol{\varphi}(\boldsymbol{\alpha}_2),\cdots,\boldsymbol{\varphi}(\boldsymbol{\alpha}_m)$ 是一组线性相关的向量.

另一方面, 若 $\boldsymbol{\alpha}_1,\boldsymbol{\alpha}_2,\cdots,\boldsymbol{\alpha}_m$ 线性无关且如果 $\boldsymbol{\varphi}(\boldsymbol{\alpha}_1),\boldsymbol{\varphi}(\boldsymbol{\alpha}_2),\cdots,\boldsymbol{\varphi}(\boldsymbol{\alpha}_m)$ 在 U 中线性相关, 则存在一组不全为零的数 $c_1,c_2,\cdots,c_m$, 使

$$c_1\boldsymbol{\varphi}(\boldsymbol{\alpha}_1)+c_2\boldsymbol{\varphi}(\boldsymbol{\alpha}_2)+\cdots+c_m\boldsymbol{\varphi}(\boldsymbol{\alpha}_m)=\mathbf{0}.$$

但上式左端等于

$$\boldsymbol{\varphi}(c_1\boldsymbol{\alpha}_1+c_2\boldsymbol{\alpha}_2+\cdots+c_m\boldsymbol{\alpha}_m).$$

由于 $\boldsymbol{\varphi}$ 是一一对应的映射且已证明 V 中的零向量与 U 中的零向量对应, 因此

$$c_1\boldsymbol{\alpha}_1+c_2\boldsymbol{\alpha}_2+\cdots+c_m\boldsymbol{\alpha}_m=\mathbf{0}.$$

但 $\boldsymbol{\alpha}_1,\boldsymbol{\alpha}_2,\cdots,\boldsymbol{\alpha}_m$ 线性无关, 这就引出了矛盾, 故 $\boldsymbol{\varphi}(\boldsymbol{\alpha}_1),\boldsymbol{\varphi}(\boldsymbol{\alpha}_2),\cdots,\boldsymbol{\varphi}(\boldsymbol{\alpha}_m)$ 必线性无关.

(3) (i) 显然 V 与自身同构, 这时取 $\boldsymbol{\varphi}$ 为恒同映射, 即

$$\boldsymbol{\varphi}(\boldsymbol{\alpha})=\boldsymbol{\alpha},\ \boldsymbol{\alpha}\in V.$$

(ii) 设 $\boldsymbol{\varphi}$ 是 $V\to U$ 上的一一对应, $\boldsymbol{\varphi}^{-1}$ 是其逆对应: $U\to V$, 则 $\boldsymbol{\varphi}^{-1}$ 也是一一对应. 设 $\boldsymbol{x},\boldsymbol{y}$ 是 U 中的向量, 由于 $\boldsymbol{\varphi}$ 是一一对应, 故存在 $\boldsymbol{\alpha},\boldsymbol{\beta}\in V$, 使

$$\boldsymbol{\varphi}(\boldsymbol{\alpha})=\boldsymbol{x},\ \boldsymbol{\varphi}(\boldsymbol{\beta})=\boldsymbol{y},$$

也就是

$$\boldsymbol{\alpha}=\boldsymbol{\varphi}^{-1}(\boldsymbol{x}),\ \boldsymbol{\beta}=\boldsymbol{\varphi}^{-1}(\boldsymbol{y}).$$

由 $\boldsymbol{\varphi}$ 是同构可知

$$\boldsymbol{\varphi}(\boldsymbol{\alpha}+\boldsymbol{\beta})=\boldsymbol{x}+\boldsymbol{y},\ \boldsymbol{\varphi}(k\boldsymbol{\alpha})=k\boldsymbol{x},$$

因此

$$\boldsymbol{\varphi}^{-1}(\boldsymbol{x}+\boldsymbol{y})=\boldsymbol{\alpha}+\boldsymbol{\beta}=\boldsymbol{\varphi}^{-1}(\boldsymbol{x})+\boldsymbol{\varphi}^{-1}(\boldsymbol{y}),$$

$$\boldsymbol{\varphi}^{-1}(k\boldsymbol{x})=k\boldsymbol{\alpha}=k\boldsymbol{\varphi}^{-1}(\boldsymbol{x}).$$

这表明 $\boldsymbol{\varphi}^{-1}$ 是 $U\to V$ 上的同构, 故 $U\cong V$.

(iii) 若 $\boldsymbol{\varphi}$ 是 $V \to U$ 上的同构, $\boldsymbol{\psi}$ 是 $U \to W$ 上的同构. 令 $\boldsymbol{\xi} = \boldsymbol{\psi}\boldsymbol{\varphi}$, 即对任意的 $\boldsymbol{\alpha} \in V$, 有

$$\boldsymbol{\xi}(\boldsymbol{\alpha}) = \boldsymbol{\psi}(\boldsymbol{\varphi}(\boldsymbol{\alpha})),$$

则 $\boldsymbol{\xi}$ 是 $V \to W$ 上的一一对应, 且

$$\begin{aligned}
\boldsymbol{\xi}(\boldsymbol{\alpha}+\boldsymbol{\beta}) &= \boldsymbol{\psi}(\boldsymbol{\varphi}(\boldsymbol{\alpha}+\boldsymbol{\beta})) = \boldsymbol{\psi}(\boldsymbol{\varphi}(\boldsymbol{\alpha})+\boldsymbol{\varphi}(\boldsymbol{\beta})) \\
&= \boldsymbol{\psi}(\boldsymbol{\varphi}(\boldsymbol{\alpha})) + \boldsymbol{\psi}(\boldsymbol{\varphi}(\boldsymbol{\beta})) \\
&= \boldsymbol{\xi}(\boldsymbol{\alpha}) + \boldsymbol{\xi}(\boldsymbol{\beta}), \\
\boldsymbol{\xi}(k\boldsymbol{\alpha}) &= \boldsymbol{\psi}(\boldsymbol{\varphi}(k\boldsymbol{\alpha})) = \boldsymbol{\psi}(k\boldsymbol{\varphi}(\boldsymbol{\alpha})) \\
&= k\boldsymbol{\psi}(\boldsymbol{\varphi}(\boldsymbol{\alpha})) = k\boldsymbol{\xi}(\boldsymbol{\alpha}).
\end{aligned}$$

这就是说 $\boldsymbol{\xi}$ 是 $V \to W$ 上的同构.

(4) 设 V 与 U 是 $\mathbb{K}$ 上的两个线性空间, $V \cong U$. 设 $\dim V = n$, $\{\boldsymbol{e}_1, \boldsymbol{e}_2, \cdots, \boldsymbol{e}_n\}$ 是 V 的一组基, 则 $\{\boldsymbol{\varphi}(\boldsymbol{e}_1), \boldsymbol{\varphi}(\boldsymbol{e}_2), \cdots, \boldsymbol{\varphi}(\boldsymbol{e}_n)\}$ 是 U 的一组线性无关的向量. 又若 $\boldsymbol{x} \in U$, 则由于 $\boldsymbol{\varphi}$ 是一一对应, 因此存在 $\boldsymbol{\alpha} \in V$, 使 $\boldsymbol{x} = \boldsymbol{\varphi}(\boldsymbol{\alpha})$. 设

$$\boldsymbol{\alpha} = k_1\boldsymbol{e}_1 + k_2\boldsymbol{e}_2 + \cdots + k_n\boldsymbol{e}_n,$$

则

$$\boldsymbol{x} = \boldsymbol{\varphi}(\boldsymbol{\alpha}) = k_1\boldsymbol{\varphi}(\boldsymbol{e}_1) + k_2\boldsymbol{\varphi}(\boldsymbol{e}_2) + \cdots + k_n\boldsymbol{\varphi}(\boldsymbol{e}_n).$$

即 U 中任一向量可表示为 $\boldsymbol{\varphi}(\boldsymbol{e}_1), \boldsymbol{\varphi}(\boldsymbol{e}_2), \cdots, \boldsymbol{\varphi}(\boldsymbol{e}_n)$ 的线性组合, 故 $\{\boldsymbol{\varphi}(\boldsymbol{e}_1), \boldsymbol{\varphi}(\boldsymbol{e}_2), \cdots, \boldsymbol{\varphi}(\boldsymbol{e}_n)\}$ 是 U 的一组基. 因此 $\dim U = n = \dim V$.

反之, 若 $\dim U = \dim V = n$, 则 U 与 V 皆同构于 n 维行向量空间 $\mathbb{K}^n$, 由 (3) 可知 V 和 U 同构. □

由同构的定义我们可以看出, 两个同构的线性空间不仅元素之间有一个一一对应关系, 而且这个对应保持了线性关系. 因此, 在一个线性空间中由线性关系获得的性质在与之同构的线性空间中也成立. 又由上述定理知道, 数域 $\mathbb{K}$ 上的任一 n 维线性空间同构于 $\mathbb{K}^n$. $\mathbb{K}^n$ 是 $\mathbb{K}$ 上的行向量空间, 它比较具体, 容易捉摸, 它是一般 n 维线性空间的 "模型". 我们常常通过对 $\mathbb{K}^n$ 的研究来探讨一般 n 维线性空间的性质. 显然, 上述讨论也适用于 n 维列向量空间, 即 $\mathbb{K}_n$ 也是一个合适的模型. 我们可视讨论的方便采用合适的模型. 在本书中, 我们将比较多地采用列向量空间

$\mathbb{K}_n$. 如果 $\boldsymbol{\alpha} = a_1\boldsymbol{e}_1 + a_2\boldsymbol{e}_2 + \cdots + a_n\boldsymbol{e}_n$, 我们称列向量

$$\begin{pmatrix} a_1 \\ a_2 \\ \vdots \\ a_n \end{pmatrix}$$

为向量 $\boldsymbol{\alpha}$ 在基 $\{\boldsymbol{e}_1, \boldsymbol{e}_2, \cdots, \boldsymbol{e}_n\}$ 下的坐标向量.

既然同构保持了向量的线性关系, 那么向量组的秩在同构关系下也应该保持, 即我们有下面的推论.

推论 3.7.1 设 $\{\boldsymbol{e}_1, \boldsymbol{e}_2, \cdots, \boldsymbol{e}_n\}$ 是线性空间 V 的基, $\boldsymbol{\alpha}_1, \boldsymbol{\alpha}_2, \cdots, \boldsymbol{\alpha}_m$ 是 V 中的向量. 它们在这组基下的坐标向量依次为 $\widetilde{\boldsymbol{\alpha}}_1, \widetilde{\boldsymbol{\alpha}}_2, \cdots, \widetilde{\boldsymbol{\alpha}}_m$, 则向量组 $\widetilde{\boldsymbol{\alpha}}_1, \widetilde{\boldsymbol{\alpha}}_2, \cdots, \widetilde{\boldsymbol{\alpha}}_m$ 和向量组 $\boldsymbol{\alpha}_1, \boldsymbol{\alpha}_2, \cdots, \boldsymbol{\alpha}_m$ 有相同的秩.

证明　同构映射将 $\{\boldsymbol{\alpha}_1, \boldsymbol{\alpha}_2, \cdots, \boldsymbol{\alpha}_m\}$ 的极大无关组映为 $\{\widetilde{\boldsymbol{\alpha}}_1, \widetilde{\boldsymbol{\alpha}}_2, \cdots, \widetilde{\boldsymbol{\alpha}}_m\}$ 的极大无关组, 所以这两组向量的秩相同. □

这个推论可以将一般的线性空间中向量组的求秩问题归结为行向量组或列向量组的求秩问题, 我们已经知道后者可以用矩阵来处理. 特别, 判断向量组是否线性相关也可以这样做.

例 3.7.1 设 $\{\boldsymbol{e}_1, \boldsymbol{e}_2, \boldsymbol{e}_3\}$ 是线性空间 V 的基, 又

$$\begin{cases} \boldsymbol{\alpha}_1 = \boldsymbol{e}_1 + 2\boldsymbol{e}_2 + 3\boldsymbol{e}_3, \\ \boldsymbol{\alpha}_2 = 2\boldsymbol{e}_1 - \boldsymbol{e}_2 - 3\boldsymbol{e}_3, \\ \boldsymbol{\alpha}_3 = \boldsymbol{e}_1 - 3\boldsymbol{e}_2 - 6\boldsymbol{e}_3, \end{cases}$$

求向量组 $\{\boldsymbol{\alpha}_1, \boldsymbol{\alpha}_2, \boldsymbol{\alpha}_3\}$ 的秩并判断它们是否线性相关.

解　因为矩阵

$$\begin{pmatrix} 1 & 2 & 3 \\ 2 & -1 & -3 \\ 1 & -3 & -6 \end{pmatrix}$$

的秩等于 2, 所以向量组 $\{\boldsymbol{\alpha}_1, \boldsymbol{\alpha}_2, \boldsymbol{\alpha}_3\}$ 的秩等于 2. 这 3 个向量线性相关.

习 题 3.7

1. 求向量 $\boldsymbol{\alpha}=(a_1,a_2,\cdots,a_n)$ 在基

$$\{\boldsymbol{\beta}_1=(1,1,\cdots,1,1),\boldsymbol{\beta}_2=(1,1,\cdots,1,0),\cdots,\boldsymbol{\beta}_n=(1,0,\cdots,0,0)\}$$

下的坐标.

2. 设 $\{\boldsymbol{e}_1,\boldsymbol{e}_2,\cdots,\boldsymbol{e}_n\}$ 是线性空间 V 的一组基, 问: $\{\boldsymbol{e}_1,\boldsymbol{e}_1+\boldsymbol{e}_2,\cdots,\boldsymbol{e}_1+\boldsymbol{e}_2+\cdots+\boldsymbol{e}_n\}$ 是否也是 V 的基?

3. 已知向量组 $\{\boldsymbol{\alpha}_1,\boldsymbol{\alpha}_2,\cdots,\boldsymbol{\alpha}_s\}\,(s>1)$ 是线性空间 V 的一组基, 设 $\boldsymbol{\beta}_1=\boldsymbol{\alpha}_1+\boldsymbol{\alpha}_2$, $\boldsymbol{\beta}_2=\boldsymbol{\alpha}_2+\boldsymbol{\alpha}_3$, $\cdots$, $\boldsymbol{\beta}_s=\boldsymbol{\alpha}_s+\boldsymbol{\alpha}_1$. 讨论向量 $\boldsymbol{\beta}_1,\boldsymbol{\beta}_2,\cdots,\boldsymbol{\beta}_s$ 的线性相关性.

4. 设 $\{\boldsymbol{e}_1,\boldsymbol{e}_2,\boldsymbol{e}_3,\boldsymbol{e}_4\}$ 是线性空间 V 的一组基, 已知

$$\begin{cases}\boldsymbol{\alpha}_1=\boldsymbol{e}_1+\boldsymbol{e}_2+\boldsymbol{e}_3+3\boldsymbol{e}_4,\\ \boldsymbol{\alpha}_2=-\boldsymbol{e}_1-3\boldsymbol{e}_2+5\boldsymbol{e}_3+\boldsymbol{e}_4,\\ \boldsymbol{\alpha}_3=3\boldsymbol{e}_1+2\boldsymbol{e}_2-\boldsymbol{e}_3+4\boldsymbol{e}_4,\\ \boldsymbol{\alpha}_4=-2\boldsymbol{e}_1-6\boldsymbol{e}_2+10\boldsymbol{e}_3+2\boldsymbol{e}_4,\end{cases}$$

求 $\boldsymbol{\alpha}_1,\boldsymbol{\alpha}_2,\boldsymbol{\alpha}_3,\boldsymbol{\alpha}_4$ 的一个极大无关组.

5. 设 $a_i\,(i=1,2,\cdots,n)$ 是 n 个不同的数, $\{\boldsymbol{e}_1,\boldsymbol{e}_2,\cdots,\boldsymbol{e}_n\}$ 是线性空间 V 的一组基, 已知

$$\begin{cases}\boldsymbol{\alpha}_1=\boldsymbol{e}_1+a_1\boldsymbol{e}_2+\cdots+a_1^{n-1}\boldsymbol{e}_n,\\ \boldsymbol{\alpha}_2=\boldsymbol{e}_1+a_2\boldsymbol{e}_2+\cdots+a_2^{n-1}\boldsymbol{e}_n,\\ \qquad\cdots\cdots\cdots\cdots\\ \boldsymbol{\alpha}_n=\boldsymbol{e}_1+a_n\boldsymbol{e}_2+\cdots+a_n^{n-1}\boldsymbol{e}_n,\end{cases}$$

求证: $\{\boldsymbol{\alpha}_1,\boldsymbol{\alpha}_2,\cdots,\boldsymbol{\alpha}_n\}$ 也是 V 的一组基.

§ 3.8 基变换与过渡矩阵

我们在上一节中引进了基与坐标的概念. 我们将在这一节中考虑这样一个问题: 如果线性空间的基发生了变动, 同一个向量的坐标将发生怎样的变化?

定义 3.8.1 设 $\{\boldsymbol{e}_1,\boldsymbol{e}_2,\cdots,\boldsymbol{e}_n\}$ 是数域 $\mathbb{K}$ 上线性空间 V 的一组基, $\{\boldsymbol{f}_1, \boldsymbol{f}_2, \cdots, \boldsymbol{f}_n\}$ 是另一组基, 则 $\boldsymbol{f}_1,\boldsymbol{f}_2,\cdots,\boldsymbol{f}_n$ 可用 $\boldsymbol{e}_1,\boldsymbol{e}_2,\cdots,\boldsymbol{e}_n$ 的下列线性组合表示:

$$\begin{cases}\boldsymbol{f}_1 = a_{11}\boldsymbol{e}_1 + a_{12}\boldsymbol{e}_2 + \cdots + a_{1n}\boldsymbol{e}_n,\\ \boldsymbol{f}_2 = a_{21}\boldsymbol{e}_1 + a_{22}\boldsymbol{e}_2 + \cdots + a_{2n}\boldsymbol{e}_n,\\ \qquad\qquad\cdots\cdots\cdots\cdots\\ \boldsymbol{f}_n = a_{n1}\boldsymbol{e}_1 + a_{n2}\boldsymbol{e}_2 + \cdots + a_{nn}\boldsymbol{e}_n.\end{cases} \tag{3.8.1}$$

上述表示式中 $\boldsymbol{e}_i$ 的系数组成了一个元素在 $\mathbb{K}$ 上的 n 阶矩阵, 这个矩阵的转置

$$\boldsymbol{A} = \begin{pmatrix} a_{11} & a_{21} & \cdots & a_{n1}\\ a_{12} & a_{22} & \cdots & a_{n2}\\ \vdots & \vdots & & \vdots\\ a_{1n} & a_{2n} & \cdots & a_{nn}\end{pmatrix}$$

称为从基 $\{\boldsymbol{e}_1,\boldsymbol{e}_2,\cdots,\boldsymbol{e}_n\}$ 到基 $\{\boldsymbol{f}_1,\boldsymbol{f}_2,\cdots,\boldsymbol{f}_n\}$ 的过渡矩阵.

现设

$$\boldsymbol{\alpha} = \lambda_1\boldsymbol{e}_1 + \lambda_2\boldsymbol{e}_2 + \cdots + \lambda_n\boldsymbol{e}_n = \mu_1\boldsymbol{f}_1 + \mu_2\boldsymbol{f}_2 + \cdots + \mu_n\boldsymbol{f}_n,$$

将 (3.8.1) 式代入得

$$\begin{aligned}\boldsymbol{\alpha} &= \mu_1\Big(\sum_{j=1}^n a_{1j}\boldsymbol{e}_j\Big) + \mu_2\Big(\sum_{j=1}^n a_{2j}\boldsymbol{e}_j\Big) + \cdots + \mu_n\Big(\sum_{j=1}^n a_{nj}\boldsymbol{e}_j\Big)\\ &= \Big(\sum_{i=1}^n \mu_i a_{i1}\Big)\boldsymbol{e}_1 + \Big(\sum_{i=1}^n \mu_i a_{i2}\Big)\boldsymbol{e}_2 + \cdots + \Big(\sum_{i=1}^n \mu_i a_{in}\Big)\boldsymbol{e}_n.\end{aligned}$$

由于 $\boldsymbol{\alpha} = \lambda_1\boldsymbol{e}_1 + \lambda_2\boldsymbol{e}_2 + \cdots + \lambda_n\boldsymbol{e}_n$, 故

$$\lambda_j = \mu_1 a_{1j} + \mu_2 a_{2j} + \cdots + \mu_n a_{nj}\,(j = 1, 2, \cdots, n). \tag{3.8.2}$$

上式可用矩阵来表示:

$$\begin{pmatrix}\lambda_1\\ \lambda_2\\ \vdots\\ \lambda_n\end{pmatrix} = \begin{pmatrix} a_{11} & a_{21} & \cdots & a_{n1}\\ a_{12} & a_{22} & \cdots & a_{n2}\\ \vdots & \vdots & & \vdots\\ a_{1n} & a_{2n} & \cdots & a_{nn}\end{pmatrix}\begin{pmatrix}\mu_1\\ \mu_2\\ \vdots\\ \mu_n\end{pmatrix}. \tag{3.8.3}$$

上式表明了同一个向量在不同基下的坐标向量之间的关系.

反之, 若 V 中向量 $\boldsymbol{\alpha}$ 在基 $\{\boldsymbol{e}_1,\boldsymbol{e}_2,\cdots,\boldsymbol{e}_n\}$ 下的坐标向量 $(\lambda_1,\lambda_2,\cdots,\lambda_n)'$ 和在基 $\{\boldsymbol{f}_1,\boldsymbol{f}_2,\cdots,\boldsymbol{f}_n\}$ 下的坐标向量 $(\mu_1,\mu_2,\cdots,\mu_n)'$ 适合如 (3.8.3) 式的关系, 注意到 $\boldsymbol{f}_1$ 在 $\{\boldsymbol{f}_1,\boldsymbol{f}_2,\cdots,\boldsymbol{f}_n\}$ 下的坐标向量为 $(1,0,\cdots,0)'$, 由 (3.8.3) 式可知它在 $\{\boldsymbol{e}_1,\boldsymbol{e}_2,\cdots,\boldsymbol{e}_n\}$ 下的坐标向量为 $(a_{11},a_{12},\cdots,a_{1n})'$, 这即是说

$$\boldsymbol{f}_1=a_{11}\boldsymbol{e}_1+a_{12}\boldsymbol{e}_2+\cdots+a_{1n}\boldsymbol{e}_n.$$

同理, 对 $\boldsymbol{f}_i$ 有

$$\boldsymbol{f}_i=a_{i1}\boldsymbol{e}_1+a_{i2}\boldsymbol{e}_2+\cdots+a_{in}\boldsymbol{e}_n.$$

因此, 矩阵 $\boldsymbol{A}$ 就是从基 $\{\boldsymbol{e}_1,\boldsymbol{e}_2,\cdots,\boldsymbol{e}_n\}$ 到基 $\{\boldsymbol{f}_1,\boldsymbol{f}_2,\cdots,\boldsymbol{f}_n\}$ 的过渡矩阵.

我们已经知道如果 (3.8.1) 式中的系数矩阵 (或等价于它的转置即过渡矩阵 $\boldsymbol{A}$) 可逆, 那么向量组 $\{\boldsymbol{f}_1,\boldsymbol{f}_2,\cdots,\boldsymbol{f}_n\}$ 必线性无关, 从而是线性空间 V 的一组基. 那么反过来, 过渡矩阵它是否一定可逆? 另外一个问题是: 如果已知从基 $\{\boldsymbol{e}_1,\boldsymbol{e}_2,\cdots,\boldsymbol{e}_n\}$ 到基 $\{\boldsymbol{f}_1,\boldsymbol{f}_2,\cdots,\boldsymbol{f}_n\}$ 的过渡矩阵为 $\boldsymbol{A}$, 则从 $\{\boldsymbol{f}_1,\boldsymbol{f}_2,\cdots,\boldsymbol{f}_n\}$ 到 $\{\boldsymbol{e}_1,\boldsymbol{e}_2,\cdots,\boldsymbol{e}_n\}$ 的过渡矩阵是什么? 我们有理由猜想: 过渡矩阵必是可逆阵, 且从 $\{\boldsymbol{f}_1,\boldsymbol{f}_2,\cdots,\boldsymbol{f}_n\}$ 到 $\{\boldsymbol{e}_1,\boldsymbol{e}_2,\cdots,\boldsymbol{e}_n\}$ 的过渡矩阵就是 $\boldsymbol{A}^{-1}$. 现设

$$\begin{cases}\boldsymbol{e}_1=b_{11}\boldsymbol{f}_1+b_{12}\boldsymbol{f}_2+\cdots+b_{1n}\boldsymbol{f}_n,\\ \boldsymbol{e}_2=b_{21}\boldsymbol{f}_1+b_{22}\boldsymbol{f}_2+\cdots+b_{2n}\boldsymbol{f}_n,\\ \qquad\qquad\cdots\cdots\cdots\cdots\\ \boldsymbol{e}_n=b_{n1}\boldsymbol{f}_1+b_{n2}\boldsymbol{f}_2+\cdots+b_{nn}\boldsymbol{f}_n.\end{cases}\tag{3.8.4}$$

令

$$\boldsymbol{B}=\begin{pmatrix}b_{11}&b_{21}&\cdots&b_{n1}\\ b_{12}&b_{22}&\cdots&b_{n2}\\ \vdots&\vdots&&\vdots\\ b_{1n}&b_{2n}&\cdots&b_{nn}\end{pmatrix},$$

即矩阵 $\boldsymbol{B}$ 是从基 $\{\boldsymbol{f}_1,\boldsymbol{f}_2,\cdots,\boldsymbol{f}_n\}$ 到基 $\{\boldsymbol{e}_1,\boldsymbol{e}_2,\cdots,\boldsymbol{e}_n\}$ 的过渡矩阵.

定理 3.8.1 上述 n 阶方阵 $\boldsymbol{A},\boldsymbol{B}$ 互为逆阵, 即

$$\boldsymbol{B}=\boldsymbol{A}^{-1}.$$

证明 设

$$\boldsymbol{\alpha}=\lambda_1\boldsymbol{e}_1+\lambda_2\boldsymbol{e}_2+\cdots+\lambda_n\boldsymbol{e}_n=\mu_1\boldsymbol{f}_1+\mu_2\boldsymbol{f}_2+\cdots+\mu_n\boldsymbol{f}_n,$$

则

$$\begin{pmatrix}\lambda_1\\\lambda_2\\\vdots\\\lambda_n\end{pmatrix}=\begin{pmatrix}a_{11}&a_{21}&\cdots&a_{n1}\\a_{12}&a_{22}&\cdots&a_{n2}\\\vdots&\vdots&&\vdots\\a_{1n}&a_{2n}&\cdots&a_{nn}\end{pmatrix}\begin{pmatrix}\mu_1\\\mu_2\\\vdots\\\mu_n\end{pmatrix},$$

$$\begin{pmatrix}\mu_1\\\mu_2\\\vdots\\\mu_n\end{pmatrix}=\begin{pmatrix}b_{11}&b_{21}&\cdots&b_{n1}\\b_{12}&b_{22}&\cdots&b_{n2}\\\vdots&\vdots&&\vdots\\b_{1n}&b_{2n}&\cdots&b_{nn}\end{pmatrix}\begin{pmatrix}\lambda_1\\\lambda_2\\\vdots\\\lambda_n\end{pmatrix},$$

因此

$$\begin{pmatrix}\lambda_1\\\lambda_2\\\vdots\\\lambda_n\end{pmatrix}=\begin{pmatrix}a_{11}&a_{21}&\cdots&a_{n1}\\a_{12}&a_{22}&\cdots&a_{n2}\\\vdots&\vdots&&\vdots\\a_{1n}&a_{2n}&\cdots&a_{nn}\end{pmatrix}\begin{pmatrix}b_{11}&b_{21}&\cdots&b_{n1}\\b_{12}&b_{22}&\cdots&b_{n2}\\\vdots&\vdots&&\vdots\\b_{1n}&b_{2n}&\cdots&b_{nn}\end{pmatrix}\begin{pmatrix}\lambda_1\\\lambda_2\\\vdots\\\lambda_n\end{pmatrix}.$$

但 λ_i 可取 $\mathbb{K}$ 中任意数, 因此

$$\boldsymbol{AB}=\boldsymbol{I}_n.\ \square$$

接下去一个问题是: 我们假设从基 $\{\boldsymbol{e}_1,\boldsymbol{e}_2,\cdots,\boldsymbol{e}_n\}$ 到基 $\{\boldsymbol{f}_1,\boldsymbol{f}_2,\cdots,\boldsymbol{f}_n\}$ 的过渡矩阵为 $\boldsymbol{A}$, 从基 $\{\boldsymbol{f}_1,\boldsymbol{f}_2,\cdots,\boldsymbol{f}_n\}$ 到基 $\{\boldsymbol{g}_1,\boldsymbol{g}_2,\cdots,\boldsymbol{g}_n\}$ 的过渡矩阵为 $\boldsymbol{B}$, 那么从 $\{\boldsymbol{e}_1,\boldsymbol{e}_2,\cdots,\boldsymbol{e}_n\}$ 到 $\{\boldsymbol{g}_1,\boldsymbol{g}_2,\cdots,\boldsymbol{g}_n\}$ 的过渡矩阵是什么?

假设

$$\begin{aligned}\boldsymbol{\alpha}&=\lambda_1\boldsymbol{e}_1+\lambda_2\boldsymbol{e}_2+\cdots+\lambda_n\boldsymbol{e}_n\\&=\mu_1\boldsymbol{f}_1+\mu_2\boldsymbol{f}_2+\cdots+\mu_n\boldsymbol{f}_n\\&=\xi_1\boldsymbol{g}_1+\xi_2\boldsymbol{g}_2+\cdots+\xi_n\boldsymbol{g}_n,\end{aligned}$$

则

$$\begin{pmatrix}\lambda_1\\\lambda_2\\\vdots\\\lambda_n\end{pmatrix}=\boldsymbol{A}\begin{pmatrix}\mu_1\\\mu_2\\\vdots\\\mu_n\end{pmatrix},\quad\begin{pmatrix}\mu_1\\\mu_2\\\vdots\\\mu_n\end{pmatrix}=\boldsymbol{B}\begin{pmatrix}\xi_1\\\xi_2\\\vdots\\\xi_n\end{pmatrix},$$

于是

$$\begin{pmatrix}\lambda_1\\\lambda_2\\\vdots\\\lambda_n\end{pmatrix}=\boldsymbol{AB}\begin{pmatrix}\xi_1\\\xi_2\\\vdots\\\xi_n\end{pmatrix}.$$

这就是说 $\boldsymbol{AB}$ 是从基 $\{\boldsymbol{e}_1,\boldsymbol{e}_2,\cdots,\boldsymbol{e}_n\}$ 到基 $\{\boldsymbol{g}_1,\boldsymbol{g}_2,\cdots,\boldsymbol{g}_n\}$ 的过渡矩阵.

例 3.8.1 设在 $\mathbb{K}^3$ 中有两组基 $\boldsymbol{f}_1=(1,0,-1),\boldsymbol{f}_2=(2,1,1),\boldsymbol{f}_3=(1,1,1)$ 和 $\boldsymbol{g}_1=(0,1,1),\boldsymbol{g}_2=(-1,1,0),\boldsymbol{g}_3=(1,2,1)$. 求从 $\{\boldsymbol{f}_1,\boldsymbol{f}_2,\boldsymbol{f}_3\}$ 到 $\{\boldsymbol{g}_1,\boldsymbol{g}_2,\boldsymbol{g}_3\}$ 的过渡矩阵.

解 这道题如果直接做, 将面临解一个九元一次方程组, 非常麻烦. 我们利用上面的结论可以很快得到所要求的结果.

设 $\boldsymbol{e}_1=(1,0,0),\boldsymbol{e}_2=(0,1,0),\boldsymbol{e}_3=(0,0,1)$, 则从 $\{\boldsymbol{e}_1,\boldsymbol{e}_2,\boldsymbol{e}_3\}$ 到 $\{\boldsymbol{f}_1,\boldsymbol{f}_2,\boldsymbol{f}_3\}$ 的过渡矩阵为

$$\boldsymbol{A}=\begin{pmatrix}1&2&1\\0&1&1\\-1&1&1\end{pmatrix},$$

从 $\{\boldsymbol{e}_1,\boldsymbol{e}_2,\boldsymbol{e}_3\}$ 到 $\{\boldsymbol{g}_1,\boldsymbol{g}_2,\boldsymbol{g}_3\}$ 的过渡矩阵为

$$\boldsymbol{B}=\begin{pmatrix}0&-1&1\\1&1&2\\1&0&1\end{pmatrix},$$

则从 $\{\boldsymbol{f}_1,\boldsymbol{f}_2,\boldsymbol{f}_3\}$ 到 $\{\boldsymbol{g}_1,\boldsymbol{g}_2,\boldsymbol{g}_3\}$ 的过渡矩阵为 $\boldsymbol{A}^{-1}\boldsymbol{B}$. 用第二章例 2.5.4 的方法求矩阵 $\boldsymbol{A}^{-1}\boldsymbol{B}$:

$$(\boldsymbol{A}\,\vdots\,\boldsymbol{B})=\left(\begin{array}{ccc:ccc}1&2&1&0&-1&1\\0&1&1&1&1&2\\-1&1&1&1&0&1\end{array}\right)\to\left(\begin{array}{ccc:ccc}1&2&1&0&-1&1\\0&1&1&1&1&2\\0&3&2&1&-1&2\end{array}\right)\to$$

$$\left(\begin{array}{ccc|ccc} 1 & 0 & -1 & -2 & -3 & -3 \\ 0 & 1 & 1 & 1 & 1 & 2 \\ 0 & 0 & -1 & -2 & -4 & -4 \end{array}\right) \to \left(\begin{array}{ccc|ccc} 1 & 0 & 0 & 0 & 1 & 1 \\ 0 & 1 & 0 & -1 & -3 & -2 \\ 0 & 0 & -1 & -2 & -4 & -4 \end{array}\right) \to$$

$$\left(\begin{array}{ccc|ccc} 1 & 0 & 0 & 0 & 1 & 1 \\ 0 & 1 & 0 & -1 & -3 & -2 \\ 0 & 0 & 1 & 2 & 4 & 4 \end{array}\right).$$

因此从基 $\{\boldsymbol{f}_1, \boldsymbol{f}_2, \boldsymbol{f}_3\}$ 到基 $\{\boldsymbol{g}_1, \boldsymbol{g}_2, \boldsymbol{g}_3\}$ 的过渡矩阵为

$$\boldsymbol{P} = \begin{pmatrix} 0 & 1 & 1 \\ -1 & -3 & -2 \\ 2 & 4 & 4 \end{pmatrix}.$$

注 我们在 (3.8.3) 式中采用的坐标向量是列向量. 如果采用行向量, 也可有类似的坐标变换公式, 但在形式上略有不同. 我们把结论列出如下, 而把证明留给读者. 这时 (3.8.2) 式的矩阵表示应改为

$$(\lambda_1, \lambda_2, \cdots, \lambda_n) = (\mu_1, \mu_2, \cdots, \mu_n) \begin{pmatrix} a_{11} & a_{12} & \cdots & a_{1n} \\ a_{21} & a_{22} & \cdots & a_{2n} \\ \vdots & \vdots & & \vdots \\ a_{n1} & a_{n2} & \cdots & a_{nn} \end{pmatrix}.$$

我们注意到上式正好是 (3.8.3) 式的转置.

习 题 3.8

1. 求向量 $\boldsymbol{\alpha}$ 在下列基下的坐标, $\{\boldsymbol{e}_1, \boldsymbol{e}_2, \boldsymbol{e}_3, \boldsymbol{e}_4\}$ 是 $\mathbb{K}^4$ 的基:

(1) $\boldsymbol{\alpha} = (1,2,1,3), \boldsymbol{e}_1 = (1,0,0,0), \boldsymbol{e}_2 = (1,0,1,0), \boldsymbol{e}_3 = (0,1,0,-1), \boldsymbol{e}_4 = (1,0,1,1)$;

(2) $\boldsymbol{\alpha} = (1,0,0,0), \boldsymbol{e}_1 = (1,1,0,1), \boldsymbol{e}_2 = (2,1,3,1), \boldsymbol{e}_3 = (1,1,0,0), \boldsymbol{e}_4 = (0,1,-2,-1)$.

2. 求从基 $\{\boldsymbol{e}_1, \boldsymbol{e}_2, \boldsymbol{e}_3, \boldsymbol{e}_4\}$ 到基 $\{\boldsymbol{f}_1, \boldsymbol{f}_2, \boldsymbol{f}_3, \boldsymbol{f}_4\}$ 的过渡矩阵:

(1) $\begin{cases} \boldsymbol{e}_1 = (1,0,0,0), \\ \boldsymbol{e}_2 = (0,1,0,0), \\ \boldsymbol{e}_3 = (0,0,1,0), \\ \boldsymbol{e}_4 = (0,0,0,1); \end{cases}$ $\begin{cases} \boldsymbol{f}_1 = (1,0,0,1), \\ \boldsymbol{f}_2 = (0,0,1,-1), \\ \boldsymbol{f}_3 = (2,1,0,3), \\ \boldsymbol{f}_4 = (-1,0,1,2); \end{cases}$

(2) $\begin{cases} \boldsymbol{e}_1 = (1,1,0,1), \\ \boldsymbol{e}_2 = (2,1,2,0), \\ \boldsymbol{e}_3 = (1,1,0,0), \\ \boldsymbol{e}_4 = (0,1,-1,-1); \end{cases}$ $\begin{cases} \boldsymbol{f}_1 = (1,0,0,1), \\ \boldsymbol{f}_2 = (0,0,1,-1), \\ \boldsymbol{f}_3 = (2,1,0,3), \\ \boldsymbol{f}_4 = (-1,0,1,2). \end{cases}$

3. 求向量 $\boldsymbol{\alpha}$ 在第 2 题中两组基下的坐标:

(1) $\boldsymbol{\alpha} = (1,0,0,1)$; (2) $\boldsymbol{\alpha} = (3,-1,0,2)$.

4. 设 a 为常数, 求向量 $\boldsymbol{\alpha} = (a_1, a_2, \cdots, a_n)$ 在基

$$\{\boldsymbol{f}_1 = (a^{n-1}, a^{n-2}, \cdots, a, 1), \boldsymbol{f}_2 = (a^{n-2}, a^{n-3}, \cdots, 1, 0), \cdots, \boldsymbol{f}_n = (1, 0, \cdots, 0, 0)\}$$

下的坐标.

5. 设 V 是由次数不超过 n 的实多项式全体组成的线性空间, 求从基 $\{1, x, x^2, \cdots, x^n\}$ 到基 $\{1, x-a, (x-a)^2, \cdots, (x-a)^n\}$ 的过渡矩阵, 并以此证明多项式的 Taylor (泰勒) 公式:

$$f(x) = f(a) + \frac{f'(a)}{1!}(x-a) + \frac{f''(a)}{2!}(x-a)^2 + \cdots + \frac{f^{(n)}(a)}{n!}(x-a)^n,$$

其中 $f^{(n)}(x)$ 表示 $f(x)$ 的 n 次导数.

§ 3.9 子 空 间

在空间解析几何中, 读者已经知道, 通常的三维空间中任一经过原点的平面有这样的性质: 任意以原点为始点、终点在该平面内的向量之和仍在该平面内; 平面内任一向量的数乘也仍在该平面内, 即这个平面关于向量的线性组合封闭. 这样的平面称为三维空间的子空间. 我们把这一概念推广到一般的线性空间.

定义 3.9.1 设 V 是数域 $\mathbb{K}$ 上的线性空间, V_0 是 V 的非空子集, 且对 V_0 中的任意两个向量 $\boldsymbol{\alpha}, \boldsymbol{\beta}$ 及 $\mathbb{K}$ 中任一数 k, 总有 $\boldsymbol{\alpha} + \boldsymbol{\beta} \in V_0$ 及 $k\boldsymbol{\alpha} \in V_0$, 则称 V_0 是 V 的线性子空间, 简称子空间.

命题 3.9.1 定义 3.9.1 中的 V_0 在 V 的加法及数乘下是数域 $\mathbb{K}$ 上的线性空间.

证明 我们要证明 V_0 适合定义 3.3.1 中的 8 条规则. 因为 V_0 是 V 的子集, 因此 V_0 中向量的加法适合定义规则 (1), (2). 由于 V_0 非空, $\mathbf{0} = \boldsymbol{\alpha} + (-1)\boldsymbol{\alpha}$, 因此规则 (3) 成立. 又 $-\boldsymbol{\alpha} = (-1)\boldsymbol{\alpha}$, 因此规则 (4) 也成立. 规则 (5) ~ (8) 显然对 V_0 成立, 因此 V_0 是 $\mathbb{K}$ 上的线性空间. □

由上述命题, 我们称定义 3.9.1 中的 V_0 为线性子空间是合理的. 由定义不难证明, 对 V_0 中任意有限个向量 $\boldsymbol{\alpha}_1, \boldsymbol{\alpha}_2, \cdots, \boldsymbol{\alpha}_m$, 它们任意的线性组合

$$\lambda_1\boldsymbol{\alpha}_1 + \lambda_2\boldsymbol{\alpha}_2 + \cdots + \lambda_m\boldsymbol{\alpha}_m$$

仍属于 V_0.

任一线性空间 V 至少有两个子空间, 一是由零向量 $\{\mathbf{0}\}$ 组成的子空间, 称为零子空间 (维数规定为 0); 另一个是 V 自身. 这两个子空间通常称为平凡子空间.

如果 V 是 n 维线性空间, 则由推论 3.5.1 知道, V 的任一子空间的维数不超过 n. 若 V_0 是 V 的非平凡子空间, 则

$$0 < \dim V_0 < \dim V = n.$$

事实上, 若 $\dim V_0 = n$, 则 V_0 有一组由 n 个向量组成的基. 但任意 n 个线性无关的向量均可组成 V 的一组基, 因此这时 $V_0 = V$, 与 V_0 是非平凡子空间矛盾.

在通常的三维空间中, 通过原点的平面是二维子空间, 过原点的直线是一维子空间. 反之, 二维子空间必是过原点的平面, 一维子空间必是过原点的直线.

定义 3.9.2 若 V_1, V_2 是 V 的子空间, 定义它们的交为既在 V_1 中又在 V_2 中的全体向量组成的集合 $V_1 \cap V_2$. 定义它们的和为

$$V_1 + V_2 = \{\boldsymbol{\alpha} + \boldsymbol{\beta} \mid \boldsymbol{\alpha} \in V_1, \boldsymbol{\beta} \in V_2\},$$

即所有形如 $\boldsymbol{\alpha} + \boldsymbol{\beta}$ 的向量的集合, 其中要求 $\boldsymbol{\alpha} \in V_1, \boldsymbol{\beta} \in V_2$.

命题 3.9.2 $V_1 \cap V_2, V_1 + V_2$ 都是 V 的子空间.

证明 按定义 3.9.1 直接验证即可. □

类似地, 可以定义 m 个子空间的交

$$V_1 \cap V_2 \cap \cdots \cap V_m$$

为属于所有 $V_i\,(i = 1, 2, \cdots, m)$ 的向量全体组成的子集, 它也是 V 的子空间. 定义 m 个子空间的和为

$$V_1 + V_2 + \cdots + V_m = \{\boldsymbol{\alpha}_1 + \boldsymbol{\alpha}_2 + \cdots + \boldsymbol{\alpha}_m \mid \boldsymbol{\alpha}_i \in V_i,\ i = 1, 2, \cdots, m\},$$

$V_1 + V_2 + \cdots + V_m$ 也是 V 的子空间.

例 3.9.1 在三维行向量空间 $\mathbb{K}^3$ 中, 定义 $V_1=\{(a,0,0)\,|\,a\in\mathbb{K}\}$, $V_2=\{(0,b,0)\,|\,b\in\mathbb{K}\}$, $V_3=\{(0,0,c)\,|\,c\in\mathbb{K}\}$, $V_4=\{(a,b,0)\,|\,a,b\in\mathbb{K}\}$, $V_5=\{(0,b,c)\,|\,b,c\in\mathbb{K}\}$, 则 $V_4=V_1+V_2$, $V_5=V_2+V_3$, $V_2=V_4\cap V_5$, $\mathbb{K}^3=V_3+V_4=V_1+V_5=V_4+V_5=V_1+V_2+V_3$.

定义 3.9.3 设 S 是线性空间 V 的子集, 记 $L(S)$ 为 S 中向量所有可能的线性组合构成的子集, 则由定义 3.9.1 不难看出, $L(S)$ 是 V 的一个子空间, 称为由 S 生成的子空间, 或由 S 张成的子空间.

定理 3.9.1 设 S 是线性空间 V 的子集, $L(S)$ 为由 S 张成的子空间.

(1) $S\subseteq L(S)$ 且若 V_0 是包含集合 S 的子空间, 则 $L(S)\subseteq V_0$, 也即 $L(S)$ 是包含 S 的 V 的最小子空间;

(2) $L(S)$ 的维数等于 S 中极大无关组所含向量的个数, 且若 $\boldsymbol{\alpha}_1,\boldsymbol{\alpha}_2,\cdots,\boldsymbol{\alpha}_m$ 是 S 的极大无关组, 则

$$L(S)=L(\boldsymbol{\alpha}_1,\boldsymbol{\alpha}_2,\cdots,\boldsymbol{\alpha}_m).$$

证明 (1) 显然 $S\subseteq L(S)$. 设 $\boldsymbol{\beta}\in L(S)$, 则 $\boldsymbol{\beta}$ 是 S 中若干个向量 $\boldsymbol{\alpha}_1,\boldsymbol{\alpha}_2,\cdots,\boldsymbol{\alpha}_r$ 的线性组合:

$$\boldsymbol{\beta}=\lambda_1\boldsymbol{\alpha}_1+\lambda_2\boldsymbol{\alpha}_2+\cdots+\lambda_r\boldsymbol{\alpha}_r.$$

因为 $S\subseteq V_0$, 由子空间的定义可知 $\boldsymbol{\beta}\in V_0$, 所以 $L(S)\subseteq V_0$.

(2) 设 $\boldsymbol{\alpha}_1,\boldsymbol{\alpha}_2,\cdots,\boldsymbol{\alpha}_m$ 是 S 的极大无关组, 则 S 中任一向量都是 $\boldsymbol{\alpha}_1,\boldsymbol{\alpha}_2,\cdots,\boldsymbol{\alpha}_m$ 的线性组合, 即

$$S\subseteq L(\boldsymbol{\alpha}_1,\boldsymbol{\alpha}_2,\cdots,\boldsymbol{\alpha}_m).$$

因此

$$L(S)\subseteq L(\boldsymbol{\alpha}_1,\boldsymbol{\alpha}_2,\cdots,\boldsymbol{\alpha}_m).$$

另一方面, 显然有

$$L(\boldsymbol{\alpha}_1,\boldsymbol{\alpha}_2,\cdots,\boldsymbol{\alpha}_m)\subseteq L(S),$$

因此

$$L(S)=L(\boldsymbol{\alpha}_1,\boldsymbol{\alpha}_2,\cdots,\boldsymbol{\alpha}_m).$$

$L(S)$ 的维数等于 m. □

例 3.9.2 在三维实空间中, 由一个非零向量生成的子空间为这个向量所在的直线. 由不在同一条直线上的两个向量生成的子空间为这两个向量所在的平面. 由 3 个不在同一平面内的向量生成的子空间即为整个空间.

例 3.9.3 设 V_1, V_2 是线性空间 V 的子空间, 则 $L(V_1 \cup V_2) = V_1 + V_2$.

证明 由生成的定义, 对任意的 $\boldsymbol{\alpha}_1 \in V_1$, $\boldsymbol{\alpha}_2 \in V_2$, $\boldsymbol{\alpha}_1 + \boldsymbol{\alpha}_2 \in L(V_1 \cup V_2)$, 故 $V_1 + V_2 \subseteq L(V_1 \cup V_2)$. 另一方面, 因为 $V_1 \subseteq V_1 + V_2$, $V_2 \subseteq V_1 + V_2$, 由定理 3.9.1 (1), $L(V_1 \cup V_2) \subseteq V_1 + V_2$. 于是 $L(V_1 \cup V_2) = V_1 + V_2$. $\square$

注 一般地, 不难证明: 若 $V_1, V_2, \cdots, V_m$ 是 V 的子空间, 则

$$L(V_1 \cup V_2 \cup \cdots \cup V_m) = V_1 + V_2 + \cdots + V_m.$$

下面我们给出和空间与交空间之间的维数公式.

定理 3.9.2 设 V_1, V_2 是线性空间 V 的子空间, 则

$$\dim(V_1 + V_2) = \dim V_1 + \dim V_2 - \dim(V_1 \cap V_2). \tag{3.9.1}$$

证明 设 $\dim V_1 = n_1$, $\dim V_2 = n_2$, $\dim(V_1 \cap V_2) = m$. 取 $V_1 \cap V_2$ 的一组基 $\{\boldsymbol{\alpha}_1, \cdots, \boldsymbol{\alpha}_m\}$, 由于 $V_1 \cap V_2$ 是 V_1 的子空间, 故可添上 V_1 中的向量 $\boldsymbol{\alpha}_{m+1}, \cdots, \boldsymbol{\alpha}_{n_1}$, 使 $\{\boldsymbol{\alpha}_1, \cdots, \boldsymbol{\alpha}_m, \boldsymbol{\alpha}_{m+1}, \cdots, \boldsymbol{\alpha}_{n_1}\}$ 是 V_1 的一组基. 同样道理, 可添上 $\boldsymbol{\beta}_{m+1}, \cdots, \boldsymbol{\beta}_{n_2}$, 使 $\{\boldsymbol{\alpha}_1, \cdots, \boldsymbol{\alpha}_m, \boldsymbol{\beta}_{m+1}, \cdots, \boldsymbol{\beta}_{n_2}\}$ 成为 V_2 的一组基. 显然, $V_1 + V_2$ 中的向量均可由向量组

$$\boldsymbol{\alpha}_1, \cdots, \boldsymbol{\alpha}_m, \boldsymbol{\alpha}_{m+1}, \cdots, \boldsymbol{\alpha}_{n_1}, \boldsymbol{\beta}_{m+1}, \cdots, \boldsymbol{\beta}_{n_2} \tag{3.9.2}$$

的线性组合给出. 如能证明上式中的向量线性无关, 则它们构成 $V_1 + V_2$ 的一组基, 由此即可推出所要的结论. 现假设

$$\lambda_1\boldsymbol{\alpha}_1 + \cdots + \lambda_m\boldsymbol{\alpha}_m + \lambda_{m+1}\boldsymbol{\alpha}_{m+1} + \cdots + \lambda_{n_1}\boldsymbol{\alpha}_{n_1} + \mu_{m+1}\boldsymbol{\beta}_{m+1} + \cdots + \mu_{n_2}\boldsymbol{\beta}_{n_2} = \mathbf{0},$$

则

$$\lambda_1\boldsymbol{\alpha}_1 + \cdots + \lambda_m\boldsymbol{\alpha}_m + \lambda_{m+1}\boldsymbol{\alpha}_{m+1} + \cdots + \lambda_{n_1}\boldsymbol{\alpha}_{n_1} = -(\mu_{m+1}\boldsymbol{\beta}_{m+1} + \cdots + \mu_{n_2}\boldsymbol{\beta}_{n_2}).$$

上式左端属于 V_1, 右端属于 V_2, 故

$$\mu_{m+1}\boldsymbol{\beta}_{m+1} + \cdots + \mu_{n_2}\boldsymbol{\beta}_{n_2} \in V_1 \cap V_2,$$

即存在 $\xi_1, \cdots, \xi_m \in \mathbb{K}$, 使

$$\mu_{m+1}\boldsymbol{\beta}_{m+1} + \cdots + \mu_{n_2}\boldsymbol{\beta}_{n_2} = \xi_1\boldsymbol{\alpha}_1 + \cdots + \xi_m\boldsymbol{\alpha}_m.$$

但 $\boldsymbol{\alpha}_1,\cdots,\boldsymbol{\alpha}_m,\boldsymbol{\beta}_{m+1},\cdots,\boldsymbol{\beta}_{n_2}$ 是 V_2 的基, 因此 $\mu_{m+1}=\cdots=\mu_{n_2}=\xi_1=\cdots=\xi_m=0$. 再由 $\boldsymbol{\alpha}_1,\cdots,\boldsymbol{\alpha}_m,\boldsymbol{\alpha}_{m+1},\cdots,\boldsymbol{\alpha}_{n_1}$ 线性无关得 $\lambda_1=\cdots=\lambda_m=\lambda_{m+1}=\cdots=\lambda_{n_1}=0$. □

若 $V_1\cap V_2=0$, 则由维数公式马上得到 $\dim(V_1+V_2)=\dim V_1+\dim V_2$, 即和空间的维数等于维数的和. 我们可以自然地问: 若 $V_1,V_2,\cdots,V_m$ 是 V 的子空间, 当它们之间满足怎样的关系时, $\dim(V_1+V_2+\cdots+V_m)=\dim V_1+\dim V_2+\cdots+\dim V_m$ 才会成立呢? 为了回答这个问题, 我们需要先引入直和的概念, 它是子空间的一类特别重要的和.

定义 3.9.4 设 $V_1,V_2,\cdots,V_m$ 是线性空间 V 的子空间, 若对一切 $i(i=1,2,\cdots,m)$,

$$V_i\cap(V_1+\cdots+V_{i-1}+V_{i+1}+\cdots+V_m)=0,$$

则称和 $V_1+V_2+\cdots+V_m$ 为直接和, 简称直和, 记为

$$V_1\oplus V_2\oplus\cdots\oplus V_m.$$

例 3.9.4 同例 3.9.1 的假设, 则 $V_4=V_1\oplus V_2$, $V_5=V_2\oplus V_3$, $\mathbb{K}^3=V_3\oplus V_4=V_1\oplus V_5=V_1\oplus V_2\oplus V_3$ 都是直和, 但 $\mathbb{K}^3=V_4+V_5$ 不是直和.

定理 3.9.3 设 $V_1,V_2,\cdots,V_m$ 是线性空间 V 的子空间, $V_0=V_1+V_2+\cdots+V_m$, 则下列命题等价:

(1) $V_0=V_1\oplus V_2\oplus\cdots\oplus V_m$ 是直和;

(2) 对任意的 $2\le i\le m$,

$$V_i\cap(V_1+V_2+\cdots+V_{i-1})=0;$$

(3) $\dim(V_1+V_2+\cdots+V_m)=\dim V_1+\dim V_2+\cdots+\dim V_m$;

(4) $V_1,V_2,\cdots,V_m$ 的一组基可以拼成 V_0 的一组基;

(5) V_0 中的向量表示为 $V_1,V_2,\cdots,V_m$ 中的向量之和时其表示唯一, 即若 $\boldsymbol{\alpha}\in V_0$ 且

$$\boldsymbol{\alpha}=\boldsymbol{v}_1+\boldsymbol{v}_2+\cdots+\boldsymbol{v}_m=\boldsymbol{u}_1+\boldsymbol{u}_2+\cdots+\boldsymbol{u}_m,$$

其中 $\boldsymbol{v}_i,\boldsymbol{u}_i\in V_i$, 则 $\boldsymbol{u}_i=\boldsymbol{v}_i\,(i=1,2,\cdots,m)$.

证明 (1) $\Rightarrow$ (2): 显然.

(2) $\Rightarrow$ (3): 由维数公式可知, 对任意的 $2\le i\le m$,

$$\dim(V_1+V_2+\cdots+V_i)=\dim(V_1+V_2+\cdots+V_{i-1})+\dim V_i.$$

不断迭代下去即得

$$\dim(V_1+V_2+\cdots+V_m)=\dim V_1+\dim V_2+\cdots+\dim V_m.$$

(3) ⇒ (4): 依次取 $V_1, V_2, \cdots, V_m$ 的一组基为

$$\boldsymbol{e}_{11},\cdots,\boldsymbol{e}_{1n_1};\boldsymbol{e}_{21},\cdots,\boldsymbol{e}_{2n_2};\cdots;\boldsymbol{e}_{m1},\cdots,\boldsymbol{e}_{mn_m},\tag{3.9.3}$$

则 $\dim V_0=n_1+n_2+\cdots+n_m$ 且 V_0 中任一向量均可由 (3.9.3) 式中向量的线性组合来表示. 由定理 3.5.3 知 (3.9.3) 式中的向量构成了 V_0 的一组基, 即 $V_1, V_2, \cdots, V_m$ 的一组基可以拼成 V_0 的一组基.

接下去我们先证明 (5) 等价于一个弱一点的条件:

(5′) V_0 中的零向量表示为 $V_1, V_2, \cdots, V_m$ 中的向量之和时其表示唯一, 即若

$$\boldsymbol{0}=\boldsymbol{v}_1+\boldsymbol{v}_2+\cdots+\boldsymbol{v}_m,$$

其中 $\boldsymbol{v}_i\in V_i$, 则 $\boldsymbol{v}_i=\boldsymbol{0}\,(i=1,2,\cdots,m)$.

(5) ⇒ (5′): 显然. 反之, 由向量 $\boldsymbol{\alpha}$ 的两个表示可得

$$\boldsymbol{0}=(\boldsymbol{u}_1-\boldsymbol{v}_1)+(\boldsymbol{u}_2-\boldsymbol{v}_2)+\cdots+(\boldsymbol{u}_m-\boldsymbol{v}_m),$$

从而由 (5′) 可推出 (5) 的结论.

(4) ⇒ (5′): 依次取 $V_1, V_2, \cdots, V_m$ 的一组基如 (3.9.3) 式所设, 于是它们拼成了 V_0 的一组基, 特别地, (3.9.3) 式中诸向量线性无关. 对任意的 $1\le i\le m$, 设 $\boldsymbol{v}_i=\lambda_{i1}\boldsymbol{e}_{i1}+\lambda_{i2}\boldsymbol{e}_{i2}+\cdots+\lambda_{in_i}\boldsymbol{e}_{in_i}$, 则

$$\begin{aligned}\boldsymbol{0}\ =\ &\lambda_{11}\boldsymbol{e}_{11}+\lambda_{12}\boldsymbol{e}_{12}+\cdots+\lambda_{1n_1}\boldsymbol{e}_{1n_1}\\&+\lambda_{21}\boldsymbol{e}_{21}+\lambda_{22}\boldsymbol{e}_{22}+\cdots+\lambda_{2n_2}\boldsymbol{e}_{2n_2}+\cdots\\&+\lambda_{m1}\boldsymbol{e}_{m1}+\lambda_{m2}\boldsymbol{e}_{m2}+\cdots+\lambda_{mn_m}\boldsymbol{e}_{mn_m}.\end{aligned}$$

由 (3.9.3) 式中向量的线性无关性, 即得 $\lambda_{ij}=0$. 因此 $\boldsymbol{v}_i=\boldsymbol{0}\,(i=1,2,\cdots,m)$.

(5′) ⇒ (1): 任取 $\boldsymbol{v}\in V_i\cap(V_1+\cdots+V_{i-1}+V_{i+1}+\cdots+V_m)$, 则

$$\boldsymbol{v}=\boldsymbol{v}_1+\cdots+\boldsymbol{v}_{i-1}+\boldsymbol{v}_{i+1}+\cdots+\boldsymbol{v}_m,$$

其中 $\boldsymbol{v}_j\in V_j\,(j=1,\cdots,i-1,i+1,\cdots,m)$, 于是

$$\boldsymbol{0}=\boldsymbol{v}_1+\cdots+\boldsymbol{v}_{i-1}+(-\boldsymbol{v})+\boldsymbol{v}_{i+1}+\cdots+\boldsymbol{v}_m.$$

注意到 $\boldsymbol{v} \in V_i$, 由 (5′) 可得 $\boldsymbol{v} = \mathbf{0}$, 从而对任意的 $1 \le i \le m$,

$$V_i \cap (V_1 + \cdots + V_{i-1} + V_{i+1} + \cdots + V_m) = 0,$$

即 $V_1 + V_2 + \cdots + V_m$ 是直和. □

习 题 3.9

1. 判断 n 维实行向量空间 $\mathbb{R}^n$ 的下列子集是否子空间:

(1) $S = \{(a_1, a_2, \cdots, a_n) \mid \sum\limits_{i=1}^{n} a_i = 0\}$;

(2) $S = \{(a_1, a_2, \cdots, a_n) \mid \sum\limits_{i=1}^{n} a_i^2 = 1\}$;

(3) $S = \{(a_1, a_2, \cdots, a_n) \mid a_1 = 0\}$;

(4) $S = \{(a_1, a_2, \cdots, a_n) \mid a_i \ge 0\}$;

(5) $S = \{(a_1, a_2, \cdots, a_n) \mid a_1 = a_2 = \cdots = a_n\}$.

2. 试求 $\mathbb{R}^3$ 中下列子空间的维数:

(1) $V = \{(a, 0, b) \mid a, b \in \mathbb{R}\}$;

(2) $V = \{(a, 2a, b) \mid a, b \in \mathbb{R}\}$;

(3) $V = L((1, 0, 1), (1, 2, 3))$;

(4) $V = L((1, 2, -1), (3, 6, -3))$.

3. 若 V_1, V_2 是线性空间 V 的子空间且 $V_1 \subseteq V_2$. 求证: $V_1 = V_2$ 成立的充分必要条件是 $\dim V_1 = \dim V_2$.

4. 设 $V = M_n(\mathbb{K})$ 是数域 $\mathbb{K}$ 上的 n 阶矩阵全体组成的线性空间, $\boldsymbol{A} \in V$, 求证: 与 $\boldsymbol{A}$ 乘法可交换的矩阵全体 $C(\boldsymbol{A})$ 组成 V 的子空间且其维数不为零. 又若 T 是 V 的非空子集, 求证: 与 T 中任一矩阵乘法可交换的矩阵全体 $C(T)$ 也构成 V 的子空间且其维数不为零.

5. 求 § 2.2 习题 13 中子空间 $C(\boldsymbol{A})$ 的一组基和维数.

6. 设 V_1, V_2, V_3 是线性空间 V 的子空间.

(1) 举例说明: $V_1 \cap (V_2 + V_3) = V_1 \cap V_2 + V_1 \cap V_3$ 未必成立;

(2) 若 V_1 包含 V_2 或 V_1 包含 V_3, 求证: $V_1 \cap (V_2 + V_3) = V_1 \cap V_2 + V_1 \cap V_3$ 成立. 进一步, 若 $V_2 + V_3$ 是直和, 求证: $V_1 \cap (V_2 \oplus V_3) = (V_1 \cap V_2) \oplus (V_1 \cap V_3)$ 成立.

7. 设 $\boldsymbol{\alpha}_1 = (1, 0, -1, 0), \boldsymbol{\alpha}_2 = (0, 1, 2, 1), \boldsymbol{\alpha}_3 = (2, 1, 0, 1)$ 是四维实行向量空间 V 中的向量, 它们生成的子空间为 V_1, 又向量 $\boldsymbol{\beta}_1 = (-1, 1, 1, 1), \boldsymbol{\beta}_2 = (1, -1, -3, -1), \boldsymbol{\beta}_3 = (-1, 1, -1, 1)$ 生成的子空间为 V_2, 求子空间 $V_1 + V_2$ 和 $V_1 \cap V_2$ 的基.

8. 设 $\boldsymbol{\alpha}_1, \boldsymbol{\alpha}_2, \boldsymbol{\alpha}_3$ 是线性空间 V 中的向量, 若它们两两线性无关但全体线性相关, 求证: $L(\boldsymbol{\alpha}_1, \boldsymbol{\alpha}_2) = L(\boldsymbol{\alpha}_1, \boldsymbol{\alpha}_3) = L(\boldsymbol{\alpha}_2, \boldsymbol{\alpha}_3)$.

9. 若 V 的子空间 V_1, V_2, V_3 满足 $V_i \cap V_j = 0 \, (1 \le i < j \le 3)$, 问: $V_1 + V_2 + V_3$ 是否直和?

10. 设 V 是数域 $\mathbb{K}$ 上 n 阶矩阵组成的向量空间, V_1 和 V_2 分别是 $\mathbb{K}$ 上对称阵和反对称阵组成的子集. 求证: V_1 和 V_2 都是 V 的子空间且 $V = V_1 \oplus V_2$.

11. 设 U,V 是数域 $\mathbb{K}$ 上的两个线性空间, $W=U\times V$ 是 U 和 V 的积集合, 即 $W=\{(\boldsymbol{u},\boldsymbol{v})\,|\,\boldsymbol{u}\in U,\boldsymbol{v}\in V\}$. 现在 W 上定义加法和数乘:

$$(\boldsymbol{u}_1,\boldsymbol{v}_1)+(\boldsymbol{u}_2,\boldsymbol{v}_2)=(\boldsymbol{u}_1+\boldsymbol{u}_2,\boldsymbol{v}_1+\boldsymbol{v}_2),\ k(\boldsymbol{u},\boldsymbol{v})=(k\boldsymbol{u},k\boldsymbol{v}).$$

验证: W 是 $\mathbb{K}$ 上的线性空间 (这个线性空间称为 U 和 V 的外直和).

又若设 $U'=\{(\boldsymbol{u},\boldsymbol{0})\,|\,\boldsymbol{u}\in U\}$, $V'=\{(\boldsymbol{0},\boldsymbol{v})\,|\,\boldsymbol{v}\in V\}$, 求证: U',V' 是 W 的子空间, U' 和 U 同构, V' 和 V 同构, 并且 $W=U'\oplus V'$.

12. 设 U 是 V 的子空间, 求证: 存在 V 的子空间 W, 使得 $V=U\oplus W$. 这样的子空间 W 称为子空间 U 在 V 中的补空间.

13. 若 $V=U\oplus W$, 且 $U=U_1\oplus U_2$, 求证: $V=U_1\oplus U_2\oplus W$.

14. 求证: 每一个 n 维线性空间均可表示为 n 个一维子空间的直和.

15. 设 $V_1,V_2,\cdots,V_m$ 是数域 $\mathbb{K}$ 上向量空间 V 的 m 个非平凡子空间, 证明: 在 V 中必存在一个向量 $\boldsymbol{\alpha}$, 它不属于任何一个 V_i.

§ 3.10 线性方程组的解

用矩阵秩的概念我们很容易给出一般线性方程组解的判定定理.

定理 3.10.1 设有 n 个未知数 m 个方程式组成的线性方程组:

$$\begin{cases}a_{11}x_1+a_{12}x_2+\cdots+a_{1n}x_n=b_1,\\ a_{21}x_1+a_{22}x_2+\cdots+a_{2n}x_n=b_2,\\ \cdots\cdots\cdots\cdots\\ a_{m1}x_1+a_{m2}x_2+\cdots+a_{mn}x_n=b_m,\end{cases}\tag{3.10.1}$$

它的系数矩阵记为 $\boldsymbol{A}$, 增广矩阵记为 $\widetilde{\boldsymbol{A}}$, 即

$$\widetilde{\boldsymbol{A}}=\begin{pmatrix}a_{11}&a_{12}&\cdots&a_{1n}&b_1\\ a_{21}&a_{22}&\cdots&a_{2n}&b_2\\ \vdots&\vdots&&\vdots&\vdots\\ a_{m1}&a_{m2}&\cdots&a_{mn}&b_m\end{pmatrix},$$

则有下列结论:

(1) 若 $\widetilde{\boldsymbol{A}}$ 与 $\boldsymbol{A}$ 的秩都等于 n, 则该方程组有唯一一组解;

(2) 若 $\widetilde{\boldsymbol{A}}$ 与 $\boldsymbol{A}$ 的秩相等但小于 n, 即 $\mathrm{r}(\widetilde{\boldsymbol{A}})=\mathrm{r}(\boldsymbol{A})<n$, 则该方程组有无穷多组解;

(3) 若 $\widetilde{\boldsymbol{A}}$ 与 $\boldsymbol{A}$ 的秩不相等, 则该方程组无解.

证明 (1) 首先我们证明方程组 (3.10.1) 有解的充分必要条件是

$$\mathrm{r}(\widetilde{\boldsymbol{A}})=\mathrm{r}(\boldsymbol{A}).$$

如同第 4 节那样把方程组 (3.10.1) 写成向量形式就是

$$x_1\boldsymbol{\alpha}_1+x_2\boldsymbol{\alpha}_2+\cdots+x_n\boldsymbol{\alpha}_n=\boldsymbol{\beta}, \tag{3.10.2}$$

其中 $\boldsymbol{\alpha}_i$ 为矩阵 $\boldsymbol{A}$ 的第 i 个列向量, $\boldsymbol{\beta}$ 为常数项向量. 方程组 (3.10.1) 有解等同于 $\boldsymbol{\beta}$ 是 $\boldsymbol{\alpha}_1,\boldsymbol{\alpha}_2,\cdots,\boldsymbol{\alpha}_n$ 的线性组合. 因此 $\mathrm{r}(\widetilde{\boldsymbol{A}})=\mathrm{r}(\boldsymbol{A})$.

反过来, 若 $\mathrm{r}(\widetilde{\boldsymbol{A}})=\mathrm{r}(\boldsymbol{A})$, 则 $\boldsymbol{A}$ 的列向量的极大线性无关组就是 $\widetilde{\boldsymbol{A}}$ 的列向量的极大线性无关组. 因此 $\boldsymbol{\beta}$ 可表示为 $\boldsymbol{A}$ 的列向量的线性组合, 即方程组 (3.10.2) 有解.

若再有 $\mathrm{r}(\widetilde{\boldsymbol{A}})=\mathrm{r}(\boldsymbol{A})=n$, 此时 $\boldsymbol{A}$ 的 n 个列向量线性无关, 所以 $\boldsymbol{\beta}$ 只有唯一一种方法表示为 $\boldsymbol{\alpha}_1,\boldsymbol{\alpha}_2,\cdots,\boldsymbol{\alpha}_n$ 的线性组合, 即方程组只有唯一一组解.

(2) 若 $\mathrm{r}(\widetilde{\boldsymbol{A}})=\mathrm{r}(\boldsymbol{A})=r<n$, 则 $\boldsymbol{\alpha}_1,\boldsymbol{\alpha}_2,\cdots,\boldsymbol{\alpha}_n$ 线性相关, 即存在不全为零的数 $k_1,k_2,\cdots,k_n$, 使得

$$k_1\boldsymbol{\alpha}_1+k_2\boldsymbol{\alpha}_2+\cdots+k_n\boldsymbol{\alpha}_n=\boldsymbol{0}.$$

这时对任意的数 k,

$$kk_1\boldsymbol{\alpha}_1+kk_2\boldsymbol{\alpha}_2+\cdots+kk_n\boldsymbol{\alpha}_n=\boldsymbol{0}.$$

因此若 $x_1=c_1,x_2=c_2,\cdots,x_n=c_n$ 是方程组的解, 则 $x_1=kk_1+c_1$, $x_2=kk_2+c_2$, $\cdots$, $x_n=kk_n+c_n$ 都是解, 显然这样的解有无穷多组. □

当线性方程组 (3.10.1) 有无穷多组解时, 我们能否用有限组解来把握所有的解, 这是我们要解决的问题. 我们先研究最简单的情形, 即所谓齐次线性方程组的解.

定义 3.10.1 若线性方程组 (3.10.1) 的所有常数项 b_i 都为零, 则称之为齐次线性方程组, 否则称之为非齐次线性方程组.

齐次线性方程组的矩阵形式为

$$\boldsymbol{A}\boldsymbol{x} = \boldsymbol{0}. \tag{3.10.3}$$

注意到增广矩阵 $\widetilde{\boldsymbol{A}} = (\boldsymbol{A}\,\vdots\,\boldsymbol{0})$ 的秩与 $\boldsymbol{A}$ 的秩显然相等, 且 $x_1 = x_2 = \cdots = x_n = 0$ 总是方程组 (3.10.3) 的解. 若 $\mathrm{r}(\boldsymbol{A}) < n$, 则方程组 (3.10.3) 有无穷多组解; 当 $\mathrm{r}(\boldsymbol{A}) = n$ 时只有零解, 这时, 我们称方程组 (3.10.3) 只有平凡解. 我们的目的是在方程组有非平凡解时找出所有的解.

从向量空间的观点来看方程组 (3.10.3), 它的一个解可以看成是 n 维列向量空间中的一个元素. 若 $\boldsymbol{\alpha}, \boldsymbol{\beta}$ 是方程组 (3.10.3) 的解, 即 $\boldsymbol{A}\boldsymbol{\alpha} = \boldsymbol{0}$, $\boldsymbol{A}\boldsymbol{\beta} = \boldsymbol{0}$, 则 $\boldsymbol{A}(\boldsymbol{\alpha}+\boldsymbol{\beta}) = \boldsymbol{0}$. 对任意的数 k, $\boldsymbol{A}(k\boldsymbol{\alpha}) = k\boldsymbol{A}\boldsymbol{\alpha} = \boldsymbol{0}$. 因此, $\boldsymbol{\alpha}+\boldsymbol{\beta}$ 及 $k\boldsymbol{\alpha}$ 均是方程组 (3.10.3) 的解. 这一事实表明方程组 (3.10.3) 的全部解构成 n 维列向量空间的一个子空间. 这个子空间称为齐次线性方程组 (3.10.3) 的解空间. 这个解空间的维数是多少呢? 我们如何来求出该子空间的一组基 (这时可将方程组的任意一组解表示为基向量的线性组合, 从而达到用有限多组解表示无穷多组解的目的)?

设 $\mathrm{r}(\boldsymbol{A}) = r < n$, 则 $\boldsymbol{A}$ 有 r 个行向量线性无关, 因此剔除了多余的方程式以后, 还剩 r 个方程式, 不妨就设为前 r 个方程式. 如果允许未知数的对换, 则我们可假设这 r 个方程式系数矩阵的前 r 个列向量线性无关, 将 (3.10.3) 式化为

$$\begin{cases} a_{11}x_1 + \cdots + a_{1r}x_r = -a_{1,r+1}x_{r+1} - \cdots - a_{1n}x_n, \\ \qquad\qquad\cdots\cdots\cdots\cdots \\ a_{r1}x_1 + \cdots + a_{rr}x_r = -a_{r,r+1}x_{r+1} - \cdots - a_{rn}x_n. \end{cases} \tag{3.10.4}$$

将上述方程组看成是 r 个未知数的线性方程组, 注意到它的系数行列式不等于零. 用 Cramer 法则将方程组 (3.10.4) 解出来, 其解含有 $n-r$ 个参数, 不妨设为

$$\begin{cases} x_1 = c_{1,r+1}x_{r+1} + \cdots + c_{1n}x_n, \\ \qquad\cdots\cdots\cdots\cdots \\ x_r = c_{r,r+1}x_{r+1} + \cdots + c_{rn}x_n, \end{cases} \tag{3.10.5}$$

其中 $x_{r+1}, \cdots, x_n$ 可取任何数, 依次取

$$\begin{cases} x_{r+1} = 1, x_{r+2} = 0, \cdots, x_n = 0, \\ x_{r+1} = 0, x_{r+2} = 1, \cdots, x_n = 0, \\ \qquad\cdots\cdots\cdots\cdots \\ x_{r+1} = 0, x_{r+2} = 0, \cdots, x_n = 1, \end{cases}$$

便得到 $n-r$ 个解:

$$\boldsymbol{\eta}_1=\begin{pmatrix}c_{1,r+1}\\ \vdots\\ c_{r,r+1}\\ 1\\ 0\\ \vdots\\ 0\end{pmatrix},\ \boldsymbol{\eta}_2=\begin{pmatrix}c_{1,r+2}\\ \vdots\\ c_{r,r+2}\\ 0\\ 1\\ \vdots\\ 0\end{pmatrix},\ \cdots,\ \boldsymbol{\eta}_{n-r}=\begin{pmatrix}c_{1n}\\ \vdots\\ c_{rn}\\ 0\\ 0\\ \vdots\\ 1\end{pmatrix}.$$

不难看出 $\boldsymbol{\eta}_1,\boldsymbol{\eta}_2,\cdots,\boldsymbol{\eta}_{n-r}$ 线性无关.

我们希望这 $n-r$ 个解向量就是解空间的基. 为此, 我们只需证明方程组的任意一个解可以表示为这 $n-r$ 个解的线性组合即可. 设 $\boldsymbol{\eta}$ 是齐次线性方程组 (3.10.3) 的任一解向量, 且设

$$\boldsymbol{\eta}=\begin{pmatrix}a_1\\ a_2\\ \vdots\\ a_n\end{pmatrix},$$

则 $a_1,a_2,\cdots,a_n$ 必须适合 (3.10.5) 式, 即

$$\begin{cases}a_1=c_{1,r+1}a_{r+1}+\cdots+c_{1n}a_n,\\ \qquad\cdots\cdots\cdots\cdots\\ a_r=c_{r,r+1}a_{r+1}+\cdots+c_{rn}a_n.\end{cases}$$

于是

$$\boldsymbol{\eta}=a_{r+1}\boldsymbol{\eta}_1+a_{r+2}\boldsymbol{\eta}_2+\cdots+a_n\boldsymbol{\eta}_{n-r}.$$

这即表明方程组 (3.10.3) 的任一解均可表示为 $\boldsymbol{\eta}_1,\boldsymbol{\eta}_2,\cdots,\boldsymbol{\eta}_{n-r}$ 的线性组合, 因此 $\boldsymbol{\eta}_1,\boldsymbol{\eta}_2,\cdots,\boldsymbol{\eta}_{n-r}$ 是方程组 (3.10.3) 解空间的一组基. 由此即知方程组 (3.10.3) 的解空间维数为 $n-r$. 一个齐次线性方程组解空间的基又称为该方程组的基础解系. 我们把上面的论证总结为如下定理.

定理 3.10.2 设有齐次线性方程组

$$\boldsymbol{Ax}=\boldsymbol{0}, \tag{3.10.6}$$

其中 $\boldsymbol{A}=(a_{ij})$ 是 $m\times n$ 矩阵. 若 $\mathrm{r}(\boldsymbol{A})=r<n$, 则上述方程组有非零解. 它的解构成 n 维列向量空间的一个 $n-r$ 维子空间. 也就是说, 存在由 $n-r$ 个向量构成的基础解系 $\{\boldsymbol{\eta}_1,\boldsymbol{\eta}_2,\cdots,\boldsymbol{\eta}_{n-r}\}$, 使方程组 (3.10.6) 的任一组解均可表示为 $\{\boldsymbol{\eta}_1,\boldsymbol{\eta}_2,\cdots,\boldsymbol{\eta}_{n-r}\}$ 的线性组合.

现在我们转而考虑非齐次线性方程组, 它的矩阵形式为

$$\boldsymbol{A}\boldsymbol{x}=\boldsymbol{\beta}. \tag{3.10.7}$$

称齐次线性方程组

$$\boldsymbol{A}\boldsymbol{x}=\boldsymbol{0} \tag{3.10.8}$$

为方程组 (3.10.7) 的相伴齐次线性方程组 (或导出组). 若 $\boldsymbol{\gamma}$ 是方程组 (3.10.7) 的一个解, 且 $\boldsymbol{\alpha}$ 是其相伴齐次线性方程组的解, 则

$$\boldsymbol{A}(\boldsymbol{\alpha}+\boldsymbol{\gamma})=\boldsymbol{A}\boldsymbol{\alpha}+\boldsymbol{A}\boldsymbol{\gamma}=\boldsymbol{0}+\boldsymbol{\beta}=\boldsymbol{\beta}.$$

因此相伴齐次线性方程组的任一解与方程组 (3.10.7) 的解之和仍是方程组 (3.10.7) 的解. 现固定方程组 (3.10.7) 的一个解 $\boldsymbol{\gamma}$, 称之为方程组 (3.10.7) 的一个特解, 我们要找出方程组 (3.10.7) 的一切解. 设 $\boldsymbol{\xi}$ 是方程组 (3.10.7) 的任一解, 则

$$\boldsymbol{A}\boldsymbol{\xi}=\boldsymbol{\beta}=\boldsymbol{A}\boldsymbol{\gamma},$$

于是

$$\boldsymbol{A}(\boldsymbol{\xi}-\boldsymbol{\gamma})=\boldsymbol{0},$$

即 $\boldsymbol{\xi}-\boldsymbol{\gamma}$ 是相伴齐次线性方程组的解. 因此只要知道方程组 (3.10.7) 的一个特解和相伴齐次线性方程组的一切解, 那么它的任一解都可以知道了. 由定理 3.10.2, 相伴齐次线性方程组 (3.10.8) 有一组基础解系 $\{\boldsymbol{\eta}_1,\boldsymbol{\eta}_2,\cdots,\boldsymbol{\eta}_{n-r}\}$, 因此方程组 (3.10.7) 的解可表示为

$$k_1\boldsymbol{\eta}_1+k_2\boldsymbol{\eta}_2+\cdots+k_{n-r}\boldsymbol{\eta}_{n-r}+\boldsymbol{\gamma},$$

于是我们得到了非齐次线性方程组解的结构定理.

定理 3.10.3 设有非齐次线性方程组 (3.10.7), 它的系数矩阵 $\boldsymbol{A}$ 及其增广矩阵 $\widetilde{\boldsymbol{A}}$ 的秩都等于 $r\,(r<n)$. 假设方程组 (3.10.7) 相伴的齐次线性方程组有基础解系 $\{\boldsymbol{\eta}_1,\boldsymbol{\eta}_2,\cdots,\boldsymbol{\eta}_{n-r}\}$, 又 $\boldsymbol{\gamma}$ 是方程组 (3.10.7) 的任一特解, 则其所有解均可表示为如下形状:

$$k_1\boldsymbol{\eta}_1+k_2\boldsymbol{\eta}_2+\cdots+k_{n-r}\boldsymbol{\eta}_{n-r}+\boldsymbol{\gamma}, \tag{3.10.9}$$

其中 $k_1,k_2,\cdots,k_{n-r}$ 可取任何数.

注 我们在讨论线性方程组的解时并没有特别强调在哪个数域中求解. 事实上, 如果我们限定在数域 $\mathbb{K}$ 中求解方程组 (3.10.7) (这时 $\widetilde{\boldsymbol{A}}$ 中的元素当然必须属于 $\mathbb{K}$), 那么 (3.10.9) 式中的 k_i 就必须取自 $\mathbb{K}$ 中.

我们已经从理论上完全解决了求解线性方程组的问题, 下面举例说明如何具体地求解一个线性方程组. 我们用初等变换的方法来做.

例 3.10.1 求解下列线性方程组:

$$\begin{cases} x_1+3x_2-2x_3+4x_4+x_5=2, \\ 2x_1+6x_2-3x_3+5x_4+2x_5=5, \\ 4x_1+11x_2-7x_3+15x_4+5x_5=3, \\ x_1+3x_2-x_3+x_4+x_5=3. \end{cases}$$

解 对方程组的增广矩阵作如下初等变换:

$$\left(\begin{array}{ccccc|c} 1 & 3 & -2 & 4 & 1 & 2 \\ 2 & 6 & -3 & 5 & 2 & 5 \\ 4 & 11 & -7 & 15 & 5 & 3 \\ 1 & 3 & -1 & 1 & 1 & 3 \end{array}\right) \to \left(\begin{array}{ccccc|c} 1 & 3 & -2 & 4 & 1 & 2 \\ 0 & 0 & 1 & -3 & 0 & 1 \\ 0 & -1 & 1 & -1 & 1 & -5 \\ 0 & 0 & 1 & -3 & 0 & 1 \end{array}\right) \to$$

$$\left(\begin{array}{ccccc|c} 1 & 3 & -2 & 4 & 1 & 2 \\ 0 & -1 & 1 & -1 & 1 & -5 \\ 0 & 0 & 1 & -3 & 0 & 1 \\ 0 & 0 & 1 & -3 & 0 & 1 \end{array}\right) \to \left(\begin{array}{ccccc|c} 1 & 3 & -2 & 4 & 1 & 2 \\ 0 & 1 & -1 & 1 & -1 & 5 \\ 0 & 0 & 1 & -3 & 0 & 1 \\ 0 & 0 & 0 & 0 & 0 & 0 \end{array}\right) \to$$

$$\left(\begin{array}{ccccc|c} 1 & 0 & 1 & 1 & 4 & -13 \\ 0 & 1 & -1 & 1 & -1 & 5 \\ 0 & 0 & 1 & -3 & 0 & 1 \\ 0 & 0 & 0 & 0 & 0 & 0 \end{array}\right) \to \left(\begin{array}{ccccc|c} 1 & 0 & 0 & 4 & 4 & -14 \\ 0 & 1 & 0 & -2 & -1 & 6 \\ 0 & 0 & 1 & -3 & 0 & 1 \\ 0 & 0 & 0 & 0 & 0 & 0 \end{array}\right).$$

由此可得原方程组的特解 $\boldsymbol{\gamma}$ 及相伴齐次方程组的基础解系 $\{\boldsymbol{\eta}_1,\boldsymbol{\eta}_2\}$ 如下:

$$\boldsymbol{\gamma}=\begin{pmatrix} -14 \\ 6 \\ 1 \\ 0 \\ 0 \end{pmatrix},\ \boldsymbol{\eta}_1=\begin{pmatrix} -4 \\ 2 \\ 3 \\ 1 \\ 0 \end{pmatrix},\ \boldsymbol{\eta}_2=\begin{pmatrix} -4 \\ 1 \\ 0 \\ 0 \\ 1 \end{pmatrix}.$$

原方程组的全部解为 $k_1\boldsymbol{\eta}_1+k_2\boldsymbol{\eta}_2+\boldsymbol{\gamma}$.

上例中我们只用初等行变换就把增广矩阵的左半部分化为对角形. 但有时光靠初等行变换不一定能做到这一点, 这时我们可用列的对换. 注意列的对换仅改变未知数的次序而不影响方程组的解, 因此是允许的. 我们不必用其他两类列变换就可求出解来.

例 3.10.2 求解下列线性方程组:

$$\begin{cases} x_1+2x_2-x_3+3x_4+x_5=2, \\ 2x_1+4x_2-2x_3+6x_4+3x_5=6, \\ -x_1-2x_2+x_3-x_4+3x_5=4. \end{cases}$$

解 对增广矩阵进行如下初等变换:

$$\left(\begin{array}{ccccc|c} 1 & 2 & -1 & 3 & 1 & 2 \\ 2 & 4 & -2 & 6 & 3 & 6 \\ -1 & -2 & 1 & -1 & 3 & 4 \end{array}\right) \to \left(\begin{array}{ccccc|c} 1 & 2 & -1 & 3 & 1 & 2 \\ 0 & 0 & 0 & 0 & 1 & 2 \\ 0 & 0 & 0 & 2 & 4 & 6 \end{array}\right) \to$$

$$\left(\begin{array}{ccccc|c} 1 & 2 & -1 & 3 & 1 & 2 \\ 0 & 0 & 0 & 0 & 1 & 2 \\ 0 & 0 & 0 & 1 & 2 & 3 \end{array}\right) \to \left(\begin{array}{ccccc|c} 1 & 3 & 1 & 2 & -1 & 2 \\ 0 & 0 & 1 & 0 & 0 & 2 \\ 0 & 1 & 2 & 0 & 0 & 3 \end{array}\right) \to$$

$$\left(\begin{array}{ccccc|c} 1 & 3 & 1 & 2 & -1 & 2 \\ 0 & 1 & 2 & 0 & 0 & 3 \\ 0 & 0 & 1 & 0 & 0 & 2 \end{array}\right) \to \left(\begin{array}{ccccc|c} 1 & 0 & -5 & 2 & -1 & -7 \\ 0 & 1 & 2 & 0 & 0 & 3 \\ 0 & 0 & 1 & 0 & 0 & 2 \end{array}\right) \to$$

$$\left(\begin{array}{ccccc|c} 1 & 0 & -5 & 2 & -1 & -7 \\ 0 & 1 & 0 & 0 & 0 & -1 \\ 0 & 0 & 1 & 0 & 0 & 2 \end{array}\right) \to \left(\begin{array}{ccccc|c} 1 & 0 & 0 & 2 & -1 & 3 \\ 0 & 1 & 0 & 0 & 0 & -1 \\ 0 & 0 & 1 & 0 & 0 & 2 \end{array}\right).$$

在上面作初等变换的过程中, 我们进行了两次列对换, 即第二列和第四列对换以及第三列和第五列对换, 这相当于未知数作了如下的变换:

$$x_1=y_1,\ x_2=y_4,\ x_3=y_5,\ x_4=y_2,\ x_5=y_3.$$

根据最后一个矩阵, 我们可取一组特解 $\boldsymbol{\gamma}$ 以及相伴齐次方程组的基础解系 $\{\boldsymbol{\eta}_1,\boldsymbol{\eta}_2\}$ 为 (关于 y_i 的):

$$\boldsymbol{\gamma}=\begin{pmatrix}3\\-1\\2\\0\\0\end{pmatrix},\ \boldsymbol{\eta}_1=\begin{pmatrix}-2\\0\\0\\1\\0\end{pmatrix},\ \boldsymbol{\eta}_2=\begin{pmatrix}1\\0\\0\\0\\1\end{pmatrix}.$$

将 y_i 换成 x_i, 得到特解 $\boldsymbol{\delta}$ 以及基础解系 $\{\boldsymbol{\xi}_1,\boldsymbol{\xi}_2\}$ 为:

$$\boldsymbol{\delta}=\begin{pmatrix}3\\0\\0\\-1\\2\end{pmatrix},\ \boldsymbol{\xi}_1=\begin{pmatrix}-2\\1\\0\\0\\0\end{pmatrix},\ \boldsymbol{\xi}_2=\begin{pmatrix}1\\0\\1\\0\\0\end{pmatrix}.$$

原线性方程组的解为

$$k_1\boldsymbol{\xi}_1+k_2\boldsymbol{\xi}_2+\boldsymbol{\delta},$$

或

$$\begin{cases}x_1=-2k_1+k_2+3,\\x_2=k_1,\\x_3=k_2,\\x_4=-1,\\x_5=2.\end{cases}$$

现在我们把求一般线性方程组解的办法总结如下:

第一步: 对增广矩阵 $\widetilde{\boldsymbol{A}}$ 进行初等行变换及第一类初等列变换 (列对换), 注意用虚线将常数列隔开且不允许常数列与其他列对换. 经过若干次初等变换后将 $\widetilde{\boldsymbol{A}}$ 化成下列形状:

$$\left(\begin{array}{cccccccc|c}1&0&\cdots&0&c_{1,r+1}&\cdots&c_{1n}&&d_1\\0&1&\cdots&0&c_{2,r+1}&\cdots&c_{2n}&&d_2\\\vdots&\vdots&&\vdots&\vdots&&\vdots&&\vdots\\0&0&\cdots&1&c_{r,r+1}&\cdots&c_{rn}&&d_r\\&&&&&&&&*\end{array}\right).$$

上述矩阵空白部分全为零, 若 $*$ 部分有元素不等于零, 则表示 $\mathrm{r}(\widetilde{\boldsymbol{A}}) > \mathrm{r}(\boldsymbol{A})$, 因此原方程组无解; 若 $*$ 部分所有元素全为零, 则原方程组有解.

第二步: 写出特解 (注意: 若有列变换, 这还不是原方程组的特解) 以及相伴齐次线性方程组的基础解系 (若有列变换, 这也不是原方程组相伴齐次线性方程组的基础解系):

$$\boldsymbol{\gamma} = \begin{pmatrix} d_1 \\ \vdots \\ d_r \\ 0 \\ \vdots \\ 0 \end{pmatrix}, \ \boldsymbol{\eta}_1 = \begin{pmatrix} -c_{1,r+1} \\ \vdots \\ -c_{r,r+1} \\ 1 \\ \vdots \\ 0 \end{pmatrix}, \ \cdots, \ \boldsymbol{\eta}_{n-r} = \begin{pmatrix} -c_{1n} \\ \vdots \\ -c_{rn} \\ 0 \\ \vdots \\ 1 \end{pmatrix}.$$

第三步: 根据列对换情况, 调整 $\boldsymbol{\gamma}, \boldsymbol{\eta}_1, \cdots, \boldsymbol{\eta}_{n-r}$ 的各分量, 得到原方程组的特解 $\boldsymbol{\delta}$ 以及原方程组相伴齐次线性方程组的基础解系 $\boldsymbol{\xi}_1, \cdots, \boldsymbol{\xi}_{n-r}$. 最后写出原方程组的解:

$$k_1\boldsymbol{\xi}_1 + \cdots + k_{n-r}\boldsymbol{\xi}_{n-r} + \boldsymbol{\delta},$$

其中 $k_1, \cdots, k_{n-r}$ 为参变数.

习 题 3.10

1. 求解下列线性方程组:

(1) $\begin{cases} x_1 - x_2 + 2x_3 = 3, \\ x_1 - x_2 + x_3 - 2x_4 = 2, \\ -x_1 + x_2 - x_3 + 2x_4 = 0, \\ -3x_1 + x_2 - 8x_3 - 10x_4 = -1; \end{cases}$

(2) $\begin{cases} x_1 + 2x_2 - 3x_3 - 2x_4 = -6, \\ -2x_1 - 5x_2 + 8x_3 + 3x_4 = 14, \\ x_1 + 2x_2 - 5x_3 = 0, \\ x_1 + 2x_2 - 2x_3 - 3x_4 = -9; \end{cases}$

(3) $\begin{cases} x_1 + 2x_2 + x_3 - 3x_4 + 2x_5 = 4, \\ 2x_1 + x_2 + x_3 + x_4 - 4x_5 = 4, \\ x_1 + x_2 + 2x_3 + 2x_4 - 2x_5 = 4, \\ 2x_1 + 3x_2 - 5x_3 - 17x_4 + 8x_5 = 0; \end{cases}$

(4) $\begin{cases} x_1+2x_2+x_3-x_4=2, \\ 2x_1+4x_2+3x_3-3x_4-x_5=5, \\ -x_1-x_2-3x_3+3x_4+2x_5=-2; \end{cases}$

(5) $\begin{cases} x_1-x_2+2x_3+2x_4+3x_5=1, \\ 2x_1-2x_2+4x_3+5x_4+7x_5=3, \\ -x_1+x_2-2x_3-x_5=1. \end{cases}$

2. 求解下列线性方程组, 其中 λ 为参数:

$$\begin{cases} 2x_1+3x_2+x_3+x_4=1, \\ x_1+2x_2-x_3+4x_4=2, \\ x_1+3x_2-4x_3+11x_4=\lambda. \end{cases}$$

3. 求解下列线性方程组, 其中 λ 为参数:

$$\begin{cases} \lambda x_1+x_2+x_3+x_4=1, \\ x_1+\lambda x_2+x_3+x_4=\lambda, \\ x_1+x_2+\lambda x_3+x_4=\lambda^2, \\ x_1+x_2+x_3+\lambda x_4=\lambda^3. \end{cases}$$

4. 求解下列线性方程组, 其中 a, b 为参数:

$$\begin{cases} x_1+2x_2+3x_3+3x_4+7x_5=b, \\ 3x_1+2x_2+x_3+x_4+(a-5)x_5=b+2, \\ x_2+2x_3+2x_4+3ax_5=b, \\ 5x_1+4x_2+3x_3+3x_4+(1-a)x_5=-b. \end{cases}$$

5. 判定下列向量 $\boldsymbol{\beta}$ 能否用向量组 $\boldsymbol{\alpha}_1, \boldsymbol{\alpha}_2, \boldsymbol{\alpha}_3$ 线性表示:

(1) $\boldsymbol{\beta}=(5,4,-2,4)$; $\boldsymbol{\alpha}_1=(1,0,-1,3)$, $\boldsymbol{\alpha}_2=(2,1,0,1)$, $\boldsymbol{\alpha}_3=(0,-2,1,1)$;

(2) $\boldsymbol{\beta}=(1,1,1,1)$; $\boldsymbol{\alpha}_1=(-1,2,-1,1)$, $\boldsymbol{\alpha}_2=(4,0,1,-1)$, $\boldsymbol{\alpha}_3=(3,2,0,0)$.

6. 设 $\boldsymbol{\alpha}_1, \boldsymbol{\alpha}_2$ 是某个齐次线性方程组的基础解系, 问 $\boldsymbol{\alpha}_1+\boldsymbol{\alpha}_2$ 及 $2\boldsymbol{\alpha}_1-\boldsymbol{\alpha}_2$ 是否也是这个齐次线性方程组的基础解系? 为什么?

7. 设 $\boldsymbol{A}\boldsymbol{x}=\boldsymbol{0}$ 是由 n 个未知数 n 个方程式组成的线性方程组. 证明: $\boldsymbol{A}\boldsymbol{x}=\boldsymbol{0}$ 只有零解当且仅当对任意的正整数 k, 线性方程组 $\boldsymbol{A}^k\boldsymbol{x}=\boldsymbol{0}$ 也只有零解.

8. 设 $\boldsymbol{A}=(a_{ij})$ 是一个 $m\times n$ 矩阵, 记 $\boldsymbol{\alpha}_i$ 为 $\boldsymbol{A}$ 的第 i 个行向量, $\boldsymbol{\beta}=(b_1,b_2,\cdots,b_n)$. 求证: 如果齐次线性方程组 $\boldsymbol{A}\boldsymbol{x}=\boldsymbol{0}$ 的解全是方程 $b_1x_1+b_2x_2+\cdots+b_nx_n=0$ 的解, 则 $\boldsymbol{\beta}$ 是 $\boldsymbol{\alpha}_1,\boldsymbol{\alpha}_2,\cdots,\boldsymbol{\alpha}_m$ 的线性组合.

9. 设 $\boldsymbol{Ax}=\boldsymbol{\beta}$ 是 m 个方程式 n 个未知数的线性方程组, 求证: 它有解的充分必要条件是方程组 $\boldsymbol{A}'\boldsymbol{y}=\mathbf{0}$ 的任一解 $\boldsymbol{\alpha}$ 均适合等式 $\boldsymbol{\alpha}'\boldsymbol{\beta}=0$.

10. 设有两个线性方程组:

$$\begin{cases} a_{11}x_1+a_{12}x_2+\cdots+a_{1n}x_n=b_1, \\ a_{21}x_1+a_{22}x_2+\cdots+a_{2n}x_n=b_2, \\ \qquad\qquad\cdots\cdots\cdots\cdots \\ a_{m1}x_1+a_{m2}x_2+\cdots+a_{mn}x_n=b_m; \end{cases} \tag{1}$$

$$\begin{cases} a_{11}x_1+a_{21}x_2+\cdots+a_{m1}x_m=0, \\ a_{12}x_1+a_{22}x_2+\cdots+a_{m2}x_m=0, \\ \qquad\qquad\cdots\cdots\cdots\cdots \\ a_{1n}x_1+a_{2n}x_2+\cdots+a_{mn}x_m=0, \\ b_1x_1+b_2x_2+\cdots+b_mx_m=1. \end{cases} \tag{2}$$

求证: 方程组 (1) 有解的充分必要条件是方程组 (2) 无解.

11. 设 $\boldsymbol{A}$ 是秩为 r 的 $m\times n$ 矩阵, $\boldsymbol{\alpha}_1,\cdots,\boldsymbol{\alpha}_{n-r}$ 与 $\boldsymbol{\beta}_1,\cdots,\boldsymbol{\beta}_{n-r}$ 是齐次线性方程组 $\boldsymbol{Ax}=\mathbf{0}$ 的两个基础解系. 求证: 必存在一个 $n-r$ 阶非异阵 $\boldsymbol{P}$, 使

$$(\boldsymbol{\beta}_1,\cdots,\boldsymbol{\beta}_{n-r})=(\boldsymbol{\alpha}_1,\cdots,\boldsymbol{\alpha}_{n-r})\boldsymbol{P}.$$

12. 如果 n 阶实方阵 $\boldsymbol{A}=(a_{ij})$ 适合条件:

$$|a_{ii}|>\sum_{j=1,j\neq i}^{n}|a_{ij}|,\ i=1,2,\cdots,n,$$

则称 $\boldsymbol{A}$ 为严格对角占优阵. 求证: 严格对角占优阵必是非异阵. 若上述条件改为

$$a_{ii}>\sum_{j=1,j\neq i}^{n}|a_{ij}|,\ i=1,2,\cdots,n,$$

求证: $|\boldsymbol{A}|>0$.

13. 设数域 $\mathbb{K}$ 上的 n 阶方阵 $\boldsymbol{A}=(a_{ij})$ 满足: $|\boldsymbol{A}|=0$ 且某个元素 a_{ij} 的代数余子式 $A_{ij}\neq 0$. 求证: 齐次线性方程组 $\boldsymbol{Ax}=\mathbf{0}$ 的所有解都可写为下列形式:

$$k\begin{pmatrix} A_{i1} \\ A_{i2} \\ \vdots \\ A_{in} \end{pmatrix},\ k\in\mathbb{K}.$$

14. 设 n 阶方阵 $\boldsymbol{A}$ 的行列式等于零, 证明: 伴随矩阵 $\boldsymbol{A}^*$ 的秩不超过 1.

历史与展望

数学家们创建了行列式理论和矩阵理论, 但这还不足以完全解决线性方程组的求解问题, 为此还需要创建线性空间理论. 现在的教科书都是先给出线性空间的公理化定义, 然后逐步给出向量的线性关系、线性空间的基和维数等概念. 但回顾线性空间的发展历史, 其公理化定义经历了漫长的过程, 而线性无关、基和维数等概念在线性空间的定义尚未严格建立时就得到了应用.

事实上到 1880 年为止, 线性代数的许多重要结果都已经建立了, 但它们还不能作为线性空间理论的组成部分. 其主要原因是, 作为这一理论的核心, 线性空间的定义尚未给出. 而线性空间的严格定义在 1888 年才由 Peano (皮亚诺) 给出.

矢量 (向量) 最早的定义起源于物理学, 它意味着既有大小又有方向的量 (如速度或力). 矢量的平行四边形法则定义了两个矢量的加法, 这一思想在 17 世纪末得到了确立. 由此, 矢量的加法和数乘具有了明确的物理意义.

向量的数学定义起源于复数的几何表示, 在 18 世纪末到 19 世纪初, 由多位数学家独立地给出. 1797 年 Wessel (韦塞尔) 和 1831 年 Gauss 将复数几何地表示为复平面上的点或有向线段; 1835 年 Hamilton 将复数代数地定义为有序实数对, 并带有通常的加法、数乘以及乘法, 他指出这些有序实数对满足运算封闭性、交换律、结合律和分配律, 有零元、加法逆元和乘法逆元.

将向量的思想扩张到三维空间是一个重要的发展. Hamilton 在他的四元数系统中构造了一个向量代数, 每个向量表示为 $a\mathrm{i}+b\mathrm{j}+c\mathrm{k}$ 的形式, 其中 a,b,c 是实数, $\mathrm{i},\mathrm{j},\mathrm{k}$ 是四元数单位, 它们就是这个三维线性空间的一组基.

在 1840 年代, Hamilton、Cayley 和 Grassmann (格拉斯曼) 将三维空间进一步推广到高维空间, 这是线性空间理论发展的里程碑. 1843 年, Hamilton 构造了四元数, 这是一个四维向量空间 (也是一个可除代数), 此后他花了 20 年时间从事四元数的研究与应用. Cayley 关于维数的思想出现在 1843 年的论文《n 维解析几何章节》中. Grassmann 在 1844 年的论文《线性扩张学说》中阐述了一些开创性的思想. 他的目标是建立一个坐标自由的 n 维向量空间, 其中包含了许多线性代数的基本思想, 例如 n 维向量空间、子空间、线性扩张集合、线性无关、基、维数和线性变换的概念等. 他还证明了关于向量空间的很多结果, 例如交空间与和空间的维数公式等. 由于包含很多用哲学语言表达的新思想, Grassmann 的论文深奥难懂, 一直被数学界所忽略, 直到 1862 年版本的出现.

受 Grassmann 思想的启发, 1888 年 Peano 在著作《几何演算》的最后一章 "线性系统的变换" 中给出了实数域上向量空间的公理化定义, 他称向量空间为线性系统. Peano 给出的向量空间的公理化定义非常接近我们现在看到的向量空间的定义. 他给出了向量空间的例子, 例如: 实数域、复数域、平面和三维欧氏空间, 两个向量空间之间线性映射全体, 一元多项式全体. 他还定义了线性代数中的其他概念, 例如维数和线性变换, 证明了一些重要定理.

20 世纪上半叶, 数学公理化的方法才得到长足的发展, 群、域、正整数 (Peano 公理) 和射影几何的公理化定义相继出现. 而在 19 世纪末的 20 年, Peano 关于向量空间的公理化定义很大程度上被忽视了. 1918 年, Weyl (外尔) 在著作《空间、时间、物质》的第一章 "仿射几何基础" 中给出了有限维实向量空间的公理化定义. 显然, 他并没有注意到 Peano 的工作.

1920 年 Banach (巴拿赫) 在他的博士论文中给出了实数域上完备赋范线性空间 (后称为

Banach 空间) 的公理化定义, 其中前 13 个公理就是线性空间的公理. 1921 年 Noether (诺特) 在论文《环中的理想理论》中引入了模的概念, 而将线性空间看成是模的特例. 因此, 我们看到线性空间来源于三个不同的数学分支: 几何、分析和代数. 1930 年, Van der Waerden (范德瓦尔登) 在其经典教材《近世代数》中单独设有一章 "线性代数", 这是 "线性代数" 这个词语第一次出现在近现代数学的著作中.

在行列式理论、矩阵理论和线性空间理论相继建立之后, 线性方程组的求解问题得到了圆满的解决. 回顾历史, 上述三种理论在近现代数学中体现的价值远远大于解决线性方程组的求解问题本身. 特别地, 线性空间理论更是成为了近现代数学的基石之一.

复 习 题 三

1. 设向量组 $\boldsymbol{\alpha}_1,\boldsymbol{\alpha}_2,\cdots,\boldsymbol{\alpha}_r$ 线性无关, 又

$$\begin{cases}\boldsymbol{\beta}_1=a_{11}\boldsymbol{\alpha}_1+a_{12}\boldsymbol{\alpha}_2+\cdots+a_{1r}\boldsymbol{\alpha}_r,\\ \boldsymbol{\beta}_2=a_{21}\boldsymbol{\alpha}_1+a_{22}\boldsymbol{\alpha}_2+\cdots+a_{2r}\boldsymbol{\alpha}_r,\\ \qquad\cdots\cdots\cdots\cdots\\ \boldsymbol{\beta}_r=a_{r1}\boldsymbol{\alpha}_1+a_{r2}\boldsymbol{\alpha}_2+\cdots+a_{rr}\boldsymbol{\alpha}_r.\end{cases}$$

求证: $\boldsymbol{\beta}_1,\boldsymbol{\beta}_2,\cdots,\boldsymbol{\beta}_r$ 线性相关的充分必要条件是系数矩阵 $\boldsymbol{A}=(a_{ij})_{r\times r}$ 的行列式等于零.

2. 设 $\boldsymbol{\alpha}_1,\boldsymbol{\alpha}_2,\cdots,\boldsymbol{\alpha}_m$ 是一组线性无关的向量, 若向量组 $\boldsymbol{\beta}_1,\boldsymbol{\beta}_2,\cdots,\boldsymbol{\beta}_k$ 可用 $\boldsymbol{\alpha}_1,\boldsymbol{\alpha}_2,\cdots,\boldsymbol{\alpha}_m$ 线性表示如下:

$$\begin{cases}\boldsymbol{\beta}_1=a_{11}\boldsymbol{\alpha}_1+a_{12}\boldsymbol{\alpha}_2+\cdots+a_{1m}\boldsymbol{\alpha}_m,\\ \boldsymbol{\beta}_2=a_{21}\boldsymbol{\alpha}_1+a_{22}\boldsymbol{\alpha}_2+\cdots+a_{2m}\boldsymbol{\alpha}_m,\\ \qquad\cdots\cdots\cdots\cdots\\ \boldsymbol{\beta}_k=a_{k1}\boldsymbol{\alpha}_1+a_{k2}\boldsymbol{\alpha}_2+\cdots+a_{km}\boldsymbol{\alpha}_m.\end{cases}$$

记表示矩阵 $\boldsymbol{A}=(a_{ij})_{k\times m}$. 求证: 向量组 $\boldsymbol{\beta}_1,\boldsymbol{\beta}_2,\cdots,\boldsymbol{\beta}_k$ 的秩等于 $\mathrm{r}(\boldsymbol{A})$.

3. 设 V 是实数域上连续函数全体构成的实线性空间, 求证下列函数线性无关:

(1) $\sin x,\sin 2x,\cdots,\sin nx$; (2) $1,\cos x,\cos 2x,\cdots,\cos nx$;

(3) $1,\sin x,\cos x,\sin 2x,\cos 2x,\cdots,\sin nx,\cos nx$.

4. 设 $\boldsymbol{\alpha}_1,\boldsymbol{\alpha}_2,\cdots,\boldsymbol{\alpha}_m$ 是向量空间 V 中一组向量, 向量组 $\boldsymbol{\beta}_1,\boldsymbol{\beta}_2,\cdots,\boldsymbol{\beta}_k$ 可用 $\boldsymbol{\alpha}_1,\boldsymbol{\alpha}_2,\cdots,\boldsymbol{\alpha}_m$ 线性表示, 求证: 向量组 $\boldsymbol{\beta}_1,\boldsymbol{\beta}_2,\cdots,\boldsymbol{\beta}_k$ 的秩小于等于向量组 $\boldsymbol{\alpha}_1,\boldsymbol{\alpha}_2,\cdots,\boldsymbol{\alpha}_m$ 的秩.

5. 设 $\boldsymbol{\alpha}_1,\boldsymbol{\alpha}_2,\cdots,\boldsymbol{\alpha}_m$ 是向量空间 V 中一组向量且其秩等于 r, $\boldsymbol{\alpha}_{i_1},\boldsymbol{\alpha}_{i_2},\cdots,\boldsymbol{\alpha}_{i_r}$ 是其中 r 个向量. 假设下列条件之一成立:

(1) $\boldsymbol{\alpha}_{i_1},\boldsymbol{\alpha}_{i_2},\cdots,\boldsymbol{\alpha}_{i_r}$ 线性无关;

(2) 任一 $\boldsymbol{\alpha}_i$ 均可由 $\boldsymbol{\alpha}_{i_1},\boldsymbol{\alpha}_{i_2},\cdots,\boldsymbol{\alpha}_{i_r}$ 线性表示.

求证: $\boldsymbol{\alpha}_{i_1},\boldsymbol{\alpha}_{i_2},\cdots,\boldsymbol{\alpha}_{i_r}$ 是向量组的极大无关组.

6. 证明: 线性空间 V 中两个向量组 A,B 等价的充分必要条件是它们的秩相同, 且向量组 A 可用向量组 B 线性表示. 举例说明秩相同的两个向量组未必等价.

7. 设 $\mathbb{K}_1,\mathbb{K}_2,\mathbb{K}_3$ 是数域且 $\mathbb{K}_1\subseteq\mathbb{K}_2\subseteq\mathbb{K}_3$, 若将 $\mathbb{K}_2$ 看成是 $\mathbb{K}_1$ 上的线性空间, 其维数为 m, 又将 $\mathbb{K}_3$ 看成是 $\mathbb{K}_2$ 上的线性空间, 其维数为 n, 求证: 如将 $\mathbb{K}_3$ 看成是 $\mathbb{K}_1$ 上的线性空间, 则其维数为 mn.

8. 设 $\boldsymbol{\alpha}_1,\boldsymbol{\alpha}_2,\cdots,\boldsymbol{\alpha}_m$ 是数域 $\mathbb{F}$ 上的 n 维线性空间 V 中选定的 m 个向量且已知它们的秩等于 r. 求证: 全体适合 $x_1\boldsymbol{\alpha}_1+x_2\boldsymbol{\alpha}_2+\cdots+x_m\boldsymbol{\alpha}_m=\mathbf{0}$ 的列向量 $(x_1,x_2,\cdots,x_m)'\,(x_i\in\mathbb{F})$ 构成数域 $\mathbb{F}$ 上 m 维列向量空间 $\mathbb{F}_m$ 的 $m-r$ 维子空间.

9. 设 V_1,V_2 分别是数域 $\mathbb{K}$ 上齐次线性方程组 $x_1=x_2=\cdots=x_n$ 与 $x_1+x_2+\cdots+x_n=0$ 的解空间, 求证: $\mathbb{K}^n=V_1\oplus V_2$.

10. 设 $V_1,V_2,\cdots,V_m$ 是线性空间 V 的 m 个非平凡子空间, 证明: V 中必有一组基, 使得每个基向量都不在诸 V_i 的并中.

11. 设 V 是数域 $\mathbb{K}$ 上的线性空间, U 是 V 的子空间. 对任意的 $\boldsymbol{v}\in V$, 集合 $\boldsymbol{v}+U:=\{\boldsymbol{v}+\boldsymbol{u}\mid\boldsymbol{u}\in U\}$ 称为 $\boldsymbol{v}$ 的 U–陪集. 在所有 U–陪集构成的集合 $S=\{\boldsymbol{v}+U\mid\boldsymbol{v}\in V\}$ 中, 定义加法和数乘如下, 其中 $\boldsymbol{v}_1,\boldsymbol{v}_2\in V$, $k\in\mathbb{K}$:

$$(\boldsymbol{v}_1+U)+(\boldsymbol{v}_2+U):=(\boldsymbol{v}_1+\boldsymbol{v}_2)+U,\quad k\cdot(\boldsymbol{v}_1+U):=k\cdot\boldsymbol{v}_1+U.$$

证明下列结论成立:

(1) U–陪集之间的关系是: 作为集合或者相等, 或者不相交.

(2) $\boldsymbol{v}_1+U=\boldsymbol{v}_2+U$ (作为集合相等) 当且仅当 $\boldsymbol{v}_1-\boldsymbol{v}_2\in U$. 特别地, $\boldsymbol{v}+U$ 是 V 的子空间当且仅当 $\boldsymbol{v}\in U$.

(3) S 中的加法以及 $\mathbb{K}$ 关于 S 的数乘不依赖于代表元的选取, 即若 $\boldsymbol{v}_1+U=\boldsymbol{v}_1'+U$ 以及 $\boldsymbol{v}_2+U=\boldsymbol{v}_2'+U$, 则 $(\boldsymbol{v}_1+U)+(\boldsymbol{v}_2+U)=(\boldsymbol{v}_1'+U)+(\boldsymbol{v}_2'+U)$, 以及 $k\cdot(\boldsymbol{v}_1+U)=k\cdot(\boldsymbol{v}_1'+U)$.

(4) S 在上述加法和数乘下成为数域 $\mathbb{K}$ 上的线性空间, 称为 V 关于子空间 U 的商空间, 记为 V/U.

12. 设 V 是数域 $\mathbb{K}$ 上的 n 维线性空间, U 是 V 的子空间, W 是 U 的补空间, 证明: $\dim V/U=\dim V-\dim U$, 并且存在线性同构 $\boldsymbol{\varphi}:W\to V/U$.

13. 设 $\boldsymbol{A}=(a_{ij})$, $\boldsymbol{B}=(b_{ij})$ 是 $m\times n$ 矩阵, 且 $b_{ij}=(-1)^{i+j}a_{ij}$, 求证: $\mathrm{r}(\boldsymbol{B})=\mathrm{r}(\boldsymbol{A})$.

14. 设 $\boldsymbol{A}_1,\boldsymbol{A}_2,\cdots,\boldsymbol{A}_m$ 为 n 阶方阵, 求证:

$$\mathrm{r}(\boldsymbol{A}_1)+\mathrm{r}(\boldsymbol{A}_2)+\cdots+\mathrm{r}(\boldsymbol{A}_m)\le(m-1)n+\mathrm{r}(\boldsymbol{A}_1\boldsymbol{A}_2\cdots\boldsymbol{A}_m).$$

15. 证明: $\mathrm{r}(\boldsymbol{ABC})\ge\mathrm{r}(\boldsymbol{AB})+\mathrm{r}(\boldsymbol{BC})-\mathrm{r}(\boldsymbol{B})$.

16. 设有分块矩阵 $\boldsymbol{M}=\begin{pmatrix}\boldsymbol{A} & \boldsymbol{B}\\ \boldsymbol{C} & \boldsymbol{D}\end{pmatrix}$, 证明:

(1) 若 $\boldsymbol{A}$ 可逆, 则 $\mathrm{r}(\boldsymbol{M})=\mathrm{r}(\boldsymbol{A})+\mathrm{r}(\boldsymbol{D}-\boldsymbol{C}\boldsymbol{A}^{-1}\boldsymbol{B})$;

(2) 若 $\boldsymbol{D}$ 可逆, 则 $\mathrm{r}(\boldsymbol{M})=\mathrm{r}(\boldsymbol{D})+\mathrm{r}(\boldsymbol{A}-\boldsymbol{B}\boldsymbol{D}^{-1}\boldsymbol{C})$;

(3) 若 $\boldsymbol{A},\boldsymbol{D}$ 都可逆, 则 $\mathrm{r}(\boldsymbol{A})+\mathrm{r}(\boldsymbol{D}-\boldsymbol{C}\boldsymbol{A}^{-1}\boldsymbol{B})=\mathrm{r}(\boldsymbol{D})+\mathrm{r}(\boldsymbol{A}-\boldsymbol{B}\boldsymbol{D}^{-1}\boldsymbol{C})$.

17. 设

$$\boldsymbol{M}=\begin{pmatrix} a_1^2 & a_1a_2+1 & \cdots & a_1a_n+1\\ a_2a_1+1 & a_2^2 & \cdots & a_2a_n+1\\ \vdots & \vdots & & \vdots\\ a_na_1+1 & a_na_2+1 & \cdots & a_n^2\end{pmatrix},$$

证明: $\mathrm{r}(\boldsymbol{M})\geq n-1$, 等号成立当且仅当 $|\boldsymbol{M}|=0$.

18. 设 $\boldsymbol{A},\boldsymbol{B}$ 都是数域 $\mathbb{K}$ 上的 n 阶矩阵且 $\boldsymbol{AB}=\boldsymbol{BA}$, 证明:

$$\mathrm{r}(\boldsymbol{A}+\boldsymbol{B})\leq\mathrm{r}(\boldsymbol{A})+\mathrm{r}(\boldsymbol{B})-\mathrm{r}(\boldsymbol{AB}).$$

19. 设 $\boldsymbol{A}$ 是 $m\times n$ 实矩阵, 求证: $\mathrm{r}(\boldsymbol{A}'\boldsymbol{A})=\mathrm{r}(\boldsymbol{A}\boldsymbol{A}')=\mathrm{r}(\boldsymbol{A})$.

20. 设 $\boldsymbol{A},\boldsymbol{B}$ 是 $\mathbb{K}$ 上的 n 阶矩阵, 若线性方程组 $\boldsymbol{Ax}=\boldsymbol{0}$ 和 $\boldsymbol{Bx}=\boldsymbol{0}$ 同解, 且每个方程组的基础解系含有 m 个线性无关的向量, 求证: $\mathrm{r}(\boldsymbol{A}-\boldsymbol{B})\leq n-m$.

21. 设 $\boldsymbol{A}$ 是 $m\times n$ 矩阵, $\boldsymbol{B}$ 是 $n\times k$ 矩阵, 证明: 方程组 $\boldsymbol{ABx}=\boldsymbol{0}$ 和方程组 $\boldsymbol{Bx}=\boldsymbol{0}$ 同解的充分必要条件是 $\mathrm{r}(\boldsymbol{AB})=\mathrm{r}(\boldsymbol{B})$.

22. 设 $\boldsymbol{A}$ 是 $m\times n$ 矩阵, $\boldsymbol{B}$ 是 $n\times k$ 矩阵. 若 $\boldsymbol{AB}$ 和 $\boldsymbol{B}$ 有相同的秩, 求证: 对任意的 $k\times l$ 矩阵 $\boldsymbol{C}$, 矩阵 $\boldsymbol{ABC}$ 和矩阵 $\boldsymbol{BC}$ 也有相同的秩.

23. 设 $\boldsymbol{A}$ 是 n 阶实反对称阵, $\boldsymbol{D}=\mathrm{diag}\{d_1,d_2,\cdots,d_n\}$ 是同阶对角阵且主对角元素全大于零, 求证: $|\boldsymbol{A}+\boldsymbol{D}|>0$. 特别, $|\boldsymbol{I}_n\pm\boldsymbol{A}|>0$, 从而 $\boldsymbol{I}_n\pm\boldsymbol{A}$ 都是非异阵.

24. 设 $\boldsymbol{A}$ 是 n 阶实对称阵, 求证: $\boldsymbol{I}_n+\mathrm{i}\boldsymbol{A}$ 和 $\boldsymbol{I}_n-\mathrm{i}\boldsymbol{A}$ 都是非异阵.

25. 设 $\boldsymbol{A}$ 是矩阵, $|\boldsymbol{D}|$ 是 $\boldsymbol{A}$ 的 r 阶子式, $\boldsymbol{A}$ 中所有包含 $|\boldsymbol{D}|$ 为 r 阶子式的 $r+1$ 阶子式称为 $|\boldsymbol{D}|$ 的 $r+1$ 阶加边子式. 求证: 矩阵 $\boldsymbol{A}$ 的秩等于 r 的充分必要条件是 $\boldsymbol{A}$ 存在一个 r 阶子式 $|\boldsymbol{D}|$ 不等于零而 $|\boldsymbol{D}|$ 的所有 $r+1$ 阶加边子式全等于零.

26. 设 $m\times n$ 矩阵 $\boldsymbol{A}$ 的 m 个行向量为 $\boldsymbol{\alpha}_1,\boldsymbol{\alpha}_2,\cdots,\boldsymbol{\alpha}_m$, 且 $\boldsymbol{\alpha}_{i_1},\boldsymbol{\alpha}_{i_2},\cdots,\boldsymbol{\alpha}_{i_r}$ 是其极大无关组. 又设 $\boldsymbol{A}$ 的 n 个列向量为 $\boldsymbol{\beta}_1,\boldsymbol{\beta}_2,\cdots,\boldsymbol{\beta}_n$, 且 $\boldsymbol{\beta}_{j_1},\boldsymbol{\beta}_{j_2},\cdots,\boldsymbol{\beta}_{j_r}$ 是其极大无关组. 证明: $\boldsymbol{\alpha}_{i_1},\boldsymbol{\alpha}_{i_2},\cdots,\boldsymbol{\alpha}_{i_r}$ 和 $\boldsymbol{\beta}_{j_1},\boldsymbol{\beta}_{j_2},\cdots,\boldsymbol{\beta}_{j_r}$ 交叉点上的元素组成的子矩阵 $\boldsymbol{D}$ 的行列式 $|\boldsymbol{D}|\neq0$.

27. 设 $\boldsymbol{A}$ 是一个方阵, $\boldsymbol{A}$ 的第 $i_1,\cdots,i_r$ 行和第 $i_1,\cdots,i_r$ 列交叉点上的元素组成的子式称为 $\boldsymbol{A}$ 的一个主子式. 若 $\boldsymbol{A}$ 是对称阵或反对称阵且秩为 r, 求证: $\boldsymbol{A}$ 必有一个 r 阶主子式不等于零.

28. 证明: 反对称阵的秩必为偶数.

29. 求证: 秩等于 r 的矩阵可以表示为 r 个秩等于 1 的矩阵之和, 但不能表示为少于 r 个秩为 1 的矩阵之和.

30. 设 $\boldsymbol{A}$ 为 $m\times n$ 矩阵, 证明: 存在 $n\times m$ 矩阵 $\boldsymbol{B}$, 使得 $\boldsymbol{ABA}=\boldsymbol{A}$.

31. 设 $\boldsymbol{A},\boldsymbol{B}$ 分别是 3×2, 2×3 矩阵且满足

$$\boldsymbol{AB}=\begin{pmatrix}8&2&-2\\2&5&4\\-2&4&5\end{pmatrix},$$

试求 $\boldsymbol{BA}$.

32. 设 $\boldsymbol{A}$ 是 n 阶方阵且 $\mathrm{r}(\boldsymbol{A})=r$, 求证: $\boldsymbol{A}^2=\boldsymbol{A}$ 的充分必要条件是存在秩等于 r 的 $n\times r$ 矩阵 $\boldsymbol{S}$ 和秩等于 r 的 $r\times n$ 矩阵 $\boldsymbol{T}$, 使 $\boldsymbol{A}=\boldsymbol{ST}$, $\boldsymbol{TS}=\boldsymbol{I}_r$.

33. 设 $\boldsymbol{A}$ 是秩为 r 的 $m\times n$ 矩阵, 求证: 必存在秩为 $n-r$ 的 $n\times(n-r)$ 矩阵 $\boldsymbol{B}$, 使 $\boldsymbol{AB}=\boldsymbol{O}$.

34. 设

$$\boldsymbol{A}=\begin{pmatrix}a_{11}&a_{12}&\cdots&a_{1n}\\a_{21}&a_{22}&\cdots&a_{2n}\\\vdots&\vdots&&\vdots\\a_{m1}&a_{m2}&\cdots&a_{mn}\end{pmatrix}\ (m<n),$$

已知 $\boldsymbol{Ax}=\boldsymbol{0}$ 的基础解系为 $\boldsymbol{\beta}_i=(b_{i1},b_{i2},\cdots,b_{in})'$ $(i=1,2,\cdots,n-m)$, 试求线性方程组

$$\sum_{j=1}^{n}b_{ij}y_j=0\ (i=1,2,\cdots,n-m)$$

的基础解系.

35. 设 V_0 是 $\mathbb{K}_n$ 的一个非平凡子空间, 求证: 必存在矩阵 $\boldsymbol{A}$, 使 V_0 是 n 元齐次线性方程组 $\boldsymbol{Ax}=\boldsymbol{0}$ 的解空间.

36. 设 $\boldsymbol{A},\boldsymbol{B}$ 为 $m\times n$ 和 $m\times p$ 矩阵, $\boldsymbol{X}$ 为 $n\times p$ 未知矩阵, 证明: 矩阵方程 $\boldsymbol{AX}=\boldsymbol{B}$ 有解的充分必要条件是 $\mathrm{r}(\boldsymbol{A}\mid\boldsymbol{B})=\mathrm{r}(\boldsymbol{A})$.

37. 设 $\boldsymbol{A}=\begin{pmatrix}1&1&2&1\\1&2&3&3\\2&3&5&4\\3&5&8&7\end{pmatrix}$, $\boldsymbol{B}=\begin{pmatrix}1&1\\5&-1\\6&0\\11&-1\end{pmatrix}$, $\boldsymbol{X}$ 为 4×2 未知矩阵, 试求矩阵方程 $\boldsymbol{AX}=\boldsymbol{B}$ 的解.

38. 设 $\boldsymbol{A},\boldsymbol{B}$ 为 $m\times n$ 和 $n\times p$ 矩阵, 证明: 存在 $p\times n$ 矩阵 $\boldsymbol{C}$, 使 $\boldsymbol{ABC}=\boldsymbol{A}$ 成立的充分必要条件是 $\mathrm{r}(\boldsymbol{A})=\mathrm{r}(\boldsymbol{AB})$.

39. 设有两个非齐次线性方程组 (I) 和 (II), 它们的通解分别为

$$\boldsymbol{\gamma}+t_1\boldsymbol{\eta}_1+t_2\boldsymbol{\eta}_2;\quad \boldsymbol{\delta}+k_1\boldsymbol{\xi}_1+k_2\boldsymbol{\xi}_2,$$

其中

$$\boldsymbol{\gamma}=\begin{pmatrix}5\\-3\\0\\0\end{pmatrix},\ \boldsymbol{\eta}_1=\begin{pmatrix}-6\\5\\1\\0\end{pmatrix},\ \boldsymbol{\eta}_2=\begin{pmatrix}-5\\4\\0\\1\end{pmatrix};\ \boldsymbol{\delta}=\begin{pmatrix}-11\\3\\0\\0\end{pmatrix},\ \boldsymbol{\xi}_1=\begin{pmatrix}8\\-1\\1\\0\end{pmatrix},\ \boldsymbol{\xi}_2=\begin{pmatrix}10\\-2\\0\\1\end{pmatrix}.$$

试求这两个方程组的公共解.

40. 设有非齐次线性方程组 (I):

$$\begin{cases}7x_1-6x_2+3x_3=b,\\8x_1-9x_2+ax_4=7.\end{cases}$$

又已知方程组 (II) 的通解为

$$(1,1,0,0)'+t_1(1,0,-1,0)'+t_2(2,3,0,1)'.$$

若这两个方程组有无穷多组公共解, 求出 a,b 的值并求出公共解.

41. 求平面上 n 个点 $(x_1,y_1),(x_2,y_2),\cdots,(x_n,y_n)$ 位于同一条直线上的充分必要条件.

42. 求三维实空间中 4 个点 $(x_i,y_i,z_i)\,(i=1,2,3,4)$ 共面的充分必要条件.

43. 证明: 通过平面内不在一条直线上的 3 点 $(x_1,y_1),(x_2,y_2),(x_3,y_3)$ 的圆方程为

$$\begin{vmatrix}x^2+y^2 & x & y & 1\\x_1^2+y_1^2 & x_1 & y_1 & 1\\x_2^2+y_2^2 & x_2 & y_2 & 1\\x_3^2+y_3^2 & x_3 & y_3 & 1\end{vmatrix}=0.$$

以此证明: 通过具有有理坐标的 3 点的圆, 其圆心也是有理坐标.

44. 求平面上不在一条直线上的 4 个点 (x_1,y_1), (x_2,y_2), (x_3,y_3), (x_4,y_4) 位于同一个圆上的充分必要条件.

45. 已知平面上两条不同的二次曲线 $a_ix^2+b_ixy+c_iy^2+d_ix+e_iy+f_i=0\,(i=1,2)$ 交于 4 个不同的点 $(x_i,y_i)\,(i=1,2,3,4)$. 求证: 过这 4 个点的二次曲线均可写为如下形状:

$$\lambda_1(a_1x^2+b_1xy+c_1y^2+d_1x+e_1y+f_1)+\lambda_2(a_2x^2+b_2xy+c_2y^2+d_2x+e_2y+f_2)=0.$$

第四章　线 性 映 射

§ 4.1　线性映射的概念

读者已经学过映射的概念, 我们现在来复习一下. 所谓映射, 是指从一个集合 A 到另一个集合 B 的对应 $\varphi : A \to B$. 对 A 中任一元素 a, 均有唯一的元素 $b \in B$ 与之对应, 记为 $b = \varphi(a)$. 元素 b 称为 a 在 φ 下的像, a 称为元素 b 的原像或逆像. A 中元素在 φ 下的像全体构成 B 的一个子集, 记为 $\varphi(A)$ 或 $\mathrm{Im}\,\varphi$. 如果 $\mathrm{Im}\,\varphi = B$, 即对 B 中任一元素 b, 在 A 中均有元素 a, 使 $b = \varphi(a)$, 则称 φ 是满映射或称 φ 是映上的映射. 如果映射 φ 适合下列条件: 若 $a \neq a'$, 则 $\varphi(a) \neq \varphi(a')$, 那么就称 φ 是单映射. 单映射的另外一个等价说法是从 $\varphi(a) = \varphi(a')$ 可推出 $a = a'$. 如果 φ 既是单映射又是满映射, 则称 φ 是双射. 这时不仅对 A 中的任一元素, 有且仅有 B 中的一个元素与之对应, 而且对 B 中的任一元素, 有且仅有 A 中的一个元素与之对应. 因此, 双射又称为一一对应.

函数 $y = x^2$ 可以看成是实数集 $\mathbb{R}$ 到 $\mathbb{R}$ 的映射. 这个映射不是单映射也不是满映射. 因为 $-1 \neq 1$, 但 $(-1)^2 = 1^2$. 另一方面, $\mathbb{R}$ 中的元素 -1 没有原像. 这个函数的像为 $[0, +\infty)$. 如果我们把 $y = x^2$ 看成是 $(-\infty, +\infty) \to [0, +\infty)$ 的映射, 那么这是个映上的映射, 但仍不是单映射.

设 $M_n(\mathbb{R})$ 是实数域 $\mathbb{R}$ 上的 $n\,(n > 1)$ 阶方阵全体组成的集合, 定义 $M_n(\mathbb{R}) \to \mathbb{R}$ 的映射为: $\boldsymbol{\varphi}(\boldsymbol{A}) = \det \boldsymbol{A}$, 则 φ 是映射, 且这是个映上的映射, 但它不是单映射. 事实上, 对 $\mathbb{R}$ 中任意一个实数, 均有无穷多个矩阵, 其行列式的值等于这个实数.

设 $y = x^3$ 是 $[0, 1)$ 到 $[0, +\infty)$ 上的函数, 这显然是一个映射且是一个单映射, 但它不是满映射.

Descartes 平面上的点到实数对之间的对应:

$$\boldsymbol{\varphi} : C \mapsto (a, b),$$

其中点 C 的横坐标为 a, 纵坐标为 b. 这是一个映射且是一个双射, 即一一对应.

若集合 A 是集合 B 的子集, 作 $A \to B$ 的映射 $\boldsymbol{j}$:

$$\boldsymbol{j}(a) = a,\ a \in A,$$

则 $\boldsymbol{j}$ 是一个映射且显然是单映射. 若 $A=B$, 则 $\boldsymbol{j}$ 是一个一一对应, 这时映射 $\boldsymbol{j}$ 实际上把 A 中任一元素映射为自身, 因此称为恒等映射, 记为 $\mathbf{1}_A$ 或 $\boldsymbol{I}_A$.

一个集合 A 到自身的映射通常称为变换, 比如 $y=x^2$ 可以看成是 $\mathbb{R}$ 自身的变换.

集合 A 到 B 的两个映射 $\boldsymbol{f}$ 与 $\boldsymbol{g}$, 若对任意的 $a\in A$, 都有 $\boldsymbol{f}(a)=\boldsymbol{g}(a)$, 则称它们相等, 记为 $\boldsymbol{f}=\boldsymbol{g}$.

若 $\boldsymbol{f}$ 是集合 $A\to B$ 的映射, $\boldsymbol{g}$ 是集合 $B\to C$ 的映射, 定义映射 $\boldsymbol{g}$ 与 $\boldsymbol{f}$ 的复合 $\boldsymbol{g}\circ\boldsymbol{f}$ 为集合 $A\to C$ 的映射, 且

$$(\boldsymbol{g}\circ\boldsymbol{f})(a)=\boldsymbol{g}(\boldsymbol{f}(a)),\ a\in A.$$

这里需要注意的是并非任意两个映射都有复合, 只有当 $\boldsymbol{f}$ 的像落在 $\boldsymbol{g}$ 所定义的集合上时才可定义 $\boldsymbol{g}$ 与 $\boldsymbol{f}$ 的复合. 如果 $A=B$, 那么 A 上的任意两个变换都可复合.

若 $\boldsymbol{f}$ 是 $A\to B$ 的映射, $\boldsymbol{g}$ 是 $B\to C$ 的映射, $\boldsymbol{h}$ 是 $C\to D$ 的映射, 则 $\boldsymbol{h}\circ(\boldsymbol{g}\circ\boldsymbol{f})$ 及 $(\boldsymbol{h}\circ\boldsymbol{g})\circ\boldsymbol{f}$ 都是 $A\to D$ 的映射且对任意的 $a\in A$, 有

$$((\boldsymbol{h}\circ\boldsymbol{g})\circ\boldsymbol{f})(a)=(\boldsymbol{h}\circ\boldsymbol{g})(\boldsymbol{f}(a))=\boldsymbol{h}(\boldsymbol{g}(\boldsymbol{f}(a))),$$

$$(\boldsymbol{h}\circ(\boldsymbol{g}\circ\boldsymbol{f}))(a)=\boldsymbol{h}((\boldsymbol{g}\circ\boldsymbol{f})(a))=\boldsymbol{h}(\boldsymbol{g}(\boldsymbol{f}(a))),$$

因此

$$(\boldsymbol{h}\circ\boldsymbol{g})\circ\boldsymbol{f}=\boldsymbol{h}\circ(\boldsymbol{g}\circ\boldsymbol{f}). \tag{4.1.1}$$

上式通常称为映射复合的结合律. 正因为如此, 我们写 3 个 (或 3 个以上) 映射的复合时常常略去括号, 写为 $\boldsymbol{h}\circ\boldsymbol{g}\circ\boldsymbol{f}$. 通常复合号 “$\circ$” 也省略, 即 $\boldsymbol{g}\circ\boldsymbol{f}$ 写为 $\boldsymbol{gf}$.

下面我们着重讨论一下双射. 设 $\boldsymbol{f}$ 是 $A\to B$ 的双射, 我们定义 $B\to A$ 的映射 $\boldsymbol{g}$ 如下: 对任一 $b\in B$, 取 b 在 $\boldsymbol{f}$ 下的原像记为 a, 定义 $\boldsymbol{g}(b)=a$. 由于 $\boldsymbol{f}$ 是双射, 故对 B 中的元素 b, 有且仅有一个 a 作为 b 在 $\boldsymbol{f}$ 下的原像. 因此 $\boldsymbol{g}$ 确是 $B\to A$ 的映射. 不仅如此, 显然 $\boldsymbol{g}$ 也是一个双射, 且

$$\boldsymbol{gf}=\mathbf{1}_A,\ \boldsymbol{fg}=\mathbf{1}_B.$$

我们称 $\boldsymbol{g}$ 是 $\boldsymbol{f}$ 的逆映射, 记为 $\boldsymbol{g}=\boldsymbol{f}^{-1}$.

命题 4.1.1 设 $\boldsymbol{f}$ 是集合 $A\to B$ 的映射, 如果存在 $B\to A$ 的映射 $\boldsymbol{g}$, 使

$$\boldsymbol{gf}=\mathbf{1}_A,\ \boldsymbol{fg}=\mathbf{1}_B,$$

则 $\boldsymbol{f}$ 是双射且 $\boldsymbol{g}=\boldsymbol{f}^{-1}$.

证明 先证 $\boldsymbol{f}$ 是单映射: 若 $\boldsymbol{f}(a_1)=\boldsymbol{f}(a_2)$, 则由 $\boldsymbol{gf}(a_1)=\mathbf{1}_A(a_1)=a_1$, $\boldsymbol{gf}(a_2)=\mathbf{1}_A(a_2)=a_2$, 知 $a_1=a_2$, 因此 $\boldsymbol{f}$ 为单映射.

又对 B 中任一元素 b, $\boldsymbol{g}(b)\in A$ 且 $\boldsymbol{fg}(b)=\mathbf{1}_B(b)=b$. 因此 $\boldsymbol{g}(b)$ 是 b 在 $\boldsymbol{f}$ 下的原像, 即 $\boldsymbol{f}$ 是映上的映射. □

从命题 4.1.1 的证明中可看出, 从 $\boldsymbol{gf}=\mathbf{1}_A$ 可推出 $\boldsymbol{f}$ 是单映射, 从 $\boldsymbol{fg}=\mathbf{1}_B$ 可推出 $\boldsymbol{f}$ 是满映射.

现在我们转而来考虑线性映射.

定义 4.1.1 设 $\boldsymbol{\varphi}$ 是数域 $\mathbb{K}$ 上线性空间 V 到 $\mathbb{K}$ 上线性空间 U 的映射, 如果 $\boldsymbol{\varphi}$ 适合下列条件:

(1) $\boldsymbol{\varphi}(\boldsymbol{\alpha}+\boldsymbol{\beta})=\boldsymbol{\varphi}(\boldsymbol{\alpha})+\boldsymbol{\varphi}(\boldsymbol{\beta}),\ \boldsymbol{\alpha},\boldsymbol{\beta}\in V$;

(2) $\boldsymbol{\varphi}(k\boldsymbol{\alpha})=k\boldsymbol{\varphi}(\boldsymbol{\alpha}),\ k\in\mathbb{K},\boldsymbol{\alpha}\in V$,

则称 $\boldsymbol{\varphi}$ 是 $V\to U$ 的线性映射. V 到自身的线性映射称为 V 上的线性变换. 若 $\boldsymbol{\varphi}$ 作为映射是单的, 则称 $\boldsymbol{\varphi}$ 是单线性映射; 若 $\boldsymbol{\varphi}$ 作为映射是满的, 则称 $\boldsymbol{\varphi}$ 是满线性映射. 若 $\boldsymbol{\varphi}$ 是双射, 则称 $\boldsymbol{\varphi}$ 是线性同构, 简称同构. 若 $V=U$, 则 V 自身上的同构称为自同构.

请读者注意, 我们曾在第三章中定义了两个线性空间的同构, 那个定义与现在的定义是相同的.

例 4.1.1 设 V,U 是数域 $\mathbb{K}$ 上的线性空间, 定义 $\boldsymbol{\varphi}$ 为 $V\to U$ 的映射: 对任意的 $\boldsymbol{\alpha}\in V$, $\boldsymbol{\varphi}(\boldsymbol{\alpha})=\mathbf{0}$. 显然 $\boldsymbol{\varphi}$ 是一个线性映射, 称为零映射, 通常记为 $\mathbf{0}$, 但要注意这是一个映射.

例 4.1.2 设 V 是 $\mathbb{K}$ 上的线性空间, 显然 V 到自身的恒等映射 $\mathbf{1}_V$ 是 V 上的线性变换, 称为恒等变换, 记为 $\boldsymbol{I}_V$ 或 $\mathbf{Id}_V$, 在不至于混淆的情形下, 也简记为 $\boldsymbol{I}$.

例 4.1.3 设 $V=\mathbb{K}_n, U=\mathbb{K}_m$ 分别是数域 $\mathbb{K}$ 上的 n 维和 m 维列向量空间, $\boldsymbol{A}$ 是 $\mathbb{K}$ 上的 $m\times n$ 矩阵, 定义 $V\to U$ 的映射 $\boldsymbol{\varphi}$ 为

$$\boldsymbol{\varphi}(\boldsymbol{\alpha})=\boldsymbol{A}\boldsymbol{\alpha}.$$

这个映射由矩阵乘法定义 ($m\times n$ 矩阵乘以 n 维列向量是一个 m 维列向量), 由矩阵乘法性质容易验证 $\boldsymbol{\varphi}$ 是一个线性映射.

例 4.1.4 设 $\mathbb{K}^n$ 是 $\mathbb{K}$ 上 n 维行向量空间, $\mathbb{K}_n$ 是 $\mathbb{K}$ 上 n 维列向量空间, 定

义 $\mathbb{K}^n \to \mathbb{K}_n$ 的映射 $\boldsymbol{\varphi}$:

$$(a_1, a_2, \cdots, a_n) \mapsto \begin{pmatrix} a_1 \\ a_2 \\ \vdots \\ a_n \end{pmatrix},$$

容易验证 $\boldsymbol{\varphi}$ 是线性同构.

例 4.1.5 设 V 是 $\mathbb{K}$ 上的线性空间, 定义 V 上的变换 $\boldsymbol{\varphi}$: 对任意的 $\boldsymbol{\alpha} \in V$, 有

$$\boldsymbol{\varphi}(\boldsymbol{\alpha}) = k\boldsymbol{\alpha},$$

其中 k 是一个固定常数. 容易验证 $\boldsymbol{\varphi}$ 是 V 上的线性变换, 这个变换常称为纯量变换或数量变换.

例 4.1.6 设 V 是区间 $[0,1]$ 上的实无穷次可微函数全体组成的实线性空间, 定义 $\boldsymbol{\varphi}$ 为求导变换

$$\boldsymbol{\varphi}(f(x)) = \frac{\mathrm{d}}{\mathrm{d}x} f(x),$$

由求导性质知 $\boldsymbol{\varphi}$ 是 V 上的线性变换.

命题 4.1.2 设 $\boldsymbol{\varphi}$ 是 $V \to U$ 的线性映射, 则

(1) $\boldsymbol{\varphi}(\mathbf{0}) = \mathbf{0}$;

(2) $\boldsymbol{\varphi}(k\boldsymbol{\alpha} + l\boldsymbol{\beta}) = k\boldsymbol{\varphi}(\boldsymbol{\alpha}) + l\boldsymbol{\varphi}(\boldsymbol{\beta}),\ \boldsymbol{\alpha}, \boldsymbol{\beta} \in V,\ k, l \in \mathbb{K}$;

(3) 若 $\boldsymbol{\varphi}$ 是同构, 则其逆映射 $\boldsymbol{\varphi}^{-1}$ 也是线性映射, 从而是 $U \to V$ 的同构.

证明 (1) $\boldsymbol{\varphi}(\mathbf{0}) = \boldsymbol{\varphi}(0 \cdot \boldsymbol{\alpha}) = 0 \cdot \boldsymbol{\varphi}(\boldsymbol{\alpha}) = \mathbf{0}$.

(2) $\boldsymbol{\varphi}(k\boldsymbol{\alpha} + l\boldsymbol{\beta}) = \boldsymbol{\varphi}(k\boldsymbol{\alpha}) + \boldsymbol{\varphi}(l\boldsymbol{\beta}) = k\boldsymbol{\varphi}(\boldsymbol{\alpha}) + l\boldsymbol{\varphi}(\boldsymbol{\beta})$.

(3) 见第三章定理 3.7.2 的证明. □

注 若 $V \to U$ 的一个映射 $\boldsymbol{\varphi}$ 适合命题 4.1.2 中的 (2), 则 $\boldsymbol{\varphi}$ 必是线性映射. 读者不难自己验证这一点.

最后需要提醒读者注意的是, 在线性映射的定义中, 要求 V 与 U 都是数域 $\mathbb{K}$ 上的线性空间, 不同数域上线性空间之间的映射不是线性映射.

习　题　4.1

1. 判断下列映射是否是线性变换:

(1) 设 V 是 Descartes 平面, $\boldsymbol{\varphi}$ 把平面上任一向量伸长 n 倍 (n 是固定的自然数);

(2) 设 V 是 Descartes 平面, $\boldsymbol{\varphi}$ 把平面上任一向量逆时针转动 60°, 但其长度保持不变;

(3) 设 V 是 $[0,1]$ 区间上连续函数全体组成的实线性空间, $\boldsymbol{\varphi}$ 是 V 上的变换: 对任意的 $f(x)\in V$,

$$\boldsymbol{\varphi}(f(x))=\int_0^x f(t)\mathrm{d}t;$$

(4) 设 V 是 Descartes 平面, $\boldsymbol{\varphi}$ 为 V 上的变换:

$$\boldsymbol{\varphi}(x,y)=(2x^2,y),\ (x,y)\in V;$$

(5) 设 V 是 Descartes 平面, (a,b) 是平面上固定的一点, $\boldsymbol{\varphi}$ 是 V 上的变换:

$$\boldsymbol{\varphi}(x,y)=(x+a,y+b),\ (x,y)\in V.$$

2. 证明: $\mathbb{K}_n$ 上的变换

$$\boldsymbol{\varphi}(\boldsymbol{\alpha})=\boldsymbol{A}\boldsymbol{\alpha}+\boldsymbol{\beta}$$

是线性变换的充分必要条件是 $\boldsymbol{\beta}=\boldsymbol{0}$. 这里 $\boldsymbol{A}$ 是一个 n 阶矩阵, $\boldsymbol{\beta}$ 是固定的 n 维列向量, $\boldsymbol{\alpha}$ 是 $\mathbb{K}_n$ 中任一向量.

3. 设线性空间 $V=V_1\oplus V_2$, 并且 $\boldsymbol{\varphi}_1$ 及 $\boldsymbol{\varphi}_2$ 分别是 V_1,V_2 到 U 的线性映射, 证明: 存在唯一的从 V 到 U 的线性映射 $\boldsymbol{\varphi}$, 当 $\boldsymbol{\varphi}$ 限制在 V_i 上时等于 $\boldsymbol{\varphi}_i\,(i=1,2)$.

4. 设 V 是由几乎处处为零的无穷实数数列 (即 $(a_0,a_1,a_2,\cdots,a_n,\cdots)$, 其中只有有限多个 a_i 不为零) 组成的实向量空间, $\mathbb{R}[x]$ 是所有实系数多项式组成的实向量空间. 定义 $\boldsymbol{\varphi}$ 如下:

$$\boldsymbol{\varphi}(a_0,a_1,a_2,\cdots,a_n,\cdots)=a_0+a_1x+a_2x^2+\cdots+a_nx^n,$$

其中 $a_n\neq 0$, 而 $a_s=0\,(s>n)$. 求证: $\boldsymbol{\varphi}$ 是线性同构.

§ 4.2　线性映射的运算

在例 4.1.3 中, 我们已经知道任意一个 $m\times n$ 矩阵 $\boldsymbol{A}$ 都可以定义一个从 n 维列向量空间到 m 维列向量空间的线性映射: $\boldsymbol{\varphi}(\boldsymbol{\alpha})=\boldsymbol{A}\boldsymbol{\alpha}$. 如果另有一个 $m\times n$ 矩阵 $\boldsymbol{B}$, 它定义的线性映射是 $\boldsymbol{\psi}(\boldsymbol{\alpha})=\boldsymbol{B}\boldsymbol{\alpha}$, 注意到矩阵之间存在的运算, 我们可以定义这两个映射的加法: $(\boldsymbol{\varphi}+\boldsymbol{\psi})(\boldsymbol{\alpha})=(\boldsymbol{A}+\boldsymbol{B})\boldsymbol{\alpha}$. 显然这仍是一个线性映射. 类

似地, 我们还可定义线性映射的数乘: $(k\boldsymbol{\varphi})(\boldsymbol{\alpha}) = k\boldsymbol{A}\boldsymbol{\alpha}$. 对一般的线性映射, 我们是否也可以定义它们的加法和数乘呢?

定义 4.2.1 设 $\boldsymbol{\varphi},\boldsymbol{\psi}$ 是 $\mathbb{K}$ 上线性空间 $V \to U$ 的线性映射, 定义 $\boldsymbol{\varphi}+\boldsymbol{\psi}$ 为 $V \to U$ 的映射:

$$(\boldsymbol{\varphi}+\boldsymbol{\psi})(\boldsymbol{\alpha}) = \boldsymbol{\varphi}(\boldsymbol{\alpha})+\boldsymbol{\psi}(\boldsymbol{\alpha}),\ \boldsymbol{\alpha}\in V.$$

若 $k\in\mathbb{K}$, 定义 $k\boldsymbol{\varphi}$ 为 $V \to U$ 的映射:

$$(k\boldsymbol{\varphi})(\boldsymbol{\alpha}) = k\boldsymbol{\varphi}(\boldsymbol{\alpha}),\ \boldsymbol{\alpha}\in V.$$

容易验证 $\boldsymbol{\varphi}+\boldsymbol{\psi}$ 是线性映射. 事实上

$$\begin{aligned}(\boldsymbol{\varphi}+\boldsymbol{\psi})(k\boldsymbol{\alpha}+l\boldsymbol{\beta}) &= \boldsymbol{\varphi}(k\boldsymbol{\alpha}+l\boldsymbol{\beta})+\boldsymbol{\psi}(k\boldsymbol{\alpha}+l\boldsymbol{\beta})\\ &= \boldsymbol{\varphi}(k\boldsymbol{\alpha})+\boldsymbol{\varphi}(l\boldsymbol{\beta})+\boldsymbol{\psi}(k\boldsymbol{\alpha})+\boldsymbol{\psi}(l\boldsymbol{\beta})\\ &= k\boldsymbol{\varphi}(\boldsymbol{\alpha})+l\boldsymbol{\varphi}(\boldsymbol{\beta})+k\boldsymbol{\psi}(\boldsymbol{\alpha})+l\boldsymbol{\psi}(\boldsymbol{\beta})\\ &= k(\boldsymbol{\varphi}(\boldsymbol{\alpha})+\boldsymbol{\psi}(\boldsymbol{\alpha}))+l(\boldsymbol{\varphi}(\boldsymbol{\beta})+\boldsymbol{\psi}(\boldsymbol{\beta}))\\ &= k(\boldsymbol{\varphi}+\boldsymbol{\psi})(\boldsymbol{\alpha})+l(\boldsymbol{\varphi}+\boldsymbol{\psi})(\boldsymbol{\beta}).\end{aligned}$$

同理可证明 $k\boldsymbol{\varphi}$ 也是线性映射.

现在我们考虑从 V 到 U 的线性映射全体组成的集合 $\mathcal{L}(V,U)$. 在这个集合上, 既然我们定义了加法和数乘, 那它是一个线性空间吗?

命题 4.2.1 设 $\mathcal{L}(V,U)$ 是 $V \to U$ 的线性映射全体, 则在上述线性映射的加法及数乘定义下, $\mathcal{L}(V,U)$ 是 $\mathbb{K}$ 上的线性空间. 特别, $V\to\mathbb{K}$ 的所有线性函数全体构成一个线性空间.

这个命题的证明很容易, 只需按照线性空间的定义逐条验证即可, 我们将证明留给读者.

若 $U=\mathbb{K}$, 即把 $\mathbb{K}$ 看成是 $\mathbb{K}$ 上的一维空间, 则 $V\to\mathbb{K}$ 的线性映射通常称为 V 上的线性函数. V 上所有的线性函数构成的线性空间通常称为 V 的共轭空间, 记为 V^*. 当 V 是有限维空间时, V^* 也称为 V 的对偶空间.

若 $V=U$, 我们用 $\mathcal{L}(V)$ 来记 $\mathcal{L}(V,V)$, 即 V 上线性变换全体构成的线性空间. 这时在 $\mathcal{L}(V)$ 上, 除了加法和数乘运算外, 还有乘法运算, 这个乘法就是映射的复合.

定义 4.2.2 设 A 是数域 $\mathbb{K}$ 上的线性空间, 如果在 A 上定义了一个乘法 "·" (通常可以省略), 使对任意的 A 中元素 a,b,c 及 $\mathbb{K}$ 中元素 k, 适合下列条件:

(1) 乘法结合律: $a\cdot(b\cdot c)=(a\cdot b)\cdot c$;

(2) 存在 A 中元 e, 使对一切 $a\in A$, 均有

$$e\cdot a=a\cdot e=a;$$

(3) 分配律:

$$a\cdot(b+c)=a\cdot b+a\cdot c,$$

$$(b+c)\cdot a=b\cdot a+c\cdot a;$$

(4) 乘法与数乘的相容性:

$$(ka)\cdot b=k(a\cdot b)=a\cdot(kb),$$

则称 A 是数域 $\mathbb{K}$ 上的代数, 元素 e 称为 A 的恒等元.

注 A 的恒等元常常用 1 表示, 注意不要与数 1 混淆.

定理 4.2.1 设 V 是数域 $\mathbb{K}$ 上的线性空间, 则 $\mathcal{L}(V)$ 是 $\mathbb{K}$ 上的代数.

证明 由命题 4.2.1, $\mathcal{L}(V)$ 是 $\mathbb{K}$ 上的线性空间. 我们逐条来验证定义 4.2.2.

(1) 乘法结合律实际上就是映射复合的结合律, 因此自然成立.

(2) 设 $\mathbf{1}_V$ 是 V 上的恒等映射, 由上节可知它是线性变换, 显然对任意的 $\boldsymbol{\varphi}\in\mathcal{L}(V)$, 有

$$\mathbf{1}_V\circ\boldsymbol{\varphi}=\boldsymbol{\varphi}\circ\mathbf{1}_V=\boldsymbol{\varphi},$$

因此 $\mathbf{1}_V$ 是 $\mathcal{L}(V)$ 的恒等元.

(3) 设 $\boldsymbol{\varphi}_1,\boldsymbol{\varphi}_2,\boldsymbol{\varphi}_3$ 都是 V 上线性变换, 对任意的 $\boldsymbol{\alpha}\in V$, 有

$$\begin{aligned}(\boldsymbol{\varphi}_1\circ(\boldsymbol{\varphi}_2+\boldsymbol{\varphi}_3))(\boldsymbol{\alpha}) &= \boldsymbol{\varphi}_1((\boldsymbol{\varphi}_2+\boldsymbol{\varphi}_3)(\boldsymbol{\alpha}))\\ &= \boldsymbol{\varphi}_1(\boldsymbol{\varphi}_2(\boldsymbol{\alpha})+\boldsymbol{\varphi}_3(\boldsymbol{\alpha}))\\ &= \boldsymbol{\varphi}_1(\boldsymbol{\varphi}_2(\boldsymbol{\alpha}))+\boldsymbol{\varphi}_1(\boldsymbol{\varphi}_3(\boldsymbol{\alpha}))\\ &= (\boldsymbol{\varphi}_1\circ\boldsymbol{\varphi}_2)(\boldsymbol{\alpha})+(\boldsymbol{\varphi}_1\circ\boldsymbol{\varphi}_3)(\boldsymbol{\alpha})\\ &= (\boldsymbol{\varphi}_1\circ\boldsymbol{\varphi}_2+\boldsymbol{\varphi}_1\circ\boldsymbol{\varphi}_3)(\boldsymbol{\alpha}).\end{aligned}$$

因此

$$\boldsymbol{\varphi}_1\circ(\boldsymbol{\varphi}_2+\boldsymbol{\varphi}_3)=\boldsymbol{\varphi}_1\circ\boldsymbol{\varphi}_2+\boldsymbol{\varphi}_1\circ\boldsymbol{\varphi}_3.$$

同理可证明另外一个分配律.

(4) 设 k 是 $\mathbb{K}$ 中任一数, $\boldsymbol{\varphi}, \boldsymbol{\psi}$ 为 V 上线性变换, 则对任意的 $\boldsymbol{\alpha} \in V$, 有

$$\begin{aligned}\Big((k\boldsymbol{\varphi}) \circ \boldsymbol{\psi}\Big)(\boldsymbol{\alpha}) &= (k\boldsymbol{\varphi})(\boldsymbol{\psi}(\boldsymbol{\alpha})) = k\Big(\boldsymbol{\varphi}(\boldsymbol{\psi}(\boldsymbol{\alpha}))\Big) \\ &= k\Big((\boldsymbol{\varphi} \circ \boldsymbol{\psi})(\boldsymbol{\alpha})\Big) = \Big(k(\boldsymbol{\varphi} \circ \boldsymbol{\psi})\Big)(\boldsymbol{\alpha}),\end{aligned}$$

从而

$$(k\boldsymbol{\varphi}) \circ \boldsymbol{\psi} = k(\boldsymbol{\varphi} \circ \boldsymbol{\psi}).$$

同理可证明

$$\boldsymbol{\varphi} \circ (k\boldsymbol{\psi}) = k(\boldsymbol{\varphi} \circ \boldsymbol{\psi}). \ \square$$

在 $\mathcal{L}(V)$ 中, 定义线性变换 $\boldsymbol{\varphi}$ 的 n 次幂为 n 个 $\boldsymbol{\varphi}$ 的复合, 则不难验证:

$$\boldsymbol{\varphi}^n \circ \boldsymbol{\varphi}^m = \boldsymbol{\varphi}^{n+m}, \quad (\boldsymbol{\varphi}^n)^m = \boldsymbol{\varphi}^{nm}. \tag{4.2.1}$$

若 $\boldsymbol{\varphi}$ 是双射, 即为 V 上的自同构, 则 $\boldsymbol{\varphi}^{-1}$ 也是 V 上的线性变换 (也是自同构), 称 $\boldsymbol{\varphi}^{-1}$ 为 $\boldsymbol{\varphi}$ 的逆变换. 如定义

$$\boldsymbol{\varphi}^{-n} = (\boldsymbol{\varphi}^{-1})^n,$$

则不难验证:

$$\boldsymbol{\varphi}^{-n} = (\boldsymbol{\varphi}^n)^{-1}. \tag{4.2.2}$$

这时定义

$$\boldsymbol{\varphi}^0 = \boldsymbol{I}_V,$$

则 (4.2.1) 式对一切整数均成立. 但需注意 $\boldsymbol{\varphi}$ 的负数次幂仅对自同构 (又称可逆变换或非异变换) 有意义.

读者需要特别注意的是, 线性变换的复合通常不满足交换律, 即一般来说,

$$\boldsymbol{\varphi} \circ \boldsymbol{\psi} \neq \boldsymbol{\psi} \circ \boldsymbol{\varphi}.$$

因此一般来说, $(\boldsymbol{\varphi} \circ \boldsymbol{\psi})^n \neq \boldsymbol{\varphi}^n \circ \boldsymbol{\psi}^n$.

如果 $\boldsymbol{\varphi}$ 与 $\boldsymbol{\psi}$ 都是可逆线性变换, 则 $\boldsymbol{\varphi} \circ \boldsymbol{\psi}$ 也是可逆线性变换, 且

$$(\boldsymbol{\varphi} \circ \boldsymbol{\psi})^{-1} = \boldsymbol{\psi}^{-1} \circ \boldsymbol{\varphi}^{-1}.$$

对任一非零数 k, 若 $\boldsymbol{\varphi}$ 可逆, 则 $k\boldsymbol{\varphi}$ 也可逆, 且

$$(k\boldsymbol{\varphi})^{-1} = k^{-1}\boldsymbol{\varphi}^{-1}.$$

读者不难自己验证上述结论.

习 题 4.2

1. 求证: 数域 $\mathbb{K}$ 上的 n 阶矩阵全体组成的线性空间在矩阵乘法下是 $\mathbb{K}$ 上的代数.

2. 求证: 对 $\mathcal{L}(V)$ 中的任一元 $\boldsymbol{\varphi}$ 及 $\mathbb{K}$ 中的数 k, 有

$$k\boldsymbol{\varphi} = (k\boldsymbol{I}_V) \circ \boldsymbol{\varphi} = \boldsymbol{\varphi} \circ (k\boldsymbol{I}_V).$$

3. 设 V 是实系数多项式全体构成的实线性空间, 定义 V 上的变换 $\boldsymbol{D}, \boldsymbol{S}$ 如下:

$$\boldsymbol{D}(f(x)) = \frac{\mathrm{d}}{\mathrm{d}x} f(x),\ \boldsymbol{S}(f(x)) = \int_0^x f(t)\mathrm{d}t.$$

证明: $\boldsymbol{D}, \boldsymbol{S}$ 均为 V 上的线性变换且 $\boldsymbol{DS} = \boldsymbol{I}_V$, 但 $\boldsymbol{SD} \neq \boldsymbol{I}_V$.

4. 若线性变换 $\boldsymbol{\varphi}$ 适合 $\boldsymbol{\varphi}^2 = \boldsymbol{\varphi}$, 则称 $\boldsymbol{\varphi}$ 是幂等变换. 求证: 若 $\boldsymbol{A}^2 = \boldsymbol{A}$ (即 $\boldsymbol{A}$ 是幂等阵), 则在上一节例 4.1.3 中定义的线性变换是幂等变换.

5. 设 $\boldsymbol{\varphi}$ 是 n 维线性空间 V 上的线性变换, $\boldsymbol{\alpha} \in V$. 若 $\boldsymbol{\varphi}^{m-1}(\boldsymbol{\alpha}) \neq \boldsymbol{0}$, 而 $\boldsymbol{\varphi}^m(\boldsymbol{\alpha}) = \boldsymbol{0}$, 求证: $\boldsymbol{\alpha}, \boldsymbol{\varphi}(\boldsymbol{\alpha}), \boldsymbol{\varphi}^2(\boldsymbol{\alpha}), \cdots, \boldsymbol{\varphi}^{m-1}(\boldsymbol{\alpha})$ 线性无关.

6. 设 $\boldsymbol{\varphi}$ 是数域 $\mathbb{F}$ 上线性空间 V 上的线性变换, 若存在正整数 n 以及 $a_1, a_2, \cdots, a_n \in \mathbb{F}$, 使

$$\boldsymbol{\varphi}^n + a_1\boldsymbol{\varphi}^{n-1} + \cdots + a_{n-1}\boldsymbol{\varphi} + a_n\boldsymbol{I}_V = \boldsymbol{0},$$

其中 $\boldsymbol{I}_V$ 表示恒等变换并且 $a_n \neq 0$, 求证: $\boldsymbol{\varphi}$ 是 V 上的自同构.

7. 设 $\boldsymbol{\varphi}$ 是 n 维线性空间 V 上的线性变换, 证明: $\boldsymbol{\varphi}$ 是可逆变换的充分必要条件是 $\boldsymbol{\varphi}$ 将 V 的基变为基.

§ 4.3 线性映射与矩阵

我们已经定义了线性空间之间的线性映射及其运算. 线性映射是一个比较抽象的 “几何” 概念, 不便于计算和研究. 我们这一节的目的是要将这个抽象的概念 “代数化”. 我们在第三章中通过引进线性空间的基, 将抽象的线性空间和行向量空间或列向量空间联系了起来. 在例 4.1.3 中, 我们也注意到, 可以用矩阵来定义列向量空间的线性映射. 因此自然地, 我们希望将线性映射和矩阵联系起来.

首先注意到如果取定线性空间 V 的一组基, 则从 V 到另一个线性空间 U 的线性映射 $\boldsymbol{\varphi}$ 完全被它在基上的作用所决定, 即我们有下面的引理.

引理 4.3.1 设有 $\mathbb{K}$ 上的线性空间 V 和 U, $\{\boldsymbol{e}_1, \boldsymbol{e}_2, \cdots, \boldsymbol{e}_n\}$ 是 V 的一组基.

(1) 如有 V 到 U 的线性映射 $\boldsymbol{\varphi}$ 和 $\boldsymbol{\psi}$, 满足 $\boldsymbol{\psi}(\boldsymbol{e}_i)=\boldsymbol{\varphi}(\boldsymbol{e}_i)\,(i=1,2,\cdots,n)$, 则 $\boldsymbol{\psi}=\boldsymbol{\varphi}$;

(2) 给定 U 中 n 个向量 $\boldsymbol{\beta}_1,\boldsymbol{\beta}_2,\cdots,\boldsymbol{\beta}_n$, 有且只有一个从 V 到 U 的线性映射 $\boldsymbol{\varphi}$, 满足 $\boldsymbol{\varphi}(\boldsymbol{e}_i)=\boldsymbol{\beta}_i\,(i=1,2,\cdots,n)$.

证明 (1) 对任意的 $\boldsymbol{\alpha}\in V$, 设 $\boldsymbol{\alpha}=\lambda_1\boldsymbol{e}_1+\lambda_2\boldsymbol{e}_2+\cdots+\lambda_n\boldsymbol{e}_n$, 则

$$\begin{aligned}\boldsymbol{\psi}(\boldsymbol{\alpha}) &= \boldsymbol{\psi}(\lambda_1\boldsymbol{e}_1+\lambda_2\boldsymbol{e}_2+\cdots+\lambda_n\boldsymbol{e}_n)\\ &= \lambda_1\boldsymbol{\psi}(\boldsymbol{e}_1)+\lambda_2\boldsymbol{\psi}(\boldsymbol{e}_2)+\cdots+\lambda_n\boldsymbol{\psi}(\boldsymbol{e}_n)\\ &= \lambda_1\boldsymbol{\varphi}(\boldsymbol{e}_1)+\lambda_2\boldsymbol{\varphi}(\boldsymbol{e}_2)+\cdots+\lambda_n\boldsymbol{\varphi}(\boldsymbol{e}_n)\\ &= \boldsymbol{\varphi}(\lambda_1\boldsymbol{e}_1+\lambda_2\boldsymbol{e}_2+\cdots+\lambda_n\boldsymbol{e}_n)=\boldsymbol{\varphi}(\boldsymbol{\alpha}),\end{aligned}$$

因此 $\boldsymbol{\psi}=\boldsymbol{\varphi}$.

(2) 定义 $V\to U$ 的映射 $\boldsymbol{\varphi}$ 如下: 对 V 中任意的 $\boldsymbol{\alpha}=\lambda_1\boldsymbol{e}_1+\lambda_2\boldsymbol{e}_2+\cdots+\lambda_n\boldsymbol{e}_n$,

$$\boldsymbol{\varphi}(\boldsymbol{\alpha})=\lambda_1\boldsymbol{\beta}_1+\lambda_2\boldsymbol{\beta}_2+\cdots+\lambda_n\boldsymbol{\beta}_n.$$

容易验证这是 V 到 U 的线性映射, 且 $\boldsymbol{\varphi}(\boldsymbol{e}_i)=\boldsymbol{\beta}_i\,(i=1,2,\cdots,n)$. 唯一性由 (1) 即得. □

现考虑这样一个问题: 设 V 与 U 分别是数域 $\mathbb{K}$ 上 n 维及 m 维线性空间, $\{\boldsymbol{e}_1,\boldsymbol{e}_2,\cdots,\boldsymbol{e}_n\}$ 是 V 的基, $\{\boldsymbol{f}_1,\boldsymbol{f}_2,\cdots,\boldsymbol{f}_m\}$ 是 U 的基. 又设 $\boldsymbol{\varphi}$ 是 $V\to U$ 的线性映射且已知 V 的基向量在 $\boldsymbol{\varphi}$ 下的像. 若 V 中向量 $\boldsymbol{\alpha}$ 在给定基下的坐标向量是 $(\lambda_1,\lambda_2,\cdots,\lambda_n)'$, 问: 如何来求 $\boldsymbol{\varphi}(\boldsymbol{\alpha})$ 在 U 的基 $\{\boldsymbol{f}_1,\boldsymbol{f}_2,\cdots,\boldsymbol{f}_m\}$ 下的坐标向量?

设

$$\begin{cases}\boldsymbol{\varphi}(\boldsymbol{e}_1)=a_{11}\boldsymbol{f}_1+a_{12}\boldsymbol{f}_2+\cdots+a_{1m}\boldsymbol{f}_m,\\ \boldsymbol{\varphi}(\boldsymbol{e}_2)=a_{21}\boldsymbol{f}_1+a_{22}\boldsymbol{f}_2+\cdots+a_{2m}\boldsymbol{f}_m,\\ \qquad\cdots\cdots\cdots\cdots\\ \boldsymbol{\varphi}(\boldsymbol{e}_n)=a_{n1}\boldsymbol{f}_1+a_{n2}\boldsymbol{f}_2+\cdots+a_{nm}\boldsymbol{f}_m.\end{cases}\tag{4.3.1}$$

因为 $\boldsymbol{\alpha}=\lambda_1\boldsymbol{e}_1+\lambda_2\boldsymbol{e}_2+\cdots+\lambda_n\boldsymbol{e}_n$, 故

$$\begin{aligned}\boldsymbol{\varphi}(\boldsymbol{\alpha}) &= \lambda_1\boldsymbol{\varphi}(\boldsymbol{e}_1)+\lambda_2\boldsymbol{\varphi}(\boldsymbol{e}_2)+\cdots+\lambda_n\boldsymbol{\varphi}(\boldsymbol{e}_n)\\ &= \lambda_1(\sum_{j=1}^m a_{1j}\boldsymbol{f}_j)+\lambda_2(\sum_{j=1}^m a_{2j}\boldsymbol{f}_j)+\cdots+\lambda_n(\sum_{j=1}^m a_{nj}\boldsymbol{f}_j)\\ &= (\sum_{i=1}^n \lambda_i a_{i1})\boldsymbol{f}_1+(\sum_{i=1}^n \lambda_i a_{i2})\boldsymbol{f}_2+\cdots+(\sum_{i=1}^n \lambda_i a_{im})\boldsymbol{f}_m.\end{aligned}$$

这表明 $\boldsymbol{\varphi}(\boldsymbol{\alpha})$ 在 $\{\boldsymbol{f}_1,\boldsymbol{f}_2,\cdots,\boldsymbol{f}_m\}$ 下的坐标向量 $(\mu_1,\mu_2,\cdots,\mu_m)'$ 为

$$\begin{pmatrix}\mu_1\\ \mu_2\\ \vdots\\ \mu_m\end{pmatrix}=\begin{pmatrix}a_{11} & a_{21} & \cdots & a_{n1}\\ a_{12} & a_{22} & \cdots & a_{n2}\\ \vdots & \vdots & & \vdots\\ a_{1m} & a_{2m} & \cdots & a_{nm}\end{pmatrix}\begin{pmatrix}\lambda_1\\ \lambda_2\\ \vdots\\ \lambda_n\end{pmatrix}. \tag{4.3.2}$$

上式中的矩阵 $\boldsymbol{A}=(a_{ji})_{m\times n}$ 是 (4.3.1) 式中系数矩阵的转置. 我们称这个矩阵为 $\boldsymbol{\varphi}$ 在给定基 $\{\boldsymbol{e}_1,\boldsymbol{e}_2,\cdots,\boldsymbol{e}_n\}$ 与 $\{\boldsymbol{f}_1,\boldsymbol{f}_2,\cdots,\boldsymbol{f}_m\}$ 下的表示矩阵, 或简称为 $\boldsymbol{\varphi}$ 在给定基下的矩阵.

注意 (4.3.1) 式和 (4.3.2) 式是等价的. 我们在上面从 (4.3.1) 式推出了 (4.3.2) 式. 反过来, 如果 (4.3.2) 式成立, 即 V 中向量 $\boldsymbol{\alpha}$ 在线性映射 $\boldsymbol{\varphi}$ 的作用下其坐标向量可以用 (4.3.2) 式来表示, 则由 $\boldsymbol{e}_1$ 的坐标向量是 $(1,0,\cdots,0)'$ 以及 (4.3.2) 式得到 $\boldsymbol{\varphi}(\boldsymbol{e}_1)$ 的坐标向量是 $(a_{11},a_{12},\cdots,a_{1m})'$ (即表示矩阵的第一个列向量). 因此

$$\boldsymbol{\varphi}(\boldsymbol{e}_1)=a_{11}\boldsymbol{f}_1+a_{12}\boldsymbol{f}_2+\cdots+a_{1m}\boldsymbol{f}_m.$$

同理,

$$\boldsymbol{\varphi}(\boldsymbol{e}_i)=a_{i1}\boldsymbol{f}_1+a_{i2}\boldsymbol{f}_2+\cdots+a_{im}\boldsymbol{f}_m.$$

于是我们得到了 (4.3.1) 式.

我们在给定基后, 由从 V 到 U 的一个线性映射得到了一个 $m\times n$ 矩阵. 反过来, 给定一个 $\mathbb{K}$ 上的 $m\times n$ 矩阵 $\boldsymbol{A}=(a_{ji})$, 由引理 4.3.1, 我们可以得到 $V\to U$ 的唯一一个线性映射 $\boldsymbol{\varphi}$, 使 $\boldsymbol{\varphi}(\boldsymbol{e}_i)$ 适合 (4.3.1) 式.

若记 $\mathcal{L}(V,U)$ 为从 V 到 U 的线性映射全体组成的集合, $M_{m\times n}(\mathbb{K})$ 是 $\mathbb{K}$ 上 $m\times n$ 矩阵全体组成的集合, 则我们得到了一个从 $\mathcal{L}(V,U)$ 到 $M_{m\times n}(\mathbb{K})$ 的映射 $\boldsymbol{T}$, 对任意的 $\boldsymbol{\varphi}\in\mathcal{L}(V,U)$, $\boldsymbol{T}(\boldsymbol{\varphi})=\boldsymbol{A}$, 其中 $\boldsymbol{A}$ 是 $\boldsymbol{\varphi}$ 在给定基下的表示矩阵. 前面的分析告诉我们: $\boldsymbol{T}$ 是一个一一对应.

我们已经知道, $M_{m\times n}(\mathbb{K})$ 在矩阵的加法与数乘下是 $\mathbb{K}$ 上的线性空间, $\mathcal{L}(V,U)$ 也是 $\mathbb{K}$ 上的线性空间. 这两个线性空间同构吗? 即一一对应 $\boldsymbol{T}$ 保持加法运算和数乘运算吗?

先做一些符号上的说明. 假设 V 的基为 $\{\boldsymbol{e}_1,\boldsymbol{e}_2,\cdots,\boldsymbol{e}_n\}$, U 的基为 $\{\boldsymbol{f}_1, \boldsymbol{f}_2, \cdots, \boldsymbol{f}_m\}$. 记 $\boldsymbol{\eta}_1$ 是 V 到 $\mathbb{K}_n$ 的线性同构: 若 $\boldsymbol{\alpha}=a_1\boldsymbol{e}_1+a_2\boldsymbol{e}_2+\cdots+a_n\boldsymbol{e}_n$, 则

$$\boldsymbol{\eta}_1(\boldsymbol{\alpha})=(a_1,a_2,\cdots,a_n)'.$$

同样, 若 $\boldsymbol{\beta}=b_1\boldsymbol{f}_1+b_2\boldsymbol{f}_2+\cdots+b_m\boldsymbol{f}_m$, 则令

$$\boldsymbol{\eta}_2(\boldsymbol{\beta})=(b_1,b_2,\cdots,b_m)'.$$

设 $\boldsymbol{\varphi}\in\mathcal{L}(V,U)$, $\boldsymbol{T}(\boldsymbol{\varphi})=\boldsymbol{A}$ 是 $\boldsymbol{\varphi}$ 在给定基下的表示矩阵. 我们约定用 $\boldsymbol{\varphi}_{\boldsymbol{A}}$ 表示在例 4.1.3 中定义的从 $\mathbb{K}_n\to\mathbb{K}_m$ 的线性映射, 即若 $\boldsymbol{x}\in\mathbb{K}_n$, 则 $\boldsymbol{\varphi}_{\boldsymbol{A}}(\boldsymbol{x})=\boldsymbol{A}\boldsymbol{x}$.

定理 4.3.1 设 $\boldsymbol{T}$ 是由上面定义的从 $\mathcal{L}(V,U)$ 到 $M_{m\times n}(\mathbb{K})$ 的映射, 则 $\boldsymbol{T}$ 是一个线性同构. 不仅如此, $\boldsymbol{\eta}_2\boldsymbol{\varphi}=\boldsymbol{\varphi}_{\boldsymbol{A}}\boldsymbol{\eta}_1$, 即有图 4.1 所示的交换图.

$$\begin{array}{ccc} V & \xrightarrow{\ \boldsymbol{\varphi}\ } & U \\ \boldsymbol{\eta}_1\Big\downarrow & & \Big\downarrow\boldsymbol{\eta}_2 \\ \mathbb{K}_n & \xrightarrow{\ \boldsymbol{\varphi}_{\boldsymbol{A}}\ } & \mathbb{K}_m \end{array}$$

图 4.1

证明 我们先验证 $\boldsymbol{T}$ 是一个线性映射. 设 $\boldsymbol{\varphi},\boldsymbol{\psi}$ 是 $V\to U$ 的线性映射且 $\boldsymbol{T}(\boldsymbol{\varphi})=\boldsymbol{A}=(a_{ji})$, $\boldsymbol{T}(\boldsymbol{\psi})=\boldsymbol{B}=(b_{ji})$. 对任意的 $\boldsymbol{e}_i\ (i=1,2,\cdots,n)$, 有

$$\begin{aligned}(\boldsymbol{\varphi}+\boldsymbol{\psi})(\boldsymbol{e}_i) &= \boldsymbol{\varphi}(\boldsymbol{e}_i)+\boldsymbol{\psi}(\boldsymbol{e}_i)\\ &= \sum_{j=1}^m a_{ij}\boldsymbol{f}_j+\sum_{j=1}^m b_{ij}\boldsymbol{f}_j\\ &= \sum_{j=1}^m (a_{ij}+b_{ij})\boldsymbol{f}_j,\end{aligned}$$

因此

$$\boldsymbol{T}(\boldsymbol{\varphi}+\boldsymbol{\psi})=\boldsymbol{A}+\boldsymbol{B}=\boldsymbol{T}(\boldsymbol{\varphi})+\boldsymbol{T}(\boldsymbol{\psi}).$$

同理, 可证明对任意的 $k\in\mathbb{K}$ 及 $\boldsymbol{\varphi}\in\mathcal{L}(V,U)$, 有

$$\boldsymbol{T}(k\boldsymbol{\varphi})=k\boldsymbol{A}=k\boldsymbol{T}(\boldsymbol{\varphi}).$$

这表明 $\boldsymbol{T}$ 是线性映射. 因为 $\boldsymbol{T}$ 是一一对应, 故 $\boldsymbol{T}$ 是线性同构.

要证明图 4.1 所示的交换性, 只要对 V 的任一基向量 $\boldsymbol{e}_i$, 验证 $\boldsymbol{\eta}_2\boldsymbol{\varphi}(\boldsymbol{e}_i)=\boldsymbol{\varphi}_{\boldsymbol{A}}\boldsymbol{\eta}_1(\boldsymbol{e}_i)$ 即可. 设

$$\boldsymbol{A}=\begin{pmatrix} a_{11} & a_{21} & \cdots & a_{n1}\\ a_{12} & a_{22} & \cdots & a_{n2}\\ \vdots & \vdots & & \vdots\\ a_{1m} & a_{2m} & \cdots & a_{nm}\end{pmatrix},$$

则 $\boldsymbol{\varphi}(\boldsymbol{e}_i)=a_{i1}\boldsymbol{f}_1+a_{i2}\boldsymbol{f}_2+\cdots+a_{im}\boldsymbol{f}_m$, 故

$$\boldsymbol{\eta}_2\boldsymbol{\varphi}(\boldsymbol{e}_i)=\begin{pmatrix}a_{i1}\\a_{i2}\\\vdots\\a_{im}\end{pmatrix}.$$

注意到 $\boldsymbol{\eta}_1(\boldsymbol{e}_i)$ 是第 i 个标准单位列向量, 因此 $\boldsymbol{\varphi}_{\boldsymbol{A}}\boldsymbol{\eta}_1(\boldsymbol{e}_i)$ 就等于 $\boldsymbol{A}$ 的第 i 个列向量, 即 $\boldsymbol{\varphi}_{\boldsymbol{A}}\boldsymbol{\eta}_1(\boldsymbol{e}_i)=\boldsymbol{\eta}_2\boldsymbol{\varphi}(\boldsymbol{e}_i)$. 图的交换性成立. □

下面的定理告诉我们, 矩阵乘法的几何意义是线性映射的复合.

定理 4.3.2 同定理 4.3.1 的假设, 再设 W 是 $\mathbb{K}$ 上的线性空间, $\{\boldsymbol{g}_1,\boldsymbol{g}_2,\cdots,\boldsymbol{g}_p\}$ 是 W 的一组基, $\psi\in\mathcal{L}(U,W)$, 则 $\boldsymbol{T}(\boldsymbol{\psi\varphi})=\boldsymbol{T}(\boldsymbol{\psi})\boldsymbol{T}(\boldsymbol{\varphi})$.

证明 设 $\boldsymbol{T}(\boldsymbol{\varphi})=\boldsymbol{A}=(a_{ji})_{m\times n}$, $\boldsymbol{T}(\boldsymbol{\psi})=\boldsymbol{B}=(b_{kj})_{p\times m}$ 分别是 $\boldsymbol{\varphi},\boldsymbol{\psi}$ 在给定基下的表示矩阵, 又 $\boldsymbol{\alpha}=\lambda_1\boldsymbol{e}_1+\lambda_2\boldsymbol{e}_2+\cdots+\lambda_n\boldsymbol{e}_n$ 是 V 中任一向量, 则 $\boldsymbol{\varphi}(\boldsymbol{\alpha})$ 的坐标向量为

$$\begin{pmatrix}\mu_1\\\mu_2\\\vdots\\\mu_m\end{pmatrix}=\boldsymbol{A}\begin{pmatrix}\lambda_1\\\lambda_2\\\vdots\\\lambda_n\end{pmatrix}.$$

$\boldsymbol{\psi}(\boldsymbol{\varphi}(\boldsymbol{\alpha}))$ 的坐标向量为

$$\begin{pmatrix}\xi_1\\\xi_2\\\vdots\\\xi_p\end{pmatrix}=\boldsymbol{B}\begin{pmatrix}\mu_1\\\mu_2\\\vdots\\\mu_m\end{pmatrix}.$$

因此

$$\begin{pmatrix}\xi_1\\\xi_2\\\vdots\\\xi_p\end{pmatrix}=\boldsymbol{BA}\begin{pmatrix}\lambda_1\\\lambda_2\\\vdots\\\lambda_n\end{pmatrix}.$$

这表明 $\boldsymbol{T}(\boldsymbol{\psi\varphi})=\boldsymbol{BA}=\boldsymbol{T}(\boldsymbol{\psi})\boldsymbol{T}(\boldsymbol{\varphi})$. □

现在我们考察 V 上全体线性变换 $\mathcal{L}(V)$. 取定 V 的一组基 $\{\boldsymbol{e}_1,\boldsymbol{e}_2,\cdots,\boldsymbol{e}_n\}$, 对任一 $\varphi\in\mathcal{L}(V)$, 设

$$\begin{cases}\varphi(\boldsymbol{e}_1)=a_{11}\boldsymbol{e}_1+a_{12}\boldsymbol{e}_2+\cdots+a_{1n}\boldsymbol{e}_n,\\ \varphi(\boldsymbol{e}_2)=a_{21}\boldsymbol{e}_1+a_{22}\boldsymbol{e}_2+\cdots+a_{2n}\boldsymbol{e}_n,\\ \qquad\cdots\cdots\cdots\cdots\\ \varphi(\boldsymbol{e}_n)=a_{n1}\boldsymbol{e}_1+a_{n2}\boldsymbol{e}_2+\cdots+a_{nn}\boldsymbol{e}_n,\end{cases}\tag{4.3.3}$$

则 φ 在基 $\{\boldsymbol{e}_1,\boldsymbol{e}_2,\cdots,\boldsymbol{e}_n\}$ 下的表示矩阵定义为 n 阶方阵 $\boldsymbol{A}=(a_{ji})$, 即 (4.3.3) 式中系数矩阵的转置, 记为 $\boldsymbol{T}(\varphi)=\boldsymbol{A}$.

定理 4.3.3 $\boldsymbol{T}:\mathcal{L}(V)\to M_n(\mathbb{K})$ 是线性同构, 并对任意的 $\varphi,\psi\in\mathcal{L}(V)$, 有

$$\boldsymbol{T}(\psi\varphi)=\boldsymbol{T}(\psi)\boldsymbol{T}(\varphi),$$

即 $\boldsymbol{T}$ 保持了乘法.

证明 由类似于定理 4.3.1 和定理 4.3.2 的证明可得结论. □

推论 4.3.1 上述同构 $\boldsymbol{T}$ 有下列性质:

(1) $\boldsymbol{T}(\boldsymbol{I}_V)=\boldsymbol{I}_n$;

(2) φ 是 V 上自同构的充分必要条件是 $\boldsymbol{T}(\varphi)$ 为可逆阵且这时有

$$\boldsymbol{T}(\varphi^{-1})=\boldsymbol{T}(\varphi)^{-1}.$$

证明 (1) 当 $\varphi=\boldsymbol{I}_V$ 时, (4.3.3) 式中的系数矩阵为 $\boldsymbol{I}_n$, 其转置也为 $\boldsymbol{I}_n$, 因此结论成立.

(2) 由 $\varphi\varphi^{-1}=\boldsymbol{I}_V$, 得

$$\boldsymbol{T}(\varphi)\boldsymbol{T}(\varphi^{-1})=\boldsymbol{T}(\varphi\varphi^{-1})=\boldsymbol{T}(\boldsymbol{I}_V)=\boldsymbol{I}_n.$$

此即 $\boldsymbol{T}(\varphi^{-1})=\boldsymbol{T}(\varphi)^{-1}$. 充分性也不难验证. □

上面的这些结论在线性映射与矩阵之间建立起了桥梁, 它使我们能用代数的工具 (矩阵) 来研究几何的对象 (线性映射), 也能用几何的方法 (线性映射) 来研究代数的对象 (矩阵).

我们继续讨论线性变换的问题. 我们知道线性变换的表示矩阵是与线性空间中的基联系在一起的. 一般来说, 当基发生变化时, 同一个线性变换在不同基下的表示矩阵是不相同的. 如果我们已经知道了两组基及其过渡矩阵, 同一个线性变换在这两组基下的表示矩阵有什么关系呢?

定理 4.3.4 设 V 是数域 $\mathbb{K}$ 上的线性空间, $\varphi \in \mathcal{L}(V)$, 又设 $\{\boldsymbol{e}_1, \boldsymbol{e}_2, \cdots, \boldsymbol{e}_n\}$ 及 $\{\boldsymbol{f}_1, \boldsymbol{f}_2, \cdots, \boldsymbol{f}_n\}$ 是 V 的两组基且从 $\{\boldsymbol{e}_1, \boldsymbol{e}_2, \cdots, \boldsymbol{e}_n\}$ 到 $\{\boldsymbol{f}_1, \boldsymbol{f}_2, \cdots, \boldsymbol{f}_n\}$ 的过渡矩阵为 $\boldsymbol{P}$. 若 φ 在基 $\{\boldsymbol{e}_1, \boldsymbol{e}_2, \cdots, \boldsymbol{e}_n\}$ 下的表示矩阵为 $\boldsymbol{A}$, 在基 $\{\boldsymbol{f}_1, \boldsymbol{f}_2, \cdots, \boldsymbol{f}_n\}$ 下的表示矩阵为 $\boldsymbol{B}$, 则

$$\boldsymbol{B} = \boldsymbol{P}^{-1}\boldsymbol{A}\boldsymbol{P}.$$

证明　设 $\boldsymbol{\alpha}$ 是 V 中任一向量且

$$\boldsymbol{\alpha} = \lambda_1\boldsymbol{e}_1 + \lambda_2\boldsymbol{e}_2 + \cdots + \lambda_n\boldsymbol{e}_n = \mu_1\boldsymbol{f}_1 + \mu_2\boldsymbol{f}_2 + \cdots + \mu_n\boldsymbol{f}_n,$$

则由第三章中的 (3.8.3) 式得

$$\begin{pmatrix} \lambda_1 \\ \lambda_2 \\ \vdots \\ \lambda_n \end{pmatrix} = \boldsymbol{P} \begin{pmatrix} \mu_1 \\ \mu_2 \\ \vdots \\ \mu_n \end{pmatrix}. \tag{4.3.4}$$

设

$$\boldsymbol{\varphi}(\boldsymbol{\alpha}) = \xi_1\boldsymbol{e}_1 + \xi_2\boldsymbol{e}_2 + \cdots + \xi_n\boldsymbol{e}_n = \eta_1\boldsymbol{f}_1 + \eta_2\boldsymbol{f}_2 + \cdots + \eta_n\boldsymbol{f}_n, \tag{4.3.5}$$

则由 (4.3.2) 式得

$$\begin{pmatrix} \xi_1 \\ \xi_2 \\ \vdots \\ \xi_n \end{pmatrix} = \boldsymbol{A} \begin{pmatrix} \lambda_1 \\ \lambda_2 \\ \vdots \\ \lambda_n \end{pmatrix}, \quad \begin{pmatrix} \eta_1 \\ \eta_2 \\ \vdots \\ \eta_n \end{pmatrix} = \boldsymbol{B} \begin{pmatrix} \mu_1 \\ \mu_2 \\ \vdots \\ \mu_n \end{pmatrix}. \tag{4.3.6}$$

另一方面由 (4.3.5) 式及第三章的 (3.8.3) 式有

$$\begin{pmatrix} \xi_1 \\ \xi_2 \\ \vdots \\ \xi_n \end{pmatrix} = \boldsymbol{P} \begin{pmatrix} \eta_1 \\ \eta_2 \\ \vdots \\ \eta_n \end{pmatrix}. \tag{4.3.7}$$

由 (4.3.4) 式、(4.3.6) 式和 (4.3.7) 式得

$$\boldsymbol{P}\boldsymbol{B} \begin{pmatrix} \mu_1 \\ \mu_2 \\ \vdots \\ \mu_n \end{pmatrix} = \boldsymbol{A}\boldsymbol{P} \begin{pmatrix} \mu_1 \\ \mu_2 \\ \vdots \\ \mu_n \end{pmatrix}. \tag{4.3.8}$$

但 $\boldsymbol{\alpha}$ 是任意的, 即 (4.3.8) 式中的 μ_i 是任意的, 因此

$$\boldsymbol{PB}=\boldsymbol{AP},$$

即

$$\boldsymbol{B}=\boldsymbol{P}^{-1}\boldsymbol{AP}. \ \square$$

定义 4.3.1 若 $\boldsymbol{A},\boldsymbol{B}$ 为 n 阶方阵且存在 n 阶非异阵 $\boldsymbol{P}$, 使

$$\boldsymbol{B}=\boldsymbol{P}^{-1}\boldsymbol{AP},$$

则称 $\boldsymbol{A}$ 与 $\boldsymbol{B}$ 相似, 记为 $\boldsymbol{A}\approx\boldsymbol{B}$.

定理 4.3.4 表明: V 上的线性变换 φ 在不同基下的表示矩阵是相似的.

命题 4.3.1 相似关系是一种等价关系, 即

(1) $\boldsymbol{A}\approx\boldsymbol{A}$;

(2) 若 $\boldsymbol{A}\approx\boldsymbol{B}$, 则 $\boldsymbol{B}\approx\boldsymbol{A}$;

(3) 若 $\boldsymbol{A}\approx\boldsymbol{B}$, $\boldsymbol{B}\approx\boldsymbol{C}$, 则 $\boldsymbol{A}\approx\boldsymbol{C}$.

证明 (1) $\boldsymbol{A}=\boldsymbol{I}_n^{-1}\boldsymbol{A}\boldsymbol{I}_n$, 故 $\boldsymbol{A}\approx\boldsymbol{A}$.

(2) 若 $\boldsymbol{B}=\boldsymbol{P}^{-1}\boldsymbol{AP}$, 则 $\boldsymbol{A}=\boldsymbol{PBP}^{-1}$, 因此 $\boldsymbol{B}\approx\boldsymbol{A}$.

(3) 若 $\boldsymbol{B}=\boldsymbol{P}^{-1}\boldsymbol{AP}$, $\boldsymbol{C}=\boldsymbol{Q}^{-1}\boldsymbol{BQ}$, 则 $\boldsymbol{C}=(\boldsymbol{PQ})^{-1}\boldsymbol{A}(\boldsymbol{PQ})$, 故 $\boldsymbol{A}\approx\boldsymbol{C}$. $\square$

定理 4.3.4 揭示了同一线性变换在不同基下表示矩阵之间的关系. 一个十分重要的问题是: 对一个线性变换 φ 能否找到一组适当的基, 使 φ 在这组基下的表示矩阵具有比较简单的形状? 这个问题的代数提法是: 给定一个 n 阶矩阵 $\boldsymbol{A}$, 能否找到一种方法, 使得 $\boldsymbol{A}$ 相似于一个比较简单的矩阵? 我们将在第六章和第七章探讨这一问题.

习　题　4.3

1. 设 V 是实数域上次数小于 n 的一元多项式全体组成的线性空间, φ 为多项式的求导运算. 试求 φ 在 V 的基 $\{1,x,\cdots,x^{n-1}\}$ 下的表示矩阵.

2. 设 $\mathbb{K}^4$ 上的线性变换 φ 在一组基 $\{\boldsymbol{e}_1,\boldsymbol{e}_2,\boldsymbol{e}_3,\boldsymbol{e}_4\}$ 下的表示矩阵为

$$\begin{pmatrix} 1 & 2 & 3 & 2 \\ -1 & 0 & 3 & 1 \\ 2 & 1 & 5 & -1 \\ 1 & 1 & 2 & 2 \end{pmatrix},$$

试求 φ 在下列基下的表示矩阵:

(1) $\{\boldsymbol{e}_4,\boldsymbol{e}_3,\boldsymbol{e}_2,\boldsymbol{e}_1\}$;

(2) $\{\boldsymbol{e}_1,\boldsymbol{e}_1+\boldsymbol{e}_2,\boldsymbol{e}_1+\boldsymbol{e}_2+\boldsymbol{e}_3,\boldsymbol{e}_1+\boldsymbol{e}_2+\boldsymbol{e}_3+\boldsymbol{e}_4\}$.

3. 设 V 是 Descartes 平面, 试求绕原点逆时针旋转 θ 角的线性变换在基 $\{(1,0),(0,1)\}$ 下的表示矩阵.

4. 设 φ,ψ 是线性空间 V 上的线性变换, 且 φ 是可逆变换. 设 φ,ψ 在 V 的第一组基下的表示矩阵分别为 $\boldsymbol{A},\boldsymbol{B}$, 又第一组基到第二组基的过渡矩阵为 $\boldsymbol{P}$, 试求线性变换 $\psi\varphi^{-2}+2\varphi+\boldsymbol{I}_V$ 在 V 的第二组基下的表示矩阵.

5. 设 V,U 分别是数域 $\mathbb{K}$ 上的 n,m 维线性空间, 求证: $\mathcal{L}(V,U)$ 是 mn 维线性空间.

6. 证明: 相似的矩阵具有相同的迹和行列式, 即迹和行列式是矩阵在相似关系下的不变量.

7. 设 $\boldsymbol{A},\boldsymbol{B}$ 是 n 阶方阵且 $\boldsymbol{A}$ 可逆, 求证: $\boldsymbol{AB}$ 与 $\boldsymbol{BA}$ 相似.

8. 试求出只与自己相似的所有 n 阶矩阵.

9. 若 $\boldsymbol{A}$ 与 $\boldsymbol{B}$ 相似, $\boldsymbol{C}$ 与 $\boldsymbol{D}$ 相似, 证明下列分块矩阵也相似:

$$\begin{pmatrix}\boldsymbol{A} & \boldsymbol{O}\\ \boldsymbol{O} & \boldsymbol{C}\end{pmatrix},\quad \begin{pmatrix}\boldsymbol{B} & \boldsymbol{O}\\ \boldsymbol{O} & \boldsymbol{D}\end{pmatrix}.$$

10. 设 $\boldsymbol{A}$ 为数域 $\mathbb{K}$ 上的 n 阶方阵, 求证: 以下三种变换都是相似变换, 称为相似初等变换:

(1) 对换 $\boldsymbol{A}$ 的第 i 行与第 j 行, 再对换第 i 列与第 j 列;

(2) 将 $\boldsymbol{A}$ 的第 i 行乘以非零常数 c, 再将第 i 列乘以 c^{-1};

(3) 将 $\boldsymbol{A}$ 的第 i 行乘以常数 c 加到第 j 行上, 再将第 j 列乘以 $-c$ 加到第 i 列上.

11. 证明: 任一相似变换都是若干次相似初等变换的复合.

12. 设 $\boldsymbol{A}$ 是具有相同行列分块方式的分块矩阵, 求证: 以下三种变换都是相似变换, 称为相似分块初等变换:

(1) 对换 $\boldsymbol{A}$ 的第 i 分块行与第 j 分块行, 再对换第 i 分块列与第 j 分块列;

(2) 将 $\boldsymbol{A}$ 的第 i 分块行左乘非异阵 $\boldsymbol{M}$, 再将第 i 分块列右乘 $\boldsymbol{M}^{-1}$;

(3) 将 $\boldsymbol{A}$ 的第 i 分块行左乘矩阵 $\boldsymbol{M}$ 加到第 j 分块行上, 再将第 j 分块列右乘 $-\boldsymbol{M}$ 加到第 i 分块列上.

13. 证明定理 4.3.4 的逆命题: 若 n 阶方阵 $\boldsymbol{A}$ 与 $\boldsymbol{B}$ 相似, 则它们可看成是同一个线性变换在两组基下的表示矩阵.

14. 设 φ 是线性空间 V 到 U 的线性映射, $\{\boldsymbol{e}_1,\boldsymbol{e}_2,\cdots,\boldsymbol{e}_n\}$ 和 $\{\boldsymbol{f}_1,\boldsymbol{f}_2,\cdots,\boldsymbol{f}_n\}$ 是 V 的两组基, $\{\boldsymbol{e}_1,\boldsymbol{e}_2,\cdots,\boldsymbol{e}_n\}$ 到 $\{\boldsymbol{f}_1,\boldsymbol{f}_2,\cdots,\boldsymbol{f}_n\}$ 的过渡矩阵为 $\boldsymbol{P}$. $\{\boldsymbol{g}_1,\boldsymbol{g}_2,\cdots,\boldsymbol{g}_m\}$ 和 $\{\boldsymbol{h}_1,\boldsymbol{h}_2,\cdots,\boldsymbol{h}_m\}$ 是 U 的两组基, $\{\boldsymbol{g}_1,\boldsymbol{g}_2,\cdots,\boldsymbol{g}_m\}$ 到 $\{\boldsymbol{h}_1,\boldsymbol{h}_2,\cdots,\boldsymbol{h}_m\}$ 的过渡矩阵为 $\boldsymbol{Q}$. 又设 φ 在基 $\{\boldsymbol{e}_1,\boldsymbol{e}_2,\cdots,\boldsymbol{e}_n\}$ 和基 $\{\boldsymbol{g}_1,\boldsymbol{g}_2,\cdots,\boldsymbol{g}_m\}$ 下的表示矩阵为 $\boldsymbol{A}$, 在基 $\{\boldsymbol{f}_1,\boldsymbol{f}_2,\cdots,\boldsymbol{f}_n\}$ 和基 $\{\boldsymbol{h}_1,\boldsymbol{h}_2,\cdots,\boldsymbol{h}_m\}$ 下的表示矩阵为 $\boldsymbol{B}$. 求证: $\boldsymbol{B}=\boldsymbol{Q}^{-1}\boldsymbol{AP}$.

§ 4.4 线性映射的像与核

定义 4.4.1 设 φ 是数域 $\mathbb{K}$ 上线性空间 V 到 U 的线性映射, φ 的全体像元素组成 U 的子集称为 φ 的像, 记为 $\mathrm{Im}\,\varphi$. 又, V 中在 φ 下映射为零向量的全体向量构成 V 的子集, 称为 φ 的核, 记为 $\mathrm{Ker}\,\varphi$.

命题 4.4.1 设 φ 是线性空间 $V \to U$ 的线性映射, 则 $\mathrm{Im}\,\varphi$ 是 U 的子空间, $\mathrm{Ker}\,\varphi$ 是 V 的子空间.

证明 设 $\boldsymbol{\alpha}, \boldsymbol{\beta} \in \mathrm{Im}\,\varphi$, 则有 V 中向量 $\boldsymbol{u}, \boldsymbol{v}$, 使

$$\boldsymbol{\alpha} = \varphi(\boldsymbol{u}),\ \boldsymbol{\beta} = \varphi(\boldsymbol{v}).$$

由于 $\varphi(\boldsymbol{u}+\boldsymbol{v}) = \varphi(\boldsymbol{u}) + \varphi(\boldsymbol{v}) = \boldsymbol{\alpha} + \boldsymbol{\beta}$, 故 $\boldsymbol{\alpha} + \boldsymbol{\beta} \in \mathrm{Im}\,\varphi$. 若 $k \in \mathbb{K}$, 则 $\varphi(k\boldsymbol{u}) = k\varphi(\boldsymbol{u}) = k\boldsymbol{\alpha}$, 故 $k\boldsymbol{\alpha} \in \mathrm{Im}\,\varphi$. 因此 $\mathrm{Im}\,\varphi$ 是 U 的子空间.

设 $\boldsymbol{u}, \boldsymbol{v} \in \mathrm{Ker}\,\varphi$, 则 $\varphi(\boldsymbol{u}) = \varphi(\boldsymbol{v}) = \boldsymbol{0}$, 从而

$$\varphi(\boldsymbol{u}+\boldsymbol{v}) = \varphi(\boldsymbol{u}) + \varphi(\boldsymbol{v}) = \boldsymbol{0},$$

这说明 $\boldsymbol{u}+\boldsymbol{v} \in \mathrm{Ker}\,\varphi$. 类似地可证明 $k\boldsymbol{u} \in \mathrm{Ker}\,\varphi$. 因此 $\mathrm{Ker}\,\varphi$ 是 V 的子空间. □

推论 4.4.1 线性映射 φ 是满映射的充分必要条件是 $\dim \mathrm{Im}\,\varphi = \dim U$; 线性映射 φ 是单映射的充分必要条件是 $\mathrm{Ker}\,\varphi = 0$.

证明 第一个结论显然成立. 对第二个结论, 设 φ 是单映射, 若 $\boldsymbol{v} \in \mathrm{Ker}\,\varphi$, 则 $\varphi(\boldsymbol{v}) = \boldsymbol{0} = \varphi(\boldsymbol{0})$, 于是 $\boldsymbol{v} = \boldsymbol{0}$, 即 $\mathrm{Ker}\,\varphi = 0$. 反之, 设 $\mathrm{Ker}\,\varphi = 0$, 若 $\varphi(\boldsymbol{u}) = \varphi(\boldsymbol{v})$, 则 $\varphi(\boldsymbol{u}-\boldsymbol{v}) = \varphi(\boldsymbol{u}) - \varphi(\boldsymbol{v}) = \boldsymbol{0}$, 故 $\boldsymbol{u}-\boldsymbol{v} = \boldsymbol{0}$, 即 $\boldsymbol{u} = \boldsymbol{v}$. □

定义 4.4.2 设 φ 是 $V \to U$ 的线性映射. 像空间 $\mathrm{Im}\,\varphi$ 的维数称为 φ 的秩, 记作 $\mathrm{r}(\varphi)$. 核空间 $\mathrm{Ker}\,\varphi$ 的维数称为 φ 的零度.

如果已知一个线性映射的表示矩阵, 那么它的像空间和核空间的维数如何确定? 像空间和核空间如何用已知的基向量来表示? 在回答这些问题之前, 我们先通过一个引理引入线性映射的限制的概念, 这一概念在后面将会经常用到.

引理 4.4.1 设 $\varphi: V \to U$ 为线性映射, $V' \subseteq V$, $U' \subseteq U$ 为子空间且满足 $\varphi(V') \subseteq U'$, 则通过定义域的限制可得线性映射 $\varphi': V' \to U'$, 使得 φ' 与 φ 具有相同的映射法则. 进一步, 若 φ 是单映射, 则 φ' 也是单映射.

证明　定义 $\varphi': V' \to U'$ 如下: 对任一 $\boldsymbol{v}' \in V'$, $\varphi'(\boldsymbol{v}') = \varphi(\boldsymbol{v}') \in U'$. 显然 φ' 是一个定义好的映射, 它其实是将 φ 的定义域限制在 V' 上得到的映射, 当然与 φ 具有相同的映射法则. 由 φ 是线性映射容易验证 φ' 也是线性映射. 注意到 $\operatorname{Ker}\varphi' = \operatorname{Ker}\varphi \cap V'$, 因此第二个结论由推论 4.4.1 即得. □

例 4.4.1　设 V 是 Descartes 平面, φ 是绕原点逆时针旋转 θ 角的线性变换. 设 V' 是 x–轴所在的一维子空间, U' 是 θ 角直线所在的一维子空间, 则限制映射 $\varphi': V' \to U'$ 不仅是单线性映射, 也是满线性映射.

定理 4.4.1　设 V, U 分别是数域 $\mathbb{K}$ 上的 n 维和 m 维线性空间, 又设 $\{\boldsymbol{e}_1, \boldsymbol{e}_2, \cdots, \boldsymbol{e}_n\}$ 是 V 的基, $\{\boldsymbol{f}_1, \boldsymbol{f}_2, \cdots, \boldsymbol{f}_m\}$ 是 U 的基. 设 φ 是 $V \to U$ 的线性映射, 它在给定基下的表示矩阵为 $\boldsymbol{A}$, 则

$$\dim \operatorname{Im}\varphi = \operatorname{rank}(\boldsymbol{A}), \quad \dim \operatorname{Ker}\varphi = n - \operatorname{rank}(\boldsymbol{A}).$$

证明　我们沿用定理 4.3.1 中的记号和术语. 考虑定理 4.3.1 中的交换图 4.1.

我们先证明 $\boldsymbol{\eta}_1(\operatorname{Ker}\varphi) \subseteq \operatorname{Ker}\varphi_{\boldsymbol{A}}$, $\boldsymbol{\eta}_2(\operatorname{Im}\varphi) \subseteq \operatorname{Im}\varphi_{\boldsymbol{A}}$. 任取 $\boldsymbol{v} \in \operatorname{Ker}\varphi$, 则由图 4.1 的交换性可得 $\varphi_{\boldsymbol{A}}(\boldsymbol{\eta}_1(\boldsymbol{v})) = \boldsymbol{\eta}_2(\varphi(\boldsymbol{v})) = \boldsymbol{\eta}_2(\boldsymbol{0}) = \boldsymbol{0}$, 即 $\boldsymbol{\eta}_1(\boldsymbol{v}) \in \operatorname{Ker}\varphi_{\boldsymbol{A}}$, 从而 $\boldsymbol{\eta}_1(\operatorname{Ker}\varphi) \subseteq \operatorname{Ker}\varphi_{\boldsymbol{A}}$. 任取 $\boldsymbol{u} \in \operatorname{Im}\varphi$, 则存在 $\boldsymbol{v} \in V$ 使得 $\boldsymbol{u} = \varphi(\boldsymbol{v})$, 由图 4.1 的交换性可得 $\boldsymbol{\eta}_2(\boldsymbol{u}) = \boldsymbol{\eta}_2(\varphi(\boldsymbol{v})) = \varphi_{\boldsymbol{A}}(\boldsymbol{\eta}_1(\boldsymbol{v})) \in \operatorname{Im}\varphi_{\boldsymbol{A}}$, 从而 $\boldsymbol{\eta}_2(\operatorname{Im}\varphi) \subseteq \operatorname{Im}\varphi_{\boldsymbol{A}}$.

注意到 $\boldsymbol{\eta}_1, \boldsymbol{\eta}_2$ 都是线性同构, 由引理 4.4.1 通过定义域的限制可以得到两个单线性映射 $\boldsymbol{\eta}_1': \operatorname{Ker}\varphi \to \operatorname{Ker}\varphi_{\boldsymbol{A}}$ 和 $\boldsymbol{\eta}_2': \operatorname{Im}\varphi \to \operatorname{Im}\varphi_{\boldsymbol{A}}$. 接下去我们证明这两个线性映射也是满射. 任取 $\boldsymbol{\alpha} \in \operatorname{Ker}\varphi_{\boldsymbol{A}}$, 因为 $\boldsymbol{\eta}_1$ 是一一对应, 故存在 $\boldsymbol{v} \in V$, 使得 $\boldsymbol{\eta}_1(\boldsymbol{v}) = \boldsymbol{\alpha}$, 于是由图 4.1 的交换性可得 $\boldsymbol{0} = \varphi_{\boldsymbol{A}}(\boldsymbol{\alpha}) = \varphi_{\boldsymbol{A}}(\boldsymbol{\eta}_1(\boldsymbol{v})) = \boldsymbol{\eta}_2(\varphi(\boldsymbol{v}))$. 因为 $\boldsymbol{\eta}_2$ 也是一一对应, 故 $\varphi(\boldsymbol{v}) = \boldsymbol{0}$, 即 $\boldsymbol{v} \in \operatorname{Ker}\varphi$, 于是 $\boldsymbol{\eta}_1'(\boldsymbol{v}) = \boldsymbol{\eta}_1(\boldsymbol{v}) = \boldsymbol{\alpha}$, 即 $\boldsymbol{\eta}_1': \operatorname{Ker}\varphi \to \operatorname{Ker}\varphi_{\boldsymbol{A}}$ 是满射, 从而是线性同构. 任取 $\boldsymbol{\beta} \in \operatorname{Im}\varphi_{\boldsymbol{A}}$, 则存在 $\boldsymbol{\alpha} \in \mathbb{K}_n$, 使得 $\varphi_{\boldsymbol{A}}(\boldsymbol{\alpha}) = \boldsymbol{\beta}$. 因为 $\boldsymbol{\eta}_1$ 是一一对应, 故存在 $\boldsymbol{v} \in V$, 使得 $\boldsymbol{\eta}_1(\boldsymbol{v}) = \boldsymbol{\alpha}$, 于是由图 4.1 的交换性可得 $\boldsymbol{\beta} = \varphi_{\boldsymbol{A}}(\boldsymbol{\alpha}) = \varphi_{\boldsymbol{A}}(\boldsymbol{\eta}_1(\boldsymbol{v})) = \boldsymbol{\eta}_2(\varphi(\boldsymbol{v}))$. 令 $\boldsymbol{u} = \varphi(\boldsymbol{v}) \in \operatorname{Im}\varphi$, 则 $\boldsymbol{\eta}_2'(\boldsymbol{u}) = \boldsymbol{\eta}_2(\boldsymbol{u}) = \boldsymbol{\beta}$, 即 $\boldsymbol{\eta}_2': \operatorname{Im}\varphi \to \operatorname{Im}\varphi_{\boldsymbol{A}}$ 是满射, 从而是线性同构.

将 $\boldsymbol{A}$ 表示成列分块的形式:

$$\boldsymbol{A} = (\boldsymbol{\alpha}_1, \boldsymbol{\alpha}_2, \cdots, \boldsymbol{\alpha}_n),$$

其中 $\boldsymbol{\alpha}_j$ 是 $\boldsymbol{A}$ 的第 j 列向量. 任取 $\boldsymbol{x} = (x_1, x_2, \cdots, x_n)' \in \mathbb{K}_n$, 则 $\operatorname{Im}\varphi_{\boldsymbol{A}}$ 中的向量 $\varphi_{\boldsymbol{A}}(\boldsymbol{x}) = \boldsymbol{A}\boldsymbol{x} = x_1\boldsymbol{\alpha}_1 + x_2\boldsymbol{\alpha}_2 + \cdots + x_n\boldsymbol{\alpha}_n$, 其中 $x_1, x_2, \cdots, x_n$ 可取 $\mathbb{K}$ 中的任意数, 因此 $\operatorname{Im}\varphi_{\boldsymbol{A}} = L(\boldsymbol{\alpha}_1, \boldsymbol{\alpha}_2, \cdots, \boldsymbol{\alpha}_n)$. 由定理 3.9.1 知 $\dim \operatorname{Im}\varphi_{\boldsymbol{A}} = \operatorname{rank}(\boldsymbol{A})$.

因为 $\boldsymbol{\eta}_2': \operatorname{Im}\varphi \to \operatorname{Im}\varphi_A$ 是线性同构, 故 $\dim \operatorname{Im}\varphi = \operatorname{rank}(\boldsymbol{A})$. 又 $\operatorname{Ker}\varphi_{\boldsymbol{A}} = \{\boldsymbol{x} \in \mathbb{K}_n \mid \varphi_{\boldsymbol{A}}(\boldsymbol{x}) = \boldsymbol{A}\boldsymbol{x} = \boldsymbol{0}\}$, 即 $\operatorname{Ker}\varphi_{\boldsymbol{A}}$ 是齐次线性方程组 $\boldsymbol{A}\boldsymbol{x} = \boldsymbol{0}$ 的解空间, 由定理 3.10.2 知 $\dim \operatorname{Ker}\varphi_{\boldsymbol{A}} = n - \operatorname{rank}(\boldsymbol{A})$. 因为 $\boldsymbol{\eta}_1': \operatorname{Ker}\varphi \to \operatorname{Ker}\varphi_{\boldsymbol{A}}$ 是线性同构, 故 $\dim \operatorname{Ker}\varphi = n - \operatorname{rank}(\boldsymbol{A})$. □

由定理 4.4.1 即得如下两个重要的推论.

推论 4.4.2 (线性映射维数公式) 设 φ 是 $\mathbb{K}$ 上 n 维线性空间 V 到 $\mathbb{K}$ 上 m 维线性空间 U 的线性映射, 则

$$\dim \operatorname{Ker}\varphi + \dim \operatorname{Im}\varphi = \dim V.$$

推论 4.4.3 记号同上, φ 是满映射的充分必要条件是 $\mathrm{r}(\boldsymbol{A}) = m$, 即表示矩阵 $\boldsymbol{A}$ 是一个行满秩阵; φ 是单映射的充分必要条件是 $\mathrm{r}(\boldsymbol{A}) = n$, 即 $\boldsymbol{A}$ 是一个列满秩阵.

推论 4.4.4 n 维线性空间 V 上的线性变换 φ 是可逆变换的充分必要条件为它是单映射或它是满映射.

证明 若 φ 是单映射, 则 $\operatorname{Ker}\varphi = 0$. 由线性映射维数公式可得 $\dim \operatorname{Im}\varphi = n$, 即 φ 是满映射, 从而 φ 是可逆变换 (即自同构).

若 φ 是满映射, 则 $\dim \operatorname{Im}\varphi = n$, 由线性映射维数公式可得 $\operatorname{Ker}\varphi = 0$, 即 φ 是单映射, 从而也是自同构. □

推论 4.4.5 n 维线性空间 V 上的线性变换 φ 是单映射 (或满映射) 的充分必要条件为它在 V 的任意一组基下的表示矩阵是可逆阵.

证明 由推论 4.3.1 和推论 4.4.4 即得. 也可用代数方法来证明. 注意到一个 n 阶方阵 $\boldsymbol{A}$ 可逆的充分必要条件是 $\boldsymbol{A}$ 为行满秩阵或列满秩阵, 故由推论 4.4.3 即得结论. □

下面的例子将告诉我们如何计算像空间和核空间.

例 4.4.2 设 V 是 $\mathbb{K}$ 上五维空间, $\{\boldsymbol{e}_1, \boldsymbol{e}_2, \boldsymbol{e}_3, \boldsymbol{e}_4, \boldsymbol{e}_5\}$ 是 V 的基, U 是 $\mathbb{K}$ 上四维空间, $\{\boldsymbol{f}_1, \boldsymbol{f}_2, \boldsymbol{f}_3, \boldsymbol{f}_4\}$ 是 U 的基, 线性映射 $\varphi: V \to U$ 在上述基下的表示矩阵为

$$\boldsymbol{A} = \begin{pmatrix} 1 & 2 & 1 & -3 & 2 \\ 2 & 1 & 1 & 1 & -4 \\ 1 & 1 & 2 & 2 & -2 \\ 2 & 3 & -5 & -17 & 8 \end{pmatrix},$$

求 $\mathrm{Im}\,\varphi$ 和 $\mathrm{Ker}\,\varphi$.

解 对矩阵 $\boldsymbol{A}$ 进行初等行变换:

$$\boldsymbol{A}=\begin{pmatrix}1&2&1&-3&2\\2&1&1&1&-4\\1&1&2&2&-2\\2&3&-5&-17&8\end{pmatrix}\to\begin{pmatrix}1&2&1&-3&2\\0&-3&-1&7&-8\\0&-1&1&5&-4\\0&-1&-7&-11&4\end{pmatrix}\to$$

$$\begin{pmatrix}1&2&1&-3&2\\0&-1&1&5&-4\\0&-3&-1&7&-8\\0&-1&-7&-11&4\end{pmatrix}\to\begin{pmatrix}1&0&3&7&-6\\0&-1&1&5&-4\\0&0&-4&-8&4\\0&0&-8&-16&8\end{pmatrix}\to$$

$$\begin{pmatrix}1&0&3&7&-6\\0&1&-1&-5&4\\0&0&1&2&-1\\0&0&0&0&0\end{pmatrix}\to\begin{pmatrix}1&0&0&1&-3\\0&1&0&-3&3\\0&0&1&2&-1\\0&0&0&0&0\end{pmatrix}.$$

因此 $\mathrm{r}(\boldsymbol{A})=3$, 即 $\dim\mathrm{Im}\,\varphi=3$. 从上面可以看出 $\boldsymbol{A}$ 的前 3 个列向量线性无关, 因此它们可以组成 $\mathrm{Im}\,\varphi$ 的一组基, 故

$$\mathrm{Im}\,\varphi=k_1(\boldsymbol{f}_1+2\boldsymbol{f}_2+\boldsymbol{f}_3+2\boldsymbol{f}_4)+k_2(2\boldsymbol{f}_1+\boldsymbol{f}_2+\boldsymbol{f}_3+3\boldsymbol{f}_4)+k_3(\boldsymbol{f}_1+\boldsymbol{f}_2+2\boldsymbol{f}_3-5\boldsymbol{f}_4),$$

其中 k_i 可取 $\mathbb{K}$ 中的任意数.

方程 $\boldsymbol{Ax}=\boldsymbol{0}$ 的基础解系为

$$\boldsymbol{\alpha}_1=\begin{pmatrix}-1\\3\\-2\\1\\0\end{pmatrix},\quad\boldsymbol{\alpha}_2=\begin{pmatrix}3\\-3\\1\\0\\1\end{pmatrix}.$$

因此

$$\mathrm{Ker}\,\varphi=k_1(-\boldsymbol{e}_1+3\boldsymbol{e}_2-2\boldsymbol{e}_3+\boldsymbol{e}_4)+k_2(3\boldsymbol{e}_1-3\boldsymbol{e}_2+\boldsymbol{e}_3+\boldsymbol{e}_5),$$

其中 k_i 可取 $\mathbb{K}$ 中的任意数.

习 题 4.4

1. 设线性空间 V 上的线性变换 φ 在一组基 $\{\boldsymbol{e}_1,\boldsymbol{e}_2,\boldsymbol{e}_3,\boldsymbol{e}_4\}$ 下的表示矩阵为

$$\boldsymbol{A}=\begin{pmatrix}1&0&2&1\\-1&2&1&3\\1&2&5&5\\2&-2&1&-2\end{pmatrix},$$

求 φ 的核空间与像空间 (用基的线性组合来表示).

2. 设 $V=V_1\oplus V_2$, V 上的线性变换 φ 定义为:

$$\varphi(\boldsymbol{v}_1+\boldsymbol{v}_2)=\boldsymbol{v}_1,\ \boldsymbol{v}_1\in V_1,\ \boldsymbol{v}_2\in V_2.$$

求证: $\varphi^2=\varphi$, 并求 $\operatorname{Im}\varphi$ 及 $\operatorname{Ker}\varphi$. 又若 $\{\boldsymbol{e}_1,\cdots,\boldsymbol{e}_r\}$ 是 V_1 的基, $\{\boldsymbol{e}_{r+1},\cdots,\boldsymbol{e}_n\}$ 是 V_2 的基, 求 φ 在 V 的基 $\{\boldsymbol{e}_1,\cdots,\boldsymbol{e}_r,\boldsymbol{e}_{r+1},\cdots,\boldsymbol{e}_n\}$ 下的表示矩阵.

3. 设 V 是数域 $\mathbb{K}$ 上二阶矩阵全体组成的向量空间, 定义 V 上的线性变换 φ 如下:

$$\varphi(\boldsymbol{A})=\begin{pmatrix}1&1\\1&1\end{pmatrix}\boldsymbol{A}\begin{pmatrix}2&0\\0&1\end{pmatrix},$$

求 φ 的秩和零度.

4. 设 $V=M_n(\mathbb{K})$, 对任一 $\boldsymbol{A}\in V$, 定义 $\varphi(\boldsymbol{A})=\operatorname{tr}(\boldsymbol{A})$. 求证: φ 是 $V\to\mathbb{K}$ 的线性映射, 并求 $\operatorname{Ker}\varphi$ 的维数及其一组基.

5. 设 φ 是有限维线性空间 V 到 U 的线性映射, 且 V 的维数大于 U 的维数, 求证: $\operatorname{Ker}\varphi\neq 0$.

6. 设 φ 是有限维线性空间 $V\to V'$ 的线性映射, U 是 V' 的子空间且 $U\subseteq\operatorname{Im}\varphi$, 求证: $\varphi^{-1}(U)=\{\boldsymbol{v}\in V\,|\,\varphi(\boldsymbol{v})\in U\}$ 是 V 的子空间, 且

$$\dim U+\dim\operatorname{Ker}\varphi=\dim\varphi^{-1}(U).$$

7. 设 U 是有限维线性空间 V 的子空间, φ 是 V 上的线性变换, 求证:

(1) $\dim U-\dim\operatorname{Ker}\varphi\leq\dim\varphi(U)\leq\dim U$;

(2) $\dim\varphi^{-1}(U)\leq\dim U+\dim\operatorname{Ker}\varphi$.

8. 利用上题证明: 若 $\boldsymbol{A},\boldsymbol{B}$ 是数域 $\mathbb{F}$ 上两个 n 阶方阵, 则

$$\operatorname{r}(\boldsymbol{A})+\operatorname{r}(\boldsymbol{B})-n\leq\operatorname{r}(\boldsymbol{AB})\leq\min\{\operatorname{r}(\boldsymbol{A}),\operatorname{r}(\boldsymbol{B})\}.$$

9. 举例说明推论 4.4.4 对无限维线性空间不成立, 即存在无限维线性空间 V 上的线性变换 φ, 使得 φ 是单映射或满映射, 但不是自同构.

§ 4.5 不变子空间

设 V 是数域 $\mathbb{K}$ 上的线性空间, φ 是 V 上的线性变换. 现在我们来研究由 φ 决定的一类子空间——不变子空间. 不变子空间的理论对以后我们将要学习的相似标准型理论有重要的意义.

定义 4.5.1 设 φ 是线性空间 V 上的线性变换, U 是 V 的子空间, 若 U 适合条件

$$\varphi(U) \subseteq U,$$

则称 U 是 φ 的不变子空间 (或 φ–不变子空间). 这时把 φ 的定义域限制在 U 上, 则 φ 在 U 上定义了一个线性变换, 称为由 φ 诱导出的线性变换, 或称为 φ 在 U 上的限制, 记为 $\varphi|_U$.

线性空间 V 上任一线性变换 φ 至少有两个不变子空间: 零子空间及全空间 V. 因此我们把零子空间及全空间 V 称为平凡的 φ–不变子空间.

例 4.5.1 线性变换 φ 的像与核都是 φ 的不变子空间.

证明 $\varphi(\mathrm{Im}\,\varphi) \subseteq \varphi(V) = \mathrm{Im}\,\varphi$, $\varphi(\mathrm{Ker}\,\varphi) = 0 \subseteq \mathrm{Ker}\,\varphi$. 由此即得结论. □

例 4.5.2 Descartes 平面上绕原点的旋转, 当旋转角 $\theta \neq k\pi$ (k 为整数) 时, 没有一维的不变子空间, 因此没有非平凡的不变子空间.

例 4.5.3 设 φ 是 V 上的数乘变换, 即存在常数 k, 使 $\varphi(\boldsymbol{\alpha}) = k\boldsymbol{\alpha}$, 则 V 的任一子空间都是 φ 的不变子空间.

下面我们要讨论线性变换的不变子空间和该线性变换的表示矩阵之间的关系.

定理 4.5.1 设 U 是 V 上线性变换 φ 的不变子空间, 且设 U 的基为 $\{\boldsymbol{e}_1, \boldsymbol{e}_2, \cdots, \boldsymbol{e}_r\}$. 将 $\{\boldsymbol{e}_1, \boldsymbol{e}_2, \cdots, \boldsymbol{e}_r\}$ 扩充为 V 的一组基 $\{\boldsymbol{e}_1, \boldsymbol{e}_2, \cdots, \boldsymbol{e}_r, \boldsymbol{e}_{r+1}, \cdots, \boldsymbol{e}_n\}$, 则 φ 在这组基下的表示矩阵具有下列形状:

$$\begin{pmatrix} a_{11} & \cdots & a_{r1} & a_{r+1,1} & \cdots & a_{n1} \\ \vdots & & \vdots & \vdots & & \vdots \\ a_{1r} & \cdots & a_{rr} & a_{r+1,r} & \cdots & a_{nr} \\ 0 & \cdots & 0 & a_{r+1,r+1} & \cdots & a_{n,r+1} \\ \vdots & & \vdots & \vdots & & \vdots \\ 0 & \cdots & 0 & a_{r+1,n} & \cdots & a_{nn} \end{pmatrix}. \tag{4.5.1}$$

证明　由于 $\varphi(\boldsymbol{e}_i) \in U\,(i=1,2,\cdots,r)$, 因此

$$\begin{aligned}\varphi(\boldsymbol{e}_1) &= a_{11}\boldsymbol{e}_1 + a_{12}\boldsymbol{e}_2 + \cdots + a_{1r}\boldsymbol{e}_r,\\ \varphi(\boldsymbol{e}_2) &= a_{21}\boldsymbol{e}_1 + a_{22}\boldsymbol{e}_2 + \cdots + a_{2r}\boldsymbol{e}_r,\\ &\cdots\cdots\cdots\cdots\\ \varphi(\boldsymbol{e}_r) &= a_{r1}\boldsymbol{e}_1 + a_{r2}\boldsymbol{e}_2 + \cdots + a_{rr}\boldsymbol{e}_r,\end{aligned}$$

即在 $\varphi(\boldsymbol{e}_1),\cdots,\varphi(\boldsymbol{e}_r)$ 的表示式中, $\boldsymbol{e}_{r+1},\cdots,\boldsymbol{e}_n$ 前的系数均为零, 因此 φ 的表示矩阵具有所要求的形状. □

上述定理的逆命题也是成立的. 即若 V 有一组基 $\{\boldsymbol{e}_1,\boldsymbol{e}_2,\cdots,\boldsymbol{e}_n\}$, 使得线性变换 φ 在这组基下的表示矩阵是分块上三角阵 (4.5.1), 则由基向量 $\boldsymbol{e}_1,\cdots,\boldsymbol{e}_r$ 生成的子空间 V_1 是 φ 的不变子空间. 事实上, 由矩阵 (4.5.1) 即知 $\varphi(\boldsymbol{e}_i) \in V_1\,(i=1,\cdots,r)$. 因此 $\varphi(V_1) \subseteq V_1$.

推论 4.5.1　设 $V = V_1 \oplus V_2$ 且 V_1, V_2 都是线性变换 φ 的不变子空间. 又 $\{\boldsymbol{e}_1,\cdots,\boldsymbol{e}_r\}$ 是 V_1 的基, $\{\boldsymbol{e}_{r+1},\cdots,\boldsymbol{e}_n\}$ 是 V_2 的基, 则 φ 在基 $\{\boldsymbol{e}_1,\boldsymbol{e}_2,\cdots,\boldsymbol{e}_n\}$ 下的表示矩阵为分块对角阵

$$\begin{pmatrix}\boldsymbol{A}_1 & \boldsymbol{O}\\ \boldsymbol{O} & \boldsymbol{A}_2\end{pmatrix}, \tag{4.5.2}$$

其中 $\boldsymbol{A}_1$ 为 r 阶方阵, $\boldsymbol{A}_2$ 为 $n-r$ 阶方阵.

证明　类似定理 4.5.1 即可证明. □

显然推论 4.5.1 还可进一步推广. 设 $V = V_1 \oplus V_2 \oplus \cdots \oplus V_m$, 其中每个 V_i 都是线性变换 φ 的不变子空间, 那么在 V 中存在一组基 (这组基可由 V_i 的基合并而成), 使 φ 在这组基下的表示矩阵为分块对角阵:

$$\begin{pmatrix}\boldsymbol{A}_1 & & & \\ & \boldsymbol{A}_2 & & \\ & & \ddots & \\ & & & \boldsymbol{A}_m\end{pmatrix},$$

其中 $\boldsymbol{A}_i$ 是 $\varphi|_{V_i}$ 的表示矩阵, 它是 r_i 阶方阵, $r_i = \dim V_i$.

如果 n 维线性空间的线性变换 φ 有足够小的不变子空间, 比如有 n 个一维不变子空间, 其直和正好组成全空间, 那么上式中的表示矩阵就是一个对角阵.

例 4.5.4　设 V 是数域 $\mathbb{K}$ 上的三维空间, $\{\boldsymbol{e}_1,\boldsymbol{e}_2,\boldsymbol{e}_3\}$ 是 V 的基, $\boldsymbol{\varphi}$ 是 V 上的线性变换, 它在这组基下的表示矩阵为

$$\begin{pmatrix}3 & 1 & -1\\ 2 & 2 & -1\\ 2 & 2 & 0\end{pmatrix}.$$

求证: 由向量 $\{\boldsymbol{e}_3,\boldsymbol{e}_1+\boldsymbol{e}_2+2\boldsymbol{e}_3\}$ 生成的子空间 U 是 $\boldsymbol{\varphi}$ 的不变子空间.

证明　$\boldsymbol{\varphi}(\boldsymbol{e}_3)$ 的坐标向量为

$$\begin{pmatrix}3 & 1 & -1\\ 2 & 2 & -1\\ 2 & 2 & 0\end{pmatrix}\begin{pmatrix}0\\0\\1\end{pmatrix}=\begin{pmatrix}-1\\-1\\0\end{pmatrix}.$$

容易求出向量组 $\{(-1,-1,0)',(0,0,1)',(1,1,2)'\}$ 的秩为 2, 而 U 显然是二维子空间, 因此 $\boldsymbol{\varphi}(\boldsymbol{e}_3)\in U$. 同理可证 $\boldsymbol{\varphi}(\boldsymbol{e}_1+\boldsymbol{e}_2+2\boldsymbol{e}_3)\in U$, 故 U 是 $\boldsymbol{\varphi}$–不变子空间. □

习　题　4.5

1. 设线性空间 V 上的线性变换 $\boldsymbol{\varphi}$ 在一组基 $\{\boldsymbol{e}_1,\boldsymbol{e}_2,\boldsymbol{e}_3,\boldsymbol{e}_4\}$ 下的表示矩阵为

$$\boldsymbol{A}=\begin{pmatrix}1 & 0 & 2 & -1\\ 0 & 1 & 4 & -2\\ 2 & -1 & 0 & 1\\ 2 & -1 & -1 & 2\end{pmatrix},$$

求证: $U=L(\boldsymbol{e}_1+2\boldsymbol{e}_2,\boldsymbol{e}_3+\boldsymbol{e}_4,\boldsymbol{e}_1+\boldsymbol{e}_2)$ 和 $W=L(\boldsymbol{e}_2+\boldsymbol{e}_3+2\boldsymbol{e}_4)$ 都是 $\boldsymbol{\varphi}$ 的不变子空间.

2. 设 V_1,V_2 是 V 上线性变换 $\boldsymbol{\varphi}$ 的不变子空间, 求证: V_1+V_2, $V_1\cap V_2$ 也是 $\boldsymbol{\varphi}$ 的不变子空间.

3. 设 $\boldsymbol{\varphi},\boldsymbol{\psi}$ 都是线性空间 V 上的线性变换且 $\boldsymbol{\varphi}\boldsymbol{\psi}=\boldsymbol{\psi}\boldsymbol{\varphi}$, 求证: $\operatorname{Im}\boldsymbol{\varphi}$ 及 $\operatorname{Ker}\boldsymbol{\varphi}$ 都是 $\boldsymbol{\psi}$ 的不变子空间.

4. 设 $\boldsymbol{\varphi}$ 是 n 维线性空间 V 上的自同构, 若 W 是 $\boldsymbol{\varphi}$ 的不变子空间, 求证: W 也是 $\boldsymbol{\varphi}^{-1}$ 的不变子空间.

5. 设 V 是次数小于 n 的实系数多项式组成的线性空间, $\boldsymbol{D}$ 是 V 上的求导变换, 求证:

(1) $\boldsymbol{D}$ 的任一 $r\,(1\le r\le n)$ 维不变子空间必是由 $\{1,x,\cdots,x^{r-1}\}$ 生成的子空间;

(2) $\operatorname{Im}\boldsymbol{D}\cap\operatorname{Ker}\boldsymbol{D}\neq 0$ 且 $V\neq\operatorname{Im}\boldsymbol{D}+\operatorname{Ker}\boldsymbol{D}$.

6. 设 φ 是 n 维线性空间 V 上的线性变换, φ 在 V 的一组基下的表示矩阵为对角阵且主对角线上的元素互不相同, 求 φ 的所有不变子空间.

历史与展望

我们知道在线性同构的意义下 (参考定理 4.3.1), 抽象的线性空间之间的线性映射可以等同于具体的行 (列) 向量空间之间的线性映射, 而后者其实就是坐标之间的线性变换.

Gauss 在著作《算术研究》中研究了二元二次型的算术理论. 若两个整系数二元二次型 $f(x,y)=ax^2+bxy+cy^2$ 与 $F(X,Y)=AX^2+BXY+CY^2$ 可诱导出相同的整数集, 则称它们为等价的二次型. Gauss 证明了两个整系数二元二次型等价当且仅当存在坐标 (x,y) 与 (X,Y) 之间的线性变换 $\boldsymbol{T}$ 将 $f(x,y)$ 变成 $F(X,Y)$, 其中 $\det\boldsymbol{T}=1$. 虽然 Gauss 并没有采用矩阵的术语, 但他将线性变换表示为数的矩形阵列, 并用坐标之间的线性变换的复合含蓄地定义了矩阵的乘积 (只对 2×2 和 3×3 的情形).

坐标之间的线性变换 $y_i=\sum\limits_{j=1}^{n}a_{ij}x_j\,(1\leq i\leq m)$ 频繁出现在 17 世纪和 18 世纪解析几何的研究中 (主要是 $m=n\leq 3$ 的情形), 由此自然地诱导出矩阵的各种运算. 创立于 17 世纪的射影几何在 19 世纪早期用解析的语言进行描述, 其中坐标之间的线性变换也开始出现.

Descartes 在 1637 年发表的著作《几何学》中用两个坐标来描述平面, 这一工作不仅标志着解析几何的创立, 开启了利用代数研究几何的先河, 而且使 "数形结合" 的思想深入人心, 深刻影响着数学的发展.

作为现代数学基石之一的高等代数, 其实也是一门代数与几何交叉融合的学科. 行列式与矩阵是代数概念, 线性空间与线性映射是几何概念. 在第四章中, 我们建立了代数与几何之间的一座桥梁, 实现了代数语言与几何语言之间的自由转换, 从而可以把线性映射问题转化为矩阵问题, 然后用代数方法来解决; 也可以把矩阵问题转换为线性映射问题, 然后用几何方法来解决. 实践证明: 深入理解几何意义, 熟练掌握代数方法, 注重代数与几何之间的相互转换与有机统一, 这就是学好高等代数的有效方法.

复习题四

1. 设 φ 是数域 $\mathbb{F}$ 上有限维线性空间 V 到 U 的线性映射, 求证: 必存在 U 到 V 的线性映射 ψ, 使 $\varphi\psi\varphi=\varphi$.

2. 设有数域 $\mathbb{F}$ 上有限维线性空间 V,V', 又 U 是 V 的子空间, φ 是 U 到 V' 的线性映射. 求证: 必存在 V 到 V' 的线性映射 ψ, 它在 U 上的限制就是 φ (称这样的 ψ 是 φ 的扩张).

3. 设 V,U 是 $\mathbb{F}$ 上的有限维线性空间, φ 是 V 到 U 的线性映射, 求证:

(1) φ 是单映射的充分必要条件是存在 U 到 V 的线性映射 ψ, 使 $\psi\varphi=\boldsymbol{I}_V$, 这里 $\boldsymbol{I}_V$ 表示 V 上的恒等映射;

(2) φ 是满映射的充分必要条件是存在 U 到 V 的线性映射 $\boldsymbol{\eta}$, 使 $\varphi\boldsymbol{\eta}=\boldsymbol{I}_U$, 这里 $\boldsymbol{I}_U$ 表示 U 上的恒等映射.

4. 设 V,U 是数域 $\mathbb{K}$ 上的有限维线性空间, $\varphi,\psi: V\to U$ 是两个线性映射, 证明: 存在 U 上的线性变换 $\boldsymbol{\xi}$, 使得 $\psi=\boldsymbol{\xi}\varphi$ 成立的充分必要条件是 $\mathrm{Ker}\,\varphi\subseteq\mathrm{Ker}\,\psi$.

5. 设 V,U 是数域 $\mathbb{K}$ 上的有限维线性空间, $\varphi,\psi: V\to U$ 是两个线性映射, 证明: 存在 V 上的线性变换 $\boldsymbol{\xi}$, 使得 $\psi=\varphi\boldsymbol{\xi}$ 成立的充分必要条件是 $\mathrm{Im}\,\psi\subseteq\mathrm{Im}\,\varphi$.

6. 设 V 是数域 $\mathbb{K}$ 上的 n 维线性空间, φ 是 V 上的幂零线性变换, 满足 $\mathrm{r}(\varphi)=n-1$. 求证: 存在 V 的一组基, 使得 φ 在这组基下的表示矩阵为

$$\begin{pmatrix} 0 & 0 & \cdots & 0 & 0 \\ 1 & 0 & \cdots & 0 & 0 \\ 0 & 1 & \cdots & 0 & 0 \\ \vdots & \vdots & & \vdots & \vdots \\ 0 & 0 & \cdots & 1 & 0 \end{pmatrix}.$$

7. 设 $a_0,a_1,\cdots,a_n$ 是数域 $\mathbb{F}$ 上 $n+1$ 个不同的数, V 是 $\mathbb{F}$ 上次数不超过 n 的多项式全体组成的线性空间. 设 φ 是 V 到 $n+1$ 维行向量空间 $\mathbb{F}^{n+1}$ 的映射:

$$\varphi(f)=(f(a_0),f(a_1),\cdots,f(a_n)),$$

求证: φ 是线性同构.

8. 设 U_1,U_2 是 n 维线性空间 V 的子空间, 假设它们维数相同. 求证: 存在 V 上的可逆线性变换 φ, 使 $U_2=\varphi(U_1)$.

9. 设 φ 是 n 维线性空间 V 上的线性变换, 若对 V 中任一向量 $\boldsymbol{\alpha}$, 总存在正整数 m (m 可能和 $\boldsymbol{\alpha}$ 有关), 使 $\varphi^m(\boldsymbol{\alpha})=\mathbf{0}$. 求证: $\boldsymbol{I}_V-\varphi$ 是自同构.

10. 设 $V=M_n(\mathbb{K})$, $\boldsymbol{A},\boldsymbol{B}$ 是两个 n 阶矩阵, 定义 V 上的变换: $\varphi(\boldsymbol{X})=\boldsymbol{AXB}$. 求证: φ 是 V 上的线性变换, φ 是可逆变换的充分必要条件是 $\boldsymbol{A},\boldsymbol{B}$ 都是可逆阵.

11. 设 φ 是 n 维线性空间 V 上的线性变换, 若 φ 是满映射, U 是 V 的 r 维子空间, 求证: $\varphi(U)$ 也是 V 的 r 维子空间. 举例说明: 若 V 是无限维线性空间, 上述结论不成立.

12. 设 V 是数域 $\mathbb{K}$ 上的线性空间 (不要求是有限维的), φ,ψ 是 V 上的线性变换.

(1) 证明: φ 和 ψ 都是可逆变换的充分必要条件是 $\varphi\psi$ 和 $\psi\varphi$ 都是可逆变换.

(2) 若 $\varphi\psi=\boldsymbol{I}_V$, 则称 φ 是 ψ 的左逆变换, ψ 是 φ 的右逆变换. 证明: φ 是可逆变换的充分必要条件是 φ 有且仅有一个左逆变换 (右逆变换).

13. 试构造无限维线性空间 V 以及 V 上的线性变换 $\boldsymbol{\varphi}, \boldsymbol{\psi}$, 使 $\boldsymbol{\varphi\psi} - \boldsymbol{\psi\varphi} = \boldsymbol{I}_V$.

14. 设 $\boldsymbol{\varphi}$ 是有限维线性空间 V 到 U 的线性映射, 求证: 必存在 V 和 U 的两组基, 使线性映射 $\boldsymbol{\varphi}$ 在这两组基下的表示矩阵为

$$\begin{pmatrix} \boldsymbol{I}_r & \boldsymbol{O} \\ \boldsymbol{O} & \boldsymbol{O} \end{pmatrix}.$$

15. 设 $\boldsymbol{\varphi} : V \to U$ 为线性映射且 $\boldsymbol{\varphi}$ 的秩为 r, 证明: 存在 r 个秩为 1 的线性映射 $\boldsymbol{\varphi}_i : V \to U\,(i = 1, \cdots, r)$, 使 $\boldsymbol{\varphi} = \boldsymbol{\varphi}_1 + \cdots + \boldsymbol{\varphi}_r$.

16. 设 $\boldsymbol{\varphi}$ 是线性空间 V 上的线性变换, 若它在 V 的任一组基下的表示矩阵都相同, 求证: $\boldsymbol{\varphi}$ 是纯量变换, 即存在常数 k, 使 $\boldsymbol{\varphi}(\boldsymbol{\alpha}) = k\boldsymbol{\alpha}$ 对一切 $\boldsymbol{\alpha} \in V$ 都成立.

17. 设 $\boldsymbol{A}, \boldsymbol{B}$ 都是数域 $\mathbb{F}$ 上的 $m \times n$ 矩阵, 求证: 方程组 $\boldsymbol{Ax} = \boldsymbol{0}$, $\boldsymbol{Bx} = \boldsymbol{0}$ 同解的充分必要条件是存在 m 阶非异阵 $\boldsymbol{P}$, 使 $\boldsymbol{B} = \boldsymbol{PA}$.

18. 设 V 是数域 $\mathbb{F}$ 上 n 阶矩阵全体构成的线性空间, $\boldsymbol{\varphi}$ 是 V 上的线性变换: $\boldsymbol{\varphi}(\boldsymbol{A}) = \boldsymbol{A}'$. 证明: 存在 V 的一组基, 使 $\boldsymbol{\varphi}$ 在这组基下的表示矩阵是一个对角阵且主对角元素全是 1 或 -1, 并求出 1 和 -1 的个数.

19. 设 V 是数域 $\mathbb{K}$ 上的 n 维线性空间, $\boldsymbol{\varphi}, \boldsymbol{\psi}$ 是 V 上的线性变换且 $\boldsymbol{\varphi}^2 = \boldsymbol{0}$, $\boldsymbol{\psi}^2 = \boldsymbol{0}$, $\boldsymbol{\varphi\psi} + \boldsymbol{\psi\varphi} = \boldsymbol{I}$, $\boldsymbol{I}$ 是 V 上的恒等变换. 求证:

(1) $V = \operatorname{Ker} \boldsymbol{\varphi} \oplus \operatorname{Ker} \boldsymbol{\psi}$;

(2) 若 V 是二维空间, 则存在 V 的基 $\boldsymbol{e}_1, \boldsymbol{e}_2$, 使 $\boldsymbol{\varphi}, \boldsymbol{\psi}$ 在这组基下的表示矩阵分别为

$$\boldsymbol{A} = \begin{pmatrix} 0 & 0 \\ 1 & 0 \end{pmatrix}, \quad \boldsymbol{B} = \begin{pmatrix} 0 & 1 \\ 0 & 0 \end{pmatrix};$$

(3) V 必是偶数维空间且若 V 是 $2k$ 维空间, 则存在 V 的一组基, 使 $\boldsymbol{\varphi}, \boldsymbol{\psi}$ 在这组基下的表示矩阵分别为下列分块对角阵:

$$\begin{pmatrix} \boldsymbol{A} & \boldsymbol{O} & \cdots & \boldsymbol{O} \\ \boldsymbol{O} & \boldsymbol{A} & \cdots & \boldsymbol{O} \\ \vdots & \vdots & & \vdots \\ \boldsymbol{O} & \boldsymbol{O} & \cdots & \boldsymbol{A} \end{pmatrix}, \quad \begin{pmatrix} \boldsymbol{B} & \boldsymbol{O} & \cdots & \boldsymbol{O} \\ \boldsymbol{O} & \boldsymbol{B} & \cdots & \boldsymbol{O} \\ \vdots & \vdots & & \vdots \\ \boldsymbol{O} & \boldsymbol{O} & \cdots & \boldsymbol{B} \end{pmatrix},$$

其中主对角线上分别有 k 个 $\boldsymbol{A}$ 和 k 个 $\boldsymbol{B}$.

20. 设 V 是数域 $\mathbb{F}$ 上的线性空间, $\boldsymbol{\varphi}_1, \boldsymbol{\varphi}_2, \cdots, \boldsymbol{\varphi}_k$ 是 V 上的非零线性变换. 求证: 存在 $\boldsymbol{\alpha} \in V$, 使 $\boldsymbol{\varphi}_i(\boldsymbol{\alpha}) \neq \boldsymbol{0}\,(i = 1, 2, \cdots, k)$.

21. 设 V 是数域 $\mathbb{F}$ 上的线性空间, $\boldsymbol{\varphi}_1, \boldsymbol{\varphi}_2, \cdots, \boldsymbol{\varphi}_k$ 是 V 上互不相同的线性变换. 求证: 存在 $\boldsymbol{\alpha} \in V$, 使 $\boldsymbol{\varphi}_1(\boldsymbol{\alpha}), \boldsymbol{\varphi}_2(\boldsymbol{\alpha}), \cdots, \boldsymbol{\varphi}_k(\boldsymbol{\alpha})$ 互不相同.

22. 设 $\boldsymbol{A}$ 是 n 阶方阵, 求证: $\mathrm{r}(\boldsymbol{A}^n) = \mathrm{r}(\boldsymbol{A}^{n+1}) = \mathrm{r}(\boldsymbol{A}^{n+2}) = \cdots$.

23. 设 φ 是 n 维线性空间 V 上的线性变换, 求证: 必存在整数 $m \in [0,n]$, 使

$$\operatorname{Im}\varphi^m = \operatorname{Im}\varphi^{m+1},\ \operatorname{Ker}\varphi^m = \operatorname{Ker}\varphi^{m+1},\ V = \operatorname{Im}\varphi^m \oplus \operatorname{Ker}\varphi^m.$$

24. 设 V 是数域 $\mathbb{K}$ 上的 n 维线性空间, φ 是 V 上的线性变换, 证明以下 9 个结论等价:

(1) $V = \operatorname{Ker}\varphi \oplus \operatorname{Im}\varphi$;

(2) $V = \operatorname{Ker}\varphi + \operatorname{Im}\varphi$;

(3) $\operatorname{Ker}\varphi \cap \operatorname{Im}\varphi = 0$;

(4) $\operatorname{Ker}\varphi = \operatorname{Ker}\varphi^2$, 或等价地, $\dim\operatorname{Ker}\varphi = \dim\operatorname{Ker}\varphi^2$;

(5) $\operatorname{Ker}\varphi = \operatorname{Ker}\varphi^2 = \operatorname{Ker}\varphi^3 = \cdots$, 或等价地, $\dim\operatorname{Ker}\varphi = \dim\operatorname{Ker}\varphi^2 = \dim\operatorname{Ker}\varphi^3 = \cdots$;

(6) $\operatorname{Im}\varphi = \operatorname{Im}\varphi^2$, 或等价地, $\mathrm{r}(\varphi) = \mathrm{r}(\varphi^2)$;

(7) $\operatorname{Im}\varphi = \operatorname{Im}\varphi^2 = \operatorname{Im}\varphi^3 = \cdots$, 或等价地, $\mathrm{r}(\varphi) = \mathrm{r}(\varphi^2) = \mathrm{r}(\varphi^3) = \cdots$;

(8) $\operatorname{Ker}\varphi$ 存在 φ–不变补空间, 即存在 φ–不变子空间 U, 使得 $V = \operatorname{Ker}\varphi \oplus U$;

(9) $\operatorname{Im}\varphi$ 存在 φ–不变补空间, 即存在 φ–不变子空间 W, 使得 $V = \operatorname{Im}\varphi \oplus W$.

25. 设 V, U 是数域 $\mathbb{K}$ 上的有限维线性空间, $\varphi : V \to U$ 是线性映射, 证明: 由 φ 诱导的线性映射 $\overline{\varphi} : V/\operatorname{Ker}\varphi \to \operatorname{Im}\varphi$, $\overline{\varphi}(\boldsymbol{v} + \operatorname{Ker}\varphi) = \varphi(\boldsymbol{v})$ 是线性同构. 特别地, $\dim V = \dim\operatorname{Ker}\varphi + \dim\operatorname{Im}\varphi$.

26. 设 U, W 是 n 维线性空间 V 的子空间且 $\dim U + \dim W = \dim V$. 求证: 存在 V 上的线性变换 φ, 使 $\operatorname{Ker}\varphi = U$, $\operatorname{Im}\varphi = W$.

27. 设 φ 是有限维线性空间 V 到 U 的满线性映射, 求证: 必存在 V 的子空间 W, 使 $V = W \oplus \operatorname{Ker}\varphi$, 且 φ 在 W 上的限制是 W 到 U 上的线性同构.

28. 设 φ 是 $n\,(n \geq 2)$ 维线性空间 V 上的线性变换, 证明以下 n 个结论等价:

(1) V 的任一 1 维子空间都是 φ–不变子空间;

　　…………

(r) V 的任一 r 维子空间都是 φ–不变子空间;

　　…………

(n-1) V 的任一 $n-1$ 维子空间都是 φ–不变子空间;

(n) φ 是纯量变换.

29. 设 $\boldsymbol{A}$ 为数域 $\mathbb{K}$ 上的 n 阶幂零阵, $\boldsymbol{B}$ 为 n 阶方阵, 满足 $\boldsymbol{AB} = \boldsymbol{BA}$ 且 $\mathrm{r}(\boldsymbol{AB}) = \mathrm{r}(\boldsymbol{B})$. 求证: $\boldsymbol{B} = \boldsymbol{O}$.

30. 设 φ 是 n 维线性空间 V 上的线性变换, U 是 r 维 φ–不变子空间. 取 U 的一组基 $\{\boldsymbol{e}_1, \cdots, \boldsymbol{e}_r\}$, 并扩张为 V 的一组基 $\{\boldsymbol{e}_1, \cdots, \boldsymbol{e}_r, \boldsymbol{e}_{r+1}, \cdots, \boldsymbol{e}_n\}$. 设 φ 在这组基下的表示矩阵 $\boldsymbol{A} = (a_{ij}) = \begin{pmatrix} \boldsymbol{A}_{11} & \boldsymbol{A}_{12} \\ \boldsymbol{O} & \boldsymbol{A}_{22} \end{pmatrix}$ 为分块上三角阵, 其中 $\boldsymbol{A}_{11}$ 是 φ 在不变子空间 U 上的限制 $\varphi|_U$ 在基 $\{\boldsymbol{e}_1, \cdots, \boldsymbol{e}_r\}$ 下的表示矩阵. 证明: φ 诱导的变换 $\overline{\varphi}(\boldsymbol{v} + U) = \varphi(\boldsymbol{v}) + U$ 是商空间 V/U 上的线性变换, 并且在 V/U 的一组基 $\{\boldsymbol{e}_{r+1} + U, \cdots, \boldsymbol{e}_n + U\}$ 下的表示矩阵为 $\boldsymbol{A}_{22}$.

31. 设 φ 是 n 维线性空间 V 上的幂等线性变换, 即满足 $\varphi^2=\varphi$. 证明: $V=U\oplus W$, 其中 $U=\mathrm{Im}\,\varphi=\mathrm{Ker}(\boldsymbol{I}_V-\varphi)$, $W=\mathrm{Im}(\boldsymbol{I}_V-\varphi)=\mathrm{Ker}\,\varphi$.

32. 设 $\boldsymbol{A}$ 是数域 $\mathbb{F}$ 上的 n 阶幂等阵, 求证:

(1) 存在 n 阶非异阵 $\boldsymbol{P}$, 使 $\boldsymbol{P}^{-1}\boldsymbol{A}\boldsymbol{P}=\begin{pmatrix}\boldsymbol{I}_r & \boldsymbol{O}\\ \boldsymbol{O} & \boldsymbol{O}\end{pmatrix}$, 其中 $r=\mathrm{r}(\boldsymbol{A})$;

(2) $\mathrm{r}(\boldsymbol{A})=\mathrm{tr}(\boldsymbol{A})$.

33. 设 $\boldsymbol{A}$, $\boldsymbol{B}$ 是数域 $\mathbb{F}$ 上的 n 阶幂等阵, 且 $\boldsymbol{A}$ 和 $\boldsymbol{B}$ 的秩相同, 求证: 必存在 $\mathbb{F}$ 上的 n 阶可逆阵 $\boldsymbol{C}$, 使 $\boldsymbol{C}\boldsymbol{B}=\boldsymbol{A}\boldsymbol{C}$.

34. 设 φ,ψ 是 n 维线性空间 V 上的幂等线性变换, 求证:

(1) $\mathrm{Im}\,\varphi=\mathrm{Im}\,\psi$ 的充分必要条件是 $\varphi\psi=\psi$, $\psi\varphi=\varphi$;

(2) $\mathrm{Ker}\,\varphi=\mathrm{Ker}\,\psi$ 的充分必要条件是 $\varphi\psi=\varphi$, $\psi\varphi=\psi$;

(3) $\varphi+\psi$ 是幂等变换的充分必要条件是 $\varphi\psi=\psi\varphi=\mathbf{0}$;

(4) $\varphi-\psi$ 是幂等变换的充分必要条件是 $\varphi\psi=\psi\varphi=\psi$.

35. 设 $\varphi_1,\cdots,\varphi_m$ 是 n 维线性空间 V 上的线性变换, 且适合条件:

$$\varphi_i^2=\varphi_i,\quad \varphi_i\varphi_j=\mathbf{0}\,(i\neq j),\quad \mathrm{Ker}\,\varphi_1\cap\cdots\cap\mathrm{Ker}\,\varphi_m=0.$$

求证: V 是 $\mathrm{Im}\,\varphi_1,\cdots,\mathrm{Im}\,\varphi_m$ 的直和.

36. 设 $\varphi,\varphi_1,\cdots,\varphi_m$ 是 n 维线性空间 V 上的线性变换, 满足: $\varphi^2=\varphi$ 且 $\varphi=\varphi_1+\varphi_2+\cdots+\varphi_m$. 求证: $\mathrm{r}(\varphi)=\mathrm{r}(\varphi_1)+\mathrm{r}(\varphi_2)+\cdots+\mathrm{r}(\varphi_m)$ 成立的充分必要条件是 $\varphi_i^2=\varphi_i$, $\varphi_i\varphi_j=\mathbf{0}\,(i\neq j)$.

第五章　多　项　式

§ 5.1　一元多项式代数

在这一章里, 我们将暂时中止对线性空间、线性变换的讨论转而研究多项式. 多项式理论不仅对进一步研究线性代数是必要的, 而且在数学的其他分支领域也有极其重要的应用.

定义 5.1.1　设 $\mathbb{K}$ 是数域, x 为一个形式符号 (称为未定元), 若 $a_0, a_1, \cdots, a_n \in \mathbb{K}\,(a_n \neq 0,\, n \geq 0)$, 称形式表达式

$$a_n x^n + a_{n-1} x^{n-1} + \cdots + a_1 x + a_0$$

为数域 $\mathbb{K}$ 上关于未定元 x 的一元 n 次多项式. $\mathbb{K}$ 上的一元多项式全体记为 $\mathbb{K}[x]$.

多项式通常记为 $f(x), g(x)$ 等, 其中 $a_i x^i$ 称为第 i 次项, a_i 称为第 i 次项的系数. 如果多项式 $f(x) = a_n x^n + a_{n-1} x^{n-1} + \cdots + a_1 x + a_0$ 中 $a_n \neq 0$, 则称 $f(x)$ 是一个 n 次多项式, $a_n x^n$ 为 $f(x)$ 的首项或最高次项, a_0 为常数项. 若 $f(x) = a$, 则称 $f(x)$ 为常数多项式, 当 $a \neq 0$ 时, 称之为零次多项式; 当 $a = 0$ 时, 称之为零多项式, 规定其次数为 $-\infty$. 两个多项式相等当且仅当它们次数相同且各次项的系数相等, 即若

$$f(x) = a_n x^n + a_{n-1} x^{n-1} + \cdots + a_1 x + a_0, \tag{5.1.1}$$

$$g(x) = b_m x^m + b_{m-1} x^{m-1} + \cdots + b_1 x + b_0, \tag{5.1.2}$$

则 $f(x) = g(x)$ 当且仅当 $m = n$, $a_i = b_i\,(i = 0, 1, \cdots, n)$.

现在我们定义 $\mathbb{K}[x]$ 上的运算. 设 $f(x), g(x) \in \mathbb{K}[x]$, 适当增加几个系数为零的项, 可设

$$f(x) = a_n x^n + a_{n-1} x^{n-1} + \cdots + a_1 x + a_0,$$

$$g(x) = b_n x^n + b_{n-1} x^{n-1} + \cdots + b_1 x + b_0,$$

定义

$$f(x) + g(x) = (a_n + b_n) x^n + (a_{n-1} + b_{n-1}) x^{n-1} + \cdots + (a_1 + b_1) x + (a_0 + b_0),$$

若 $c \in \mathbb{K}$, 定义

$$cf(x) = ca_nx^n + ca_{n-1}x^{n-1} + \cdots + ca_1x + ca_0,$$

则 $\mathbb{K}[x]$ 在上述定义下成为 $\mathbb{K}$ 上的线性空间, 其中零向量为零多项式. 验证工作并不困难, 只需逐条验证线性空间的公理即可, 请读者自己完成.

再来定义两个多项式的积. 若 $f(x), g(x)$ 如 (5.1.1) 及 (5.1.2) 所示且 $a_n \neq 0$, $b_m \neq 0$, 定义 $f(x) \cdot g(x) = h(x)$, 其中 $h(x)$ 是一个 $n+m$ 次多项式, 若设

$$h(x) = c_{n+m}x^{n+m} + c_{n+m-1}x^{n+m-1} + \cdots + c_1x + c_0,$$

则

$$\begin{aligned}
&c_{n+m} = a_nb_m,\\
&c_{n+m-1} = a_{n-1}b_m + a_nb_{m-1},\\
&\cdots\cdots\cdots\cdots\\
&c_k = \sum_{i+j=k} a_ib_j = a_0b_k + a_1b_{k-1} + \cdots + a_kb_0,\\
&\cdots\cdots\cdots\cdots\\
&c_0 = a_0b_0.
\end{aligned}$$

不难验证 $\mathbb{K}[x]$ 中元素的乘积适合下列法则:

(1) $f(x)g(x) = g(x)f(x)$;

(2) $(f(x)g(x))h(x) = f(x)(g(x)h(x))$;

(3) $(f(x)+g(x))h(x) = f(x)h(x) + g(x)h(x)$;

(4) $c(f(x)g(x)) = (cf(x))g(x) = f(x)(cg(x))$;

(5) 若把 c 看成是常数多项式, 则 c 与 $f(x)$ 的作为多项式的积与 c 作为数乘以 $f(x)$ 的积相同.

由上述法则可知, $\mathbb{K}[x]$ 是数域 $\mathbb{K}$ 上的代数, 通常称 $\mathbb{K}[x]$ 为数域 $\mathbb{K}$ 上的一元多项式代数. 由于 $\mathbb{K}[x]$ 中的加法及乘法适合环的条件, 因此 $\mathbb{K}[x]$ 也称为 $\mathbb{K}$ 上的一元多项式环.

若 $f(x)$ 是 n 次多项式, 则记 $f(x)$ 的次数为

$$\deg f(x) = n.$$

显然有下列引理.

引理 5.1.1 若 $f(x), g(x) \in \mathbb{K}[x]$, 则

$$\deg(f(x)g(x)) = \deg f(x) + \deg g(x).$$

注意上述等式对零多项式也适用. 由这个引理我们可证明下面的命题.

命题 5.1.1 若 $f(x), g(x) \in \mathbb{K}[x]$ 且 $f(x) \neq 0$, $g(x) \neq 0$, 则

$$f(x)g(x) \neq 0.$$

证明 $\deg(f(x)g(x)) = \deg f(x) + \deg g(x) \geq 0 + 0 = 0$, 因此

$$f(x)g(x) \neq 0. \square$$

推论 5.1.1 若 $f(x) \neq 0$ 且 $f(x)g(x) = f(x)h(x)$, 则

$$g(x) = h(x).$$

证明 $f(x)(g(x) - h(x)) = 0$, 但 $f(x) \neq 0$, 故必须有 $g(x) - h(x) = 0$. $\square$

下列命题也是显然的.

命题 5.1.2 设 $f(x), g(x) \in \mathbb{K}[x]$, 则
(1) $\deg(cf(x)) = \deg f(x)$, $0 \neq c \in \mathbb{K}$;
(2) $\deg(f(x) + g(x)) \leq \max\{\deg f(x), \deg g(x)\}$.

§ 5.2 整 除

定义 5.2.1 设 $f(x), g(x) \in \mathbb{K}[x]$, 若存在 $h(x) \in \mathbb{K}[x]$, 使

$$f(x) = g(x)h(x),$$

则称 $g(x)$ 是 $f(x)$ 的因式, 或 $g(x)$ 可以整除 $f(x)$, 或 $f(x)$ 可以被 $g(x)$ 整除, 记为 $g(x) \mid f(x)$. 否则称 $g(x)$ 不能整除 $f(x)$, 或 $f(x)$ 不能被 $g(x)$ 整除.

从整除的定义知道, 零多项式的因式可以是任一多项式. 但零多项式不能是任一非零多项式的因式. 整除有下列简单性质.

命题 5.2.1 设 $f(x),g(x),h(x)\in\mathbb{K}[x]$, $0\neq c\in\mathbb{K}$, 则

(1) 若 $f(x)\mid g(x)$, 则 $cf(x)\mid g(x)$, 因此非零常数多项式 c 是任一非零多项式的因式;

(2) $f(x)\mid f(x)$;

(3) 若 $f(x)\mid g(x)$, $g(x)\mid h(x)$, 则 $f(x)\mid h(x)$;

(4) 若 $f(x)\mid g(x)$, $f(x)\mid h(x)$, 则对任意的多项式 $u(x),v(x)$, 有

$$f(x)\mid g(x)u(x)+h(x)v(x);$$

(5) 设 $f(x)\mid g(x)$, $g(x)\mid f(x)$ 且 $f(x),g(x)$ 都是非零多项式, 则存在 $\mathbb{K}$ 中非零元 c, 使

$$f(x)=cg(x).$$

证明 (1) 若 $g(x)=f(x)p(x)$, 则

$$g(x)=(cf(x))(c^{-1}p(x)).$$

此即 $cf(x)\mid g(x)$.

(2) 显然.

(3) 若 $g(x)=f(x)p(x)$, $h(x)=g(x)q(x)$, 则

$$h(x)=(f(x)p(x))q(x)=f(x)(p(x)q(x)).$$

(4) 若 $g(x)=f(x)p(x)$, $h(x)=f(x)q(x)$, 则

$$g(x)u(x)+h(x)v(x)=f(x)(p(x)u(x)+q(x)v(x)).$$

(5) 设 $g(x)=f(x)p(x)$, $f(x)=g(x)q(x)$, 则

$$f(x)=f(x)(p(x)q(x)).$$

由此即得

$$\deg f(x)=\deg f(x)+\deg(p(x)q(x)),$$

从而

$$\deg(p(x)q(x))=0,$$

于是

$$\deg p(x)=\deg q(x)=0.$$

因此 $p(x)$ 及 $q(x)$ 均为非零常数多项式, 即 $f(x)$ 和 $g(x)$ 相差一个非零常数. □

注 适合命题中条件 (5) 的两个多项式 (即可以互相整除的两个多项式) 称为相伴多项式, 记为 $f(x) \sim g(x)$.

任意给定两个非零多项式 $f(x)$ 及 $g(x)$, 未必有 $f(x) \mid g(x)$ 或 $g(x) \mid f(x)$, 但仍可做带余式的除法.

定理 5.2.1 设 $f(x), g(x) \in \mathbb{K}[x]$, $g(x) \neq 0$, 则必存在唯一的 $q(x), r(x) \in \mathbb{K}[x]$, 使

$$f(x) = g(x)q(x) + r(x), \tag{5.2.1}$$

且 $\deg r(x) < \deg g(x)$.

证明 若 $\deg f(x) < \deg g(x)$, 只需令 $q(x) = 0$, $r(x) = f(x)$ 即可.

现设 $\deg f(x) \geq \deg g(x)$, 对 $f(x)$ 的次数用数学归纳法. 若 $\deg f(x) = 0$, 则 $\deg g(x) = 0$. 因此可设 $f(x) = a$, $g(x) = b\,(a \neq 0, b \neq 0)$. 这时令 $q(x) = ab^{-1}$, $r(x) = 0$ 即可. 作为归纳假设, 我们设结论对小于 n 次的多项式均成立. 设

$$f(x) = a_n x^n + a_{n-1}x^{n-1} + \cdots + a_1 x + a_0,\ a_n \neq 0,$$

$$g(x) = b_m x^m + b_{m-1}x^{m-1} + \cdots + b_1 x + b_0,\ b_m \neq 0,$$

由于 $n \geq m$, 可令

$$f_1(x) = f(x) - a_n b_m^{-1} x^{n-m} g(x),$$

则 $\deg f_1(x) < n$. 由归纳假设, 有

$$f_1(x) = g(x)q_1(x) + r(x),$$

且 $\deg r(x) < \deg g(x)$, 于是

$$f(x) - a_n b_m^{-1} x^{n-m} g(x) = g(x)q_1(x) + r(x).$$

因此

$$f(x) = g(x)(a_n b_m^{-1} x^{n-m} + q_1(x)) + r(x).$$

令

$$q(x) = a_n b_m^{-1} x^{n-m} + q_1(x),$$

即得 (5.2.1) 式.

再证明唯一性. 设另有 $p(x)$, $t(x)$, 使

$$f(x) = g(x)p(x) + t(x),$$

且 $\deg t(x) < \deg g(x)$, 则

$$g(x)(q(x) - p(x)) = t(x) - r(x). \tag{5.2.2}$$

注意 (5.2.2) 式左边若 $q(x) - p(x) \neq 0$, 便有

$$\deg g(x)(q(x) - p(x)) \geq \deg g(x) > \deg(t(x) - r(x)),$$

引出矛盾. 因此只可能 $p(x) = q(x)$, $t(x) = r(x)$. □

推论 5.2.1 设 $f(x), g(x) \in \mathbb{K}[x]$, $g(x) \neq 0$, 则 $g(x) \mid f(x)$ 的充分必要条件是 $g(x)$ 除 $f(x)$ 后的余式为零.

为了求出 (5.2.1) 式中的 $q(x)$ 及 $r(x)$, 我们可用除法算式, 参见下面的例子.

例 5.2.1 设 $f(x) = 3x^4 - 4x^3 + 5x - 1$, $g(x) = x^2 - x + 1$, 试求 (5.2.1) 式中的 $q(x)$ 及 $r(x)$.

解

$$
\begin{array}{rrrrrrrrr|rrrrr}
3x^4 & - & 4x^3 & & & + & 5x & - & 1 & x^2 & - & x & + & 1 \\
\cline{10-14}
3x^4 & - & 3x^3 & + & 3x^2 & & & & & 3x^2 & - & x & - & 4 \\
\cline{1-9}
 & - & x^3 & - & 3x^2 & + & 5x & - & 1 & & & & & \\
 & - & x^3 & + & x^2 & - & x & & & & & & & \\
\cline{2-9}
 & & & - & 4x^2 & + & 6x & - & 1 & & & & & \\
 & & & - & 4x^2 & + & 4x & - & 4 & & & & & \\
\cline{4-9}
 & & & & & & 2x & + & 3 & & & & &
\end{array}
$$

因此 $q(x) = 3x^2 - x - 4$, $r(x) = 2x + 3$.

习　题　5.2

1. 设 $f(x)=2x^5+x^4-x+1$, $g(x)=x^3-x+2$, 试求 $q(x)$ 及 $r(x)$, 使

$$f(x)=g(x)q(x)+r(x),$$

且 $\deg r(x)<3$.

2. 设 $f(x)=2x^4-3x^3+4x^2+ax+b$, $g(x)=x^2-3x+1$. 若 $f(x)$ 除以 $g(x)$ 后余式为 $25x-5$, 试求 a,b 之值.

3. 设 $g(x)=ax+b\in\mathbb{K}[x]$ 且 $a\neq 0$, 又 $f(x)\in\mathbb{K}[x]$, 证明: $g(x)\mid f(x)^2$ 的充分必要条件是 $g(x)\mid f(x)$.

4. 若 $f(x)=x^4+px^2+q$, $g(x)=x^2+mx+1$, 问: p,q,m 适合什么条件才有 $g(x)\mid f(x)$?

5. 设 $g(x)=ax^2+bx+c\,(abc\neq 0)$, $f(x)=x^3+px^2+qx+r$, 满足 $g(x)\mid f(x)$, 求证:

$$\frac{ap-b}{a}=\frac{aq-c}{b}=\frac{ar}{c}.$$

6. 证明: $x^d-a^d\mid x^n-a^n$ 的充分必要条件是 $d\mid n$, 其中 $a\neq 0$.

7. 设 $f(x)=x^{3m}+x^{3n+1}+x^{3p+2}$, 其中 m,n,p 为自然数, 又 $g(x)=x^2+x+1$, 求证: $g(x)\mid f(x)$.

§ 5.3 最大公因式

设 $f(x),g(x)$ 是数域 $\mathbb{K}$ 上的多项式. 若 $h(x)\in\mathbb{K}[x]$ 适合: $h(x)\mid f(x)$, $h(x)\mid g(x)$, 则称 $h(x)$ 是 $f(x)$ 与 $g(x)$ 的公因式 (或公因子); 若 $l(x)\in\mathbb{K}[x]$ 适合: $f(x)\mid l(x)$, $g(x)\mid l(x)$, 则称 $l(x)$ 是 $f(x)$ 与 $g(x)$ 的公倍式.

定义 5.3.1 设 $f(x),g(x)\in\mathbb{K}[x]$, 若 $d(x)$ 是 $f(x)$ 与 $g(x)$ 的公因式, 且对 $f(x)$ 与 $g(x)$ 的任一公因式 $h(x)$ 均有 $h(x)\mid d(x)$, 则称 $d(x)$ 为 $f(x)$ 与 $g(x)$ 的最大公因式 (或称 $d(x)$ 为 $f(x),g(x)$ 的 g.c.d.), 记为 $d(x)=(f(x),g(x))$.

同理, 若 $m(x)$ 是 $f(x)$ 与 $g(x)$ 的公倍式, 且对 $f(x)$ 与 $g(x)$ 的任一公倍式 $l(x)$ 均有 $m(x)\mid l(x)$, 则称 $m(x)$ 为 $f(x)$ 与 $g(x)$ 的最小公倍式 (或称 $m(x)$ 为 $f(x),g(x)$ 的 l.c.m.), 记为 $m(x)=[f(x),g(x)]$.

如何求两个多项式 $f(x),g(x)$ 的最大公因式 $d(x)$? 不妨假设 $\deg f(x) \geq \deg g(x)$, 由带余除法, 有

$$f(x) = g(x)q(x) + r(x),$$

其中 $\deg r(x) < \deg g(x)$. 若 $r(x) \neq 0$, 因为 $d(x) \mid f(x)$, $d(x) \mid g(x)$, 故 $d(x) \mid r(x)$, 这表明 $d(x)$ 是 $g(x)$ 和 $r(x)$ 的公因式. 注意到 $r(x)$ 的次数比 $f(x),g(x)$ 都小. 如果我们再将 $g(x)$ 除以 $r(x)$, 得到的余式次数更小 (如果不为零的话), 而 $d(x)$ 是 $r(x)$ 和这个余式的公因式. 不断这样做下去, 肯定会得到余式为零的除式, 其中的一个因式便是最大公因式. 这个方法称为 Euclid (欧几里得) 辗转相除法.

定理 5.3.1 设 $f(x),g(x) \in \mathbb{K}[x]$, 则 $f(x)$ 与 $g(x)$ 的最大公因式 $d(x)$ 必存在, 且有 $u(x),v(x) \in \mathbb{K}[x]$, 使

$$f(x)u(x) + g(x)v(x) = d(x). \tag{5.3.1}$$

证明 若 $f(x) = 0$, 则显然 $(f(x),g(x)) = g(x)$; 若 $g(x) = 0$, 则 $(f(x),g(x)) = f(x)$. 故不妨设 $f(x) \neq 0$, $g(x) \neq 0$. 由带余除法, 我们有下列等式:

$$\begin{aligned}
f(x) &= g(x)q_1(x) + r_1(x),\\
g(x) &= r_1(x)q_2(x) + r_2(x),\\
r_1(x) &= r_2(x)q_3(x) + r_3(x),\\
&\cdots\cdots\cdots\cdots\\
r_{s-2}(x) &= r_{s-1}(x)q_s(x) + r_s(x),\\
&\cdots\cdots\cdots\cdots
\end{aligned}$$

余式的次数是严格递减的, 因此经过有限步后, 必有一个等式其余式为零. 不妨设 $r_{s+1}(x) = 0$, 于是

$$r_{s-1}(x) = r_s(x)q_{s+1}(x).$$

现在要证明 $r_s(x)$ 即为 $f(x)$ 与 $g(x)$ 的最大公因式. 由上式知 $r_s(x) \mid r_{s-1}(x)$, 但

$$r_{s-2}(x) = r_{s-1}(x)q_s(x) + r_s(x), \tag{5.3.2}$$

因此 $r_s(x) \mid r_{s-2}(x)$. 这样可一直推下去, 得到 $r_s(x) \mid g(x)$, $r_s(x) \mid f(x)$. 这表明 $r_s(x)$ 是 $f(x)$ 与 $g(x)$ 的公因式. 又设 $h(x)$ 是 $f(x)$ 与 $g(x)$ 的公因式, 则 $h(x) \mid r_1(x)$, 于是 $h(x) \mid r_2(x)$, 不断往下推, 容易看出有 $h(x) \mid r_s(x)$. 因此 $r_s(x)$ 是最大公因式.

再证明 (5.3.1) 式. 从 (5.3.2) 式得

$$r_s(x)=r_{s-2}(x)-r_{s-1}(x)q_s(x), \tag{5.3.3}$$

但我们有

$$r_{s-3}(x)=r_{s-2}(x)q_{s-1}(x)+r_{s-1}(x), \tag{5.3.4}$$

从 (5.3.4) 式中解出 $r_{s-1}(x)$ 代入 (5.3.3) 式, 得

$$r_s(x)=r_{s-2}(x)(1+q_{s-1}(x)q_s(x))-r_{s-3}(x)q_s(x).$$

用类似的方法逐步将 $r_i(x)$ 用 $r_{i-1}(x)$, $r_{i-2}(x)$ 代入, 最后得到

$$r_s(x)=f(x)u(x)+g(x)v(x).$$

显然 $u(x),v(x)\in\mathbb{K}[x]$. □

若 $d_1(x)$ 与 $d_2(x)$ 都是 $f(x),g(x)$ 的最大公因式, 则 $d_1(x)\mid d_2(x)$, $d_2(x)\mid d_1(x)$, 因此必存在 $c\in\mathbb{K}$, 使 $d_2(x)=cd_1(x)$, 即 $f(x)$ 与 $g(x)$ 的两个最大公因式最多相差一个非零常数. 若规定 $f(x),g(x)$ 的最大公因式首项系数为 1 (首项系数等于 1 的多项式称为首一多项式), 则 $f(x)$ 与 $g(x)$ 的最大公因式就唯一确定了. 今后我们规定, 凡最大公因式均指首一多项式.

对 m 个多项式, 也可以定义最大公因式的概念. 设 $f_i(x)\,(i=1,2,\cdots,m)$ 是 $\mathbb{K}[x]$ 中元素, 若 $d(x)\mid f_i(x)\,(i=1,2,\cdots,m)$, 则称 $d(x)$ 是 $\{f_i(x)\}$ 的公因式. 如果对 $\{f_i(x)\}$ 的任一公因式 $h(x)$, $h(x)\mid d(x)$, 则称 $d(x)$ 为 $\{f_i(x)\}$ 的最大公因式, 记为 $d(x)=(f_1(x),f_2(x),\cdots,f_m(x))$.

引理 5.3.1 设 $f_1(x),f_2(x),\cdots,f_m(x)\in\mathbb{K}[x]$, 则

$$((f_1(x),f_2(x)),f_3(x),\cdots,f_m(x))=(f_1(x),f_2(x),\cdots,f_m(x)).$$

证明 设 $d_1(x)=(f_1(x),f_2(x))$, $d(x)=(f_1(x),f_2(x),\cdots,f_m(x))$, 则 $d(x)\mid d_1(x)$, $d(x)\mid f_i(x)\,(i>2)$. 另一方面, 若 $u(x)\mid d_1(x)$, $u(x)\mid f_i(x)\,(i>2)$, 则 $u(x)\mid f_1(x)$, $u(x)\mid f_2(x)$, 从而 $u(x)$ 是所有 $f_i(x)$ 的公因式, 于是 $u(x)\mid d(x)$, 故

$$d(x)=(d_1(x),f_3(x),\cdots,f_m(x))=((f_1(x),f_2(x)),f_3(x),\cdots,f_m(x)).\ \Box$$

最大公因式的定义显然与多项式的排列顺序无关, 因此引理 5.3.1 告诉我们, 求 m 个多项式的最大公因式时可以先求其中任意两个的最大公因式, 从而把问题化为 $m-1$ 个多项式的情形. 不断这样做下去, 最后便可计算出 m 个多项式的最大公因式.

例 5.3.1 $f(x)=x^4-x^3-x^2+2x-1$, $g(x)=x^3-2x+1$, 求 $(f(x),g(x))$ 以及 $u(x),v(x)$, 使 $f(x)u(x)+g(x)v(x)=(f(x),g(x))$.

解 对 $f(x),g(x)$ 进行辗转相除:

	$f(x)$	$g(x)$	
	$x^4\quad -x^3\quad -x^2\quad +2x\quad -1$	$x^3\quad -2x\quad +1$	
$q_1(x)=x-1$	$x^4\quad -2x^2\quad +x$	$x^3\quad -x^2$	$q_2(x)=x+1$
	$-x^3\quad +x^2\quad +x\quad -1$	$x^2\quad -2x\quad +1$	
	$-x^3\quad +2x\quad -1$	$x^2\quad -x$	
	$r_1(x)=\quad x^2\quad -x$	$r_2(x)=\quad -x\quad +1$	
$q_3(x)=-x$	$x^2\quad -x$		
	0		

因此 $(f(x),g(x))=x-1=-r_2(x)$. 又

$$
\begin{aligned}
r_2(x) &= g(x)-r_1(x)q_2(x) \\
&= g(x)-(f(x)-g(x)q_1(x))q_2(x) \\
&= f(x)(-q_2(x))+g(x)(1+q_1(x)q_2(x)),
\end{aligned}
$$

所以

$$u(x)=x+1,\ v(x)=-x^2.$$

利用最大公因式, 我们可以定义互素的概念.

定义 5.3.2 设 $f(x),g(x)\in\mathbb{K}[x]$, 若 $(f(x),g(x))=1$, 则称 $f(x)$ 与 $g(x)$ 互素.

定理 5.3.2 设 $f(x),g(x)\in\mathbb{K}[x]$, 则 $f(x)$ 与 $g(x)$ 互素的充分必要条件是存在 $u(x),v(x)\in\mathbb{K}[x]$, 使

$$f(x)u(x)+g(x)v(x)=1. \tag{5.3.5}$$

证明 若 $(f(x),g(x))=1$, 则由定理 5.3.1 可知, 存在 $u(x),v(x)$, 使 (5.3.5) 式成立. 反之, 若 (5.3.5) 式成立, 假设 $(f(x),g(x))=d(x)$, 由 (5.3.5) 式可知 $d(x)\mid 1$, 于是 $d(x)=1$. □

推论 5.3.1 若 $f_1(x) \mid g(x)$, $f_2(x) \mid g(x)$, 且 $(f_1(x), f_2(x)) = 1$, 则

$$f_1(x)f_2(x) \mid g(x).$$

证明 设 $u(x), v(x) \in \mathbb{K}[x]$, 使

$$f_1(x)u(x) + f_2(x)v(x) = 1.$$

设 $g(x) = f_1(x)s(x) = f_2(x)t(x)$, 则

$$\begin{aligned} g(x) &= g(x)(f_1(x)u(x) + f_2(x)v(x)) \\ &= f_2(x)t(x)f_1(x)u(x) + f_1(x)s(x)f_2(x)v(x) \\ &= f_1(x)f_2(x)(t(x)u(x) + s(x)v(x)), \end{aligned}$$

即 $f_1(x)f_2(x) \mid g(x)$. □

推论 5.3.2 若 $(f(x), g(x)) = 1$, 且 $f(x) \mid g(x)h(x)$, 则

$$f(x) \mid h(x).$$

证明 设 $u(x), v(x) \in \mathbb{K}[x]$, 使

$$f(x)u(x) + g(x)v(x) = 1,$$

则

$$f(x)u(x)h(x) + g(x)v(x)h(x) = h(x).$$

因上式左边可被 $f(x)$ 整除, 故 $f(x) \mid h(x)$. □

推论 5.3.3 设 $(f(x), g(x)) = d(x)$, $f(x) = f_1(x)d(x)$, $g(x) = g_1(x)d(x)$, 则

$$(f_1(x), g_1(x)) = 1.$$

证明 设 $u(x), v(x) \in \mathbb{K}[x]$, 使

$$f(x)u(x) + g(x)v(x) = d(x),$$

即

$$f_1(x)d(x)u(x) + g_1(x)d(x)v(x) = d(x),$$

两边消去 $d(x)$ 即得

$$f_1(x)u(x) + g_1(x)v(x) = 1,$$

因此 $f_1(x)$, $g_1(x)$ 互素. □

推论 5.3.4 设 $(f(x),g(x))=d(x)$, 则

$$(t(x)f(x),t(x)g(x))=t(x)d(x).$$

证明 设 $u(x),v(x)\in\mathbb{K}[x]$, 使

$$f(x)u(x)+g(x)v(x)=d(x),$$

则

$$t(x)f(x)u(x)+t(x)g(x)v(x)=t(x)d(x).$$

因此, 若 $h(x)\mid t(x)f(x)$, $h(x)\mid t(x)g(x)$, 则必有 $h(x)\mid t(x)d(x)$. 又 $t(x)d(x)$ 是 $t(x)f(x)$, $t(x)g(x)$ 的公因式, 因此 $t(x)d(x)$ 是 $t(x)f(x)$ 与 $t(x)g(x)$ 的最大公因式. □

推论 5.3.5 若 $(f_1(x),g(x))=1$, $(f_2(x),g(x))=1$, 则

$$(f_1(x)f_2(x),g(x))=1.$$

证明 设

$$f_1(x)u_1(x)+g(x)v_1(x)=1,$$
$$f_2(x)u_2(x)+g(x)v_2(x)=1,$$

将上两式两边分别相乘得

$$\begin{aligned}\big(f_1(x)f_2(x)\big)u_1(x)u_2(x)+g(x)\big(&v_1(x)f_2(x)u_2(x)\\&+g(x)v_1(x)v_2(x)+v_2(x)f_1(x)u_1(x)\big)=1.\end{aligned}$$

这就是说 $f_1(x)f_2(x)$ 和 $g(x)$ 互素. □

下面的推论证明了最小公倍式的存在性. 与最大公因式类似的讨论可知, $f(x)$ 与 $g(x)$ 的两个最小公倍式最多相差一个非零常数. 今后我们规定, 凡最小公倍式均指首一多项式, 这就保证了最小公倍式的唯一性.

推论 5.3.6 设 $f(x),g(x)$ 是非零多项式, 则

$$f(x)g(x)\sim(f(x),g(x))[f(x),g(x)].$$

证明 设 $d(x)=(f(x),g(x))$ 且 $f(x)=f_0(x)d(x)$, $g(x)=g_0(x)d(x)$, 则 $f_0(x),g_0(x)$ 互素. 假设 $l(x)$ 是 $f(x),g(x)$ 的公倍式且

$$l(x)=f(x)u(x)=g(x)v(x),$$

则 $f_0(x)d(x)u(x)=g_0(x)d(x)v(x)$, 消去 $d(x)$ 得

$$f_0(x)u(x)=g_0(x)v(x).$$

因为 $f_0(x),g_0(x)$ 互素, 所以 $f_0(x)\mid v(x)$, $g_0(x)\mid u(x)$. 设 $u(x)=g_0(x)p(x)$, 则

$$l(x)=f_0(x)d(x)g_0(x)p(x),$$

即 $f_0(x)d(x)g_0(x)\mid l(x)$. 显然 $f_0(x)d(x)g_0(x)$ 是 $f(x),g(x)$ 的公倍式, 因此它与 $f(x),g(x)$ 的最小公倍式相差一个非零常数, 即

$$\frac{f(x)g(x)}{d(x)}=f_0(x)d(x)g_0(x)\sim[f(x),g(x)].\ \square$$

下面的定理是多项式形式的"中国剩余定理"."中国剩余定理"又称为"孙子定理", 是一个在数论、代数学等领域有广泛应用的定理.

定理 5.3.3 (中国剩余定理) 设 $g_1(x),\cdots,g_n(x)$ 是两两互素的多项式, $r_1(x),\cdots,r_n(x)$ 是 n 个多项式, 则存在多项式 $f(x),q_1(x),\cdots,q_n(x)$, 使

$$f(x)=g_i(x)q_i(x)+r_i(x),\ i=1,\cdots,n.$$

证明 先证明存在多项式 $f_i(x)$, 使对任意的 i, 有

$$f_i(x)=g_i(x)p_i(x)+1,\quad g_j(x)\mid f_i(x)\,(j\neq i).$$

一旦得证, 只需令 $f(x)=r_1(x)f_1(x)+\cdots+r_n(x)f_n(x)$ 即可. 现构造 $f_1(x)$ 如下. 因为 $g_1(x)$ 和 $g_j(x)\,(j\neq 1)$ 互素, 故存在 $u_j(x),v_j(x)$, 使 $g_1(x)u_j(x)+g_j(x)v_j(x)=1$. 令

$$f_1(x)=g_2(x)v_2(x)\cdots g_n(x)v_n(x)=(1-g_1(x)u_2(x))\cdots(1-g_1(x)u_n(x)),$$

显然 $f_1(x)$ 符合要求. 同理可构造 $f_i(x)$. $\square$

习 题 5.3

1. 用辗转相除法求下列多项式的最大公因式:

(1) $f(x)=x^4-x^3-4x^2-x+1$, $g(x)=x^2-x-2$;

(2) $f(x)=x^4+3x^3-2x-2$, $g(x)=x^2+2x-3$;

(3) $f(x)=x^5-2x^4-4x^3+2x^2+4x+6$, $g(x)=x^2+x+1$.

2. 求 $u(x), v(x)$, 使 $f(x)u(x)+g(x)v(x)=(f(x),g(x))$:

(1) $f(x)=x^4+2x^3-x^2-4x-2$, $g(x)=x^4+x^3-x^2-2x-2$;

(2) $f(x)=x^4-x^3-4x^2+4x+1$, $g(x)=x^2-x-1$.

3. 设 $d(x)=f(x)u(x)+g(x)v(x)$, 举例说明 $d(x)$ 不必是 $f(x)$ 与 $g(x)$ 的最大公因式. 若进一步有 $d(x) \mid f(x)$, $d(x) \mid g(x)$, 求证: $d(x)$ 必是 $f(x)$ 与 $g(x)$ 的最大公因式.

4. 设 $f(x)$ 与 $g(x)$ 互素, 求证: $f(x^m)$ 与 $g(x^m)$ 也互素, 其中 m 为任一正整数.

5. 设 $(f(x),g(x))=1$, 求证: $(f(x)g(x), f(x)+g(x))=1$.

6. 设 $f_1(x), f_2(x), \cdots, f_m(x)$, $g_1(x), g_2(x), \cdots, g_n(x)$ 为多项式, 且

$$(f_i(x), g_j(x))=1,\ i=1,\cdots,m;\ j=1,\cdots,n,$$

求证: $(f_1(x)f_2(x)\cdots f_m(x), g_1(x)g_2(x)\cdots g_n(x))=1$.

7. 设 $f_1(x), f_2(x), \cdots, f_n(x)$ 的最大公因式为 $d(x)$, 求证: 必存在 $g_1(x), g_2(x), \cdots, g_n(x)$, 使

$$f_1(x)g_1(x)+f_2(x)g_2(x)+\cdots+f_n(x)g_n(x)=d(x).$$

特别, $f_1(x), f_2(x), \cdots, f_n(x)$ 互素 $(d(x)=1)$ 的充分必要条件是存在 $g_1(x), g_2(x), \cdots, g_n(x)$, 使

$$f_1(x)g_1(x)+f_2(x)g_2(x)+\cdots+f_n(x)g_n(x)=1.$$

8. 设 $f_1(x), f_2(x), \cdots, f_m(x) \in \mathbb{K}[x]$, 若 $f_i(x) \mid m(x)\,(i=1,2,\cdots,m)$, 则称 $m(x)$ 是 $\{f_i(x)\}$ 的公倍式. 进一步, 若对 $\{f_i(x)\}$ 的任一公倍式 $l(x)$, $m(x) \mid l(x)$, 则称 $m(x)$ 为 $\{f_i(x)\}$ 的最小公倍式, 记为 $m(x)=[f_1(x), f_2(x), \cdots, f_m(x)]$. 求证:

$$[[f_1(x), f_2(x)], f_3(x), \cdots, f_m(x)]=[f_1(x), f_2(x), \cdots, f_m(x)].$$

§ 5.4 因式分解

读者在中学里已经学习过因式分解. 但是由于当时没有数域的概念, 因此对什么叫 "不可再分" 缺乏严格的定义. 现在我们可以来严格地建立多项式的因式分解理论.

定义 5.4.1 设 $f(x)$ 是数域 $\mathbb{K}$ 上的非常数多项式, 若 $f(x)$ 可以分解为两个次数小于 $f(x)$ 次数的 $\mathbb{K}$ 上多项式之积, 则称 $f(x)$ 是 $\mathbb{K}$ 上的可约多项式. 否则, 称 $f(x)$ 为 $\mathbb{K}$ 上的不可约多项式.

从这个定义看出, 多项式的可约或不可约与数域密切相关: 比如 x^2-2 在有理数域上是不可约多项式, 但在实数域上是可约多项式. 然而无论在哪个域上, 一次多项式总是不可约的. 另外我们还要注意, 因为 $\mathbb{K}$ 是一个域, 对 $\mathbb{K}$ 中任一非零数 c, 都有 $f(x)=c(c^{-1}f(x))$, 但是这种分解没有多大意义. 我们谈的因式分解, 都是指将一个多项式分解为两个次数较小的多项式之积.

引理 5.4.1 设 $f(x)$ 是数域 $\mathbb{K}$ 上的不可约多项式, 则对 $\mathbb{K}$ 上任一多项式 $g(x)$, 或者 $f(x)\mid g(x)$, 或者 $(f(x),g(x))=1$.

证明 设 $d(x)=(f(x),g(x))$. 因为 $f(x)$ 不可约, 故 $f(x)$ 的因式只能是非零常数多项式或 $cf(x)\,(c\neq 0)$, 从而或者 $d(x)=1$ 或者 $d(x)=cf(x)$ (首一多项式), 故得结论. □

不可约多项式还有"素性", 如以下定理所述.

定理 5.4.1 设 $p(x)$ 是 $\mathbb{K}$ 上的不可约多项式, $f(x),g(x)$ 是 $\mathbb{K}$ 上的多项式且 $p(x)\mid f(x)g(x)$, 则或者 $p(x)\mid f(x)$, 或者 $p(x)\mid g(x)$.

证明 若 $p(x)$ 不能整除 $f(x)$, 则由引理 5.4.1 知 $p(x)$ 与 $f(x)$ 互素, 再由推论 5.3.2 即得 $p(x)\mid g(x)$. □

推论 5.4.1 设 $p(x)$ 为不可约多项式且

$$p(x)\mid f_1(x)f_2(x)\cdots f_m(x),$$

则 $p(x)$ 必可整除其中某个 $f_i(x)$.

对 $\mathbb{K}[x]$ 中任意一个非常数多项式, 是否一定可以分解为不可约因子的积? 这种分解是否唯一? 下面的因式分解定理回答了这个问题.

定理 5.4.2 设 $f(x)$ 是数域 $\mathbb{K}$ 上的多项式且 $\deg f(x)\geq 1$, 则
(1) $f(x)$ 可分解为有限个 $\mathbb{K}$ 上的不可约多项式之积;
(2) 若

$$f(x)=p_1(x)p_2(x)\cdots p_s(x)=q_1(x)q_2(x)\cdots q_t(x) \tag{5.4.1}$$

是 $f(x)$ 的两个不可约分解, 即 $p_i(x),q_j(x)$ 都是 $\mathbb{K}$ 上的次数大于零的不可约多项式, 则 $s=t$, 且经过适当调换因式的次序以后, 有

$$q_i(x)\sim p_i(x),\ i=1,2,\cdots,s.$$

证明 (1) 对多项式 $f(x)$ 的次数用数学归纳法. 若 $\deg f(x)=1$, 结论显然成立. 设次数小于 n 的多项式都可以分解为 $\mathbb{K}$ 上的不可约多项式之积而 $\deg f(x)=n$. 若 $f(x)$ 不可约, 结论自然成立. 若 $f(x)$ 可约, 则

$$f(x)=f_1(x)f_2(x),$$

其中 $f_1(x), f_2(x)$ 的次数小于 n, 由归纳假设它们可以分解为有限个 $\mathbb{K}$ 上的不可约多项式之积. 所有这些多项式之积就是 $f(x)$.

(2) 对 (5.4.1) 式中的 s 用数学归纳法. 若 $s=1$, 则 $f(x)=p_1(x)$, 因此 $f(x)$ 是不可约多项式, 于是 $t=1$, $q_1(x)=p_1(x)$. 现假设对不可约因式个数小于 s 的多项式结论正确. 由 (5.4.1) 式, 有

$$p_1(x)\mid q_1(x)q_2(x)\cdots q_t(x),$$

由推论 5.4.1 可知, 必存在某个 i, 不妨设 $i=1$, 使

$$p_1(x)\mid q_1(x).$$

但是 $p_1(x), q_1(x)$ 都是不可约多项式, 因此存在 $0\neq c_1\in\mathbb{K}$, 使

$$q_1(x)=c_1p_1(x),$$

此即 $p_1(x)\sim q_1(x)$. 将上式代入 (5.4.1) 式并消去 $p_1(x)$, 得到

$$p_2(x)\cdots p_s(x)=c_1q_2(x)\cdots q_t(x).$$

这时左边为 $s-1$ 个不可约多项式之积, 由归纳假设, $s-1=t-1$, 即 $s=t$. 另一方面, 存在 $0\neq c_i\in\mathbb{K}$, 使 $q_i(x)=c_ip_i(x)$. □

定理 5.4.2 表明, 任一多项式可唯一地分解为若干个不可约多项式之积. 这里唯一是在相伴意义下的唯一, 即相应的多项式可以差一个常数因子. 如果把分解式中相同或仅差一个常数的因式合并在一起, 就得到了一个 "标准分解" 式:

$$f(x)=cp_1(x)^{e_1}p_2(x)^{e_2}\cdots p_m(x)^{e_m}, \tag{5.4.2}$$

其中 $c\neq0$, $p_i(x)$ 是互异的首一不可约多项式, $e_i\geq1\ (i=1,2,\cdots,m)$.

若 $e_i>1$ ($e_i=1$), 我们称 (5.4.2) 式中的因式 $p_i(x)$ 为 $f(x)$ 的 e_i 重因式 (单因式). 显然这时 $p_i(x)^{e_i}\mid f(x)$, 但 $p_i(x)^{e_i+1}$ 不能整除 $f(x)$.

例 5.4.1 设 $f(x), g(x)$ 是 $\mathbb{K}$ 上的两个多项式, 在它们的标准分解式中适当添加零次项, 故不妨设它们有如下的分解式:

$$f(x) = c_1 p_1(x)^{e_1} p_2(x)^{e_2} \cdots p_n(x)^{e_n};$$

$$g(x) = c_2 p_1(x)^{f_1} p_2(x)^{f_2} \cdots p_n(x)^{f_n},$$

其中 $e_i \geq 0,\ f_i \geq 0\,(i = 1, 2, \cdots, n)$, 则 $f(x), g(x)$ 的最大公因式

$$(f(x), g(x)) = p_1(x)^{k_1} p_2(x)^{k_2} \cdots p_n(x)^{k_n},$$

其中 $k_i = \min\{e_i, f_i\}\,(i = 1, 2, \cdots, n)$.

类似地, $f(x), g(x)$ 的最小公倍式

$$[f(x), g(x)] = p_1(x)^{h_1} p_2(x)^{h_2} \cdots p_n(x)^{h_n},$$

其中 $h_i = \max\{e_i, f_i\}\,(i = 1, 2, \cdots, n)$.

一个多项式何时有重因式? 我们现在来讨论这个问题. 为此, 首先我们回忆一下数学分析中导数的概念.

若 $f(x) = a_n x^n + a_{n-1} x^{n-1} + \cdots + a_1 x + a_0$, 则 $f(x)$ 的导数或微商为下列多项式:

$$f'(x) = n a_n x^{n-1} + (n-1) a_{n-1} x^{n-2} + \cdots + a_1. \tag{5.4.3}$$

事实上, 我们也可以直接定义 (5.4.3) 式为多项式 $f(x)$ 的形式导数而不借用数学分析中的定义. 按此定义不难验证下列公式:

(1) $(f(x) + g(x))' = f'(x) + g'(x)$;

(2) $(cf(x))' = cf'(x)$;

(3) $(f(x)g(x))' = f'(x)g(x) + f(x)g'(x)$;

(4) $(f(x)^m)' = mf(x)^{m-1} f'(x)$.

定理 5.4.3 数域 $\mathbb{K}$ 上的多项式 $f(x)$ 没有重因式的充分必要条件是 $f(x)$ 与 $f'(x)$ 互素.

证明 设多项式 $p(x)$ 是 $f(x)$ 的 $m\,(m > 1)$ 重因式, 则 $f(x) = p(x)^m g(x)$, 故

$$f'(x) = mp(x)^{m-1} p'(x) g(x) + p(x)^m g'(x).$$

于是 $p(x)^{m-1} \mid f'(x)$, 这表明 $f(x)$ 与 $f'(x)$ 有公因式 $p(x)^{m-1}$.

反之, 若不可约多项式 $p(x)$ 是 $f(x)$ 的单因式, 可设 $f(x)=p(x)g(x)$, $p(x)$ 不能整除 $g(x)$. 于是

$$f'(x)=p'(x)g(x)+p(x)g'(x).$$

若 $p(x)$ 是 $f'(x)$ 的因式, 则 $p(x)\mid p'(x)g(x)$. 但 $p(x)$ 不能整除 $g(x)$ 且 $p(x)$ 不可约, 故 $p(x)\mid p'(x)$. 而 $p'(x)\neq 0$ 且 $\deg p'(x)<\deg p(x)$, 这是不可能的. 若 $f(x)$ 无重因式, 则在 $f(x)$ 的标准分解式 (5.4.2) 中, $e_i=1$ 对一切 $i=1,2,\cdots,m$ 成立, 于是 $p_i(x)$ 都不能整除 $f'(x)$. 由于 $p_i(x)$ 为不可约多项式, 故 $(p_i(x),f'(x))=1$, 由推论 5.3.5 可知

$$(p_1(x)p_2(x)\cdots p_m(x),f'(x))=1,$$

即 $(f(x),f'(x))=1$. □

定理 5.4.3 提供了判断多项式 $f(x)$ 是否有重因式的方法: 用 Euclid 辗转相除法求出 $f(x)$ 及其导数 $f'(x)$ 的最大公因式. 若 $(f(x),f'(x))=1$, 则 $f(x)$ 无重因式, 否则必有重因式. 这个方法的好处在于它不必求出 $f(x)$ 的标准分解式, 也不必求根即可作出判断 (事实上, 求标准分解式或求根往往非常困难).

当 $f(x)$ 有重因式时, 我们可借助 $(f(x),f'(x))$ 将 $f(x)$ 的重因式消去, 即有下列命题.

命题 5.4.1　设 $d(x)=(f(x),f'(x))$, 则 $f(x)/d(x)$ 是一个没有重因式的多项式, 且这个多项式的不可约因式与 $f(x)$ 的不可约因式相同 (不计重数).

证明　设 $f(x)$ 有如 (5.4.2) 式的标准分解式, 则

$$\begin{aligned} f'(x)=&\ ce_1p_1(x)^{e_1-1}p_2(x)^{e_2}\cdots p_s(x)^{e_s}p_1'(x)\\ &+ce_2p_1(x)^{e_1}p_2(x)^{e_2-1}\cdots p_s(x)^{e_s}p_2'(x)\\ &+\cdots\\ &+ce_sp_1(x)^{e_1}p_2(x)^{e_2}\cdots p_s(x)^{e_s-1}p_s'(x). \end{aligned}\tag{5.4.4}$$

因此 $p_1(x)^{e_1-1}p_2(x)^{e_2-1}\cdots p_s(x)^{e_s-1}$ 是 $f(x)$ 与 $f'(x)$ 的公因式. 注意到 $f(x)$ 的因式一定具有 $p_1(x)^{k_1}p_2(x)^{k_2}\cdots p_s(x)^{k_s}$ 的形状. 不妨设 $h(x)$ 是 $f(x),f'(x)$ 的公因式. 注意到 $p_1(x)^{e_1}$ 可以整除 (5.4.4) 式中右边除第一项外的所有项, 但不能整除第一项, 因此 $p_1(x)^{e_1}$ 不能整除 $f'(x)$. 同理, $p_i(x)^{e_i}$ 不能整除 $f'(x)$. 由此我们不难看出

$$h(x)\mid p_1(x)^{e_1-1}p_2(x)^{e_2-1}\cdots p_s(x)^{e_s-1},$$

即 $p_1(x)^{e_1-1}p_2(x)^{e_2-1}\cdots p_s(x)^{e_s-1}=d(x)$. 显然 $f(x)/d(x)$ 没有重因式且与 $f(x)$ 含有相同的不可约因式. □

习 题 5.4

1. 判断下列多项式有无重因式:

(1) $f(x)=x^5-10x^3-20x^2-15x-4$;

(2) $f(x)=4x^3-4x^2-7x-2$;

(3) $f(x)=x^3+x+1$.

2. 设 $\mathbb{K}_1\subseteq\mathbb{K}_2$ 是两个数域, 若 $p(x)\in\mathbb{K}_1[x]$ 是 $\mathbb{K}_2$ 上的不可约多项式, 求证: $p(x)$ 在 $\mathbb{K}_1$ 上也不可约.

3. 设 $p(x)$ 是数域 $\mathbb{K}$ 上的非常数多项式, 求证: $p(x)$ 为 $\mathbb{K}$ 上不可约多项式的充分必要条件是对 $\mathbb{K}$ 上任意适合 $p(x)\mid f(x)g(x)$ 的多项式 $f(x)$ 与 $g(x)$, 或者 $p(x)\mid f(x)$, 或者 $p(x)\mid g(x)$.

4. 设 u 是复数域中某个数, 若 u 适合某个非零有理系数多项式 (或整系数多项式) $f(x)=a_nx^n+a_{n-1}x^{n-1}+\cdots+a_0$, 即 $f(u)=0$, 则称 u 是一个代数数. 证明:

(1) 对任一代数数 u, 存在唯一一个 u 适合的首一有理系数多项式 $g(x)$, 使 $g(x)$ 是 u 适合的所有非零有理系数多项式中的次数最小者. 这样的 $g(x)$ 称为 u 的极小多项式或最小多项式.

(2) 设 $g(x)$ 是一个 u 适合的首一有理系数多项式, 则 $g(x)$ 是 u 的极小多项式的充分必要条件是 $g(x)$ 是有理数域上的不可约多项式.

5. 证明: $g(x)^2\mid f(x)^2$ 的充分必要条件是 $g(x)\mid f(x)$.

6. 设 $f(x),g(x)$ 都是数域 $\mathbb{K}$ 上的多项式, n 是一个正整数, 证明:

$$(f(x)^n,g(x)^n)=(f(x),g(x))^n,\quad [f(x)^n,g(x)^n]=[f(x),g(x)]^n.$$

§ 5.5 多项式函数

我们在定义数域 $\mathbb{K}$ 上的多项式 $f(x)$ 时, 未定元 x 被看成是一个形式元, 多项式 $f(x)$ 是一个形式多项式. 若

$$f(x)=a_nx^n+a_{n-1}x^{n-1}+\cdots+a_1x+a_0,$$

对 $\mathbb{K}$ 中任一元 b, 定义

$$f(b)=a_nb^n+a_{n-1}b^{n-1}+\cdots+a_1b+a_0,$$

则称 $f(b)$ 为 $f(x)$ 在点 b 的值. 这样多项式 $f(x)$ 又可看成是数域 $\mathbb{K}$ 上的函数, 这个函数称为多项式函数. 一个很自然的问题是: 多项式函数与多项式是否是一回事? 也就是说, 若两个多项式 $f(x)$ 与 $g(x)$ 在 $\mathbb{K}$ 上取值相同, 那么是否必有 $f(x)=g(x)$, 即它们对应的各次项的系数相同? 我们将在下面给予肯定的回答.

定义 5.5.1 设 $f(x)\in\mathbb{K}[x]$, $b\in\mathbb{K}$, 若 $f(b)=0$, 则称 b 是 $f(x)$ 的一个根或零点.

定理 5.5.1 (余数定理) 设 $f(x)\in\mathbb{K}[x]$, $b\in\mathbb{K}$, 则存在 $g(x)\in\mathbb{K}[x]$, 使

$$f(x)=(x-b)g(x)+f(b).$$

特别, b 是 $f(x)$ 的根当且仅当 $(x-b)\mid f(x)$.

证明 由带余除法知

$$f(x)=(x-b)g(x)+r(x), \tag{5.5.1}$$

其中 $\deg r(x)<1$, 因此 $r(x)$ 为常数多项式. 在 (5.5.1) 式中用 b 代替 x, 即得 $r(x)=f(b)$. □

由定理 5.5.1, 我们可以仿照标准因式分解中重因式的概念来给出多项式重根的定义.

定义 5.5.2 设 $f(x)\in\mathbb{K}[x]$, $b\in\mathbb{K}$, 若存在正整数 k, 使 $(x-b)^k\mid f(x)$, 但 $(x-b)^{k+1}$ 不能整除 $f(x)$, 则称 b 是 $f(x)$ 的一个 k 重根. 若 $k=1$, 则称 b 为单根.

引理 5.5.1 设 $f(x)$ 是数域 $\mathbb{K}$ 上的不可约多项式且 $\deg f(x)\geq 2$, 则 $f(x)$ 在 $\mathbb{K}$ 中没有根.

证明 用反证法, 设 $b\in\mathbb{K}$ 是 $f(x)$ 的根, 由定理 5.5.1 知 $(x-b)\mid f(x)$, 即 $f(x)=(x-b)g(x)$ 可分解为两个低次多项式之积, 这与 $f(x)$ 不可约矛盾. □

如果把 k 重根看成 $f(x)$ 有 k 个根, 则有下列结论.

定理 5.5.2 若 $f(x)$ 是数域 $\mathbb{K}$ 上的 n 次多项式, 则 $f(x)$ 在 $\mathbb{K}$ 中最多只有 n 个根.

证明 将 $f(x)$ 作标准因式分解, 则由引理 5.5.1 知 $f(x)$ 在 $\mathbb{K}$ 中根的个数等于该分解式中一次因式的个数, 它不会超过 n. □

推论 5.5.1 设 $f(x)$ 与 $g(x)$ 是 $\mathbb{K}$ 上的次数不超过 n 的两个多项式, 若存在 $\mathbb{K}$ 上 $n+1$ 个不同的数 $b_1, b_2, \cdots, b_{n+1}$, 使

$$f(b_i) = g(b_i),\ i = 1, 2, \cdots, n+1,$$

则 $f(x) = g(x)$.

证明 作 $h(x) = f(x) - g(x)$, 显然 $h(x)$ 次数不超过 n. 但它有 $n+1$ 个不同的根, 因此只可能 $h(x) = 0$, 即 $f(x) = g(x)$. □

推论 5.5.1 肯定地回答了我们一开始提出的问题, 即若两个多项式 $f(x), g(x)$ 在数域 $\mathbb{K}$ 上的值相同, 则 $f(x) = g(x)$. 但是读者必须注意, 这是因为任一数域都有无限个元素之故. 对一般的域 (读者将在抽象代数教程中遇到) 来说, 上述结论是不一定成立的, 即存在两个不同的多项式, 它们在某一有限域上的值处处相同.

习 题 5.5

1. 用余数定理证明:
(1) $x(x+1)(2x+1) \mid \big((x+1)^{2n} - x^{2n} - 2x - 1\big)$;
(2) $(x^4 + x^3 + x^2 + x + 1) \mid (x^5 + x^{11} + x^{17} + x^{23} + x^{29})$.

2. 证明: 数域 $\mathbb{K}$ 上任意一个不可约多项式在复数域 $\mathbb{C}$ 中无重根.

3. 求证: a 是多项式 $f(x)$ 的 k 重根的充分必要条件是

$$f(a) = f'(a) = \cdots = f^{(k-1)}(a) = 0, \quad f^{(k)}(a) \neq 0.$$

4. 设 $\deg f(x) = n \geq 1$, 若 $f'(x) \mid f(x)$, 证明: $f(x)$ 有 n 重根.

5. 设 $f(x)$ 是数域 $\mathbb{K}$ 上的多项式, 若对 $\mathbb{K}$ 中某个非零常数 a, 有 $f(x+a) = f(x)$, 求证: $f(x)$ 必是常数多项式.

6. 证明下列 Lagrange 插值定理: 设 $a_1, a_2, \cdots, a_n$ 是 $\mathbb{K}$ 中 n 个不同的数, $b_1, b_2, \cdots, b_n$ 是 $\mathbb{K}$ 中任意 n 个数, 则存在唯一的 $\mathbb{K}$ 上的多项式 $f(x)$, $\deg f(x) \leq n-1$, 且

$$f(a_i) = b_i,\ i = 1, 2, \cdots, n.$$

试求出这个多项式.

7. 设 $f(x)$ 是一个 n 次多项式, 若当 $k = 0, 1, \cdots, n$ 时有 $f(k) = \dfrac{k}{k+1}$, 求 $f(n+1)$.

8. 设 $(x^4 + x^3 + x^2 + x + 1) \mid \big(x^3 f_1(x^5) + x^2 f_2(x^5) + x f_3(x^5) + f_4(x^5)\big)$, 这里 $f_i(x)\,(i = 1, 2, 3, 4)$ 都是实系数多项式, 求证: $f_i(1) = 0\,(i = 1, 2, 3, 4)$.

§ 5.6 复系数多项式

现在我们来研究复数域上的多项式, 首先我们要证明重要的 “代数基本定理”. 这个定理的内容读者可能在中学里就已经知道. 定理的证明要用到二元连续函数的性质, 对这方面不熟悉的读者可以跳过这一证明, 承认其结论就可以了. 这个定理在复变函数课程里还将有一个非常简洁的证明. 在下面的证明里, 我们不再区别多项式和多项式函数.

定理 5.6.1 (代数基本定理) 次数大于零的复数域上的一元多项式至少有一个复数根.

证明 设复数域上的 n 次多项式为

$$f(z) = a_n z^n + a_{n-1} z^{n-1} + \cdots + a_1 z + a_0. \tag{5.6.1}$$

首先证明, 必存在一个复数 z_0, 使对一切复数 z, 有

$$|f(z)| \geq |f(z_0)|.$$

令 $z = x + \mathrm{i}y$, 其中 x, y 是实变量. 展开 $f(x + \mathrm{i}y)$ 并分开实部和虚部, 则

$$f(z) = u(x, y) + \mathrm{i}v(x, y),$$

其中 $u(x, y)$ 及 $v(x, y)$ 为实系数二元多项式函数. 又

$$|f(z)| = \sqrt{u(x, y)^2 + v(x, y)^2}$$

是一个二元连续函数, 但

$$\begin{aligned}
|f(z)| &= |a_n z^n + a_{n-1} z^{n-1} + \cdots + a_0| \\
&\geq |a_n z^n| - |a_{n-1} z^{n-1} + \cdots + a_0| \\
&\geq |z^n| \left(|a_n| - \left(\frac{|a_{n-1}|}{|z|} + \frac{|a_{n-2}|}{|z^2|} + \cdots + \frac{|a_0|}{|z^n|} \right) \right),
\end{aligned}$$

因此当 $|z| \to \infty$ 时, $|f(z)| \to \infty$. 于是必存在一个实常数 R, 当 $|z| > R$ 时, $|f(z)|$ 充分大, 因此 $|f(z)|$ 的最小值必含于圆 $|z| \leq R$ 中. 但这是平面上的一个闭区域, 因此必存在 z_0, 使 $|f(z_0)|$ 为最小.

接下去要证明 $f(z_0) = 0$. 用反证法, 即若 $f(z_0) \neq 0$, 则必可找到 z_1, 使 $|f(z_1)| < |f(z_0)|$, 这样就与 $|f(z_0)|$ 是最小值相矛盾.

将 $z = z_0 + h$ 代入 (5.6.1) 式便可得到一个关于 h 的 n 次多项式:

$$f(z_0 + h) = b_n h^n + b_{n-1} h^{n-1} + \cdots + b_1 h + b_0. \tag{5.6.2}$$

当 $h = 0$ 时, $f(z_0) = b_0$, 由假设 $f(z_0) \neq 0$, 故

$$\frac{f(z_0 + h)}{f(z_0)} = \frac{b_n}{f(z_0)} h^n + \frac{b_{n-1}}{f(z_0)} h^{n-1} + \cdots + \frac{b_1}{f(z_0)} h + 1.$$

$b_1, b_2, \cdots, b_n$ 中有些可能为零, 但绝不全为零. 设 b_k 是第一个不为零的复数, 则

$$\frac{f(z_0 + h)}{f(z_0)} = 1 + c_k h^k + c_{k+1} h^{k+1} + \cdots + c_n h^n, \tag{5.6.3}$$

其中 $c_j = \dfrac{b_j}{f(z_0)}$. 令 $d = \sqrt[k]{-\dfrac{1}{c_k}}$, $h = ed$ 代入 (5.6.3) 式得

$$\frac{f(z_0 + h)}{f(z_0)} = 1 - e^k + e^{k+1}(c_{k+1} d^{k+1} + c_{k+2} d^{k+2} e + \cdots),$$

取充分小的正实数 e (至少小于 1), 使

$$e(|c_{k+1} d^{k+1}| + |c_{k+2} d^{k+2}| + \cdots) < \frac{1}{2},$$

于是

$$\begin{aligned} \left| \frac{f(z_0 + h)}{f(z_0)} \right| &\leq |1 - e^k| + |e^{k+1}(c_{k+1} d^{k+1} + c_{k+2} d^{k+2} + \cdots)| \\ &\leq 1 - e^k + e^{k+1}(|c_{k+1} d^{k+1}| + |c_{k+2} d^{k+2}| + \cdots) \\ &< 1 - e^k + \frac{1}{2} e^k \\ &= 1 - \frac{1}{2} e^k < 1. \end{aligned}$$

将这样的 e 代入 $h = ed$, 得

$$|f(z_0 + ed)| < |f(z_0)|.$$

这就推出了矛盾. □

推论 5.6.1 复数域上的一元 n 次多项式恰有 n 个复根 (包括重根).

推论 5.6.2 复数域上的不可约多项式都是一次多项式.

推论 5.6.3 复数域上的一元 n 次多项式必可分解为一次因式的乘积.

关于多项式根与系数的关系, 我们有如下的 Vieta (韦达) 定理.

定理 5.6.2 (Vieta 定理) 若数域 $\mathbb{K}$ 上的一元 n 次多项式

$$f(x) = a_0x^n + a_1x^{n-1} + a_2x^{n-2} + \cdots + a_n$$

在 $\mathbb{K}$ 中有 n 个根 $x_1, x_2, \cdots, x_n$, 则

$$\sum_{i=1}^{n} x_i = -\frac{a_1}{a_0},$$

$$\sum_{1\leq i<j\leq n}^{n} x_ix_j = \frac{a_2}{a_0},$$

$$\sum_{1\leq i<j<k\leq n}^{n} x_ix_jx_k = -\frac{a_3}{a_0},$$

$$\cdots\cdots\cdots\cdots$$

$$x_1x_2\cdots x_n = (-1)^n\frac{a_n}{a_0}.$$

证明 $f(x) = a_0(x-x_1)(x-x_2)\cdots(x-x_n)$, 将这个式子的右边展开与 $f(x)$ 比较系数即得结论. □

由代数基本定理, 一个复数域上的一元 n 次方程必有 n 个根. 如何求这 n 个根, 读者已在中学里学到过一元一次及一元二次方程的求根公式. 对于一元三次、一元四次方程也有求根公式, 当然要复杂得多. 下面我们介绍一下如何来求解一元三次、一元四次方程.

由于将一个方程式两边乘以非零常数不影响该方程的根, 因此不妨设有下列一元三次方程式:

$$f(x) = x^3 + ax^2 + bx + c = 0.$$

作变换 $x = y - \dfrac{1}{3}a$, 代入上述方程化简后得到一个缺二次项的方程:

$$y^3 + py + q = 0.$$

显然, 只要将上面方程的根减去 $\dfrac{1}{3}a$ 即可得原方程的根, 因此我们把问题归结为求

$$f(x) = x^3 + px + q = 0 \tag{5.6.4}$$

这一类方程式的根.

若 $q=0$, 则 $x_1=0$, $x_2=\sqrt{-p}$, $x_3=-\sqrt{-p}$ 便是方程的根. 若 $p=0$, 则 $x_1=\sqrt[3]{-q}$, $x_2=\sqrt[3]{-q}\omega$, $x_3=\sqrt[3]{-q}\omega^2$ 就是方程的根, 其中

$$\omega=-\frac{1}{2}+\frac{\sqrt{3}}{2}\mathrm{i}.$$

因此我们只需讨论 $p\neq 0$, $q\neq 0$ 的情形.

引进新的未知数 $x=u+v$, 则

$$x^3=u^3+v^3+3uv(u+v)=u^3+v^3+3uvx,$$

或

$$x^3-3uvx-(u^3+v^3)=0.$$

与 (5.6.4) 式比较得

$$\begin{cases}uv=-\dfrac{1}{3}p,\\ u^3+v^3=-q.\end{cases}\tag{5.6.5}$$

如可求出 (5.6.5) 式中的 u,v 即可求出 x, 但 (5.6.5) 式又可变为

$$\begin{cases}u^3v^3=-\dfrac{1}{27}p^3,\\ u^3+v^3=-q.\end{cases}\tag{5.6.6}$$

由 Vieta 定理可知 u^3,v^3 是下列二次方程的两个根:

$$y^2+qy-\frac{p^3}{27}=0.$$

于是

$$u^3=-\frac{q}{2}+\sqrt{\frac{q^2}{4}+\frac{p^3}{27}},\quad v^3=-\frac{q}{2}-\sqrt{\frac{q^2}{4}+\frac{p^3}{27}}.$$

令

$$\varDelta=\frac{q^2}{4}+\frac{p^3}{27},$$

注意 u,v 必须适合 (5.6.5) 式, 故可得方程 (5.6.4) 的根为

$$\begin{cases}x_1=\sqrt[3]{-\dfrac{q}{2}+\sqrt{\varDelta}}+\sqrt[3]{-\dfrac{q}{2}-\sqrt{\varDelta}},\\ x_2=\omega\sqrt[3]{-\dfrac{q}{2}+\sqrt{\varDelta}}+\omega^2\sqrt[3]{-\dfrac{q}{2}-\sqrt{\varDelta}},\\ x_3=\omega^2\sqrt[3]{-\dfrac{q}{2}+\sqrt{\varDelta}}+\omega\sqrt[3]{-\dfrac{q}{2}-\sqrt{\varDelta}}.\end{cases}\tag{5.6.7}$$

上式通常称为 Cardano (卡尔达诺) 公式.

现在来考虑四次方程, 我们采用与讨论三次方程同样的方法, 令 $x=y-\frac{1}{4}a$, 可消去方程 $x^4+ax^3+bx^2+cx+d=0$ 的三次项, 把求解四次方程的问题归结为求解下面类型的方程:

$$x^4+ax^2+bx+c=0. \tag{5.6.8}$$

引进新的未知数 u, 在 (5.6.8) 式中加 $ux^2+\frac{u^2}{4}$, 再减 $ux^2+\frac{u^2}{4}$, 得

$$x^4+ux^2+\frac{u^2}{4}-\left[(u-a)x^2-bx+\frac{u^2}{4}-c\right]=0. \tag{5.6.9}$$

我们注意到上式中 $x^4+ux^2+\frac{u^2}{4}=(x^2+\frac{u}{2})^2$, 如果中括号内是一个完全平方, 则 (5.6.9) 式可化为两个二次方程来解. 而中括号是一个完全平方的条件是

$$b^2-4(u-a)(\frac{u^2}{4}-c)=0. \tag{5.6.10}$$

这是一个 u 的三次方程, 称为方程 (5.6.8) 的预解式. 假设 u 已解出, (5.6.9) 式将变成

$$(x^2+\frac{u}{2})^2-(\sqrt{u-a}x-\frac{b}{2\sqrt{u-a}})^2=0.$$

分解因式后得到两个二次方程:

$$x^2+\sqrt{u-a}x+\frac{u}{2}-\frac{b}{2\sqrt{u-a}}=0, \tag{5.6.11}$$

$$x^2-\sqrt{u-a}x+\frac{u}{2}+\frac{b}{2\sqrt{u-a}}=0. \tag{5.6.12}$$

这样便可求出方程 (5.6.8) 的所有根.

这里需要注意的是 (5.6.10) 式是一个三次方程, u 有 3 个根. 如依次将这 3 个根代入 (5.6.11) 式、(5.6.12) 式, 岂非得到方程 (5.6.8) 的 12 个根! 其实我们只需取 (5.6.10) 式的一个根就可以了. 因为任取其他根所得的结果是完全一样的. 事实上, (5.6.11) 式与 (5.6.12) 式之积就是方程 (5.6.8), 因此方程 (5.6.11)、方程 (5.6.12) 的根总是方程 (5.6.8) 的根, 只不过在方程 (5.6.11)、方程 (5.6.12) 中出现的情形不同而已. 比如设 x_1,x_2,x_3,x_4 为方程 (5.6.8) 的 4 个根. 可能 x_1,x_2 为方程 (5.6.11) 的根, 这时 x_3,x_4 为方程 (5.6.12) 的根; 又可能 x_3,x_4 为方程 (5.6.11) 的根, 这时 x_1,x_2 为方程 (5.6.12) 的根; 等等. 四次方程的这种解法通常称为 Ferrari (费拉里) 解法.

高于四次以上的方程一般是不能用根式来求解的, 这一结论在 19 世纪 30 年代被法国数学家 Galois (伽罗瓦) 证明. 他的证明涉及群、域等抽象代数知识, 读者将在抽象代数的课程中学到. 需要注意的是, 我们这里说五次及五次以上的方程一般不能用根式求解, 但是并不是说不能解. 另外, 也并不是所有五次及五次以上的方程都不能用根式求解. 什么时候可用根式解, 什么时候不能用根式解, Galois 给出了一个充分必要条件. 读者欲知其详, 请参阅有关 Galois 理论的著作, 如 [1].

习　题　5.6

1. 设三次方程 $x^3+px^2+qx+r=0$ 的 3 个根成等差数列, 求证:

$$2p^3-9pq+27r=0.$$

2. 设三次方程 $x^3+px^2+qx+r=0\,(r\neq 0)$ 的 3 个根成等比数列, 求证:

$$rp^3=q^3.$$

3. 设多项式 x^3+3x^2+mx+n 的 3 个根成等差数列, 多项式 $x^3-(m-2)x^2+(n-3)x+8$ 的 3 个根成等比数列, 求 m 和 n.

4. 证明: 方程 $x^3+px+q=0$ 有重根的充分必要条件是 $4p^3+27q^2=0$.

5. 设方程 $x^3+px^2+qx+r=0$ 的 3 个根都是实数, 求证: $p^2\geq 3q$.

6. 设 $f(x)=a_nx^n+a_{n-1}x^{n-1}+\cdots+a_0$ 的 n 个根 $x_1,x_2,\cdots,x_n$ 皆不等于零, 求以 $\dfrac{1}{x_1}$, $\dfrac{1}{x_2}$, $\cdots$, $\dfrac{1}{x_n}$ 为根的多项式.

7. 设 $f(x)$ 是复数域上的多项式, 若对任意的实数 c, $f(c)$ 总是实数, 求证: $f(x)$ 是实系数多项式.

§ 5.7　实系数多项式和有理系数多项式

我们已经知道, 复数域上的不可约多项式都是一次的. 实数域上的不可约多项式应该是什么样的呢?

定理 5.7.1　设

$$f(x)=a_nx^n+a_{n-1}x^{n-1}+\cdots+a_1x+a_0$$

是实系数多项式, 若复数 $a+b\mathrm{i}\,(b\neq 0)$ 是其根, 则 $a-b\mathrm{i}$ 也是它的根.

证明　令 $z=a+b\mathrm{i}$, 其共轭复数为 $\bar{z}=a-b\mathrm{i}$, 则

$$\begin{aligned} f(\bar{z}) &= a_n\bar{z}^n+a_{n-1}\bar{z}^{n-1}+\cdots+a_1\bar{z}+a_0 \\ &= \overline{a_nz^n+a_{n-1}z^{n-1}+\cdots+a_1z+a_0}=0. \end{aligned}$$

由此即得结论. □

定理 5.7.1 表明, 实系数多项式 $f(x)$ 的虚部不为零的复根必成对出现.

推论 5.7.1　实数域上的不可约多项式为一次多项式或下列二次多项式:

$$ax^2+bx+c, \text{其中 } b^2-4ac<0.$$

证明　一次多项式显然为不可约. 当 $b^2-4ac<0$ 时, ax^2+bx+c 没有实根, 故不可约. 反过来, 任一高于二次的实系数多项式 $f(x)$ 如有实根, 则 $f(x)$ 可约; 如有一复根 $a+b\mathrm{i}\,(b\neq0)$, 则 $a-b\mathrm{i}$ 也是它的根, 从而

$$\big(x-(a+b\mathrm{i})\big)\big(x-(a-b\mathrm{i})\big)=x^2-2ax+(a^2+b^2)$$

是 $f(x)$ 的因式, 故 $f(x)$ 可约. □

推论 5.7.2　实数域上的多项式 $f(x)$ 必可分解为有限个一次因式及不可约二次因式的乘积.

接下去讨论有理系数多项式. 我们首先证明一个整系数多项式有有理根的必要条件, 然后研究有理系数多项式的因式分解.

定理 5.7.2　设有 n 次整系数多项式

$$f(x)=a_nx^n+a_{n-1}x^{n-1}+\cdots+a_1x+a_0, \tag{5.7.1}$$

则有理数 $\dfrac{q}{p}$ 是 $f(x)$ 的根的必要条件是 $p\mid a_n$, $q\mid a_0$, 其中 p, q 是互素的整数.

证明　将 $\dfrac{q}{p}$ 代入 (5.7.1) 式得

$$a_n\left(\frac{q}{p}\right)^n+a_{n-1}\left(\frac{q}{p}\right)^{n-1}+\cdots+a_1\left(\frac{q}{p}\right)+a_0=0,$$

将上式两边乘以 p^n 得

$$a_nq^n+a_{n-1}q^{n-1}p+\cdots+a_1qp^{n-1}+a_0p^n=0.$$

显然必须有 $p \mid a_n$, $q \mid a_0$. □

定理 5.7.2 给出了整系数多项式有有理根的必要条件. 由于任一有理系数方程均可化为同解的整系数方程 (只需用系数的公分母乘以方程的两边即可), 因此定理 5.7.2 也可用来判别一个有理系数多项式是否有有理根.

例 5.7.1 证明下列多项式没有有理根:

$$f(x) = x^5 - 12x^3 + 36x + 12.$$

证明 $f(x)$ 如有有理根, 只可能为 ±1, ±2, ±3, ±4, ±6, ±12. 将上述这些数代入 $f(x)$ 均不为零, 因此 $f(x)$ 无有理根. □

现在来讨论有理系数多项式的因式分解. 首先我们要探讨一下有理系数多项式的可约性与整系数多项式可约性的关系.

定义 5.7.1 设多项式

$$f(x) = a_nx^n + a_{n-1}x^{n-1} + \cdots + a_1x + a_0$$

是整系数多项式, 若 $a_n, a_{n-1}, \cdots, a_1, a_0$ 的最大公约数等于 1, 则称 $f(x)$ 为本原多项式.

引理 5.7.1 (Gauss 引理) 两个本原多项式之积仍是本原多项式.

证明 设

$$f(x) = a_nx^n + a_{n-1}x^{n-1} + \cdots + a_1x + a_0,$$

$$g(x) = b_mx^m + b_{m-1}x^{m-1} + \cdots + b_1x + b_0$$

是两个本原多项式. 若

$$f(x)g(x) = c_{m+n}x^{m+n} + c_{m+n-1}x^{m+n-1} + \cdots + c_1x + c_0$$

不是本原多项式, 则 $c_0, c_1, \cdots, c_{m+n}$ 必有一个公共素因子 p. 因为 $f(x)$ 是本原多项式, 故 p 不能整除 $f(x)$ 的所有系数, 可设 $p \mid a_0$, $p \mid a_1$, $\cdots$, $p \mid a_{i-1}$, 但 p 不能整除 a_i. 同理, 可设 $p \mid b_0$, $p \mid b_1$, $\cdots$, $p \mid b_{j-1}$, 但 p 不能整除 b_j. 注意到

$$c_{i+j} = \cdots + a_{i-2}b_{j+2} + a_{i-1}b_{j+1} + a_ib_j + a_{i+1}b_{j-1} + \cdots,$$

p 可整除 c_{i+j}, p 也能整除右式除 a_ib_j 以外的所有项. 但 p 不能整除 a_i 和 b_j, 故 p 不能整除 a_ib_j, 引出矛盾. □

定理 5.7.3 若整系数多项式 $f(x)$ 在有理数域上可约, 则它必可分解为两个次数较低的整系数多项式之积.

证明 假设整系数多项式 $f(x)$ 可以分解为两个次数较低的有理系数多项式之积:

$$f(x) = g(x)h(x),$$

$g(x)$ 的各项系数为有理数, 必有一个公分母记为 c, 于是 $g(x) = \dfrac{1}{c}(cg(x))$, 其中 $cg(x)$ 为整系数多项式. 若把 $cg(x)$ 中所有系数的最大公因数 d 提出来, 则 $g(x) = \dfrac{d}{c}(\dfrac{c}{d}g(x))$, $\dfrac{c}{d}g(x)$ 是一个本原多项式. 这表明 $g(x) = ag_1(x)$, a 为有理数, $g_1(x)$ 为本原多项式. 同理, $h(x) = bh_1(x)$, 其中 b 为有理数, $h_1(x)$ 为本原多项式. 于是我们得到

$$f(x) = g(x)h(x) = abg_1(x)h_1(x).$$

由 Gauss 引理知, $g_1(x)h_1(x)$ 是本原多项式. 若 ab 不是一个整数, 则 $abg_1(x)h_1(x)$ 将不是整系数多项式, 这与 $f(x)$ 是整系数多项式相矛盾. 因此 ab 必须是整数, 于是 $f(x)$ 可以分解为两个次数较小的整系数多项式之积. □

我们通常称一个整系数多项式 $f(x)$ 在整数环上可约, 若它可以分解为两个次数较低的整系数多项式之积. 定理 5.7.3 告诉我们, 整系数多项式 $f(x)$ 若在整数环上不可约, 则在有理数域上也不可约. 如何判断一个整系数多项式不可约, 我们有如下的 Eisenstein 判别法.

定理 5.7.4 (Eisenstein 判别法) 设多项式

$$f(x) = a_nx^n + a_{n-1}x^{n-1} + \cdots + a_1x + a_0$$

是整系数多项式, $a_n \neq 0$, $n \geq 1$, p 是一个素数. 若 $p \mid a_i\,(i = 0, 1, \cdots, n-1)$, 但 p 不能整除 a_n 且 p^2 不能整除 a_0, 则 $f(x)$ 在有理数域上不可约.

证明 只需证明 $f(x)$ 在整数环上不可约即可. 设 $f(x)$ 可分解为两个次数较低的整系数多项式之积:

$$f(x) = (b_mx^m + b_{m-1}x^{m-1} + \cdots + b_0)(c_tx^t + c_{t-1}x^{t-1} + \cdots + c_0),$$

其中 $m + t = n$. 显然 $a_0 = b_0c_0$, $a_n = b_mc_t$. 由假设 $p \mid a_0$, 故 $p \mid b_0$ 或 $p \mid c_0$. 又 p^2 不能整除 a_0, 故 p 不能同时整除 b_0 及 c_0. 不妨设 $p \mid b_0$ 但 p 不能整除 c_0. 又

由假设, p 不能整除 $a_n = b_m c_t$, 故 p 既不能整除 b_m 又不能整除 c_t. 因此不妨设 $p \mid b_0, p \mid b_1, \cdots, p \mid b_{j-1}$ 但 p 不能整除 b_j, 其中 $0 < j \le m < n$. 而

$$a_j = b_j c_0 + b_{j-1} c_1 + \cdots + b_0 c_j,$$

根据假设, $p \mid a_j$, 又 p 可整除上式右端除 $b_j c_0$ 外的其余项, 而不能整除 $b_j c_0$ 这一项, 引出矛盾. □

例 5.7.2　对任意的 $n \ge 1$, $x^n - 2$ 在有理数域上不可约.

证明　由于 2 可整除 $x^n - 2$ 中除首项以外的一切系数, 又 $2^2 = 4$ 不能整除 -2. 由 Eisenstein 判别法知 $x^n - 2$ 不可约. □

这个例子表明, 存在任意次的有理数域上的不可约多项式.

例 5.7.3　若 p 为素数, 证明:

$$f(x) = x^{p-1} + x^{p-2} + \cdots + x + 1$$

在有理数域上不可约.

证明　作变量代换

$$x = y + 1,$$

得

$$f(x) = \frac{x^p - 1}{x - 1} = \frac{(y+1)^p - 1}{y} = y^{p-1} + \mathrm{C}_p^1 y^{p-2} + \mathrm{C}_p^2 y^{p-3} + \cdots + \mathrm{C}_p^{p-1}.$$

注意 $p \mid \mathrm{C}_p^i \, (1 \le i \le p-1)$, p 不能整除首项系数 1, p^2 不能整除 $\mathrm{C}_p^{p-1} = p$, 因此, 上述关于 y 的多项式在有理数域上不可约, 从而 $f(x)$ 在有理数域上也不可约. □

例 5.7.4　证明:

$$f(x) = 1 + x + \frac{x^2}{2!} + \cdots + \frac{x^n}{n!}$$

当 n 是素数时在有理数域上不可约.

证明　将 $n!$ 乘以 $f(x)$, 只需证明当 $n = p$ 为素数时, 在整数环上不可约即可. 而由 Eisenstein 判别法即知 $p!f(x)$ 不可约. □

习 题 5.7

1. 证明: 奇数次实系数多项式必有实数根.

2. 设 $f(x)=a_nx^n+a_{n-1}x^{n-1}+\cdots+a_1x+a_0$ 是实系数多项式, 求证:

(1) 若 $a_i\,(0\leq i\leq n)$ 全是正数或全是负数, 则 $f(x)$ 没有非负实根.

(2) 若 $(-1)^ia_i\,(0\leq i\leq n)$ 全是正数或全是负数, 则 $f(x)$ 没有非正实根.

(3) 若 $a_n>0$ 且 $(-1)^{n-i}a_i>0\,(0\leq i\leq n-1)$, 则 $f(x)$ 没有非正实根; 若 $a_n>0$ 且 $(-1)^{n-i}a_i\geq 0\,(0\leq i\leq n-1)$, 则 $f(x)$ 没有负实根.

3. 求证: 方程 $x^8+5x^6+4x^4+2x^2+1=0$ 无实数根.

4. 求下列多项式的有理根:

(1) $x^3-6x^2+15x-14$;

(2) $4x^4-7x^2-5x-1$;

(3) $6x^4-25x^3+20x^2-25x+14$;

(4) $x^5-x^4-\dfrac{5}{2}x^3+2x^2-\dfrac{1}{2}x-3$.

5. 设 $f(x)$ 是首一整系数多项式, 若 $f(0)$, $f(1)$ 都是奇数, 求证: $f(x)$ 没有有理根.

6. 证明下列多项式在有理数域上不可约:

(1) $x^p+px+p\,(p$ 是素数$)$;

(2) x^6+x^3+1;

(3) $x^4-18x^3+12x^2-6x+2$.

7. 设 $p_1,\cdots,p_m$ 是 m 个互不相同的素数, 求证: 对任意的 $n\geq 1$, 下列多项式在有理数域上不可约:

$$f(x)=x^n-p_1\cdots p_m.$$

8. 证明: x^8+1 在有理数域上不可约.

9. 写出一个次数最小的首一有理系数多项式, 使它有下列根:

$$1+\sqrt{3},\quad 3+\sqrt{2}\mathrm{i}.$$

§ 5.8 多元多项式

设 $\mathbb{K}$ 是数域, $x_1,x_2,\cdots,x_n$ 是 n 个未定元, 它们彼此无关. 称 $ax_1^{k_1}x_2^{k_2}\cdots x_n^{k_n}$ 为一个单项式, 其中 a 是这个单项式的系数, k_j 为非负整数. 如果 $a\neq 0$, 则称该单项式的次数为 $k=k_1+k_2+\cdots+k_n$. 如果两个单项式除相差一个系数外, 其余

都相同, 即每个 x_i 的次数都相同, 则称这两个单项式为同类项. 同类项相加, 可将它们的系数相加. 比如

$$2x_1^2x_2x_3^4 + 3x_1^2x_2x_3^4 = 5x_1^2x_2x_3^4.$$

不是同类项相加时不能把系数相加. 有限个单项式的和称为一个 n 元多项式, 它的一般形式为

$$f(x_1, x_2, \cdots, x_n) = \sum a_{i_1 i_2 \cdots i_n} x_1^{i_1} x_2^{i_2} \cdots x_n^{i_n}.$$

下面我们总假设在一个文字多项式中的各单项式彼此不同, 即同类项已合并.

对一个 n 元多项式, 它的系数非零的单项式的最大次数称为这个多项式的次数. 比如下列三元多项式的次数为 5:

$$x_1^2x_2x_3^2 + 2x_1x_2x_3 - 3x_1x_2 + 1.$$

两个 n 元多项式相等当且仅当它们同类项的系数全都相等.

两个 n 元多项式相加, 即将它们同类项的系数相加. 例如, 若

$$\begin{aligned} f(x_1, x_2, x_3) &= x_1^3 + 2x_1x_3 - 3x_1x_2x_3, \\ g(x_1, x_2, x_3) &= -x_2^2 - 2x_1x_3 + 5x_1x_2x_3, \end{aligned}$$

则

$$f(x_1, x_2, x_3) + g(x_1, x_2, x_3) = x_1^3 - x_2^2 + 2x_1x_2x_3.$$

两个单项式 $ax_1^{i_1}x_2^{i_2}\cdots x_n^{i_n}$, $bx_1^{j_1}x_2^{j_2}\cdots x_n^{j_n}$ 相乘, 其积为

$$abx_1^{i_1+j_1}x_2^{i_2+j_2}\cdots x_n^{i_n+j_n}.$$

两个多项式相乘按分配律可化为各单项式乘积之和. 如

$$\begin{aligned} &(x_1^3 + x_1x_2x_3 - 2x_3)(x_1^2 - x_1x_2 - x_3^2) \\ = {} & x_1^5 - x_1^4x_2 - x_1^3x_3^2 + x_1^3x_2x_3 - x_1^2x_2^2x_3 - x_1x_2x_3^3 - 2x_1^2x_3 + 2x_1x_2x_3 + 2x_3^3. \end{aligned}$$

相乘后如出现同类项应予以合并. 多元多项式不像一元多项式那样可按次数的大小降幂或升幂排列. 比如

$$x_1^2x_2 + x_1x_2x_3,$$

其中两项都是三次式. 为了给它们排次序, 我们常采用 "字典排列法": n 个未定元按自然足标为序排列, 即为 $x_1, x_2, \cdots, x_n$; 若有两个非零单项式:

$$ax_1^{i_1}x_2^{i_2}\cdots x_n^{i_n}, \quad bx_1^{j_1}x_2^{j_2}\cdots x_n^{j_n},$$

若 $i_1=j_1,\ i_2=j_2,\ \cdots,\ i_{k-1}=j_{k-1}$, 但 $i_k>j_k$, 则规定 $ax_1^{i_1}x_2^{i_2}\cdots x_n^{i_n}$ 先于 $bx_1^{j_1}x_2^{j_2}\cdots x_n^{j_n}$. 按这样排列, 任一多项式都只有唯一的方法把它的各单项式排序. 这时要注意第一项即首项未必是最高次项, 末项也未必是次数最低的项. 例如多项式:

$$x_1^2x_2+x_1^3x_3+3x_1x_2x_3-4x_2x_3^5$$

按字典排列应为

$$x_1^3x_3+x_1^2x_2+3x_1x_2x_3-4x_2x_3^5.$$

引理 5.8.1 若 $f(x_1,x_2,\cdots,x_n)$ 及 $g(x_1,x_2,\cdots,x_n)$ 都是 $\mathbb{K}$ 上非零的 n 元多项式, 则按字典排列法排列后乘积的首项等于 f 的首项与 g 的首项之积.

证明 设 $ax_1^{i_1}x_2^{i_2}\cdots x_n^{i_n}$ 和 $bx_1^{j_1}x_2^{j_2}\cdots x_n^{j_n}$ 分别是 f 和 g 的首项 (按字典排列法), 它们的乘积为 $abx_1^{i_1+j_1}x_2^{i_2+j_2}\cdots x_n^{i_n+j_n}$. 其他任意两个单项式 $cx_1^{k_1}x_2^{k_2}\cdots x_n^{k_n}$ 和 $dx_1^{r_1}x_2^{r_2}\cdots x_n^{r_n}$ 之积为 $cdx_1^{k_1+r_1}x_2^{k_2+r_2}\cdots x_n^{k_n+r_n}$. 设 $i_1=k_1,\ \cdots,\ i_{t-1}=k_{t-1}$, $i_t>k_t$; $j_1=r_1,\ \cdots,\ j_{s-1}=r_{s-1}$, $j_s>r_s$. 不妨设 $t\le s$, 显然

$$i_1+j_1=k_1+r_1,\ \cdots,\ i_{t-1}+j_{t-1}=k_{t-1}+r_{t-1},\ i_t+j_t>k_t+r_t.$$

因此 $abx_1^{i_1+j_1}x_2^{i_2+j_2}\cdots x_n^{i_n+j_n}$ 先于 $cdx_1^{k_1+r_1}x_2^{k_2+r_2}\cdots x_n^{k_n+r_n}$.

同理可证明: $abx_1^{i_1+j_1}x_2^{i_2+j_2}\cdots x_n^{i_n+j_n}$ 先于 $adx_1^{i_1+r_1}x_2^{i_2+r_2}\cdots x_n^{i_n+r_n}$ 和 $cbx_1^{k_1+j_1}x_2^{k_2+j_2}\cdots x_n^{k_n+j_n}$. 因此它确是 fg 的首项. □

命题 5.8.1 若 $f(x_1,x_2,\cdots,x_n)\ne 0$, $g(x_1,x_2,\cdots,x_n)\ne 0$, 则

$$f(x_1,x_2,\cdots,x_n)g(x_1,x_2,\cdots,x_n)\ne 0.$$

证明 由 f 和 g 的首项不为零可知 fg 的首项不为零, 于是 $fg\ne 0$. □

推论 5.8.1 若 $h(x_1,x_2,\cdots,x_n)\ne 0$, 且

$$f(x_1,x_2,\cdots,x_n)h(x_1,x_2,\cdots,x_n)=g(x_1,x_2,\cdots,x_n)h(x_1,x_2,\cdots,x_n),$$

则

$$f(x_1,x_2,\cdots,x_n)=g(x_1,x_2,\cdots,x_n).$$

多元多项式除了 "字典排列法" 外, 还有 "齐次排列法". 我们先介绍齐次多项式的概念. 若一个多项式 $f(x_1,x_2,\cdots,x_n)$ 的每个单项式都是 k 次式, 则称之为 k 次齐次多项式或 k 次型. 如 $a_1x_1+a_2x_2+a_3x_3$ 是三元一次型. $x_1^2+x_1x_2-3x_2^2$ 为二元二次型. $x_1^4-4x_2x_3x_4^2+5x_1x_2x_3x_4$ 为四元四次型.

两个次数相同的齐次多项式之和若不为零，则必仍是同次齐次多项式. 任意两个齐次多项式之积仍为齐次多项式.

任一 n 元多项式均可表示为若干个齐次多项式之和，这只需要将各次数相等的项放在一起即可. 如

$$2x_1^3 - 3x_1x_2 + 4x_4^3 - x_1x_2x_3 + x_4^2 = (2x_1^3 + 4x_4^3 - x_1x_2x_3) + (x_4^2 - 3x_1x_2),$$

其中 $2x_1^3 + 4x_4^3 - x_1x_2x_3$ 为三次型，$x_4^2 - 3x_1x_2$ 为二次型.

多元多项式与多元多项式函数之间的关系与一元的情形类似.

引理 5.8.2　设 $f(x_1, x_2, \cdots, x_n)$ 是 $\mathbb{K}$ 上非零的 n 元多项式，则必存在 $\mathbb{K}$ 中的数 $a_1, a_2, \cdots, a_n$，使 $f(a_1, a_2, \cdots, a_n) \neq 0$.

证明　对未定元个数 n 用数学归纳法. 当 $n = 1$ 时，多项式 $f(x)$ 只有有限个零点，故总有 $a \in \mathbb{K}$ 使 $f(a) \neq 0$. 现设对有 $n-1$ 个未定元的多项式结论成立. 将 $f(x_1, x_2, \cdots, x_n)$ 写成未定元 x_n 的多项式：

$$f(x_1, x_2, \cdots, x_n) = b_0 + b_1x_n + \cdots + b_mx_n^m,$$

其中 $b_i = b_i(x_1, x_2, \cdots, x_{n-1})$ 是 $n-1$ 元多项式. 因为 $f(x_1, x_2, \cdots, x_n) \neq 0$，故可设 $b_m \neq 0$. 由归纳假设，存在 $a_1, \cdots, a_{n-1} \in \mathbb{K}$，使

$$b_m(a_1, \cdots, a_{n-1}) \neq 0.$$

因而

$$f(a_1,\cdots,a_{n-1},x_n) = b_0(a_1,\cdots,a_{n-1}) + b_1(a_1,\cdots,a_{n-1})x_n + \cdots + b_m(a_1,\cdots,a_{n-1})x_n^m$$

是一个非零的以 x_n 为未定元的一元多项式，故存在 $a_n \in \mathbb{K}$，使

$$f(a_1, a_2, \cdots, a_n) \neq 0. \square$$

命题 5.8.2　数域 $\mathbb{K}$ 上的两个 n 元多项式 $f(x_1, x_2, \cdots, x_n)$ 与 $g(x_1, x_2, \cdots, x_n)$ 相等的充分必要条件是对一切 $a_1, a_2, \cdots, a_n \in \mathbb{K}$，均有

$$f(a_1, a_2, \cdots, a_n) = g(a_1, a_2, \cdots, a_n).$$

证明　只需证明充分性. 作

$$h(x_1, x_2, \cdots, x_n) = f(x_1, x_2, \cdots, x_n) - g(x_1, x_2, \cdots, x_n).$$

若 $h(x_1, x_2, \cdots, x_n) \neq 0$，则必有 $a_1, a_2, \cdots, a_n \in \mathbb{K}$，使 $h(a_1, a_2, \cdots, a_n) \neq 0$，这与假设矛盾. $\square$

习 题 5.8

1. 设 $f(x_1,x_2,\cdots,x_n)$, $g(x_1,x_2,\cdots,x_n)$ 是数域 $\mathbb{K}$ 上的两个多项式且 $g(x_1,x_2,\cdots,x_n)$ 是非零多项式. 如果对一切使 $g(a_1,a_2,\cdots,a_n)\neq 0$ 的 $a_1,a_2,\cdots,a_n\in\mathbb{K}$, 均有 $f(a_1,a_2,\cdots,a_n)=0$, 求证: $f(x_1,x_2,\cdots,x_n)=0$.

2. 设 $f(x_1,x_2,\cdots,x_n)$, $g(x_1,x_2,\cdots,x_n)$ 是数域 $\mathbb{K}$ 上的两个多项式且 fg 是 n 元齐次多项式, 求证: f 与 g 都是齐次多项式.

3. 设 $f(x_1,x_2,\cdots,x_n)$ 是 n 元多项式, 若存在 n 元多项式 $g(x_1,x_2,\cdots,x_n)$, 使

$$f(x_1,x_2,\cdots,x_n)g(x_1,x_2,\cdots,x_n)=1,$$

求证: $f(x_1,x_2,\cdots,x_n)=c$, 其中 c 是 $\mathbb{K}$ 中的非零元.

§ 5.9 对称多项式

定义 5.9.1 设 $f(x_1,x_2,\cdots,x_n)$ 是数域 $\mathbb{K}$ 上的 n 元多项式, 若对任意的 $1\leq i<j\leq n$, 均有

$$f(x_1,\cdots,x_i,\cdots,x_j,\cdots,x_n)=f(x_1,\cdots,x_j,\cdots,x_i,\cdots,x_n),$$

则称 $f(x_1,x_2,\cdots,x_n)$ 是数域 $\mathbb{K}$ 上的 n 元对称多项式.

例如, 三元多项式 $x_1^2+x_2^2+x_3^2$, 将 x_1 与 x_2 对换有

$$x_1^2+x_2^2+x_3^2=x_2^2+x_1^2+x_3^2.$$

又将 x_1 与 x_3 对换及将 x_2 与 x_3 对换都得到同一个多项式. 因此 $x_1^2+x_2^2+x_3^2$ 是对称多项式. 多项式 $x_1^2-x_1x_2$ 与 $x_2^2-x_1x_2$ 不相等, 故 $x_1^2-x_1x_2$ 不是对称多项式.

设 $(k_1,k_2,\cdots,k_n)$ 是数组 $(1,2,\cdots,n)$ 的一个全排列. 若 $f(x_1,x_2,\cdots,x_n)$ 是一个对称多项式, 则不难看出:

$$f(x_{k_1},x_{k_2},\cdots,x_{k_n})=f(x_1,x_2,\cdots,x_n).$$

我们称 $x_1\to x_{k_1}$, $x_2\to x_{k_2}$, $\cdots$, $x_n\to x_{k_n}$ 是未定元的一个置换. 因此对称多项式在未定元的任一置换下不变.

容易看出对称多项式之和仍是对称多项式, 对称多项式之积也是对称多项式. 因此对称多项式的多项式还是对称多项式. 这句话的意思是说: 若 f_1, f_2, $\cdots$, f_m 是 m 个 n 元对称多项式, $g(y_1, y_2, \cdots, y_m)$ 是 m 元多项式, 则将 $f_1, f_2, \cdots, f_m$ 代替 $y_1, y_2, \cdots, y_m$ 后得到的多项式

$$h(x_1, x_2, \cdots, x_n) = g(f_1, f_2, \cdots, f_m)$$

仍是一个 n 元对称多项式.

在对称多项式中, 有一类基本的多项式, 称为初等对称多项式. 它们是这样定义的:

$$\begin{aligned} \sigma_1 &= x_1 + x_2 + \cdots + x_n = \sum_{i=1}^{n} x_i, \\ \sigma_2 &= x_1x_2 + x_1x_3 + \cdots + x_{n-1}x_n = \sum_{1 \leq i < j \leq n} x_ix_j, \\ &\cdots\cdots\cdots\cdots \\ \sigma_n &= x_1x_2\cdots x_n. \end{aligned}$$

这 n 个多项式称为 n 元初等对称多项式. 初等对称多项式之所以重要, 是因为我们有下列定理.

定理 5.9.1 设 $f(x_1, x_2, \cdots, x_n)$ 是数域 $\mathbb{K}$ 上的对称多项式, 则必存在 $\mathbb{K}$ 上唯一的一个多项式 $g(y_1, y_2, \cdots, y_n)$, 使

$$f(x_1, x_2, \cdots, x_n) = g(\sigma_1, \sigma_2, \cdots, \sigma_n).$$

证明 存在性: 设 $f(x_1, x_2, \cdots, x_n)$ 按字典排列法的首项为

$$ax_1^{i_1}x_2^{i_2}\cdots x_n^{i_n},\ a \neq 0,$$

则必有 $i_1 \geq i_2 \geq \cdots \geq i_n$. 事实上 $f(x_1, x_2, \cdots, x_n)$ 是对称多项式, 若 $i_k < i_{k+1}$, 则将 x_k 与 x_{k+1} 对换得到 $ax_1^{i_1}\cdots x_k^{i_{k+1}}x_{k+1}^{i_k}\cdots x_n^{i_n}$, 这一项也是 $f(x_1, x_2, \cdots, x_n)$ 中的项, 但它在 $ax_1^{i_1}x_2^{i_2}\cdots x_n^{i_n}$ 之前, 此与首项的假设相矛盾.

作多项式

$$g_1(x_1, x_2, \cdots, x_n) = a\sigma_1^{i_1-i_2}\sigma_2^{i_2-i_3}\cdots\sigma_{n-1}^{i_{n-1}-i_n}\sigma_n^{i_n}.$$

显然 g_1 是 $x_1, x_2, \cdots, x_n$ 的对称多项式, 且 g_1 的首项为

$$ax_1^{i_1-i_2}(x_1x_2)^{i_2-i_3}\cdots(x_1\cdots x_n)^{i_n} = ax_1^{i_1}x_2^{i_2}\cdots x_n^{i_n}.$$

因此 g_1 与 f 的首项相同, 于是 $f_1 = f - g_1$ 是一个对称多项式, 其首项后于 f 的首项. 对 f_1 重复上述做法, 不断做下去, 便得到一列对称多项式:

$$f_0 = f,\ f_1 = f_0 - g_1,\ f_2 = f_1 - g_2,\ \cdots,$$

每个 f_i 的首项都后于 f_{i-1} 的首项. 设 $bx_1^{k_1}x_2^{k_2}\cdots x_n^{k_n}$ 是某个 $f_i\,(i \geq 1)$ 的首项, 因它后于 f 的首项, 故有

$$i_1 \geq k_1 \geq k_2 \geq \cdots \geq k_n \geq 0.$$

这样的 $k_1, k_2, \cdots, k_n$ 只有有限个, 故多项式 f_i 不能无限地构造下去, 即存在某个正整数 s, 使 $f_s = 0$. 于是

$$f = g_1 + f_1 = g_1 + g_2 + f_2 = \cdots = g_1 + g_2 + \cdots + g_s.$$

由于每个 g_i 都可表示为 $\sigma_1, \sigma_2, \cdots, \sigma_n$ 的多项式, 故 f 也可表示为 $\sigma_1, \sigma_2, \cdots, \sigma_n$ 的多项式.

唯一性: 设 $g(y_1, \cdots, y_n)$ 及 $h(y_1, \cdots, y_n)$ 都是 $\mathbb{K}$ 上的 n 元多项式, 且

$$f(x_1, \cdots, x_n) = g(\sigma_1, \cdots, \sigma_n) = h(\sigma_1, \cdots, \sigma_n).$$

令

$$\varphi(y_1, \cdots, y_n) = g(y_1, \cdots, y_n) - h(y_1, \cdots, y_n),$$

由假设, 有

$$\varphi(\sigma_1, \cdots, \sigma_n) = 0.$$

我们要证明多项式

$$\varphi(y_1, \cdots, y_n) = 0.$$

假设 $\varphi(y_1, \cdots, y_n) \neq 0$, 不妨设

$$\varphi(y_1, y_2, \cdots, y_n) = cy_1^{k_1}y_2^{k_2}\cdots y_n^{k_n} + dy_1^{j_1}y_2^{j_2}\cdots y_n^{j_n} + \cdots,$$

其中 $c, d, \cdots$ 均不为零且假设各单项式彼此不是同类项. 在 $\varphi(\sigma_1, \sigma_2, \cdots, \sigma_n)$ 中,

$$\begin{aligned} c\sigma_1^{k_1}\sigma_2^{k_2}\cdots\sigma_n^{k_n} &= cx_1^{k_1}(x_1x_2)^{k_2}\cdots(x_1x_2\cdots x_n)^{k_n} + \cdots \\ &= cx_1^{k_1+k_2+\cdots+k_n}x_2^{k_2+k_3+\cdots+k_n}\cdots x_n^{k_n} + \cdots, \\ d\sigma_1^{j_1}\sigma_2^{j_2}\cdots\sigma_n^{j_n} &= dx_1^{j_1}(x_1x_2)^{j_2}\cdots(x_1x_2\cdots x_n)^{j_n} + \cdots \\ &= dx_1^{j_1+j_2+\cdots+j_n}x_2^{j_2+j_3+\cdots+j_n}\cdots x_n^{j_n} + \cdots. \end{aligned}$$

因此 $c\sigma_1^{k_1}\sigma_2^{k_2}\cdots\sigma_n^{k_n}$ 与 $d\sigma_1^{j_1}\sigma_2^{j_2}\cdots\sigma_n^{j_n}$ 等化成 $x_1,x_2,\cdots,x_n$ 的多项式后其首项都不是同类项, 从而 $\varphi(\sigma_1,\sigma_2,\cdots,\sigma_n)$ 的首项一定是这些首项中排在最前的那一个. 特别,

$$\varphi(\sigma_1,\sigma_2,\cdots,\sigma_n)\neq 0,$$

引出矛盾. □

上述定理通常被称为对称多项式基本定理. 这个定理的存在性证明是构造性的, 可用来求对称多项式的初等对称多项式表示.

例 5.9.1 将对称多项式

$$f(x_1,x_2,x_3)=x_1^2x_2+x_1^2x_3+x_1x_2^2+x_1x_3^2+x_2^2x_3+x_2x_3^2$$

表示为 $\sigma_1,\sigma_2,\sigma_3$ 的多项式.

解 这时首项为 $x_1^2x_2$, 作

$$\begin{aligned}\sigma_1^{2-1}\sigma_2^1 &= \sigma_1\sigma_2=(x_1+x_2+x_3)(x_1x_2+x_1x_3+x_2x_3)\\ &= x_1^2x_2+x_1^2x_3+x_1x_2^2+x_1x_3^2+x_2^2x_3+x_2x_3^2+3x_1x_2x_3.\end{aligned}$$

因此

$$f(x_1,x_2,x_3)=\sigma_1\sigma_2-3\sigma_3.$$

这种做法当多项式次数较高时计算可能相当繁琐. 下面我们通过举例介绍“待定系数法”.

例 5.9.2 试将对称多项式

$$f(x_1,x_2,x_3)=(x_1^2+x_2^2)(x_1^2+x_3^2)(x_2^2+x_3^2)$$

表示为初等对称多项式的多项式.

解 注意到 f 是一个齐次多项式, 次数等于 6. 又 f 的首项是 $x_1^4x_2^2$, 它的指数组为 $(4,2,0)$. 从定理 5.9.1 的证明中可看出 f_i 首项的指数组只可能是 $(4,1,1),(3,3,0),(3,2,1),(2,2,2)$, 相对应的 f_i 的首项为

$$\sigma_1^{4-1}\sigma_2^{1-1}\sigma_3^1=\sigma_1^3\sigma_3,\ \sigma_1^{3-3}\sigma_2^{3-0}\sigma_3^0=\sigma_2^3,\ \sigma_1^{3-2}\sigma_2^{2-1}\sigma_3^1=\sigma_1\sigma_2\sigma_3,\ \sigma_1^{2-2}\sigma_2^{2-2}\sigma_3^2=\sigma_3^2,$$

因此可设

$$f=\sigma_1^2\sigma_2^2+a\sigma_1^3\sigma_3+b\sigma_2^3+c\sigma_1\sigma_2\sigma_3+d\sigma_3^2.$$

取 x_1, x_2, x_3 的一些特殊值便得到关于 a, b, c, d 的线性方程组. 不难解得

$$a = -2,\ b = -2,\ c = 4,\ d = -1.$$

因此

$$f = \sigma_1^2\sigma_2^2 - 2\sigma_1^3\sigma_3 - 2\sigma_2^3 + 4\sigma_1\sigma_2\sigma_3 - \sigma_3^2.$$

上述例子中 f 是一个齐次多项式. 若 f 不是齐次多项式, 则可把 f 分解为齐次多项式之和. 显然每个齐次多项式仍是对称多项式, 可用初等对称多项式来表示. 这样便可得到 f 的表示.

下面我们证明著名的 Newton (牛顿) 公式. 令

$$s_k = x_1^k + x_2^k + \cdots + x_n^k\,(k \geq 1);\quad s_0 = n.$$

引理 5.9.1 设

$$\begin{aligned} f(x) &= (x - x_1)(x - x_2)\cdots(x - x_n) \\ &= x^n - \sigma_1 x^{n-1} + \sigma_2 x^{n-2} + \cdots + (-1)^n\sigma_n, \end{aligned}$$

则

$$x^{k+1}f'(x) = (s_0x^k + s_1x^{k-1} + \cdots + s_k)f(x) + g(x),$$

其中 $g(x)$ 作为 x 的多项式次数小于 n.

证明 容易看出

$$f'(x) = \sum_{i=1}^n \frac{f(x)}{x - x_i}.$$

因此

$$\begin{aligned} x^{k+1}f'(x) &= \sum_{i=1}^n \frac{x^{k+1}}{x - x_i} f(x) \\ &= \sum_{i=1}^n \frac{x^{k+1} - x_i^{k+1} + x_i^{k+1}}{x - x_i} f(x) \\ &= f(x)\sum_{i=1}^n \frac{x^{k+1} - x_i^{k+1}}{x - x_i} + g(x), \end{aligned}$$

其中

$$g(x) = \sum_{i=1}^n \frac{x_i^{k+1} f(x)}{x - x_i}$$

作为 x 的多项式其次数小于 n. 又

$$\begin{aligned}\sum_{i=1}^{n}\frac{x^{k+1}-x_i^{k+1}}{x-x_i}&=\sum_{i=1}^{n}(x^k+x_ix^{k-1}+\cdots+x_i^k)\\&=nx^k+(x_1+\cdots+x_n)x^{k-1}+\cdots+(x_1^k+\cdots+x_n^k)\\&=s_0x^k+s_1x^{k-1}+\cdots+s_k,\end{aligned}$$

于是

$$x^{k+1}f'(x)=(s_0x^k+s_1x^{k-1}+\cdots+s_k)f(x)+g(x).\ \square$$

命题 5.9.1 (Newton 公式) 记号同上, 若 $k\leq n-1$, 则

$$s_k-s_{k-1}\sigma_1+s_{k-2}\sigma_2-\cdots+(-1)^{k-1}s_1\sigma_{k-1}+(-1)^kk\sigma_k=0;$$

若 $k\geq n$, 则

$$s_k-s_{k-1}\sigma_1+s_{k-2}\sigma_2-\cdots+(-1)^ns_{k-n}\sigma_n=0.$$

证明 对 $f(x)=x^n-\sigma_1x^{n-1}+\sigma_2x^{n-2}+\cdots+(-1)^n\sigma_n$ 求导并乘以 x^{k+1} 得到

$$x^{k+1}f'(x)=nx^{n+k}-(n-1)\sigma_1x^{n+k-1}+(n-2)\sigma_2x^{n+k-2}-\cdots+(-1)^{n-1}\sigma_{n-1}x^{k+1}.$$

由引理, 有

$$\begin{aligned}x^{k+1}f'(x)&=(s_0x^k+s_1x^{k-1}+\cdots+s_k)f(x)+g(x)\\&=(s_0x^k+s_1x^{k-1}+\cdots+s_k)(x^n-\sigma_1x^{n-1}\\&\quad+\sigma_2x^{n-2}-\cdots+(-1)^n\sigma_n)+g(x).\end{aligned}$$

比较 x^n 的系数即知, 当 $k\leq n-1$ 时, 有

$$s_k-s_{k-1}\sigma_1+s_{k-2}\sigma_2-\cdots+(-1)^{k-1}s_1\sigma_{k-1}+(-1)^kk\sigma_k=0;$$

若 $k\geq n$, 则

$$s_k-s_{k-1}\sigma_1+s_{k-2}\sigma_2-\cdots+(-1)^ns_{k-n}\sigma_n=0.\ \square$$

习 题 5.9

1. 求下列对称多项式的初等对称多项式表示:

(1) $(x_1+x_2+x_3)^3-(x_2+x_3-x_1)^3-(x_1+x_3-x_2)^3-(x_1+x_2-x_3)^3$;

(2) $x_1^3+x_2^3+x_3^3-3x_1x_2x_3$.

2. 已知 $x^3+px^2+qx+r=0$ 的 3 个根为 x_1,x_2,x_3, 求一个三次方程, 其根为 x_1^3,x_2^3,x_3^3.

3. 求证: $f(x)=x^3+px^2+qx+r$ 的某一根平方等于其他两根平方和的充分必要条件是

$$p^4(p^2-2q)=2(p^3-2pq+2r)^2.$$

4. 利用 Newton 公式求出 s_4 的初等对称多项式表示.

5. 求解下列方程组:

$$\begin{cases} x_1+x_2+x_3+x_4=4, \\ x_1^2+x_2^2+x_3^2+x_4^2=4, \\ x_1^3+x_2^3+x_3^3+x_4^3=4, \\ x_1^4+x_2^4+x_3^4+x_4^4=4. \end{cases}$$

6. 设 $1\le k\le n$, 求证:

(1) $\sigma_k=\dfrac{1}{k!}\begin{vmatrix} s_1 & 1 & 0 & \cdots & 0 \\ s_2 & s_1 & 2 & \cdots & 0 \\ \vdots & \vdots & \vdots & & \vdots \\ s_{k-1} & s_{k-2} & s_{k-3} & \cdots & k-1 \\ s_k & s_{k-1} & s_{k-2} & \cdots & s_1 \end{vmatrix}$;

(2) $s_k=\begin{vmatrix} \sigma_1 & 1 & 0 & \cdots & 0 \\ 2\sigma_2 & \sigma_1 & 1 & \cdots & 0 \\ \vdots & \vdots & \vdots & & \vdots \\ (k-1)\sigma_{k-1} & \sigma_{k-2} & \sigma_{k-3} & \cdots & 1 \\ k\sigma_k & \sigma_{k-1} & \sigma_{k-2} & \cdots & \sigma_1 \end{vmatrix}$.

§ 5.10 结式和判别式

设 $f(x),g(x)$ 是数域 $\mathbb{K}$ 上的一元多项式, 现在我们来讨论它们何时有公共根 (简称公根). 公根问题实际上等价于公因式问题, 但是现在我们要从另外一个角度来探讨这个问题.

引理 5.10.1　设 $d(x)$ 是 $f(x)$ 与 $g(x)$ 的最大公因式, 则 $d(x)\neq 1$ 的充分必要条件是存在 $\mathbb{K}$ 上的非零多项式 $u(x),v(x)$, 使

$$f(x)u(x)=g(x)v(x), \tag{5.10.1}$$

且 $\deg u(x)<\deg g(x)$, $\deg v(x)<\deg f(x)$.

证明　若 $d(x)\neq 1$, 令 $f(x)=d(x)v(x)$, $g(x)=d(x)u(x)$, 则

$$f(x)u(x)=d(x)v(x)u(x)=g(x)v(x),$$

且 $\deg u(x)<\deg g(x)$, $\deg v(x)<\deg f(x)$.

反过来, 若 $d(x)=1$, 则由 (5.10.1) 式知 $f(x)\mid g(x)v(x)$. 由于 $f(x)$ 与 $g(x)$ 互素, 故 $f(x)\mid v(x)$, 这与 $\deg f(x)>\deg v(x)$ 矛盾. □

现设

$$\begin{aligned}
f(x) &= a_0x^n+a_1x^{n-1}+\cdots+a_n,\\
g(x) &= b_0x^m+b_1x^{m-1}+\cdots+b_m,\\
u(x) &= x_0x^{m-1}+x_1x^{m-2}+\cdots+x_{m-1},\\
v(x) &= y_0x^{n-1}+y_1x^{n-2}+\cdots+y_{n-1},
\end{aligned}$$

其中 $x_0,\cdots,x_{m-1}; y_0,\cdots,y_{n-1}$ 为待定未知数. 将上面 4 个式子代入 (5.10.1) 式, 比较系数得

$$\begin{cases}
a_0x_0=b_0y_0,\\
a_1x_0+a_0x_1=b_1y_0+b_0y_1,\\
a_2x_0+a_1x_1+a_0x_2=b_2y_0+b_1y_1+b_0y_2,\\
\qquad\qquad\qquad\cdots\cdots\cdots\cdots\\
a_nx_{m-3}+a_{n-1}x_{m-2}+a_{n-2}x_{m-1}=b_my_{n-3}+b_{m-1}y_{n-2}+b_{m-2}y_{n-1},\\
a_nx_{m-2}+a_{n-1}x_{m-1}=b_my_{n-2}+b_{m-1}y_{n-1},\\
a_nx_{m-1}=b_my_{n-1}.
\end{cases}$$

我们把上述 $m+n$ 个等式看成是 $m+n$ 个未知数 $x_0,x_1,\cdots,x_{m-1}; y_0,y_1,\cdots,y_{n-1}$

的线性方程组. 不难算出这个线性方程组系数矩阵的转置为

$$\begin{pmatrix} a_0 & a_1 & a_2 & \cdots & \cdots & a_n & 0 & \cdots & 0 \\ 0 & a_0 & a_1 & \cdots & \cdots & a_{n-1} & a_n & \cdots & 0 \\ 0 & 0 & a_0 & \cdots & \cdots & a_{n-2} & a_{n-1} & \cdots & 0 \\ \vdots & \vdots & \vdots & \vdots & \vdots & \vdots & \vdots & \vdots & \vdots \\ 0 & 0 & \cdots & 0 & a_0 & \cdots & \cdots & \cdots & a_n \\ -b_0 & -b_1 & -b_2 & \cdots & \cdots & \cdots & -b_m & \cdots & 0 \\ 0 & -b_0 & -b_1 & \cdots & \cdots & \cdots & -b_{m-1} & -b_m & \cdots \\ \vdots & \vdots & \vdots & \vdots & \vdots & \vdots & \vdots & \vdots & \vdots \\ 0 & \cdots & 0 & -b_0 & -b_1 & \cdots & \cdots & \cdots & -b_m \end{pmatrix}.$$

若上述 $m+n$ 阶方阵的行列式不等于零, 则 x_i, y_j 都只能全为零, 这时 $f(x), g(x)$ 互素, 即没有公根. 反之, 若上述方阵的行列式等于零, 则 $f(x), g(x)$ 有非常数公因式, 即有公根.

定义 5.10.1 设

$$\begin{aligned} f(x) &= a_0x^n + a_1x^{n-1} + \cdots + a_n, \\ g(x) &= b_0x^m + b_1x^{m-1} + \cdots + b_m. \end{aligned}$$

定义下列 $m+n$ 阶行列式:

$$R(f,g) = \begin{vmatrix} a_0 & a_1 & a_2 & \cdots & \cdots & a_n & 0 & \cdots & 0 \\ 0 & a_0 & a_1 & \cdots & \cdots & a_{n-1} & a_n & \cdots & 0 \\ 0 & 0 & a_0 & \cdots & \cdots & a_{n-2} & a_{n-1} & \cdots & 0 \\ \vdots & \vdots & \vdots & \vdots & \vdots & \vdots & \vdots & \vdots & \vdots \\ 0 & 0 & \cdots & 0 & a_0 & \cdots & \cdots & \cdots & a_n \\ b_0 & b_1 & b_2 & \cdots & \cdots & \cdots & b_m & \cdots & 0 \\ 0 & b_0 & b_1 & \cdots & \cdots & \cdots & b_{m-1} & b_m & \cdots \\ \vdots & \vdots & \vdots & \vdots & \vdots & \vdots & \vdots & \vdots & \vdots \\ 0 & \cdots & 0 & b_0 & b_1 & \cdots & \cdots & \cdots & b_m \end{vmatrix}$$

为 $f(x)$ 与 $g(x)$ 的结式或称为 Sylvester 行列式.

显然我们可以有下列判断两个多项式存在公根的定理.

定理 5.10.1 多项式 $f(x)$ 与 $g(x)$ 有公根 (在复数域中) 的充分必要条件是它们的结式 $R(f,g)=0$.

推论 5.10.1 多项式 $f(x)$ 与 $g(x)$ 互素的充分必要条件是 $R(f,g)\neq 0$.

多项式的结式也可以用它们的根来表示.

定理 5.10.2 设

$$\begin{aligned} f(x) &= a_0x^n+a_1x^{n-1}+\cdots+a_n, \\ g(x) &= b_0x^m+b_1x^{m-1}+\cdots+b_m, \end{aligned}$$

$f(x)$ 的根为 $x_1,x_2,\cdots,x_n$, $g(x)$ 的根为 $y_1,y_2,\cdots,y_m$, 则 $f(x)$ 与 $g(x)$ 的结式为

$$R(f,g)=a_0^mb_0^n\prod_{j=1}^{m}\prod_{i=1}^{n}(x_i-y_j). \tag{5.10.2}$$

为了证明上述定理, 我们先证明一个引理.

引理 5.10.2 记号同定理 5.10.2, 设 λ 是任意的数, 则

$$R(f(x),g(x)(x-\lambda))=(-1)^nf(\lambda)R(f,g),\quad R(f(x),x-\lambda)=(-1)^nf(\lambda).$$

证明 由假设,

$$g(x)(x-\lambda)=b_0x^{m+1}+(b_1-b_0\lambda)x^m+\cdots+(b_m-b_{m-1}\lambda)x-b_m\lambda.$$

为了书写方便, 引入以下记号:

$$f_0(x)=a_0,\ f_1(x)=a_0x+a_1,\ f_2(x)=a_0x^2+a_1x+a_2,\ \cdots,\ f_n(x)=f(x).$$

由结式的定义,

$$R(f(x),g(x)(x-\lambda))$$

$$=\begin{vmatrix} a_0 & a_1 & a_2 & \cdots & \cdots & a_n & 0 & \cdots & 0 \\ 0 & a_0 & a_1 & \cdots & \cdots & a_{n-1} & a_n & \cdots & 0 \\ 0 & 0 & a_0 & \cdots & \cdots & a_{n-2} & a_{n-1} & \cdots & 0 \\ \vdots & \vdots & \vdots & \vdots & \vdots & \vdots & \vdots & \vdots & \vdots \\ 0 & 0 & \cdots & 0 & a_0 & \cdots & \cdots & \cdots & a_n \\ b_0 & b_1-b_0\lambda & b_2-b_1\lambda & \cdots & \cdots & \cdots & -b_m\lambda & \cdots & 0 \\ 0 & b_0 & b_1-b_0\lambda & \cdots & \cdots & \cdots & b_m-b_{m-1}\lambda & -b_m\lambda & \cdots \\ \vdots & \vdots & \vdots & \vdots & \vdots & \vdots & \vdots & \vdots & \vdots \\ 0 & \cdots & 0 & b_0 & b_1-b_0\lambda & \cdots & \cdots & \cdots & -b_m\lambda \end{vmatrix}.$$

将第 1 列乘以 λ 加到第 2 列; 再将第 2 列乘以 λ 加到第 3 列; ……; 最后将第 $n+m$ 列乘以 λ 加到第 $n+m+1$ 列, 则

$$\text{上式}=\begin{vmatrix} f_0(\lambda) & f_1(\lambda) & f_2(\lambda) & \cdots & \cdots & f(\lambda) & \lambda f(\lambda) & \cdots & \lambda^m f(\lambda) \\ 0 & f_0(\lambda) & f_1(\lambda) & \cdots & \cdots & f_{n-1}(\lambda) & f(\lambda) & \cdots & \lambda^{m-1}f(\lambda) \\ 0 & 0 & f_0(\lambda) & \cdots & \cdots & f_{n-2}(\lambda) & f_{n-1}(\lambda) & \cdots & \lambda^{m-2}f(\lambda) \\ \vdots & \vdots & \vdots & \vdots & \vdots & \vdots & \vdots & \vdots & \vdots \\ 0 & 0 & \cdots & 0 & f_0(\lambda) & \cdots & \cdots & \cdots & f(\lambda) \\ b_0 & b_1 & b_2 & \cdots & \cdots & b_m & 0 & \cdots & 0 \\ 0 & b_0 & b_1 & \cdots & \cdots & b_{m-1} & b_m & 0 & \cdots \\ \vdots & \vdots & \vdots & \vdots & \vdots & \vdots & \vdots & \vdots & \vdots \\ 0 & \cdots & 0 & b_0 & b_1 & \cdots & \cdots & b_m & 0 \end{vmatrix}.$$

将第 2 行乘以 $-\lambda$ 加到第 1 行; 再将第 3 行乘以 $-\lambda$ 加到第 2 行; ……; 最后将第 $m+1$ 行乘以 $-\lambda$ 加到第 m 行, 则

$$\text{上式}=\begin{vmatrix} a_0 & a_1 & a_2 & \cdots & \cdots & a_n & 0 & \cdots & 0 \\ 0 & a_0 & a_1 & \cdots & \cdots & a_{n-1} & a_n & \cdots & 0 \\ \vdots & \vdots & \vdots & \vdots & \vdots & \vdots & \vdots & \vdots & \vdots \\ 0 & \cdots & 0 & a_0 & a_1 & \cdots & \cdots & a_n & 0 \\ 0 & 0 & \cdots & 0 & f_0(\lambda) & \cdots & \cdots & \cdots & f(\lambda) \\ b_0 & b_1 & b_2 & \cdots & \cdots & b_m & 0 & \cdots & 0 \\ 0 & b_0 & b_1 & \cdots & \cdots & b_{m-1} & b_m & 0 & \cdots \\ \vdots & \vdots & \vdots & \vdots & \vdots & \vdots & \vdots & \vdots & \vdots \\ 0 & \cdots & 0 & b_0 & b_1 & \cdots & \cdots & b_m & 0 \end{vmatrix}.$$

将行列式按第 $n+m+1$ 列展开, 则

$$\begin{aligned}\text{上式} &= (-1)^n f(\lambda)\begin{vmatrix} a_0 & a_1 & a_2 & \cdots & \cdots & a_n & 0 & \cdots \\ 0 & a_0 & a_1 & \cdots & \cdots & a_{n-1} & a_n & \cdots \\ \vdots & \vdots & \vdots & \vdots & \vdots & \vdots & \vdots & \vdots \\ 0 & \cdots & 0 & a_0 & a_1 & \cdots & \cdots & a_n \\ b_0 & b_1 & b_2 & \cdots & \cdots & b_m & 0 & \cdots \\ 0 & b_0 & b_1 & \cdots & \cdots & b_{m-1} & b_m & \cdots \\ \vdots & \vdots & \vdots & \vdots & \vdots & \vdots & \vdots & \vdots \\ 0 & \cdots & 0 & b_0 & b_1 & \cdots & \cdots & b_m \end{vmatrix} \\ &= (-1)^n f(\lambda)R(f,g).\end{aligned}$$

因此 $R(f(x),g(x)(x-\lambda))=(-1)^n f(\lambda)R(f,g)$. 同理可证 $R(f(x),x-\lambda)=(-1)^n f(\lambda)$. □

定理 5.10.2 的证明　令 $f(x)=a_0f_1(x)$, $g(x)=b_0g_1(x)$, 则 $f_1(x)$ 与 $f(x)$ 有相同的根, $g_1(x)$ 与 $g(x)$ 有相同的根. 由结式的定义知道

$$R(f,g)=a_0^m b_0^n R(f_1,g_1).$$

反复利用引理 5.10.2 可得

$$\begin{aligned} R(f_1,g_1) &= R(f_1,(x-y_1)(x-y_2)\cdots(x-y_m)) \\ &= (-1)^n f_1(y_1)R(f_1,(x-y_2)\cdots(x-y_m))=\cdots \\ &= \prod_{j=1}^m\Big((-1)^n f_1(y_j)\Big)=\prod_{j=1}^m\Big((-1)^n\prod_{i=1}^n(y_j-x_i)\Big) \\ &= \prod_{j=1}^m\prod_{i=1}^n(x_i-y_j). \end{aligned}$$

由此即得 (5.10.2) 式. □

利用结式, 可定义一个多项式的判别式如下.

定义 5.10.2　多项式

$$f(x)=a_0x^n+a_1x^{n-1}+\cdots+a_n$$

的判别式定义为

$$\Delta(f)=(-1)^{\frac{1}{2}n(n-1)}a_0^{-1}R(f,f').$$

定理 5.10.3　多项式

$$f(x)=a_0x^n+a_1x^{n-1}+\cdots+a_n$$

的判别式

$$\Delta(f)=a_0^{2n-2}\prod_{1\le i<j\le n}(x_i-x_j)^2, \tag{5.10.3}$$

其中 $x_1,x_2,\cdots,x_n$ 为 $f(x)$ 的根.

证明　由 (5.10.2) 式知道

$$R(f,g)=a_0^m\prod_{i=1}^n g(x_i).$$

现令 $g(x)=f'(x)$, $\deg f'(x)=n-1$, 因此

$$R(f,f')=a_0^{n-1}\prod_{i=1}^{n}f'(x_i).$$

又

$$\begin{aligned}
f(x) &= a_0(x-x_1)(x-x_2)\cdots(x-x_n),\\
f'(x) &= a_0\Big(\sum_{j=1}^{n}(x-x_1)\cdots(x-x_{j-1})(x-x_{j+1})\cdots(x-x_n)\Big),\\
f'(x_i) &= a_0(x_i-x_1)\cdots(x_i-x_{i-1})(x_i-x_{i+1})\cdots(x_i-x_n).
\end{aligned}$$

因此

$$R(f,f')=(-1)^{\frac{1}{2}n(n-1)}a_0^{2n-1}\prod_{1\le i<j\le n}(x_i-x_j)^2.$$

由此即得 (5.10.3) 式. □

例如, ax^2+bx+c 的判别式为 $a^2(x_1-x_2)^2=b^2-4ac$. 这是我们早已熟悉的判别式.

推论 5.10.2 多项式 $f(x)$ 有重根的充分必要条件是它的判别式 $\Delta(f)=0$.

作为结式的应用, 我们来求解二元高次方程组. 设

$$\begin{cases} f(x,y)=0,\\ g(x,y)=0 \end{cases} \tag{5.10.4}$$

是由两个二元多项式组成的方程组. 我们的目的是把求解这组方程先归结为求解一个一元高次方程. 将 $f(x,y)$, $g(x,y)$ 整理为关于 x 的多项式:

$$f(x,y)=a_0(y)x^n+a_1(y)x^{n-1}+\cdots+a_n(y), \tag{5.10.5}$$

$$g(x,y)=b_0(y)x^m+b_1(y)x^{m-1}+\cdots+b_m(y), \tag{5.10.6}$$

其中 $a_i(y), b_j(y)$ 都是 y 的多项式且 $a_0(y) \neq 0, b_0(y) \neq 0$. 令

$$R_x(f,g)=\begin{vmatrix} a_0(y) & a_1(y) & a_2(y) & \cdots & \cdots & a_n(y) & 0 & \cdots & 0 \\ 0 & a_0(y) & a_1(y) & \cdots & \cdots & a_{n-1}(y) & a_n(y) & \cdots & 0 \\ 0 & 0 & a_0(y) & \cdots & \cdots & a_{n-2}(y) & a_{n-1}(y) & \cdots & 0 \\ \vdots & \vdots & \vdots & \vdots & \vdots & \vdots & \vdots & \vdots & \vdots \\ 0 & 0 & \cdots & 0 & a_0(y) & \cdots & \cdots & \cdots & a_n(y) \\ b_0(y) & b_1(y) & b_2(y) & \cdots & \cdots & \cdots & b_m(y) & \cdots & 0 \\ 0 & b_0(y) & b_1(y) & \cdots & \cdots & \cdots & b_{m-1}(y) & b_m(y) & \cdots \\ \vdots & \vdots & \vdots & \vdots & \vdots & \vdots & \vdots & \vdots & \vdots \\ 0 & \cdots & 0 & b_0(y) & b_1(y) & \cdots & \cdots & \cdots & b_m(y) \end{vmatrix},$$

这是一个关于 y 的多项式. 如果 (α, β) 是方程组 (5.10.4) 的解, 则 α 是 $f(x, \beta)$, $g(x, \beta)$ 的公根, 从而 β 是 $R_x(f, g)$ 的根. 因此, 我们可先求出 $R_x(f, g) = 0$ 的所有根 β_i, 再代入 (5.10.5) 式、(5.10.6) 式. 这时, 或 $a_0(\beta_i) = b_0(\beta_i) = 0$, 或存在 α_i, 使 (α_i, β_i) 是方程组 (5.10.4) 的解. 由此即可求出方程组 (5.10.4) 的一切解. 对于多于两个未知数的高次方程组, 也可采用类似方法逐个"消去"未知数, 从而求出方程组的解.

习　题　5.10

1. 计算下列多项式的结式:

(1) $f(x) = x^3 + 3x^2 - x + 4$, $g(x) = x^2 - 2x - 1$;

(2) $f(x) = x^5 + 1$, $g(x) = x^2 + x + 1$.

2. 计算 $x^3 + px + q$ 的判别式.

3. 设 $f(x) = a_0x^n + a_1x^{n-1} + \cdots + a_n$, $g(x) = b_0x^m + b_1x^{m-1} + \cdots + b_m$. 求证:

(1) $R(f, g) = (-1)^{mn}R(g, f)$;

(2) 若 a, b 为常数, 则 $R(af, bg) = a^m b^n R(f, g)$.

4. 求证: $R(f, g_1g_2) = R(f, g_1)R(f, g_2)$.

5. 设 $f(x)$ 是实系数多项式, 求证:

(1) 若 $\Delta(f) < 0$, 则 $f(x)$ 无重根且有奇数对虚根;

(2) 若 $\Delta(f) > 0$, 则 $f(x)$ 无重根且有偶数对虚根.

6. 设 $f(x)$ 是数域 $\mathbb{K}$ 上的多项式, 已知 $\Delta(f(x))$, 试求 $\Delta(f(x^2))$.

7. 求下列参数曲线的直角坐标方程:

$$\begin{cases}x=t^3+2t-3,\\ y=t^2-t+1.\end{cases}$$

历 史 与 展 望

一元多项式 (一元 n 次方程) 是人类最早开始研究的数学对象之一. 4000 年前, 古巴比伦人用楔形文字记录了他们求解包含一个未定元的某些线性方程和二次方程. 公元前 6 世纪, 古希腊人用几何的方法求解了类似的方程. 例如, Euclid 的著作《几何原本》第 6 卷的命题 28 和命题 29 实际上给出了二次方程 $x(a-x)=S$ 的求解方法.

公元 3 世纪, Diophantus (丢番图) 将研究范围扩大到很多其他类型的方程, 包括高次方程、多变元方程以及同类方程的方程组. 他还发展了第一个字母符号体系以记述这些方程和相关的代数问题. 公元 8 世纪, 阿拉伯学者开始把方程作为有价值的研究对象, 同时根据在已有技术下求解方程的难易程度, 对线性方程、二次方程和三次方程进行了分类. Khwarizmi (花拉子密) 在其著作中首次使用了 "代数 (Algebra)" 这个词语.

三次方程和四次方程解法的发现是发生在意大利的一段充满着商业与竞争意味的历史. Pacioli (帕乔利) 曾在其著作《数学大全》中列出两类可能没有解的三次方程:

$$(1)\ n=ax+bx^3, \qquad (2)\ n=ax^2+bx^3.$$

16 世纪初, Ferro (费罗) 发现了上面第一类三次方程的解法, 他在去世之前把这个解法告诉了他的学生 Fiore (菲奥雷). 1535 年 Tartaglia (塔尔塔利亚) 得到了上面两类三次方程的解法, 并在与 Fiore 的数学竞赛中获得了胜利. Cardano 在得知这一消息后, 开始了与 Tartaglia 长达三个月的书信交往, 邀请他来家中做客并热情款待. 1539 年 Tartaglia 用 25 行诗的形式写下了第一类三次方程的解法, 并让 Cardano 发誓绝不泄露这个秘密. Cardano 在得到这个秘密后, 进一步研究得到了三次方程的一般解法. 在这一探索过程中, 他的助手 Ferrari 于 1540 年发现了四次方程的一般解法. 1545 年 Cardano 出版了著作《大术》, 包含了三次方程和四次方程的一般解法, 《大术》也是第一个严谨地提出了复数概念的数学文献.

法国数学家 Descartes 在 1637 年出版的著作《几何学》中, 在平面上引入了坐标系, 这一思想促使几何学代数化, 建立了解析几何这一数学分支. Descartes 的另外一个重要贡献是他给我们带来了现代字母符号体系, 用字母表开头的几个小写字母表示已知数, 字母表末尾的几个小写字母表示未知数, 从此方程 (多项式) 有了简洁方便的现代写法.

法国数学家 Vieta 是方程研究的先驱. 在 1615 年 (他去世后 12 年) 发表的《论方程的整理和修正》的第二篇论文中, Vieta 给出了一元五次以下方程的根与系数之间关系的公式 (称为 Vieta 定理), 后来 Girard (吉拉德) 在《代数新发现》一书中把这些公式推广到任意次方程. 英国数学家 Newton 在 1665 年或 1666 年写下了一些简短的笔记 (收录在他的《数学全集》第一卷), 其中隐含了对称多项式基本定理 (也称为 Newton 定理). 由这两个定理即可推出: 一元 n 次方程的解的对称多项式可以表示为方程系数的有理函数. 这一研究方程解的对称性的思想, 为解决五次及五次以上方程的根式求解问题开辟了道路.

瑞士数学家 Euler (欧拉) 在 1732 年首次研究了一般五次方程的求解问题. 在论文《论任意次方程的解》中, Euler 提出任意 n 次方程解的表达式也许是这样的形式:

$$A + B\sqrt[n]{\alpha} + C(\sqrt[n]{\alpha})^2 + D(\sqrt[n]{\alpha})^3 + \cdots,$$

其中 α 是某个 $n-1$ 次 "辅助方程" 的解, 而 $A, B, C, D, \cdots$ 是方程系数的有理函数. 法国数学家 Vandermonde 提出了一个非常重要的见解: 把方程的解写成所有解的对称多项式或部分对称多项式的表达式, 这里部分对称多项式是指在所有解的部分置换下保持不变的多项式.

法国数学家 Lagrange 在 1771 年的论文《对方程的代数解的思考》中, 把通过方程解的置换来求解方程的想法呈现给世人, 这与 Vandermonde 的想法是类似的, 但更加透彻和深刻. 以三次方程为例, 设 α, β, γ 是缺项三次方程 $x^3 + px + q = 0$ 的三个解, $\omega = \cos\dfrac{2\pi}{3} + \mathrm{i}\sin\dfrac{2\pi}{3}$ 是 3 次单位根. 构造解的表达式 $\alpha + \omega\beta + \omega^2\gamma$ (称为 Lagrange 预解式), 当置换解 α, β, γ 时, 上述表达式取六个不同的值, 分别为

$$t_1 = \alpha + \omega\beta + \omega^2\gamma,\ t_2 = \alpha + \omega^2\beta + \omega\gamma,\ t_3 = \omega^2 t_2,\ t_4 = \omega t_2,\ t_5 = \omega^2 t_1,\ t_6 = \omega t_1.$$

构造以 t_i 为根的六次方程 (称为 Lagrange 预解方程):

$$(x - t_1)(x - t_2)(x - t_3)(x - t_4)(x - t_5)(x - t_6) = 0,$$

化简可得 $(x^3 - t_1^3)(x^3 - t_2^3) = 0$. 这实际上是关于 t_1^3, t_2^3 的二次方程, 求出 t_1, t_2 之后便可得到三次方程的解 α, β, γ 的表达式, 即 Cardano 公式. Lagrange 对四次方程也进行了同样的处理, 他得到了一个 24 次预解方程, 降次之后成为一个六次方程, 实际上这是一个关于 x^2 的三次方程, 从而是可解的. 这个过程完全复原了四次方程的 Ferrari 解法. 五个对象的置换一共有 $5! = 120$ 个, 因此五次方程的预解方程是 120 次方程, Lagrange 通过一些技巧把这个预解方程降次成为一个 24 次方程, 然后他便陷入了困境. 即便如此, Lagrange 还是抓住了方程可解性的重点: 必须深入研究方程解的置换, 以及预解方程在置换作用下发生的变化. Lagrange 还证明了一个重要的定理, 也就是现今群论中的 Lagrange 定理, 它的原始表达为: 对一个 n 元多项式的 n 个未定元进行置换, 得到的互异多项式的个数一定要整除置换的总个数 $n!$.

意大利数学家 Ruffini (鲁菲尼) 遵循 Lagrange 的想法, 仔细观察了置换未定元时互异多项式的可能个数, 然后证明了对于一般的五次方程, 不可能得到一个三次或四次预解方程, 再由 Lagrange 的结果便可得到一般的五次方程不能根式求解, 即一般的五次方程的解不能写成方程系数的加、减、乘、除和开方的表达式. Ruffini 的第一个证明存在缺陷, 但他继续研究, 至少发表了 3 个证明. 他把这些证明寄给一些著名数学家 (包括 Lagrange), 但不是被忽视, 就是被拒绝接受. 直到 1821 年, Ruffini 收到了法国数学家 Cauchy 的来信, Cauchy 在信中赞扬了 Ruffini 的工作, 并认为他已经证明了一般的五次方程不能根式求解. 尽管如此, 同时代的数学家还是认为 Ruffini 的证明有缺陷, 且他书写证明的风格令人难以理解, 这正是 Lagrange 否认他的原因.

1820 年, 年仅 18 岁的挪威数学家 Abel (阿贝尔) 开始着手研究一般的五次方程, 并且证明了不能根式求解的定理. 1824 年, 他自己出钱印刷发表了这个证明. Abel 的证明结合了他从 Euler、Lagrange、Ruffini 和 Cauchy 等人那里学到的想法, 并用其独创的方法和见解将这些想法结合在一起. 他用的是反证法: 从假设欲证的结论不成立开始, 然后论证这将导致逻辑矛盾. Abel 的证明经历了很长的时间才广为人知, 但他的证明并没有终结一元 n 次方程的求解理论. 虽然一般的五次方程不能根式求解, 但一些特殊的五次方程可以根式求解. 因此可以自然地问: 满足怎样条件的五次方程可以根式求解呢? 五次以上方程的情况又如何呢? 给出这些问题完整解答的是法国数学家 Galois.

一个一元 n 次方程的系数属于某个域, 但它在这个域中可能没有解. 为了包含它的那些解, 我们把系数域扩张为一个更大的域, 称为分裂域. 1829 年, 年仅 18 岁的 Galois 发现方程解的形式取决于系数域与分裂域之间的关系, 这种关系可以用群论的语言来表达. 简单来说, 方程解之间的置换诱导了分裂域的自同构, 这些自同构保持系数域不变, 它们构成了一个群, 称为方程的 Galois 群. Galois 证明了: 方程可以用根式求解当且仅当方程的 Galois 群是可解群; 一般的五次及五次以上方程的 Galois 群不是可解群, 从而不能用根式求解. 1830—1831 年, Galois 关于方程解的论文的前三版分别提交给了法国科学院的 Cauchy、Fourier (傅里叶) 和 Poisson (泊松), 不过都被忽略或拒稿. 1832 年 5 月 30 日, Galois 因决斗而亡. 10 年之后, 法国数学家 Liouville (刘维尔) 对 Galois 的论文产生了兴趣. 1843 年他在法国科学院宣读了 Galois 的主要研究成果, 1846 年他又在自己创办的数学杂志上发表了 Galois 的所有论文. 直到此时, Galois 理论才被数学界广为所知. Galois 理论不仅完美解决了一元 n 次方程的根式求解问题, 而且它将 "群、域" 等抽象的新数学对象引入了代数学的研究视野, 拉开了现代代数学研究的序幕.

复 习 题 五

1. 设 $f(x), g(x)$ 是次数不小于 1 的互素多项式, 求证: 必唯一地存在两个多项式 $u(x), v(x)$, 使

$$f(x)u(x)+g(x)v(x)=1,$$

且 $\deg u(x)<\deg g(x)$, $\deg v(x)<\deg f(x)$.

2. 求证: $(f(x), g(x))=1$ 的充分必要条件是对任意的正整数 m, n, $(f(x)^m, g(x)^n)=1$.

3. 设 $f(x)=x^m-1$, $g(x)=x^n-1$, 求证: $(f(x), g(x))=x^d-1$, 其中 d 是 m, n 的最大公因子.

4. 设 $(f(x), g(x))=d(x)$, 求证: 对任意的正整数 n,

$$(f(x)^n, f(x)^{n-1}g(x), \cdots, f(x)g(x)^{n-1}, g(x)^n)=d(x)^n.$$

5. 设 $f(x)$ 是数域 $\mathbb{K}$ 上的非常数多项式, 求证: $f(x)$ 等于某个不可约多项式的幂的充分必要条件是对任意的非常数多项式 $g(x)$, 或者 $f(x)$ 和 $g(x)$ 互素, 或者 $f(x)$ 可以整除 $g(x)$ 的某

个幂.

6. 设 $p(x)$ 是数域 $\mathbb{K}$ 上的不可约多项式, $f(x)$ 是 $\mathbb{K}$ 上的多项式. 证明: 若 $p(x)$ 的某个复根 a 也是 $f(x)$ 的根, 则 $p(x) \mid f(x)$. 特别, $p(x)$ 的任一复根都是 $f(x)$ 的根.

7. 设 $f(x)$ 是非常数多项式且 $f(x)$ 可以整除 $f(x^m)\,(m>1)$, 求证: $f(x)$ 的根只能是 0 或 1 的某个方根.

8. 求证: $f(x)=\sin x$ 在实数域内不能表示为 x 的多项式.

9. 设 n 是奇数, 求证: $(x+y)(y+z)(x+z)$ 可整除 $(x+y+z)^n-x^n-y^n-z^n$.

10. 设 x_1,x_2,x_3 是三次方程 $x^3+px^2+qx+r=0\,(r\neq 0)$ 的 3 个根, 求这 3 个根倒数的平方和.

11. 设 $f(x)=a_nx^n+a_{n-1}x^{n-1}+\cdots+a_1x+a_0\,(a_na_0\neq 0)$ 是数域 $\mathbb{K}$ 上的可约多项式, 求证: 多项式 $g(x)=a_0x^n+a_1x^{n-1}+\cdots+a_{n-1}x+a_n$ 在 $\mathbb{K}$ 上也可约.

12. 求证: 实系数方程 $x^3+px^2+qx+r=0$ 的根的实部全是负数的充分必要条件是

$$p>0,\ \ r>0,\ \ pq>r.$$

13. 设 $\varepsilon=\cos\dfrac{2\pi}{n}+\mathrm{i}\sin\dfrac{2\pi}{n}$ 是 1 的 n 次根, 求证: $\varepsilon^{mi}\,(i=1,2,\cdots,n)$ 是 $x^n-1=0$ 的全部根的充分必要条件是 $(m,n)=1$.

14. 设 $f(x)$ 是实系数首一多项式且无实数根, 求证: $f(x)$ 可以表示为两个实系数多项式的平方和.

15. 设 $f(x)$ 是实系数多项式, 若对任意的有理数 c, $f(c)$ 总是有理数, 求证: $f(x)$ 是有理系数多项式.

16. 设 $f(x)$ 是有理系数多项式, a,b,c 是有理数, 但 $\sqrt{c}$ 是无理数. 求证: 若 $a+b\sqrt{c}$ 是 $f(x)$ 的根, 则 $a-b\sqrt{c}$ 也是 $f(x)$ 的根.

17. 设 $f(x)$ 是有理系数多项式, a,b,c,d 是有理数, 但 $\sqrt{c}$, $\sqrt{d}$, $\sqrt{cd}$ 都是无理数. 求证: 若 $a\sqrt{c}+b\sqrt{d}$ 是 $f(x)$ 的根, 则下列数也是 $f(x)$ 的根:

$$a\sqrt{c}-b\sqrt{d},\quad -a\sqrt{c}+b\sqrt{d},\quad -a\sqrt{c}-b\sqrt{d}.$$

18. 求以 $\sqrt{2}+\sqrt[3]{3}$ 为根的次数最小的首一有理数系数多项式.

19. 求证: 有理系数多项式 x^4+px^2+q 在有理数域上可约的充分必要条件是或者 $p^2-4q=k^2$, 其中 k 是一个有理数; 或者 q 是某个有理数的平方, 且 $\pm 2\sqrt{q}-p$ 也是有理数的平方.

20. 设 $f(x)$ 是有理系数多项式, 已知 $\sqrt[n]{2}$ 是 $f(x)$ 的根, 证明: $\sqrt[n]{2}\varepsilon$, $\sqrt[n]{2}\varepsilon^2$, $\cdots$, $\sqrt[n]{2}\varepsilon^{n-1}$ 也是 $f(x)$ 的根, 其中 $\varepsilon=\cos\dfrac{2\pi}{n}+\mathrm{i}\sin\dfrac{2\pi}{n}$ 是 1 的 n 次根.

21. 设 $f(x)$ 是次数大于 1 的奇数次有理系数不可约多项式, 求证: 若 x_1,x_2 是 $f(x)$ 在复数域内的两个不同的根, 则 x_1+x_2 必不是有理数.

22. 设 $f(x)=(x-a_1)(x-a_2)\cdots(x-a_n)-1$, 其中 $a_1,a_2,\cdots,a_n$ 是 n 个不同的整数, 求证: $f(x)$ 在有理数域上不可约.

23. 设 $f(x)=(x-a_1)^2(x-a_2)^2\cdots(x-a_n)^2+1$, 其中 $a_1,a_2,\cdots,a_n$ 是 n 个不同的整数, 求证: $f(x)$ 在有理数域上不可约.

24. 求 n 次多项式 $x^n+px+q\,(n>1)$ 的判别式.

25. 求下列多项式的判别式:
(1) $f(x)=x^n+2x+1$; (2) $f(x)=x^n+2$;
(3) $f(x)=x^{n-1}+x^{n-2}+\cdots+x+1$.

26. 求证: 多项式 x^4+px+q 有重因式的充分必要条件是 $27p^4=256q^3$.

27. 设 $f(x)$ 和 $g(x)$ 是次数大于 1 的多项式, 求证:

$$\varDelta(f(x)g(x))=\varDelta(f(x))\varDelta(g(x))R(f,g)^2.$$

28. 设 $g(x)$ 是次数大于 1 的多项式, 求证:

$$\varDelta((x-a)g(x))=g(a)^2\varDelta(g(x)).$$

29. 设 $f(x)=g(h(x))$, 其中 $h(x)$ 是 m 次首一多项式, $g(x)$ 是 n 次首一多项式, 其根为 $x_1,x_2,\cdots,x_n$, 求证:

$$\varDelta(f(x))=\varDelta(g(x))^m\varDelta(h(x)-x_1)\varDelta(h(x)-x_2)\cdots\varDelta(h(x)-x_n).$$

30. 求下列参数曲线的直角坐标方程:

$$\begin{cases}x=2(t+1)/(t^2+1),\\ y=t^2/(2t-1).\end{cases}$$

31. 设 $f(x),g(x)$ 是数域 $\mathbb{K}$ 上的互素多项式, $\boldsymbol{A}$ 是 $\mathbb{K}$ 上的 n 阶方阵, 满足 $f(\boldsymbol{A})=\boldsymbol{O}$, 证明: $g(\boldsymbol{A})$ 是可逆阵.

32. 设 $f(x),g(x)$ 是数域 $\mathbb{K}$ 上的互素多项式, $\boldsymbol{A}$ 是 $\mathbb{K}$ 上的 n 阶方阵, 证明: $f(\boldsymbol{A})g(\boldsymbol{A})=\boldsymbol{O}$ 的充分必要条件是 $\mathrm{r}(f(\boldsymbol{A}))+\mathrm{r}(g(\boldsymbol{A}))=n$.

33. 设 $f(x),g(x)$ 是数域 $\mathbb{K}$ 上的互素多项式, $\boldsymbol{\varphi}$ 是 $\mathbb{K}$ 上 n 维线性空间 V 上的线性变换, 满足 $f(\boldsymbol{\varphi})g(\boldsymbol{\varphi})=\mathbf{0}$, 证明: $V=V_1\oplus V_2$, 其中 $V_1=\mathrm{Ker}\,f(\boldsymbol{\varphi})$, $V_2=\mathrm{Ker}\,g(\boldsymbol{\varphi})$.

34. 设 $\mathbb{Q}(\sqrt[n]{2})=\{a_0+a_1\sqrt[n]{2}+a_2\sqrt[n]{4}+\cdots+a_{n-1}\sqrt[n]{2^{n-1}}\mid a_i\in\mathbb{Q},\,0\le i\le n-1\}$, 证明: $\mathbb{Q}(\sqrt[n]{2})$ 是一个数域, 并求 $\mathbb{Q}(\sqrt[n]{2})$ 作为 $\mathbb{Q}$ 上线性空间的一组基.

35. 设 $f(x)=x^n+a_1x^{n-1}+\cdots+a_{n-1}x+a_n$ 是数域 $\mathbb{K}$ 上的不可约多项式, $\boldsymbol{\varphi}$ 是 $\mathbb{K}$ 上 n 维线性空间 V 上的线性变换, $\boldsymbol{\alpha}_1\neq\mathbf{0},\boldsymbol{\alpha}_2,\cdots,\boldsymbol{\alpha}_n$ 是 V 中的向量, 满足:

$$\boldsymbol{\varphi}(\boldsymbol{\alpha}_1)=\boldsymbol{\alpha}_2,\ \boldsymbol{\varphi}(\boldsymbol{\alpha}_2)=\boldsymbol{\alpha}_3,\ \cdots,\ \boldsymbol{\varphi}(\boldsymbol{\alpha}_{n-1})=\boldsymbol{\alpha}_n,\ \boldsymbol{\varphi}(\boldsymbol{\alpha}_n)=-a_n\boldsymbol{\alpha}_1-a_{n-1}\boldsymbol{\alpha}_2-\cdots-a_1\boldsymbol{\alpha}_n.$$

证明: $\{\boldsymbol{\alpha}_1,\boldsymbol{\alpha}_2,\cdots,\boldsymbol{\alpha}_n\}$ 是 V 的一组基.

第六章　特　征　值

§ 6.1　特征值和特征向量

在这一章及下一章中, 我们主要研究有限维线性空间上的线性变换. 我们特别关心这样一个问题: 给定线性空间 V 上的线性变换 φ, 能否找到 V 的一组基, 使线性变换 φ 在这组基下的表示矩阵具有特别简单的形状? 比如, 若我们能找到 V 的一组基 $\{\boldsymbol{e}_1, \boldsymbol{e}_2, \cdots, \boldsymbol{e}_n\}$, 使线性变换 φ 在这组基下的表示矩阵为对角阵:

$$\begin{pmatrix} a_1 & & & \\ & a_2 & & \\ & & \ddots & \\ & & & a_n \end{pmatrix}.$$

这时, 若 $\boldsymbol{\alpha} = k_1\boldsymbol{e}_1 + k_2\boldsymbol{e}_2 + \cdots + k_n\boldsymbol{e}_n$, 则

$$\boldsymbol{\varphi}(\boldsymbol{\alpha}) = a_1k_1\boldsymbol{e}_1 + a_2k_2\boldsymbol{e}_2 + \cdots + a_nk_n\boldsymbol{e}_n.$$

线性变换 φ 的表达式非常简单, 线性变换 φ 的许多性质也变得一目了然. 例如, 若 $a_1, a_2, \cdots, a_r$ 不为零, 而 $a_{r+1} = \cdots = a_n = 0$, 则 φ 的秩为 r, 且 $\mathrm{Im}\,\varphi$ 就是由 $\{\boldsymbol{e}_1, \boldsymbol{e}_2, \cdots, \boldsymbol{e}_r\}$ 生成的子空间, 而 $\mathrm{Ker}\,\varphi$ 则是由 $\{\boldsymbol{e}_{r+1}, \cdots, \boldsymbol{e}_n\}$ 生成的子空间.

由第四章我们已经知道, 一个线性变换在不同基下的表示矩阵是相似的. 因此用矩阵的语言重述上面提到的问题就是: 能否找到一类特别简单的矩阵, 使任一矩阵都与这类矩阵中的某一个相似? 比如, 我们可以问: 是否所有的矩阵都相似于对角阵? 若不然, 哪一类矩阵可以相似于对角阵?

由第四章第 5 节知道, 若线性空间 V 可分解为

$$V = V_1 \oplus V_2 \oplus \cdots \oplus V_m, \tag{6.1.1}$$

其中每个 V_i 都是线性变换 φ 的不变子空间, 那么 φ 可以表示为分块对角阵. 我们当然希望 (6.1.1) 式中的 V_i 越小越好. 最小的非零子空间是一维子空间. 若 V_i

是一维子空间, $\boldsymbol{x}$ 是其中的任一非零向量, $\boldsymbol{\varphi}$ 在 V_i 上的作用相当于一个数乘, 于是存在 $\lambda_0 \in \mathbb{K}$, 使

$$\boldsymbol{\varphi}(\boldsymbol{x}) = \lambda_0 \boldsymbol{x}.$$

定义 6.1.1 设 $\boldsymbol{\varphi}$ 是数域 $\mathbb{K}$ 上线性空间 V 上的线性变换, 若 $\lambda_0 \in \mathbb{K}$, $\boldsymbol{x} \in V$ 且 $\boldsymbol{x} \neq \boldsymbol{0}$, 使

$$\boldsymbol{\varphi}(\boldsymbol{x}) = \lambda_0 \boldsymbol{x}, \tag{6.1.2}$$

则称 λ_0 是线性变换 $\boldsymbol{\varphi}$ 的一个特征值, 向量 $\boldsymbol{x}$ 称为 $\boldsymbol{\varphi}$ 关于特征值 λ_0 的特征向量.

由 (6.1.2) 式我们可以看出, $\boldsymbol{\varphi}$ 关于特征值 λ_0 的全体特征向量再加上零向量构成 V 的一个子空间. 事实上, 若向量 $\boldsymbol{x}, \boldsymbol{y}$ 是关于特征值 λ_0 的特征向量, 则

$$\boldsymbol{\varphi}(\boldsymbol{x}+\boldsymbol{y}) = \boldsymbol{\varphi}(\boldsymbol{x}) + \boldsymbol{\varphi}(\boldsymbol{y}) = \lambda_0 \boldsymbol{x} + \lambda_0 \boldsymbol{y} = \lambda_0(\boldsymbol{x}+\boldsymbol{y}),$$
$$\boldsymbol{\varphi}(c\boldsymbol{x}) = c\boldsymbol{\varphi}(\boldsymbol{x}) = c\lambda_0 \boldsymbol{x} = \lambda_0(c\boldsymbol{x}).$$

因此 $\boldsymbol{\varphi}$ 的关于特征值 λ_0 的全体特征向量加上零向量构成 V 的子空间, 记为 V_{λ_0}, 称为 $\boldsymbol{\varphi}$ 的关于特征值 λ_0 的特征子空间. 显然 V_{λ_0} 是 $\boldsymbol{\varphi}$ 的不变子空间.

现在设 $\boldsymbol{\varphi}$ 在某组基下的表示矩阵为 $\boldsymbol{A}$, 向量 $\boldsymbol{x}$ 在这组基下可表示为一个列向量 $\boldsymbol{\alpha}$. 这时 (6.1.2) 式等价于

$$\boldsymbol{A\alpha} = \lambda_0 \boldsymbol{\alpha}, \tag{6.1.3}$$

(6.1.3) 式也等价于

$$(\lambda_0 \boldsymbol{I}_n - \boldsymbol{A})\boldsymbol{\alpha} = \boldsymbol{0}. \tag{6.1.4}$$

定义 6.1.2 设 $\boldsymbol{A}$ 是数域 $\mathbb{K}$ 上的 n 阶方阵, 若存在 $\lambda_0 \in \mathbb{K}$ 及 n 维非零列向量 $\boldsymbol{\alpha}$, 使 (6.1.3) 式成立, 则称 λ_0 为矩阵 $\boldsymbol{A}$ 的一个特征值, $\boldsymbol{\alpha}$ 为 $\boldsymbol{A}$ 关于特征值 λ_0 的特征向量. 齐次线性方程组 $(\lambda_0 \boldsymbol{I}_n - \boldsymbol{A})\boldsymbol{x} = \boldsymbol{0}$ 的解空间 V_{λ_0} 称为 $\boldsymbol{A}$ 关于特征值 λ_0 的特征子空间.

我们已经定义了线性变换与矩阵的特征值, 现在的问题是如何来求一个线性变换或一个矩阵的特征值? 从 (6.1.4) 式可以看出, 要使 $\boldsymbol{\alpha}$ 非零, 必须 $|\lambda_0 \boldsymbol{I}_n - \boldsymbol{A}| = 0$. 反过来, 若 $\lambda_0 \in \mathbb{K}$ 且 $|\lambda_0 \boldsymbol{I}_n - \boldsymbol{A}| = 0$, 则 (6.1.4) 式有非零解 $\boldsymbol{\alpha}$. 因此寻找矩阵 $\boldsymbol{A}$ 的特征值等价于寻找行列式 $|\lambda \boldsymbol{I}_n - \boldsymbol{A}| = 0$ 时 λ 的值. 设 $\boldsymbol{A} = (a_{ij})$, 则

$$|\lambda \boldsymbol{I}_n - \boldsymbol{A}| = \begin{vmatrix} \lambda - a_{11} & -a_{12} & \cdots & -a_{1n} \\ -a_{21} & \lambda - a_{22} & \cdots & -a_{2n} \\ \vdots & \vdots & & \vdots \\ -a_{n1} & -a_{n2} & \cdots & \lambda - a_{nn} \end{vmatrix} \tag{6.1.5}$$

是一个以 λ 为未知数的 n 次首一多项式.

定义 6.1.3 设 $\boldsymbol{A}$ 是 n 阶方阵, 称 $|\lambda\boldsymbol{I}_n-\boldsymbol{A}|$ 为 $\boldsymbol{A}$ 的特征多项式.

由上面的讨论可得矩阵 $\boldsymbol{A}$ 的特征值就是它的特征多项式的根. 读者会提出这样的问题: 既然同一个线性变换在不同基下的表示矩阵是相似的, 那么相似矩阵是否有相同的特征值? 回答是肯定的, 这就是下面的定理.

定理 6.1.1 若 $\boldsymbol{B}$ 与 $\boldsymbol{A}$ 相似, 则 $\boldsymbol{B}$ 与 $\boldsymbol{A}$ 具有相同的特征多项式, 从而具有相同的特征值 (计重数).

证明 设 $\boldsymbol{B}=\boldsymbol{P}^{-1}\boldsymbol{A}\boldsymbol{P}$, 其中 $\boldsymbol{P}$ 是可逆阵, 则

$$|\lambda\boldsymbol{I}_n-\boldsymbol{B}|=|\boldsymbol{P}^{-1}(\lambda\boldsymbol{I}_n-\boldsymbol{A})\boldsymbol{P}|=|\boldsymbol{P}^{-1}||\lambda\boldsymbol{I}_n-\boldsymbol{A}||\boldsymbol{P}|=|\lambda\boldsymbol{I}_n-\boldsymbol{A}|.$$

因此相似矩阵必有相同的特征多项式, 从而必有相同的特征值 (计重数). □

定义 6.1.4 设 φ 是线性空间 V 上的线性变换, φ 在 V 的某组基下的表示矩阵为 $\boldsymbol{A}$, 由定理 6.1.1 知 $|\lambda\boldsymbol{I}_n-\boldsymbol{A}|$ 与基或表示矩阵的选取无关, 称 $|\lambda\boldsymbol{I}_n-\boldsymbol{A}|$ 为 φ 的特征多项式, 记为 $|\lambda\boldsymbol{I}_V-\varphi|$.

设

$$\begin{aligned}|\lambda\boldsymbol{I}_n-\boldsymbol{A}| &= \lambda^n+a_1\lambda^{n-1}+\cdots+a_{n-1}\lambda+a_n\\ &= (\lambda-\lambda_1)(\lambda-\lambda_2)\cdots(\lambda-\lambda_n).\end{aligned}$$

由 Vieta 定理知 $\lambda_1+\lambda_2+\cdots+\lambda_n=-a_1$, $\lambda_1\lambda_2\cdots\lambda_n=(-1)^na_n$. 由行列式 (6.1.5) 不难看出 $a_1=-(a_{11}+a_{22}+\cdots+a_{nn})=-\operatorname{tr}(\boldsymbol{A})$, $a_n=(-1)^n|\boldsymbol{A}|$. 因此 $\boldsymbol{A}$ 的 n 个特征值的和与积分别为

$$\begin{aligned}\lambda_1+\lambda_2+\cdots+\lambda_n &= \operatorname{tr}(\boldsymbol{A}),\\ \lambda_1\lambda_2\cdots\lambda_n &= |\boldsymbol{A}|.\end{aligned}$$

从上面的分析我们可以得出求一个矩阵的特征值与特征向量的方法: 作矩阵 $\lambda\boldsymbol{I}_n-\boldsymbol{A}$ (通常称为 $\boldsymbol{A}$ 的特征矩阵) 并求出特征多项式 $|\lambda\boldsymbol{I}_n-\boldsymbol{A}|$ 的根, 这就是 $\boldsymbol{A}$ 的特征值. 将每个特征值代入线性方程组

$$(\lambda\boldsymbol{I}_n-\boldsymbol{A})\boldsymbol{x}=\boldsymbol{0},$$

求出非零解, 就是对应的特征向量.

例 6.1.1 设 $\boldsymbol{A}$ 是一个上三角阵:

$$\begin{pmatrix} a_{11} & a_{12} & \cdots & a_{1n} \\ 0 & a_{22} & \cdots & a_{2n} \\ \vdots & \vdots & & \vdots \\ 0 & 0 & \cdots & a_{nn} \end{pmatrix}.$$

求 $\boldsymbol{A}$ 的特征值.

解 $|\lambda \boldsymbol{I}_n - \boldsymbol{A}|$ 是一个上三角行列式, 因此

$$|\lambda \boldsymbol{I}_n - \boldsymbol{A}| = (\lambda - a_{11})(\lambda - a_{22})\cdots(\lambda - a_{nn}),$$

即 $\boldsymbol{A}$ 的特征值等于 $\boldsymbol{A}$ 主对角线上的元素 $a_{11}, a_{22}, \cdots, a_{nn}$. 对下三角阵也有类似的结论.

例 6.1.2 求下列三阶矩阵的特征值与特征向量:

$$\boldsymbol{A} = \begin{pmatrix} 3 & 1 & -1 \\ 2 & 2 & -1 \\ 2 & 2 & 0 \end{pmatrix}.$$

解 $\boldsymbol{A}$ 的特征多项式为

$$\begin{vmatrix} \lambda - 3 & -1 & 1 \\ -2 & \lambda - 2 & 1 \\ -2 & -2 & \lambda \end{vmatrix} = \lambda^3 - 5\lambda^2 + 8\lambda - 4 = (\lambda - 1)(\lambda - 2)^2,$$

因此 $\boldsymbol{A}$ 的特征值为 $1, 2$. 设特征向量

$$\boldsymbol{x} = \begin{pmatrix} x_1 \\ x_2 \\ x_3 \end{pmatrix},$$

将 $\lambda = 1$ 代入 $(\lambda \boldsymbol{I}_3 - \boldsymbol{A})\boldsymbol{x} = \boldsymbol{0}$ 得

$$\begin{cases} -2x_1 - x_2 + x_3 = 0, \\ -2x_1 - x_2 + x_3 = 0, \\ -2x_1 - 2x_2 + x_3 = 0. \end{cases}$$

这个方程组系数矩阵的秩为 2, 故只有一个线性无关的解, 可取为

$$\boldsymbol{\xi}_1=\begin{pmatrix}1\\0\\2\end{pmatrix}.$$

同理将 $\lambda=2$ 代入 $(\lambda\boldsymbol{I}_3-\boldsymbol{A})\boldsymbol{x}=\boldsymbol{0}$, 解得 (也只有一个线性无关的解)

$$\boldsymbol{\xi}_2=\begin{pmatrix}1\\1\\2\end{pmatrix}.$$

故关于特征值 1 的特征向量为 $c_1\boldsymbol{\xi}_1$, 关于特征值 2 的特征向量为 $c_2\boldsymbol{\xi}_2$, 其中 c_1,c_2 为 $\mathbb{K}$ 中任意的非零数.

例 6.1.3　求下列矩阵的特征值:

$$\boldsymbol{A}=\begin{pmatrix}0&-1\\1&0\end{pmatrix}.$$

解　因为

$$\begin{vmatrix}\lambda&1\\-1&\lambda\end{vmatrix}=\lambda^2+1,$$

所以 $\boldsymbol{A}$ 的特征值为 $\mathrm{i},-\mathrm{i}$.

例 6.1.3 表明, 即使是有理数域上的矩阵, 其特征值有可能是虚数. 这就是说, 对数域 $\mathbb{K}$ 上的矩阵 (或相应的线性变换), 有可能在 $\mathbb{K}$ 中不存在特征值. 但是对复数域来说, 任一 n 阶方阵总存在特征值. 因此在考虑特征值问题时, 我们常常放在复数域里讨论.

我们从例 6.1.1 也看到, 一个上三角 (或下三角) 阵的特征值都在主对角线上. 如果能把一个矩阵相似地变换到一个上三角阵, 那么它的特征值也就一目了然了. 但是, 由于一个矩阵的特征值有可能是虚数, 故数域 $\mathbb{K}$ 上的矩阵未必能相似于一个上三角阵. 然而复数域 $\mathbb{C}$ 上的矩阵总相似于上三角 (或下三角) 阵.

定理 6.1.2　任一复方阵必相似于一上三角阵.

证明　设 $\boldsymbol{A}$ 是 n 阶复方阵, 现对 n 用数学归纳法. 当 $n=1$ 时结论显然成立. 假设对 $n-1$ 阶矩阵结论成立, 现对 n 阶矩阵 $\boldsymbol{A}$ 来证明. 设 λ_1 是 $\boldsymbol{A}$ 的一个特征值, 则存在非零列向量 $\boldsymbol{\alpha}_1$, 使

$$\boldsymbol{A}\boldsymbol{\alpha}_1=\lambda_1\boldsymbol{\alpha}_1.$$

将 $\boldsymbol{\alpha}_1$ 作为 $\mathbb{C}_n$ 的一个基向量, 并扩展为 $\mathbb{C}_n$ 的一组基 $\{\boldsymbol{\alpha}_1,\boldsymbol{\alpha}_2,\cdots,\boldsymbol{\alpha}_n\}$. 将这些基向量按照列分块方式拼成矩阵 $\boldsymbol{P}=(\boldsymbol{\alpha}_1,\boldsymbol{\alpha}_2,\cdots,\boldsymbol{\alpha}_n)$, 则 $\boldsymbol{P}$ 为 n 阶非异阵, 且

$$\begin{aligned}\boldsymbol{AP} &= \boldsymbol{A}(\boldsymbol{\alpha}_1,\boldsymbol{\alpha}_2,\cdots,\boldsymbol{\alpha}_n)=(\boldsymbol{A\alpha}_1,\boldsymbol{A\alpha}_2,\cdots,\boldsymbol{A\alpha}_n)\\ &= (\boldsymbol{\alpha}_1,\boldsymbol{\alpha}_2,\cdots,\boldsymbol{\alpha}_n)\begin{pmatrix}\lambda_1 & *\\ \boldsymbol{O} & \boldsymbol{A}_1\end{pmatrix},\end{aligned}$$

其中 $\boldsymbol{A}_1$ 是一个 $n-1$ 阶方阵. 注意到 $\boldsymbol{P}=(\boldsymbol{\alpha}_1,\boldsymbol{\alpha}_2,\cdots,\boldsymbol{\alpha}_n)$ 非异, 上式即为

$$\boldsymbol{P}^{-1}\boldsymbol{AP}=\begin{pmatrix}\lambda_1 & *\\ \boldsymbol{O} & \boldsymbol{A}_1\end{pmatrix}.$$

因为 $\boldsymbol{A}_1$ 是一个 $n-1$ 阶方阵, 所以由归纳假设可知, 存在 $n-1$ 阶非异阵 $\boldsymbol{Q}$, 使 $\boldsymbol{Q}^{-1}\boldsymbol{A}_1\boldsymbol{Q}$ 是一个上三角阵. 令

$$\boldsymbol{R}=\begin{pmatrix}1 & \boldsymbol{O}\\ \boldsymbol{O} & \boldsymbol{Q}\end{pmatrix},$$

则 $\boldsymbol{R}$ 是 n 阶非异阵, 且

$$\begin{aligned}\boldsymbol{R}^{-1}\boldsymbol{P}^{-1}\boldsymbol{APR} &= \begin{pmatrix}1 & \boldsymbol{O}\\ \boldsymbol{O} & \boldsymbol{Q}\end{pmatrix}^{-1}\begin{pmatrix}\lambda_1 & *\\ \boldsymbol{O} & \boldsymbol{A}_1\end{pmatrix}\begin{pmatrix}1 & \boldsymbol{O}\\ \boldsymbol{O} & \boldsymbol{Q}\end{pmatrix}\\ &= \begin{pmatrix}1 & \boldsymbol{O}\\ \boldsymbol{O} & \boldsymbol{Q}^{-1}\end{pmatrix}\begin{pmatrix}\lambda_1 & *\\ \boldsymbol{O} & \boldsymbol{A}_1\end{pmatrix}\begin{pmatrix}1 & \boldsymbol{O}\\ \boldsymbol{O} & \boldsymbol{Q}\end{pmatrix}\\ &= \begin{pmatrix}\lambda_1 & *\\ \boldsymbol{O} & \boldsymbol{Q}^{-1}\boldsymbol{A}_1\boldsymbol{Q}\end{pmatrix}.\end{aligned}$$

这是一个上三角阵, 它与 $\boldsymbol{A}$ 相似. □

注 虽然一般数域 $\mathbb{K}$ 上的矩阵未必相似于上三角阵, 但是从定理 6.1.2 的证明可以看出, 若数域 $\mathbb{K}$ 上的 n 阶方阵 $\boldsymbol{A}$ 的特征值全在 $\mathbb{K}$ 中, 则存在 $\mathbb{K}$ 上的非异阵 $\boldsymbol{P}$, 使 $\boldsymbol{P}^{-1}\boldsymbol{AP}$ 是一个上三角阵.

作为定理 6.1.2 的应用, 我们来证明 3 个有用的命题. 首先, 若 $\boldsymbol{A}$ 是一个 n 阶矩阵, $f(x)=a_mx^m+a_{m-1}x^{m-1}+\cdots+a_1x+a_0$ 是一个多项式, 记

$$f(\boldsymbol{A})=a_m\boldsymbol{A}^m+a_{m-1}\boldsymbol{A}^{m-1}+\cdots+a_1\boldsymbol{A}+a_0\boldsymbol{I}_n.$$

我们来考虑矩阵 $\boldsymbol{A}$ 的特征值与矩阵 $f(\boldsymbol{A})$ 的特征值之间的关系.

命题 6.1.1 设 n 阶矩阵 $\boldsymbol{A}$ 的全部特征值为 $\lambda_1,\lambda_2,\cdots,\lambda_n$, $f(x)$ 是一个多项式, 则 $f(\boldsymbol{A})$ 的全部特征值为 $f(\lambda_1),f(\lambda_2),\cdots,f(\lambda_n)$.

证明 因为任一 n 阶矩阵均复相似于上三角阵, 可设

$$\boldsymbol{P}^{-1}\boldsymbol{A}\boldsymbol{P}=\begin{pmatrix}\lambda_1 & * & \cdots & * \\ 0 & \lambda_2 & \cdots & * \\ \vdots & \vdots & & \vdots \\ 0 & 0 & \cdots & \lambda_n\end{pmatrix}.$$

因为上三角阵的和、数乘及乘方仍是上三角阵, 经计算不难得到

$$\boldsymbol{P}^{-1}f(\boldsymbol{A})\boldsymbol{P}=f(\boldsymbol{P}^{-1}\boldsymbol{A}\boldsymbol{P})=\begin{pmatrix}f(\lambda_1) & * & \cdots & * \\ 0 & f(\lambda_2) & \cdots & * \\ \vdots & \vdots & & \vdots \\ 0 & 0 & \cdots & f(\lambda_n)\end{pmatrix}.$$

因此 $f(\boldsymbol{A})$ 的全部特征值为 $f(\lambda_1),f(\lambda_2),\cdots,f(\lambda_n)$. □

命题 6.1.2 设 n 阶矩阵 $\boldsymbol{A}$ 适合一个多项式 $g(x)$, 即 $g(\boldsymbol{A})=\boldsymbol{O}$, 则 $\boldsymbol{A}$ 的任一特征值 λ_0 也必适合 $g(x)$, 即 $g(\lambda_0)=0$.

证明 设 $\boldsymbol{\alpha}$ 是 $\boldsymbol{A}$ 关于特征值 λ_0 的特征向量, 经简单计算得

$$g(\lambda_0)\boldsymbol{\alpha}=g(\boldsymbol{A})\boldsymbol{\alpha}=\boldsymbol{0}.$$

而 $\boldsymbol{\alpha}\neq\boldsymbol{0}$, 因此 $g(\lambda_0)=0$. □

对可逆阵 $\boldsymbol{A}$, 其逆阵 $\boldsymbol{A}^{-1}$ 的特征值和 $\boldsymbol{A}$ 的特征值有什么关系呢? 下面的命题回答了这个问题.

命题 6.1.3 设 n 阶矩阵 $\boldsymbol{A}$ 是可逆阵, 且 $\boldsymbol{A}$ 的全部特征值为 $\lambda_1,\lambda_2,\cdots,\lambda_n$, 则 $\boldsymbol{A}^{-1}$ 的全部特征值为 $\lambda_1^{-1},\lambda_2^{-1},\cdots,\lambda_n^{-1}$.

证明 首先注意到 $\boldsymbol{A}$ 是可逆阵, $\lambda_1\lambda_2\cdots\lambda_n=|\boldsymbol{A}|\neq 0$, 因此每个 $\lambda_i\neq 0$ (事实上, $\boldsymbol{A}$ 可逆的充分必要条件是它的特征值全不为零).

由定理 6.1.2 可设

$$\boldsymbol{P}^{-1}\boldsymbol{A}\boldsymbol{P}=\begin{pmatrix}\lambda_1 & * & \cdots & * \\ 0 & \lambda_2 & \cdots & * \\ \vdots & \vdots & & \vdots \\ 0 & 0 & \cdots & \lambda_n\end{pmatrix}.$$

因为上三角阵的逆阵仍是上三角阵, 经计算不难得到

$$P^{-1}A^{-1}P=(P^{-1}AP)^{-1}=\begin{pmatrix}\lambda_1^{-1} & * & \cdots & * \\ 0 & \lambda_2^{-1} & \cdots & * \\ \vdots & \vdots & & \vdots \\ 0 & 0 & \cdots & \lambda_n^{-1}\end{pmatrix}.$$

因此 A^{-1} 的全部特征值为 $\lambda_1^{-1},\lambda_2^{-1},\cdots,\lambda_n^{-1}$. □

习 题 6.1

1. 求下列矩阵的特征值与特征向量:

(1) $\begin{pmatrix}3 & 2 & 2\\ 2 & 3 & 2\\ -4 & -4 & -3\end{pmatrix}$; (2) $\begin{pmatrix}2 & -1 & 2\\ 5 & -3 & 3\\ -1 & 0 & -2\end{pmatrix}$; (3) $\begin{pmatrix}3 & -1 & -1\\ 7 & -2 & -3\\ 3 & -1 & -1\end{pmatrix}$.

2. 设 φ 是线性空间 V 上的线性变换, V 有一个直和分解:

$$V=V_1\oplus V_2\oplus\cdots\oplus V_m,$$

其中 V_i 都是 φ–不变子空间.

(1) 设 φ 限制在 V_i 上的特征多项式为 $f_i(\lambda)$, 求证: φ 的特征多项式

$$f(\lambda)=f_1(\lambda)f_2(\lambda)\cdots f_m(\lambda).$$

(2) 设 λ_0 是 φ 的特征值, $V_0=\{v\in V\mid\varphi(v)=\lambda_0 v\}$ 为特征子空间, $V_{i,0}=V_i\cap V_0=\{v\in V_i\mid\varphi(v)=\lambda_0 v\}$, 求证:

$$V_0=V_{1,0}\oplus V_{2,0}\oplus\cdots\oplus V_{m,0}.$$

3. 设 n 阶分块对角阵 $A=\mathrm{diag}\{A_1,A_2,\cdots,A_m\}$, 其中 A_i 是 n_i 阶矩阵.

(1) 任取 A_i 的特征值 λ_i 及其特征向量 $x_i\in\mathbb{C}^{n_i}$, 求证: 可在 x_i 的上下添加适当多的零, 得到非零向量 $\widetilde{x}_i\in\mathbb{C}^n$, 使得 $A\widetilde{x}_i=\lambda_i\widetilde{x}_i$, 即 $\widetilde{x}_i$ 是 A 关于特征值 λ_i 的特征向量, 称为 x_i 的延拓.

(2) 任取 A 的特征值 λ_0, 并设 λ_0 是 $A_{i_1},\cdots,A_{i_r}$ 的特征值, 但不是其他 $A_j\,(1\le j\le m,\ j\neq i_1,\cdots,i_r)$ 的特征值, 求证: A 关于特征值 λ_0 的特征子空间的一组基可取为 $A_{i_k}\,(1\le k\le r)$ 关于特征值 λ_0 的特征子空间的一组基的延拓的并集.

4. 请利用第 3 题的结论求下列矩阵的特征值与特征向量:

(1) $\begin{pmatrix}1&0&0&0\\0&2&0&0\\0&0&a&b\\0&0&c&d\end{pmatrix}$; (2) $\begin{pmatrix}0&1&0&0\\1&0&0&0\\0&0&0&-1\\0&0&1&0\end{pmatrix}$; (3) $\begin{pmatrix}1&3&0&0\\4&2&0&0\\0&0&3&1\\0&0&6&4\end{pmatrix}$.

5. 设 λ_1,λ_2 是矩阵 $\boldsymbol{A}$ 的两个不同的特征值, $\boldsymbol{\alpha}_1,\boldsymbol{\alpha}_2$ 分别是 λ_1,λ_2 的特征向量, 求证: $\boldsymbol{\alpha}_1+\boldsymbol{\alpha}_2$ 必不是 $\boldsymbol{A}$ 的特征向量.

6. 证明: n 阶矩阵 $\boldsymbol{A}$ 以任一 n 维非零列向量为特征向量的充分必要条件是 $\boldsymbol{A}=c\boldsymbol{I}_n$, 其中 c 是常数.

7. 设矩阵

$$\boldsymbol{A}=\begin{pmatrix}2&1&1\\1&2&1\\1&1&a\end{pmatrix}$$

是可逆阵, 其伴随阵 $\boldsymbol{A}^*$ 有一个特征值 λ_0 及对应的特征向量 $\boldsymbol{\alpha}=(1,b,1)'$, 求 a,b,λ_0 的值.

8. 设矩阵

$$\boldsymbol{A}=\begin{pmatrix}a&-1&c\\5&b&3\\1-c&0&-a\end{pmatrix}$$

满足 $|\boldsymbol{A}|=-1$, 又 $\boldsymbol{A}^*$ 有一个特征值 λ_0 且对应的特征向量为 $(-1,-1,1)'$, 求 a,b,c,λ_0 的值.

9. 求证:

(1) 若 $\boldsymbol{A}$ 是幂零阵, 即存在正整数 k, 使 $\boldsymbol{A}^k=\boldsymbol{O}$, 则 $\boldsymbol{A}$ 的特征值全为零;

(2) 若 $\boldsymbol{A}$ 是对合阵, 即 $\boldsymbol{A}^2=\boldsymbol{I}_n$, 则 $\boldsymbol{A}$ 的特征值只可能为 1 或 -1;

(3) 若 $\boldsymbol{A}$ 是幂等阵, 即 $\boldsymbol{A}^2=\boldsymbol{A}$, 则 $\boldsymbol{A}$ 的特征值只可能为 0 或 1.

10. 设 $\boldsymbol{\alpha},\boldsymbol{\beta}$ 是两个 n 维非零列向量, 满足 $\boldsymbol{\alpha}'\boldsymbol{\beta}=0$, 求矩阵 $\boldsymbol{A}=\boldsymbol{\alpha}\boldsymbol{\beta}'$ 的全部特征值.

11. 设 $\boldsymbol{A}$ 是 n 阶矩阵, 若 $(\boldsymbol{A}+\boldsymbol{I}_n)^m=\boldsymbol{O}$, 求证: $\boldsymbol{A}$ 是可逆阵并求出 $|\boldsymbol{A}|$.

12. 设 $\boldsymbol{A}$ 是 $m\times n$ 矩阵, $\boldsymbol{B}$ 是 $n\times m$ 矩阵, 且 $m\geq n$. 求证:

$$|\lambda\boldsymbol{I}_m-\boldsymbol{AB}|=\lambda^{m-n}|\lambda\boldsymbol{I}_n-\boldsymbol{BA}|.$$

特别, 若 $\boldsymbol{A},\boldsymbol{B}$ 都是 n 阶矩阵, 则 $\boldsymbol{AB}$ 与 $\boldsymbol{BA}$ 有相同的特征多项式.

13. 设 $\boldsymbol{\alpha},\boldsymbol{\beta}$ 是两个 n 维非零列向量, 求矩阵 $\boldsymbol{I}_n-\boldsymbol{\alpha}\boldsymbol{\beta}'$ 的全部特征值.

14. 设 $\boldsymbol{A},\boldsymbol{B}$ 为 n 阶矩阵, 求证: $\boldsymbol{AB}+\boldsymbol{B}$, $\boldsymbol{BA}+\boldsymbol{B}$ 有相同的特征值.

15. 设 $\boldsymbol{P}$ 是可逆阵, $\boldsymbol{B}=\boldsymbol{PAP}^{-1}-\boldsymbol{P}^{-1}\boldsymbol{AP}$, 求证: $\boldsymbol{B}$ 的特征值之和为零.

16. 设 n 阶复矩阵 $\boldsymbol{A},\boldsymbol{B}$ 乘法可交换, 即 $\boldsymbol{AB}=\boldsymbol{BA}$, 求证:

(1) $\boldsymbol{A},\boldsymbol{B}$ 的特征子空间互为不变子空间;

(2) $\boldsymbol{A},\boldsymbol{B}$ 至少有一个公共的特征向量;

(3) $\boldsymbol{A},\boldsymbol{B}$ 可以同时上三角化, 即存在可逆阵 $\boldsymbol{P}$, 使 $\boldsymbol{P}^{-1}\boldsymbol{AP}$ 和 $\boldsymbol{P}^{-1}\boldsymbol{BP}$ 都是上三角阵.

§ 6.2 对 角 化

我们将在这一节里回答上一节中提出的问题: 什么样的矩阵相似于一个对角阵?

从几何上看, 若 n 维线性空间 V 上的线性变换 φ 在某组基 $\{\boldsymbol{e}_1,\boldsymbol{e}_2,\cdots,\boldsymbol{e}_n\}$ 下的表示矩阵为对角阵:

$$\begin{pmatrix}\lambda_1 & & & \\ & \lambda_2 & & \\ & & \ddots & \\ & & & \lambda_n\end{pmatrix}, \tag{6.2.1}$$

则称 φ 为可对角化线性变换. 此时 $\varphi(\boldsymbol{e}_i)=\lambda_i\boldsymbol{e}_i$, 即 $\boldsymbol{e}_1,\boldsymbol{e}_2,\cdots,\boldsymbol{e}_n$ 是 φ 的特征向量, 于是 φ 有 n 个线性无关的特征向量.

反过来, 若 n 维线性空间 V 上的线性变换 φ 有 n 个线性无关的特征向量 $\boldsymbol{e}_1,\boldsymbol{e}_2,\cdots,\boldsymbol{e}_n$, 则这组向量构成了 V 的一组基, 且 φ 在这组基下的表示矩阵显然是一个对角阵.

这样我们就证明了下述定理.

定理 6.2.1 设 φ 是 n 维线性空间 V 上的线性变换, 则 φ 可对角化的充分必要条件是 φ 有 n 个线性无关的特征向量.

将上述定义和定理转化为代数的语言. 设 $\boldsymbol{A}$ 是 n 阶矩阵, 若 $\boldsymbol{A}$ 相似于对角阵, 即存在可逆阵 $\boldsymbol{P}$, 使 $\boldsymbol{P}^{-1}\boldsymbol{AP}$ 为对角阵, 则称 $\boldsymbol{A}$ 为可对角化矩阵.

定理 6.2.2 设 $\boldsymbol{A}$ 是 n 阶矩阵, 则 $\boldsymbol{A}$ 可对角化的充分必要条件是 $\boldsymbol{A}$ 有 n 个线性无关的特征向量.

那么是否任一 n 阶矩阵均有 n 个线性无关的特征向量呢? 当然不是!

例 6.2.1　矩阵

$$\boldsymbol{A}=\begin{pmatrix}1 & 1\\ 0 & 1\end{pmatrix}$$

的特征值为 1,1. 将 $\lambda=1$ 代入 $(\lambda\boldsymbol{I}_2-\boldsymbol{A})\boldsymbol{x}=\boldsymbol{0}$, 求得 $\boldsymbol{A}$ 的特征向量为

$$k\begin{pmatrix}1\\ 0\end{pmatrix},\ k\in\mathbb{K}\setminus\{0\}.$$

这表明 $\boldsymbol{A}$ 只有一个线性无关的特征向量, 因此 $\boldsymbol{A}$ 不可对角化.

也可用反证法来证明, 若 $\boldsymbol{A}$ 可对角化, 由于 $\boldsymbol{A}$ 的特征值是 1,1, 故 $\boldsymbol{A}$ 将相似于 $\boldsymbol{I}_2$, 即存在可逆阵 $\boldsymbol{P}$, 使 $\boldsymbol{P}^{-1}\boldsymbol{A}\boldsymbol{P}=\boldsymbol{I}_2$. 于是 $\boldsymbol{A}=\boldsymbol{P}\boldsymbol{I}_2\boldsymbol{P}^{-1}=\boldsymbol{I}_2$, 引出矛盾!

现在我们来讨论不同的特征值和它们相应的特征向量有什么关系. 设 n 维线性空间 V 上的线性变换 φ 有 k 个不同特征值 $\lambda_1,\lambda_2,\cdots,\lambda_k$, 相应的特征子空间为 $V_1,V_2,\cdots,V_k$.

定理 6.2.3　若 $\lambda_1,\lambda_2,\cdots,\lambda_k$ 为 n 维线性空间 V 上的线性变换 φ 的不同的特征值, 则

$$V_1+V_2+\cdots+V_k=V_1\oplus V_2\oplus\cdots\oplus V_k.$$

证明　对 k 用数学归纳法. 若 $k=1$, 结论显然成立. 现设对 $k-1$ 个不同的特征值 $\lambda_1,\lambda_2,\cdots,\lambda_{k-1}$, 它们相应的特征子空间 $V_1,V_2,\cdots,V_{k-1}$ 之和是直和. 我们要证明 $V_1,V_2,\cdots,V_{k-1},V_k$ 之和为直和, 这只需证明:

$$V_k\cap(V_1+V_2+\cdots+V_{k-1})=0 \tag{6.2.2}$$

即可. 设 $\boldsymbol{v}\in V_k\cap(V_1+V_2+\cdots+V_{k-1})$, 则

$$\boldsymbol{v}=\boldsymbol{v}_1+\boldsymbol{v}_2+\cdots+\boldsymbol{v}_{k-1}, \tag{6.2.3}$$

其中 $\boldsymbol{v}_i\in V_i\,(i=1,2,\cdots,k-1)$. 在 (6.2.3) 式两边作用 φ, 得

$$\varphi(\boldsymbol{v})=\varphi(\boldsymbol{v}_1)+\varphi(\boldsymbol{v}_2)+\cdots+\varphi(\boldsymbol{v}_{k-1}).$$

但 $\boldsymbol{v},\boldsymbol{v}_1,\boldsymbol{v}_2,\cdots,\boldsymbol{v}_{k-1}$ 都是 φ 的特征向量或零向量, 因此

$$\lambda_k\boldsymbol{v}=\lambda_1\boldsymbol{v}_1+\lambda_2\boldsymbol{v}_2+\cdots+\lambda_{k-1}\boldsymbol{v}_{k-1}. \tag{6.2.4}$$

在 (6.2.3) 式两边乘以 λ_k 减去 (6.2.4) 式得

$$\boldsymbol{0}=(\lambda_k-\lambda_1)\boldsymbol{v}_1+(\lambda_k-\lambda_2)\boldsymbol{v}_2+\cdots+(\lambda_k-\lambda_{k-1})\boldsymbol{v}_{k-1}.$$

由归纳假设, $V_1+V_2+\cdots+V_{k-1}$ 是直和, 因此 $(\lambda_k-\lambda_i)\boldsymbol{v}_i=\mathbf{0}$, 而 $\lambda_k-\lambda_i\neq 0$, 从而 $\boldsymbol{v}_i=\mathbf{0}\,(i=1,2,\cdots,k-1)$. 这就证明了 (6.2.2) 式. □

推论 6.2.1 线性变换 φ 属于不同特征值的特征向量必线性无关.

推论 6.2.2 若 n 维线性空间 V 上的线性变换 φ 有 n 个不同的特征值, 则 φ 必可对角化.

推论 6.2.2 另外一个等价的说法就是: 若线性变换 φ 的特征多项式没有重根, 则 φ 可对角化. 注意推论 6.2.2 只是可对角化的充分条件而非必要条件, 比如说纯量变换 $\varphi=c\boldsymbol{I}_V$ 当然可对角化, 但 φ 的 n 个特征值都是 c. 由定理 6.2.3, 我们还可以得到可对角化的第二个充分必要条件.

推论 6.2.3 设 φ 是 n 维线性空间 V 上的线性变换, $\lambda_1,\lambda_2,\cdots,\lambda_k$ 是 φ 的全部不同的特征值, $V_i\,(i=1,2,\cdots,k)$ 是特征值 λ_i 的特征子空间, 则 φ 可对角化的充分必要条件是

$$V=V_1\oplus V_2\oplus\cdots\oplus V_k.$$

证明　先证充分性. 设

$$V=V_1\oplus V_2\oplus\cdots\oplus V_k,$$

分别取 V_i 的一组基 $\{\boldsymbol{e}_{i1},\boldsymbol{e}_{i2},\cdots,\boldsymbol{e}_{it_i}\}\,(i=1,2,\cdots,k)$, 则由定理 3.9.3 知这些向量拼成了 V 的一组基, 并且它们都是 φ 的特征向量. 因此 φ 有 n 个线性无关的特征向量, 从而 φ 可对角化.

再证必要性. 设 φ 可对角化, 则 φ 有 n 个线性无关的特征向量 $\{\boldsymbol{e}_1,\boldsymbol{e}_2,\cdots,\boldsymbol{e}_n\}$, 它们构成了 V 的一组基. 不失一般性, 可设这组基中前 t_1 个是关于特征值 λ_1 的特征向量; 接下去的 t_2 个是关于特征值 λ_2 的特征向量; ……; 最后 t_k 个是关于特征值 λ_k 的特征向量. 对任一 $\boldsymbol{\alpha}\in V$, 设 $\boldsymbol{\alpha}=a_1\boldsymbol{e}_1+a_2\boldsymbol{e}_2+\cdots+a_n\boldsymbol{e}_n$, 则 $\boldsymbol{\alpha}$ 可写成 $V_1,V_2,\cdots,V_k$ 中向量之和, 因此由定理 6.2.3 可得

$$V=V_1+V_2+\cdots+V_k=V_1\oplus V_2\oplus\cdots\oplus V_k.\ \square$$

为了易于从计算的层面判定可对角化, 我们引入特征值的度数和重数的概念.

定义 6.2.1 设 φ 是 n 维线性空间 V 上的线性变换, λ_0 是 φ 的一个特征值, V_0 是属于 λ_0 的特征子空间, 称 $\dim V_0$ 为 λ_0 的度数或几何重数. λ_0 作为 φ 的特征多项式根的重数称为 λ_0 的重数或代数重数.

由线性映射的维数公式可知, 特征值 λ_0 的度数 $\dim V_0=\dim\mathrm{Ker}(\lambda_0\boldsymbol{I}_V-\boldsymbol{\varphi})=n-\mathrm{r}(\lambda_0\boldsymbol{I}_V-\boldsymbol{\varphi})$, 而特征值 λ_0 的重数则由特征多项式 $|\lambda\boldsymbol{I}_V-\boldsymbol{\varphi}|$ 的因式分解决定. 一般来说, 特征值的度数和重数之间有如下的不等式关系.

引理 6.2.1 设 $\boldsymbol{\varphi}$ 是 n 维线性空间 V 上的线性变换, λ_0 是 $\boldsymbol{\varphi}$ 的一个特征值, 则 λ_0 的度数总是小于等于 λ_0 的重数.

证明 设特征值 λ_0 的重数为 m, 度数为 t, 又 V_0 是属于 λ_0 的特征子空间, 则 $\dim V_0=t$. 设 $\{\boldsymbol{e}_1,\cdots,\boldsymbol{e}_t\}$ 是 V_0 的一组基. 由于 V_0 中的非零向量都是 $\boldsymbol{\varphi}$ 关于 λ_0 的特征向量, 故

$$\boldsymbol{\varphi}(\boldsymbol{e}_i)=\lambda_0\boldsymbol{e}_i,\quad i=1,\cdots,t.$$

将 $\{\boldsymbol{e}_1,\cdots,\boldsymbol{e}_t\}$ 扩充为 V 的一组基, 记为 $\{\boldsymbol{e}_1,\cdots,\boldsymbol{e}_t,\boldsymbol{e}_{t+1},\cdots,\boldsymbol{e}_n\}$, 则 $\boldsymbol{\varphi}$ 在这组基下的表示矩阵为

$$\boldsymbol{A}=\begin{pmatrix}\lambda_0\boldsymbol{I}_t & *\\ \boldsymbol{O} & \boldsymbol{B}\end{pmatrix},\tag{6.2.5}$$

其中 $\boldsymbol{B}$ 是一个 $n-t$ 阶方阵. 因此, 线性变换 $\boldsymbol{\varphi}$ 的特征多项式具有如下形状:

$$|\lambda\boldsymbol{I}_V-\boldsymbol{\varphi}|=|\lambda\boldsymbol{I}_n-\boldsymbol{A}|=(\lambda-\lambda_0)^t|\lambda\boldsymbol{I}_{n-t}-\boldsymbol{B}|,$$

这表明 λ_0 的重数至少为 t, 即 $t\leq m$. □

定义 6.2.2 设 $\boldsymbol{\varphi}$ 是 n 维线性空间 V 上的线性变换, 若 $\boldsymbol{\varphi}$ 的任一特征值的度数等于重数, 则称 $\boldsymbol{\varphi}$ 有完全的特征向量系.

下面我们给出可对角化的第三个充分必要条件.

定理 6.2.4 设 $\boldsymbol{\varphi}$ 是 n 维线性空间 V 上的线性变换, 则 $\boldsymbol{\varphi}$ 可对角化的充分必要条件是 $\boldsymbol{\varphi}$ 有完全的特征向量系.

证明 设 $\lambda_1,\lambda_2,\cdots,\lambda_k$ 是 $\boldsymbol{\varphi}$ 的全部不同的特征值, 它们对应的特征子空间、重数和度数分别记为 $V_i,m_i,t_i\,(i=1,2,\cdots,k)$. 由重数的定义以及引理 6.2.1 可知

$$m_1+m_2+\cdots+m_k=n,\quad t_i\leq m_i,\quad i=1,2,\cdots,k.$$

由推论 6.2.3, 我们只要证明 $\boldsymbol{\varphi}$ 有完全的特征向量系当且仅当 $V=V_1\oplus V_2\oplus\cdots\oplus V_k$.

若 $V=V_1\oplus V_2\oplus\cdots\oplus V_k$, 则

$$\begin{aligned}n&=\dim V=\dim(V_1\oplus V_2\oplus\cdots\oplus V_k)\\&=\dim V_1+\dim V_2+\cdots+\dim V_k\\&=\sum_{i=1}^k t_i\leq\sum_{i=1}^k m_i=n,\end{aligned}$$

因此 $t_i = m_i\,(i = 1, 2, \cdots, k)$, 即 φ 有完全的特征向量系. 反过来, 若 φ 有完全的特征向量系, 则

$$\dim(V_1 \oplus V_2 \oplus \cdots \oplus V_k) = \sum_{i=1}^{k} t_i = \sum_{i=1}^{k} m_i = n = \dim V,$$

从而 $V = V_1 \oplus V_2 \oplus \cdots \oplus V_k$ 成立. □

注 在本节中, 除了可对角化的第一个充分必要条件是对矩阵和线性变换都进行了阐述之外, 其他的定义和结果只是对线性变换进行了阐述和证明, 它们对应的关于矩阵的代数版本都可以类似地给出, 我们把这些工作留给读者去完成.

例 6.2.1 中的矩阵有一个二重特征值 1, 但只有一个线性无关的特征向量. 因此它没有完全的特征向量系, 从而它不可能与一个对角阵相似.

已知可对角化矩阵 $\boldsymbol{A}$, 如何求出 $\boldsymbol{P}$ 使 $\boldsymbol{P}^{-1}\boldsymbol{A}\boldsymbol{P}$ 是对角阵? 下面我们来讨论这个问题. 设 $\boldsymbol{A}$ 的特征值为 $\lambda_1, \lambda_2, \cdots, \lambda_n$, 可逆阵 $\boldsymbol{P} = (\boldsymbol{\alpha}_1, \boldsymbol{\alpha}_2, \cdots, \boldsymbol{\alpha}_n)$ 为其列分块. 因为

$$\boldsymbol{P}^{-1}\boldsymbol{A}\boldsymbol{P} = \mathrm{diag}\{\lambda_1, \lambda_2, \cdots, \lambda_n\},$$

所以

$$\boldsymbol{A}\boldsymbol{P} = \boldsymbol{P}\,\mathrm{diag}\{\lambda_1, \lambda_2, \cdots, \lambda_n\},$$

即

$$(\boldsymbol{A}\boldsymbol{\alpha}_1, \boldsymbol{A}\boldsymbol{\alpha}_2, \cdots, \boldsymbol{A}\boldsymbol{\alpha}_n) = (\lambda_1\boldsymbol{\alpha}_1, \lambda_2\boldsymbol{\alpha}_2, \cdots, \lambda_n\boldsymbol{\alpha}_n).$$

因此 $\boldsymbol{A}\boldsymbol{\alpha}_i = \lambda_i\boldsymbol{\alpha}_i$, 即 $\boldsymbol{\alpha}_i$ 就是属于特征值 λ_i 的特征向量, 于是 $\boldsymbol{P}$ 的 n 个列向量就是 $\boldsymbol{A}$ 的 n 个线性无关的特征向量. 这表明, 只要我们求出 $\boldsymbol{A}$ 的 n 个线性无关的特征向量, 并将它们按列分块的方式拼成一个矩阵就是要求的 $\boldsymbol{P}$.

注 因为特征向量不唯一, 所以 $\boldsymbol{P}$ 不唯一. 另外, 还要注意 $\boldsymbol{P}$ 的第 i 个列向量对应于 $\boldsymbol{A}$ 的第 i 个特征值.

例 6.2.2 判断矩阵 $\boldsymbol{A}$ 是否相似于对角阵, 如是, 求出可逆阵 $\boldsymbol{P}$, 使 $\boldsymbol{P}^{-1}\boldsymbol{A}\boldsymbol{P}$ 为对角阵:

$$\boldsymbol{A} = \begin{pmatrix} 1 & 0 & 0 \\ -2 & 5 & -2 \\ -2 & 4 & -1 \end{pmatrix}.$$

解 先计算 $\boldsymbol{A}$ 的特征值:

$$|\lambda\boldsymbol{I}_3-\boldsymbol{A}|=\begin{vmatrix}\lambda-1 & 0 & 0\\ 2 & \lambda-5 & 2\\ 2 & -4 & \lambda+1\end{vmatrix}=(\lambda-1)^2(\lambda-3),$$

$\boldsymbol{A}$ 有特征值 1 (二重) 及 3 (一重). 当 $\lambda=1$ 时, $(\lambda\boldsymbol{I}_3-\boldsymbol{A})\boldsymbol{x}=\boldsymbol{0}$ 为

$$\begin{cases}2x_1-4x_2+2x_3=0,\\ 2x_1-4x_2+2x_3=0.\end{cases}$$

显然这个方程组的系数矩阵秩为 1, 因此解空间维数等于 2. 不难求得方程组的基础解系为

$$\boldsymbol{\beta}_1=\begin{pmatrix}2\\1\\0\end{pmatrix},\quad \boldsymbol{\beta}_2=\begin{pmatrix}-1\\0\\1\end{pmatrix}.$$

当 $\lambda=3$ 时, 不难求得方程组 $(3\boldsymbol{I}_3-\boldsymbol{A})\boldsymbol{x}=\boldsymbol{0}$ 的基础解系为 (只有一个向量)

$$\boldsymbol{\beta}_3=\begin{pmatrix}0\\1\\1\end{pmatrix}.$$

因此

$$\boldsymbol{P}=\begin{pmatrix}2 & -1 & 0\\ 1 & 0 & 1\\ 0 & 1 & 1\end{pmatrix},\quad \boldsymbol{P}^{-1}\boldsymbol{A}\boldsymbol{P}=\begin{pmatrix}1 & 0 & 0\\ 0 & 1 & 0\\ 0 & 0 & 3\end{pmatrix}.$$

例 6.2.3 计算 $\boldsymbol{A}^{10}$:

$$\boldsymbol{A}=\begin{pmatrix}1 & 0\\ 1 & -2\end{pmatrix}.$$

解 用上例的方法求得

$$\boldsymbol{P}=\begin{pmatrix}3 & 0\\ 1 & 1\end{pmatrix},\quad \boldsymbol{P}^{-1}\boldsymbol{A}\boldsymbol{P}=\begin{pmatrix}1 & 0\\ 0 & -2\end{pmatrix}.$$

因此

$$\boldsymbol{A}^{10}=\boldsymbol{P}\begin{pmatrix}1 & 0\\ 0 & -2\end{pmatrix}^{10}\boldsymbol{P}^{-1}=\begin{pmatrix}1 & 0\\ \dfrac{1}{3}(1-2^{10}) & 2^{10}\end{pmatrix}.$$

习　题　6.2

1. 判断下列矩阵能否相似于对角阵, 并说明理由:

(1) $\begin{pmatrix} 3 & 2 & 2 \\ 2 & 3 & 2 \\ -4 & -4 & -3 \end{pmatrix}$;　　(2) $\begin{pmatrix} 2 & -1 & 2 \\ 5 & -3 & 3 \\ -1 & 0 & -2 \end{pmatrix}$;　　(3) $\begin{pmatrix} 3 & -1 & -1 \\ 7 & -2 & -3 \\ 3 & -1 & -1 \end{pmatrix}$.

2. 求可逆阵 $\boldsymbol{P}$, 使 $\boldsymbol{P}^{-1}\boldsymbol{AP}$ 是对角阵:

(1) $\boldsymbol{A} = \begin{pmatrix} -1 & 4 & -2 \\ -3 & 4 & 0 \\ -3 & 1 & 3 \end{pmatrix}$;　　(2) $\boldsymbol{A} = \begin{pmatrix} 1 & -2 & 2 \\ 2 & -4 & 4 \\ 1 & -2 & 2 \end{pmatrix}$;　　(3) $\boldsymbol{A} = \begin{pmatrix} 0 & 1 & 0 \\ 1 & 0 & 0 \\ 0 & 0 & 1 \end{pmatrix}$.

3. 设三阶矩阵 $\boldsymbol{A}$ 的特征值为 $1, 1, 4$, 对应的特征向量依次为 $(2,1,0)'$, $(-1,0,1)'$, $(0,1,1)'$, 试求 $\boldsymbol{A}$.

4. 设 $\boldsymbol{A}$ 是三阶矩阵, $\boldsymbol{A\alpha}_j = j\boldsymbol{\alpha}_j\,(j = 1,2,3)$, 其中 $\boldsymbol{\alpha}_1 = (1,2,1)'$, $\boldsymbol{\alpha}_2 = (0,-2,1)'$, $\boldsymbol{\alpha}_3 = (1,1,2)'$, 试求 $\boldsymbol{A}$.

5. 已知矩阵 $\boldsymbol{A} = \begin{pmatrix} 1 & -1 & 1 \\ 2 & x & -2 \\ -3 & -3 & y \end{pmatrix}$, $\boldsymbol{B} = \begin{pmatrix} 2 & 0 & 0 \\ 0 & 2 & 0 \\ 0 & 0 & z \end{pmatrix}$ 相似.

(1) 求 x, y, z 的值;

(2) 求一个满足 $\boldsymbol{P}^{-1}\boldsymbol{AP} = \boldsymbol{B}$ 的可逆阵 $\boldsymbol{P}$.

6. 设 $\boldsymbol{A} = \begin{pmatrix} 3 & 2 & -2 \\ -k & -1 & k \\ 4 & 2 & -3 \end{pmatrix}$, 当 k 为何值时, 存在可逆阵 $\boldsymbol{P}$, 使 $\boldsymbol{P}^{-1}\boldsymbol{AP}$ 是对角阵? 求出 $\boldsymbol{P}$ 和对角阵.

7. 设矩阵 $\boldsymbol{A} = \begin{pmatrix} 1 & -1 & 1 \\ 2 & 4 & -2 \\ -3 & -3 & 5 \end{pmatrix}$, 求 $\boldsymbol{A}^n$.

8. 设 $\boldsymbol{A} = \mathrm{diag}\{\boldsymbol{A}_1, \boldsymbol{A}_2, \cdots, \boldsymbol{A}_m\}$ 是分块对角阵, 其中 $\boldsymbol{A}_i$ 都是方阵, 求证: $\mathrm{diag}\{\boldsymbol{A}_1, \boldsymbol{A}_2, \cdots, \boldsymbol{A}_m\}$ 相似于 $\mathrm{diag}\{\boldsymbol{A}_{i_1}, \boldsymbol{A}_{i_2}, \cdots, \boldsymbol{A}_{i_m}\}$, 其中 $\boldsymbol{A}_{i_1}, \boldsymbol{A}_{i_2}, \cdots, \boldsymbol{A}_{i_m}$ 是 $\boldsymbol{A}_1, \boldsymbol{A}_2, \cdots, \boldsymbol{A}_m$ 的一个排列.

9. 设 $\boldsymbol{A}, \boldsymbol{B}$ 为 n 阶方阵, 求证: $\boldsymbol{AB} - \boldsymbol{BA}$ 必不相似于 $k\boldsymbol{I}_n$, 其中 k 是非零常数.

10. 设 $\boldsymbol{A}$ 是实二阶矩阵且 $|\boldsymbol{A}| < 0$, 求证: $\boldsymbol{A}$ 实相似于对角阵.

11. 设 n 阶矩阵 $\boldsymbol{A}, \boldsymbol{B}$ 有相同的特征值, 且这 n 个特征值互不相等. 求证: 存在 n 阶矩阵 $\boldsymbol{P}, \boldsymbol{Q}$, 使 $\boldsymbol{A} = \boldsymbol{PQ}$, $\boldsymbol{B} = \boldsymbol{QP}$.

12. 求证:

(1) 若 n 阶矩阵 $\boldsymbol{A}$ 适合 $\boldsymbol{A}^2=\boldsymbol{I}_n$, 则 $\boldsymbol{A}$ 必可对角化;

(2) 若 n 阶矩阵 $\boldsymbol{A}$ 适合 $\boldsymbol{A}^2=\boldsymbol{A}$, 则 $\boldsymbol{A}$ 必可对角化.

13. 若矩阵 $\boldsymbol{A},\boldsymbol{B}$ 有完全的特征向量系, 求证: $\begin{pmatrix}\boldsymbol{A} & \boldsymbol{O}\\ \boldsymbol{O} & \boldsymbol{B}\end{pmatrix}$ 也有完全的特征向量系.

14. 设 n 阶矩阵 $\boldsymbol{A}=\begin{pmatrix}\boldsymbol{I}_r & \boldsymbol{B}\\ \boldsymbol{O} & -\boldsymbol{I}_{n-r}\end{pmatrix}$, 求证: $\boldsymbol{A}$ 可对角化.

15. 求证:

(1) 若 n 阶矩阵 $\boldsymbol{A}$ 的特征值都是 λ_0, 但 $\boldsymbol{A}$ 不是纯量阵, 则 $\boldsymbol{A}$ 不可对角化. 特别地, 非零的幂零阵不可对角化.

(2) 若 n 阶实矩阵 $\boldsymbol{A}$ 适合 $\boldsymbol{A}^2+\boldsymbol{A}+\boldsymbol{I}_n=\boldsymbol{O}$, 则 $\boldsymbol{A}$ 在实数域上不可对角化.

16. 设 $n\,(n>1)$ 阶矩阵 $\boldsymbol{A}$ 的秩为 1, 求证: $\boldsymbol{A}$ 可对角化的充分必要条件是 $\mathrm{tr}(\boldsymbol{A})\neq 0$.

§ 6.3 极小多项式与 Cayley-Hamilton 定理

我们已经知道, 数域 $\mathbb{K}$ 上的 n 阶矩阵全体组成了 $\mathbb{K}$ 上的线性空间, 其维数等于 n^2. 因此对任一 n 阶矩阵 $\boldsymbol{A}$, 下列 n^2+1 个矩阵必线性相关:

$$\boldsymbol{A}^{n^2},\boldsymbol{A}^{n^2-1},\cdots,\boldsymbol{A},\boldsymbol{I}_n.$$

也就是说, 存在 $\mathbb{K}$ 中不全为零的数 $c_i\,(i=0,1,2,\cdots,c_{n^2})$, 使

$$c_{n^2}\boldsymbol{A}^{n^2}+c_{n^2-1}\boldsymbol{A}^{n^2-1}+\cdots+c_1\boldsymbol{A}+c_0\boldsymbol{I}_n=\boldsymbol{O}.$$

这表明矩阵 $\boldsymbol{A}$ 适合数域 $\mathbb{K}$ 上的一个非零多项式.

定义 6.3.1 若 n 阶矩阵 $\boldsymbol{A}$ (或 n 维线性空间 V 上的线性变换 φ) 适合一个非零首一多项式 $m(x)$, 且 $m(x)$ 是 $\boldsymbol{A}$ (或 φ) 所适合的非零多项式中次数最小者, 则称 $m(x)$ 是 $\boldsymbol{A}$ (或 φ) 的一个极小多项式或最小多项式.

从本节开始的说明我们知道, 极小多项式肯定是存在的, 那它唯一吗?

引理 6.3.1 若 $f(x)$ 是 $\boldsymbol{A}$ 适合的一个多项式, 则 $\boldsymbol{A}$ 的极小多项式 $m(x)$ 整除 $f(x)$.

证明 由多项式的带余除法知道

$$f(x)=m(x)q(x)+r(x),$$

且 $\deg r(x) < \deg m(x)$. 将 $x = \boldsymbol{A}$ 代入上式得 $r(\boldsymbol{A}) = \boldsymbol{O}$, 若 $r(x) \neq 0$, 则 $\boldsymbol{A}$ 适合一个比 $m(x)$ 次数更小的非零多项式, 矛盾. 故 $r(x) = 0$, 即 $m(x) \mid f(x)$. □

命题 6.3.1 任一 n 阶矩阵的极小多项式必唯一.

证明 若 $m(x), g(x)$ 都是矩阵 $\boldsymbol{A}$ 的极小多项式, 则由上述引理知道 $m(x)$ 能够整除 $g(x)$, $g(x)$ 也能够整除 $m(x)$. 因此 $m(x)$ 与 $g(x)$ 只差一个常数因子, 又极小多项式必须首项系数为 1, 故 $g(x) = m(x)$. □

例 6.3.1 (1) 纯量阵 $\boldsymbol{A} = c\boldsymbol{I}_n$ 的极小多项式 $m(x) = x - c$.

(2) 方阵 $\boldsymbol{A} = \begin{pmatrix} 0 & 1 \\ 0 & 0 \end{pmatrix}$ 满足 $\boldsymbol{A}^2 = \boldsymbol{O}$, 因此由引理 6.3.1 知 $\boldsymbol{A}$ 的极小多项式 $m(x)$ 必整除 x^2. 因为 $\boldsymbol{A} \neq \boldsymbol{O}$, 所以 $m(x) \neq x$, 从而只能是 $m(x) = x^2$. 这个例子也告诉我们, 矩阵的极小多项式未必是不可约多项式.

命题 6.3.2 相似的矩阵具有相同的极小多项式.

证明 设矩阵 $\boldsymbol{A}$ 和 $\boldsymbol{B}$ 相似, 即存在可逆阵 $\boldsymbol{P}$, 使 $\boldsymbol{B} = \boldsymbol{P}^{-1}\boldsymbol{A}\boldsymbol{P}$. 设 $\boldsymbol{A}, \boldsymbol{B}$ 的极小多项式分别为 $m(x), g(x)$, 注意到

$$m(\boldsymbol{B}) = m(\boldsymbol{P}^{-1}\boldsymbol{A}\boldsymbol{P}) = \boldsymbol{P}^{-1}m(\boldsymbol{A})\boldsymbol{P} = \boldsymbol{O},$$

因此 $g(x) \mid m(x)$. 同理, $m(x) \mid g(x)$, 故 $m(x) = g(x)$. □

命题 6.3.3 设 $\boldsymbol{A}$ 是一个分块对角阵

$$\boldsymbol{A} = \begin{pmatrix} \boldsymbol{A}_1 & & & \\ & \boldsymbol{A}_2 & & \\ & & \ddots & \\ & & & \boldsymbol{A}_k \end{pmatrix},$$

其中 $\boldsymbol{A}_i$ 都是方阵, 则 $\boldsymbol{A}$ 的极小多项式等于诸 $\boldsymbol{A}_i$ 的极小多项式之最小公倍式.

证明 设 $\boldsymbol{A}$ 的极小多项式为 $m(x)$, $\boldsymbol{A}_i$ 的极小多项式为 $m_i(x)$, 诸 $m_i(x)$ 的最小公倍式为 $g(x)$, 则 $g(\boldsymbol{A}_i) = \boldsymbol{O}$, 于是

$$g(\boldsymbol{A}) = \begin{pmatrix} g(\boldsymbol{A}_1) & & & \\ & g(\boldsymbol{A}_2) & & \\ & & \ddots & \\ & & & g(\boldsymbol{A}_k) \end{pmatrix} = \boldsymbol{O},$$

从而 $m(x) \mid g(x)$. 又因为

$$m(\boldsymbol{A}) = \begin{pmatrix} m(\boldsymbol{A}_1) & & & \\ & m(\boldsymbol{A}_2) & & \\ & & \ddots & \\ & & & m(\boldsymbol{A}_k) \end{pmatrix} = \boldsymbol{O},$$

所以对每个 i 有 $m(\boldsymbol{A}_i) = \boldsymbol{O}$, 从而 $m_i(x) \mid m(x)$. 又 $g(x)$ 是诸 $m_i(x)$ 的最小公倍式, 故 $g(x) \mid m(x)$. 综上所述, $m(x) = g(x)$. □

例 6.3.2 设 n 阶方阵 $\boldsymbol{A}$ 可对角化, $\lambda_1, \lambda_2, \cdots, \lambda_k$ 是 $\boldsymbol{A}$ 的全部不同的特征值, 求 $\boldsymbol{A}$ 的极小多项式.

解 设 $\boldsymbol{A}$ 的极小多项式为 $m(x)$. 由 $\boldsymbol{A}$ 可对角化知存在可逆阵 $\boldsymbol{P}$, 使

$$\boldsymbol{P}^{-1}\boldsymbol{A}\boldsymbol{P} = \boldsymbol{B} = \begin{pmatrix} \boldsymbol{B}_1 & & & \\ & \boldsymbol{B}_2 & & \\ & & \ddots & \\ & & & \boldsymbol{B}_k \end{pmatrix},$$

其中 $\boldsymbol{B}_i = \lambda_i \boldsymbol{I}\ (1 \leq i \leq k)$ 为纯量阵. 由例 6.3.1、命题 6.3.2 和命题 6.3.3 可得

$$m(x) = [x - \lambda_1, x - \lambda_2, \cdots, x - \lambda_k] = (x - \lambda_1)(x - \lambda_2)\cdots(x - \lambda_k).$$

从上面的例子可以看出, $\boldsymbol{A}$ 的特征值都是极小多项式的根. 事实上, 这一结论对任意方阵都是成立的.

引理 6.3.2 设 $m(x)$ 是 n 阶矩阵 $\boldsymbol{A}$ 的极小多项式, λ_0 是 $\boldsymbol{A}$ 的特征值, 则

$$(x - \lambda_0) \mid m(x).$$

证明 由 $m(\boldsymbol{A}) = \boldsymbol{O}$ 及命题 6.1.2 可得 $m(\lambda_0) = 0$, 故结论成立. □

从本节开始的分析知道, n 阶矩阵的极小多项式的次数最多不超过 n^2. 但是这个估计实在比较粗, 我们可以估计得更精确些.

为了研究一个矩阵可能适合的多项式, 我们先看比较简单的情形. 设 $\boldsymbol{A}$ 是一个上三角阵:

$$\boldsymbol{A} = \begin{pmatrix} \lambda_1 & a_{12} & \cdots & a_{1n} \\ & \lambda_2 & \cdots & a_{2n} \\ & & \ddots & \vdots \\ & & & \lambda_n \end{pmatrix},$$

主对角线上的元素 $\lambda_1,\lambda_2,\cdots,\lambda_n$ 正好是 $\boldsymbol{A}$ 的全部特征值. 将 $\boldsymbol{A}$ 依次作用于标准单位列向量 $\boldsymbol{e}_1,\boldsymbol{e}_2,\cdots,\boldsymbol{e}_n$, 可得 n 个等式:

$$\begin{aligned}\boldsymbol{A}\boldsymbol{e}_1 &= \lambda_1\boldsymbol{e}_1,\\ \boldsymbol{A}\boldsymbol{e}_2 &= a_{12}\boldsymbol{e}_1+\lambda_2\boldsymbol{e}_2,\\ &\cdots\cdots\cdots\cdots\\ \boldsymbol{A}\boldsymbol{e}_i &= a_{1i}\boldsymbol{e}_1+\cdots+a_{i-1,i}\boldsymbol{e}_{i-1}+\lambda_i\boldsymbol{e}_i,\\ &\cdots\cdots\cdots\cdots\\ \boldsymbol{A}\boldsymbol{e}_n &= a_{1n}\boldsymbol{e}_1+\cdots+a_{n-1,n}\boldsymbol{e}_{n-1}+\lambda_n\boldsymbol{e}_n.\end{aligned}$$

作

$$f(x)=(x-\lambda_1)(x-\lambda_2)\cdots(x-\lambda_n),$$

注意到 $(\boldsymbol{A}-\lambda_i\boldsymbol{I}_n)(\boldsymbol{A}-\lambda_j\boldsymbol{I}_n)=(\boldsymbol{A}-\lambda_j\boldsymbol{I}_n)(\boldsymbol{A}-\lambda_i\boldsymbol{I}_n)$, 不难算出:

$$f(\boldsymbol{A})\boldsymbol{e}_i=(\boldsymbol{A}-\lambda_1\boldsymbol{I}_n)(\boldsymbol{A}-\lambda_2\boldsymbol{I}_n)\cdots(\boldsymbol{A}-\lambda_n\boldsymbol{I}_n)\boldsymbol{e}_i=\boldsymbol{0}$$

对一切 $i=1,2,\cdots,n$ 成立, 因此 $f(\boldsymbol{A})=\boldsymbol{O}$. 注意到 $f(x)$ 是 $\boldsymbol{A}$ 的特征多项式, 因此 $\boldsymbol{A}$ 适合它的特征多项式. 利用定理 6.1.2, 我们很容易把上述结论推广到一般的情形.

定理 6.3.1 (Cayley-Hamilton 定理) 设 $\boldsymbol{A}$ 是数域 $\mathbb{K}$ 上的 n 阶矩阵, $f(x)$ 是 $\boldsymbol{A}$ 的特征多项式, 则 $f(\boldsymbol{A})=\boldsymbol{O}$.

证明 由定理 6.1.2 知 $\boldsymbol{A}$ 复相似于一个上三角阵, 也就是说存在可逆阵 $\boldsymbol{P}$, 使 $\boldsymbol{P}^{-1}\boldsymbol{A}\boldsymbol{P}=\boldsymbol{B}$ 是一个上三角阵, 其中 $\boldsymbol{P}$ 与 $\boldsymbol{B}$ 都是复矩阵, 但 $\boldsymbol{A}$ 与 $\boldsymbol{B}$ 有相同的特征多项式 $f(x)$. 记

$$f(x)=x^n+a_1x^{n-1}+\cdots+a_n,$$

则 $f(\boldsymbol{B})=\boldsymbol{O}$. 而

$$\begin{aligned}f(\boldsymbol{A}) &= \boldsymbol{A}^n+a_1\boldsymbol{A}^{n-1}+\cdots+a_n\boldsymbol{I}_n\\ &= (\boldsymbol{P}\boldsymbol{B}\boldsymbol{P}^{-1})^n+a_1(\boldsymbol{P}\boldsymbol{B}\boldsymbol{P}^{-1})^{n-1}+\cdots+a_n\boldsymbol{I}_n\\ &= \boldsymbol{P}\boldsymbol{B}^n\boldsymbol{P}^{-1}+a_1\boldsymbol{P}\boldsymbol{B}^{n-1}\boldsymbol{P}^{-1}+\cdots+a_n\boldsymbol{I}_n\\ &= \boldsymbol{P}(\boldsymbol{B}^n+a_1\boldsymbol{B}^{n-1}+\cdots+a_n\boldsymbol{I}_n)\boldsymbol{P}^{-1}\\ &= \boldsymbol{P}f(\boldsymbol{B})\boldsymbol{P}^{-1}=\boldsymbol{O}. \ \square\end{aligned}$$

推论 6.3.1 n 阶矩阵 $\boldsymbol{A}$ 的极小多项式是其特征多项式的因式. 特别, $\boldsymbol{A}$ 的极小多项式的次数不超过 n.

证明 由 Cayley-Hamilton 定理及引理 6.3.1 即得结论. □

推论 6.3.2 n 阶矩阵 $\boldsymbol{A}$ 的极小多项式和特征多项式有相同的根 (不计重数).

证明 由引理 6.3.2 和推论 6.3.1 即得结论. □

虽然说矩阵 $\boldsymbol{A}$ 的极小多项式是其特征多项式的因式, 但一般来说并不一定等于特征多项式. 对一个给定的矩阵, 如何求它的极小多项式? 我们将在下一章中加以阐述.

由于矩阵与线性变换之间有一一对应关系, 因此我们有下述推论.

推论 6.3.3 (Cayley-Hamilton 定理) 设 φ 是 n 维线性空间 V 上的线性变换, $f(x)$ 是 φ 的特征多项式, 则 $f(\varphi)=\boldsymbol{0}$.

习 题 6.3

1. 设数域 $\mathbb{F}$ 上的 n 阶矩阵 $\boldsymbol{A}$ 的极小多项式为 $m(x)$, 求证: $\mathbb{F}[\boldsymbol{A}]=\{f(\boldsymbol{A})\mid f(x)\in\mathbb{F}[x]\}$ 是 $M_n(\mathbb{F})$ 的子空间, 且 $\dim\mathbb{F}[\boldsymbol{A}]=\deg m(x)$.

2. 求证: 任一矩阵与其转置均有相同的极小多项式.

3. 举例说明: 极小多项式和特征多项式都相同的矩阵未必相似.

4. 设 $m(x)$ 和 $f(x)$ 分别是 n 阶矩阵 $\boldsymbol{A}$ 的极小多项式和特征多项式, 求证: $f(x)\mid m(x)^n$.

5. 设 $n\,(n>1)$ 阶矩阵 $\boldsymbol{A}$ 的秩为 1, 求证: $\boldsymbol{A}$ 的极小多项式为 $x^2-\operatorname{tr}(\boldsymbol{A})x$.

6. 设 $f(x)$ 和 $m(x)$ 分别是 m 阶矩阵 $\boldsymbol{A}$ 的特征多项式和极小多项式, $g(x)$ 和 $n(x)$ 分别是 n 阶矩阵 $\boldsymbol{B}$ 的特征多项式和极小多项式, 证明以下结论等价:

(1) $\boldsymbol{A},\boldsymbol{B}$ 没有公共的特征值;

(2) $(f(x),g(x))=1$ 或 $(f(x),n(x))=1$ 或 $(m(x),g(x))=1$ 或 $(m(x),n(x))=1$;

(3) $f(\boldsymbol{B})$ 或 $m(\boldsymbol{B})$ 或 $g(\boldsymbol{A})$ 或 $n(\boldsymbol{A})$ 是可逆阵.

7. 设 $f(x)$ 和 $m(x)$ 分别是 n 阶矩阵 $\boldsymbol{A}$ 的特征多项式和极小多项式, $g(x)$ 是一个多项式, 求证: $g(\boldsymbol{A})$ 是可逆阵的充分必要条件是 $(f(x),g(x))=1$ 或 $(m(x),g(x))=1$.

8. 证明: n 阶方阵 $\boldsymbol{A}$ 为可逆阵的充分必要条件是 $\boldsymbol{A}$ 的极小多项式的常数项不为零.

9. 设 $\boldsymbol{A}$ 是 n 阶可逆阵, 求证: $\boldsymbol{A}^{-1}=g(\boldsymbol{A})$, 其中 $g(x)$ 是一个 $n-1$ 次多项式.

10. 设 $\boldsymbol{A}$ 为 m 阶矩阵, $\boldsymbol{B}$ 为 n 阶矩阵, 求证: 若 $\boldsymbol{A},\boldsymbol{B}$ 没有公共的特征值, 则矩阵方程 $\boldsymbol{AX}=\boldsymbol{XB}$ 只有零解 $\boldsymbol{X}=\boldsymbol{O}$.

11. 设 $\boldsymbol{A},\boldsymbol{B}$ 分别为 m,n 阶矩阵, V 为 $m\times n$ 矩阵全体构成的线性空间, V 上的线性变换 φ 定义为: $\varphi(\boldsymbol{X})=\boldsymbol{AX}-\boldsymbol{XB}$. 求证: φ 是线性自同构的充分必要条件是 $\boldsymbol{A},\boldsymbol{B}$ 没有公共的特征值. 此时, 对任一 $m\times n$ 矩阵 $\boldsymbol{C}$, 矩阵方程 $\boldsymbol{AX}-\boldsymbol{XB}=\boldsymbol{C}$ 存在唯一解.

12. 设 φ 是数域 $\mathbb{K}$ 上 n 维线性空间 V 上的线性变换, 其特征多项式是 $f(\lambda)$ 且 $f(\lambda)=f_1(\lambda)f_2(\lambda)$, 其中 $f_1(\lambda)$, $f_2(\lambda)$ 是互素的首一多项式. 令 $V_1=\operatorname{Ker}f_1(\varphi)$, $V_2=\operatorname{Ker}f_2(\varphi)$, 求证:

(1) V_1, V_2 是 φ–不变子空间且 $V=V_1\oplus V_2$;

(2) $V_1=\operatorname{Im}f_2(\varphi)$, $V_2=\operatorname{Im}f_1(\varphi)$;

(3) $\varphi|_{V_1}$ 的特征多项式是 $f_1(\lambda)$, $\varphi|_{V_2}$ 的特征多项式是 $f_2(\lambda)$.

* § 6.4 特征值的估计

在许多实际问题及理论问题中, 常常需要对矩阵的特征值做出估计. 比如, 特征值是否在单位圆内? 特征值的实部是否小于零? 我们将在这一节中介绍两个常用的定理.

一般来说, 矩阵的特征值是一些复数. 复数值的估计常常用复平面上的圆来给定范围. 复平面上以 z_0 为圆心、r 为半径的圆常用 $|z-z_0|=r$ 来表示. 该圆内部 (包括圆周) 用 $|z-z_0|\le r$ 来表示, 该圆的外部用 $|z-z_0|>r$ 来表示.

现设 $\boldsymbol{A}=(a_{ij})_{n\times n}$ 是一个 n 阶方阵, $\boldsymbol{A}$ 的特征多项式为

$$f(\lambda)=|\lambda\boldsymbol{I}_n-\boldsymbol{A}|.$$

令

$$R_i=\sum_{j=1,j\neq i}^{n}|a_{ij}|=|a_{i1}|+\cdots+|a_{i,i-1}|+|a_{i,i+1}|+\cdots+|a_{in}|,$$

即 R_i 为 $\boldsymbol{A}$ 的第 i 行元素去掉 a_{ii} 后的模长之和. 我们有下列 "圆盘定理" (又称 Gerschgorin (戈尔斯哥利) 圆盘第一定理).

定理 6.4.1 设 $\boldsymbol{A}=(a_{ij})_{n\times n}$ 是 n 阶复矩阵, 则 $\boldsymbol{A}$ 的特征值在复平面上的下列圆盘 (又称戈氏圆盘) 中:

$$|z-a_{ii}|\le R_i,\quad i=1,2,\cdots,n.$$

证明 任取 $\boldsymbol{A}$ 的一个特征值 λ_0, 设 $\boldsymbol{\xi}$ 为属于 λ_0 的特征向量, 则 $\boldsymbol{A\xi}=\lambda_0\boldsymbol{\xi}$. 记 $\boldsymbol{\xi}$ 的第 i 个坐标为 $x_i\,(i=1,2,\cdots,n)$, 将 $\boldsymbol{A\xi}=\lambda_0\boldsymbol{\xi}$ 写成线性方程组:

$$\begin{cases} a_{11}x_1+a_{12}x_2+\cdots+a_{1n}x_n=\lambda_0x_1, \\ a_{21}x_1+a_{22}x_2+\cdots+a_{2n}x_n=\lambda_0x_2, \\ \qquad\cdots\cdots\cdots\cdots \\ a_{n1}x_1+a_{n2}x_2+\cdots+a_{nn}x_n=\lambda_0x_n. \end{cases}$$

设 $|x_1|,|x_2|,\cdots,|x_n|$ 中 $|x_r|$ 最大, 从上式可得

$$(\lambda_0-a_{rr})x_r=a_{r1}x_1+\cdots+a_{r,r-1}x_{r-1}+a_{r,r+1}x_{r+1}+\cdots+a_{rn}x_n.$$

于是

$$\begin{aligned} |\lambda_0-a_{rr}||x_r| &\le |a_{r1}||x_1|+\cdots+|a_{r,r-1}||x_{r-1}|+|a_{r,r+1}||x_{r+1}|+\cdots+|a_{rn}||x_n| \\ &\le (|a_{r1}|+\cdots+|a_{r,r-1}|+|a_{r,r+1}|+\cdots+|a_{rn}|)|x_r|, \end{aligned}$$

此即

$$|\lambda_0-a_{rr}||x_r|\le R_r|x_r|.$$

由于 $|x_r|>0$, 故

$$|\lambda_0-a_{rr}|\le R_r.\ \square$$

例 6.4.1 估计下列矩阵特征值的范围:

$$\begin{pmatrix} 1 & 0.5 & -0.2 & -1 \\ 0.3 & 2 & -0.2 & 1.1 \\ -0.5 & 0.1 & -4 & 0.2 \\ -1 & -0.1 & 0.2 & 0 \end{pmatrix}.$$

解 由定理 6.4.1, 写出 4 个戈氏圆盘为

$$\begin{aligned} D_1 &: |z-1|\le 0.5+0.2+1=1.7, \\ D_2 &: |z-2|\le 0.3+0.2+1.1=1.6, \\ D_3 &: |z+4|\le 0.5+0.1+0.2=0.8, \\ D_4 &: |z|\le 1+0.1+0.2=1.3. \end{aligned}$$

若把这 4 个圆盘画在复平面上, 则可看出 D_1, D_2, D_4 连在一起, D_3 不与其他 3 个圆盘相连.

若一个戈氏圆盘与另一个相连, 则称这两个圆盘内 (包括圆周) 的区域是连通的. 若几个圆盘连在一起, 比如 D_1 与 D_2 相连, D_2 与 D_4 相连, 则称这些相连圆盘内的区域 (包括圆周) 为连通区域, 这几个圆盘称为连通圆盘.

在阐述戈氏圆盘第二定理之前, 我们需要引用如下的结果.

定理 6.4.2 设

$$f(x) = x^n + a_1x^{n-1} + \cdots + a_{n-1}x + a_n$$

是 n 次首一复系数多项式, 则 $f(x)$ 的 n 个根 $\lambda_1, \lambda_2, \cdots, \lambda_n$ 作为整体是 $a_1, a_2, \cdots, a_n$ 的连续函数.

我们先解释一下定理的含义. 设 $f(x)$ 的 n 个根为 $\lambda_1, \lambda_2, \cdots, \lambda_n$, 它们都是 $a_1, a_2, \cdots, a_n$ 的函数. $\lambda_1, \lambda_2, \cdots, \lambda_n$ 作为整体关于 $a_1, a_2, \cdots, a_n$ 连续的意思是: 对任意给定的 $\varepsilon > 0$, 存在 $\delta > 0$, 使得对满足条件 $|\tilde{a}_i - a_i| < \delta\,(i = 1, 2, \cdots, n)$ 的任意多项式

$$\widetilde{f}(x) = x^n + \tilde{a}_1x^{n-1} + \cdots + \tilde{a}_{n-1}x + \tilde{a}_n,$$

$\widetilde{f}(x)$ 的 n 个根存在一个排列, 记为 $\tilde{\lambda}_1, \tilde{\lambda}_2, \cdots, \tilde{\lambda}_n$, 成立

$$|\tilde{\lambda}_i - \lambda_i| < \varepsilon, \quad i = 1, 2, \cdots, n.$$

关于定理 6.4.2 的证明, 有兴趣的读者可以参考 [2]. 注意定理 6.4.2 并非断言多项式的某个根是关于系数的连续函数, 因此一般来说, 矩阵的某个特征值也并非是关于矩阵元素的连续函数. 例如, 矩阵 $\boldsymbol{A}(z) = \begin{pmatrix} 0 & z \\ 1 & 0 \end{pmatrix}$, 当参数 z 在复平面上的单位圆内变动时, $\boldsymbol{A}(z)$ 的特征值就不是关于 z 的连续函数. 不过当参数的变动范围是实轴上的区间时, 我们有如下肯定的结论, 其证明可以参考 [3].

定理 6.4.3 设 D 是实轴上的区间, $\boldsymbol{A}: D \to M_n(\mathbb{C})$ 是一个取值为复矩阵的连续函数, 则 $\boldsymbol{A}(t)$ 的 n 个特征值 $\lambda_1(t), \lambda_2(t), \cdots, \lambda_n(t)$ 都是关于 t 的连续函数.

定理 6.4.4 设矩阵 $\boldsymbol{A} = (a_{ij})_{n\times n}$ 的 n 个戈氏圆盘分成若干个连通区域, 若其中一个连通区域含有 k 个戈氏圆盘, 则有且只有 k 个特征值落在这个连通区域内 (若两个戈氏圆盘重合, 需计重数; 又若特征值为重根, 也计重数).

证明 考虑下列带参数 t 的矩阵:

$$\boldsymbol{A}(t)=\begin{pmatrix} a_{11} & ta_{12} & \cdots & ta_{1n} \\ ta_{21} & a_{22} & \cdots & ta_{2n} \\ \vdots & \vdots & & \vdots \\ ta_{n1} & ta_{n2} & \cdots & a_{nn} \end{pmatrix},$$

显然 $\boldsymbol{A}(1)=\boldsymbol{A}$, 而 $\boldsymbol{A}(0)$ 为下列对角阵:

$$\boldsymbol{A}(0)=\begin{pmatrix} a_{11} & & & \\ & a_{22} & & \\ & & \ddots & \\ & & & a_{nn} \end{pmatrix}.$$

由戈氏圆盘第一定理, 矩阵 $\boldsymbol{A}(t)$ 的特征值落在下列圆盘中:

$$|z-a_{ii}|\le tR_i,\quad i=1,2,\cdots,n,$$

其中 R_i 为 $\boldsymbol{A}$ 的第 i 行元素去掉 a_{ii} 后的模长之和. 让 t 从 0 变到 1, 则 $\boldsymbol{A}(t)$ 的特征值始终不会越出下列圆盘:

$$|z-a_{ii}|\le R_i,\quad i=1,2,\cdots,n.$$

又 $\boldsymbol{A}(t)$ 的特征多项式的系数是 t 的多项式, 故由定理 6.4.3 知 $\boldsymbol{A}(t)$ 的特征值关于 t 连续. 若 k 个圆盘组成一个连通区域, 由于 $\boldsymbol{A}(0)$ 的 k 个特征值 (即 a_{ii} 中的 k 个元) 总在这 k 个圆盘内, 故 $\boldsymbol{A}$ 在这 k 个圆盘内至少有 k 个特征值, 即它们不可能跑到与这 k 个圆盘不相连通的圆盘内. 由于这一结论对任一圆盘连通区域都对, 故由这 k 个圆盘组成的连通区域内只有 $\boldsymbol{A}$ 的 k 个特征值. □

习 题 6.4

1. 估计下列矩阵的特征值范围并在复平面上画出其戈氏圆盘:

(1) $\begin{pmatrix} 1 & -0.1 & 0.2 \\ -1.1 & -1 & 0.4 \\ -0.3 & 0.1 & 0 \end{pmatrix}$;

(2) $\begin{pmatrix} -3 & 1 & 0.1 & -0.5 \\ 0.1 & 2 & 0.4 & -0.1 \\ 1 & 0.3 & 0 & 0 \\ 0 & -2 & 1 & 1 \end{pmatrix}$.

2. 如果 n 阶实方阵 $\boldsymbol{A}=(a_{ij})$ 适合条件:

$$|a_{ii}|>\sum_{j=1,j\neq i}^{n}|a_{ij}|,\quad i=1,2,\cdots,n,$$

则称 $\boldsymbol{A}$ 是严格对角占优阵. 求证: 严格对角占优阵的特征值不等于零, 从而 $\boldsymbol{A}$ 必是非异阵.

3. 设 $\boldsymbol{A}$ 是主对角元素全部大于零的严格对角占优阵, 求证: $\boldsymbol{A}$ 的特征值的实部均为正数, 从而 $|\boldsymbol{A}|>0$.

4. 如果圆盘定理中有一个连通分支由两个圆盘外切组成, 证明: 每个圆盘除去切点的区域不可能同时包含两个特征值.

历 史 与 展 望

特征值和特征向量通常在线性变换或矩阵理论中引入, 然而从历史上看, 它们首先出现在二次型和微分方程的研究中. 18 世纪, Euler 研究了刚体的旋转运动, 发现了主轴的重要性, Lagrange 意识到主轴是惯性矩阵的特征向量. 19 世纪初, Cauchy 发现他们的工作可以用来对二次曲面进行分类, 并将其推广到任意维. Cauchy 还创造了 "特征根 (characteristic root)" 一词, 这来源于特征方程.

后来, Fourier 利用 Lagrange 和 Laplace 的工作, 在 1822 年出版的著作《查勒尔的理论分析》中通过分离变量来求解热方程. Sturm (斯图姆) 进一步发展了 Fourier 的思想, 这引起了 Cauchy 的注意, Cauchy 将这些思想与自己的思想结合起来, 得出了实对称阵具有实特征值的事实. 1855 年, Hermite 将其推广到了现在所称的 Hermite 矩阵上. 大约在同一时间, Brioschi (布廖斯基) 证明了正交阵的特征值位于单位圆上, Clebsch (克莱布施) 发现了斜对称阵的相应结果. 与此同时, Liouville 研究了与 Sturm 相似的特征值问题, 从他们的工作中发展出来的学科现在被称为 Sturm-Liouville 理论. 19 世纪末, Schwarz 研究了一般区域上 Laplace 方程的第一个特征值.

20 世纪初, Hilbert (希尔伯特) 通过将算子视为无限阶矩阵来研究积分算子的特征值. 1904 年, 他第一个使用德语单词 "eigen (意思是自己的)" 来表示特征值和特征向量. 在某一段时间, 英文中的标准术语是 "固有值 (proper value)", 但今天的标准术语是 "特征值 (eigenvalue)".

在 1858 年的论文《矩阵理论的研究报告》中, Cayley 证明了 Cayley-Hamilton 定理, 即方阵适合它自己的特征多项式. 这个证明由他对 2×2 矩阵和 3×3 矩阵的计算组成. 他指出这个结果可推广到更高阶, 但他补充道:"我认为没有必要花这个力气去正式证明这个定理对任意阶矩阵都成立." Hamilton 在他的四元数研究中独立地证明了这个定理 ($n=4$ 的情形, 但是没有使用矩阵的符号). 1878 年 Frobenius (弗罗本纽斯) 给出了 Cayley-Hamilton 定理的一般情形的证明.

圆盘定理由苏联数学家 Gerschgorin 在 1931 年给出. 虽然随着计算机技术的不断发展, 现在我们可以利用 MATLAB 等数学软件快捷地计算出矩阵特征值的近似值, 但圆盘定理在矩阵特征值的理论估计方面仍然有着用武之地.

复 习 题 六

1. 设 V 是 n 阶矩阵全体组成的线性空间, φ 是 V 上的线性变换: $\varphi(\boldsymbol{X}) = \boldsymbol{AX}$, 其中 $\boldsymbol{A}$ 是一个 n 阶矩阵. 求证: φ 和 $\boldsymbol{A}$ 具有相同的特征值 (重数可能不同).

2. 设 $\boldsymbol{A}$ 是 n 阶整数矩阵, p, q 为互素的整数且 $q > 1$. 求证: 矩阵方程 $\boldsymbol{Ax} = \dfrac{p}{q}\boldsymbol{x}$ 必无非零解.

3. 求下列 n 阶矩阵的特征值:

$$\boldsymbol{A} = \begin{pmatrix} 0 & a & \cdots & a & a \\ b & 0 & \cdots & a & a \\ \vdots & \vdots & & \vdots & \vdots \\ b & b & \cdots & 0 & a \\ b & b & \cdots & b & 0 \end{pmatrix}.$$

4. 设 n 阶矩阵 $\boldsymbol{A}$ 的全体特征值为 $\lambda_1, \lambda_2, \cdots, \lambda_n$, 求 $2n$ 阶矩阵 $\begin{pmatrix} \boldsymbol{A} & \boldsymbol{A}^2 \\ \boldsymbol{A}^2 & \boldsymbol{A} \end{pmatrix}$ 的全体特征值.

5. 设矩阵 $\boldsymbol{A}$ 的特征多项式为 $f(\lambda)$, $\boldsymbol{A}$ 的全体特征值为 $\lambda_1, \lambda_2, \cdots, \lambda_n$, $g(\lambda)$ 为任一多项式. 证明: 矩阵 $g(\boldsymbol{A})$ 的行列式等于 $f(\lambda), g(\lambda)$ 的结式 $R(f, g)$.

6. 设首一多项式 $f(x) = x^n + a_{n-1}x^{n-1} + \cdots + a_1x + a_0$, $f(x)$ 的友阵

$$\boldsymbol{C} = \begin{pmatrix} 0 & 0 & \cdots & 0 & -a_0 \\ 1 & 0 & \cdots & 0 & -a_1 \\ 0 & 1 & \cdots & 0 & -a_2 \\ \vdots & \vdots & & \vdots & \vdots \\ 0 & 0 & \cdots & 1 & -a_{n-1} \end{pmatrix}.$$

(1) 求证: 矩阵 $\boldsymbol{C}$ 的特征多项式就是 $f(\lambda)$.

(2) 设 $f(x)$ 的根为 $\lambda_1, \lambda_2, \cdots, \lambda_n$, $g(x)$ 为任一多项式, 求以 $g(\lambda_1), g(\lambda_2), \cdots, g(\lambda_n)$ 为根的 n 次多项式.

7. 求证: n 阶矩阵 $\boldsymbol{A}$ 为幂零阵的充分必要条件是 $\boldsymbol{A}$ 的特征值全为零.

8. 设 V 是数域 $\mathbb{K}$ 上的 n 阶方阵全体构成的线性空间, n 阶方阵

$$\boldsymbol{P}=\begin{pmatrix}0 & \cdots & 0 & 1\\ 0 & \cdots & 1 & 0\\ \vdots & & \vdots & \vdots\\ 1 & \cdots & 0 & 0\end{pmatrix},$$

V 上的线性变换 $\boldsymbol{\eta}$ 定义为 $\boldsymbol{\eta}(\boldsymbol{X})=\boldsymbol{P}\boldsymbol{X}'\boldsymbol{P}$. 试求 $\boldsymbol{\eta}$ 的全体特征值及其特征向量.

9. 设 n 阶方阵 $\boldsymbol{A}$ 的每行每列只有一个元素非零, 并且那些非零元素为 1 或 -1, 证明: $\boldsymbol{A}$ 的特征值都是单位根.

10. 设 $\boldsymbol{A}$ 是 n 阶实方阵, 又 $\boldsymbol{I}_n-\boldsymbol{A}$ 的特征值的模长都小于 1, 求证: $0<|\boldsymbol{A}|<2^n$.

11. 设 n 阶矩阵 $\boldsymbol{A}$ 的全体特征值为 $\lambda_1,\lambda_2,\cdots,\lambda_n$, 求证: $\boldsymbol{A}^*$ 的全体特征值为 $\prod\limits_{i\neq 1}\lambda_i$, $\prod\limits_{i\neq 2}\lambda_i,\cdots,\prod\limits_{i\neq n}\lambda_i$.

12. 设 $\boldsymbol{\alpha}$ 是 n 维实列向量且 $\boldsymbol{\alpha}'\boldsymbol{\alpha}=1$, 试求矩阵 $\boldsymbol{I}_n-2\boldsymbol{\alpha}\boldsymbol{\alpha}'$ 的特征值.

13. 设 $\boldsymbol{A}$ 为 n 阶方阵, $\boldsymbol{\alpha},\boldsymbol{\beta}$ 为 n 维列向量, 试求矩阵 $\boldsymbol{A}\boldsymbol{\alpha}\boldsymbol{\beta}'$ 的特征值.

14. 设 $a_i\,(1\leq i\leq n)$ 都是实数, 且 $a_1+a_2+\cdots+a_n=0$, 试求下列矩阵的特征值:

$$\boldsymbol{A}=\begin{pmatrix}a_1^2 & a_1a_2+1 & \cdots & a_1a_n+1\\ a_2a_1+1 & a_2^2 & \cdots & a_2a_n+1\\ \vdots & \vdots & & \vdots\\ a_na_1+1 & a_na_2+1 & \cdots & a_n^2\end{pmatrix}.$$

15. 设 $\boldsymbol{A},\boldsymbol{B},\boldsymbol{C}$ 分别是 $m\times m$, $n\times n$, $m\times n$ 矩阵, 满足: $\boldsymbol{AC}=\boldsymbol{CB}$, $\mathrm{r}(\boldsymbol{C})=r$. 求证: $\boldsymbol{A}$ 和 $\boldsymbol{B}$ 至少有 r 个相同的特征值.

16. 设 n 阶矩阵 $\boldsymbol{A}$ 的特征多项式为

$$f(\lambda)=\lambda^n+a_1\lambda^{n-1}+\cdots+a_{n-1}\lambda+a_n.$$

求证: a_r 等于 $(-1)^r$ 乘以 $\boldsymbol{A}$ 的所有 r 阶主子式之和, 即

$$a_r=(-1)^r\sum_{1\leq i_1<i_2<\cdots<i_r\leq n}\boldsymbol{A}\begin{pmatrix}i_1 & i_2 & \cdots & i_r\\ i_1 & i_2 & \cdots & i_r\end{pmatrix},\quad 1\leq r\leq n.$$

进一步, 若设 $\boldsymbol{A}$ 的特征值为 $\lambda_1,\lambda_2,\cdots,\lambda_n$, 则

$$\sum_{1\leq i_1<i_2<\cdots<i_r\leq n}\lambda_{i_1}\lambda_{i_2}\cdots\lambda_{i_r}=\sum_{1\leq i_1<i_2<\cdots<i_r\leq n}\boldsymbol{A}\begin{pmatrix}i_1 & i_2 & \cdots & i_r\\ i_1 & i_2 & \cdots & i_r\end{pmatrix},\quad 1\leq r\leq n.$$

17. 设 n 阶实方阵 $\boldsymbol{A}$ 的特征值全是实数, 且 $\boldsymbol{A}$ 的一阶主子式之和与二阶主子式之和都等于零. 求证: $\boldsymbol{A}$ 是幂零阵.

18. 设 $n\,(n \geq 3)$ 阶非异实方阵 $\boldsymbol{A}$ 的特征值都是实数, 且 $\boldsymbol{A}$ 的 $n-1$ 阶主子式之和等于零. 证明: 存在 $\boldsymbol{A}$ 的一个 $n-2$ 阶主子式, 其符号与 $|\boldsymbol{A}|$ 的符号相反.

19. 设 $\boldsymbol{A}$ 是 n 阶对合阵, 即 $\boldsymbol{A}^2 = \boldsymbol{I}_n$, 证明: $n - \mathrm{tr}(\boldsymbol{A})$ 为偶数, 并且 $\mathrm{tr}(\boldsymbol{A}) = n$ 的充分必要条件是 $\boldsymbol{A} = \boldsymbol{I}_n$.

20. 设 4 阶方阵 $\boldsymbol{A}$ 满足: $\mathrm{tr}(\boldsymbol{A}^k) = k\,(1 \leq k \leq 4)$, 试求 $\boldsymbol{A}$ 的行列式.

21. 求证: n 阶矩阵 $\boldsymbol{A}$ 是幂零阵的充分必要条件是 $\mathrm{tr}(\boldsymbol{A}^k) = 0\,(1 \leq k \leq n)$.

22. 设 $\boldsymbol{A}, \boldsymbol{B}, \boldsymbol{C}$ 是 n 阶矩阵, 其中 $\boldsymbol{C} = \boldsymbol{AB} - \boldsymbol{BA}$. 若它们满足条件 $\boldsymbol{AC} = \boldsymbol{CA}$, $\boldsymbol{BC} = \boldsymbol{CB}$, 求证: $\boldsymbol{C}$ 的特征值全为零. 又若将条件减弱为 $\boldsymbol{ABC} = \boldsymbol{CAB}$, $\boldsymbol{BAC} = \boldsymbol{CBA}$, 则上述结论不再成立.

23. 设 $\boldsymbol{A}, \boldsymbol{B}$ 都是 n 阶矩阵且 $\boldsymbol{AB} = \boldsymbol{BA}$. 若 $\boldsymbol{A}$ 是幂零阵, 求证: $|\boldsymbol{A} + \boldsymbol{B}| = |\boldsymbol{B}|$.

24. 下列数列称为 Fibonacci (斐波那契) 数列:

$$a_0 = 0,\ a_1 = 1,\ a_2 = 1,\ a_3 = 2,\ a_4 = 3,\ a_5 = 5,\ a_6 = 8,\ \cdots,$$

通项用递推式来表示为 $a_{n+2} = a_{n+1} + a_n$, 试求 Fibonacci 数列通项的显式表达式.

25. 求证: 复数域上 n 阶循环矩阵

$$\boldsymbol{A} = \begin{pmatrix} a_1 & a_2 & a_3 & \cdots & a_n \\ a_n & a_1 & a_2 & \cdots & a_{n-1} \\ \vdots & \vdots & \vdots & & \vdots \\ a_2 & a_3 & a_4 & \cdots & a_1 \end{pmatrix}$$

可对角化, 并求出它相似的对角阵及过渡矩阵.

26. 设 n 阶复矩阵 $\boldsymbol{A}$ 可对角化, 证明: 矩阵 $\begin{pmatrix} \boldsymbol{A} & \boldsymbol{A}^2 \\ \boldsymbol{A}^2 & \boldsymbol{A} \end{pmatrix}$ 也可对角化.

27. 设 $\boldsymbol{A}, \boldsymbol{B}, \boldsymbol{C}$ 都是 n 阶矩阵, $\boldsymbol{A}, \boldsymbol{B}$ 各有 n 个不同的特征值, 又 $f(\lambda)$ 是 $\boldsymbol{A}$ 的特征多项式, 且 $f(\boldsymbol{B})$ 是可逆阵. 求证: 矩阵

$$\boldsymbol{M} = \begin{pmatrix} \boldsymbol{A} & \boldsymbol{C} \\ \boldsymbol{O} & \boldsymbol{B} \end{pmatrix}$$

相似于对角阵.

28. 设 $\boldsymbol{A}, \boldsymbol{B}$ 是 n 阶矩阵, $\boldsymbol{A}$ 有 n 个不同的特征值, 并且 $\boldsymbol{AB} = \boldsymbol{BA}$, 求证: $\boldsymbol{B}$ 相似于对角阵.

29. 设 $\boldsymbol{A}, \boldsymbol{B}$ 是 n 阶矩阵, $\boldsymbol{A}$ 有 n 个不同的特征值, 并且 $\boldsymbol{AB} = \boldsymbol{BA}$, 求证: 存在次数不超过 $n-1$ 的多项式 $f(x)$, 使 $\boldsymbol{B} = f(\boldsymbol{A})$.

30. 设 a,b,c 为复数且 $bc\neq 0$, 证明下列 n 阶矩阵 $\boldsymbol{A}$ 可对角化:

$$\boldsymbol{A}=\begin{pmatrix} a & b & & & & \\ c & a & b & & & \\ & c & a & b & & \\ & & \ddots & \ddots & \ddots & \\ & & & c & a & b \\ & & & & c & a \end{pmatrix}.$$

31. 设 m 阶矩阵 $\boldsymbol{A}$ 与 n 阶矩阵 $\boldsymbol{B}$ 没有公共的特征值, 且 $\boldsymbol{A},\boldsymbol{B}$ 均可对角化, 又 $\boldsymbol{C}$ 为 $m\times n$ 矩阵, 求证: $\boldsymbol{M}=\begin{pmatrix} \boldsymbol{A} & \boldsymbol{C} \\ \boldsymbol{O} & \boldsymbol{B} \end{pmatrix}$ 也可对角化.

32. 设 $\boldsymbol{A}$ 为 m 阶矩阵, $\boldsymbol{B}$ 为 n 阶矩阵, $\boldsymbol{C}$ 为 $m\times n$ 矩阵, $\boldsymbol{M}=\begin{pmatrix} \boldsymbol{A} & \boldsymbol{C} \\ \boldsymbol{O} & \boldsymbol{B} \end{pmatrix}$, 求证: 若 $\boldsymbol{M}$ 可对角化, 则 $\boldsymbol{A},\boldsymbol{B}$ 均可对角化.

33. 设 $\boldsymbol{A}$ 为 $m\times n$ 矩阵, $\boldsymbol{B}$ 为 $n\times m$ 矩阵, 又 $|\boldsymbol{BA}|\neq 0$, 求证: $\boldsymbol{AB}$ 可对角化的充分必要条件是 $\boldsymbol{BA}$ 可对角化.

34. 设 $\boldsymbol{A}$ 是 n 阶矩阵, 求证: 伴随阵 $\boldsymbol{A}^*=h(\boldsymbol{A})$, 其中 $h(x)$ 是一个 $n-1$ 次多项式.

35. 设 n 阶方阵 $\boldsymbol{A},\boldsymbol{B}$ 的特征值全部大于零且满足 $\boldsymbol{A}^2=\boldsymbol{B}^2$, 求证: $\boldsymbol{A}=\boldsymbol{B}$.

36. 设 $\boldsymbol{A}=\mathrm{diag}\{\boldsymbol{A}_1,\boldsymbol{A}_2,\cdots,\boldsymbol{A}_m\}$ 为 n 阶分块对角阵, 其中 $\boldsymbol{A}_i$ 是 n_i 阶矩阵且两两没有公共的特征值. 设 $\boldsymbol{B}$ 是 n 阶矩阵, 满足 $\boldsymbol{AB}=\boldsymbol{BA}$, 求证: $\boldsymbol{B}=\mathrm{diag}\{\boldsymbol{B}_1,\boldsymbol{B}_2,\cdots,\boldsymbol{B}_m\}$, 其中 $\boldsymbol{B}_i$ 也是 n_i 阶矩阵.

37. 设 n 阶实矩阵 $\boldsymbol{A}$ 的所有特征值都是正实数, 证明: 对任一实对称阵 $\boldsymbol{C}$, 存在唯一的实对称阵 $\boldsymbol{B}$, 满足 $\boldsymbol{A}'\boldsymbol{B}+\boldsymbol{BA}=\boldsymbol{C}$.

38. 设 $\boldsymbol{\varphi}$ 是复线性空间 V 上的线性变换, 又有两个复系数多项式:

$$f(x)=x^m+a_1x^{m-1}+\cdots+a_m,\quad g(x)=x^n+b_1x^{n-1}+\cdots+b_n.$$

设 $\boldsymbol{\sigma}=f(\boldsymbol{\varphi}),\boldsymbol{\tau}=g(\boldsymbol{\varphi})$, 矩阵 $\boldsymbol{C}$ 是 $f(x)$ 的友阵, 即

$$\boldsymbol{C}=\begin{pmatrix} 0 & 0 & 0 & \cdots & -a_m \\ 1 & 0 & 0 & \cdots & -a_{m-1} \\ 0 & 1 & 0 & \cdots & -a_{m-2} \\ \vdots & \vdots & \vdots & & \vdots \\ 0 & 0 & 0 & \cdots & -a_1 \end{pmatrix}.$$

若 $g(\boldsymbol{C})$ 是可逆阵, 求证: $\mathrm{Ker}\,\boldsymbol{\sigma\tau}=\mathrm{Ker}\,\boldsymbol{\sigma}\oplus\mathrm{Ker}\,\boldsymbol{\tau}$.

第七章　相似标准型

§ 7.1　多项式矩阵

我们将在这一章里继续探讨上一章中提出的问题: 给定一个线性变换, 找出一组基, 使该线性变换在这组基下的表示矩阵具有比较简单的形状. 这个问题等价于寻找一类比较简单的矩阵, 使任一同阶方阵均与这类矩阵中的某一个相似. 这类比较简单的矩阵就是所谓的相似标准型.

为了解决这个问题, 可以分两步走. 第一步找出相似矩阵的不变量, 这些不变量不仅在相似关系下保持不变, 而且足以判断两个矩阵是否相似. 我们称这样的不变量为全系不变量. 比如秩是两个同阶矩阵在相抵关系下的不变量, 反之, 若两个同阶矩阵的秩相同, 则它们必相抵. 因此, 秩是矩阵相抵关系的全系不变量. 第二步找出一类比较简单的矩阵, 利用相似关系的全系不变量就可以判断一个矩阵与这类矩阵中的某一个相似.

相似关系比相抵关系要更复杂一些, 它的全系不变量也比较复杂. 我们在上一章中已经知道, 矩阵的特征多项式 (从而特征值) 是相似不变量, 但它并不是全系不变量, 因为我们很容易举出例子来证明这一点. 比如下面两个矩阵的特征多项式相同但不相似:

$$\boldsymbol{A}=\begin{pmatrix}0&1\\0&0\end{pmatrix},\ \ \boldsymbol{B}=\begin{pmatrix}0&0\\0&0\end{pmatrix}.$$

$\boldsymbol{A}$ 的特征多项式与 $\boldsymbol{B}$ 的特征多项式都是 λ^2, 但 $\boldsymbol{A}$ 与 $\boldsymbol{B}$ 绝不相似.

人们经过研究终于发现, 两个矩阵 $\boldsymbol{A}$ 与 $\boldsymbol{B}$ 之间的相似和 $\lambda\boldsymbol{I}_n-\boldsymbol{A}$ 与 $\lambda\boldsymbol{I}_n-\boldsymbol{B}$ 的相抵有着密切的联系. 注意, $\lambda\boldsymbol{I}_n-\boldsymbol{A}$ 是这样形式的矩阵:

$$\begin{pmatrix}\lambda-a_{11}&-a_{12}&\cdots&-a_{1n}\\-a_{21}&\lambda-a_{22}&\cdots&-a_{2n}\\\vdots&\vdots&&\vdots\\-a_{n1}&-a_{n2}&\cdots&\lambda-a_{nn}\end{pmatrix},$$

其中的元素含有未定元 λ. 一般地, 下列形式的矩阵:

$$\boldsymbol{A}(\lambda)=\begin{pmatrix} a_{11}(\lambda) & a_{12}(\lambda) & \cdots & a_{1n}(\lambda) \\ a_{21}(\lambda) & a_{22}(\lambda) & \cdots & a_{2n}(\lambda) \\ \vdots & \vdots & & \vdots \\ a_{m1}(\lambda) & a_{m2}(\lambda) & \cdots & a_{mn}(\lambda) \end{pmatrix},$$

其中 $a_{ij}(\lambda)$ 是以 λ 为未定元的数域 $\mathbb{K}$ 上的多项式, 称为多项式矩阵, 或 λ–矩阵. λ–矩阵的加法、数乘及乘法与数域上的矩阵运算一样, 只需在运算过程中将数的运算代之以多项式运算即可.

现在我们来研究两个 λ–矩阵的相抵关系. 首先我们必须定义什么叫 λ–矩阵的初等变换.

定义 7.1.1 对 λ–矩阵 $\boldsymbol{A}(\lambda)$ 施行的下列 3 种变换称为 λ–矩阵的初等行变换:

(1) 将 $\boldsymbol{A}(\lambda)$ 的两行对换;

(2) 将 $\boldsymbol{A}(\lambda)$ 的第 i 行乘以 $\mathbb{K}$ 中的非零常数 c;

(3) 将 $\boldsymbol{A}(\lambda)$ 的第 i 行乘以 $\mathbb{K}$ 上的多项式 $f(\lambda)$ 后加到第 j 行上去.

同理我们可以定义 3 种 λ–矩阵的初等列变换.

定义 7.1.2 若 $\boldsymbol{A}(\lambda), \boldsymbol{B}(\lambda)$ 是同阶 λ–矩阵且 $\boldsymbol{A}(\lambda)$ 经过 λ–矩阵的初等变换后可变为 $\boldsymbol{B}(\lambda)$, 则称 $\boldsymbol{A}(\lambda)$ 与 $\boldsymbol{B}(\lambda)$ 相抵.

与数字矩阵一样, λ–矩阵的相抵关系也是一种等价关系, 即

(1) $\boldsymbol{A}(\lambda)$ 与自身相抵;

(2) 若 $\boldsymbol{A}(\lambda)$ 与 $\boldsymbol{B}(\lambda)$ 相抵, 则 $\boldsymbol{B}(\lambda)$ 与 $\boldsymbol{A}(\lambda)$ 相抵;

(3) 若 $\boldsymbol{A}(\lambda)$ 与 $\boldsymbol{B}(\lambda)$ 相抵, $\boldsymbol{B}(\lambda)$ 与 $\boldsymbol{C}(\lambda)$ 相抵, 则 $\boldsymbol{A}(\lambda)$ 与 $\boldsymbol{C}(\lambda)$ 相抵.

证明与数域上相同, 请读者自己完成.

类似数字矩阵, λ–矩阵的初等变换也对应于初等 λ–矩阵的相乘.

定义 7.1.3 下列 3 种矩阵称为初等 λ–矩阵:

(1) 将 n 阶单位阵的第 i 行与第 j 行对换, 记为 $\boldsymbol{P}_{ij}$;

(2) 将 n 阶单位阵的第 i 行乘以非零常数 c, 记为 $\boldsymbol{P}_i(c)$;

(3) 将 n 阶单位阵的第 i 行乘以多项式 $f(\lambda)$ 后加到第 j 行上去得到的矩阵, 记为 $\boldsymbol{T}_{ij}(f(\lambda))$.

注意, 第一类与第二类初等 λ–矩阵与数域上的第一类与第二类初等矩阵没有什么区别. 第三类初等 λ–矩阵的形状如下:

$$T_{ij}(f(\lambda)) = \begin{pmatrix} 1 & & & & & & \\ & \ddots & & & & & \\ & & 1 & & & & \\ & & \vdots & \ddots & & & \\ & & f(\lambda) & \cdots & 1 & & \\ & & & & & \ddots & \\ & & & & & & 1 \end{pmatrix}.$$

定理 7.1.1 对 λ–矩阵 $A(\lambda)$ 施行第 $k\,(k=1,2,3)$ 类初等行 (列) 变换等于用第 k 类初等 λ–矩阵左 (右) 乘以 $A(\lambda)$.

证明与定理 2.4.3 完全相同, 留给读者作为练习.

注 下列 λ–矩阵的变换不是 λ–矩阵的初等变换:

$$\begin{pmatrix} 1 & 1 \\ 0 & 1 \end{pmatrix} \to \begin{pmatrix} \lambda & \lambda \\ 0 & 1 \end{pmatrix}.$$

这是因为前面一个矩阵的第一行乘以 λ 不是 λ–矩阵的初等变换. 同理下面的变换需第一行乘以 λ^{-1}, 因此也不是 λ–矩阵的初等变换:

$$\begin{pmatrix} \lambda & 0 \\ 0 & 1 \end{pmatrix} \to \begin{pmatrix} 1 & 0 \\ 0 & 1 \end{pmatrix}.$$

对 n 阶 λ–矩阵, 我们可定义可逆 λ–矩阵的概念.

定义 7.1.4 若 $A(\lambda)$, $B(\lambda)$ 都是 n 阶 λ–矩阵, 且

$$A(\lambda)B(\lambda) = B(\lambda)A(\lambda) = I_n,$$

则称 $B(\lambda)$ 是 $A(\lambda)$ 的逆 λ–矩阵. 这时称 $A(\lambda)$ 为可逆 λ–矩阵, 在不引起混淆的情形下, 有时简称为可逆阵.

注 注意不要将数字矩阵中的一些结论随意搬到 λ–矩阵上. 比如下面的 λ–矩阵的行列式不为零, 但它不是可逆 λ–矩阵:

$$\begin{pmatrix} \lambda & 0 \\ 0 & 1 \end{pmatrix}.$$

这是因为矩阵

$$\begin{pmatrix} \lambda^{-1} & 0 \\ 0 & 1 \end{pmatrix}$$

不是 λ-矩阵之故.

容易证明, 有限个可逆 λ-矩阵之积仍是可逆 λ-矩阵, 而初等 λ-矩阵都是可逆 λ-矩阵, 因此有限个初等 λ-矩阵之积也是可逆 λ-矩阵. 下一节我们将证明可逆 λ-矩阵必可表示为有限个初等 λ-矩阵之积.

为了把数域上矩阵的相似关系归结为 λ-矩阵的相抵关系, 我们尚需证明一个有关 λ-矩阵带余除法的引理. 设 $\boldsymbol{M}(\lambda)$ 是一个 n 阶 λ-矩阵, 则 $\boldsymbol{M}(\lambda)$ 可以化为如下形状:

$$\boldsymbol{M}(\lambda) = \boldsymbol{M}_m\lambda^m + \boldsymbol{M}_{m-1}\lambda^{m-1} + \cdots + \boldsymbol{M}_0,$$

其中 $\boldsymbol{M}_i$ 为数域 $\mathbb{K}$ 上的 n 阶数字矩阵. 因此, 一个多项式矩阵可以化为系数为矩阵的多项式, 反之亦然.

引理 7.1.1 设 $\boldsymbol{M}(\lambda)$ 与 $\boldsymbol{N}(\lambda)$ 是两个 n 阶 λ-矩阵且都不等于零. 又设 $\boldsymbol{B}$ 为 n 阶数字矩阵, 则必存在 λ-矩阵 $\boldsymbol{Q}(\lambda)$ 及 $\boldsymbol{S}(\lambda)$ 和数字矩阵 $\boldsymbol{R}$ 及 $\boldsymbol{T}$, 使下式成立:

$$\boldsymbol{M}(\lambda) = (\lambda\boldsymbol{I} - \boldsymbol{B})\boldsymbol{Q}(\lambda) + \boldsymbol{R}, \tag{7.1.1}$$

$$\boldsymbol{N}(\lambda) = \boldsymbol{S}(\lambda)(\lambda\boldsymbol{I} - \boldsymbol{B}) + \boldsymbol{T}. \tag{7.1.2}$$

证明 将 $\boldsymbol{M}(\lambda)$ 写为

$$\boldsymbol{M}(\lambda) = \boldsymbol{M}_m\lambda^m + \boldsymbol{M}_{m-1}\lambda^{m-1} + \cdots + \boldsymbol{M}_0,$$

其中 $\boldsymbol{M}_m \neq \boldsymbol{O}$. 可对 m 用归纳法, 若 $m = 0$, 则已适合要求 (取 $\boldsymbol{Q}(\lambda) = \boldsymbol{O}$). 现设对小于 m 次的矩阵多项式, (7.1.1) 式成立. 令

$$\boldsymbol{Q}_1(\lambda) = \boldsymbol{M}_m\lambda^{m-1},$$

则

$$\boldsymbol{M}(\lambda) - (\lambda\boldsymbol{I} - \boldsymbol{B})\boldsymbol{Q}_1(\lambda) = (\boldsymbol{B}\boldsymbol{M}_m + \boldsymbol{M}_{m-1})\lambda^{m-1} + \cdots + \boldsymbol{M}_0. \tag{7.1.3}$$

上式是一个次数小于 m 的矩阵多项式, 由归纳假设得

$$\boldsymbol{M}(\lambda) - (\lambda\boldsymbol{I} - \boldsymbol{B})\boldsymbol{Q}_1(\lambda) = (\lambda\boldsymbol{I} - \boldsymbol{B})\boldsymbol{Q}_2(\lambda) + \boldsymbol{R}.$$

于是

$$M(\lambda)=(\lambda I-B)\Big[Q_1(\lambda)+Q_2(\lambda)\Big]+R.$$

令 $Q(\lambda)=Q_1(\lambda)+Q_2(\lambda)$ 即得 (7.1.1) 式. 同理可证 (7.1.2) 式. □

定理 7.1.2 设 A, B 是数域 $\mathbb{K}$ 上的矩阵, 则 A 与 B 相似的充分必要条件是 λ-矩阵 $\lambda I-A$ 与 $\lambda I-B$ 相抵.

证明 若 A 与 B 相似, 则存在 $\mathbb{K}$ 上的非异阵 P, 使 $B=P^{-1}AP$, 于是

$$P^{-1}(\lambda I-A)P=\lambda I-P^{-1}AP=\lambda I-B. \tag{7.1.4}$$

把 P 看成是常数 λ-矩阵, 上式表明 $\lambda I-A$ 与 $\lambda I-B$ 相抵.

反过来, 若 $\lambda I-A$ 与 $\lambda I-B$ 相抵, 即存在 $M(\lambda)$ 及 $N(\lambda)$, 使

$$M(\lambda)(\lambda I-A)N(\lambda)=\lambda I-B, \tag{7.1.5}$$

其中 $M(\lambda)$ 与 $N(\lambda)$ 都是有限个初等矩阵之积, 因而都是可逆阵. 因此可将 (7.1.5) 式写为

$$M(\lambda)(\lambda I-A)=(\lambda I-B)N(\lambda)^{-1}, \tag{7.1.6}$$

由引理 7.1.1 可设

$$M(\lambda)=(\lambda I-B)Q(\lambda)+R, \tag{7.1.7}$$

代入 (7.1.6) 式经整理得

$$R(\lambda I-A)=(\lambda I-B)\Big[N(\lambda)^{-1}-Q(\lambda)(\lambda I-A)\Big]. \tag{7.1.8}$$

上式左边是次数小于等于 1 的矩阵多项式, 因此上式右边中括号内的矩阵多项式的次数必须小于等于零, 也即必是一个常数矩阵, 设为 P. 于是

$$R(\lambda I-A)=(\lambda I-B)P. \tag{7.1.9}$$

(7.1.9) 式又可整理为

$$(R-P)\lambda=RA-BP.$$

再次比较次数得 $R=P$, $RA=BP$. 现只需证明 P 是一个非异阵即可. 由假设

$$P=N(\lambda)^{-1}-Q(\lambda)(\lambda I-A),$$

将上式两边右乘 $N(\lambda)$ 并移项得

$$PN(\lambda)+Q(\lambda)(\lambda I-A)N(\lambda)=I.$$

但
$$(\lambda \boldsymbol{I}-\boldsymbol{A})\boldsymbol{N}(\lambda)=\boldsymbol{M}(\lambda)^{-1}(\lambda \boldsymbol{I}-\boldsymbol{B}),$$
因此
$$\boldsymbol{P}\boldsymbol{N}(\lambda)+\boldsymbol{Q}(\lambda)\boldsymbol{M}(\lambda)^{-1}(\lambda \boldsymbol{I}-\boldsymbol{B})=\boldsymbol{I}. \tag{7.1.10}$$
再由引理 7.1.1 可设
$$\boldsymbol{N}(\lambda)=\boldsymbol{S}(\lambda)(\lambda \boldsymbol{I}-\boldsymbol{B})+\boldsymbol{T},$$
代入 (7.1.10) 式并整理得
$$\left[\boldsymbol{P}\boldsymbol{S}(\lambda)+\boldsymbol{Q}(\lambda)\boldsymbol{M}(\lambda)^{-1}\right](\lambda \boldsymbol{I}-\boldsymbol{B})=\boldsymbol{I}-\boldsymbol{P}\boldsymbol{T}.$$
上式右边是次数小于等于零的矩阵多项式, 因此上式左边中括号内的矩阵多项式必须为零, 从而 $\boldsymbol{PT}=\boldsymbol{I}$, 即 $\boldsymbol{P}$ 是非异阵. □

习 题 7.1

1. 设 $\boldsymbol{M}(\lambda)$ 是 λ–矩阵且可写为
$$\boldsymbol{M}(\lambda)=\boldsymbol{M}_m\lambda^m+\boldsymbol{M}_{m-1}\lambda^{m-1}+\cdots+\boldsymbol{M}_0.$$
求证: 若 $\boldsymbol{M}(\lambda)$ 是可逆 λ–矩阵, 则 $\boldsymbol{M}_0$ 是非异阵.

2. 证明引理 7.1.1 中的余式 $\boldsymbol{R}$ 及 $\boldsymbol{T}$ 是唯一确定的, $\boldsymbol{Q}(\lambda)$ 与 $\boldsymbol{S}(\lambda)$ 也唯一确定.

3. 设 $\boldsymbol{A},\boldsymbol{B}$ 是数域 $\mathbb{K}$ 上的 n 阶矩阵, 求证: 它们的特征矩阵 $\lambda\boldsymbol{I}_n-\boldsymbol{A}$ 和 $\lambda\boldsymbol{I}_n-\boldsymbol{B}$ 相抵的充分必要条件是存在同阶矩阵 $\boldsymbol{P}$ 和 $\boldsymbol{Q}$, 使 $\boldsymbol{A}=\boldsymbol{PQ}$, $\boldsymbol{B}=\boldsymbol{QP}$, 且 $\boldsymbol{P}$ 及 $\boldsymbol{Q}$ 中至少有一个是可逆阵.

4. 设 $\boldsymbol{A},\boldsymbol{B}$ 是数域 $\mathbb{K}$ 上的 n 阶矩阵, $\lambda\boldsymbol{I}_n-\boldsymbol{A}$ 相抵于 $\mathrm{diag}\{f_1(\lambda),f_2(\lambda),\cdots,f_n(\lambda)\}$, $\lambda\boldsymbol{I}_n-\boldsymbol{B}$ 相抵于 $\mathrm{diag}\{f_{i_1}(\lambda),f_{i_2}(\lambda),\cdots,f_{i_n}(\lambda)\}$, 其中 $f_{i_1}(\lambda),f_{i_2}(\lambda),\cdots,f_{i_n}(\lambda)$ 是 $f_1(\lambda),f_2(\lambda),\cdots,f_n(\lambda)$ 的一个排列. 求证: $\boldsymbol{A}$ 与 $\boldsymbol{B}$ 相似.

§ 7.2 矩阵的法式

在上一节中, 我们把矩阵的相似归结为 λ–矩阵的相抵. 现在我们来求 λ–矩阵的相抵标准型. 我们自然地希望任一 λ–矩阵相抵于一个对角 λ–矩阵.

引理 7.2.1 设 $\boldsymbol{A}(\lambda)=(a_{ij}(\lambda))_{m\times n}$ 是任一非零 λ-矩阵, 则 $\boldsymbol{A}(\lambda)$ 必相抵于这样的一个 λ-矩阵 $\boldsymbol{B}(\lambda)=(b_{ij}(\lambda))_{m\times n}$, 其中 $b_{11}(\lambda)\neq 0$ 且 $b_{11}(\lambda)$ 可整除 $\boldsymbol{B}(\lambda)$ 中的任一元素 $b_{ij}(\lambda)$.

证明 设 $k=\min\{\deg a_{ij}(\lambda)\mid a_{ij}(\lambda)\neq 0,\ 1\le i\le m;\ 1\le j\le n\}$, 我们对 k 用数学归纳法. 首先, 经行对换及列对换可将 $\boldsymbol{A}(\lambda)$ 的第 (1,1) 元素变成次数最低的非零多项式, 因此不妨设 $a_{11}(\lambda)\neq 0$ 且 $\deg a_{11}(\lambda)=k$. 若 $k=0$, 则 $a_{11}(\lambda)$ 是一个非零常数, 结论显然成立. 假设对非零元素次数的最小值小于 k 的任一 λ-矩阵, 引理的结论成立, 现考虑非零元素次数的最小值等于 k 的 λ-矩阵 $\boldsymbol{A}(\lambda)$. 若 $a_{11}(\lambda)$ 可整除所有的 $a_{ij}(\lambda)$, 则结论已成立. 若否, 设在第一列中有元素 $a_{i1}(\lambda)$ 不能被 $a_{11}(\lambda)$ 整除, 作带余除法:

$$a_{i1}(\lambda)=a_{11}(\lambda)q(\lambda)+r(\lambda).$$

用 $-q(\lambda)$ 乘以第一行加到第 i 行上, 第 $(i,1)$ 元素就变为 $r(\lambda)$. 注意到 $r(\lambda)\neq 0$ 且 $\deg r(\lambda)<\deg a_{11}(\lambda)=k$, 由归纳假设即知结论成立.

同样的方法可施于第一行. 因此我们不妨设 $a_{11}(\lambda)$ 可整除第一行及第一列. 这时, 设 $a_{21}(\lambda)=a_{11}(\lambda)g(\lambda)$. 将第一行乘以 $-g(\lambda)$ 加到第二行上, 则第 $(2,1)$ 元素变为零. 用同样的方法可消去第一行、第一列除 $a_{11}(\lambda)$ 以外的所有元素, 于是 $\boldsymbol{A}(\lambda)$ 经初等变换后变成下列形状:

$$\begin{pmatrix} a_{11}(\lambda) & 0 & \cdots & 0 \\ 0 & a'_{22}(\lambda) & \cdots & a'_{2n}(\lambda) \\ \vdots & \vdots & & \vdots \\ 0 & a'_{m2}(\lambda) & \cdots & a'_{mn}(\lambda) \end{pmatrix}. \tag{7.2.1}$$

这时, 若 $a_{11}(\lambda)$ 可整除所有其他元素, 则结论已成立. 若否, 比如 $a_{11}(\lambda)$ 不能整除 $a'_{ij}(\lambda)$, 则将第 i 行加到第一行上去, 这时在第一行又出现了一元素 $a'_{ij}(\lambda)$, 它不能被 $a_{11}(\lambda)$ 整除. 重复上面的做法, 通过归纳假设即可得到结论. □

定理 7.2.1 设 $\boldsymbol{A}(\lambda)$ 是一个 n 阶 λ-矩阵, 则 $\boldsymbol{A}(\lambda)$ 相抵于对角阵

$$\operatorname{diag}\{d_1(\lambda),d_2(\lambda),\cdots,d_r(\lambda);0,\cdots,0\}, \tag{7.2.2}$$

其中 $d_i(\lambda)$ 是非零首一多项式且 $d_i(\lambda)\mid d_{i+1}(\lambda)\,(i=1,2,\cdots,r-1)$.

证明 对 n 用数学归纳法, 当 $n=1$ 时结论显然, 现设 $\boldsymbol{A}(\lambda)$ 是 n 阶 λ-矩阵. 由引理可知 $\boldsymbol{A}(\lambda)$ 相抵于 n 阶 λ-矩阵 $\boldsymbol{B}(\lambda)=(b_{ij}(\lambda))$, 其中 $b_{11}(\lambda)\mid b_{ij}(\lambda)$ 对一

切 i,j 成立. 因此, 将 $\boldsymbol{B}(\lambda)$ 的第一行乘以 λ 的某个多项式加到第二行上去便可消去 $b_{21}(\lambda)$. 同理可依次消去第一列除 $b_{11}(\lambda)$ 以外的所有元素. 再用类似方法消去第一行其余元素. 这样便得到了一个矩阵:

$$\begin{pmatrix} b_{11}(\lambda) & 0 & \cdots & 0 \\ 0 & b'_{22}(\lambda) & \cdots & b'_{2n}(\lambda) \\ \vdots & \vdots & & \vdots \\ 0 & b'_{n2}(\lambda) & \cdots & b'_{nn}(\lambda) \end{pmatrix}.$$

不难看出, 这时 $b_{11}(\lambda)$ 仍可整除所有的 $b'_{ij}(\lambda)$. 设 c 为 $b_{11}(\lambda)$ 的首项系数, 记 $d_1(\lambda)=c^{-1}b_{11}(\lambda)$, 设 $\overline{\boldsymbol{B}}(\lambda)$ 为上面的矩阵中右下方的 $n-1$ 阶 λ–矩阵, 则由归纳假设可知存在 $\boldsymbol{P}(\lambda)$ 及 $\boldsymbol{Q}(\lambda)$, 使

$$\boldsymbol{P}(\lambda)\overline{\boldsymbol{B}}(\lambda)\boldsymbol{Q}(\lambda)=\mathrm{diag}\{d_2(\lambda),\cdots,d_r(\lambda);0,\cdots,0\},$$

且 $d_i(\lambda)\mid d_{i+1}(\lambda)\,(i=2,\cdots,r-1)$, 其中 $\boldsymbol{P}(\lambda)$ 与 $\boldsymbol{Q}(\lambda)$ 可写成为有限个 $n-1$ 阶初等 λ–矩阵之积. 因此

$$\begin{pmatrix} 1 & \boldsymbol{O} \\ \boldsymbol{O} & \boldsymbol{P}(\lambda) \end{pmatrix}\begin{pmatrix} d_1(\lambda) & \boldsymbol{O} \\ \boldsymbol{O} & \overline{\boldsymbol{B}}(\lambda) \end{pmatrix}\begin{pmatrix} 1 & \boldsymbol{O} \\ \boldsymbol{O} & \boldsymbol{Q}(\lambda) \end{pmatrix}=\mathrm{diag}\{d_1(\lambda),d_2(\lambda),\cdots,d_r(\lambda);0,\cdots,0\},$$

且

$$\begin{pmatrix} 1 & \boldsymbol{O} \\ \boldsymbol{O} & \boldsymbol{P}(\lambda) \end{pmatrix},\quad \begin{pmatrix} 1 & \boldsymbol{O} \\ \boldsymbol{O} & \boldsymbol{Q}(\lambda) \end{pmatrix}$$

可写成有限个 n 阶初等 λ–矩阵之积. 于是只需证明 $d_1(\lambda)\mid d_2(\lambda)$ 即可. 但这点很容易看出, 事实上由于 $\overline{\boldsymbol{B}}(\lambda)$ 中的任一元素均可被 $d_1(\lambda)$ 整除, 因此 $\boldsymbol{P}(\lambda)\overline{\boldsymbol{B}}(\lambda)\boldsymbol{Q}(\lambda)$ 中的任一元素也可被 $d_1(\lambda)$ 整除, 这就证明了定理. □

注 我们上面对 n 阶 λ–矩阵证明了它必相抵于一个对角阵. 事实上, 对长方 λ–矩阵, 结论也同样成立, 证明也类似. (7.2.2) 式中的 r 通常称为 $\boldsymbol{A}(\lambda)$ 的秩. 但要注意即使某个 n 阶 λ–矩阵的秩等于 n, 它也未必是可逆 λ–矩阵.

推论 7.2.1 任一 n 阶可逆 λ–矩阵都可表示为有限个初等 λ–矩阵之积.

证明 由上述定理, 存在 $\boldsymbol{P}(\lambda)$, $\boldsymbol{Q}(\lambda)$, 使可逆阵 $\boldsymbol{A}(\lambda)$ 适合

$$\boldsymbol{P}(\lambda)\boldsymbol{A}(\lambda)\boldsymbol{Q}(\lambda)=\mathrm{diag}\{d_1(\lambda),d_2(\lambda),\cdots,d_r(\lambda);0,\cdots,0\},$$

其中 $\boldsymbol{P}(\lambda)$, $\boldsymbol{Q}(\lambda)$ 为有限个初等 λ–矩阵之积. 因为上式左边是个可逆阵, 故右边的矩阵也可逆, 从而 $r=n$. 注意一个对角 λ–矩阵要可逆必须 $d_1(\lambda),d_2(\lambda),\cdots,d_n(\lambda)$

皆为非零常数, 又它们都是首一多项式, 故只能是 $d_1(\lambda) = d_2(\lambda) = \cdots = d_n(\lambda) = 1$, 于是

$$\boldsymbol{A}(\lambda) = \boldsymbol{P}(\lambda)^{-1}\boldsymbol{Q}(\lambda)^{-1}.$$

因为初等 λ–矩阵的逆仍是初等 λ–矩阵, 故 $\boldsymbol{P}(\lambda)^{-1}$ 与 $\boldsymbol{Q}(\lambda)^{-1}$ 都是有限个初等 λ–矩阵之积, 从而 $\boldsymbol{A}(\lambda)$ 也是有限个初等 λ–矩阵之积. □

推论 7.2.2 设 $\boldsymbol{A}$ 是数域 $\mathbb{K}$ 上的 n 阶矩阵, 则 $\boldsymbol{A}$ 的特征矩阵 $\lambda\boldsymbol{I}_n - \boldsymbol{A}$ 必相抵于

$$\mathrm{diag}\{1, \cdots, 1, d_1(\lambda), \cdots, d_m(\lambda)\}, \tag{7.2.3}$$

其中 $d_i(\lambda)|d_{i+1}(\lambda)\,(i = 1, 2, \cdots, m-1)$.

证明　由上述定理, 存在 $\boldsymbol{P}(\lambda), \boldsymbol{Q}(\lambda)$, 使

$$\boldsymbol{P}(\lambda)(\lambda\boldsymbol{I}_n - \boldsymbol{A})\boldsymbol{Q}(\lambda) = \mathrm{diag}\{d_1(\lambda), d_2(\lambda), \cdots, d_r(\lambda); 0, \cdots, 0\},$$

其中 $\boldsymbol{P}(\lambda), \boldsymbol{Q}(\lambda)$ 为有限个初等 λ–矩阵之积. 根据 λ–矩阵初等变换的定义以及行列式的性质可得, 上式左边的行列式等于 $c|\lambda\boldsymbol{I}_n - \boldsymbol{A}|$, 其中 c 是一个非零常数, 从而上式右边的行列式不为零, 故 $r = n$. 把 $d_i(\lambda)$ 中的常数多项式写出来 (因是首一多项式, 故为常数 1), 即得结论. □

定义 7.2.1 称 (7.2.2) 式中的对角 λ–矩阵为 $\boldsymbol{A}(\lambda)$ 的法式或相抵标准型.

例 7.2.1 求 $\lambda\boldsymbol{I} - \boldsymbol{A}$ 的法式, 其中

$$\boldsymbol{A} = \begin{pmatrix} 0 & 1 & -1 \\ 3 & -2 & 0 \\ -1 & 1 & -1 \end{pmatrix}.$$

解

$$\lambda\boldsymbol{I} - \boldsymbol{A} = \begin{pmatrix} \lambda & -1 & 1 \\ -3 & \lambda+2 & 0 \\ 1 & -1 & \lambda+1 \end{pmatrix} \xrightarrow{\text{交换第 1, 3 行}} \begin{pmatrix} 1 & -1 & \lambda+1 \\ -3 & \lambda+2 & 0 \\ \lambda & -1 & 1 \end{pmatrix}\ \text{(第 1 行乘 } (-\lambda) \text{ 加到第 3 行, 乘 } (3) \text{ 加到第 2 行)}$$

$$\to \begin{pmatrix} 1 & -1 & \lambda+1 \\ 0 & \lambda-1 & 3\lambda+3 \\ 0 & \lambda-1 & -\lambda^2-\lambda+1 \end{pmatrix} \to \begin{pmatrix} 1 & 0 & 0 \\ 0 & \lambda-1 & 3\lambda+3 \\ 0 & \lambda-1 & -\lambda^2-\lambda+1 \end{pmatrix}\ \text{(第 1 列乘 } (-3) \text{ 加到第 3 列)}$$

$$\to \begin{pmatrix} 1 & 0 & 0 \\ 0 & \lambda-1 & 6 \\ 0 & \lambda-1 & -\lambda^2-4\lambda+4 \end{pmatrix} \to \begin{pmatrix} 1 & 0 & 0 \\ 0 & 6 & \lambda-1 \\ 0 & -\lambda^2-4\lambda+4 & \lambda-1 \end{pmatrix}$$

$$\to \begin{pmatrix} 1 & 0 & 0 \\ 0 & 6 & 6(\lambda-1) \\ 0 & -\lambda^2-4\lambda+4 & 6(\lambda-1) \end{pmatrix} \to \begin{pmatrix} 1 & 0 & 0 \\ 0 & 6 & 0 \\ 0 & -\lambda^2-4\lambda+4 & (\lambda-1)(\lambda^2+4\lambda+2) \end{pmatrix}$$

$$\to \begin{pmatrix} 1 & 0 & 0 \\ 0 & 1 & 0 \\ 0 & -\lambda^2-4\lambda+4 & (\lambda-1)(\lambda^2+4\lambda+2) \end{pmatrix} \to \begin{pmatrix} 1 & 0 & 0 \\ 0 & 1 & 0 \\ 0 & 0 & (\lambda-1)(\lambda^2+4\lambda+2) \end{pmatrix}.$$

习　题　7.2

1. 试求 $\lambda \boldsymbol{I}-\boldsymbol{A}$ 的法式, 其中 $\boldsymbol{A}$ 为

(1) $\boldsymbol{A}=\begin{pmatrix} 1 & 2 & -1 \\ 0 & 1 & 1 \\ 0 & 0 & -2 \end{pmatrix}$;　(2) $\boldsymbol{A}=\begin{pmatrix} -3 & 1 & 1 \\ -3 & 0 & 2 \\ -2 & 1 & 0 \end{pmatrix}$;　(3) $\boldsymbol{A}=\begin{pmatrix} 0 & 1 & 1 \\ 0 & 1 & 0 \\ -1 & 1 & 2 \end{pmatrix}$.

2. 用初等变换化 λ–矩阵为对角阵且适合定理 7.2.1 的要求:

(1) $\boldsymbol{A}(\lambda)=\begin{pmatrix} 1-\lambda & 2\lambda-1 & \lambda \\ \lambda & \lambda^2 & -\lambda \\ 1+\lambda^2 & \lambda^2+\lambda-1 & -\lambda^2 \end{pmatrix}$;

(2) $\boldsymbol{A}(\lambda)=\begin{pmatrix} 0 & 0 & 0 & \lambda^2 \\ 0 & 0 & \lambda^2-\lambda & 0 \\ 0 & (\lambda-1)^2 & 0 & 0 \\ \lambda^2-\lambda & 0 & 0 & 0 \end{pmatrix}$.

3. 设 $f(\lambda), g(\lambda)$ 是数域 $\mathbb{K}$ 上的首一多项式, $d(\lambda)=(f(\lambda),g(\lambda))$, $m(\lambda)=[f(\lambda),g(\lambda)]$ 分别是 $f(\lambda),g(\lambda)$ 的最大公因式和最小公倍式, 证明下列 3 个 λ–矩阵相抵:

$$\begin{pmatrix} f(\lambda) & 0 \\ 0 & g(\lambda) \end{pmatrix}, \quad \begin{pmatrix} g(\lambda) & 0 \\ 0 & f(\lambda) \end{pmatrix}, \quad \begin{pmatrix} d(\lambda) & 0 \\ 0 & m(\lambda) \end{pmatrix}.$$

4. 求证: n 阶 λ–矩阵为可逆阵的充分必要条件是它的行列式为非零常数.

5. 设 $\lambda \boldsymbol{I}-\boldsymbol{A}$ 的法式为 $\mathrm{diag}\{1,\cdots,1,d_1(\lambda),\cdots,d_m(\lambda)\}$, 求证: $\boldsymbol{A}$ 的特征多项式

$$|\lambda \boldsymbol{I}-\boldsymbol{A}|=d_1(\lambda)\cdots d_m(\lambda).$$

§ 7.3 不变因子

在上一节中我们证明了任一 λ–矩阵均相抵于一对角 λ–矩阵. 因此, 如果两个 n 阶 λ–矩阵的法式相同, 则它们必相抵. 现在要问反过来的问题, 即如果两个 λ–矩阵的法式不相同, 是否它们必不相抵? 假如我们能证明这一点, 那么我们就找到了 λ–矩阵相抵关系的全系不变量, 即 r 个首一多项式序列:

$$d_1(\lambda), d_2(\lambda), \cdots, d_r(\lambda) \tag{7.3.1}$$

适合 $d_i(\lambda) \mid d_{i+1}(\lambda)\,(i = 1, \cdots, r-1)$. 为了证明这一点, 我们只要证明 (7.3.1) 式中的多项式在相抵关系下具有不变性就可以了. 为此, 我们需引进行列式因子的概念.

定义 7.3.1 设 $\boldsymbol{A}(\lambda)$ 是 n 阶 λ–矩阵, k 是小于等于 n 的正整数. 如果 $\boldsymbol{A}(\lambda)$ 有一个 k 阶子式不为零, 则定义 $\boldsymbol{A}(\lambda)$ 的 k 阶行列式因子 $D_k(\lambda)$ 为 $\boldsymbol{A}(\lambda)$ 的所有 k 阶子式的最大公因式 (首一多项式). 如果 $\boldsymbol{A}(\lambda)$ 的所有 k 阶子式都等于零, 则定义 $\boldsymbol{A}(\lambda)$ 的 k 阶行列式因子 $D_k(\lambda)$ 为零.

例 7.3.1 求下列矩阵的行列式因子:

$$\boldsymbol{A}(\lambda) = \begin{pmatrix} d_1(\lambda) & & & & & \\ & \ddots & & & & \\ & & d_r(\lambda) & & & \\ & & & 0 & & \\ & & & & \ddots & \\ & & & & & 0 \end{pmatrix},$$

其中 $d_i(\lambda)$ 为非零首一多项式且 $d_i(\lambda) \mid d_{i+1}(\lambda)\,(i = 1, 2, \cdots, r-1)$.

解 $\boldsymbol{A}(\lambda)$ 的非零行列式因子为

$$D_1(\lambda) = d_1(\lambda),\quad D_2(\lambda) = d_1(\lambda)d_2(\lambda),\quad \cdots,\quad D_r(\lambda) = d_1(\lambda)d_2(\lambda)\cdots d_r(\lambda).$$

引理 7.3.1 设 $D_1(\lambda), D_2(\lambda), \cdots, D_r(\lambda)$ 是 $\boldsymbol{A}(\lambda)$ 的非零行列式因子, 则

$$D_i(\lambda) \mid D_{i+1}(\lambda),\quad i = 1, 2, \cdots, r-1.$$

证明 设 A_{i+1} 是 $\boldsymbol{A}(\lambda)$ 的任一 $i+1$ 阶子式, 即在 $\boldsymbol{A}(\lambda)$ 中任意取出 $i+1$ 行及 $i+1$ 列组成的行列式. 将这个行列式按某一行展开, 则它的每一个展开项都是

一个多项式与一个 i 阶子式的乘积. 由于 $D_i(\lambda)$ 是所有 i 阶子式的公因子, 因此 $D_i(\lambda)\mid A_{i+1}$. 而 $D_{i+1}(\lambda)$ 是所有 $i+1$ 阶子式的最大公因子, 因此 $D_i(\lambda)\mid D_{i+1}(\lambda)$ 对一切 $i=1,2,\cdots,r-1$ 成立. □

定义 7.3.2 设 $D_1(\lambda),D_2(\lambda),\cdots,D_r(\lambda)$ 是 λ–矩阵 $\boldsymbol{A}(\lambda)$ 的非零行列式因子, 则 $g_1(\lambda)=D_1(\lambda)$, $g_2(\lambda)=D_2(\lambda)/D_1(\lambda)$, $\cdots$, $g_r(\lambda)=D_r(\lambda)/D_{r-1}(\lambda)$ 称为 $\boldsymbol{A}(\lambda)$ 的不变因子.

例 7.3.1 中矩阵的不变因子为

$$d_1(\lambda),\ d_2(\lambda),\ \cdots,\ d_r(\lambda).$$

定理 7.3.1 相抵的 λ–矩阵有相同的行列式因子, 从而有相同的不变因子.

证明 我们只需证明行列式因子在三类初等变换下不改变就可以了. 对第一类初等变换, 交换 λ–矩阵 $\boldsymbol{A}(\lambda)$ 的任意两行 (列), 显然 $\boldsymbol{A}(\lambda)$ 的 i 阶子式最多改变一个符号, 因此行列式因子不改变.

对第二类初等变换, $\boldsymbol{A}(\lambda)$ 的 i 阶子式与变换后矩阵的 i 阶子式最多差一个非零常数, 因此行列式因子也不改变.

对第三类初等变换, 记变换后的矩阵为 $\boldsymbol{B}(\lambda)$, 则 $\boldsymbol{B}(\lambda)$ 与 $\boldsymbol{A}(\lambda)$ 的 i 阶子式可能出现以下 3 种情形: 子式完全相同; $\boldsymbol{B}(\lambda)$ 子式中的某一行 (列) 等于 $\boldsymbol{A}(\lambda)$ 中相应子式的同一行 (列) 加上该子式中某一行 (列) 与某个多项式之积; $\boldsymbol{B}(\lambda)$ 子式中的某一行 (列) 等于 $\boldsymbol{A}(\lambda)$ 中相应子式的同一行 (列) 加上不在该子式中的某一行 (列) 与某个多项式之积. 在前面两种情形, 行列式的值不改变, 因此不影响行列式因子. 现在来讨论第三种情形. 设 B_i 为 $\boldsymbol{B}(\lambda)$ 的 i 阶子式, 相应的 $\boldsymbol{A}(\lambda)$ 的 i 阶子式记为 A_i, 则由行列式的性质得

$$B_i=A_i+f(\lambda)\widetilde{A}_i, \tag{7.3.2}$$

其中 $\widetilde{A}_i$ 由 $\boldsymbol{A}(\lambda)$ 中的 i 行与 i 列组成, 因此它与 $\boldsymbol{A}(\lambda)$ 的某个 i 阶子式最多差一个符号. $f(\lambda)$ 是乘以某一行 (列) 的那个多项式, 于是 $\boldsymbol{A}(\lambda)$ 的行列式因子 $D_i(\lambda)\mid A_i$, $D_i(\lambda)\mid\widetilde{A}_i$, 故 $D_i(\lambda)\mid B_i$. 这说明, $D_i(\lambda)$ 可整除 $\boldsymbol{B}(\lambda)$ 的所有 i 阶子式, 因此 $D_i(\lambda)$ 可整除 $\boldsymbol{B}(\lambda)$ 的 i 阶行列式因子 $\widetilde{D}_i(\lambda)$. 但 $\boldsymbol{B}(\lambda)$ 也可用第三类初等变换变成 $\boldsymbol{A}(\lambda)$, 于是 $\widetilde{D}_i(\lambda)\mid D_i(\lambda)$. 由于 $D_i(\lambda)$ 及 $\widetilde{D}_i(\lambda)$ 都是首一多项式, 因此必有 $D_i(\lambda)=\widetilde{D}_i(\lambda)$. □

推论 7.3.1 设 n 阶 λ–矩阵 $\boldsymbol{A}(\lambda)$ 的法式为

$$\boldsymbol{\Lambda}=\operatorname{diag}\{d_1(\lambda),d_2(\lambda),\cdots,d_r(\lambda);0,\cdots,0\},$$

其中 $d_i(\lambda)$ 是非零首一多项式且 $d_i(\lambda) \mid d_{i+1}(\lambda)\,(i=1,2,\cdots,r-1)$, 则 $\boldsymbol{A}(\lambda)$ 的不变因子为 $d_1(\lambda),d_2(\lambda),\cdots,d_r(\lambda)$. 特别, 法式和不变因子之间相互唯一确定.

证明 由定理 7.3.1, $\boldsymbol{A}(\lambda)$ 与 $\boldsymbol{\Lambda}$ 有相同的不变因子. 再由例 7.3.1, $\boldsymbol{\Lambda}$ 的不变因子为 $d_1(\lambda),d_2(\lambda),\cdots,d_r(\lambda)$, 从而它们也是 $\boldsymbol{A}(\lambda)$ 的不变因子. □

推论 7.3.2 设 $\boldsymbol{A}(\lambda)$, $\boldsymbol{B}(\lambda)$ 为 n 阶 λ–矩阵, 则 $\boldsymbol{A}(\lambda)$ 与 $\boldsymbol{B}(\lambda)$ 相抵当且仅当它们有相同的法式.

证明 若 $\boldsymbol{A}(\lambda)$ 与 $\boldsymbol{B}(\lambda)$ 有相同的法式, 显然它们相抵. 若 $\boldsymbol{A}(\lambda)$ 与 $\boldsymbol{B}(\lambda)$ 相抵, 由定理 7.3.1 知 $\boldsymbol{A}(\lambda)$ 与 $\boldsymbol{B}(\lambda)$ 有相同的不变因子, 从而有相同的法式. □

推论 7.3.3 n 阶 λ–矩阵 $\boldsymbol{A}(\lambda)$ 的法式与初等变换的选取无关.

证明 设 $\boldsymbol{\Lambda}_1,\boldsymbol{\Lambda}_2$ 是 $\boldsymbol{A}(\lambda)$ 通过不同的初等变换得到的两个法式, 则 $\boldsymbol{\Lambda}_1$ 与 $\boldsymbol{\Lambda}_2$ 相抵, 由推论 7.3.2 可得 $\boldsymbol{\Lambda}_1=\boldsymbol{\Lambda}_2$. □

定理 7.3.2 数域 $\mathbb{K}$ 上 n 阶矩阵 $\boldsymbol{A}$ 与 $\boldsymbol{B}$ 相似的充分必要条件是它们的特征矩阵 $\lambda\boldsymbol{I}-\boldsymbol{A}$ 与 $\lambda\boldsymbol{I}-\boldsymbol{B}$ 具有相同的行列式因子或不变因子.

证明 显然不变因子与行列式因子之间相互唯一确定. 再由定理 7.1.2、推论 7.3.1 及推论 7.3.2 即得结论. □

以后特征矩阵 $\lambda\boldsymbol{I}-\boldsymbol{A}$ 的行列式因子和不变因子均简称为 $\boldsymbol{A}$ 的行列式因子和不变因子.

推论 7.3.4 设 $\mathbb{F}\subseteq\mathbb{K}$ 是两个数域, $\boldsymbol{A},\boldsymbol{B}$ 是 $\mathbb{F}$ 上的两个矩阵, 则 $\boldsymbol{A}$ 与 $\boldsymbol{B}$ 在 $\mathbb{F}$ 上相似的充分必要条件是它们在 $\mathbb{K}$ 上相似.

证明 若 $\boldsymbol{A}$ 与 $\boldsymbol{B}$ 在 $\mathbb{F}$ 上相似, 由于 $\mathbb{F}\subseteq\mathbb{K}$, 它们当然在 $\mathbb{K}$ 上也相似. 反之, 若 $\boldsymbol{A}$ 与 $\boldsymbol{B}$ 在 $\mathbb{K}$ 上相似, 则 $\lambda\boldsymbol{I}-\boldsymbol{A}$ 与 $\lambda\boldsymbol{I}-\boldsymbol{B}$ 在 $\mathbb{K}$ 上有相同的不变因子, 也就是说它们有相同的法式. 由推论 7.3.3 可知, 求法式与初等变换的选取无关. 注意到 $\lambda\boldsymbol{I}-\boldsymbol{A}$ 与 $\lambda\boldsymbol{I}-\boldsymbol{B}$ 是数域 $\mathbb{F}$ 上的 λ–矩阵, 故可用 $\mathbb{F}$ 上 λ–矩阵的初等变换就能将它们变成法式, 其中只涉及 $\mathbb{F}$ 中数的加、减、乘、除运算以及 $\mathbb{F}$ 上的多项式的加、减、乘、数乘运算, 最后得到法式中的不变因子 $d_i(\lambda)$ 仍是 $\mathbb{F}$ 上的多项式. 这就是说存在 $\mathbb{F}$ 上的可逆 λ–矩阵 $\boldsymbol{P}(\lambda)$, $\boldsymbol{Q}(\lambda)$, $\boldsymbol{M}(\lambda)$, $\boldsymbol{N}(\lambda)$, 使

$$\boldsymbol{P}(\lambda)(\lambda\boldsymbol{I}-\boldsymbol{A})\boldsymbol{Q}(\lambda)=\boldsymbol{M}(\lambda)(\lambda\boldsymbol{I}-\boldsymbol{B})\boldsymbol{N}(\lambda)=\mathrm{diag}\{d_1(\lambda),\cdots,d_n(\lambda)\},$$

从而

$$M(\lambda)^{-1}P(\lambda)(\lambda I-A)Q(\lambda)N(\lambda)^{-1}=\lambda I-B,$$

即 $\lambda I-A$ 与 $\lambda I-B$ 在 $\mathbb{F}$ 上相抵, 由定理 7.1.2 可得 A 与 B 在 $\mathbb{F}$ 上相似. □

推论 7.3.4 告诉我们: 矩阵的相似关系在基域扩张下不变. 事实上, 推论 7.3.4 的证明过程也说明: 矩阵的不变因子在基域扩张下也不变.

习 题 7.3

1. 求下列矩阵的行列式因子与不变因子:

(1) $\begin{pmatrix}1&2&0\\0&2&0\\-2&-2&1\end{pmatrix}$; (2) $\begin{pmatrix}4&5&-2\\-2&-2&1\\-1&-1&1\end{pmatrix}$; (3) $\begin{pmatrix}3&1&-1\\2&2&-1\\2&2&0\end{pmatrix}$.

2. 判断下列矩阵是否相似:

(1) $\begin{pmatrix}1&1&0\\0&1&0\\0&0&-1\end{pmatrix}$, $\begin{pmatrix}1&0&0\\0&0&1\\0&1&0\end{pmatrix}$;

(2) $\begin{pmatrix}3&2&2\\2&3&2\\-4&-4&-3\end{pmatrix}$, $\begin{pmatrix}0&1&1\\0&1&0\\-1&1&2\end{pmatrix}$;

(3) $\begin{pmatrix}2&-1&2\\5&-3&3\\-1&0&-2\end{pmatrix}$, $\begin{pmatrix}-3&1&1\\-3&0&2\\-2&1&0\end{pmatrix}$.

3. 求下列 n 阶上三角阵的行列式因子和不变因子:

$$\begin{pmatrix}a&1&1&\cdots&1\\0&a&1&\cdots&1\\0&0&a&\cdots&1\\\vdots&\vdots&\vdots&&\vdots\\0&0&0&\cdots&a\end{pmatrix}.$$

4. 证明: 任一 n 阶方阵 A 必与它的转置 A' 相似.

5. 设 A 是 n 阶方阵, 证明以下三个结论等价:

(1) $A=cI_n$, 其中 c 为常数;

(2) A 的 $n-1$ 阶行列式因子是一个 $n-1$ 次多项式;

(3) A 的不变因子组中无常数.

§ 7.4 有理标准型

利用矩阵的不变因子, 现在可以来构造所谓的“有理标准型”了. 我们的想法是寻找一个比较简单的矩阵, 使它与给定的矩阵有相同的不变因子. 由前面两节我们已经知道, 矩阵 $\boldsymbol{A}$ 的特征矩阵 $\lambda\boldsymbol{I}-\boldsymbol{A}$ 的法式为

$$\operatorname{diag}\{1,\cdots,1,d_1(\lambda),\cdots,d_k(\lambda)\},$$

其中 $d_i(\lambda)$ 为非常数首一多项式且 $d_i(\lambda)\mid d_{i+1}(\lambda)\,(i=1,2,\cdots,k-1)$, 则 $\boldsymbol{A}$ 的不变因子就是

$$1,\cdots,1,d_1(\lambda),\cdots,d_k(\lambda).$$

引理 7.4.1 设 r 阶矩阵

$$\boldsymbol{F}=\begin{pmatrix}0&1&0&\cdots&0\\0&0&1&\cdots&0\\\vdots&\vdots&\vdots&&\vdots\\0&0&0&\cdots&1\\-a_r&-a_{r-1}&-a_{r-2}&\cdots&-a_1\end{pmatrix},$$

则

(1) $\boldsymbol{F}$ 的行列式因子为

$$1,\cdots,1,f(\lambda),\tag{7.4.1}$$

其中共有 $r-1$ 个 1, $f(\lambda)=\lambda^r+a_1\lambda^{r-1}+\cdots+a_r$, $\boldsymbol{F}$ 的不变因子也由 (7.4.1) 式给出;

(2) $\boldsymbol{F}$ 的极小多项式等于 $f(\lambda)$.

证明 (1) $\boldsymbol{F}$ 的 r 阶行列式因子就是它的特征多项式, 由例 1.5.7 得

$$|\lambda\boldsymbol{I}-\boldsymbol{F}|=\lambda^r+a_1\lambda^{r-1}+\cdots+a_r.$$

对任一 $k<r$, $\lambda\boldsymbol{I}-\boldsymbol{F}$ 总有一个 k 阶子式其值等于 $(-1)^k$, 故 $D_k(\lambda)=1$.

(2) 因为 $\boldsymbol{F}$ 的特征多项式为 $f(\lambda)$, 所以 $\boldsymbol{F}$ 适合多项式 $f(\lambda)$. 设 $\boldsymbol{e}_i\,(i=1,2,\cdots,r)$ 是 r 维标准单位行向量, 则不难算出:

$$\boldsymbol{e}_1\boldsymbol{F}=\boldsymbol{e}_2,\quad \boldsymbol{e}_1\boldsymbol{F}^2=\boldsymbol{e}_3,\quad \cdots,\quad \boldsymbol{e}_1\boldsymbol{F}^{r-1}=\boldsymbol{e}_r.$$

显然, $\boldsymbol{e}_1,\boldsymbol{e}_1\boldsymbol{F},\cdots,\boldsymbol{e}_1\boldsymbol{F}^{r-1}$ 是一组线性无关的向量, 因此 $\boldsymbol{F}$ 不可能适合一个次数不超过 $r-1$ 的非零多项式, 从而 $\boldsymbol{F}$ 的极小多项式就是 $f(\lambda)$. □

引理 7.4.2 设 λ–矩阵 $\boldsymbol{A}(\lambda)$ 相抵于对角 λ–矩阵

$$\operatorname{diag}\{d_1(\lambda), d_2(\lambda), \cdots, d_n(\lambda)\}, \tag{7.4.2}$$

λ–矩阵 $\boldsymbol{B}(\lambda)$ 相抵于对角 λ–矩阵

$$\operatorname{diag}\{d_1'(\lambda), d_2'(\lambda), \cdots, d_n'(\lambda)\}, \tag{7.4.3}$$

且 $d_1'(\lambda), d_2'(\lambda), \cdots, d_n'(\lambda)$ 是 $d_1(\lambda), d_2(\lambda), \cdots, d_n(\lambda)$ 的一个置换 (即若不计次序, 这两组多项式完全相同), 则 $\boldsymbol{A}(\lambda)$ 相抵于 $\boldsymbol{B}(\lambda)$.

证明 利用行对换及列对换即可将 (7.4.2) 式变成 (7.4.3) 式, 因此 (7.4.2) 式所示的矩阵与 (7.4.3) 式所示的矩阵相抵, 从而 $\boldsymbol{A}(\lambda)$ 与 $\boldsymbol{B}(\lambda)$ 相抵. □

定理 7.4.1 设 $\boldsymbol{A}$ 是数域 $\mathbb{K}$ 上的 n 阶方阵, $\boldsymbol{A}$ 的不变因子组为

$$1, \cdots, 1, d_1(\lambda), \cdots, d_k(\lambda),$$

其中 $\deg d_i(\lambda) = m_i \geq 1$, 则 $\boldsymbol{A}$ 相似于下列分块对角阵:

$$\boldsymbol{F} = \begin{pmatrix} \boldsymbol{F}_1 & & & \\ & \boldsymbol{F}_2 & & \\ & & \ddots & \\ & & & \boldsymbol{F}_k \end{pmatrix}, \tag{7.4.4}$$

其中 $\boldsymbol{F}_i$ 的阶等于 m_i, 且 $\boldsymbol{F}_i$ 是形如引理 7.4.1 中的矩阵, $\boldsymbol{F}_i$ 的最后一行由 $d_i(\lambda)$ 的系数 (除首项系数之外) 的负值组成.

证明 注意到 $\lambda\boldsymbol{I} - \boldsymbol{A}$ 的第 n 个行列式因子就是 $\boldsymbol{A}$ 的特征多项式 $|\lambda\boldsymbol{I} - \boldsymbol{A}|$, 再由行列式因子的相抵不变性可知:

$$|\lambda\boldsymbol{I} - \boldsymbol{A}| = d_1(\lambda)d_2(\lambda)\cdots d_k(\lambda).$$

而 $|\lambda\boldsymbol{I} - \boldsymbol{A}|$ 是一个 n 次多项式, 因此 $m_1 + m_2 + \cdots + m_k = n$. 一方面, $\lambda\boldsymbol{I} - \boldsymbol{A}$ 的法式为

$$\operatorname{diag}\{1, \cdots, 1, d_1(\lambda), d_2(\lambda), \cdots, d_k(\lambda)\},$$

其中有 $n - k$ 个 1. 另一方面, 对 $\lambda\boldsymbol{I} - \boldsymbol{F}$ 的每个分块都施以 λ–矩阵的初等变换, 由引理 7.4.1 可知, $\lambda\boldsymbol{I} - \boldsymbol{F}$ 相抵于如下对角阵:

$$\operatorname{diag}\{1, \cdots, 1, d_1(\lambda); 1, \cdots, 1, d_2(\lambda); \cdots; 1, \cdots, 1, d_k(\lambda)\}, \tag{7.4.5}$$

其中每个 $d_i(\lambda)$ 前各有 m_i-1 个 1, 从而共有 $\sum\limits_{i=1}^{k}(m_i-1)=n-k$ 个 1. 因此 (7.4.5) 式所示的矩阵与 $\lambda\boldsymbol{I}-\boldsymbol{A}$ 的法式只相差主对角线上元素的置换, 由引理 7.4.2 可得 $\lambda\boldsymbol{I}-\boldsymbol{A}$ 与 $\lambda\boldsymbol{I}-\boldsymbol{F}$ 相抵, 从而 $\boldsymbol{A}$ 与 $\boldsymbol{F}$ 相似. □

定义 7.4.1　(7.4.4) 式称为矩阵 $\boldsymbol{A}$ 的有理标准型或 Frobenius 标准型, 每个 $\boldsymbol{F}_i$ 称为 Frobenius 块.

例 7.4.1　设 6 阶矩阵 $\boldsymbol{A}$ 的不变因子为

$$1,1,1,\lambda-1,(\lambda-1)^2,(\lambda-1)^2(\lambda+1),$$

则 $\boldsymbol{A}$ 的有理标准型为

$$\begin{pmatrix} 1 & & & & & \\ & 0 & 1 & & & \\ & -1 & 2 & & & \\ & & & 0 & 1 & 0 \\ & & & 0 & 0 & 1 \\ & & & -1 & 1 & 1 \end{pmatrix}.$$

在第六章第 3 节中我们定义了一个矩阵的极小多项式, 用有理标准型可以清楚地表明极小多项式与不变因子的关系.

定理 7.4.2　设数域 $\mathbb{K}$ 上的 n 阶矩阵 $\boldsymbol{A}$ 的不变因子为

$$1,\cdots,1,d_1(\lambda),\cdots,d_k(\lambda),$$

其中 $d_i(\lambda)\mid d_{i+1}(\lambda)\,(i=1,\cdots,k-1)$, 则 $\boldsymbol{A}$ 的极小多项式 $m(\lambda)=d_k(\lambda)$.

证明　设 $\boldsymbol{A}$ 的有理标准型为

$$\boldsymbol{F}=\begin{pmatrix} \boldsymbol{F}_1 & & & \\ & \boldsymbol{F}_2 & & \\ & & \ddots & \\ & & & \boldsymbol{F}_k \end{pmatrix}.$$

因为相似矩阵有相同的极小多项式, 故只需证明 $\boldsymbol{F}$ 的极小多项式是 $d_k(\lambda)$ 即可. 但 $\boldsymbol{F}$ 是分块对角阵, 由命题 6.3.3 知 $\boldsymbol{F}$ 的极小多项式是诸 $\boldsymbol{F}_i$ 极小多项式的最小公倍式. 又由引理 7.4.1 知 $\boldsymbol{F}_i$ 的极小多项式为 $d_i(\lambda)$. 因为 $d_i(\lambda)\mid d_{i+1}(\lambda)$, 故诸 $d_i(\lambda)$ 的最小公倍式等于 $d_k(\lambda)$. □

例 7.4.2 下面两个 4 阶矩阵

$$A=\begin{pmatrix}0&0&0&0\\0&0&0&0\\0&0&0&1\\0&0&0&0\end{pmatrix},\quad B=\begin{pmatrix}0&1&0&0\\0&0&0&0\\0&0&0&1\\0&0&0&0\end{pmatrix}$$

的不变因子分别为 $A:1,\lambda,\lambda,\lambda^2$ 和 $B:1,1,\lambda^2,\lambda^2$. 它们的特征多项式和极小多项式分别相等, 但它们不相似.

习 题 7.4

1. 根据下列不变因子组写出有理标准型:

(1) $1,1,\lambda,\lambda(\lambda+1)^2$;

(2) $1,1,1,(\lambda+1),(\lambda+1)^2,(\lambda+1)^3$.

2. 求下列矩阵的有理标准型:

(1) $\begin{pmatrix}1&1&1\\0&2&0\\-1&1&3\end{pmatrix}$; (2) $\begin{pmatrix}1&3&3\\3&1&3\\-3&-3&-5\end{pmatrix}$; (3) $\begin{pmatrix}3&-1&-1\\7&-2&-3\\3&-1&-1\end{pmatrix}$.

3. 若将有理标准型 $F=\mathrm{diag}\{F_1,F_2,\cdots,F_k\}$ 中任意两个 Frobenius 块 F_i 与 F_j 互换位置, 问: 所得的矩阵与 F 是否相似?

4. 例 7.4.2 说明特征多项式和极小多项式分别相等的两个矩阵可能不相似. 若矩阵的阶数不超过 3, 则特征多项式和极小多项式分别相等的两个矩阵是否仍有可能不相似?

5. 证明: n 阶矩阵 A 的特征多项式和极小多项式相等的充分必要条件是 λI_n-A 的行列式因子为 $1,\cdots,1,D_n(\lambda)$.

6. 设矩阵 A 的特征多项式和极小多项式相等, 矩阵 B 也具有这个性质, 又 A 和 B 的特征多项式相同, 问: A, B 是否必相似?

7. 若 k 是满足 $A^k=O$ 的最小正整数, 则称 A 为 k 次幂零阵, 请写出 A 的最后一个不变因子, 并证明: 所有 n 阶 n 次幂零阵彼此相似.

8. 若 n 阶矩阵 A 有 n 个不同的特征值, 求证: A 的特征多项式与极小多项式相等.

9. 设数域 $\mathbb{K}$ 上的 n 阶矩阵 A 的特征多项式 $f(\lambda)=P_1(\lambda)P_2(\lambda)\cdots P_k(\lambda)$, 其中 $P_i(\lambda)\,(i=1,\cdots,k)$ 是 $\mathbb{K}$ 上互异的首一不可约多项式. 求证: A 的有理标准型只有一个 Frobenius 块, 并且 A 在复数域上可对角化.

10. 设数域 $\mathbb{K}$ 上的 n 阶矩阵 $\boldsymbol{A}$ 的不变因子是 $1,\cdots,1,d_1(\lambda),\cdots,d_k(\lambda)$, 其中 $d_i(\lambda)$ 是非常数首一多项式, $d_i(\lambda)\mid d_{i+1}(\lambda)\,(i=1,\cdots,k-1)$. 求证: 对 $\boldsymbol{A}$ 的任一特征值 λ_0,

$$\mathrm{r}(\lambda_0\boldsymbol{I}_n-\boldsymbol{A})=n-\sum_{i=1}^{k}\delta_{d_i(\lambda_0),0},$$

其中记号 $\delta_{a,b}$ 表示: 若 $a=b$, 取值为 1; 若 $a\neq b$, 取值为 0.

11. 设 n 阶矩阵 $\boldsymbol{A}$ 的不变因子为 $d_1(\lambda),d_2(\lambda),\cdots,d_n(\lambda)$, 其中 $d_i(\lambda)\mid d_{i+1}(\lambda)\,(i=1,\cdots,n-1)$, 又 λ_0 是 $\boldsymbol{A}$ 的特征值. 求证: $\mathrm{r}(\lambda_0\boldsymbol{I}_n-\boldsymbol{A})=r$ 的充分必要条件是 $(\lambda-\lambda_0)\nmid d_r(\lambda)$ 但 $(\lambda-\lambda_0)\mid d_{r+1}(\lambda)$.

12. 设 $\boldsymbol{\varphi}$ 是数域 $\mathbb{K}$ 上 n 维线性空间 V 上的线性变换, 其极小多项式的次数等于 n, 又 $\boldsymbol{\psi}$ 是 V 上的另一个线性变换, 满足 $\boldsymbol{\psi\varphi}=\boldsymbol{\varphi\psi}$. 求证: $\boldsymbol{\psi}=g(\boldsymbol{\varphi})$, 其中 $g(x)$ 是一个 $\mathbb{K}$ 上次数不超过 $n-1$ 的多项式.

§ 7.5 初等因子

利用矩阵的不变因子, 我们可以求一个矩阵的有理标准型. 有理标准型对任何数域 $\mathbb{K}$ 都可以求出来, 它有着诸多用途. 但是有理标准型也有一些缺点, 主要是它有时不够"简单", 即有时每个 Frobenius 块太大, 用起来不太方便. 有理标准型中 Frobenius 块太大的原因是不变因子 $d_i(\lambda)$ 的次数可能比较高. 如果我们用因式分解的方法分解每个 $d_i(\lambda)$, 这就有可能造出更"细"的标准型来. 为此, 我们先引进初等因子的概念.

设 $d_1(\lambda),d_2(\lambda),\cdots,d_k(\lambda)$ 是数域 $\mathbb{K}$ 上矩阵 $\boldsymbol{A}$ 的非常数不变因子, 在 $\mathbb{K}$ 上把 $d_i(\lambda)$ 分解成不可约因式之积:

$$\begin{aligned}
d_1(\lambda)&=p_1(\lambda)^{e_{11}}p_2(\lambda)^{e_{12}}\cdots p_t(\lambda)^{e_{1t}},\\
d_2(\lambda)&=p_1(\lambda)^{e_{21}}p_2(\lambda)^{e_{22}}\cdots p_t(\lambda)^{e_{2t}},\\
&\cdots\cdots\cdots\cdots\\
d_k(\lambda)&=p_1(\lambda)^{e_{k1}}p_2(\lambda)^{e_{k2}}\cdots p_t(\lambda)^{e_{kt}},
\end{aligned}\tag{7.5.1}$$

其中 e_{ij} 是非负整数 (注意 e_{ij} 可以为零!). 由于 $d_i(\lambda)\mid d_{i+1}(\lambda)$, 因此

$$e_{1j}\leq e_{2j}\leq\cdots\leq e_{kj},\quad j=1,2,\cdots,t.$$

定义 7.5.1 若 (7.5.1) 式中的 $e_{ij}>0$, 则称 $p_j(\lambda)^{e_{ij}}$ 为 $\boldsymbol{A}$ 的一个初等因子, $\boldsymbol{A}$ 的全体初等因子称为 $\boldsymbol{A}$ 的初等因子组.

由因式分解的唯一性可知 $\boldsymbol{A}$ 的初等因子被 $\boldsymbol{A}$ 的不变因子唯一确定. 反过来, 若给定一组初等因子 $p_j(\lambda)^{e_{ij}}$, 适当增加一些 1 (表示为 $p_j(\lambda)^{e_{ij}}$, 其中 $e_{ij}=0$), 则可将这组初等因子按不可约因式的降幂排列如下:

$$\begin{gathered}
p_1(\lambda)^{e_{k1}}, p_1(\lambda)^{e_{k-1,1}}, \cdots, p_1(\lambda)^{e_{11}}, \\
p_2(\lambda)^{e_{k2}}, p_2(\lambda)^{e_{k-1,2}}, \cdots, p_2(\lambda)^{e_{12}}, \\
\cdots\cdots\cdots\cdots \\
p_t(\lambda)^{e_{kt}}, p_t(\lambda)^{e_{k-1,t}}, \cdots, p_t(\lambda)^{e_{1t}},
\end{gathered} \tag{7.5.2}$$

令

$$\begin{aligned}
d_k(\lambda) &= p_1(\lambda)^{e_{k1}} p_2(\lambda)^{e_{k2}} \cdots p_t(\lambda)^{e_{kt}}, \\
d_{k-1}(\lambda) &= p_1(\lambda)^{e_{k-1,1}} p_2(\lambda)^{e_{k-1,2}} \cdots p_t(\lambda)^{e_{k-1,t}}, \\
&\cdots\cdots\cdots\cdots \\
d_1(\lambda) &= p_1(\lambda)^{e_{11}} p_2(\lambda)^{e_{12}} \cdots p_t(\lambda)^{e_{1t}},
\end{aligned}$$

则 $d_i(\lambda) \mid d_{i+1}(\lambda)\,(i=1,\cdots,k-1)$, 且 $d_1(\lambda),\cdots,d_k(\lambda)$ 的初等因子组就如 (7.5.2) 式所示. 因此, 给定 $\boldsymbol{A}$ 的初等因子组, 我们可唯一地确定 $\boldsymbol{A}$ 的不变因子组. 这一事实表明, $\boldsymbol{A}$ 的不变因子组与初等因子组在讨论矩阵相似关系中的作用是相同的. 因此我们有下述定理.

定理 7.5.1 数域 $\mathbb{K}$ 上的两个矩阵 $\boldsymbol{A}$ 与 $\boldsymbol{B}$ 相似的充分必要条件是它们有相同的初等因子组, 即矩阵的初等因子组是矩阵相似关系的全系不变量.

例 7.5.1 设 9 阶矩阵 $\boldsymbol{A}$ 的不变因子组为

$$1,\cdots,1,(\lambda-1)(\lambda^2+1),(\lambda-1)^2(\lambda^2+1)(\lambda^2-2),$$

试分别在有理数域、实数域和复数域上求 $\boldsymbol{A}$ 的初等因子组.

解 $\boldsymbol{A}$ 在有理数域上的初等因子组为

$$\lambda-1,(\lambda-1)^2,\lambda^2+1,\lambda^2+1,\lambda^2-2.$$

$\boldsymbol{A}$ 在实数域上的初等因子组为

$$\lambda-1,(\lambda-1)^2,\lambda^2+1,\lambda^2+1,\lambda+\sqrt{2},\lambda-\sqrt{2}.$$

$\boldsymbol{A}$ 在复数域上的初等因子组为

$$\lambda-1,(\lambda-1)^2,\lambda+\mathrm{i},\lambda+\mathrm{i},\lambda-\mathrm{i},\lambda-\mathrm{i},\lambda+\sqrt{2},\lambda-\sqrt{2}.$$

例 7.5.2 设 $\boldsymbol{A}$ 是一个 10 阶矩阵, 它的初等因子组为

$$\lambda-1,\lambda-1,(\lambda-1)^2,(\lambda+1)^2,(\lambda+1)^3,\lambda-2.$$

求 $\boldsymbol{A}$ 的不变因子组.

解 将上述多项式按不可约因式的降幂排列:

$$\begin{array}{ccc}(\lambda-1)^2, & \lambda-1, & \lambda-1;\\ (\lambda+1)^3, & (\lambda+1)^2, & 1;\\ \lambda-2, & 1, & 1.\end{array}$$

于是

$$d_3(\lambda)=(\lambda-1)^2(\lambda+1)^3(\lambda-2),\quad d_2(\lambda)=(\lambda-1)(\lambda+1)^2,\quad d_1(\lambda)=\lambda-1.$$

从而 $\boldsymbol{A}$ 的不变因子组为

$$1,\cdots,1,\lambda-1,(\lambda-1)(\lambda+1)^2,(\lambda-1)^2(\lambda+1)^3(\lambda-2),$$

其中有 7 个 1.

用初等因子组我们可以得到比有理标准型更精细的标准型. 对每个初等因子 $p(\lambda)^l$, 可构造一个比较简单的矩阵, 使它的初等因子组就是 $p(\lambda)^l$, 再将所有这样的矩阵拼成一个分块对角阵就可以得到标准型. 显而易见, 数域越 "大", 则矩阵的初等因子越多, 从而分块也越精细. 我们在这里不打算构造一般数域上以初等因子为基础的标准型, 在下一节中我们将讨论复数域上以初等因子为基础的 Jordan (若当) 标准型.

习 题 7.5

1. 已知矩阵的不变因子组, 求它的初等因子组 (分别在有理数域、实数域与复数域上):

(1) $1,\cdots,1,\lambda,\lambda^2(\lambda-1),\lambda^2(\lambda-1)^3(\lambda+1)$;

(2) $1,\cdots,1,\lambda^2+1,\lambda(\lambda^2+1)^2,\lambda^2(\lambda^4-1)^2$;

(3) $1,\cdots,1,\lambda(\lambda^2+1),\lambda^2(\lambda^2+1),\lambda^3(\lambda^2+1)^2(\lambda^2-2)$.

2. 已知矩阵的初等因子组, 求它的不变因子组:

(1) $\lambda,\lambda,\lambda^2,\lambda+1,(\lambda+1)^2,\lambda-1,\lambda-1,(\lambda-1)^2$;

(2) $\lambda,\lambda^2,\lambda^3,\lambda-\sqrt{2},(\lambda-\sqrt{2})^2,\lambda+\sqrt{2},(\lambda+\sqrt{2})^2$;

(3) $\lambda-1,(\lambda-1)^3,\lambda+1,\lambda+1,(\lambda+1)^3,\lambda-2,(\lambda-2)^2$.

§ 7.6 Jordan 标准型

我们根据上一节末提出的寻找标准型的思想来讨论复数域上的标准型. 由于任一多项式在复数域上均可分解为一次因子的乘积, 因此复数域上的初等因子都是一次因子的幂. 又因为初等因子必是矩阵特征多项式的因式, 故必具有 $(\lambda-\lambda_0)^r$ 的形状, 其中 λ_0 是矩阵的特征值. 我们先来找一个形状比较简单的矩阵, 它的初等因子组就是 $(\lambda-\lambda_0)^r$.

引理 7.6.1 r 阶矩阵

$$\boldsymbol{J}=\begin{pmatrix}\lambda_0 & 1 & & & \\ & \lambda_0 & 1 & & \\ & & \ddots & \ddots & \\ & & & \ddots & 1 \\ & & & & \lambda_0\end{pmatrix}$$

的初等因子组为 $(\lambda-\lambda_0)^r$.

证明 显然 $\boldsymbol{J}$ 的特征多项式为 $(\lambda-\lambda_0)^r$. 对任一小于 r 的正整数 k, $\lambda\boldsymbol{I}-\boldsymbol{J}$ 总有一个 k 阶子式, 其值等于 $(-1)^k$, 因此 $\boldsymbol{J}$ 的行列式因子为

$$1,\cdots,1,(\lambda-\lambda_0)^r. \tag{7.6.1}$$

(7.6.1) 式也是 $\boldsymbol{J}$ 的不变因子组, 故 $\boldsymbol{J}$ 的初等因子组只有一个多项式 $(\lambda-\lambda_0)^r$. □

引理 7.6.2 设特征矩阵 $\lambda\boldsymbol{I}-\boldsymbol{A}$ 经过初等变换化为下列对角阵:

$$\begin{pmatrix}f_1(\lambda) & & & \\ & f_2(\lambda) & & \\ & & \ddots & \\ & & & f_n(\lambda)\end{pmatrix}, \tag{7.6.2}$$

其中 $f_i(\lambda)\,(i=1,\cdots,n)$ 为非零首一多项式. 将 $f_i(\lambda)$ 作不可约分解, 若 $(\lambda-\lambda_0)^k$ 能整除 $f_i(\lambda)$, 但 $(\lambda-\lambda_0)^{k+1}$ 不能整除 $f_i(\lambda)$, 就称 $(\lambda-\lambda_0)^k$ 是 $f_i(\lambda)$ 的一个准素因子, 则矩阵 $\boldsymbol{A}$ 的初等因子组等于所有 $f_i(\lambda)$ 的准素因子组.

证明 第一步, 先证明下列事实:

若 $f_i(\lambda), f_j(\lambda)\,(i \neq j)$ 的最大公因式和最小公倍式分别为 $g(\lambda), h(\lambda)$, 则

$$\mathrm{diag}\{f_1(\lambda), \cdots, f_i(\lambda), \cdots, f_j(\lambda), \cdots, f_n(\lambda)\}$$

经过初等变换可以变为

$$\mathrm{diag}\{f_1(\lambda), \cdots, g(\lambda), \cdots, h(\lambda), \cdots, f_n(\lambda)\},$$

且这两个对角阵具有相同的准素因子组.

不失一般性, 令 $i=1, j=2$. 因为 $(f_1(\lambda), f_2(\lambda)) = g(\lambda)$, 所以存在 $u(\lambda), v(\lambda)$, 使

$$f_1(\lambda)u(\lambda) + f_2(\lambda)v(\lambda) = g(\lambda).$$

又令 $f_1(\lambda) = g(\lambda)q(\lambda)$, 则 $h(\lambda) = f_2(\lambda)q(\lambda)$. 对 (7.6.2) 式作下列初等变换:

$$\begin{array}{c}(u(\lambda))\\ \lfloor\!\rightarrow\end{array}\begin{pmatrix} f_1(\lambda) & & & \\ & f_2(\lambda) & & \\ & & \ddots & \\ & & & f_n(\lambda) \end{pmatrix} \rightarrow \begin{array}{c}\overset{(v(\lambda))}{\downarrow}\end{array}\begin{pmatrix} f_1(\lambda) & 0 & & \\ f_1(\lambda)u(\lambda) & f_2(\lambda) & & \\ & & \ddots & \\ & & & f_n(\lambda) \end{pmatrix} \rightarrow$$

$$\begin{array}{c}\ulcorner\!\rightarrow\\ (-q(\lambda))\end{array}\begin{pmatrix} f_1(\lambda) & & & \\ g(\lambda) & f_2(\lambda) & & \\ & & \ddots & \\ & & & f_n(\lambda) \end{pmatrix} \rightarrow \begin{pmatrix} 0 & -h(\lambda) & & \\ g(\lambda) & f_2(\lambda) & & \\ & & \ddots & \\ & & & f_n(\lambda) \end{pmatrix} \rightarrow$$

$$\begin{pmatrix} g(\lambda) & & & \\ & h(\lambda) & & \\ & & \ddots & \\ & & & f_n(\lambda) \end{pmatrix}.$$

现来考察 $g(\lambda)$ 与 $h(\lambda)$ 的准素因子. 将 $f_1(\lambda), f_2(\lambda)$ 作标准因式分解, 其分解式不妨设为

$$f_1(\lambda) = (\lambda-\lambda_1)^{c_1}(\lambda-\lambda_2)^{c_2}\cdots(\lambda-\lambda_t)^{c_t},$$

$$f_2(\lambda) = (\lambda-\lambda_1)^{d_1}(\lambda-\lambda_2)^{d_2}\cdots(\lambda-\lambda_t)^{d_t},$$

其中 c_i, d_i 为非负整数. 令

$$e_i = \max\{c_i, d_i\},\ k_i = \min\{c_i, d_i\},$$

则

$$g(\lambda) = (\lambda - \lambda_1)^{k_1}(\lambda - \lambda_2)^{k_2}\cdots(\lambda - \lambda_t)^{k_t},$$
$$h(\lambda) = (\lambda - \lambda_1)^{e_1}(\lambda - \lambda_2)^{e_2}\cdots(\lambda - \lambda_t)^{e_t}.$$

不难看出 $g(\lambda), h(\lambda)$ 的准素因子组与 $f_1(\lambda), f_2(\lambda)$ 的准素因子组相同.

第二步证明 (7.6.2) 式所示矩阵的法式可通过上述变换得到.

先将第 $(1,1)$ 位置的元素依次和第 $(2,2)$ 位置, $\cdots\cdots$, 第 (n,n) 位置的元素进行上述变换, 此时第 $(1,1)$ 元素的所有一次因式的幂都是最小的; 再将第 $(2,2)$ 位置的元素依次和第 $(3,3)$ 位置, $\cdots\cdots$, 第 (n,n) 位置的元素进行上述变换; $\cdots\cdots$; 最后将第 $(n-1,n-1)$ 位置的元素和第 (n,n) 位置的元素进行上述变换. 可以看出, 最后得到的对角阵就是 (7.6.2) 式所示矩阵的法式. 注意到在每一次变换的过程中, 准素因子组都保持不变, 这就证明了结论. □

注 引理 7.6.2 给出了求矩阵初等因子组的另外一个方法, 它可以不必先求不变因子组而直接用初等变换把特征矩阵化为对角阵, 再分解主对角线上的多项式即可. 另外, 引理 7.6.2 的结论及其证明在一般的数域 $\mathbb{K}$ 上也成立.

例 7.6.1 设 $\lambda\boldsymbol{I} - \boldsymbol{A}$ 经过初等变换后化为下列对角阵:

$$\begin{pmatrix} 1 & & & & \\ & (\lambda-1)^2(\lambda+2) & & & \\ & & \lambda+2 & & \\ & & & 1 & \\ & & & & \lambda-1 \end{pmatrix},$$

求 $\boldsymbol{A}$ 的初等因子组.

解 由引理 7.6.2 知, $\boldsymbol{A}$ 的初等因子组为 $\lambda-1, (\lambda-1)^2, \lambda+2, \lambda+2$.

引理 7.6.3 设 $\boldsymbol{J}$ 是分块对角阵:

$$\begin{pmatrix} \boldsymbol{J}_1 & & & \\ & \boldsymbol{J}_2 & & \\ & & \ddots & \\ & & & \boldsymbol{J}_k \end{pmatrix},$$

其中每个 $\boldsymbol{J}_i$ 都是形如引理 7.6.1 中的矩阵, $\boldsymbol{J}_i$ 的初等因子组为 $(\lambda-\lambda_i)^{r_i}$, 则 $\boldsymbol{J}$ 的初等因子组为

$$(\lambda-\lambda_1)^{r_1},\ (\lambda-\lambda_2)^{r_2},\ \cdots,\ (\lambda-\lambda_k)^{r_k}. \tag{7.6.3}$$

证明　$\lambda\boldsymbol{I}-\boldsymbol{J}$ 是一个分块对角 λ-矩阵. 由于对分块对角阵中某一块施行初等变换时其余各块保持不变, 故由引理 7.6.1 知, $\lambda\boldsymbol{I}-\boldsymbol{J}$ 相抵于下列分块对角阵:

$$\boldsymbol{H}=\begin{pmatrix}\boldsymbol{H}_1 & & & \\ & \boldsymbol{H}_2 & & \\ & & \ddots & \\ & & & \boldsymbol{H}_k\end{pmatrix},$$

其中 $\boldsymbol{H}_i=\mathrm{diag}\{1,\cdots,1,(\lambda-\lambda_i)^{r_i}\}$. 再由引理 7.6.2 即得结论. □

定理 7.6.1　设 $\boldsymbol{A}$ 是复数域上的矩阵且 $\boldsymbol{A}$ 的初等因子组为

$$(\lambda-\lambda_1)^{r_1},\ (\lambda-\lambda_2)^{r_2},\ \cdots,\ (\lambda-\lambda_k)^{r_k},$$

则 $\boldsymbol{A}$ 相似于分块对角阵:

$$\boldsymbol{J}=\begin{pmatrix}\boldsymbol{J}_1 & & & \\ & \boldsymbol{J}_2 & & \\ & & \ddots & \\ & & & \boldsymbol{J}_k\end{pmatrix}, \tag{7.6.4}$$

其中 $\boldsymbol{J}_i$ 为 r_i 阶矩阵, 且

$$\boldsymbol{J}_i=\begin{pmatrix}\lambda_i & 1 & & & \\ & \lambda_i & 1 & & \\ & & \ddots & \ddots & \\ & & & \ddots & 1 \\ & & & & \lambda_i\end{pmatrix}. \tag{7.6.5}$$

证明　由引理 7.6.3 知, $\boldsymbol{A}$ 与 $\boldsymbol{J}$ 有相同的初等因子组, 因此 $\boldsymbol{A}$ 与 $\boldsymbol{J}$ 相似. □

定义 7.6.1　(7.6.4) 式中的矩阵 $\boldsymbol{J}$ 称为 $\boldsymbol{A}$ 的 Jordan 标准型, 每个 $\boldsymbol{J}_i$ 称为 $\boldsymbol{A}$ 的一个 Jordan 块.

由引理 7.6.3 可以看出, 若交换任意两个 Jordan 块的位置, 得到的矩阵与原来的矩阵仍有相同的初等因子组, 它们仍相似. 因此矩阵 $\boldsymbol{A}$ 的 Jordan 标准型中 Jordan 块的排列可以是任意的. 但是, 由于每个初等因子唯一确定了一个 Jordan 块, 故若不计 Jordan 块的排列次序, 则矩阵的 Jordan 标准型是唯一确定的.

至此, 我们对复数域上线性空间的线性变换解决了在第四章中提出的问题: 求 V 的一组基, 使该线性变换在这组基下的表示矩阵具有简单的形式. 我们把这一结果叙述为下列定理.

定理 7.6.2 设 φ 是复数域上线性空间 V 上的线性变换, 则必存在 V 的一组基, 使得 φ 在这组基下的表示矩阵为 (7.6.4) 式所示的 Jordan 标准型.

推论 7.6.1 设 $\boldsymbol{A}$ 是 n 阶复矩阵, 则下列结论等价:

(1) $\boldsymbol{A}$ 可对角化;

(2) $\boldsymbol{A}$ 的极小多项式无重根;

(3) $\boldsymbol{A}$ 的初等因子都是一次多项式.

证明 (1) $\Rightarrow$ (2): 由例 6.3.2 的结论即得.

(2) $\Rightarrow$ (3): 设 $\boldsymbol{A}$ 的极小多项式 $m(\lambda)$ 无重根. 由于 $m(\lambda)$ 是 $\boldsymbol{A}$ 的最后一个不变因子, 故 $\boldsymbol{A}$ 的所有不变因子都无重根, 从而 $\boldsymbol{A}$ 的初等因子都是一次多项式.

(3) $\Rightarrow$ (1): 设 $\boldsymbol{A}$ 的初等因子组为 $\lambda-\lambda_1, \lambda-\lambda_2, \cdots, \lambda-\lambda_n$, 则由定理 7.6.1 知, $\boldsymbol{A}$ 相似于对角阵 $\mathrm{diag}\{\lambda_1, \lambda_2, \cdots, \lambda_n\}$, 即 $\boldsymbol{A}$ 可对角化. □

我们将推论 7.6.1 的几何版本叙述如下.

推论 7.6.2 设 φ 是复线性空间 V 上的线性变换, 则 φ 可对角化当且仅当 φ 的极小多项式无重根, 当且仅当 φ 的初等因子都是一次多项式.

推论 7.6.3 设 φ 是复线性空间 V 上的线性变换, V_0 是 φ 的不变子空间. 若 φ 可对角化, 则 φ 在 V_0 上的限制也可对角化.

证明 设 $\varphi, \varphi|_{V_0}$ 的极小多项式分别为 $g(\lambda), h(\lambda)$, 则由推论 7.6.2 知, $g(\lambda)$ 无重根. 又 $g(\varphi|_{V_0})=g(\varphi)|_{V_0}=\boldsymbol{0}$, 故 $h(\lambda) \mid g(\lambda)$, 于是 $h(\lambda)$ 也无重根, 再次由推论 7.6.2 知, $\varphi|_{V_0}$ 可对角化. □

推论 7.6.4 设 φ 是复线性空间 V 上的线性变换, 且 $V=V_1 \oplus V_2 \oplus \cdots \oplus V_k$, 其中每个 V_i 都是 φ 的不变子空间, 则 φ 可对角化的充分必要条件是 φ 在每个 V_i 上的限制都可对角化.

证明　必要性由推论 7.6.3 即得, 下证充分性. 若 φ 在每个 V_i 上的限制都可对角化, 则由定义存在 V_i 的一组基, 使得 $\varphi|_{V_i}$ 在这组基下的表示矩阵是对角阵. 再由定理 3.9.3 知 V_i 的一组基可以拼成 V 的一组基, 因此 φ 在这组基下的表示阵是对角阵, 即 φ 可对角化. □

推论 7.6.5　设 $\boldsymbol{A}$ 是数域 $\mathbb{K}$ 上的矩阵, 如果 $\boldsymbol{A}$ 的特征值全在 $\mathbb{K}$ 中, 则 $\boldsymbol{A}$ 在 $\mathbb{K}$ 上相似于其 Jordan 标准型.

证明　由于 $\boldsymbol{A}$ 的特征值全在 $\mathbb{K}$ 中, 故 $\boldsymbol{A}$ 的 Jordan 标准型 $\boldsymbol{J}$ 实际上是 $\mathbb{K}$ 上的矩阵. 因为 $\boldsymbol{A}$ 在复数域上相似于 $\boldsymbol{J}$, 由推论 7.3.4 知, $\boldsymbol{A}$ 在 $\mathbb{K}$ 上也相似于 $\boldsymbol{J}$. □

例 7.6.2　设 $\boldsymbol{A}$ 是 7 阶矩阵, 其初等因子组为

$$\lambda-1,\ (\lambda-1)^3,\ (\lambda+1)^2,\ \lambda-2,$$

求其 Jordan 标准型.

解　$\boldsymbol{A}$ 的 Jordan 标准型为

$$\boldsymbol{J}=\begin{pmatrix}1 & & & & & & \\ & 1 & 1 & 0 & & & \\ & 0 & 1 & 1 & & & \\ & 0 & 0 & 1 & & & \\ & & & & -1 & 1 & \\ & & & & 0 & -1 & \\ & & & & & & 2\end{pmatrix},$$

$\boldsymbol{J}$ 含有 4 个 Jordan 块.

例 7.6.3　设复数域上的四维线性空间 V 上的线性变换 φ 在一组基 $\{\boldsymbol{e}_1,\boldsymbol{e}_2,\boldsymbol{e}_3,\boldsymbol{e}_4\}$ 下的表示矩阵为

$$\boldsymbol{A}=\begin{pmatrix}3 & 1 & 0 & 0\\ -4 & -1 & 0 & 0\\ 6 & 1 & 2 & 1\\ -14 & -5 & -1 & 0\end{pmatrix},$$

求 V 的一组基, 使 φ 在这组基下的表示矩阵为 Jordan 标准型, 并求出从原来的基到新基的过渡矩阵.

解 用初等变换把 $\lambda\boldsymbol{I}-\boldsymbol{A}$ 化为对角 λ–矩阵并求出它的初等因子组为

$$(\lambda-1)^2,\ (\lambda-1)^2.$$

因此, $\boldsymbol{A}$ 的 Jordan 标准型为

$$\boldsymbol{J}=\begin{pmatrix}1&1&&\\0&1&&\\&&1&1\\&&0&1\end{pmatrix}.$$

设矩阵 $\boldsymbol{P}$ 是从 $\{\boldsymbol{e}_1,\boldsymbol{e}_2,\boldsymbol{e}_3,\boldsymbol{e}_4\}$ 到新基的过渡矩阵, 则

$$\boldsymbol{P}^{-1}\boldsymbol{A}\boldsymbol{P}=\boldsymbol{J},$$

此即

$$\boldsymbol{A}\boldsymbol{P}=\boldsymbol{P}\boldsymbol{J}. \tag{7.6.6}$$

设 $\boldsymbol{P}=(\boldsymbol{\alpha}_1,\boldsymbol{\alpha}_2,\boldsymbol{\alpha}_3,\boldsymbol{\alpha}_4)$, 其中 $\boldsymbol{\alpha}_i$ 是四维列向量, 代入 (7.6.6) 式得

$$(\boldsymbol{A}\boldsymbol{\alpha}_1,\boldsymbol{A}\boldsymbol{\alpha}_2,\boldsymbol{A}\boldsymbol{\alpha}_3,\boldsymbol{A}\boldsymbol{\alpha}_4)=(\boldsymbol{\alpha}_1,\boldsymbol{\alpha}_2,\boldsymbol{\alpha}_3,\boldsymbol{\alpha}_4)\begin{pmatrix}1&1&&\\0&1&&\\&&1&1\\&&0&1\end{pmatrix},$$

化成方程组为

$$\begin{aligned}(\boldsymbol{A}-\boldsymbol{I})\boldsymbol{\alpha}_1&=\boldsymbol{0},\\(\boldsymbol{A}-\boldsymbol{I})\boldsymbol{\alpha}_2&=\boldsymbol{\alpha}_1,\\(\boldsymbol{A}-\boldsymbol{I})\boldsymbol{\alpha}_3&=\boldsymbol{0},\\(\boldsymbol{A}-\boldsymbol{I})\boldsymbol{\alpha}_4&=\boldsymbol{\alpha}_3.\end{aligned}$$

由于 $\boldsymbol{\alpha}_1,\boldsymbol{\alpha}_3$ 都是 $\boldsymbol{A}$ 的属于特征值 1 的特征向量, 故 $\boldsymbol{\alpha}_2,\boldsymbol{\alpha}_4$ 称为属于特征值 1 的广义特征向量. 我们可取方程组 $(\boldsymbol{A}-\boldsymbol{I})\boldsymbol{x}=\boldsymbol{0}$ 的两个线性无关的解分别作为 $\boldsymbol{\alpha}_1,\boldsymbol{\alpha}_3$ (注意不能取线性相关的两个解, 因为 $\boldsymbol{P}$ 是非异阵), 然后再分别求出 $\boldsymbol{\alpha}_2,\boldsymbol{\alpha}_4$ (注意诸 $\boldsymbol{\alpha}_i$ 的解可能不唯一, 只需取比较简单的一组解) 即可. 经计算可得

$$\boldsymbol{\alpha}_1=\begin{pmatrix}1\\-2\\1\\-5\end{pmatrix},\quad\boldsymbol{\alpha}_2=\begin{pmatrix}0\\1\\0\\0\end{pmatrix},\quad\boldsymbol{\alpha}_3=\begin{pmatrix}0\\0\\1\\-1\end{pmatrix},\quad\boldsymbol{\alpha}_4=\begin{pmatrix}0\\0\\0\\1\end{pmatrix}.$$

于是

$$\boldsymbol{P}=\begin{pmatrix}1&0&0&0\\-2&1&0&0\\1&0&1&0\\-5&0&-1&1\end{pmatrix}.$$

因此新基为

$$\{\boldsymbol{e}_1-2\boldsymbol{e}_2+\boldsymbol{e}_3-5\boldsymbol{e}_4,\boldsymbol{e}_2,\boldsymbol{e}_3-\boldsymbol{e}_4,\boldsymbol{e}_4\}.$$

习 题 7.6

1. 已知矩阵的下列初等因子组, 写出 Jordan 标准型:

(1) $\lambda,\lambda^2,(\lambda-1)^2,(\lambda-1)^2$;

(2) $(\lambda+1)^2,\lambda-2,(\lambda-2)^3$;

(3) $(\lambda-\sqrt{2})^2,\lambda-1,(\lambda-1)^3,(\lambda-1)^3$.

2. 求非异阵 $\boldsymbol{P}$, 使 $\boldsymbol{P}^{-1}\boldsymbol{AP}$ 为 Jordan 标准型:

(1) $\boldsymbol{A}=\begin{pmatrix}0&1&0\\-4&4&0\\-2&1&2\end{pmatrix}$; (2) $\boldsymbol{A}=\begin{pmatrix}4&6&-15\\1&3&-5\\1&2&-4\end{pmatrix}$;

(3) $\boldsymbol{A}=\begin{pmatrix}2&-5&4\\1&-4&4\\1&-5&5\end{pmatrix}$; (4) $\boldsymbol{A}=\begin{pmatrix}1&-1&0&1\\1&1&1&0\\0&-1&1&1\\1&0&1&1\end{pmatrix}$.

3. 设 $\boldsymbol{A}=\mathrm{diag}\{\boldsymbol{A}_1,\boldsymbol{A}_2,\cdots,\boldsymbol{A}_k\}$ 为分块对角阵, 求证: $\boldsymbol{A}$ 的初等因子组等于 $\boldsymbol{A}_i\,(i=1,\cdots,k)$ 的初等因子组的无交并集. 又若交换各块的位置, 则所得的矩阵仍和 $\boldsymbol{A}$ 相似.

4. 设 n 阶矩阵 $\boldsymbol{A}$ 适合 $\boldsymbol{A}^2=\boldsymbol{O}$ 且 $\boldsymbol{A}$ 的秩等于 r, 试求 $\boldsymbol{A}$ 的 Jordan 标准型.

5. 设 n 阶矩阵 $\boldsymbol{A}$ 适合 $\boldsymbol{A}^2=\boldsymbol{A}$ 且 $\boldsymbol{A}$ 的秩等于 r, 试求 $\boldsymbol{A}$ 的 Jordan 标准型.

6. 设 $n\,(n>1)$ 阶矩阵 $\boldsymbol{A}$ 的秩为 1, 试求 $\boldsymbol{A}$ 的 Jordan 标准型.

7. 设 $n\,(n>1)$ 阶矩阵 $\boldsymbol{A}$ 的秩为 1, 求证: $\boldsymbol{A}$ 是幂等阵的充分必要条件是 $\mathrm{tr}(\boldsymbol{A})=1$, $\boldsymbol{A}$ 是幂零阵的充分必要条件是 $\mathrm{tr}(\boldsymbol{A})=0$.

8. 设 n 阶矩阵 $\boldsymbol{A}$ 的极小多项式的次数等于 n, 求证: $\boldsymbol{A}$ 的 Jordan 标准型中各个 Jordan 块的主对角元素彼此不同.

9. 设 $\boldsymbol{A}$ 是 n 阶复矩阵且存在正整数 k 使得 $\boldsymbol{A}^k=\boldsymbol{I}_n$, 求证: $\boldsymbol{A}$ 相似于对角阵.

10. 设有理数域上 n 阶矩阵 $\boldsymbol{A}$ 的特征多项式的所有不可约因式是 $\lambda^2+\lambda+1$, λ^2-2, 又 $\boldsymbol{A}$ 的极小多项式是四次多项式, 求证: $\boldsymbol{A}$ 在复数域上必相似于对角阵.

11. 设 n 阶矩阵 $\boldsymbol{A}$ 的全体不同特征值为 $\lambda_1,\lambda_2,\cdots,\lambda_k$, 令 $g(\lambda)=(\lambda-\lambda_1)(\lambda-\lambda_2)\cdots(\lambda-\lambda_k)$, 求证: $\boldsymbol{A}$ 可对角化的充分必要条件是 $g(\boldsymbol{A})=\boldsymbol{O}$.

12. 设 $\boldsymbol{A}$ 是 n 阶复矩阵, 求证: $\boldsymbol{A}$ 相似于分块对角阵 $\mathrm{diag}\{\boldsymbol{B},\boldsymbol{C}\}$, 其中 $\boldsymbol{B}$ 是幂零阵, $\boldsymbol{C}$ 是非异阵.

§ 7.7 Jordan 标准型的进一步讨论和应用

在这一节里, 我们要通过复线性空间 V 上线性变换 φ 的 Jordan 标准型来读出 φ 的特征值的度数和重数, 并得到全空间 V 的两种直和分解, 最后将给出 Jordan 标准型在矩阵理论中的一些应用.

设 V 是 n 维复线性空间, φ 是 V 上的线性变换. 设 φ 的初等因子组为

$$(\lambda-\lambda_1)^{r_1},\ (\lambda-\lambda_2)^{r_2},\ \cdots,\ (\lambda-\lambda_k)^{r_k}, \tag{7.7.1}$$

定理 7.6.2 告诉我们, 存在 V 的一组基 $\{\boldsymbol{e}_{11},\boldsymbol{e}_{12},\cdots,\boldsymbol{e}_{1r_1};\boldsymbol{e}_{21},\boldsymbol{e}_{22},\cdots,\boldsymbol{e}_{2r_2};\cdots;\boldsymbol{e}_{k1},\boldsymbol{e}_{k2},\cdots,\boldsymbol{e}_{kr_k}\}$, 使得 φ 在这组基下的表示矩阵为

$$\boldsymbol{J}=\begin{pmatrix}\boldsymbol{J}_1 & & & \\ & \boldsymbol{J}_2 & & \\ & & \ddots & \\ & & & \boldsymbol{J}_k\end{pmatrix}.$$

上式中每个 $\boldsymbol{J}_i$ 是相应于初等因子 $(\lambda-\lambda_i)^{r_i}$ 的 Jordan 块, 其阶正好为 r_i. 令 V_i 是由基向量 $\boldsymbol{e}_{i1},\boldsymbol{e}_{i2},\cdots,\boldsymbol{e}_{ir_i}$ 生成的子空间, 则

$$\begin{aligned}\boldsymbol{\varphi}(\boldsymbol{e}_{i1})&=\lambda_i\boldsymbol{e}_{i1},\\ \boldsymbol{\varphi}(\boldsymbol{e}_{i2})&=\boldsymbol{e}_{i1}+\lambda_i\boldsymbol{e}_{i2},\\ &\cdots\cdots\cdots\cdots\\ \boldsymbol{\varphi}(\boldsymbol{e}_{ir_i})&=\boldsymbol{e}_{i,r_i-1}+\lambda_i\boldsymbol{e}_{ir_i}.\end{aligned} \tag{7.7.2}$$

这表明 $\boldsymbol{\varphi}(V_i)\subseteq V_i$, 即 $V_i\,(i=1,2,\cdots,k)$ 是 φ 的不变子空间. 显然我们有

$$V=V_1\oplus V_2\oplus\cdots\oplus V_k.$$

线性变换 φ 限制在 V_1 上 (仍记为 φ) 便成为 V_1 上的线性变换. 这个线性变换在基 $\{\boldsymbol{e}_{11}, \boldsymbol{e}_{12}, \cdots, \boldsymbol{e}_{1r_1}\}$ 下的表示矩阵为

$$\boldsymbol{J}_1 = \begin{pmatrix} \lambda_1 & 1 & & & \\ & \lambda_1 & 1 & & \\ & & \ddots & \ddots & \\ & & & \ddots & 1 \\ & & & & \lambda_1 \end{pmatrix}.$$

注意到 $\boldsymbol{J}_1$ 的特征值全为 λ_1, 并且 $\lambda_1\boldsymbol{I} - \boldsymbol{J}_1$ 的秩等于 $r_1 - 1$, 故 $\boldsymbol{J}_1$ 只有一个线性无关的特征向量, 不妨选为 $\boldsymbol{e}_{11}$. 显然 $\boldsymbol{e}_{11}$ 也是 φ 作为 V 上线性变换关于特征值 λ_1 的特征向量. 不失一般性, 不妨设在 φ 的初等因子组即 (7.7.1) 式中

$$\lambda_1 = \lambda_2 = \cdots = \lambda_s, \quad \lambda_i \neq \lambda_1\,(i = s+1, \cdots, k),$$

则 $\boldsymbol{J}_1, \cdots, \boldsymbol{J}_s$ 都以 λ_1 为特征值, 且相应于每一块有且只有一个线性无关的特征向量. 相应的特征向量可取为

$$\boldsymbol{e}_{11},\ \boldsymbol{e}_{21},\ \cdots,\ \boldsymbol{e}_{s1}, \tag{7.7.3}$$

显然这是 s 个线性无关的特征向量. 如果 $\lambda_i \neq \lambda_1$, 则容易看出 $\mathrm{r}(\lambda_1\boldsymbol{I} - \boldsymbol{J}_i) = r_i$, 于是

$$\mathrm{r}(\lambda_1\boldsymbol{I} - \boldsymbol{J}) = \sum_{i=1}^{k} \mathrm{r}(\lambda_1\boldsymbol{I} - \boldsymbol{J}_i) = (r_1 - 1) + \cdots + (r_s - 1) + r_{s+1} + \cdots + r_k = n - s.$$

因此 φ 关于特征值 λ_1 的特征子空间 V_{λ_1} 的维数等于 $n - \mathrm{r}(\lambda_1\boldsymbol{I} - \boldsymbol{J}) = s$, 从而特征子空间 V_{λ_1} 以 (7.7.3) 式中的向量为一组基. 又 λ_1 是 φ 的 $r_1 + r_2 + \cdots + r_s$ 重特征值, 因此 λ_1 的重数与度数之差等于

$$(r_1 + r_2 + \cdots + r_s) - s.$$

我们把上述结论写成如下定理.

定理 7.7.1 线性变换 φ 的特征值 λ_1 的度数等于 φ 的 Jordan 标准型中属于特征值 λ_1 的 Jordan 块的个数, λ_1 的重数等于所有属于特征值 λ_1 的 Jordan 块的阶数之和.

现在再来看 $\boldsymbol{J}_1$ 所对应的子空间 V_1, 由 (7.7.2) 式中诸等式可知

$$(\varphi - \lambda_1\boldsymbol{I})(\boldsymbol{e}_{1r_1}) = \boldsymbol{e}_{1,r_1-1},\ \cdots,\ (\varphi - \lambda_1\boldsymbol{I})(\boldsymbol{e}_{12}) = \boldsymbol{e}_{11},\ (\varphi - \lambda_1\boldsymbol{I})(\boldsymbol{e}_{11}) = \boldsymbol{0},$$

因此, 若记 $\boldsymbol{\alpha}=\boldsymbol{e}_{1r_1}$, $\boldsymbol{\psi}=\boldsymbol{\varphi}-\lambda_1\boldsymbol{I}$, 则

$$\boldsymbol{\psi}(\boldsymbol{\alpha})=\boldsymbol{e}_{1,r_1-1},\ \boldsymbol{\psi}^2(\boldsymbol{\alpha})=\boldsymbol{e}_{1,r_1-2},\ \cdots,\ \boldsymbol{\psi}^{r_1-1}(\boldsymbol{\alpha})=\boldsymbol{e}_{11},\ \boldsymbol{\psi}^{r_1}(\boldsymbol{\alpha})=\boldsymbol{0}.$$

也就是说

$$\{\boldsymbol{\alpha},\boldsymbol{\psi}(\boldsymbol{\alpha}),\boldsymbol{\psi}^2(\boldsymbol{\alpha}),\cdots,\boldsymbol{\psi}^{r_1-1}(\boldsymbol{\alpha})\}$$

构成了 V_1 的一组基.

定义 7.7.1 设 V_0 是线性空间 V 的 r 维子空间, $\boldsymbol{\psi}$ 是 V 上的线性变换. 若存在 $\boldsymbol{\alpha}\in V_0$, 使 $\{\boldsymbol{\alpha},\boldsymbol{\psi}(\boldsymbol{\alpha}),\cdots,\boldsymbol{\psi}^{r-1}(\boldsymbol{\alpha})\}$ 构成 V_0 的一组基, 则称 V_0 为关于线性变换 $\boldsymbol{\psi}$ 的循环子空间.

上面的事实说明, 每个 Jordan 块 $\boldsymbol{J}_i$ 对应的子空间 V_i 是一个循环子空间. 把属于同一个特征值, 比如属于 λ_1 的所有循环子空间加起来构成 V 的一个子空间:

$$R(\lambda_1)=V_1\oplus\cdots\oplus V_s.$$

若 $\boldsymbol{v}\in R(\lambda_1)$, 则不难算出 $(\boldsymbol{\varphi}-\lambda_1\boldsymbol{I})^s(\boldsymbol{v})=\boldsymbol{0}$, 其中

$$s=\dim R(\lambda_1)=r_1+\cdots+r_s.$$

事实上, 我们可以证明

$$R(\lambda_1)=\{\boldsymbol{v}\in V\,|\,(\boldsymbol{\varphi}-\lambda_1\boldsymbol{I})^n(\boldsymbol{v})=\boldsymbol{0}\}. \tag{7.7.4}$$

为证明 (7.7.4) 式成立, 设 $U=\{\boldsymbol{v}\in V\,|\,(\boldsymbol{\varphi}-\lambda_1\boldsymbol{I})^n(\boldsymbol{v})=\boldsymbol{0}\}$, 则由上面的分析知道, $R(\lambda_1)\subseteq U$. 另一方面, 任取 $\boldsymbol{v}\in U$, 设 $\boldsymbol{v}=\boldsymbol{v}_1+\boldsymbol{v}_2$, 其中 $\boldsymbol{v}_1\in R(\lambda_1)$, $\boldsymbol{v}_2\in V_{s+1}\oplus\cdots\oplus V_k$. 因为 $(\lambda-\lambda_1)^n$ 与 $(\lambda-\lambda_{s+1})^n\cdots(\lambda-\lambda_k)^n$ 互素, 故存在多项式 $p(\lambda),q(\lambda)$, 使

$$(\lambda-\lambda_1)^n p(\lambda)+(\lambda-\lambda_{s+1})^n\cdots(\lambda-\lambda_k)^n q(\lambda)=1.$$

将 $\lambda=\boldsymbol{\varphi}$ 代入上式并作用在 $\boldsymbol{v}$ 上可得

$$\begin{aligned}\boldsymbol{v}&=p(\boldsymbol{\varphi})(\boldsymbol{\varphi}-\lambda_1\boldsymbol{I})^n(\boldsymbol{v})+q(\boldsymbol{\varphi})(\boldsymbol{\varphi}-\lambda_{s+1}\boldsymbol{I})^n\cdots(\boldsymbol{\varphi}-\lambda_k\boldsymbol{I})^n(\boldsymbol{v})\\&=q(\boldsymbol{\varphi})(\boldsymbol{\varphi}-\lambda_{s+1}\boldsymbol{I})^n\cdots(\boldsymbol{\varphi}-\lambda_k\boldsymbol{I})^n(\boldsymbol{v}_1)+q(\boldsymbol{\varphi})(\boldsymbol{\varphi}-\lambda_{s+1}\boldsymbol{I})^n\cdots(\boldsymbol{\varphi}-\lambda_k\boldsymbol{I})^n(\boldsymbol{v}_2)\\&=q(\boldsymbol{\varphi})(\boldsymbol{\varphi}-\lambda_{s+1}\boldsymbol{I})^n\cdots(\boldsymbol{\varphi}-\lambda_k\boldsymbol{I})^n(\boldsymbol{v}_1)\in R(\lambda_1).\end{aligned}$$

这就证明了 (7.7.4) 式.

定义 7.7.2 设 λ_0 是 n 维复线性空间 V 上线性变换 $\boldsymbol{\varphi}$ 的特征值, 则

$$R(\lambda_0) = \{\boldsymbol{v} \in V \mid (\boldsymbol{\varphi} - \lambda_0 \boldsymbol{I})^n(\boldsymbol{v}) = \boldsymbol{0}\}$$

构成了 V 的一个子空间, 称为属于特征值 λ_0 的根子空间.

上面的结果表明: 特征值 λ_0 的根子空间可表示为若干个循环子空间的直和, 每个循环子空间对应于一个 Jordan 块.

虽然我们前面的讨论是对特征值 λ_1 进行的, 其实对任一特征值 λ_i 均适用. 因此便有如下的定理.

定理 7.7.2 设 $\boldsymbol{\varphi}$ 是 n 维复线性空间 V 上的线性变换.

(1) 若 $\boldsymbol{\varphi}$ 的初等因子组为

$$(\lambda - \lambda_1)^{r_1}, (\lambda - \lambda_2)^{r_2}, \cdots, (\lambda - \lambda_k)^{r_k},$$

则 V 可分解为 k 个不变子空间的直和:

$$V = V_1 \oplus V_2 \oplus \cdots \oplus V_k, \tag{7.7.5}$$

其中 V_i 是维数等于 r_i 的关于 $\boldsymbol{\varphi} - \lambda_i \boldsymbol{I}$ 的循环子空间;

(2) 若 $\lambda_1, \cdots, \lambda_s$ 是 $\boldsymbol{\varphi}$ 的全体不同特征值, 则 V 可分解为 s 个不变子空间的直和:

$$V = R(\lambda_1) \oplus R(\lambda_2) \oplus \cdots \oplus R(\lambda_s), \tag{7.7.6}$$

其中 $R(\lambda_i)$ 是 λ_i 的根子空间, $R(\lambda_i)$ 的维数等于 λ_i 的重数, 且每个 $R(\lambda_i)$ 又可分解为 (7.7.5) 式中若干个 V_j 的直和.

下面我们举例说明 Jordan 标准型在矩阵理论中的应用.

例 7.7.1 证明: 复数域上的方阵 $\boldsymbol{A}$ 必可分解为两个对称阵的乘积.

证明 设 $\boldsymbol{P}$ 是非异阵且使 $\boldsymbol{P}^{-1}\boldsymbol{A}\boldsymbol{P} = \boldsymbol{J}$ 为 $\boldsymbol{A}$ 的 Jordan 标准型, 于是 $\boldsymbol{A} = \boldsymbol{P}\boldsymbol{J}\boldsymbol{P}^{-1}$. 设 $\boldsymbol{J}_i$ 是 $\boldsymbol{J}$ 的第 i 个 Jordan 块, 则

$$\boldsymbol{J}_i = \begin{pmatrix} \lambda_i & 1 & & & \\ & \lambda_i & 1 & & \\ & & \ddots & \ddots & \\ & & & \ddots & 1 \\ & & & & \lambda_i \end{pmatrix} = \begin{pmatrix} & & & 1 & \lambda_i \\ & & 1 & \lambda_i & \\ & \iddots & \iddots & & \\ 1 & \iddots & & & \\ \lambda_i & & & & \end{pmatrix} \begin{pmatrix} & & & & 1 \\ & & & 1 & \\ & & \iddots & & \\ & \iddots & & & \\ 1 & & & & \end{pmatrix},$$

即 $\boldsymbol{J}_i$ 可分解为两个对称阵之积. 因此 $\boldsymbol{J}$ 也可以分解为两个对称阵之积, 记为 $\boldsymbol{S}_1, \boldsymbol{S}_2$, 于是

$$\boldsymbol{A} = \boldsymbol{P}\boldsymbol{J}\boldsymbol{P}^{-1} = \boldsymbol{P}\boldsymbol{S}_1\boldsymbol{S}_2\boldsymbol{P}^{-1} = (\boldsymbol{P}\boldsymbol{S}_1\boldsymbol{P}')(\boldsymbol{P}^{-1})'\boldsymbol{S}_2\boldsymbol{P}^{-1}. \square$$

例 7.7.2 设 $\boldsymbol{A}$ 是本章例 7.6.3 中的矩阵, 计算 $\boldsymbol{A}^k\,(k \geq 1)$.

解 因为

$$\boldsymbol{P}^{-1}\boldsymbol{A}^k\boldsymbol{P} = (\boldsymbol{P}^{-1}\boldsymbol{A}\boldsymbol{P})^k = \boldsymbol{J}^k,$$

故先计算 $\boldsymbol{J}^k$. 注意 $\boldsymbol{J}$ 是分块对角阵, 它的 k 次方等于将各对角块 k 次方, 因此

$$\boldsymbol{J}^k = \begin{pmatrix} 1 & 1 & & \\ 0 & 1 & & \\ & & 1 & 1 \\ & & 0 & 1 \end{pmatrix}^k = \begin{pmatrix} 1 & k & & \\ 0 & 1 & & \\ & & 1 & k \\ & & 0 & 1 \end{pmatrix},$$

$$\begin{aligned} \boldsymbol{A}^k = \boldsymbol{P}\boldsymbol{J}^k\boldsymbol{P}^{-1} &= \begin{pmatrix} 1 & 0 & 0 & 0 \\ -2 & 1 & 0 & 0 \\ 1 & 0 & 1 & 0 \\ -5 & 0 & -1 & 1 \end{pmatrix} \begin{pmatrix} 1 & k & & \\ 0 & 1 & & \\ & & 1 & k \\ & & 0 & 1 \end{pmatrix} \begin{pmatrix} 1 & 0 & 0 & 0 \\ -2 & 1 & 0 & 0 \\ 1 & 0 & 1 & 0 \\ -5 & 0 & -1 & 1 \end{pmatrix}^{-1} \\ &= \begin{pmatrix} 2k+1 & k & 0 & 0 \\ -4k & -2k+1 & 0 & 0 \\ 6k & k & k+1 & k \\ -14k & -5k & -k & -k+1 \end{pmatrix}. \end{aligned}$$

下面我们要用 Jordan 标准型来证明著名的 Jordan-Chevalley (若当–谢瓦莱) 分解定理, 它在 Lie (李) 代数中有重要的应用. 为此我们先证明一个引理.

引理 7.7.1 设 $\boldsymbol{A}, \boldsymbol{B}$ 是两个 n 阶可对角化复矩阵且 $\boldsymbol{A}\boldsymbol{B} = \boldsymbol{B}\boldsymbol{A}$, 则它们可同时对角化, 即存在可逆阵 $\boldsymbol{P}$, 使 $\boldsymbol{P}^{-1}\boldsymbol{A}\boldsymbol{P}$ 和 $\boldsymbol{P}^{-1}\boldsymbol{B}\boldsymbol{P}$ 都是对角阵.

证明 转化为几何的语言: 设 φ, ψ 是 n 维复线性空间 V 上两个可对角化线性变换且 $\varphi\psi = \psi\varphi$, 则它们可同时对角化, 即存在 V 的一组基, 使 φ, ψ 在这组基下的表示矩阵都是对角阵. 设 $\lambda_1, \lambda_2, \cdots, \lambda_s$ 是 φ 的全体不同特征值, $V_i\,(i = 1, 2, \cdots, s)$ 是属于特征值 λ_i 的特征子空间. 若 $s = 1$, 则由 φ 可对角化不难推出

$\boldsymbol{\varphi}=\lambda_1\boldsymbol{I}_V$ 是数量变换. 此时可取 V 的一组基, 使 $\boldsymbol{\psi}$ 的表示矩阵是对角阵, 则 $\boldsymbol{\varphi}$ 的表示矩阵是 $\boldsymbol{I}_n$, 结论显然成立. 以下不妨设 $s>1$, 由 $\boldsymbol{\varphi}$ 可对角化知

$$V=V_1\oplus V_2\oplus\cdots\oplus V_s.$$

由于 $\boldsymbol{\varphi\psi}=\boldsymbol{\psi\varphi}$, 故对任意的 $\boldsymbol{\alpha}\in V_i$,

$$\boldsymbol{\varphi\psi}(\boldsymbol{\alpha})=\boldsymbol{\psi\varphi}(\boldsymbol{\alpha})=\lambda_i\boldsymbol{\psi}(\boldsymbol{\alpha}),$$

这表明 $\boldsymbol{\psi}(\boldsymbol{\alpha})\in V_i$, 即 V_i 是 $\boldsymbol{\psi}$ 的不变子空间. 将 $\boldsymbol{\varphi}$ 和 $\boldsymbol{\psi}$ 限制在 V_i 上, 此时 $\boldsymbol{\varphi}|_{V_i}=\lambda_i\boldsymbol{I}_{V_i}$ 是数量变换, 由推论 7.6.3 知 $\boldsymbol{\psi}|_{V_i}$ 仍是可对角化线性变换. 由 $s=1$ 的情形, 存在 V_i 的一组基, 使 $\boldsymbol{\varphi}|_{V_i},\boldsymbol{\psi}|_{V_i}$ 在这组基下的表示矩阵都是对角阵. 将各个 V_i 的基合并成 V 的一组基, 则 $\boldsymbol{\varphi},\boldsymbol{\psi}$ 在这组基下的表示矩阵都是对角阵. □

定理 7.7.3 (Jordan-Chevalley 分解) 设 $\boldsymbol{A}$ 是 n 阶复矩阵, 则 $\boldsymbol{A}$ 可分解为 $\boldsymbol{A}=\boldsymbol{B}+\boldsymbol{C}$, 其中 $\boldsymbol{B},\boldsymbol{C}$ 适合下面条件:

(1) $\boldsymbol{B}$ 是一个可对角化矩阵;

(2) $\boldsymbol{C}$ 是一个幂零阵;

(3) $\boldsymbol{BC}=\boldsymbol{CB}$;

(4) $\boldsymbol{B},\boldsymbol{C}$ 均可表示为 $\boldsymbol{A}$ 的多项式.

不仅如此, 上述满足条件 (1) ~ (3) 的分解是唯一的.

证明 先对 $\boldsymbol{A}$ 的 Jordan 标准型 $\boldsymbol{J}$ 证明结论. 设 $\boldsymbol{A}$ 的全体不同特征值为 $\lambda_1,\lambda_2,\cdots,\lambda_s$ 且

$$\boldsymbol{J}=\begin{pmatrix}\boldsymbol{J}_1&&&\\&\boldsymbol{J}_2&&\\&&\ddots&\\&&&\boldsymbol{J}_s\end{pmatrix},$$

其中 $\boldsymbol{J}_i$ 是属于特征值 λ_i 的根子空间对应的块, 其阶设为 m_i. 显然对每个 i 均有 $\boldsymbol{J}_i=\boldsymbol{M}_i+\boldsymbol{N}_i$, 其中 $\boldsymbol{M}_i=\lambda_i\boldsymbol{I}$ 是对角阵, $\boldsymbol{N}_i$ 是幂零阵且 $\boldsymbol{M}_i\boldsymbol{N}_i=\boldsymbol{N}_i\boldsymbol{M}_i$. 令

$$\boldsymbol{M}=\begin{pmatrix}\boldsymbol{M}_1&&&\\&\boldsymbol{M}_2&&\\&&\ddots&\\&&&\boldsymbol{M}_s\end{pmatrix},\quad \boldsymbol{N}=\begin{pmatrix}\boldsymbol{N}_1&&&\\&\boldsymbol{N}_2&&\\&&\ddots&\\&&&\boldsymbol{N}_s\end{pmatrix},$$

则 $\boldsymbol{J}=\boldsymbol{M}+\boldsymbol{N}$, $\boldsymbol{MN}=\boldsymbol{NM}$, $\boldsymbol{M}$ 是对角阵, $\boldsymbol{N}$ 是幂零阵.

因为 $(\boldsymbol{J}_i-\lambda_i\boldsymbol{I})^{m_i}=0$, 所以 $\boldsymbol{J}_i$ 适合多项式 $(\lambda-\lambda_i)^{m_i}$. 而 λ_i 互不相同, 因此多项式 $(\lambda-\lambda_1)^{m_1},(\lambda-\lambda_2)^{m_2},\cdots,(\lambda-\lambda_s)^{m_s}$ 两两互素. 由中国剩余定理, 存在多项式 $g(\lambda)$ 满足条件

$$g(\lambda)=h_i(\lambda)(\lambda-\lambda_i)^{m_i}+\lambda_i,$$

对所有 $i=1,2,\cdots,s$ 成立 (这里 $h_i(\lambda)$ 也是多项式). 代入 $\boldsymbol{J}_i$ 得到

$$g(\boldsymbol{J}_i)=h_i(\boldsymbol{J}_i)(\boldsymbol{J}_i-\lambda_i\boldsymbol{I})^{m_i}+\lambda_i\boldsymbol{I}=\lambda_i\boldsymbol{I}=\boldsymbol{M}_i.$$

于是

$$g(\boldsymbol{J})=\begin{pmatrix}g(\boldsymbol{J}_1)&&&\\&g(\boldsymbol{J}_2)&&\\&&\ddots&\\&&&g(\boldsymbol{J}_s)\end{pmatrix}=\begin{pmatrix}\boldsymbol{M}_1&&&\\&\boldsymbol{M}_2&&\\&&\ddots&\\&&&\boldsymbol{M}_s\end{pmatrix}=\boldsymbol{M}.$$

又因为 $\boldsymbol{N}=\boldsymbol{J}-\boldsymbol{M}=\boldsymbol{J}-g(\boldsymbol{J})$, 所以 $\boldsymbol{N}$ 也是 $\boldsymbol{J}$ 的多项式.

现考虑一般情形, 设 $\boldsymbol{P}^{-1}\boldsymbol{AP}=\boldsymbol{J}$, 则 $\boldsymbol{A}=\boldsymbol{PJP}^{-1}=\boldsymbol{P}(\boldsymbol{M}+\boldsymbol{N})\boldsymbol{P}^{-1}$. 令 $\boldsymbol{B}=\boldsymbol{PMP}^{-1}$, $\boldsymbol{C}=\boldsymbol{PNP}^{-1}$, 则 $\boldsymbol{B}$ 是可对角化矩阵, $\boldsymbol{C}$ 是幂零阵, $\boldsymbol{BC}=\boldsymbol{CB}$ 并且

$$g(\boldsymbol{A})=g(\boldsymbol{PJP}^{-1})=\boldsymbol{P}g(\boldsymbol{J})\boldsymbol{P}^{-1}=\boldsymbol{PMP}^{-1}=\boldsymbol{B},$$

从而 $\boldsymbol{C}=\boldsymbol{A}-g(\boldsymbol{A})$.

最后证明唯一性. 假设 $\boldsymbol{A}$ 有另一满足条件 (1) ~ (3) 的分解 $\boldsymbol{A}=\boldsymbol{B}_1+\boldsymbol{C}_1$, 则 $\boldsymbol{B}-\boldsymbol{B}_1=\boldsymbol{C}_1-\boldsymbol{C}$. 由 $\boldsymbol{B}_1\boldsymbol{C}_1=\boldsymbol{C}_1\boldsymbol{B}_1$ 不难验证 $\boldsymbol{AB}_1=\boldsymbol{B}_1\boldsymbol{A}$, $\boldsymbol{AC}_1=\boldsymbol{C}_1\boldsymbol{A}$. 因为 $\boldsymbol{B}=g(\boldsymbol{A})$, 故 $\boldsymbol{BB}_1=\boldsymbol{B}_1\boldsymbol{B}$. 同理 $\boldsymbol{CC}_1=\boldsymbol{C}_1\boldsymbol{C}$. 设 $\boldsymbol{C}^r=\boldsymbol{O}$, $\boldsymbol{C}_1^t=\boldsymbol{O}$, 用二项式定理即知 $(\boldsymbol{C}_1-\boldsymbol{C})^{r+t}=\boldsymbol{O}$. 于是

$$(\boldsymbol{B}-\boldsymbol{B}_1)^{r+t}=(\boldsymbol{C}_1-\boldsymbol{C})^{r+t}=\boldsymbol{O}.$$

因为 $\boldsymbol{BB}_1=\boldsymbol{B}_1\boldsymbol{B}$, 它们都是可对角化矩阵, 由引理知它们可同时对角化, 即存在可逆阵 $\boldsymbol{Q}$, 使 $\boldsymbol{Q}^{-1}\boldsymbol{BQ}$ 和 $\boldsymbol{Q}^{-1}\boldsymbol{B}_1\boldsymbol{Q}$ 都是对角阵. 注意到

$$(\boldsymbol{Q}^{-1}\boldsymbol{BQ}-\boldsymbol{Q}^{-1}\boldsymbol{B}_1\boldsymbol{Q})^{r+t}=\left(\boldsymbol{Q}^{-1}(\boldsymbol{B}-\boldsymbol{B}_1)\boldsymbol{Q}\right)^{r+t}=\boldsymbol{Q}^{-1}(\boldsymbol{B}-\boldsymbol{B}_1)^{r+t}\boldsymbol{Q}=\boldsymbol{O},$$

两个对角阵之差仍是一个对角阵, 这个差的幂要等于零矩阵, 则这两个矩阵必相等, 由此即得 $\boldsymbol{B}=\boldsymbol{B}_1$, 从而 $\boldsymbol{C}=\boldsymbol{C}_1$. □

习 题 7.7

1. 求 n 阶 Jordan 块

$$J = \begin{pmatrix} \lambda_0 & 1 & & & \\ & \lambda_0 & 1 & & \\ & & \ddots & \ddots & \\ & & & \ddots & 1 \\ & & & & \lambda_0 \end{pmatrix}$$

的 $k\,(k \geq 1)$ 次幂 J^k.

2. 求下列矩阵的 $k\,(k \geq 1)$ 次幂:

(1) $\begin{pmatrix} 3 & -4 & 0 & 2 \\ 4 & -5 & -2 & 4 \\ 0 & 0 & 3 & -2 \\ 0 & 0 & 2 & -1 \end{pmatrix}$;　　(2) $\begin{pmatrix} 4 & -1 & 1 & -7 \\ 9 & -2 & -7 & -1 \\ 0 & 0 & 5 & -8 \\ 0 & 0 & 2 & -3 \end{pmatrix}$.

3. 求矩阵 B, 使 $A = B^2$, 其中

$$A = \begin{pmatrix} 3 & 1 \\ -1 & 5 \end{pmatrix}.$$

4. 证明: 例 7.7.1 中把矩阵分解为两个对称阵之积时, 可指定其中任意一个矩阵为非异阵.

5. n 阶矩阵 A 的特征值全为 1 且只有一个线性无关的特征向量, 求 A 的 Jordan 标准型.

6. 求证: n 阶方阵 A 的秩为 r 的充分必要条件是 A 的形如 λ^k 的初等因子恰有 $n-r$ 个.

7. 设 λ_0 是 n 阶矩阵 A 的 k 重特征值, 求证: $\mathrm{r}((\lambda_0 I_n - A)^k) = n-k$.

8. 设 n 阶复矩阵 A 有特征值 0, 且满足 $\mathrm{r}(A^k) = \mathrm{r}(A^{k+1})$. 若 λ^m 是 A 的一个初等因子, 求证: $m \leq k$.

9. 求下列矩阵的 Jordan 标准型:

$$A = \begin{pmatrix} 1 & 2 & 3 & 4 & \cdots & n \\ 0 & 1 & 2 & 3 & \cdots & n-1 \\ 0 & 0 & 1 & 2 & \cdots & n-2 \\ \vdots & \vdots & \vdots & \vdots & \vdots & \vdots \\ 0 & 0 & 0 & 0 & \cdots & 1 \end{pmatrix}.$$

10. 求下列矩阵的 Jordan 标准型, 其中 a 为参数:

$$\boldsymbol{A}=\begin{pmatrix}1&a&0&2\\0&1&0&-1\\-3&4&1&3\\0&0&0&1\end{pmatrix}.$$

11. 设 n 阶矩阵 $\boldsymbol{A}$ 的特征值全为 1, 求证: 对任意的正整数 k, $\boldsymbol{A}^k$ 与 $\boldsymbol{A}$ 相似.

12. 设 n 阶矩阵 $\boldsymbol{A}$ 的特征值全为 1 或 -1, 求证: $\boldsymbol{A}^{-1}$ 与 $\boldsymbol{A}$ 相似.

*§ 7.8 矩阵函数

在这一节里我们将要定义矩阵函数, 如 $\mathrm{e}^{\boldsymbol{A}}$, $\sin\boldsymbol{A}$, $\cos\boldsymbol{A}$ 等, 方法是利用幂级数来定义这些函数.

我们曾经遇到过矩阵多项式:

$$f(\boldsymbol{A})=a_m\boldsymbol{A}^m+a_{m-1}\boldsymbol{A}^{m-1}+\cdots+a_0\boldsymbol{I}.$$

让 $\boldsymbol{A}$ 在 $M_n(\mathbb{C})$ (即 n 阶复矩阵集合) 上变动, $f(\boldsymbol{A})$ 就成了矩阵函数 (值也在 $M_n(\mathbb{C})$ 中). 对矩阵多项式函数, 可以用 Jordan 标准型来简化它的计算. 设 $\boldsymbol{P}$ 是非异阵, 使

$$\boldsymbol{P}^{-1}\boldsymbol{A}\boldsymbol{P}=\boldsymbol{J}=\mathrm{diag}\{\boldsymbol{J}_1,\boldsymbol{J}_2,\cdots,\boldsymbol{J}_k\}$$

是 $\boldsymbol{A}$ 的 Jordan 标准型, 其中 $\boldsymbol{J}_i$ 是 Jordan 块, 则

$$\boldsymbol{J}^m=\mathrm{diag}\{\boldsymbol{J}_1^m,\boldsymbol{J}_2^m,\cdots,\boldsymbol{J}_k^m\}.$$

又

$$\boldsymbol{A}^m=(\boldsymbol{P}\boldsymbol{J}\boldsymbol{P}^{-1})^m=\boldsymbol{P}\boldsymbol{J}^m\boldsymbol{P}^{-1},$$

因此要计算 $f(\boldsymbol{A})$, 只需计算出 $\boldsymbol{J}_i^m$ 即可. 设 $\boldsymbol{J}_i$ 是特征值为 λ_i 的 r 阶 Jordan 块:

$$\boldsymbol{J}_i=\begin{pmatrix}\lambda_i&1&&&\\&\lambda_i&1&&\\&&\ddots&\ddots&\\&&&\ddots&1\\&&&&\lambda_i\end{pmatrix},$$

用数学归纳法不难证明

$$J_i^m = \begin{pmatrix} \lambda_i^m & C_m^1\lambda_i^{m-1} & C_m^2\lambda_i^{m-2} & \cdots & \cdots \\ & \lambda_i^m & C_m^1\lambda_i^{m-1} & \cdots & \cdots \\ & & \lambda_i^m & \cdots & \cdots \\ & & & \ddots & \vdots \\ & & & & \lambda_i^m \end{pmatrix}. \tag{7.8.1}$$

若

$$f(x) = a_0 + a_1 x + \cdots + a_p x^p,$$

则不难算出

$$f(\boldsymbol{J}_i) = \begin{pmatrix} f(\lambda_i) & \frac{1}{1!}f'(\lambda_i) & \frac{1}{2!}f^{(2)}(\lambda_i) & \cdots & \frac{1}{(r-1)!}f^{(r-1)}(\lambda_i) \\ & f(\lambda_i) & \frac{1}{1!}f'(\lambda_i) & \cdots & \frac{1}{(r-2)!}f^{(r-2)}(\lambda_i) \\ & & f(\lambda_i) & \cdots & \frac{1}{(r-3)!}f^{(r-3)}(\lambda_i) \\ & & & \ddots & \vdots \\ & & & & f(\lambda_i) \end{pmatrix}. \tag{7.8.2}$$

再由

$$\begin{aligned} f(\boldsymbol{A}) &= f(\boldsymbol{PJP}^{-1}) = \boldsymbol{P}f(\boldsymbol{J})\boldsymbol{P}^{-1} \\ &= \boldsymbol{P}f(\mathrm{diag}\{\boldsymbol{J}_1, \boldsymbol{J}_2, \cdots, \boldsymbol{J}_k\})\boldsymbol{P}^{-1} \\ &= \boldsymbol{P}\,\mathrm{diag}\{f(\boldsymbol{J}_1), f(\boldsymbol{J}_2), \cdots, f(\boldsymbol{J}_k)\}\boldsymbol{P}^{-1}, \end{aligned}$$

即可计算出 $f(\boldsymbol{A})$.

现在引进 n 阶复方阵幂级数的概念. 首先要定义何为方阵幂级数的收敛?

设有 n 阶复方阵序列 $\{\boldsymbol{A}_p\}$:

$$\boldsymbol{A}_p = \begin{pmatrix} a_{11}^{(p)} & \cdots & a_{1n}^{(p)} \\ \vdots & & \vdots \\ a_{n1}^{(p)} & \cdots & a_{nn}^{(p)} \end{pmatrix},$$

$\boldsymbol{B} = (b_{ij})$ 是一个同阶方阵, 若对每个 (i, j), 序列 $\{a_{ij}^{(p)}\}$ 均收敛于 b_{ij}, 即

$$\lim_{p\to\infty} a_{ij}^{(p)} = b_{ij},$$

则称矩阵序列 $\{\boldsymbol{A}_p\}$ 收敛于 $\boldsymbol{B}$, 记为

$$\lim_{p\to\infty}\boldsymbol{A}_p=\boldsymbol{B}.$$

否则称 $\{\boldsymbol{A}_p\}$ 发散. 设

$$f(z)=a_0+a_1z+a_2z^2+\cdots$$

是一个幂级数, 记

$$f_p(z)=a_0+a_1z+a_2z^2+\cdots+a_pz^p$$

是其部分和. 若矩阵序列 $\{f_p(\boldsymbol{A})\}$ 收敛于 $\boldsymbol{B}$, 则称矩阵级数

$$f(\boldsymbol{A})=a_0\boldsymbol{I}+a_1\boldsymbol{A}+a_2\boldsymbol{A}^2+\cdots \tag{7.8.3}$$

收敛, 极限为 $\boldsymbol{B}$, 记为 $f(\boldsymbol{A})=\boldsymbol{B}$. 否则称 $f(\boldsymbol{A})$ 发散. 用变量矩阵 $\boldsymbol{X}$ 代替 $\boldsymbol{A}$, 便可定义矩阵幂级数

$$f(\boldsymbol{X})=a_0\boldsymbol{I}+a_1\boldsymbol{X}+a_2\boldsymbol{X}^2+\cdots. \tag{7.8.4}$$

定理 7.8.1 设 $f(z)=\sum\limits_{i=0}^{\infty}a_iz^i$ 是复幂级数, 则

(1) 方阵幂级数 $f(\boldsymbol{X})$ 收敛的充分必要条件是对任一非异阵 $\boldsymbol{P}$, $f(\boldsymbol{P}^{-1}\boldsymbol{X}\boldsymbol{P})$ 都收敛, 这时

$$f(\boldsymbol{P}^{-1}\boldsymbol{X}\boldsymbol{P})=\boldsymbol{P}^{-1}f(\boldsymbol{X})\boldsymbol{P};$$

(2) 若 $\boldsymbol{X}=\mathrm{diag}\{\boldsymbol{X}_1,\cdots,\boldsymbol{X}_k\}$, 则 $f(\boldsymbol{X})$ 收敛的充分必要条件是 $f(\boldsymbol{X}_1),\cdots,$ $f(\boldsymbol{X}_k)$ 都收敛, 这时

$$f(\boldsymbol{X})=\mathrm{diag}\{f(\boldsymbol{X}_1),\cdots,f(\boldsymbol{X}_k)\};$$

(3) 若 $f(z)$ 的收敛半径为 r, $\boldsymbol{J}_0$ 是特征值为 λ_0 的 n 阶 Jordan 块

$$\boldsymbol{J}_0=\begin{pmatrix}\lambda_0 & 1 & & & \\ & \lambda_0 & 1 & & \\ & & \ddots & \ddots & \\ & & & \ddots & 1\\ & & & & \lambda_0\end{pmatrix},$$

则当 $|\lambda_0|<r$ 时 $f(\boldsymbol{J}_0)$ 收敛, 且

$$f(\boldsymbol{J}_0)=\begin{pmatrix} f(\lambda_0) & \dfrac{1}{1!}f'(\lambda_0) & \dfrac{1}{2!}f^{(2)}(\lambda_0) & \cdots & \dfrac{1}{(n-1)!}f^{(n-1)}(\lambda_0) \\ & f(\lambda_0) & \dfrac{1}{1!}f'(\lambda_0) & \cdots & \dfrac{1}{(n-2)!}f^{(n-2)}(\lambda_0) \\ & & f(\lambda_0) & \cdots & \dfrac{1}{(n-3)!}f^{(n-3)}(\lambda_0) \\ & & & \ddots & \vdots \\ & & & & f(\lambda_0) \end{pmatrix}.$$

证明 设 $f_p(z)=a_0+a_1z+a_2z^2+\cdots+a_pz^p$ 是 $f(z)$ 前 $p+1$ 项的部分和.

(1) 注意到 $f_p(z)$ 是多项式, 从而有

$$f_p(\boldsymbol{P}^{-1}\boldsymbol{X}\boldsymbol{P})=\boldsymbol{P}^{-1}f_p(\boldsymbol{X})\boldsymbol{P}.$$

由于 n 阶矩阵序列的收敛等价于 n^2 个数值序列的收敛, 故

$$\begin{aligned} f(\boldsymbol{P}^{-1}\boldsymbol{X}\boldsymbol{P}) &= \lim_{p\to\infty}f_p(\boldsymbol{P}^{-1}\boldsymbol{X}\boldsymbol{P})=\lim_{p\to\infty}\boldsymbol{P}^{-1}f_p(\boldsymbol{X})\boldsymbol{P} \\ &= \boldsymbol{P}^{-1}\big(\lim_{p\to\infty}f_p(\boldsymbol{X})\big)\boldsymbol{P}=\boldsymbol{P}^{-1}f(\boldsymbol{X})\boldsymbol{P}. \end{aligned}$$

(2) 注意到 $f_p(z)$ 是多项式, 从而有

$$f_p(\boldsymbol{X})=f_p(\mathrm{diag}\{\boldsymbol{X}_1,\cdots,\boldsymbol{X}_k\})=\mathrm{diag}\{f_p(\boldsymbol{X}_1),\cdots,f_p(\boldsymbol{X}_k)\}.$$

由于分块矩阵序列的收敛等价于每个分块的矩阵序列的收敛, 故

$$\begin{aligned} f(\boldsymbol{X}) &= \lim_{p\to\infty}f_p(\boldsymbol{X})=\lim_{p\to\infty}\mathrm{diag}\{f_p(\boldsymbol{X}_1),\cdots,f_p(\boldsymbol{X}_k)\} \\ &= \mathrm{diag}\{\lim_{p\to\infty}f_p(\boldsymbol{X}_1),\cdots,\lim_{p\to\infty}f_p(\boldsymbol{X}_k)\}=\mathrm{diag}\{f(\boldsymbol{X}_1),\cdots,f(\boldsymbol{X}_k)\}. \end{aligned}$$

(3) 由本节开始部分的计算可知

$$f_p(\boldsymbol{J}_0)=\begin{pmatrix} f_p(\lambda_0) & \dfrac{1}{1!}f_p'(\lambda_0) & \dfrac{1}{2!}f_p^{(2)}(\lambda_0) & \cdots & \dfrac{1}{(n-1)!}f_p^{(n-1)}(\lambda_0) \\ & f_p(\lambda_0) & \dfrac{1}{1!}f_p'(\lambda_0) & \cdots & \dfrac{1}{(n-2)!}f_p^{(n-2)}(\lambda_0) \\ & & f_p(\lambda_0) & \cdots & \dfrac{1}{(n-3)!}f_p^{(n-3)}(\lambda_0) \\ & & & \ddots & \vdots \\ & & & & f_p(\lambda_0) \end{pmatrix}. \tag{7.8.5}$$

令 $p \to \infty$, 由矩阵序列收敛与 n^2 个数值序列收敛的等价性即得结论. □

定理 7.8.1 使我们可以利用 Jordan 标准型来简化矩阵幂级数的计算以及矩阵幂级数收敛性的讨论.

定理 7.8.2　设 $f(z)$ 是复幂级数, 收敛半径为 r. 设 $\boldsymbol{A}$ 是 n 阶复方阵, 特征值为 $\lambda_1, \lambda_2, \cdots, \lambda_n$, 定义 $\boldsymbol{A}$ 的谱半径

$$\rho(\boldsymbol{A}) = \max_{1 \leq i \leq n} |\lambda_i|.$$

(1) 若 $\rho(\boldsymbol{A}) < r$, 则 $f(\boldsymbol{A})$ 收敛;

(2) 若 $\rho(\boldsymbol{A}) > r$, 则 $f(\boldsymbol{A})$ 发散;

(3) 若 $\rho(\boldsymbol{A}) = r$, 则 $f(\boldsymbol{A})$ 收敛的充分必要条件是: 对每一模长等于 r 的特征值 λ_j, 若 $\boldsymbol{A}$ 的属于 λ_j 的初等因子中最高幂为 n_j 次, 则 n_j 个数值级数

$$f(\lambda_j),\ f'(\lambda_j),\ \cdots,\ f^{(n_j-1)}(\lambda_j) \tag{7.8.6}$$

都收敛;

(4) 若 $f(\boldsymbol{A})$ 收敛, 则 $f(\boldsymbol{A})$ 的特征值为

$$f(\lambda_1),\ f(\lambda_2),\ \cdots,\ f(\lambda_n).$$

证明　设 $\boldsymbol{A}$ 的 Jordan 标准型为 $\boldsymbol{J} = \mathrm{diag}\{\boldsymbol{J}_1, \boldsymbol{J}_2, \cdots, \boldsymbol{J}_k\}$. 显然 $f(\boldsymbol{A})$ 的收敛性等价于所有 $f(\boldsymbol{J}_i)\,(i = 1, \cdots, k)$ 的收敛性. 由上面的定理即知 (1) 成立.

若某一个 $|\lambda_j| > r$, 则 $f(\lambda_j)$ 发散, 因此 $f(\boldsymbol{J}_j)$ 发散, 故 $f(\boldsymbol{A})$ 发散, 这就证明了 (2).

当 $\rho(\boldsymbol{A}) = r$ 时, 对 $|\lambda_i| < r$ 的 $\boldsymbol{J}_i$, $f(\boldsymbol{J}_i)$ 收敛. 对 $|\lambda_j| = r$ 的特征值 λ_j, 注意到 $f(z)$ 的任意次导数的收敛半径仍为 r, 又初等因子 $(\lambda - \lambda_j)^{n_j}$ 对应的 Jordan 块为 n_j 阶, 从 (7.8.5) 式即可知道 $f(\boldsymbol{J}_j)$ 的收敛性等价于 (7.8.6) 式中 n_j 个级数的收敛性.

最后若 $f(\boldsymbol{A})$ 收敛, 则 $f(\boldsymbol{A})$ 与 $f(\boldsymbol{J})$ 有相同的特征值, 即为 $f(\lambda_1), f(\lambda_2), \cdots, f(\lambda_n)$. □

由复分析知道:

$$\begin{aligned}
\mathrm{e}^z &= 1 + \frac{1}{1!}z + \frac{1}{2!}z^2 + \frac{1}{3!}z^3 + \cdots, \\
\sin z &= z - \frac{1}{3!}z^3 + \frac{1}{5!}z^5 - \frac{1}{7!}z^7 + \cdots, \\
\cos z &= 1 - \frac{1}{2!}z^2 + \frac{1}{4!}z^4 - \frac{1}{6!}z^6 + \cdots,
\end{aligned}$$

$$\ln(1+z)=z-\frac{1}{2}z^2+\frac{1}{3}z^3-\frac{1}{4}z^4+\cdots.$$

前 3 个级数在整个复平面上收敛, 而 $\ln(1+z)$ 的收敛半径为 1, 于是对一切方阵, 定义

$$\begin{aligned}\mathrm{e}^{\boldsymbol{A}} &= \boldsymbol{I}+\frac{1}{1!}\boldsymbol{A}+\frac{1}{2!}\boldsymbol{A}^2+\frac{1}{3!}\boldsymbol{A}^3+\cdots,\\ \sin\boldsymbol{A} &= \boldsymbol{A}-\frac{1}{3!}\boldsymbol{A}^3+\frac{1}{5!}\boldsymbol{A}^5-\frac{1}{7!}\boldsymbol{A}^7+\cdots,\\ \cos\boldsymbol{A} &= \boldsymbol{I}-\frac{1}{2!}\boldsymbol{A}^2+\frac{1}{4!}\boldsymbol{A}^4-\frac{1}{6!}\boldsymbol{A}^6+\cdots\end{aligned}$$

都有意义. 若 $\boldsymbol{A}$ 所有特征值的模长都小于 1, 则

$$\ln(\boldsymbol{I}+\boldsymbol{A})=\boldsymbol{A}-\frac{1}{2}\boldsymbol{A}^2+\frac{1}{3}\boldsymbol{A}^3-\frac{1}{4}\boldsymbol{A}^4+\cdots$$

也有意义. 同理还可以定义幂函数、双曲函数等. 矩阵函数在分析数学中, 比如在微分方程理论中有着重要的应用.

在具体计算矩阵函数时必须注意不要随便套用数值函数的性质. 比如在数值函数中, 成立

$$\mathrm{e}^x\cdot\mathrm{e}^y=\mathrm{e}^{x+y},$$

但一般来说对矩阵 $\boldsymbol{A},\boldsymbol{B}$, 下面的等式并不一定成立:

$$\mathrm{e}^{\boldsymbol{A}}\cdot\mathrm{e}^{\boldsymbol{B}}=\mathrm{e}^{\boldsymbol{A}+\boldsymbol{B}}.$$

如对

$$\boldsymbol{A}=\begin{pmatrix}1&1\\0&0\end{pmatrix},\quad \boldsymbol{B}=\begin{pmatrix}0&0\\1&1\end{pmatrix},$$

读者可验证 $\mathrm{e}^{\boldsymbol{A}}\cdot\mathrm{e}^{\boldsymbol{B}}\neq\mathrm{e}^{\boldsymbol{A}+\boldsymbol{B}}$. 但如果 $\boldsymbol{A}$ 与 $\boldsymbol{B}$ 乘法可交换, 即 $\boldsymbol{AB}=\boldsymbol{BA}$, 则 $\mathrm{e}^{\boldsymbol{A}}\cdot\mathrm{e}^{\boldsymbol{B}}=\mathrm{e}^{\boldsymbol{A}+\boldsymbol{B}}$ 必成立. 我们把这一结论作为习题留给读者自己证明.

我们举例来说明如何计算 $\mathrm{e}^{t\boldsymbol{A}}$, 其中 t 是一个数值变量, $\boldsymbol{A}$ 是一个 n 阶复方阵. 若令 $f(z)=\mathrm{e}^{tz}$, 则由定理 7.8.1 即得 $f(\boldsymbol{A})=\mathrm{e}^{t\boldsymbol{A}}$ 的计算结果. 下面我们换一种方法来计算. 先设 $\boldsymbol{J}_i$ 是特征值为 λ_i 的 r 阶 Jordan 块, 则

$$\boldsymbol{J}_i=\lambda_i\boldsymbol{I}+\boldsymbol{N},$$

其中 $\boldsymbol{N}$ 是 r 阶幂零阵, 即 $\boldsymbol{N}^r=\boldsymbol{O}$, 于是

$$\mathrm{e}^{\boldsymbol{N}}=\boldsymbol{I}+\boldsymbol{N}+\frac{1}{2!}\boldsymbol{N}^2+\frac{1}{3!}\boldsymbol{N}^3+\cdots+\frac{1}{(r-1)!}\boldsymbol{N}^{r-1}.$$

因为 $(\lambda_i\boldsymbol{I})\boldsymbol{N}=\boldsymbol{N}(\lambda_i\boldsymbol{I})$, 故

$$\begin{aligned}\mathrm{e}^{\boldsymbol{J}_i} &= \mathrm{e}^{\lambda_i\boldsymbol{I}+\boldsymbol{N}}=\mathrm{e}^{\lambda_i\boldsymbol{I}}\cdot\mathrm{e}^{\boldsymbol{N}}=\mathrm{e}^{\lambda_i}\cdot\mathrm{e}^{\boldsymbol{N}}\\ &= \mathrm{e}^{\lambda_i}\boldsymbol{I}+\mathrm{e}^{\lambda_i}\boldsymbol{N}+\frac{1}{2!}\mathrm{e}^{\lambda_i}\boldsymbol{N}^2+\cdots+\frac{1}{(r-1)!}\mathrm{e}^{\lambda_i}\boldsymbol{N}^{r-1}.\end{aligned}$$

同理

$$\mathrm{e}^{t\boldsymbol{J}_i}=\mathrm{e}^{t\lambda_i}\cdot\mathrm{e}^{t\boldsymbol{N}}=\mathrm{e}^{t\lambda_i}\begin{pmatrix}1 & t & \frac{1}{2!}t^2 & \frac{1}{3!}t^3 & \cdots & \frac{1}{(r-1)!}t^{r-1}\\ & 1 & t & \frac{1}{2!}t^2 & \cdots & \frac{1}{(r-2)!}t^{r-2}\\ & & 1 & t & \cdots & \frac{1}{(r-3)!}t^{r-3}\\ & & & \ddots & \ddots & \vdots\\ & & & & \ddots & t\\ & & & & & 1\end{pmatrix}.$$

现设 $\boldsymbol{P}^{-1}\boldsymbol{A}\boldsymbol{P}=\boldsymbol{J}=\mathrm{diag}\{\boldsymbol{J}_1,\cdots,\boldsymbol{J}_k\}$ 是 $\boldsymbol{A}$ 的 Jordan 标准型, 则

$$\mathrm{e}^{t\boldsymbol{A}}=\mathrm{e}^{\boldsymbol{P}(t\boldsymbol{J})\boldsymbol{P}^{-1}}=\boldsymbol{P}\mathrm{e}^{t\boldsymbol{J}}\boldsymbol{P}^{-1},$$

$$\mathrm{e}^{t\boldsymbol{J}}=\begin{pmatrix}\mathrm{e}^{t\boldsymbol{J}_1} & & \\ & \ddots & \\ & & \mathrm{e}^{t\boldsymbol{J}_k}\end{pmatrix}.$$

将 $\mathrm{e}^{t\boldsymbol{J}_i}$ 的式子代入上面的式子即可求出 $\mathrm{e}^{t\boldsymbol{A}}$.

习 题 7.8

1. 若 n 阶矩阵 $\boldsymbol{A}$ 和 $\boldsymbol{B}$ 乘法可交换, 求证:

$$\mathrm{e}^{\boldsymbol{A}}\cdot\mathrm{e}^{\boldsymbol{B}}=\mathrm{e}^{\boldsymbol{B}}\cdot\mathrm{e}^{\boldsymbol{A}}.$$

2. 若 n 阶矩阵 $\boldsymbol{A}$ 和 $\boldsymbol{B}$ 乘法可交换, 求证:

$$\mathrm{e}^{\boldsymbol{A}}\cdot\mathrm{e}^{\boldsymbol{B}}=\mathrm{e}^{\boldsymbol{A}+\boldsymbol{B}}.$$

3. 设 $\boldsymbol{A}$ 是 n 阶矩阵, 求证: $\sin^2\boldsymbol{A}+\cos^2\boldsymbol{A}=\boldsymbol{I}_n$.

4. 设 $\boldsymbol{A}$ 是 n 阶矩阵, 求证: $\sin 2\boldsymbol{A}=2\sin\boldsymbol{A}\cos\boldsymbol{A}$.

5. 计算 $\sin(\mathrm{e}^{c\boldsymbol{I}})$ 及 $\cos(\mathrm{e}^{c\boldsymbol{I}})$, 其中 c 是非零常数.

6. 设 $\boldsymbol{A}$ 是 n 阶方阵, 求 $\mathrm{e}^{\boldsymbol{A}}$ 的行列式.

7. 求证: 对任一 n 阶方阵 $\boldsymbol{A}$, $\mathrm{e}^{\boldsymbol{A}}$ 总是非异阵.

8. 设 $\boldsymbol{A}$ 是 n 阶方阵, 求 $\lim\limits_{k\to\infty}\boldsymbol{A}^k$ 存在的充分必要条件以及极限矩阵.

历史与展望

历史上, 对行列式和矩阵的研究并非只限定在数域 (如常见的实数域 $\mathbb{R}$ 和复数域 $\mathbb{C}$) 上, 在带有加法和乘法两种运算的某一类环 (如常见的整数环 $\mathbb{Z}$ 和一元多项式环 $\mathbb{K}[\lambda]$) 上, 数学家们也引入了许多新的概念, 获得了很多重要的结果.

设某一类环上的矩阵 $\boldsymbol{A},\boldsymbol{B}$ 相抵 (等价), 即存在这类环上的可逆阵 $\boldsymbol{P},\boldsymbol{Q}$, 使 $\boldsymbol{B}=\boldsymbol{PAQ}$. Sylvester 在 1851 年关于行列式的论文中证明了: $\boldsymbol{B}$ 的 i 阶子式的最大公因子 D_i' 等于 $\boldsymbol{A}$ 的 i 阶子式的最大公因子 D_i. 这些 D_i 称为 $\boldsymbol{A}$ 的行列式因子. 1861 年 Smith (史密斯) 在研究整数矩阵时证明了: 每个秩为 r 的矩阵 $\boldsymbol{A}$ 相抵于一个对角阵 $\mathrm{diag}\{d_1,\cdots,d_r,0,\cdots,0\}$, 其中 $d_i\mid d_{i+1}\,(1\leq i\leq r-1)$. 这些 d_i 称为 $\boldsymbol{A}$ 的不变因子, 这一对角阵后来被称为 Smith 标准型. 由 Sylvester 的结论, 即得行列式因子与不变因子之间的互推关系式:

$$d_1=D_1,\quad d_2=D_2/D_1,\quad \cdots,\quad d_r=D_r/D_{r-1}.$$

进一步, 若设 $d_i=p_1^{l_{i1}}p_2^{l_{i2}}\cdots p_k^{l_{ik}}$, 其中 p_i 是素数 (素元), 则这些 $p_j^{l_{ij}}$ 称为 $\boldsymbol{A}$ 的初等因子. 不变因子确定初等因子, 反之亦然. 不变因子和初等因子的意义在于: 某一类环上的矩阵 $\boldsymbol{A}$ 和 $\boldsymbol{B}$ 相抵当且仅当 $\boldsymbol{A}$ 和 $\boldsymbol{B}$ 有相同的不变因子或初等因子.

不变因子和初等因子的概念, 其实最早是从 Sylvester 和 Weierstrass 的行列式的工作中产生, 后来由 Frobenius 在 1878 年的论文中将它们引入到矩阵中的. Frobenius 在那篇论文中对不变因子做了进一步的工作, 然后以合乎逻辑的形式整理了不变因子和初等因子的理论, 他还用 "逆步变换" 的名称处理了矩阵 $\boldsymbol{A}$ 到 $\boldsymbol{B}$ 的相似变换. 后世为了纪念 Frobenius 在相似标准型理论创建过程中的重要贡献, 将基于不变因子的有理标准型也称为 Frobenius 标准型.

利用初等因子的概念, 法国数学家 Jordan 在 1870 年证明了: 任一复矩阵均相似于分块对角阵 $\boldsymbol{J}=\mathrm{diag}\{\boldsymbol{J}_{r_1}(\lambda_1),\boldsymbol{J}_{r_2}(\lambda_2),\cdots,\boldsymbol{J}_{r_k}(\lambda_k)\}$, 其中 $\boldsymbol{J}_{r_i}(\lambda_i)$ 是一个上三角阵, 主对角线上元素全为 λ_i, 上次对角线上元素全为 1, 其余元素全为 0. 这一分块对角阵称为 Jordan 标准型, 主对角块 $\boldsymbol{J}_{r_i}(\lambda_i)$ 称为 Jordan 块.

Metzler (梅茨勒) 在 1892 年的论文中引入了矩阵函数的概念. 他把矩阵的超越函数写成矩阵的幂级数, 并对 $\mathrm{e}^{\boldsymbol{M}}$, $\mathrm{e}^{-\boldsymbol{M}}$, $\ln\boldsymbol{M}$, $\sin\boldsymbol{M}$ 和 $\arcsin\boldsymbol{M}$ 建立了级数, 例如 $\mathrm{e}^{\boldsymbol{M}}=\sum\limits_{n=0}^{\infty}\boldsymbol{M}^n/n!$.

复 习 题 七

1. 设 n 阶方阵 $\boldsymbol{A},\boldsymbol{B},\boldsymbol{C},\boldsymbol{D}$ 中 $\boldsymbol{A},\boldsymbol{C}$ 可逆, 求证: 存在可逆阵 $\boldsymbol{P},\boldsymbol{Q}$, 使得 $\boldsymbol{A}=\boldsymbol{PCQ}$, $\boldsymbol{B}=\boldsymbol{PDQ}$ 的充分必要条件是 $\lambda\boldsymbol{A}-\boldsymbol{B}$ 与 $\lambda\boldsymbol{C}-\boldsymbol{D}$ 相抵.

2. 求证: 存在 n 阶实方阵 $\boldsymbol{A}$, 满足 $\boldsymbol{A}^2+2\boldsymbol{A}+5\boldsymbol{I}_n=\boldsymbol{O}$ 的充分必要条件是 n 为偶数. 当 $n\geq 4$ 时, 验证满足上述条件的矩阵 $\boldsymbol{A}$ 有无限个不变子空间.

3. 设 $\boldsymbol{A}$ 是数域 $\mathbb{K}$ 上的 n 阶方阵, 求证: $\boldsymbol{A}$ 的极小多项式的次数小于等于 $\mathrm{r}(\boldsymbol{A})+1$.

4. 设 $\boldsymbol{A}$ 是数域 $\mathbb{K}$ 上的 n 阶矩阵, 求证: 若 $\mathrm{tr}(\boldsymbol{A})=0$, 则 $\boldsymbol{A}$ 相似于一个 $\mathbb{K}$ 上的主对角元全为零的矩阵.

5. 设 $\boldsymbol{C}$ 是数域 $\mathbb{K}$ 上的 n 阶矩阵, 求证: 存在 $\mathbb{K}$ 上的 n 阶矩阵 $\boldsymbol{A},\boldsymbol{B}$, 使 $\boldsymbol{AB}-\boldsymbol{BA}=\boldsymbol{C}$ 的充分必要条件是 $\mathrm{tr}(\boldsymbol{C})=0$.

6. 设数域 $\mathbb{K}$ 上的 n 阶矩阵 $\boldsymbol{A}$ 的特征多项式 $f(\lambda)=P_1(\lambda)P_2(\lambda)\cdots P_k(\lambda)$, 其中 $P_i(\lambda)\,(1\leq i\leq k)$ 是 $\mathbb{K}$ 上互异的首一不可约多项式. 设 $\mathbb{K}$ 上的 n 阶矩阵 $\boldsymbol{B}$ 满足 $\boldsymbol{AB}=\boldsymbol{BA}$, 求证: 存在 $\mathbb{K}$ 上次数不超过 $n-1$ 的多项式 $f(x)$, 使 $\boldsymbol{B}=f(\boldsymbol{A})$.

7. 设 $\boldsymbol{A}$ 是数域 $\mathbb{K}$ 上的二阶矩阵, 试求 $C(\boldsymbol{A})=\{\boldsymbol{X}\in M_2(\mathbb{K})\mid \boldsymbol{AX}=\boldsymbol{XA}\}$.

8. 设 $\boldsymbol{J}=\boldsymbol{J}_n(\lambda_0)$ 是特征值为 λ_0 的 n 阶 Jordan 块, 求证: 和 $\boldsymbol{J}$ 乘法可交换的 n 阶矩阵必可表示为 $\boldsymbol{J}$ 的次数不超过 $n-1$ 的多项式.

9. 设数域 $\mathbb{K}$ 上的 n 阶矩阵

$$\boldsymbol{A}=\begin{pmatrix} a_1 & b_1 & 0 & \cdots & 0 \\ & \ddots & \ddots & \ddots & \vdots \\ & & \ddots & \ddots & 0 \\ & * & & \ddots & b_{n-1} \\ & & & & a_n \end{pmatrix},$$

其中 $b_1,\cdots,b_{n-1}$ 均不为零. 记 $C(\boldsymbol{A})=\{\boldsymbol{X}\in M_n(\mathbb{K})\mid \boldsymbol{AX}=\boldsymbol{XA}\}$, 证明: 线性空间 $C(\boldsymbol{A})$ 的一组基为 $\{\boldsymbol{I}_n,\boldsymbol{A},\cdots,\boldsymbol{A}^{n-1}\}$.

10. 设有 n 阶分块对角阵

$$\boldsymbol{A}=\begin{pmatrix} \boldsymbol{A}_1 & & \\ & \ddots & \\ & & \boldsymbol{A}_k \end{pmatrix},\quad \boldsymbol{B}=\begin{pmatrix} \boldsymbol{B}_1 & & \\ & \ddots & \\ & & \boldsymbol{B}_k \end{pmatrix},$$

其中 $\boldsymbol{A}_i$ 和 $\boldsymbol{B}_i$ 是同阶方阵. 设 $\boldsymbol{A}_i$ 适合非零多项式 $g_i(x)$, 且 $g_i(x)\,(1\leq i\leq k)$ 两两互素. 求证: 若对每个 i, 存在多项式 $f_i(x)$, 使 $\boldsymbol{B}_i=f_i(\boldsymbol{A}_i)$, 则必存在次数不超过 $n-1$ 的多项式 $f(x)$, 使 $\boldsymbol{B}=f(\boldsymbol{A})$.

11. 设 n 阶矩阵 $\boldsymbol{A}$ 的秩等于 $n-1$, $\boldsymbol{B}$ 是同阶非零矩阵且 $\boldsymbol{AB}=\boldsymbol{BA}=\boldsymbol{O}$, 求证: 存在次数不超过 $n-1$ 的多项式 $f(x)$, 使 $\boldsymbol{B}=f(\boldsymbol{A})$.

12. 设 φ 是复线性空间 V 上的线性变换, V_0 是 φ 的不变子空间. 求证: 若 φ 可对角化, 则 φ 在商空间 V/V_0 上的诱导变换可对角化.

13. 设 φ 是 n 维复线性空间 V 上的线性变换, 求证: φ 可对角化的充分必要条件是对任一 φ–不变子空间 U, 均存在 φ–不变子空间 W, 使得 $V=U\oplus W$. 这样的 W 称为 U 的 φ–不变补空间.

14. 设 n 阶矩阵 $\boldsymbol{A}$ 的极小多项式 $m(\lambda)$ 的次数为 s, $\boldsymbol{B}=(b_{ij})$ 为 s 阶矩阵, 其中 $b_{ij}=\mathrm{tr}(\boldsymbol{A}^{i+j-2})$ (约定 $b_{11}=n$), 求证: $\boldsymbol{A}$ 可对角化的充分必要条件是 $\boldsymbol{B}$ 为可逆阵.

15. 设 n 阶复方阵 $\boldsymbol{A}$ 的特征多项式为 $f(\lambda)$, 复系数多项式 $g(\lambda)$ 满足 $(f(\lambda),g'(\lambda))=1$. 证明: $\boldsymbol{A}$ 可对角化的充分必要条件是 $g(\boldsymbol{A})$ 可对角化.

16. 设 V 为 n 阶复矩阵全体构成的线性空间, V 上的线性变换 φ 定义为 $\varphi(\boldsymbol{X})=\boldsymbol{AXA}$, 其中 $\boldsymbol{A}\in V$. 证明: φ 可对角化的充分必要条件是 $\boldsymbol{A}$ 可对角化.

17. 设 V 为 n 阶复矩阵全体构成的线性空间, V 上的线性变换 φ 定义为 $\varphi(\boldsymbol{X})=\boldsymbol{AX}-\boldsymbol{XA}$, 其中 $\boldsymbol{A}\in V$. 证明: φ 可对角化的充分必要条件是 $\boldsymbol{A}$ 可对角化.

18. 设 φ 是 n 维复线性空间 V 上的线性变换, 求证: φ 可对角化的充分必要条件是对 φ 的任一特征值 λ_0, 总有 $\mathrm{Ker}(\boldsymbol{\varphi}-\lambda_0\boldsymbol{I}_V)\cap\mathrm{Im}(\boldsymbol{\varphi}-\lambda_0\boldsymbol{I}_V)=0$.

19. 求证: n 阶复矩阵 $\boldsymbol{A}$ 可对角化的充分必要条件是对 $\boldsymbol{A}$ 的任一特征值 λ_0, $(\lambda_0\boldsymbol{I}_n-\boldsymbol{A})^2$ 和 $\lambda_0\boldsymbol{I}_n-\boldsymbol{A}$ 的秩相同.

20. 若 $n\,(n\geq 2)$ 阶矩阵 $\boldsymbol{B}$ 相似于 $\boldsymbol{R}=\mathrm{diag}\left\{\begin{pmatrix}0&1\\1&0\end{pmatrix},\boldsymbol{I}_{n-2}\right\}$, 则称 $\boldsymbol{B}$ 为反射阵. 证明: 任一对合阵 $\boldsymbol{A}$ (即 $\boldsymbol{A}^2=\boldsymbol{I}_n$) 均可分解为至多 n 个两两乘法可交换的反射阵的乘积.

21. 设 φ 是 n 维线性空间 V 上的线性变换, U 是 V 的非零 φ–不变子空间. 设 λ_0 是限制变换 $\varphi|_U$ 的特征值, 证明: $\varphi|_U$ 的属于特征值 λ_0 的 Jordan 块的个数不超过 φ 的属于特征值 λ_0 的 Jordan 块的个数.

22. 设 $\boldsymbol{A}=\begin{pmatrix}1&0&0&0\\a+2&1&0&0\\5&3&1&0\\7&6&b+4&1\end{pmatrix}$, 求 $\boldsymbol{A}$ 的 Jordan 标准型.

23. 设 $\boldsymbol{J}=\boldsymbol{J}_n(0)$ 是特征值为零的 $n\,(n\geq 2)$ 阶 Jordan 块, 求 $\boldsymbol{J}^2$ 的 Jordan 标准型.

24. 求下列 $n\,(n \geq 2)$ 阶矩阵的 Jordan 标准型:

$$A = \begin{pmatrix} c & 0 & 1 & 0 & \cdots & 0 \\ & c & 0 & 1 & \cdots & 0 \\ & & \ddots & \ddots & \ddots & \vdots \\ & & & \ddots & \ddots & 1 \\ & & & & \ddots & 0 \\ & & & & & c \end{pmatrix}.$$

25. 设 λ_0 是 n 阶矩阵 A 的特征值, 证明: 对任意的正整数 k, 特征值为 λ_0 的 k 阶 Jordan 块 $J_k(\lambda_0)$ 在 A 的 Jordan 标准型 J 中出现的个数为

$$\mathrm{r}\left((A - \lambda_0 I_n)^{k-1}\right) + \mathrm{r}\left((A - \lambda_0 I_n)^{k+1}\right) - 2\,\mathrm{r}\left((A - \lambda_0 I_n)^{k}\right),$$

其中约定 $\mathrm{r}\left((A - \lambda_0 I_n)^0\right) = n$.

26. 设 A, B 为 n 阶矩阵, 证明: 它们相似的充分必要条件是对 A 或 B 的任一特征值 λ_0 以及任意的 $1 \leq k \leq n$, 有 $\mathrm{r}\left((A - \lambda_0 I_n)^k\right) = \mathrm{r}\left((B - \lambda_0 I_n)^k\right)$.

27. 设 $J = J_n(a)$ 是特征值为 $a \neq 0$ 的 n 阶 Jordan 块, 求 J^m 的 Jordan 标准型, 其中 m 为非零整数.

28. 设 $J = J_n(0)$ 是特征值为零的 n 阶 Jordan 块, 求 $J^m\,(m \geq 1)$ 的 Jordan 标准型.

29. 设 m 阶矩阵 A 与 n 阶矩阵 B 没有公共的特征值, 且 A, B 的 Jordan 标准型分别为 J_1, J_2, 又 C 为 $m \times n$ 矩阵, 求证: $M = \begin{pmatrix} A & C \\ O & B \end{pmatrix}$ 的 Jordan 标准型为 $\mathrm{diag}\{J_1, J_2\}$.

30. 设 $A = \begin{pmatrix} 1 & 0 & 0 & 0 \\ b & a+1 & 0 & 0 \\ 3 & b & 2 & 0 \\ 5 & 4 & a & 2 \end{pmatrix}$, 求 A 的 Jordan 标准型.

31. 设有 n^2 个 n 阶非零矩阵 $A_{ij}\,(1 \leq i, j \leq n)$, 适合

$$A_{ij}A_{jk} = A_{ik}, \quad A_{ij}A_{lk} = O\ (j \neq l).$$

求证: 存在可逆阵 P, 使对任意的 i, j, $P^{-1}A_{ij}P = E_{ij}$, 其中 E_{ij} 是基础矩阵.

32. 设 λ_0 是 n 阶矩阵 A 的特征值, 其代数重数为 m. 设属于特征值 λ_0 的最大 Jordan 块的阶数为 k, 求证:

$$\mathrm{r}(A - \lambda_0 I_n) > \cdots > \mathrm{r}\left((A - \lambda_0 I_n)^k\right) = \mathrm{r}\left((A - \lambda_0 I_n)^{k+1}\right) = \cdots = n - m.$$

33. 设 λ_0 是 n 阶复矩阵 A 的特征值, 并且属于 λ_0 的初等因子都是次数大于等于 2 的多项式. 求证: 特征值 λ_0 的任一特征向量 α 均可表示为 $A - \lambda_0 I_n$ 的列向量的线性组合.

34. 设 $\boldsymbol{A},\boldsymbol{B}$ 为 n 阶矩阵, 满足 $\boldsymbol{AB}=\boldsymbol{BA}=\boldsymbol{O}$, $\mathrm{r}(\boldsymbol{A})=\mathrm{r}(\boldsymbol{A}^2)$, 求证: $\mathrm{r}(\boldsymbol{A}+\boldsymbol{B})=\mathrm{r}(\boldsymbol{A})+\mathrm{r}(\boldsymbol{B})$.

35. 设 $\boldsymbol{A},\boldsymbol{B}$ 分别是 m,n 阶矩阵, 求证: 矩阵方程 $\boldsymbol{AX}=\boldsymbol{XB}$ 只有零解的充分必要条件是 $\boldsymbol{A},\boldsymbol{B}$ 无公共的特征值.

36. 设 $\boldsymbol{A},\boldsymbol{B}$ 分别是 m,n 阶矩阵, $\boldsymbol{C}$ 是 $m\times n$ 矩阵, 求证: 矩阵方程 $\boldsymbol{AX}-\boldsymbol{XB}=\boldsymbol{C}$ 存在唯一解的充分必要条件是 $\boldsymbol{A},\boldsymbol{B}$ 无公共的特征值.

37. 设 $\boldsymbol{A}$ 为 n 阶非异复矩阵, 证明: 对任一正整数 m, 存在 n 阶复矩阵 $\boldsymbol{B}$, 使 $\boldsymbol{A}=\boldsymbol{B}^m$.

38. 设 $\boldsymbol{A}$ 为 n 阶复矩阵, 证明: 存在 n 阶非异复对称阵 $\boldsymbol{Q}$, 使 $\boldsymbol{Q}^{-1}\boldsymbol{AQ}=\boldsymbol{A}'$.

39. 设 $\boldsymbol{A}$ 为 n 阶幂零阵, 证明: $\mathrm{e}^{\boldsymbol{A}}$ 与 $\boldsymbol{I}_n+\boldsymbol{A}$ 相似.

40. 证明: 存在 71 阶实方阵 $\boldsymbol{A}$, 使

$$\boldsymbol{A}^{70}+\boldsymbol{A}^{69}+\cdots+\boldsymbol{A}+\boldsymbol{I}_{71}=\begin{pmatrix}2019 & 2018 & \cdots & 1949\\ & 2019 & \ddots & \vdots\\ & & \ddots & 2018\\ & & & 2019\end{pmatrix}.$$

41. 设 a,b 都是实数, 其中 $b\neq 0$, 证明: 对任意的正整数 m, 存在 4 阶实方阵 $\boldsymbol{A}$, 使

$$\boldsymbol{A}^m=\boldsymbol{B}=\begin{pmatrix}a & b & 2 & 0\\ -b & a & 2 & 0\\ 0 & 0 & a & b\\ 0 & 0 & -b & a\end{pmatrix}.$$

42. 设 $\boldsymbol{\varphi}$ 为数域 $\mathbb{K}$ 上 n 维线性空间 V 上的线性变换, 特征多项式与极小多项式分别为 $f(\lambda)$ 和 $m(\lambda)$, 其不可约分解为:

$$f(\lambda)=P_1(\lambda)^{r_1}P_2(\lambda)^{r_2}\cdots P_t(\lambda)^{r_t},\quad m(\lambda)=P_1(\lambda)^{s_1}P_2(\lambda)^{s_2}\cdots P_t(\lambda)^{s_t},$$

其中 $P_i(\lambda)$ 是 $\mathbb{K}$ 上互异的首一不可约多项式, $r_i>0$, $s_i>0$. 设 $V_i=\mathrm{Ker}\,P_i(\boldsymbol{\varphi})^{r_i}$, $U_i=\mathrm{Ker}\,P_i(\boldsymbol{\varphi})^{s_i}$, $1\leq i\leq t$. 求证:

(1) $V=V_1\oplus V_2\oplus\cdots\oplus V_t$, $U_i=V_i\,(1\leq i\leq t)$.

(2) $\boldsymbol{\varphi}|_{V_i}$ 的特征多项式为 $P_i(\lambda)^{r_i}$, 极小多项式为 $P_i(\lambda)^{s_i}$. 特别, $\dim V_i=r_i\deg P_i(\lambda)$.

43. 设 n 维复线性空间 V 上的线性变换 $\boldsymbol{\varphi}$ 在一组基 $\{\boldsymbol{e}_1,\boldsymbol{e}_2,\cdots,\boldsymbol{e}_n\}$ 下的表示矩阵为 Jordan 块 $\boldsymbol{J}_n(\lambda_0)$, 求所有的 $\boldsymbol{\varphi}$–不变子空间.

44. 设 $\boldsymbol{\varphi}$ 是 n 维复线性空间 V 上的线性变换, 其特征多项式 $f(\lambda)$ 等于其极小多项式 $m(\lambda)$, 求所有的 $\boldsymbol{\varphi}$–不变子空间.

第八章　二　次　型

§ 8.1　二次型的化简与矩阵的合同

在解析几何中，我们曾经学过二次曲线及二次曲面的分类. 以平面二次曲线为例，一条二次曲线可以由一个二元二次方程给出:

$$ax^2 + bxy + cy^2 + dx + ey + f = 0. \tag{8.1.1}$$

要区分 (8.1.1) 式是哪一种曲线 (椭圆、双曲线、抛物线或其退化形式)，我们通常分两步来做: 首先将坐标轴旋转一个角度以消去 xy 项，再作坐标轴的平移以消去一次项. 这里的关键是消去 xy 项，通常的坐标变换公式为

$$\begin{cases} x = x' \cos\theta - y' \sin\theta, \\ y = x' \sin\theta + y' \cos\theta. \end{cases} \tag{8.1.2}$$

从线性空间与线性变换的角度来看，(8.1.2) 式表示平面上的一个线性变换. 因此二次曲线分类的关键是给出一个线性变换，使 (8.1.1) 式中的二次项只含平方项. 这种情形也在空间二次曲面的分类时出现. 类似的问题在数学的其他分支、物理、力学中也会遇到. 为了讨论问题的方便，只考虑二次齐次多项式.

定义 8.1.1　设 f 是数域 $\mathbb{K}$ 上的 n 元二次齐次多项式:

$$\begin{aligned} f(x_1, x_2, \cdots, x_n) = a_{11}x_1^2 &+ 2a_{12}x_1x_2 + \cdots + 2a_{1n}x_1x_n \\ &+ a_{22}x_2^2 + \cdots + 2a_{2n}x_2x_n + \cdots + a_{nn}x_n^2, \end{aligned} \tag{8.1.3}$$

称 f 为数域 $\mathbb{K}$ 上的 n 元二次型，简称二次型.

这里非平方项的系数采用 $2a_{ij}$ 主要是为了以后矩阵表示的方便.

例 8.1.1　下列多项式都是二次型:

$$f(x, y) = \frac{1}{2}x^2 + 3xy + 4y^2,$$

$$f(x,y,z)=2x^2-y^2+4z^2-2xy+(\sqrt{3}+2)xz,$$

$$f(x_1,x_2,x_3,x_4)=x_1^2+\sqrt{5}x_2^2-2x_3^2.$$

而下列多项式都不是二次型:

$$f(x,y)=x^2+3xy+y^2-2x+1,$$

$$f(x,y,z)=2x^2-y^2-2xy+2xz+3,$$

$$f(x_1,x_2,x_3,x_4)=x_1^3+x_2^2-2x_3^2+5x_1x_4.$$

我们现在要用矩阵为工具来处理二次型. 用矩阵的乘法我们可以把 (8.1.3) 式写成矩阵相乘的形式:

$$f(x_1,x_2,\cdots,x_n)=\boldsymbol{x}'\boldsymbol{A}\boldsymbol{x}, \tag{8.1.4}$$

其中

$$\boldsymbol{A}=\begin{pmatrix} a_{11} & a_{12} & \cdots & a_{1n}\\ a_{21} & a_{22} & \cdots & a_{2n}\\ \vdots & \vdots & & \vdots\\ a_{n1} & a_{n2} & \cdots & a_{nn}\end{pmatrix},\quad \boldsymbol{x}=\begin{pmatrix} x_1\\ x_2\\ \vdots\\ x_n\end{pmatrix}.$$

在矩阵 $\boldsymbol{A}$ 中, $a_{ij}=a_{ji}$ 对一切 i,j 成立, 也就是说矩阵 $\boldsymbol{A}$ 是一个对称阵. 由此可知, 给定数域 $\mathbb{K}$ 上的一个 n 元二次型, 我们就得到了 $\mathbb{K}$ 上的一个 n 阶对称阵 $\boldsymbol{A}$, 称为该二次型的相伴矩阵或系数矩阵. 反过来, 若给定 $\mathbb{K}$ 上的一个 n 阶对称阵 $\boldsymbol{A}$, 则由 (8.1.4) 式, 我们可以得到 $\mathbb{K}$ 上的一个二次型, 称为对称阵 $\boldsymbol{A}$ 的相伴二次型. 现在的问题是: 用这样的方法得到的对称阵是否和二次型一一对应? 回答这一点并不难. 设 $f=\boldsymbol{x}'\boldsymbol{A}\boldsymbol{x}=\boldsymbol{x}'\boldsymbol{B}\boldsymbol{x}$, 我们要证明 $\boldsymbol{A}=\boldsymbol{B}$. 这等价于证明下面的结论: 设 $\boldsymbol{A}=(a_{ij})$ 是 n 阶对称阵, 若 $\boldsymbol{\alpha}'\boldsymbol{A}\boldsymbol{\alpha}=0$ 对一切 $\boldsymbol{\alpha}$ 成立, 则 $\boldsymbol{A}=\boldsymbol{O}$. 令 $\boldsymbol{\alpha}=\boldsymbol{e}_i$ 是 n 维标准单位列向量, 则 $a_{ii}=\boldsymbol{e}_i'\boldsymbol{A}\boldsymbol{e}_i=0$. 再令 $\boldsymbol{\alpha}=\boldsymbol{e}_i+\boldsymbol{e}_j\,(i\neq j)$, 则

$$0=(\boldsymbol{e}_i+\boldsymbol{e}_j)'\boldsymbol{A}(\boldsymbol{e}_i+\boldsymbol{e}_j)=\boldsymbol{e}_i'\boldsymbol{A}\boldsymbol{e}_i+\boldsymbol{e}_j'\boldsymbol{A}\boldsymbol{e}_j+\boldsymbol{e}_i'\boldsymbol{A}\boldsymbol{e}_j+\boldsymbol{e}_j'\boldsymbol{A}\boldsymbol{e}_i=a_{ij}+a_{ji},$$

因为 $a_{ij}=a_{ji}$, 故 $a_{ij}=0\,(i\neq j)$, 于是 $\boldsymbol{A}=\boldsymbol{O}$. 这表明用对称阵来表示二次型时, 系数矩阵是唯一的. 事实上, 如果我们不限制矩阵是对称阵, 则系数矩阵将不唯一, 这样会给用矩阵方法研究二次型带来困难.

例 8.1.2 求二次型 $f(x,y)=x^2+3xy+y^2$ 的矩阵表示.

解

$$f(x,y)=(x\,,\,y)\begin{pmatrix}1 & \dfrac{3}{2}\\ \dfrac{3}{2} & 1\end{pmatrix}\begin{pmatrix}x\\ y\end{pmatrix}.$$

例 8.1.3 求二次型 $f(x_1,x_2,x_3,x_4)=x_1^2-x_2^2+2x_3^2+4x_4^2$ 相伴的对称阵.

解 所求的对称阵为

$$\begin{pmatrix}1 & & & \\ & -1 & & \\ & & 2 & \\ & & & 4\end{pmatrix},$$

这是一个对角阵. 显然, 一个 n 元二次型只含平方项当且仅当它的相伴矩阵是一个 n 阶对角阵.

例 8.1.4 求对称阵

$$\begin{pmatrix}1 & \dfrac{1}{2} & -\sqrt{2}\\ \dfrac{1}{2} & -1 & 0\\ -\sqrt{2} & 0 & 2\end{pmatrix}$$

所对应的二次型.

解 所求之二次型为

$$f(x_1,x_2,x_3)=x_1^2-x_2^2+2x_3^2+x_1x_2-2\sqrt{2}x_1x_3.$$

二次型理论的基本问题是要寻找一个线性变换把它变成只含平方项的标准型. 由上面我们知道, 二次型与对称阵一一对应, 而线性变换可以用矩阵来表示. 自然地, 二次型的变换与矩阵有着密切的关系, 现在我们来探讨这个关系.

设 V 是 n 维线性空间, 二次型 $f(x_1,x_2,\cdots,x_n)$ 可以看成是 V 上的二次函数. 即若设 V 的一组基为 $\{\boldsymbol{e}_1,\boldsymbol{e}_2,\cdots,\boldsymbol{e}_n\}$, 向量 $\boldsymbol{\alpha}$ 在这组基下的坐标向量为 $\boldsymbol{x}=(x_1,x_2,\cdots,x_n)'$, 则 f 便是向量 $\boldsymbol{\alpha}$ 的函数. 现假设 $\{\boldsymbol{f}_1,\boldsymbol{f}_2,\cdots,\boldsymbol{f}_n\}$ 是 V 的另一组基, 向量 $\boldsymbol{\alpha}$ 在 $\{\boldsymbol{f}_1,\boldsymbol{f}_2,\cdots,\boldsymbol{f}_n\}$ 下的坐标向量为 $\boldsymbol{y}=(y_1,y_2,\cdots,y_n)'$. 记 $\boldsymbol{C}=(c_{ij})$ 是从基 $\{\boldsymbol{e}_1,\boldsymbol{e}_2,\cdots,\boldsymbol{e}_n\}$ 到基 $\{\boldsymbol{f}_1,\boldsymbol{f}_2,\cdots,\boldsymbol{f}_n\}$ 的过渡矩阵, 则

$$\begin{pmatrix}x_1\\ x_2\\ \vdots\\ x_n\end{pmatrix}=\begin{pmatrix}c_{11} & c_{12} & \cdots & c_{1n}\\ c_{21} & c_{22} & \cdots & c_{2n}\\ \vdots & \vdots & & \vdots\\ c_{n1} & c_{n2} & \cdots & c_{nn}\end{pmatrix}\begin{pmatrix}y_1\\ y_2\\ \vdots\\ y_n\end{pmatrix},$$

或简记为

$$x = Cy.$$

将上式代入 $f(x_1, x_2, \cdots, x_n) = \boldsymbol{x}'\boldsymbol{A}\boldsymbol{x}$, 得

$$f(x_1, x_2, \cdots, x_n) = \boldsymbol{y}'\boldsymbol{C}'\boldsymbol{A}\boldsymbol{C}\boldsymbol{y}.$$

显然, $\boldsymbol{C}'\boldsymbol{A}\boldsymbol{C}$ 仍是一个对称阵, 故 $\boldsymbol{y}'\boldsymbol{C}'\boldsymbol{A}\boldsymbol{C}\boldsymbol{y}$ 是以 $y_1, y_2, \cdots, y_n$ 为变元的二次型, 记为 $g(y_1, y_2, \cdots, y_n)$. 由此我们可看出: 若二次型 $f(x_1, x_2, \cdots, x_n)$ 所对应的对称阵为 $\boldsymbol{A}$, 则经过变量代换之后得到的二次型 $g(y_1, y_2, \cdots, y_n)$ 所对应的对称阵为 $\boldsymbol{C}'\boldsymbol{A}\boldsymbol{C}$.

定义 8.1.2 设 $\boldsymbol{A}, \boldsymbol{B}$ 是数域 $\mathbb{K}$ 上的 n 阶矩阵, 若存在 n 阶非异阵 $\boldsymbol{C}$, 使

$$\boldsymbol{B} = \boldsymbol{C}'\boldsymbol{A}\boldsymbol{C},$$

则称 $\boldsymbol{B}$ 与 $\boldsymbol{A}$ 是合同的, 或称 $\boldsymbol{B}$ 与 $\boldsymbol{A}$ 具有合同关系.

不难证明, 合同关系是一个等价关系, 即

(1) 任一矩阵 $\boldsymbol{A}$ 与自己合同, 因为 $\boldsymbol{A} = \boldsymbol{I}'\boldsymbol{A}\boldsymbol{I}$;

(2) 若 $\boldsymbol{B}$ 与 $\boldsymbol{A}$ 合同, 则 $\boldsymbol{A}$ 与 $\boldsymbol{B}$ 合同. 这是因为若 $\boldsymbol{B} = \boldsymbol{C}'\boldsymbol{A}\boldsymbol{C}$, 则 $\boldsymbol{A} = (\boldsymbol{C}')^{-1}\boldsymbol{B}\boldsymbol{C}^{-1} = (\boldsymbol{C}^{-1})'\boldsymbol{B}\boldsymbol{C}^{-1}$;

(3) 若 $\boldsymbol{B}$ 与 $\boldsymbol{A}$ 合同, $\boldsymbol{D}$ 与 $\boldsymbol{B}$ 合同, 则 $\boldsymbol{D}$ 与 $\boldsymbol{A}$ 合同. 事实上, 若 $\boldsymbol{B} = \boldsymbol{C}'\boldsymbol{A}\boldsymbol{C}$, $\boldsymbol{D} = \boldsymbol{H}'\boldsymbol{B}\boldsymbol{H}$, 则 $\boldsymbol{D} = \boldsymbol{H}'\boldsymbol{C}'\boldsymbol{A}\boldsymbol{C}\boldsymbol{H} = (\boldsymbol{C}\boldsymbol{H})'\boldsymbol{A}(\boldsymbol{C}\boldsymbol{H})$.

因为一个二次型经变量代换后得到的二次型的相伴对称阵与原二次型的相伴对称阵是合同的, 又因为只含平方项的二次型其相伴对称阵是一个对角阵 (见例 8.1.3), 所以, 化二次型为只含平方项的标准型等价于对对称阵 $\boldsymbol{A}$ 寻找非异阵 $\boldsymbol{C}$, 使 $\boldsymbol{C}'\boldsymbol{A}\boldsymbol{C}$ 是一个对角阵. 这一情形与矩阵相似关系颇为类似, 在相似关系下我们希望找到一个非异阵 $\boldsymbol{P}$, 使 $\boldsymbol{P}^{-1}\boldsymbol{A}\boldsymbol{P}$ 成为简单形式的矩阵 (如 Jordan 标准型). 现在我们要找一个非异阵 $\boldsymbol{C}$, 使 $\boldsymbol{C}'\boldsymbol{A}\boldsymbol{C}$ 为对角阵. 因此, 二次型化简的问题相当于寻找合同关系下的标准型. 我们能找到这样的矩阵 $\boldsymbol{C}$ 吗?

首先我们来考察初等变换和矩阵合同的关系.

引理 8.1.1 对称阵 $\boldsymbol{A}$ 的下列变换都是合同变换:

(1) 对换 $\boldsymbol{A}$ 的第 i 行与第 j 行, 再对换第 i 列与第 j 列;

(2) 将非零常数 k 乘以 $\boldsymbol{A}$ 的第 i 行, 再将 k 乘以第 i 列;

(3) 将 $\boldsymbol{A}$ 的第 i 行乘以 k 加到第 j 行上, 再将第 i 列乘以 k 加到第 j 列上.

证明 上述变换相当于将一个初等矩阵左乘以 $\boldsymbol{A}$ 后再将这个初等矩阵的转置右乘之, 因此是合同变换. □

引理 8.1.2 设 $\boldsymbol{A}$ 是数域 $\mathbb{K}$ 上的非零对称阵, 则必存在非异阵 $\boldsymbol{C}$, 使 $\boldsymbol{C}'\boldsymbol{A}\boldsymbol{C}$ 的第 $(1,1)$ 元素不等于零.

证明 若 $a_{11}=0$, 而 $a_{ii}\neq 0$, 则将 $\boldsymbol{A}$ 的第一行与第 i 行对换, 再将第一列与第 i 列对换, 得到的矩阵的第 $(1,1)$ 元素不为零. 根据上述引理, 这样得到的矩阵和原矩阵合同.

若所有的 $a_{ii}=0\,(i=1,2,\cdots,n)$, 设 $a_{ij}\neq 0\,(i\neq j)$, 将 $\boldsymbol{A}$ 的第 j 行加到第 i 行上, 再将第 j 列加到第 i 列上. 因为 $\boldsymbol{A}$ 是对称阵, $a_{ij}=a_{ji}\neq 0$, 于是第 (i,i) 元素是 $2a_{ij}\neq 0$, 再用前面的办法使第 $(1,1)$ 元素不等于零. 根据上述引理, 这样得到的矩阵和原矩阵仍合同, 这就证明了结论. □

定理 8.1.1 设 $\boldsymbol{A}$ 是数域 $\mathbb{K}$ 上的 n 阶对称阵, 则必存在 $\mathbb{K}$ 上的 n 阶非异阵 $\boldsymbol{C}$, 使 $\boldsymbol{C}'\boldsymbol{A}\boldsymbol{C}$ 为对角阵.

证明 由上述引理, 不妨设 $\boldsymbol{A}=(a_{ij})$ 中 $a_{11}\neq 0$. 若 $a_{i1}\neq 0$, 则可将第一行乘以 $-a_{11}^{-1}a_{i1}$ 加到第 i 行上, 再将第一列乘以 $-a_{11}^{-1}a_{i1}$ 加到第 i 列上. 由于 $a_{i1}=a_{1i}$, 故得到的矩阵的第 $(1,i)$ 元素及第 $(i,1)$ 元素均等于零. 由引理 8.1.1 可知, 新得到的矩阵与 $\boldsymbol{A}$ 是合同的. 依次这样做下去, 可把 $\boldsymbol{A}$ 的第一行与第一列除 a_{11} 外的元素都消去, 于是 $\boldsymbol{A}$ 合同于下列矩阵:

$$\begin{pmatrix} a_{11} & 0 & 0 & \cdots & 0 \\ 0 & b_{22} & b_{23} & \cdots & b_{2n} \\ 0 & b_{32} & b_{33} & \cdots & b_{3n} \\ \vdots & \vdots & \vdots & & \vdots \\ 0 & b_{n2} & b_{n3} & \cdots & b_{nn} \end{pmatrix}.$$

上式右下角是一个 $n-1$ 阶对称阵, 记为 $\boldsymbol{A}_1$. 因此由归纳假设, 存在 $n-1$ 阶非异阵 $\boldsymbol{D}$, 使 $\boldsymbol{D}'\boldsymbol{A}_1\boldsymbol{D}$ 为对角阵, 于是

$$\begin{pmatrix} 1 & \boldsymbol{O} \\ \boldsymbol{O} & \boldsymbol{D}' \end{pmatrix}\begin{pmatrix} a_{11} & \boldsymbol{O} \\ \boldsymbol{O} & \boldsymbol{A}_1 \end{pmatrix}\begin{pmatrix} 1 & \boldsymbol{O} \\ \boldsymbol{O} & \boldsymbol{D} \end{pmatrix}=\begin{pmatrix} a_{11} & \boldsymbol{O} \\ \boldsymbol{O} & \boldsymbol{D}'\boldsymbol{A}_1\boldsymbol{D} \end{pmatrix}$$

是一个对角阵. 显然

$$\begin{pmatrix} 1 & \boldsymbol{O} \\ \boldsymbol{O} & \boldsymbol{D}' \end{pmatrix}=\begin{pmatrix} 1 & \boldsymbol{O} \\ \boldsymbol{O} & \boldsymbol{D} \end{pmatrix}',$$

因此 $\boldsymbol{A}$ 合同于对角阵. □

习　题　8.1

1. 证明下列关于分块对称阵 $\boldsymbol{A}$ 的变换是合同变换:

(1) 对换 $\boldsymbol{A}$ 的第 i 分块行与第 j 分块行, 再对换第 i 分块列与第 j 分块列;

(2) 将非异阵 $\boldsymbol{M}$ 左乘 $\boldsymbol{A}$ 的第 i 分块行, 再将 $\boldsymbol{M}'$ 右乘第 i 分块列;

(3) 将矩阵 $\boldsymbol{M}$ 左乘 $\boldsymbol{A}$ 的第 i 分块行加到第 j 分块行上, 再将 $\boldsymbol{M}'$ 右乘第 i 分块列加到第 j 分块列上.

2. 设 $\mathrm{diag}\{\boldsymbol{A}_1, \boldsymbol{A}_2, \cdots, \boldsymbol{A}_m\}$ 是分块对角阵, 其中 $\boldsymbol{A}_i$ 都是对称阵, 求证: $\mathrm{diag}\{\boldsymbol{A}_1, \boldsymbol{A}_2, \cdots, \boldsymbol{A}_m\}$ 合同于 $\mathrm{diag}\{\boldsymbol{A}_{i_1}, \boldsymbol{A}_{i_2}, \cdots, \boldsymbol{A}_{i_m}\}$, 其中 $\boldsymbol{A}_{i_1}, \boldsymbol{A}_{i_2}, \cdots, \boldsymbol{A}_{i_m}$ 是 $\boldsymbol{A}_1, \boldsymbol{A}_2, \cdots, \boldsymbol{A}_m$ 的一个排列.

3. 设可逆阵 $\boldsymbol{A}$ 和 $\boldsymbol{B}$ 合同, 求证: $\boldsymbol{A}^{-1}$ 和 $\boldsymbol{B}^{-1}$ 也合同.

4. 设矩阵 $\boldsymbol{A}$ 和 $\boldsymbol{B}$ 合同, 求证: $\boldsymbol{A}^*$ 和 $\boldsymbol{B}^*$ 也合同.

5. 设矩阵 $\boldsymbol{A}_1$ 和 $\boldsymbol{B}_1$ 合同, $\boldsymbol{A}_2$ 和 $\boldsymbol{B}_2$ 合同, 证明下列两个分块矩阵也合同:

$$\begin{pmatrix} \boldsymbol{A}_1 & \boldsymbol{O} \\ \boldsymbol{O} & \boldsymbol{A}_2 \end{pmatrix}, \quad \begin{pmatrix} \boldsymbol{B}_1 & \boldsymbol{O} \\ \boldsymbol{O} & \boldsymbol{B}_2 \end{pmatrix}.$$

6. 证明: 秩等于 r 的对称阵等于 r 个秩为 1 的对称阵之和.

7. 设 n 阶复对称阵 $\boldsymbol{A}$ 的秩为 r, 求证: $\boldsymbol{A}$ 必可分解为 $\boldsymbol{A} = \boldsymbol{T}'\boldsymbol{T}$, 其中 $\boldsymbol{T}$ 是秩为 r 的 n 阶矩阵.

8. 设 $\boldsymbol{A}$ 是 n 阶反对称阵, 证明 $\boldsymbol{A}$ 合同于下列形状的矩阵:

$$\mathrm{diag}\{\boldsymbol{S}, \cdots, \boldsymbol{S}, 0, \cdots, 0\},$$

其中 $\boldsymbol{S} = \begin{pmatrix} 0 & 1 \\ -1 & 0 \end{pmatrix}$. 特别, 反对称阵的秩总是偶数.

9. 求证: 实反对称阵的行列式总是非负实数.

10. 求证: 元素全是整数的反对称阵的行列式是某个整数的平方.

§ 8.2　二次型的化简

如何将二次型化为只含平方项的标准型? 在这一节里, 我们将介绍配方法和初等变换法这两种方法.

一、配方法

配方法的基础是运用下列公式:

$$\begin{aligned}(x_1+x_2+\cdots+x_n)^2 \quad = \quad & x_1^2+x_2^2+\cdots+x_n^2\\ & +2x_1x_2+2x_1x_3+\cdots+2x_1x_n\\ & +2x_2x_3+\cdots+2x_2x_n\\ & +\cdots\\ & +2x_{n-1}x_n.\end{aligned}$$

我们通过例子来介绍配方法.

例 8.2.1 将下列二次型化成对角型:

$$f(x_1,x_2,x_3)=x_1^2+2x_1x_2-4x_1x_3-3x_2^2-6x_2x_3+x_3^2.$$

解 先将含有 x_1 的项放在一起凑成完全平方再减去必要的项:

$$\begin{aligned}f(x_1,x_2,x_3) &= (x_1^2+2x_1x_2-4x_1x_3)-3x_2^2-6x_2x_3+x_3^2\\ &= \Big((x_1+x_2-2x_3)^2-x_2^2-4x_3^2+4x_2x_3\Big)-3x_2^2-6x_2x_3+x_3^2\\ &= (x_1+x_2-2x_3)^2-4x_2^2-2x_2x_3-3x_3^2.\end{aligned}$$

再对后面那些项配方:

$$\begin{aligned}-4x_2^2-2x_2x_3-3x_3^2 &= -\Big((2x_2+\frac{1}{2}x_3)^2-\frac{1}{4}x_3^2\Big)-3x_3^2\\ &= -(2x_2+\frac{1}{2}x_3)^2-\frac{11}{4}x_3^2.\end{aligned}$$

于是

$$f(x_1,x_2,x_3)=(x_1+x_2-2x_3)^2-(2x_2+\frac{1}{2}x_3)^2-\frac{11}{4}x_3^2.$$

令

$$\begin{cases}y_1=x_1+x_2-2x_3,\\ y_2=2x_2+\dfrac{1}{2}x_3,\\ y_3=x_3,\end{cases}$$

则

$$\begin{pmatrix}y_1\\y_2\\y_3\end{pmatrix}=\begin{pmatrix}1&1&-2\\0&2&\dfrac{1}{2}\\0&0&1\end{pmatrix}\begin{pmatrix}x_1\\x_2\\x_3\end{pmatrix},$$

因此 $f = y_1^2 - y_2^2 - \dfrac{11}{4}y_3^2$, 其变换矩阵为

$$\boldsymbol{C} = \begin{pmatrix} 1 & 1 & -2 \\ 0 & 2 & \dfrac{1}{2} \\ 0 & 0 & 1 \end{pmatrix}^{-1} = \begin{pmatrix} 1 & -\dfrac{1}{2} & \dfrac{9}{4} \\ 0 & \dfrac{1}{2} & -\dfrac{1}{4} \\ 0 & 0 & 1 \end{pmatrix}.$$

注 在用配方法化二次型为只含平方项的标准型的过程中, 必须保证变换矩阵 $\boldsymbol{C}$ 是非异阵. 如果我们按照例 8.2.1 的方法, 将含 x_1 的项放在一起配成一个完全平方, 接下来将含 x_2 的项放在一起再配方, 如此不断做下去. 最后得到的变换矩阵 $\boldsymbol{C}$ 是一个主对角元全不为零的上三角阵, 因此是一个非异阵. 有时我们用看似简单的方法得到的结果未必正确. 比如用观察法即可得到下列配方:

$$\begin{aligned} f &= 2x_1^2 + 2x_2^2 + 2x_3^2 - 2x_1x_2 + 2x_1x_3 + 2x_2x_3 \\ &= (x_1 - x_2)^2 + (x_1 + x_3)^2 + (x_2 + x_3)^2. \end{aligned}$$

若令 $y_1 = x_1 - x_2$, $y_2 = x_1 + x_3$, $y_3 = x_2 + x_3$, 则 $f = y_1^2 + y_2^2 + y_3^2$. 由于矩阵

$$\begin{pmatrix} 1 & -1 & 0 \\ 1 & 0 & 1 \\ 0 & 1 & 1 \end{pmatrix}$$

不是非异阵, 因此上述配方不是我们所需要的结论.

如果已知的二次型中没有平方项, 我们可以采用下面例子中的方法.

例 8.2.2 将二次型

$$f(x_1, x_2, x_3, x_4) = 2x_1x_2 - x_1x_3 + x_1x_4 - x_2x_3 + x_2x_4 - 2x_3x_4$$

化成对角型.

解 这个二次型缺少了 x_i^2 项, 因此无法用例 8.2.1 的方法配方, 但我们可作如下变换:

$$\begin{cases} x_1 = y_1 + y_2, \\ x_2 = y_1 - y_2, \\ x_3 = y_3, \\ x_4 = y_4. \end{cases}$$

代入原二次型得

$$f = 2y_1^2 - 2y_2^2 - 2y_1y_3 + 2y_1y_4 - 2y_3y_4.$$

这时 y_1^2 项不为零, 于是

$$\begin{aligned} f &= (2y_1^2 - 2y_1y_3 + 2y_1y_4) - 2y_2^2 - 2y_3y_4 \\ &= 2\Big((y_1 - \frac{1}{2}y_3 + \frac{1}{2}y_4)^2 - \frac{1}{4}y_3^2 - \frac{1}{4}y_4^2 + \frac{1}{2}y_3y_4\Big) - 2y_2^2 - 2y_3y_4 \\ &= 2(y_1 - \frac{1}{2}y_3 + \frac{1}{2}y_4)^2 - 2y_2^2 - \frac{1}{2}y_3^2 - y_3y_4 - \frac{1}{2}y_4^2 \\ &= 2(y_1 - \frac{1}{2}y_3 + \frac{1}{2}y_4)^2 - 2y_2^2 - \frac{1}{2}(y_3 + y_4)^2. \end{aligned}$$

令

$$\begin{cases} z_1 = y_1 - \frac{1}{2}y_3 + \frac{1}{2}y_4, \\ z_2 = y_2, \\ z_3 = y_3 + y_4, \\ z_4 = y_4, \end{cases}$$

于是

$$f = 2z_1^2 - 2z_2^2 - \frac{1}{2}z_3^2,$$

其中 z_4^2 的系数为零, 故未写出.

为求变换矩阵 $\boldsymbol{C}$, 可从上面 z_i 的表示式中解出 y_i:

$$\begin{cases} y_1 = z_1 + \frac{1}{2}z_3 - z_4, \\ y_2 = z_2, \\ y_3 = z_3 - z_4, \\ y_4 = z_4, \end{cases}$$

再将 x_i 求出:

$$\begin{cases} x_1 = z_1 + z_2 + \frac{1}{2}z_3 - z_4, \\ x_2 = z_1 - z_2 + \frac{1}{2}z_3 - z_4, \\ x_3 = z_3 - z_4, \\ x_4 = z_4, \end{cases}$$

于是

$$C=\begin{pmatrix}1&1&\frac{1}{2}&-1\\1&-1&\frac{1}{2}&-1\\0&0&1&-1\\0&0&0&1\end{pmatrix}.$$

二、初等变换法

用配方法化简二次型有时比较麻烦, 求非异阵 C 也比较麻烦. 我们常常用初等变换法来化简二次型, 初等变换法的依据是引理 8.1.1.

下面我们通过例子来说明这种方法.

例 8.2.3 将下列二次型化为对角型:

$$f(x_1,x_2,x_3)=x_1^2-3x_2^2-2x_1x_2+2x_1x_3-6x_2x_3.$$

解 记与 f 相伴的对称阵为 A, 写出 $(A\,|\,I_3)$ 并作初等变换:

$$(A\,|\,I_3)=\left(\begin{array}{ccc|ccc}1&-1&1&1&0&0\\-1&-3&-3&0&1&0\\1&-3&0&0&0&1\end{array}\right)\to$$

$$\left(\begin{array}{ccc|ccc}1&-1&1&1&0&0\\0&-4&-2&1&1&0\\1&-3&0&0&0&1\end{array}\right)\to\left(\begin{array}{ccc|ccc}1&0&1&1&0&0\\0&-4&-2&1&1&0\\1&-2&0&0&0&1\end{array}\right)\to$$

$$\left(\begin{array}{ccc|ccc}1&0&1&1&0&0\\0&-4&-2&1&1&0\\0&-2&-1&-1&0&1\end{array}\right)\to\left(\begin{array}{ccc|ccc}1&0&0&1&0&0\\0&-4&-2&1&1&0\\0&-2&-1&-1&0&1\end{array}\right)\to$$

$$\left(\begin{array}{ccc|ccc}1&0&0&1&0&0\\0&-4&-2&1&1&0\\0&0&0&-\frac{3}{2}&-\frac{1}{2}&1\end{array}\right)\to\left(\begin{array}{ccc|ccc}1&0&0&1&0&0\\0&-4&0&1&1&0\\0&0&0&-\frac{3}{2}&-\frac{1}{2}&1\end{array}\right).$$

于是 f 可化简为

$$y_1^2 - 4y_2^2,$$

$$C = \begin{pmatrix} 1 & 0 & 0 \\ 1 & 1 & 0 \\ -\dfrac{3}{2} & -\dfrac{1}{2} & 1 \end{pmatrix}' = \begin{pmatrix} 1 & 1 & -\dfrac{3}{2} \\ 0 & 1 & -\dfrac{1}{2} \\ 0 & 0 & 1 \end{pmatrix}.$$

这种方法可总结如下: 作 $n \times 2n$ 矩阵 $(\boldsymbol{A} \mid \boldsymbol{I}_n)$, 对这个矩阵实施初等行变换, 同时施以同样的初等列变换, 将它左半边化为对角阵, 则这个对角阵就是已化简的二次型的相伴矩阵, 右半边的转置便是变换矩阵 $\boldsymbol{C}$.

如碰到第 $(1,1)$ 元素是零的矩阵, 可先设法将第 $(1,1)$ 元素化成非零, 再进行上述过程.

例 8.2.4 将二次型 $f(x_1, x_2, x_3) = 2x_1x_2 + 4x_1x_3 - 4x_2x_3$ 化成对角型.

解 写出与 f 相伴的对称阵 $\boldsymbol{A}$, 作 $(\boldsymbol{A} \mid \boldsymbol{I}_3)$ 并将它的第二行加到第一行上, 再将第二列加到第一列上:

$$(\boldsymbol{A} \mid \boldsymbol{I}_3) = \left(\begin{array}{ccc|ccc} 0 & 1 & 2 & 1 & 0 & 0 \\ 1 & 0 & -2 & 0 & 1 & 0 \\ 2 & -2 & 0 & 0 & 0 & 1 \end{array}\right) \to \left(\begin{array}{ccc|ccc} 2 & 1 & 0 & 1 & 1 & 0 \\ 1 & 0 & -2 & 0 & 1 & 0 \\ 0 & -2 & 0 & 0 & 0 & 1 \end{array}\right).$$

同例 8.2.3 一样, 对上述矩阵进行初等变换得到

$$\left(\begin{array}{ccc|ccc} 2 & 0 & 0 & 1 & 1 & 0 \\ 0 & -\dfrac{1}{2} & 0 & -\dfrac{1}{2} & \dfrac{1}{2} & 0 \\ 0 & 0 & 8 & 2 & -2 & 1 \end{array}\right).$$

因此 f 化简为

$$2y_1^2 - \frac{1}{2}y_2^2 + 8y_3^2,$$

$$\boldsymbol{C} = \begin{pmatrix} 1 & -\dfrac{1}{2} & 2 \\ 1 & \dfrac{1}{2} & -2 \\ 0 & 0 & 1 \end{pmatrix}.$$

习　题　8.2

1. 用配方法把下列二次型化成对角型:

(1) $f(x_1,x_2,x_3)=x_1^2+x_2^2+3x_3^2+4x_1x_2+2x_1x_3+2x_2x_3$;

(2) $f(x_1,x_2,x_3)=x_1x_2+x_1x_3+x_2x_3$;

(3) $f(x_1,x_2,x_3,x_4)=x_1^2+x_2^2-2x_1x_2+4x_1x_3+2x_2x_3-2x_2x_4+2x_3x_4$;

(4) $f(x_1,x_2,x_3,x_4)=x_1x_2+x_2x_3+x_3x_4$.

2. 用初等变换法把下列二次型化为对角型并求出非异阵 $\boldsymbol{C}$:

(1) $f(x_1,x_2,x_3)=x_1^2-3x_3^2-2x_1x_2+2x_1x_3-8x_2x_3$;

(2) $f(x_1,x_2,x_3)=2x_1x_2+2x_1x_3+2x_2x_3$;

(3) $f(x_1,x_2,x_3,x_4)=x_1^2+x_2^2+x_3^2+x_4^2+2x_1x_2+2x_1x_4-2x_2x_3-2x_2x_4-2x_3x_4$;

(4) $f(x_1,x_2,x_3,x_4)=2x_1x_2-2x_1x_4+2x_2x_3-4x_2x_4+6x_3x_4$.

3. 设矩阵

$$\boldsymbol{A}=\begin{pmatrix}0&1&0&0\\1&0&0&0\\0&0&a&1\\0&0&1&2\end{pmatrix}$$

有一个特征值为 3, 求 a 的值并求可逆阵 $\boldsymbol{C}$, 使 $(\boldsymbol{AC})'(\boldsymbol{AC})$ 是对角阵.

§ 8.3　惯 性 定 理

在上两节里我们已经知道如何将一个数域上的二次型化为标准型, 即只含平方项的二次型. 在这一节里, 我们将主要讨论实数域与复数域上的二次型.

一、实二次型

我们已经知道, 任意一个实对称阵 $\boldsymbol{A}$ 必合同于一个对角阵:

$$\boldsymbol{C}'\boldsymbol{A}\boldsymbol{C}=\mathrm{diag}\{d_1,d_2,\cdots,d_r,0,\cdots,0\},$$

其中 $d_i\neq 0\,(i=1,\cdots,r)$. 注意到 $\boldsymbol{C}$ 是可逆阵, 故 $r=\mathrm{r}(\boldsymbol{C}'\boldsymbol{A}\boldsymbol{C})=\mathrm{r}(\boldsymbol{A})$, 即秩 r 是矩阵合同关系下的一个不变量. 如同相似标准型一样, 我们的目的是要找出实对称阵在合同关系下的全系不变量, 即找出一组足以判断两个实对称阵是否合同的合同不变量. 我们不妨设实对称阵已具有下列对角阵的形状:

$$\boldsymbol{A}=\mathrm{diag}\{d_1,d_2,\cdots,d_r,0,\cdots,0\}.$$

由引理 8.1.1 不难知道, 任意调换 $\boldsymbol{A}$ 的主对角线上的元素得到的矩阵仍与 $\boldsymbol{A}$ 合同. 因此我们可把零放在一起, 把正项与负项放在一起, 即可设 $d_1 > 0, \cdots, d_p > 0$; $d_{p+1} < 0, \cdots, d_r < 0$. $\boldsymbol{A}$ 所代表的二次型为

$$f(x_1, x_2, \cdots, x_n) = d_1 x_1^2 + d_2 x_2^2 + \cdots + d_r x_r^2. \tag{8.3.1}$$

令

$$\begin{cases} y_1 = \sqrt{d_1} x_1, \ \cdots, \ y_p = \sqrt{d_p} x_p; \\ y_{p+1} = \sqrt{-d_{p+1}} x_{p+1}, \ \cdots, \ y_r = \sqrt{-d_r} x_r; \\ y_j = x_j \ (j = r+1, \cdots, n), \end{cases}$$

则 (8.3.1) 式变为

$$f = y_1^2 + \cdots + y_p^2 - y_{p+1}^2 - \cdots - y_r^2. \tag{8.3.2}$$

这一事实等价于说 $\boldsymbol{A}$ 合同于下列对角阵:

$$\mathrm{diag}\{1, \cdots, 1; -1, \cdots, -1; 0, \cdots, 0\}, \tag{8.3.3}$$

其中有 p 个 1, q 个 -1, $n-r$ 个零.

现在我们要证明 (8.3.2) 式中的数 p 及 $q = r - p$ 是两个合同不变量.

定理 8.3.1 设 $f(x_1, x_2, \cdots, x_n)$ 是一个 n 元实二次型, 且 f 可化为两个标准型:

$$c_1 y_1^2 + \cdots + c_p y_p^2 - c_{p+1} y_{p+1}^2 - \cdots - c_r y_r^2,$$
$$d_1 z_1^2 + \cdots + d_k z_k^2 - d_{k+1} z_{k+1}^2 - \cdots - d_r z_r^2,$$

其中 $c_i > 0$, $d_i > 0$, 则必有 $p = k$.

证明 用反证法, 设 $p > k$. 由前面的说明不妨设 c_i 及 d_i 均为 1, 因此

$$y_1^2 + \cdots + y_p^2 - y_{p+1}^2 - \cdots - y_r^2 = z_1^2 + \cdots + z_k^2 - z_{k+1}^2 - \cdots - z_r^2. \tag{8.3.4}$$

又设

$$\boldsymbol{x} = \boldsymbol{B}\boldsymbol{y}, \quad \boldsymbol{x} = \boldsymbol{C}\boldsymbol{z},$$

其中

$$\boldsymbol{x} = \begin{pmatrix} x_1 \\ x_2 \\ \vdots \\ x_n \end{pmatrix}, \quad \boldsymbol{y} = \begin{pmatrix} y_1 \\ y_2 \\ \vdots \\ y_n \end{pmatrix}, \quad \boldsymbol{z} = \begin{pmatrix} z_1 \\ z_2 \\ \vdots \\ z_n \end{pmatrix},$$

于是 $\boldsymbol{z}=\boldsymbol{C}^{-1}\boldsymbol{B}\boldsymbol{y}$. 令

$$\boldsymbol{C}^{-1}\boldsymbol{B}=\begin{pmatrix} c_{11} & c_{12} & \cdots & c_{1n} \\ c_{21} & c_{22} & \cdots & c_{2n} \\ \vdots & \vdots & & \vdots \\ c_{n1} & c_{n2} & \cdots & c_{nn} \end{pmatrix},$$

则

$$\begin{cases} z_1=c_{11}y_1+c_{12}y_2+\cdots+c_{1n}y_n, \\ z_2=c_{21}y_1+c_{22}y_2+\cdots+c_{2n}y_n, \\ \quad\cdots\cdots\cdots\cdots \\ z_n=c_{n1}y_1+c_{n2}y_2+\cdots+c_{nn}y_n. \end{cases}$$

因为 $p>k$, 故齐次线性方程组

$$\begin{cases} c_{11}y_1+c_{12}y_2+\cdots+c_{1n}y_n=0, \\ \quad\cdots\cdots\cdots\cdots \\ c_{k1}y_1+c_{k2}y_2+\cdots+c_{kn}y_n=0, \\ y_{p+1}=0, \\ \quad\cdots\cdots\cdots\cdots \\ y_n=0 \end{cases}$$

必有非零解 (n 个未知数, $n-(p-k)$ 个方程式). 令其中一个非零解为 $y_1=a_1$, $\cdots$, $y_p=a_p$, $y_{p+1}=0$, $\cdots$, $y_n=0$, 把这组解代入 (8.3.4) 式左边得到

$$a_1^2+\cdots+a_p^2>0.$$

但这时 $z_1=\cdots=z_k=0$, 故 (8.3.4) 式右边将小于等于零, 引出了矛盾. 同理可证 $p<k$ 也不可能. □

定理 8.3.1 通常称为惯性定理, (8.3.2) 式中的二次型称为 f 的规范标准型.

定义 8.3.1 设 $f(x_1,x_2,\cdots,x_n)$ 是一个实二次型, 若它能化为形如 (8.3.2) 式的形状, 则称 r 是该二次型的秩, p 是它的正惯性指数, $q=r-p$ 是它的负惯性指数, $s=p-q$ 称为 f 的符号差.

显然, 若已知秩 r 与符号差 s, 则 $p=\dfrac{1}{2}(r+s)$, $q=\dfrac{1}{2}(r-s)$. 事实上, 在 p,q,r,s 中只需知道其中两个数, 其余两个数也就知道了. 由于实对称阵与实二次型之间的等价关系, 我们将实二次型的秩、惯性指数及符号差也称为相应的实对称阵的秩、惯性指数及符号差.

定理 8.3.2 秩与符号差 (或正负惯性指数) 是实对称阵在合同关系下的全系不变量.

证明 由上面的定理知道, 秩 r 与符号差 s 是实对称阵合同关系的不变量. 反之, 若 n 阶实对称阵 $\boldsymbol{A},\boldsymbol{B}$ 的秩都为 r, 符号差都是 s, 则它们都合同于

$$\mathrm{diag}\{1,\cdots,1;-1,\cdots,-1;0,\cdots,0\},$$

其中有 $p=\dfrac{1}{2}(r+s)$ 个 1, $q=\dfrac{1}{2}(r-s)$ 个 -1 及 $n-r$ 个零, 因此 $\boldsymbol{A}$ 与 $\boldsymbol{B}$ 合同. 对正负惯性指数的结论也同样成立. □

二、复二次型

复二次型要比实二次型简单得多. 因为复二次型

$$f(x_1,x_2,\cdots,x_n)=d_1x_1^2+d_2x_2^2+\cdots+d_rx_r^2$$

必可化为

$$z_1^2+z_2^2+\cdots+z_r^2,$$

其中 $z_i=\sqrt{d_i}x_i\,(i=1,2,\cdots,r)$, $z_j=x_j\,(j=r+1,\cdots,n)$. 所以复对称阵的合同关系只有一个全系不变量, 那就是秩 r.

习 题 8.3

1. 把互相合同的实对称阵作为一个类, 问: n 阶实对称阵共有多少个类?

2. 举例说明实对称阵 $\boldsymbol{A}$ 和它的伴随阵 $\boldsymbol{A}^*$ 未必合同.

3. 设实二次型 f 和 g 的相伴矩阵分别是 $\boldsymbol{A}$ 和 $\boldsymbol{A}^{-1}$, 求证: f 和 g 有相同的正负惯性指数.

4. 设实二次型 f 的相伴矩阵为 $\boldsymbol{A}$, 若 $\det\boldsymbol{A}<0$, 求证: 必存在一组实数 $a_1,a_2,\cdots,a_n$, 使 $f(a_1,a_2,\cdots,a_n)<0$.

5. 设 $\boldsymbol{A}$ 是 $m\times n$ 实矩阵且 $\mathrm{r}(\boldsymbol{A})=r$, 作 n 元二次型 $f(\boldsymbol{x})=\boldsymbol{x}'(\boldsymbol{A}'\boldsymbol{A})\boldsymbol{x}$, 求证: f 的秩等于 r.

6. 设有 n 元实二次型

$$f(x_1,x_2,\cdots,x_n)=(x_1-a_1x_2)^2+(x_2-a_2x_3)^2+\cdots+(x_{n-1}-a_{n-1}x_n)^2+(x_n-a_nx_1)^2,$$

其中 a_i 都是实数, 求证: f 的正惯性指数大于等于 $n-1$, 并确定 a_i 适合什么条件时, f 的正惯性指数等于 n.

7. 证明: 一个秩大于 1 的实二次型可以分解为两个实系数一次多项式之积的充分必要条件是它的秩等于 2 且符号差等于零.

8. 设实二次型 $f(x_1,x_2,\cdots,x_n)=y_1^2+\cdots+y_k^2-y_{k+1}^2-\cdots-y_{k+s}^2$, 其中 $y_i=a_{i1}x_1+a_{i2}x_2+\cdots+a_{in}x_n\ (i=1,2,\cdots,k+s)$, 求证: f 的正惯性指数 $p\le k$, 负惯性指数 $q\le s$.

9. 设分块实对称阵 $\boldsymbol{M}=\begin{pmatrix}\boldsymbol{A}&\boldsymbol{O}\\\boldsymbol{O}&\boldsymbol{B}\end{pmatrix}$, 求证: $\boldsymbol{M}$ 的正惯性指数等于 $\boldsymbol{A},\boldsymbol{B}$ 的正惯性指数之和, $\boldsymbol{M}$ 的负惯性指数等于 $\boldsymbol{A},\boldsymbol{B}$ 的负惯性指数之和.

10. 设 $\boldsymbol{A}$ 是 n 阶实可逆阵, $\boldsymbol{B}=\begin{pmatrix}\boldsymbol{O}&\boldsymbol{A}\\\boldsymbol{A}'&\boldsymbol{O}\end{pmatrix}$, 求矩阵 $\boldsymbol{B}$ 的正负惯性指数.

§ 8.4　正定型与正定矩阵

这一节里的二次型都假设是实二次型.

定义 8.4.1　设 $f(x_1,x_2,\cdots,x_n)=\boldsymbol{x}'\boldsymbol{A}\boldsymbol{x}$ 是 n 元实二次型, $\boldsymbol{A}$ 是相伴矩阵.

(1) 若对任意 n 维非零列向量 $\boldsymbol{\alpha}$ 均有 $\boldsymbol{\alpha}'\boldsymbol{A}\boldsymbol{\alpha}>0$, 则称 f 是正定二次型 (简称正定型), 矩阵 $\boldsymbol{A}$ 称为正定矩阵 (简称正定阵);

(2) 若对任意 n 维非零列向量 $\boldsymbol{\alpha}$ 均有 $\boldsymbol{\alpha}'\boldsymbol{A}\boldsymbol{\alpha}<0$, 则称 f 是负定二次型 (简称负定型), 矩阵 $\boldsymbol{A}$ 称为负定矩阵 (简称负定阵);

(3) 若对任意 n 维非零列向量 $\boldsymbol{\alpha}$ 均有 $\boldsymbol{\alpha}'\boldsymbol{A}\boldsymbol{\alpha}\ge 0$, 则称 f 是半正定二次型 (简称半正定型), 矩阵 $\boldsymbol{A}$ 称为半正定矩阵 (简称半正定阵);

(4) 若对任意 n 维非零列向量 $\boldsymbol{\alpha}$ 均有 $\boldsymbol{\alpha}'\boldsymbol{A}\boldsymbol{\alpha}\le 0$, 则称 f 是半负定二次型 (简称半负定型), 矩阵 $\boldsymbol{A}$ 称为半负定矩阵 (简称半负定阵);

(5) 若存在 $\boldsymbol{\alpha}$, 使 $\boldsymbol{\alpha}'\boldsymbol{A}\boldsymbol{\alpha}>0$; 又存在 $\boldsymbol{\beta}$, 使 $\boldsymbol{\beta}'\boldsymbol{A}\boldsymbol{\beta}<0$, 则称 f 是不定型.

显然

$$f(x_1,x_2,\cdots,x_n)=x_1^2+x_2^2+\cdots+x_n^2$$

是正定型, 而

$$f(x_1,x_2,\cdots,x_n)=-x_1^2-x_2^2-\cdots-x_n^2$$

是负定型. 事实上, 我们可以证明如下的定理.

定理 8.4.1 设 $f(x_1,x_2,\cdots,x_n)$ 是 n 元实二次型, 则 f 是正定型的充分必要条件是 f 的正惯性指数等于 n; f 是负定型的充分必要条件是 f 的负惯性指数等于 n; f 是半正定型的充分必要条件是 f 的正惯性指数等于 f 的秩 r; f 是半负定型的充分必要条件是 f 的负惯性指数等于 f 的秩 r.

证明 若 f 的正惯性指数等于 n, 则 f 可化为下列标准型:

$$f=y_1^2+y_2^2+\cdots+y_n^2,$$

显然 f 是正定型. 反之, 若 f 是正定型, 如果 f 的正惯性指数 $p<n$, 则 f 可化为如下标准型:

$$f=y_1^2+\cdots+y_p^2-c_{p+1}y_{p+1}^2-\cdots-c_ny_n^2, \tag{8.4.1}$$

其中 $c_j\geq 0\,(j=p+1,\cdots,n)$. 这时令 $b_1=\cdots=b_p=0$, $b_{p+1}=\cdots=b_n=1$, 则 $b_1,b_2,\cdots,b_n$ 不全为零. 假设这时 $\boldsymbol{x}=\boldsymbol{C}\boldsymbol{y}$, 其中

$$\boldsymbol{x}=\begin{pmatrix}x_1\\x_2\\\vdots\\x_n\end{pmatrix},\quad \boldsymbol{y}=\begin{pmatrix}y_1\\y_2\\\vdots\\y_n\end{pmatrix},$$

$\boldsymbol{C}$ 是非异阵, 则从 $y_i=b_i\,(i=1,\cdots,n)$ 可得 $x_i=a_i\,(i=1,\cdots,n)$ 是一组不全为零的实数. 于是

$$f(a_1,a_2,\cdots,a_n)\leq 0,$$

这与 f 是正定型矛盾. 其余结论的证明类似. □

显然我们有下面的定理.

定理 8.4.2 n 阶实对称阵 $\boldsymbol{A}$ 是正定阵当且仅当它合同于单位阵 $\boldsymbol{I}_n$; $\boldsymbol{A}$ 是负定阵当且仅当它合同于 $-\boldsymbol{I}_n$; $\boldsymbol{A}$ 是半正定阵当且仅当 $\boldsymbol{A}$ 合同于下列对角阵:

$$\begin{pmatrix}\boldsymbol{I}_r & \boldsymbol{O}\\ \boldsymbol{O} & \boldsymbol{O}\end{pmatrix};$$

$\boldsymbol{A}$ 是半负定阵当且仅当 $\boldsymbol{A}$ 合同于下列对角阵:

$$\begin{pmatrix}-\boldsymbol{I}_r & \boldsymbol{O}\\ \boldsymbol{O} & \boldsymbol{O}\end{pmatrix}.$$

定义 8.4.2　设 $\boldsymbol{A}=(a_{ij})$ 是 n 阶矩阵, $\boldsymbol{A}$ 的 n 个子式:

$$\begin{vmatrix} a_{11} & a_{12} & \cdots & a_{1k} \\ a_{21} & a_{22} & \cdots & a_{2k} \\ \vdots & \vdots & & \vdots \\ a_{k1} & a_{k2} & \cdots & a_{kk} \end{vmatrix} \quad (k=1,2,\cdots,n)$$

称为 $\boldsymbol{A}$ 的顺序主子式.

定理 8.4.3　n 阶实对称阵 $\boldsymbol{A}$ 是正定阵的充分必要条件是它的 n 个顺序主子式全大于零.

证明　先证必要性. 设 n 阶实对称阵 $\boldsymbol{A}=(a_{ij})$ 为正定阵, 则对应的实二次型

$$f(x_1,x_2,\cdots,x_n)=\sum_{j=1}^{n}\sum_{i=1}^{n}a_{ij}x_ix_j$$

为正定型. 令

$$f_k(x_1,x_2,\cdots,x_k)=\sum_{j=1}^{k}\sum_{i=1}^{k}a_{ij}x_ix_j,$$

则对任意一组不全为零的实数 $c_1,c_2,\cdots,c_k$, 有

$$f_k(c_1,c_2,\cdots,c_k)=f(c_1,c_2,\cdots,c_k,0,\cdots,0)>0,$$

因此 f_k 是一个正定二次型, 从而它的相伴矩阵 $\boldsymbol{A}_k$ (由 $\boldsymbol{A}$ 的前 k 行及前 k 列组成) 是一个正定阵. 由于 $\boldsymbol{A}_k$ 合同于 $\boldsymbol{I}_k$, 故存在 k 阶非异阵 $\boldsymbol{B}$, 使

$$\boldsymbol{B}'\boldsymbol{A}_k\boldsymbol{B}=\boldsymbol{I}_k,$$

于是

$$\det(\boldsymbol{B}'\boldsymbol{A}_k\boldsymbol{B})=\det(\boldsymbol{B})^2\det(\boldsymbol{A}_k)=1,$$

即有 $\det(\boldsymbol{A}_k)>0\,(k=1,2,\cdots,n)$.

再证充分性. 对 $\boldsymbol{A}$ 的阶数进行归纳. 当 $n=1$ 时, $\boldsymbol{A}=(a)$, $a>0$, 于是 $f=ax_1^2$ 是正定型, 从而 $\boldsymbol{A}$ 是正定阵. 设结论对 $n-1$ 成立, 现证明对 n 阶实对称阵 $\boldsymbol{A}$, 若它的 n 个顺序主子式全大于零, 则 $\boldsymbol{A}$ 必是正定阵. 记 $\boldsymbol{A}_{n-1}$ 是 $\boldsymbol{A}$ 的 $n-1$ 阶顺序主子式所在的矩阵, 则 $\boldsymbol{A}$ 可写为

$$\begin{pmatrix} \boldsymbol{A}_{n-1} & \boldsymbol{\alpha} \\ \boldsymbol{\alpha}' & a_{nn} \end{pmatrix}.$$

因为 $\boldsymbol{A}$ 的顺序主子式全大于零, 故 $\boldsymbol{A}_{n-1}$ 的顺序主子式也全大于零, 由归纳假设, $\boldsymbol{A}_{n-1}$ 是正定阵. 于是 $\boldsymbol{A}_{n-1}$ 合同于 $n-1$ 阶单位阵, 即存在 $n-1$ 阶非异阵 $\boldsymbol{B}$, 使

$$\boldsymbol{B}'\boldsymbol{A}_{n-1}\boldsymbol{B}=\boldsymbol{I}_{n-1}.$$

令 $\boldsymbol{C}$ 是下列分块矩阵:

$$\boldsymbol{C}=\begin{pmatrix}\boldsymbol{B} & \boldsymbol{O}\\ \boldsymbol{O} & 1\end{pmatrix},$$

则

$$\boldsymbol{C}'\boldsymbol{A}\boldsymbol{C}=\begin{pmatrix}\boldsymbol{B}' & \boldsymbol{O}\\ \boldsymbol{O} & 1\end{pmatrix}\begin{pmatrix}\boldsymbol{A}_{n-1} & \boldsymbol{\alpha}\\ \boldsymbol{\alpha}' & a_{nn}\end{pmatrix}\begin{pmatrix}\boldsymbol{B} & \boldsymbol{O}\\ \boldsymbol{O} & 1\end{pmatrix}=\begin{pmatrix}\boldsymbol{I}_{n-1} & \boldsymbol{B}'\boldsymbol{\alpha}\\ \boldsymbol{\alpha}'\boldsymbol{B} & a_{nn}\end{pmatrix}.$$

这是一个实对称阵, 其形式为

$$\boldsymbol{C}'\boldsymbol{A}\boldsymbol{C}=\begin{pmatrix}1 & \cdots & 0 & c_1\\ \vdots & & \vdots & \vdots\\ 0 & \cdots & 1 & c_{n-1}\\ c_1 & \cdots & c_{n-1} & a_{nn}\end{pmatrix},$$

用第三类初等行及列变换可将上述矩阵化为对角阵. 这相当于对 $\boldsymbol{C}'\boldsymbol{A}\boldsymbol{C}$ 右乘一个非异阵 $\boldsymbol{Q}$ 后, 再左乘 $\boldsymbol{Q}'$ 得到一个对角阵, 亦即 $\boldsymbol{Q}'\boldsymbol{C}'\boldsymbol{A}\boldsymbol{C}\boldsymbol{Q}$ 等于

$$\mathrm{diag}\{1,\cdots,1,c\}.$$

由于 $|\boldsymbol{A}|>0$, 故 $c>0$, 这就证明了 $\boldsymbol{A}$ 是一个正定阵. □

例 8.4.1 试求 t 的取值范围, 使下列二次型为正定型:

$$f(x_1,x_2,x_3,x_4)=x_1^2+4x_2^2+4x_3^2+3x_4^2+2tx_1x_2-2x_1x_3+4x_2x_3.$$

解 这个二次型的相伴矩阵为

$$\boldsymbol{A}=\begin{pmatrix}1 & t & -1 & 0\\ t & 4 & 2 & 0\\ -1 & 2 & 4 & 0\\ 0 & 0 & 0 & 3\end{pmatrix}.$$

$\boldsymbol{A}$ 的顺序主子式为

$$|\boldsymbol{A}_1|=1>0,\quad |\boldsymbol{A}_2|=\begin{vmatrix}1 & t\\ t & 4\end{vmatrix}=4-t^2,$$

$$|\boldsymbol{A}_3| = \begin{vmatrix} 1 & t & -1 \\ t & 4 & 2 \\ -1 & 2 & 4 \end{vmatrix} = -4(t-1)(t+2), \quad |\boldsymbol{A}_4| = -12(t-1)(t+2).$$

要使 $\boldsymbol{A}$ 正定, 必须

$$4 - t^2 > 0, \quad -4(t-1)(t+2) > 0,$$

得 $-2 < t < 1$.

例 8.4.2 若 $\boldsymbol{A}$ 是正定阵, 证明:

(1) $\boldsymbol{A}$ 的任一 k 阶主子阵, 即由 $\boldsymbol{A}$ 的第 $i_1, i_2, \cdots, i_k$ 行及 $\boldsymbol{A}$ 的第 $i_1, i_2, \cdots, i_k$ 列交点上元素组成的矩阵, 必是正定阵;

(2) $\boldsymbol{A}$ 的所有主子式全大于零, 特别, $\boldsymbol{A}$ 的主对角元素全大于零;

(3) $\boldsymbol{A}$ 中绝对值最大的元素仅在主对角线上.

证明 (1) 设 $\boldsymbol{A}_k$ 是矩阵 $\boldsymbol{A}$ 的第 k 个顺序主子式所在的矩阵, 则 $\boldsymbol{A}_k$ 是实对称阵且其顺序主子式都大于零, 因此 $\boldsymbol{A}_k$ 是正定阵.

经过若干次行对换以及相同的列对换, 我们不难将 $\boldsymbol{A}$ 的第 $i_1, i_2, \cdots, i_k$ 行及 $i_1, i_2, \cdots, i_k$ 列分别换成第 $1, 2, \cdots, k$ 行和第 $1, 2, \cdots, k$ 列. 利用上面的结论即知 (1) 成立.

(2) 是 (1) 的推论.

(3) 用反证法. 假设 $a_{ij}\,(i \neq j)$ 是 $\boldsymbol{A}$ 的绝对值最大的元素. 根据 (1), 我们只需证明由第 i, j 行与第 i, j 列交点上元素组成的矩阵不是正定阵即可. 考虑矩阵 (由 $\boldsymbol{A}$ 的对称性不妨设 $i < j$)

$$\begin{pmatrix} a_{ii} & a_{ij} \\ a_{ji} & a_{jj} \end{pmatrix},$$

注意到 $a_{ij} = a_{ji}$ 且 $|a_{ij}| \geq a_{ii}$, $|a_{ij}| \geq a_{jj}$, 上述矩阵的行列式值 $a_{ii}a_{jj} - a_{ij}^2 \leq 0$, 所以这个矩阵一定不是正定阵. □

习 题 8.4

1. 判定下列实二次型属于哪种型:

(1) $f(x_1, x_2, x_3) = x_1^2 + 2x_2^2 + x_3^2 + 4x_1x_2 - 8x_1x_3 + 4x_2x_3$;

(2) $f(x_1, x_2, x_3) = x_1^2 + 4x_2^2 + 5x_3^2 + 4x_1x_2 - 4x_1x_3 - 8x_2x_3$.

2. 设下列实二次型是正定型, 求 λ 的取值范围:

(1) $f(x_1,x_2,x_3)=5x_1^2+x_2^2+\lambda x_3^2+4x_1x_2-2x_1x_3-2x_2x_3$;

(2) $f(x_1,x_2,x_3)=2x_1^2+x_2^2+3x_3^2+2\lambda x_1x_2+2x_1x_3$.

3. 设 $\boldsymbol{A}$ 是 n 阶实对称阵, $P_1,P_2,\cdots,P_n$ 是 $\boldsymbol{A}$ 的 n 个顺序主子式, 求证: $\boldsymbol{A}$ 是负定阵的充分必要条件是

$$P_1<0,\quad P_2>0,\quad \cdots,\quad (-1)^nP_n>0.$$

4. 求证: n 阶实对称阵 $\boldsymbol{A}$ 是正定阵的充分必要条件是 $\boldsymbol{A}$ 的前 $n-1$ 个顺序主子式的代数余子式以及第 n 个顺序主子式全大于零.

5. 设 $\boldsymbol{A}$ 是 m 阶正定实对称阵, $\boldsymbol{B}$ 是 $m\times n$ 实矩阵. 求证: $\boldsymbol{B}'\boldsymbol{A}\boldsymbol{B}$ 是正定阵的充分必要条件是 $\mathrm{r}(\boldsymbol{B})=n$.

6. 设实二次型 $f(x_1,x_2,\cdots,x_n)$ 仅在 $x_1=x_2=\cdots=x_n=0$ 时为零, 求证: f 必是正定型或负定型.

7. 若 $\boldsymbol{A},\boldsymbol{B}$ 都是 n 阶正定实对称阵, 求证: $\boldsymbol{A}^{-1}$ 与 $\boldsymbol{A}+\boldsymbol{B}$ 也都是正定阵.

8. 若 $\boldsymbol{A}$ 是可逆半正定实对称阵, 求证: $\boldsymbol{A}$ 必是正定阵.

9. 设 $\boldsymbol{A}$ 是半正定实对称阵, 求证: $\boldsymbol{A}$ 的任一主子阵都是半正定阵.

10. 设 $\boldsymbol{A}$ 是 n 阶实对称阵, 求证: $\boldsymbol{A}$ 是秩为 r 的半正定阵的充分必要条件是存在秩为 r 的 $r\times n$ 实矩阵 $\boldsymbol{B}$, 使 $\boldsymbol{A}=\boldsymbol{B}'\boldsymbol{B}$.

11. 设 $\boldsymbol{A}$ 是 n 阶实对称阵, 求证: $\boldsymbol{A}$ 是半正定阵的充分必要条件是对任意的正实数 c, $\boldsymbol{A}+c\boldsymbol{I}_n$ 都是正定阵.

12. 设 $\boldsymbol{A}$ 是 n 阶实对称阵, 证明: $\boldsymbol{A}$ 是半正定阵的充分必要条件是 $\boldsymbol{A}$ 的所有主子式都大于等于零. 举例说明 $\boldsymbol{A}$ 的所有顺序主子式都大于等于零并不能保证 $\boldsymbol{A}$ 是半正定阵.

13. 设 $\boldsymbol{A}$ 为 n 阶实对称阵, 证明下列结论成立:

(1) 若 $\boldsymbol{A}$ 是正定阵, 则 $\boldsymbol{A}^*$ 也是正定阵.

(2) 若 $\boldsymbol{A}$ 是半正定阵, 则 $\boldsymbol{A}^*$ 也是半正定阵.

(3) 若 $\boldsymbol{A}$ 是负定阵, 则当 n 是偶数时, $\boldsymbol{A}^*$ 为负定阵; 当 n 是奇数时, $\boldsymbol{A}^*$ 为正定阵.

14. 设 $\boldsymbol{A}$ 是 n 阶正定实对称阵, 求证: $\boldsymbol{B}=\begin{pmatrix}\boldsymbol{A} & -\boldsymbol{I}_n\\ -\boldsymbol{I}_n & \boldsymbol{A}^{-1}\end{pmatrix}$ 是半正定阵.

* § 8.5 Hermite 型

现在我们来考虑复数域上的 Hermite 型. 为方便起见, 我们把 n 个变元的

Hermite 型看成是复数域上的二次齐次函数:

$$f(x_1, x_2, \cdots, x_n) = \sum_{j=1}^{n} \sum_{i=1}^{n} a_{ij} \overline{x}_i x_j, \tag{8.5.1}$$

其中 $\overline{a}_{ij} = a_{ji}$. Hermite 型虽然系数是复数且变元 x_i 是复数域上的变元, 但作为函数它的值却总是实数, 这点从 Hermite 型的定义即可看出. 事实上,

$$\overline{f} = \sum_{j=1}^{n} \sum_{i=1}^{n} \overline{a}_{ij} x_i \overline{x}_j = \sum_{i=1}^{n} \sum_{j=1}^{n} a_{ji} \overline{x}_j x_i = f,$$

因此 f 的值总是实数. 当 Hermite 型的变元 x_i 取实变元且 a_{ij} 都是实数时, f 就是实二次型. 因此, Hermite 型也可看成是实二次型的推广. 事实上, Hermite 型有许多与实二次型相同的性质.

Hermite 型 (8.5.1) 可写成如下的矩阵相乘的形式:

$$f(x_1, x_2, \cdots, x_n) = \overline{\boldsymbol{x}}' \boldsymbol{A} \boldsymbol{x},$$

其中

$$\boldsymbol{A} = \begin{pmatrix} a_{11} & a_{12} & \cdots & a_{1n} \\ a_{21} & a_{22} & \cdots & a_{2n} \\ \vdots & \vdots & & \vdots \\ a_{n1} & a_{n2} & \cdots & a_{nn} \end{pmatrix}, \quad \boldsymbol{x} = \begin{pmatrix} x_1 \\ x_2 \\ \vdots \\ x_n \end{pmatrix},$$

且满足 $\overline{\boldsymbol{A}}' = \boldsymbol{A}$, 这样的矩阵称为 Hermite 矩阵. 与实二次型类似, Hermite 型与 Hermite 矩阵之间有着一一对应关系, 即给定一个 n 变元的 Hermite 型必相伴有一个 n 阶 Hermite 矩阵, 反之给定一个 n 阶 Hermite 矩阵, 必有一个 n 元 Hermite 型与之对应.

设 $\boldsymbol{x} = \boldsymbol{C}\boldsymbol{y}$, 其中 $\boldsymbol{C}$ 是一个非异复矩阵, $\boldsymbol{y} = (y_1, y_2, \cdots, y_n)'$, 则

$$f = (\overline{\boldsymbol{C}\boldsymbol{y}})' \boldsymbol{A} (\boldsymbol{C}\boldsymbol{y}) = \overline{\boldsymbol{y}}' \overline{\boldsymbol{C}}' \boldsymbol{A} \boldsymbol{C} \boldsymbol{y}.$$

矩阵 $\overline{\boldsymbol{C}}' \boldsymbol{A} \boldsymbol{C}$ 仍是一个 Hermite 矩阵.

定义 8.5.1 设 $\boldsymbol{A}, \boldsymbol{B}$ 是两个 Hermite 矩阵, 若存在非异复矩阵 $\boldsymbol{C}$, 使

$$\boldsymbol{B} = \overline{\boldsymbol{C}}' \boldsymbol{A} \boldsymbol{C},$$

则称 $\boldsymbol{A}$ 与 $\boldsymbol{B}$ 是复相合的.

容易证明复相合是一个等价关系. 与实二次型类似, Hermite 型

$$a_1\overline{y}_1y_1+a_2\overline{y}_2y_2+\cdots+a_n\overline{y}_ny_n \tag{8.5.2}$$

称为标准型. Hermite 型的基本问题是如何把一个 Hermite 型化成像 (8.5.2) 式那样的标准型. 这个问题等价于寻找非异阵 $\boldsymbol{C}$, 使 $\overline{\boldsymbol{C}}'\boldsymbol{A}\boldsymbol{C}$ 成为对角阵. 类似于对称阵, 我们可以证明如下定理.

定理 8.5.1 设 $\boldsymbol{A}$ 是一个 Hermite 矩阵, 则必存在一个非异阵 $\boldsymbol{C}$, 使 $\overline{\boldsymbol{C}}'\boldsymbol{A}\boldsymbol{C}$ 是一个对角阵且主对角线上的元素都是实数.

证明 寻找 $\boldsymbol{C}$ 的过程类似于对称阵的情形, 故从略. 现只需说明后面的结论. 事实上, $\overline{\boldsymbol{C}}'\boldsymbol{A}\boldsymbol{C}$ 仍是 Hermite 矩阵, 因此主对角线上的元素 $b_{ii}=\overline{b}_{ii}$, 必是实数. □

类似实二次型, 我们可以证明 Hermite 型的惯性定理.

定理 8.5.2 设 $f(x_1,x_2,\cdots,x_n)$ 是一个 Hermite 型, 则它总可以化为如下标准型:

$$\overline{y}_1y_1+\cdots+\overline{y}_py_p-\overline{y}_{p+1}y_{p+1}-\cdots-\overline{y}_ry_r, \tag{8.5.3}$$

且若 f 又可化为另一个标准型:

$$\overline{z}_1z_1+\cdots+\overline{z}_kz_k-\overline{z}_{k+1}z_{k+1}-\cdots-\overline{z}_rz_r,$$

则 $p=k$.

我们称 (8.5.3) 式中的 r 为 f 的秩, p 为 f 的正惯性指数, $q=r-p$ 为 f 的负惯性指数, $p-q$ 为 f 的符号差. 同样地, 秩与符号差 (或正负惯性指数) 是 Hermite 矩阵复相合的全系不变量. 上述这些结论的证明与实二次型是平行的, 我们略去其证明, 把它们留给读者作为练习.

由于 Hermite 型的值总是实数, 故可定义正定型、负定型、半正定型、半负定型及不定型的概念. 相应地, 有正定 Hermite 矩阵、负定 Hermite 矩阵、半正定 Hermite 矩阵和半负定 Hermite 矩阵的概念. 我们只对正定 Hermite 型和正定 Hermite 矩阵叙述其概念以及判定正定 Hermite 矩阵的定理.

定义 8.5.2 设 $f(x_1,x_2,\cdots,x_n)$ 是 Hermite 型, 若对任一组不全为零的复数 $c_1,c_2,\cdots,c_n$, 均有

$$f(c_1,c_2,\cdots,c_n)>0,$$

则称 f 是正定 Hermite 型, 它对应的矩阵称为正定 Hermite 矩阵.

定理 8.5.3　n 阶 Hermite 矩阵 $\boldsymbol{A}$ 为正定的充分必要条件是它的 n 个顺序主子式全大于零.

这个定理的证明类似于实对称阵的情形, 故从略.

习　题　8.5

1. 求证: Hermite 矩阵 $\boldsymbol{A}$ 的下列变换都是复相合变换:
(1) 对换 $\boldsymbol{A}$ 的第 i 行与第 j 行, 再对换第 i 列与第 j 列;
(2) 将非零复数 k 乘以 $\boldsymbol{A}$ 的第 i 行, 再将共轭复数 $\overline{k}$ 乘以第 i 列;
(3) 将复数 k 乘以 $\boldsymbol{A}$ 的第 i 行加到第 j 行上, 再将共轭复数 $\overline{k}$ 乘以第 i 列加到第 j 列上.

2. 利用上述复相合变换证明定理 8.5.1.

3. 仿照定理 8.3.1 的证明方法证明定理 8.5.2.

4. 设 $\boldsymbol{A}$ 是 n 阶 Hermite 矩阵, 仿照定理 8.4.1 的证明方法证明下列命题等价:
(1) $\boldsymbol{A}$ 是正定 Hermite 矩阵;
(2) $\boldsymbol{A}$ 复相合于单位阵 $\boldsymbol{I}_n$;
(3) 存在 n 阶非异复方阵 $\boldsymbol{B}$, 使 $\boldsymbol{A}=\overline{\boldsymbol{B}}'\boldsymbol{B}$.

5. 仿照定理 8.4.3 的证明方法证明定理 8.5.3.

历史与展望

对特定二次型的研究, 例如一个整数能否是一个整系数二次型的取值等问题, 可以追溯到许多世纪以前. 一个著名的例子是关于两个整数平方和的 Fermat (费马) 定理, 它决定了一个整数何时可用 x^2+y^2 的形式表示, 其中 x, y 都是整数. 1801 年, Gauss 出版了著作《算术研究》, 建立了整系数二元二次型的算术理论, 另外还引入了二次型的正定性和半正定性等重要的概念. 从那时起, 二次型在数论之外的其他数学领域被进一步推广和研究.

将二次曲线和二次曲面的方程变形, 选取主轴方向作为坐标轴以简化方程的形状, 这个问题是在 18 世纪提出的. 当二次曲面的方程是标准型 (即主轴是坐标轴) 时, 二次曲面用标准型平方项系数的符号来进行分类, 这是 Cauchy 在 1826 年的论文《几何中无穷小演算的应用教程》中给出的. 然而那时并不清楚, 在化简成标准型时, 总得到相同数目的正项和负项. Sylvester 在 1852 年回答了这个问题, 这就是 n 元实二次型的惯性定理, 但他认为这个定理是自明的, 没有给出证明, 直到 1857 年 Jacobi 重新发现和证明了这个定理.

二次型化简的进一步研究涉及二次型的特征方程和特征根的概念 (其实就是二次型相伴实对称阵的特征多项式和特征值), 一旦计算出二次型的特征根, 就能立刻得到主轴的长度 (参考定理 9.5.4). 特征方程的概念隐含地出现在 Euler 的化三元二次型到它们的主轴上去的著作中, 虽然他对特征根的实性缺乏证明. 特征方程的概念首先明确地出现在 Lagrange 关于线性微分方程组的著作中, 也出现在 Laplace 在同一领域的著作中.

Cauchy 和 Weierstrass 还研究了二次型束 $uA+vB$ 的化简问题, 其中 A, B 是任意给定的两个二次型. 他们证明了: 若 A, B 中有一个是正定型, 则它们可同时化简为标准型. Sylvester 在研究二次曲面束 $A+\lambda B$ 的分类问题中, 引入了行列式因子、不变因子和初等因子等概念. 这些关于二次型的研究极大促进了行列式理论和矩阵理论的发展.

复 习 题 八

1. 设 $\boldsymbol{A}$ 为 n 阶实对称阵, 证明下列命题等价:

(1) $\boldsymbol{A}$ 是正定阵;

(2) 存在主对角元全为 1 的上三角阵 $\boldsymbol{B}$, 使 $\boldsymbol{A}=\boldsymbol{B}'\boldsymbol{D}\boldsymbol{B}$, 其中 $\boldsymbol{D}$ 是主对角元全为正数的对角阵;

(3) 存在主对角元全为正数的上三角阵 $\boldsymbol{C}$, 使 $\boldsymbol{A}=\boldsymbol{C}'\boldsymbol{C}$.

注: 正定实对称阵 $\boldsymbol{A}$ 的上述分解 (2) 和 (3) 都是存在并且唯一的, 即满足上述等式的矩阵 $\boldsymbol{B}, \boldsymbol{C}, \boldsymbol{D}$ 是存在并且唯一的. 分解 (3) 通常称为正定实对称阵 $\boldsymbol{A}$ 的 Cholesky (楚列斯基) 分解.

2. 设 $\boldsymbol{A}$ 是数域 $\mathbb{K}$ 上的 n 阶非异阵, 若存在主对角元全为 1 的下三角阵 $\boldsymbol{L}$ 以及上三角阵 $\boldsymbol{U}$, 使 $\boldsymbol{A}=\boldsymbol{L}\boldsymbol{U}$, 则称这一分解为矩阵 $\boldsymbol{A}$ 的 LU 分解 (L 表示下三角, U 表示上三角). 证明: n 阶非异阵 $\boldsymbol{A}$ 存在 LU 分解的充分必要条件是 $\boldsymbol{A}$ 的 n 个顺序主子式都不等于零. 此时, $\boldsymbol{A}$ 的 LU 分解是唯一的.

3. 设 $f(\boldsymbol{x})=\boldsymbol{x}'\boldsymbol{A}\boldsymbol{x}$ 是实二次型, 相伴矩阵 $\boldsymbol{A}$ 的前 $n-1$ 个顺序主子式 $P_1, \cdots, P_{n-1}$ 非零, 求证: 经过可逆线性变换 f 可化为下列标准型:

$$f=P_1y_1^2+\frac{P_2}{P_1}y_2^2+\cdots+\frac{P_n}{P_{n-1}}y_n^2,$$

其中 $P_n=|\boldsymbol{A}|$.

4. 设 $\boldsymbol{A}$ 为 n 阶正定实对称阵且非主对角元都是负数, 求证: $\boldsymbol{A}^{-1}$ 的每个元素都是正数.

5. 设 $\boldsymbol{A}=(a_{ij})$ 是 n 阶正定实对称阵, 其逆阵 $\boldsymbol{A}^{-1}=(b_{ij})$, 求证: $a_{ii}b_{ii}\geq 1$, 且等号成立当且仅当 $\boldsymbol{A}$ 的第 i 行和第 i 列的所有元素除了 a_{ii} 之外全为零.

6. 设分块实对称阵 $\boldsymbol{M}=\begin{pmatrix}\boldsymbol{A} & \boldsymbol{C}\\ \boldsymbol{C}' & \boldsymbol{B}\end{pmatrix}$, 其中 $\boldsymbol{A}, \boldsymbol{B}$ 都可逆, 用 $p(\boldsymbol{A}), q(\boldsymbol{A})$ 分别表示 $\boldsymbol{A}$ 的正

负惯性指数. 求证:

$$p(\boldsymbol{A})+p(\boldsymbol{B}-\boldsymbol{C}'\boldsymbol{A}^{-1}\boldsymbol{C})=p(\boldsymbol{B})+p(\boldsymbol{A}-\boldsymbol{C}\boldsymbol{B}^{-1}\boldsymbol{C}'),$$
$$q(\boldsymbol{A})+q(\boldsymbol{B}-\boldsymbol{C}'\boldsymbol{A}^{-1}\boldsymbol{C})=q(\boldsymbol{B})+q(\boldsymbol{A}-\boldsymbol{C}\boldsymbol{B}^{-1}\boldsymbol{C}').$$

7. 设 $\boldsymbol{\alpha}$ 是 n 维实列向量且 $\boldsymbol{\alpha}'\boldsymbol{\alpha}=1$, 求矩阵 $\boldsymbol{I}_n-2\boldsymbol{\alpha}\boldsymbol{\alpha}'$ 的正负惯性指数.

8. 求 $n\,(n\geq 2)$ 阶实对称阵 $\boldsymbol{A}$ 的正负惯性指数, 其中 a_i 均为实数:

$$\boldsymbol{A}=\begin{pmatrix} a_1^2 & a_1a_2+1 & \cdots & a_1a_n+1 \\ a_2a_1+1 & a_2^2 & \cdots & a_2a_n+1 \\ \vdots & \vdots & & \vdots \\ a_na_1+1 & a_na_2+1 & \cdots & a_n^2 \end{pmatrix}.$$

9. 求证: 任一 n 阶复矩阵 $\boldsymbol{A}$ 都相似于一个复对称阵.

10. 设 $\boldsymbol{A}$ 为 n 阶正定实对称阵, $\boldsymbol{\alpha},\boldsymbol{\beta}$ 为 n 维实列向量, 证明: $\boldsymbol{\alpha}'\boldsymbol{A}\boldsymbol{\alpha}+\boldsymbol{\beta}'\boldsymbol{A}^{-1}\boldsymbol{\beta}\geq 2\boldsymbol{\alpha}'\boldsymbol{\beta}$, 且等号成立的充分必要条件是 $\boldsymbol{A}\boldsymbol{\alpha}=\boldsymbol{\beta}$.

11. 设 $\boldsymbol{A}$ 为 n 阶正定实对称阵, $\boldsymbol{\alpha},\boldsymbol{\beta}$ 为 n 维实列向量, 证明: $(\boldsymbol{\alpha}'\boldsymbol{\beta})^2\leq(\boldsymbol{\alpha}'\boldsymbol{A}\boldsymbol{\alpha})(\boldsymbol{\beta}'\boldsymbol{A}^{-1}\boldsymbol{\beta})$, 且等号成立的充分必要条件是 $\boldsymbol{A}\boldsymbol{\alpha}$ 与 $\boldsymbol{\beta}$ 成比例.

12. 设 $\boldsymbol{A}$ 为 n 阶实对称阵, 证明:

(1) 若 $\boldsymbol{A}$ 可逆, 则 $\boldsymbol{A}$ 为正定阵的充分必要条件是对任意的 n 阶正定实对称阵 $\boldsymbol{B}$, $\mathrm{tr}(\boldsymbol{A}\boldsymbol{B})>0$;

(2) $\boldsymbol{A}$ 为半正定阵的充分必要条件是对任意的 n 阶半正定实对称阵 $\boldsymbol{B}$, $\mathrm{tr}(\boldsymbol{A}\boldsymbol{B})\geq 0$.

13. 设 $\boldsymbol{A},\boldsymbol{B}$ 都是 n 阶半正定实对称阵, 证明: $\boldsymbol{A}\boldsymbol{B}=\boldsymbol{O}$ 的充分必要条件是 $\mathrm{tr}(\boldsymbol{A}\boldsymbol{B})=0$.

14. 化下列实二次型为标准型:

$$f(x_1,x_2,\cdots,x_n)=x_1x_2+x_2x_3+\cdots+x_{n-1}x_n.$$

15. 化下列实二次型为标准型:

$$f(x_1,x_2,\cdots,x_n)=\sum_{i=1}^n x_i^2+\sum_{1\leq i<j\leq n}x_ix_j.$$

16. 化下列实二次型为标准型:

$$f(x_1,x_2,\cdots,x_n)=\sum_{i=1}^n(x_i-s)^2,\quad s=\frac{1}{n}(x_1+x_2+\cdots+x_n).$$

17. 设 $\boldsymbol{X}=(x_{ij})_{n\times n}$ 是 n 阶矩阵变量, $f(\boldsymbol{X})=\mathrm{tr}(\boldsymbol{X}^2)$ 是关于未定元 $x_{ij}\,(i,j=1,\cdots,n)$ 的实二次型, 试求 f 的正负惯性指数.

18. 设 $\boldsymbol{A}$ 为 m 阶实对称阵, $\boldsymbol{C}$ 为 $m\times n$ 实矩阵, 证明: $\boldsymbol{C}'\boldsymbol{A}\boldsymbol{C}$ 的正惯性指数小于等于 $\boldsymbol{A}$ 的正惯性指数; $\boldsymbol{C}'\boldsymbol{A}\boldsymbol{C}$ 的负惯性指数小于等于 $\boldsymbol{A}$ 的负惯性指数.

19. 设 $\boldsymbol{A},\boldsymbol{B}$ 为 n 阶实对称阵, 并用 $p(\boldsymbol{A}),q(\boldsymbol{A})$ 分别表示 $\boldsymbol{A}$ 的正负惯性指数. 求证:

$$p(\boldsymbol{A}+\boldsymbol{B})\leq p(\boldsymbol{A})+p(\boldsymbol{B}),\quad q(\boldsymbol{A}+\boldsymbol{B})\leq q(\boldsymbol{A})+q(\boldsymbol{B}).$$

20. 设 $\boldsymbol{A}$ 是 n 阶正定实对称阵, 求证: 函数 $f(\boldsymbol{x})=\boldsymbol{x}'\boldsymbol{A}\boldsymbol{x}+2\boldsymbol{\beta}'\boldsymbol{x}+c$ 的极小值等于 $c-\boldsymbol{\beta}'\boldsymbol{A}^{-1}\boldsymbol{\beta}$, 其中 $\boldsymbol{\beta}=(b_1,\cdots,b_n)'$, b_i 和 c 都是实数.

21. 求下列实二次型的标准型:
(1) $f(x_1,x_2,\cdots,x_n)=\sum\limits_{i,j=1}^{n}\max\{i,j\}x_ix_j$; (2) $f(x_1,x_2,\cdots,x_n)=\sum\limits_{i,j=1}^{n}|i-j|x_ix_j$.

22. 设 $\boldsymbol{A}=(a_{ij})$, $\boldsymbol{B}=(b_{ij})$ 都是 n 阶正定实对称阵, 求证: $\boldsymbol{H}=(a_{ij}b_{ij})$ 也是正定阵.

23. 设 $\boldsymbol{A}$ 是 n 阶可逆实对称阵, $\boldsymbol{S}$ 是 n 阶实反对称阵且 $\boldsymbol{AS}=\boldsymbol{SA}$, 求证: $\boldsymbol{A}+\boldsymbol{S}$ 是可逆阵.

24. 设 $\boldsymbol{A}$ 是 n 阶正定实对称阵, $\boldsymbol{S}$ 是 n 阶实反对称阵, 求证:
(1) $|\boldsymbol{A}+\boldsymbol{S}|\geq|\boldsymbol{A}|+|\boldsymbol{S}|$, 且等号成立当且仅当 $n\leq 2$ 或当 $n\geq 3$ 时, $\boldsymbol{S}=\boldsymbol{O}$.
(2) $|\boldsymbol{A}+\boldsymbol{S}|\geq|\boldsymbol{A}|$, 且等号成立当且仅当 $\boldsymbol{S}=\boldsymbol{O}$.

25. 设 $\boldsymbol{A},\boldsymbol{B},\boldsymbol{A}-\boldsymbol{B}$ 都是 n 阶正定实对称阵, 求证: $\boldsymbol{B}^{-1}-\boldsymbol{A}^{-1}$ 也是正定阵.

26. 设 $\boldsymbol{A}$ 为 n 阶正定实对称阵, n 维实列向量 $\boldsymbol{\alpha},\boldsymbol{\beta}$ 满足 $\boldsymbol{\alpha}'\boldsymbol{\beta}>0$, 求证: $\boldsymbol{H}=\boldsymbol{A}-\dfrac{\boldsymbol{A}\boldsymbol{\beta}\boldsymbol{\beta}'\boldsymbol{A}}{\boldsymbol{\beta}'\boldsymbol{A}\boldsymbol{\beta}}+\dfrac{\boldsymbol{\alpha}\boldsymbol{\alpha}'}{\boldsymbol{\alpha}'\boldsymbol{\beta}}$ 是正定阵.

27. 求证: n 阶实对称阵 $\boldsymbol{A}=(a_{ij})$ 是正定阵, 其中 $a_{ij}=\dfrac{1}{i+j}$.

28. 设 $\boldsymbol{A}$ 是 n 阶实对称阵, 求证: 若 $\boldsymbol{A}$ 是主对角元全大于零的严格对角占优阵, 则 $\boldsymbol{A}$ 是正定阵.

29. 设 $\boldsymbol{A}$ 是 n 阶实对称阵, 求证: 必存在正实数 k, 使对任一 n 维实列向量 $\boldsymbol{\alpha}$, 总有

$$-k\boldsymbol{\alpha}'\boldsymbol{\alpha}\leq\boldsymbol{\alpha}'\boldsymbol{A}\boldsymbol{\alpha}\leq k\boldsymbol{\alpha}'\boldsymbol{\alpha}.$$

30. 设 $\boldsymbol{\alpha},\boldsymbol{\beta}$ 为 n 维非零实列向量, 求证: $\boldsymbol{\alpha}'\boldsymbol{\beta}>0$ 成立的充要条件是存在 n 阶正定实对称阵 $\boldsymbol{A}$, 使得 $\boldsymbol{\alpha}=\boldsymbol{A}\boldsymbol{\beta}$.

31. 设 $\boldsymbol{A},\boldsymbol{B}$ 是 n 阶实矩阵, 使得 $\boldsymbol{A}'\boldsymbol{B}'+\boldsymbol{B}\boldsymbol{A}$ 是正定阵, 求证: $\boldsymbol{A},\boldsymbol{B}$ 都是非异阵.

32. 设 $\boldsymbol{A},\boldsymbol{B},\boldsymbol{C}$ 都是 n 阶正定实对称阵, $g(t)=|t^2\boldsymbol{A}+t\boldsymbol{B}+\boldsymbol{C}|$ 是关于 t 的多项式, 求证: $g(t)$ 所有复根的实部都小于零.

33. 设 $\boldsymbol{A}=(a_{ij})$ 是 n 阶正定实对称阵, P_{n-1} 是 $\boldsymbol{A}$ 的第 $n-1$ 个顺序主子式, 求证: $|\boldsymbol{A}|\leq a_{nn}P_{n-1}$.

34. 设 $\boldsymbol{A}=(a_{ij})$ 是 n 阶正定实对称阵, 求证: $|\boldsymbol{A}|\leq a_{11}a_{22}\cdots a_{nn}$, 且等号成立当且仅当 $\boldsymbol{A}$ 是对角阵.

第九章　内积空间

§ 9.1　内积空间的概念

在解析几何中, 我们已经知道, $\mathbb{R}^3$ 中任一向量可定义其"长度", 空间中任意两点之间可定义其距离. 向量 $\boldsymbol{v}=(x_1,x_2,x_3)$ 的长度为

$$\|\boldsymbol{v}\|=\sqrt{x_1^2+x_2^2+x_3^2}.$$

两点 (x_1,x_2,x_3), (y_1,y_2,y_3) 之间的距离为

$$\sqrt{(x_1-y_1)^2+(x_2-y_2)^2+(x_3-y_3)^2},$$

即这两点所代表的向量之差的长度. 我们现在要把"长度"、"距离"的概念推广到一般的实线性空间与复线性空间上去. 距离可看成是长度的派生概念, 而长度又可看成是内积的派生概念. 我们已经知道在 $\mathbb{R}^3$ 中, 内积是这样定义的: 若 $\boldsymbol{u}=(x_1,x_2,x_3)$, $\boldsymbol{v}=(y_1,y_2,y_3)$, 则 $\boldsymbol{u}$ 与 $\boldsymbol{v}$ 的内积 (或点积) 为

$$\boldsymbol{u}\cdot\boldsymbol{v}=x_1y_1+x_2y_2+x_3y_3, \tag{9.1.1}$$

从而 $\boldsymbol{u}$ 的长度为

$$\|\boldsymbol{u}\|=(\boldsymbol{u}\cdot\boldsymbol{u})^{\frac{1}{2}}.$$

从 (9.1.1) 式我们可看出 $\mathbb{R}^3$ 中的内积有下列性质.

$\mathbb{R}^3$ 中向量内积的性质

(1) $\boldsymbol{u}\cdot\boldsymbol{v}=\boldsymbol{v}\cdot\boldsymbol{u}$;

(2) $(\boldsymbol{u}+\boldsymbol{w})\cdot\boldsymbol{v}=\boldsymbol{u}\cdot\boldsymbol{v}+\boldsymbol{w}\cdot\boldsymbol{v}$;

(3) $(c\boldsymbol{u})\cdot\boldsymbol{v}=c(\boldsymbol{u}\cdot\boldsymbol{v})$;

(4) $\boldsymbol{u}\cdot\boldsymbol{u}\geq 0$, 且 $\boldsymbol{u}\cdot\boldsymbol{u}=0$ 当且仅当 $\boldsymbol{u}=\boldsymbol{0}$,

其中 $\boldsymbol{u},\boldsymbol{v},\boldsymbol{w}$ 是 $\mathbb{R}^3$ 中的任意向量, c 是任一实数.

根据上述 4 条性质, 我们类似地定义一般线性空间上的内积.

定义 9.1.1 设 V 是实数域上的线性空间, 若存在某种规则, 使对 V 中任意一组有序向量 $\{\boldsymbol{\alpha},\boldsymbol{\beta}\}$, 都唯一地对应一个实数, 记为 $(\boldsymbol{\alpha},\boldsymbol{\beta})$, 且适合如下规则:

(1) $(\boldsymbol{\beta},\boldsymbol{\alpha})=(\boldsymbol{\alpha},\boldsymbol{\beta})$;

(2) $(\boldsymbol{\alpha}+\boldsymbol{\beta},\boldsymbol{\gamma})=(\boldsymbol{\alpha},\boldsymbol{\gamma})+(\boldsymbol{\beta},\boldsymbol{\gamma})$;

(3) $(c\boldsymbol{\alpha},\boldsymbol{\beta})=c(\boldsymbol{\alpha},\boldsymbol{\beta})$, c 为任一实数;

(4) $(\boldsymbol{\alpha},\boldsymbol{\alpha})\geq 0$ 且等号成立当且仅当 $\boldsymbol{\alpha}=\mathbf{0}$,

则称在 V 上定义了一个内积. 实数 $(\boldsymbol{\alpha},\boldsymbol{\beta})$ 称为 $\boldsymbol{\alpha}$ 与 $\boldsymbol{\beta}$ 的内积. 线性空间 V 称为实内积空间. 有限维实内积空间称为 Euclid 空间, 简称为欧氏空间.

对复数域上的线性空间, 我们也可以定义内积.

定义 9.1.2 设 V 是复数域上的线性空间, 若存在某种规则, 使对 V 中任意一组有序向量 $\{\boldsymbol{\alpha},\boldsymbol{\beta}\}$, 都唯一地对应一个复数, 记为 $(\boldsymbol{\alpha},\boldsymbol{\beta})$, 且适合如下规则:

(1) $(\boldsymbol{\beta},\boldsymbol{\alpha})=\overline{(\boldsymbol{\alpha},\boldsymbol{\beta})}$;

(2) $(\boldsymbol{\alpha}+\boldsymbol{\beta},\boldsymbol{\gamma})=(\boldsymbol{\alpha},\boldsymbol{\gamma})+(\boldsymbol{\beta},\boldsymbol{\gamma})$;

(3) $(c\boldsymbol{\alpha},\boldsymbol{\beta})=c(\boldsymbol{\alpha},\boldsymbol{\beta})$, c 为任一复数;

(4) $(\boldsymbol{\alpha},\boldsymbol{\alpha})\geq 0$ 且等号成立当且仅当 $\boldsymbol{\alpha}=\mathbf{0}$,

则称在 V 上定义了一个内积. 复数 $(\boldsymbol{\alpha},\boldsymbol{\beta})$ 称为 $\boldsymbol{\alpha}$ 与 $\boldsymbol{\beta}$ 的内积. 线性空间 V 称为复内积空间. 有限维复内积空间称为酉空间.

注 实内积空间的定义与复内积空间的定义是相容的. 事实上, 对一个实数 a, $\overline{a}=a$, 故定义 9.1.1 中的 (1) 与定义 9.1.2 中的 (1) 是一致的. 因此, 我们经常将这两种空间统称为内积空间, 在某些定理的叙述及证明中也不区分它们, 而统一作为复内积空间来处理. 但是, 需要注意的是对复内积空间, 定义 9.1.2 中的 (1), (3) 意味着:

$$(\boldsymbol{\alpha},c\boldsymbol{\beta})=\overline{c}(\boldsymbol{\alpha},\boldsymbol{\beta}).$$

例 9.1.1 设 $\mathbb{R}_n$ 是 n 维实列向量空间, $\boldsymbol{\alpha}=(x_1,x_2,\cdots,x_n)'$, $\boldsymbol{\beta}=(y_1,y_2,\cdots,y_n)'$, 定义

$$(\boldsymbol{\alpha},\boldsymbol{\beta})=x_1y_1+x_2y_2+\cdots+x_ny_n,$$

则在此定义下 $\mathbb{R}_n$ 成为一个欧氏空间, 上述内积称为 $\mathbb{R}_n$ 的标准内积.

例 9.1.2 设 $\mathbb{C}_n$ 是 n 维复列向量空间, $\boldsymbol{\alpha}=(x_1,x_2,\cdots,x_n)'$, $\boldsymbol{\beta}=(y_1,y_2,\cdots,y_n)'$, 定义

$$(\boldsymbol{\alpha},\boldsymbol{\beta})=x_1\overline{y}_1+x_2\overline{y}_2+\cdots+x_n\overline{y}_n,$$

则在此定义下 $\mathbb{C}_n$ 成为一个酉空间, 上述内积称为 $\mathbb{C}_n$ 的标准内积.

注 对 n 维实或复行向量空间, 我们也可同样定义标准内积.

例 9.1.3 设 $V=\mathbb{R}^2$ 为二维实行向量空间, 若 $\boldsymbol{\alpha}=(x_1,x_2)$, $\boldsymbol{\beta}=(y_1,y_2)$, 定义

$$(\boldsymbol{\alpha},\boldsymbol{\beta})=x_1y_1-x_2y_1-x_1y_2+4x_2y_2,$$

容易验证定义 9.1.1 中的 (1), (2), (3) 都成立. 当 $\boldsymbol{\beta}=\boldsymbol{\alpha}$ 时, 上式为

$$(\boldsymbol{\alpha},\boldsymbol{\alpha})=x_1^2-2x_1x_2+4x_2^2=(x_1-x_2)^2+3x_2^2,$$

故 (4) 也成立. 因此, $\mathbb{R}^2$ 在此内积下成为二维欧氏空间.

例 9.1.4 设 V 是由 $[a,b]$ 区间上连续函数全体构成的实线性空间, 设 $f(t)$, $g(t)\in V$, 定义

$$(f,g)=\int_a^b f(t)g(t)\mathrm{d}t,$$

则不难验证这是一个内积, 于是 V 成为内积空间. 这是一个无限维实内积空间.

例 9.1.5 设 V 是 n 维实列向量空间, $\boldsymbol{G}$ 是 n 阶正定实对称阵, 对 $\boldsymbol{\alpha},\boldsymbol{\beta}\in V$, 定义

$$(\boldsymbol{\alpha},\boldsymbol{\beta})=\boldsymbol{\alpha}'\boldsymbol{G}\boldsymbol{\beta},$$

我们来证明 V 在上式的定义下成为欧氏空间. 定义 9.1.1 中的 (2), (3) 显然成立. 对 (1), 注意到 $\boldsymbol{\alpha}'\boldsymbol{G}\boldsymbol{\beta}$ 是实数, 其转置仍是它自己, 而 $\boldsymbol{G}$ 是对称阵, 故

$$(\boldsymbol{\alpha},\boldsymbol{\beta})=\boldsymbol{\alpha}'\boldsymbol{G}\boldsymbol{\beta}=(\boldsymbol{\alpha}'\boldsymbol{G}\boldsymbol{\beta})'=\boldsymbol{\beta}'\boldsymbol{G}'\boldsymbol{\alpha}=\boldsymbol{\beta}'\boldsymbol{G}\boldsymbol{\alpha}=(\boldsymbol{\beta},\boldsymbol{\alpha}).$$

又从 $\boldsymbol{G}$ 是正定阵即可知道 (4) 成立.

当 $\boldsymbol{G}=\boldsymbol{I}_n$ 为单位阵时, V 上内积就是例 9.1.1 中的标准内积. 对实列向量空间, 标准内积可用矩阵乘法表示为

$$(\boldsymbol{\alpha},\boldsymbol{\beta})=\boldsymbol{\alpha}'\boldsymbol{\beta}.$$

对实行向量空间, 标准内积也可表示为

$$(\boldsymbol{\alpha},\boldsymbol{\beta})=\boldsymbol{\alpha}\boldsymbol{\beta}'.$$

对 n 维复列向量空间 U, 若有正定 Hermite 矩阵 $\boldsymbol{H}$, 也可定义 U 上内积:

$$(\boldsymbol{\alpha},\boldsymbol{\beta})=\boldsymbol{\alpha}'\boldsymbol{H}\overline{\boldsymbol{\beta}}.$$

当 $\boldsymbol{H}=\boldsymbol{I}_n$ 为单位阵时, U 上内积就是例 9.1.2 中的标准内积. 对复列向量空间, 标准内积可用矩阵乘法表示为

$$(\boldsymbol{\alpha},\boldsymbol{\beta})=\boldsymbol{\alpha}'\overline{\boldsymbol{\beta}}.$$

对复行向量空间, 标准内积也可表示为

$$(\boldsymbol{\alpha},\boldsymbol{\beta})=\boldsymbol{\alpha}\overline{\boldsymbol{\beta}}'.$$

有了内积的概念, 我们便可定义向量的长度 (或称范数) 了.

定义 9.1.3 设 V 是实或复的内积空间, $\boldsymbol{\alpha}$ 是 V 中的向量, 定义 $\boldsymbol{\alpha}$ 的长度 (或范数) 为

$$\|\boldsymbol{\alpha}\|=(\boldsymbol{\alpha},\boldsymbol{\alpha})^{\frac{1}{2}},$$

即实数 $(\boldsymbol{\alpha},\boldsymbol{\alpha})$ 的算术平方根.

注意由规则 (4) 可知, $(\boldsymbol{\alpha},\boldsymbol{\alpha})$ 总是非负实数. 从长度的定义知, $\|\boldsymbol{\alpha}\|=0$ 当且仅当 $\boldsymbol{\alpha}=\mathbf{0}$. 当 $V=\mathbb{R}^n$ 且内积为标准内积时, 若 $\boldsymbol{\alpha}=(x_1,x_2,\cdots,x_n)$, 则

$$\|\boldsymbol{\alpha}\|=\sqrt{x_1^2+x_2^2+\cdots+x_n^2}. \tag{9.1.2}$$

利用范数可定义内积空间中两个向量的距离. 设 $\boldsymbol{\alpha},\boldsymbol{\beta}\in V$, 定义 $\boldsymbol{\alpha}$ 与 $\boldsymbol{\beta}$ 的距离为

$$d(\boldsymbol{\alpha},\boldsymbol{\beta})=\|\boldsymbol{\alpha}-\boldsymbol{\beta}\|.$$

显然 $d(\boldsymbol{\alpha},\boldsymbol{\beta})=d(\boldsymbol{\beta},\boldsymbol{\alpha})$.

定理 9.1.1 设 V 是实或复的内积空间, $\boldsymbol{\alpha},\boldsymbol{\beta}\in V$, c 是任一常数 (实数或复数), 则

(1) $\|c\boldsymbol{\alpha}\|=|c|\|\boldsymbol{\alpha}\|$;

(2) $|(\boldsymbol{\alpha},\boldsymbol{\beta})|\leq\|\boldsymbol{\alpha}\|\cdot\|\boldsymbol{\beta}\|$;

(3) $\|\boldsymbol{\alpha}+\boldsymbol{\beta}\|\leq\|\boldsymbol{\alpha}\|+\|\boldsymbol{\beta}\|$.

证明 (1) $\|c\boldsymbol{\alpha}\|^2=(c\boldsymbol{\alpha},c\boldsymbol{\alpha})=c\bar{c}(\boldsymbol{\alpha},\boldsymbol{\alpha})=|c|^2\|\boldsymbol{\alpha}\|^2$, 故 $\|c\boldsymbol{\alpha}\|=|c|\|\boldsymbol{\alpha}\|$.

(2) 若 $\boldsymbol{\alpha}=\mathbf{0}$, 则 $(\mathbf{0},\boldsymbol{\beta})=(\mathbf{0}+\mathbf{0},\boldsymbol{\beta})=2(\mathbf{0},\boldsymbol{\beta})$, 故 $(\mathbf{0},\boldsymbol{\beta})=0$, 因此 (2) 成立. 若 $\boldsymbol{\alpha}\neq\mathbf{0}$, 令

$$\boldsymbol{v}=\boldsymbol{\beta}-\frac{(\boldsymbol{\beta},\boldsymbol{\alpha})}{\|\boldsymbol{\alpha}\|^2}\boldsymbol{\alpha},$$

则 $(\boldsymbol{v},\boldsymbol{\alpha})=0$, 且

$$\begin{aligned} 0\le\|\boldsymbol{v}\|^2 &= \left(\boldsymbol{\beta}-\frac{(\boldsymbol{\beta},\boldsymbol{\alpha})}{\|\boldsymbol{\alpha}\|^2}\boldsymbol{\alpha},\boldsymbol{\beta}-\frac{(\boldsymbol{\beta},\boldsymbol{\alpha})}{\|\boldsymbol{\alpha}\|^2}\boldsymbol{\alpha}\right)\\ &= (\boldsymbol{\beta},\boldsymbol{\beta})-\frac{(\boldsymbol{\beta},\boldsymbol{\alpha})}{\|\boldsymbol{\alpha}\|^2}(\boldsymbol{\alpha},\boldsymbol{\beta})\\ &= \|\boldsymbol{\beta}\|^2-\frac{|(\boldsymbol{\alpha},\boldsymbol{\beta})|^2}{\|\boldsymbol{\alpha}\|^2}, \end{aligned}$$

由此即可得 (2).

(3) 我们有

$$\begin{aligned} \|\boldsymbol{\alpha}+\boldsymbol{\beta}\|^2 &= (\boldsymbol{\alpha}+\boldsymbol{\beta},\boldsymbol{\alpha}+\boldsymbol{\beta})\\ &= \|\boldsymbol{\alpha}\|^2+(\boldsymbol{\alpha},\boldsymbol{\beta})+(\boldsymbol{\beta},\boldsymbol{\alpha})+\|\boldsymbol{\beta}\|^2\\ &= \|\boldsymbol{\alpha}\|^2+\|\boldsymbol{\beta}\|^2+(\boldsymbol{\alpha},\boldsymbol{\beta})+\overline{(\boldsymbol{\alpha},\boldsymbol{\beta})}. \end{aligned}$$

由 (2) 得

$$|(\boldsymbol{\alpha},\boldsymbol{\beta})|\le\|\boldsymbol{\alpha}\|\|\boldsymbol{\beta}\|,\ |\overline{(\boldsymbol{\alpha},\boldsymbol{\beta})}|\le\|\boldsymbol{\alpha}\|\|\boldsymbol{\beta}\|,$$

故

$$\|\boldsymbol{\alpha}+\boldsymbol{\beta}\|^2\le\|\boldsymbol{\alpha}\|^2+\|\boldsymbol{\beta}\|^2+2\|\boldsymbol{\alpha}\|\|\boldsymbol{\beta}\|=(\|\boldsymbol{\alpha}\|+\|\boldsymbol{\beta}\|)^2. \ \square$$

定义 9.1.4　当 V 是实内积空间时, 定义非零向量 $\boldsymbol{\alpha},\boldsymbol{\beta}$ 的夹角 θ 之余弦为

$$\cos\theta=\frac{(\boldsymbol{\alpha},\boldsymbol{\beta})}{\|\boldsymbol{\alpha}\|\|\boldsymbol{\beta}\|}. \tag{9.1.3}$$

当 V 是复内积空间时, 定义非零向量 $\boldsymbol{\alpha},\boldsymbol{\beta}$ 的夹角 θ 之余弦为

$$\cos\theta=\frac{|(\boldsymbol{\alpha},\boldsymbol{\beta})|}{\|\boldsymbol{\alpha}\|\|\boldsymbol{\beta}\|}.$$

内积空间中两个向量 $\boldsymbol{\alpha},\boldsymbol{\beta}$ 若适合 $(\boldsymbol{\alpha},\boldsymbol{\beta})=0$, 则称 $\boldsymbol{\alpha}$ 与 $\boldsymbol{\beta}$ 垂直或正交, 我们用记号 $\boldsymbol{\alpha}\perp\boldsymbol{\beta}$ 来表示. 显然, 零向量和任何向量都正交; 若 $\boldsymbol{\alpha}$ 与 $\boldsymbol{\beta}$ 正交, 则 $\boldsymbol{\beta}$ 也与 $\boldsymbol{\alpha}$ 正交; 两个非零向量 $\boldsymbol{\alpha},\boldsymbol{\beta}$ 正交时夹角为 90°.

定理 9.1.1 中的 (2) 通常称为 Cauchy-Schwarz 不等式, (3) 通常称为三角不等式. 读者注意在 (9.1.3) 式中要使 θ 有意义, 必须保证 $|\cos\theta|\le1$, 而这就是定理 9.1.1 中的 (2). 在定理 9.1.1 (3) 的证明中我们可看出: 若 $\boldsymbol{\alpha}$ 与 $\boldsymbol{\beta}$ 正交, 则 $(\boldsymbol{\alpha},\boldsymbol{\beta})=(\boldsymbol{\beta},\boldsymbol{\alpha})=0$, 因此

$$\|\boldsymbol{\alpha}+\boldsymbol{\beta}\|^2=\|\boldsymbol{\alpha}\|^2+\|\boldsymbol{\beta}\|^2. \tag{9.1.4}$$

上式通常称为勾股定理, 它是平面几何中勾股定理的推广.

设 V 是 n 维实行向量空间, 内积取标准内积, 从定理 9.1.1 的 (2) 立即可得到下列 Cauchy 不等式:

$$(x_1y_1 + x_2y_2 + \cdots + x_ny_n)^2 \leq (x_1^2 + x_2^2 + \cdots + x_n^2)(y_1^2 + y_2^2 + \cdots + y_n^2).$$

设 V 是由 $[a,b]$ 区间上连续函数全体构成的实线性空间, 内积如例 9.1.4, 则从定理 9.1.1 的 (2) 可得下列 Schwarz 不等式:

$$\left(\int_a^b f(t)g(t)\mathrm{d}t\right)^2 \leq \int_a^b f(t)^2\mathrm{d}t\int_a^b g(t)^2\mathrm{d}t.$$

习　题　9.1

1. 设 V 是内积空间, $\boldsymbol{\alpha} \in V$, 若对任意的 $\boldsymbol{\beta} \in V$ 总有 $(\boldsymbol{\alpha}, \boldsymbol{\beta}) = 0$, 求证: $\boldsymbol{\alpha} = \mathbf{0}$.

2. 设 V 是 n 维内积空间, $\{\boldsymbol{e}_1, \boldsymbol{e}_2, \cdots, \boldsymbol{e}_n\}$ 是 V 的一组基, 若

$$(\boldsymbol{\alpha}, \boldsymbol{e}_i) = (\boldsymbol{\beta}, \boldsymbol{e}_i), \quad i = 1, 2, \cdots, n,$$

求证: $\boldsymbol{\alpha} = \boldsymbol{\beta}$.

3. 若 $(\ \ ,\ \ )_1, (\ \ ,\ \ )_2$ 是 V 上的两个内积, 证明:

$$(\boldsymbol{\alpha}, \boldsymbol{\beta}) = (\boldsymbol{\alpha}, \boldsymbol{\beta})_1 + (\boldsymbol{\alpha}, \boldsymbol{\beta})_2$$

定义了 V 上的另一个内积.

4. 取 n 维行向量空间 $\mathbb{R}^n$ 上的标准内积, 标准单位行向量 $\{\boldsymbol{e}_1, \boldsymbol{e}_2, \cdots, \boldsymbol{e}_n\}$ 构成 $\mathbb{R}^n$ 的一组基. 求证: 对任意的 $\boldsymbol{\alpha} \in \mathbb{R}^n$, 有

$$\boldsymbol{\alpha} = (\boldsymbol{\alpha}, \boldsymbol{e}_1)\boldsymbol{e}_1 + (\boldsymbol{\alpha}, \boldsymbol{e}_2)\boldsymbol{e}_2 + \cdots + (\boldsymbol{\alpha}, \boldsymbol{e}_n)\boldsymbol{e}_n.$$

5. 证明: 在 $\mathbb{R}^2$ (取标准内积) 中存在一个非零线性变换 $\boldsymbol{\varphi}$, 使 $\boldsymbol{\varphi}(\boldsymbol{\alpha}) \perp \boldsymbol{\alpha}$ 对任一 $\boldsymbol{\alpha} \in \mathbb{R}^2$ 成立; 但在 $\mathbb{C}^2$ (取标准内积) 中这样的非零线性变换不存在.

6. 证明: 在内积空间中平行四边形两对角线平方和等于四边平方和, 即

$$\|\boldsymbol{\alpha} + \boldsymbol{\beta}\|^2 + \|\boldsymbol{\alpha} - \boldsymbol{\beta}\|^2 = 2\|\boldsymbol{\alpha}\|^2 + 2\|\boldsymbol{\beta}\|^2.$$

7. 设 V 是实系数多项式全体构成的实线性空间, 对任意的实系数多项式

$$f(x) = a_0 + a_1x + \cdots + a_nx^n, \quad g(x) = b_0 + b_1x + \cdots + b_mx^m,$$

定义

$$(f,g)=\sum_{i,j}\frac{a_ib_j}{i+j+1},$$

证明: (f,g) 定义了 V 上的内积.

8. 证明: 下列 $(\boldsymbol{A},\boldsymbol{B})$ 分别定义了 n 阶实矩阵空间和 n 阶复矩阵空间上的内积 (称为 Frobenius 内积):

(1) 设 V 为 n 阶实矩阵空间, 对任意的 n 阶实矩阵 $\boldsymbol{A}=(a_{ij}),\boldsymbol{B}=(b_{ij})$, 定义

$$(\boldsymbol{A},\boldsymbol{B})=\mathrm{tr}(\boldsymbol{A}\boldsymbol{B}')=\sum_{i=1}^{n}\sum_{j=1}^{n}a_{ij}b_{ij};$$

(2) 设 V 为 n 阶复矩阵空间, 对任意的 n 阶复矩阵 $\boldsymbol{A}=(a_{ij}),\boldsymbol{B}=(b_{ij})$, 定义

$$(\boldsymbol{A},\boldsymbol{B})=\mathrm{tr}(\boldsymbol{A}\overline{\boldsymbol{B}}')=\sum_{i=1}^{n}\sum_{j=1}^{n}a_{ij}\overline{b_{ij}}.$$

§ 9.2　内积的表示和正交基

这一节我们将只考虑有限维内积空间. 我们要讨论的第一个问题是: 给定内积空间的一组基以后, 如何用坐标向量来表示向量的内积. 具体来说, 设 V 是欧氏空间 (酉空间), $\{\boldsymbol{v}_1,\boldsymbol{v}_2,\cdots,\boldsymbol{v}_n\}$ 是 V 的一组基. 如果 $(\boldsymbol{v}_i,\boldsymbol{v}_j)=g_{ij}\,(i,j=1,2,\cdots,n)$, $\boldsymbol{\alpha}=a_1\boldsymbol{v}_1+a_2\boldsymbol{v}_2+\cdots+a_n\boldsymbol{v}_n$, $\boldsymbol{\beta}=b_1\boldsymbol{v}_1+b_2\boldsymbol{v}_2+\cdots+b_n\boldsymbol{v}_n$, 问: $(\boldsymbol{\alpha},\boldsymbol{\beta})$ 等于什么?

用向量内积的性质, 很容易给出这个问题的答案. 当 V 是欧氏空间时,

$$(\boldsymbol{\alpha},\boldsymbol{\beta})=(\sum_{i=1}^{n}a_i\boldsymbol{v}_i,\sum_{j=1}^{n}b_j\boldsymbol{v}_j)=\sum_{i,j=1}^{n}a_ig_{ij}b_j.$$

我们把上述结论写成矩阵形式:

$$(\boldsymbol{\alpha},\boldsymbol{\beta})=(a_1,a_2,\cdots,a_n)\begin{pmatrix}g_{11}&g_{12}&\cdots&g_{1n}\\g_{21}&g_{22}&\cdots&g_{2n}\\\vdots&\vdots&&\vdots\\g_{n1}&g_{n2}&\cdots&g_{nn}\end{pmatrix}\begin{pmatrix}b_1\\b_2\\\vdots\\b_n\end{pmatrix},$$

其中矩阵

$$\boldsymbol{G}=\begin{pmatrix} g_{11} & g_{12} & \cdots & g_{1n} \\ g_{21} & g_{22} & \cdots & g_{2n} \\ \vdots & \vdots & & \vdots \\ g_{n1} & g_{n2} & \cdots & g_{nn} \end{pmatrix}=\begin{pmatrix} (\boldsymbol{v}_1,\boldsymbol{v}_1) & (\boldsymbol{v}_1,\boldsymbol{v}_2) & \cdots & (\boldsymbol{v}_1,\boldsymbol{v}_n) \\ (\boldsymbol{v}_2,\boldsymbol{v}_1) & (\boldsymbol{v}_2,\boldsymbol{v}_2) & \cdots & (\boldsymbol{v}_2,\boldsymbol{v}_n) \\ \vdots & \vdots & & \vdots \\ (\boldsymbol{v}_n,\boldsymbol{v}_1) & (\boldsymbol{v}_n,\boldsymbol{v}_2) & \cdots & (\boldsymbol{v}_n,\boldsymbol{v}_n) \end{pmatrix}$$

称为基向量 $\{\boldsymbol{v}_1,\boldsymbol{v}_2,\cdots,\boldsymbol{v}_n\}$ 的 Gram (格列姆) 矩阵或内积空间 V 在给定基下的度量矩阵.

于是, 我们得到了内积在给定基下的表示:

$$(\boldsymbol{\alpha},\boldsymbol{\beta})=\boldsymbol{x}'\boldsymbol{G}\boldsymbol{y}, \tag{9.2.1}$$

其中 $\boldsymbol{x},\boldsymbol{y}$ 分别是向量 $\boldsymbol{\alpha},\boldsymbol{\beta}$ 在给定基下的坐标向量.

再来看矩阵 $\boldsymbol{G}$. 因为 $(\boldsymbol{v}_i,\boldsymbol{v}_j)=(\boldsymbol{v}_j,\boldsymbol{v}_i)$, 所以 $\boldsymbol{G}$ 是实对称阵. 又因为对任意的非零向量 $\boldsymbol{\alpha}$, 总有 $(\boldsymbol{\alpha},\boldsymbol{\alpha})>0$, 所以 $\boldsymbol{x}'\boldsymbol{G}\boldsymbol{x}>0$ 对一切 n 维非零实列向量 $\boldsymbol{x}$ 成立. 这表明 $\boldsymbol{G}$ 是一个正定阵. 反之, 若给定 n 阶正定实对称阵 $\boldsymbol{G}$, 利用 (9.2.1) 式也可以定义 V 上的内积 (参考例 9.1.5). 由此我们可以看出, 若给定了 n 维实线性空间 V 的一组基, 则 V 上的内积结构和 n 阶正定实对称阵之间存在着一个一一对应.

设 V 是酉空间, 我们类似可证若 $\boldsymbol{\alpha}=a_1\boldsymbol{v}_1+a_2\boldsymbol{v}_2+\cdots+a_n\boldsymbol{v}_n$, $\boldsymbol{\beta}=b_1\boldsymbol{v}_1+b_2\boldsymbol{v}_2+\cdots+b_n\boldsymbol{v}_n$, 令

$$\boldsymbol{H}=\begin{pmatrix} (\boldsymbol{v}_1,\boldsymbol{v}_1) & (\boldsymbol{v}_1,\boldsymbol{v}_2) & \cdots & (\boldsymbol{v}_1,\boldsymbol{v}_n) \\ (\boldsymbol{v}_2,\boldsymbol{v}_1) & (\boldsymbol{v}_2,\boldsymbol{v}_2) & \cdots & (\boldsymbol{v}_2,\boldsymbol{v}_n) \\ \vdots & \vdots & & \vdots \\ (\boldsymbol{v}_n,\boldsymbol{v}_1) & (\boldsymbol{v}_n,\boldsymbol{v}_2) & \cdots & (\boldsymbol{v}_n,\boldsymbol{v}_n) \end{pmatrix},$$

则

$$(\boldsymbol{\alpha},\boldsymbol{\beta})=\boldsymbol{x}'\boldsymbol{H}\overline{\boldsymbol{y}}, \tag{9.2.2}$$

其中 $\boldsymbol{x},\boldsymbol{y}$ 分别是 $\boldsymbol{\alpha},\boldsymbol{\beta}$ 的坐标向量, $\boldsymbol{H}$ 是一个正定 Hermite 矩阵.

从 (9.2.1) 式和 (9.2.2) 式, 我们自然地会提出这样一个问题: 在 V 中是否存在这样一组基, 它的 Gram 矩阵是单位阵 $\boldsymbol{I}_n$? 如果存在, 那么在这组基下的内积表示将特别简单. 首先, 我们来看如果 $\boldsymbol{G}=\boldsymbol{I}_n$ (或 $\boldsymbol{H}=\boldsymbol{I}_n$), 基向量要满足什么条件? 显然, $\boldsymbol{G}$ (或 $\boldsymbol{H}$) 等于 $\boldsymbol{I}_n$ 的充分必要条件是:

$$(\boldsymbol{v}_i,\boldsymbol{v}_j)=0\,(i\neq j),\quad (\boldsymbol{v}_i,\boldsymbol{v}_i)=1.$$

定义 9.2.1 设 $\{e_1, e_2, \cdots, e_n\}$ 是 n 维内积空间 V 的一组基. 若 $e_i \perp e_j$ 对一切 $i \neq j$ 成立, 则称这组基是 V 的一组正交基. 又若 V 的一组正交基中每个基向量的长度都等于 1, 则称这组正交基为标准正交基.

显然在标准正交基下, 度量矩阵就是单位阵, 那么在任意的有限维内积空间中, 标准正交基一定存在吗? 容易验证, n 维行 (列) 向量空间在标准内积下, 它的标准基 (即由标准单位行 (列) 向量组成的基) 是标准正交基. 在证明一般内积空间的标准正交基的存在性之前, 我们先证明正交向量组的两个重要性质.

引理 9.2.1 内积空间 V 中的任意一组两两正交的非零向量必线性无关.

证明 设 $\boldsymbol{v}_1, \boldsymbol{v}_2, \cdots, \boldsymbol{v}_m$ 是 V 中两两正交的非零向量, 若

$$k_1\boldsymbol{v}_1 + k_2\boldsymbol{v}_2 + \cdots + k_m\boldsymbol{v}_m = \boldsymbol{0},$$

则对任一 $1 \leq i \leq m$, 有

$$(k_1\boldsymbol{v}_1 + k_2\boldsymbol{v}_2 + \cdots + k_m\boldsymbol{v}_m, \boldsymbol{v}_i) = 0.$$

由于 $\boldsymbol{v}_i \perp \boldsymbol{v}_j\,(i \neq j)$, 故由上式可得 $k_i(\boldsymbol{v}_i, \boldsymbol{v}_i) = 0$, 又 $\boldsymbol{v}_i \neq \boldsymbol{0}$, 从而 $k_i = 0$. □

引理 9.2.2 设向量 $\boldsymbol{\alpha}$ 和 $\boldsymbol{\beta}_1, \boldsymbol{\beta}_2, \cdots, \boldsymbol{\beta}_k$ 都正交, 则 $\boldsymbol{\alpha}$ 和 $L(\boldsymbol{\beta}_1, \boldsymbol{\beta}_2, \cdots, \boldsymbol{\beta}_k)$ 中的每个向量都正交.

证明 任取 $\boldsymbol{\beta} = b_1\boldsymbol{\beta}_1 + b_2\boldsymbol{\beta}_2 + \cdots + b_k\boldsymbol{\beta}_k \in L(\boldsymbol{\beta}_1, \boldsymbol{\beta}_2, \cdots, \boldsymbol{\beta}_k)$, 则

$$(\boldsymbol{\beta}, \boldsymbol{\alpha}) = (b_1\boldsymbol{\beta}_1 + b_2\boldsymbol{\beta}_2 + \cdots + b_k\boldsymbol{\beta}_k, \boldsymbol{\alpha}) = \sum_{i=1}^{k} b_i(\boldsymbol{\beta}_i, \boldsymbol{\alpha}) = 0,$$

结论得证. □

推论 9.2.1 n 维内积空间中任意一个正交非零向量组的向量个数不超过 n.

若 $\boldsymbol{\alpha}$ 是一个非零向量, 则 $\dfrac{1}{\|\boldsymbol{\alpha}\|}\boldsymbol{\alpha}$ 是一个长度等于 1 的向量, 这个过程称为单位化. 因此要证明存在标准正交基, 我们只需先证明存在正交基, 然后将正交基单位化即可. 我们从一组线性无关的向量出发, 设法构造出一组正交向量来. 设 $\boldsymbol{u}_1, \boldsymbol{u}_2, \cdots, \boldsymbol{u}_m$ 是 V 中 m 个线性无关的向量, 我们采用数学归纳法. 当只有一个向量时, 令 $\boldsymbol{v}_1 = \boldsymbol{u}_1$. 假设 $\boldsymbol{v}_1, \boldsymbol{v}_2, \cdots, \boldsymbol{v}_k$ 已经构造好, 是一组两两正交的非零向量, 我们用待定系数法求 $\boldsymbol{v}_{k+1}$. 设

$$\boldsymbol{v}_{k+1} = \boldsymbol{u}_{k+1} + a_1\boldsymbol{v}_1 + a_2\boldsymbol{v}_2 + \cdots + a_k\boldsymbol{v}_k,$$

两边和 $\boldsymbol{v}_j\ (j \le k)$ 作内积, 便得到

$$0 = (\boldsymbol{v}_{k+1}, \boldsymbol{v}_j) = (\boldsymbol{u}_{k+1}, \boldsymbol{v}_j) + a_j(\boldsymbol{v}_j, \boldsymbol{v}_j),$$

于是

$$a_j = -\frac{(\boldsymbol{u}_{k+1}, \boldsymbol{v}_j)}{(\boldsymbol{v}_j, \boldsymbol{v}_j)}.$$

下面我们给出定理及其证明.

定理 9.2.1 设 V 是内积空间, $\boldsymbol{u}_1, \boldsymbol{u}_2, \cdots, \boldsymbol{u}_m$ 是 V 中 m 个线性无关的向量, 则在 V 中存在 m 个两两正交的非零向量 $\boldsymbol{v}_1, \boldsymbol{v}_2, \cdots, \boldsymbol{v}_m$, 使由 $\boldsymbol{v}_1, \boldsymbol{v}_2, \cdots, \boldsymbol{v}_m$ 张成的子空间恰好为由 $\boldsymbol{u}_1, \boldsymbol{u}_2, \cdots, \boldsymbol{u}_m$ 张成的子空间, 即 $\boldsymbol{v}_1, \boldsymbol{v}_2, \cdots, \boldsymbol{v}_m$ 是该子空间的一组正交基.

证明 设 $\boldsymbol{v}_1 = \boldsymbol{u}_1$, 其余 $\boldsymbol{v}_i$ 可用数学归纳法定义如下: 假设 $\boldsymbol{v}_1, \cdots, \boldsymbol{v}_k\ (k < m)$ 已定义好, 这时 $\boldsymbol{v}_1, \cdots, \boldsymbol{v}_k$ 两两正交非零且 $L(\boldsymbol{v}_1, \cdots, \boldsymbol{v}_k) = L(\boldsymbol{u}_1, \cdots, \boldsymbol{u}_k)$. 令

$$\boldsymbol{v}_{k+1} = \boldsymbol{u}_{k+1} - \sum_{j=1}^{k} \frac{(\boldsymbol{u}_{k+1}, \boldsymbol{v}_j)}{\|\boldsymbol{v}_j\|^2}\boldsymbol{v}_j. \tag{9.2.3}$$

注意 $\boldsymbol{v}_{k+1} \ne \boldsymbol{0}$, 否则 $\boldsymbol{u}_{k+1}$ 将是 $\boldsymbol{v}_1, \cdots, \boldsymbol{v}_k$ 的线性组合, 从而也是 $\boldsymbol{u}_1, \cdots, \boldsymbol{u}_k$ 的线性组合, 此与 $\boldsymbol{u}_1, \boldsymbol{u}_2, \cdots, \boldsymbol{u}_m$ 线性无关矛盾. 又对任意的 $1 \le i \le k$, 有

$$\begin{aligned}(\boldsymbol{v}_{k+1}, \boldsymbol{v}_i) &= (\boldsymbol{u}_{k+1}, \boldsymbol{v}_i) - \sum_{j=1}^{k} \frac{(\boldsymbol{u}_{k+1}, \boldsymbol{v}_j)}{\|\boldsymbol{v}_j\|^2}(\boldsymbol{v}_j, \boldsymbol{v}_i) \\ &= (\boldsymbol{u}_{k+1}, \boldsymbol{v}_i) - (\boldsymbol{u}_{k+1}, \boldsymbol{v}_i) = 0,\end{aligned}$$

因此 $\boldsymbol{v}_1, \cdots, \boldsymbol{v}_k, \boldsymbol{v}_{k+1}$ 两两正交. 由 (9.2.3) 式可知 $\boldsymbol{u}_{k+1} \in L(\boldsymbol{v}_1, \cdots, \boldsymbol{v}_k, \boldsymbol{v}_{k+1})$ 及

$$\boldsymbol{v}_{k+1} \in L(\boldsymbol{v}_1, \cdots, \boldsymbol{v}_k) + L(\boldsymbol{u}_{k+1}) = L(\boldsymbol{u}_1, \cdots, \boldsymbol{u}_k) + L(\boldsymbol{u}_{k+1}) = L(\boldsymbol{u}_1, \cdots, \boldsymbol{u}_k, \boldsymbol{u}_{k+1}),$$

于是 $L(\boldsymbol{v}_1, \cdots, \boldsymbol{v}_k, \boldsymbol{v}_{k+1}) = L(\boldsymbol{u}_1, \cdots, \boldsymbol{u}_k, \boldsymbol{u}_{k+1})$, 这就证明了结论. □

上述正交化过程通常称为 Gram-Schmidt (格列姆–施密特) 方法.

推论 9.2.2 任一有限维内积空间均有标准正交基.

例 9.2.1 设 V 是三维实行向量空间, 内积为标准内积. 又已知 3 个线性无关的向量:

$$\boldsymbol{u}_1 = (3, 0, 4), \quad \boldsymbol{u}_2 = (-1, 0, 7), \quad \boldsymbol{u}_3 = (2, 9, 11),$$

用 Gram-Schmidt 方法求 V 的一组标准正交基.

解　令

$$\begin{aligned} \boldsymbol{v}_1 &= (3,0,4), \\ \boldsymbol{v}_2 &= (-1,0,7)-\frac{(-1\cdot 3+0+7\cdot 4)}{25}(3,0,4)=(-4,0,3), \\ \boldsymbol{v}_3 &= (2,9,11)-\frac{(2\cdot 3+0+11\cdot 4)}{25}(3,0,4) \\ &\quad -\frac{(2\cdot(-4)+0+11\cdot 3)}{25}(-4,0,3) \\ &= (0,9,0), \end{aligned}$$

再令

$$\boldsymbol{w}_1=\frac{1}{5}(3,0,4),\quad \boldsymbol{w}_2=\frac{1}{5}(-4,0,3),\quad \boldsymbol{w}_3=(0,1,0),$$

则 $\{\boldsymbol{w}_1,\boldsymbol{w}_2,\boldsymbol{w}_3\}$ 是 V 的一组标准正交基.

下面我们要讨论子空间的正交问题.

定义 9.2.2　设 U 是内积空间 V 的子空间, 令

$$U^{\perp}=\{\boldsymbol{v}\in V\,|\,(\boldsymbol{v},U)=0\},$$

这里 $(\boldsymbol{v},U)=0$ 表示对一切 $\boldsymbol{u}\in U$, 均有 $(\boldsymbol{v},\boldsymbol{u})=0$. 容易验证 $U^{\perp}$ 是 V 的子空间, 称为 U 的正交补空间.

定理 9.2.2　设 V 是 n 维内积空间, U 是 V 的子空间, 则

(1) $V=U\oplus U^{\perp}$;

(2) U 的任一组标准正交基均可扩张为 V 的一组标准正交基.

证明　(1) 若 $\boldsymbol{x}\in U\cap U^{\perp}$, 则 $(\boldsymbol{x},\boldsymbol{x})=0$, 因此 $\boldsymbol{x}=\boldsymbol{0}$, 即 $U\cap U^{\perp}=0$. 另一方面, 由推论 9.2.2 可知, 存在 U 的一组标准正交基 $\{\boldsymbol{e}_1,\boldsymbol{e}_2,\cdots,\boldsymbol{e}_m\}$. 对任意的 $\boldsymbol{v}\in V$, 令

$$\boldsymbol{u}=(\boldsymbol{v},\boldsymbol{e}_1)\boldsymbol{e}_1+(\boldsymbol{v},\boldsymbol{e}_2)\boldsymbol{e}_2+\cdots+(\boldsymbol{v},\boldsymbol{e}_m)\boldsymbol{e}_m,$$

则 $\boldsymbol{u}\in U$. 又令 $\boldsymbol{w}=\boldsymbol{v}-\boldsymbol{u}$, 则对任一 $\boldsymbol{e}_i\,(i=1,2,\cdots,m)$, 有

$$(\boldsymbol{w},\boldsymbol{e}_i)=(\boldsymbol{v},\boldsymbol{e}_i)-(\boldsymbol{u},\boldsymbol{e}_i)=(\boldsymbol{v},\boldsymbol{e}_i)-(\boldsymbol{v},\boldsymbol{e}_i)=0.$$

因此 $\boldsymbol{w}\in U^{\perp}$, 又 $\boldsymbol{v}=\boldsymbol{u}+\boldsymbol{w}$, 这就证明了 $V=U\oplus U^{\perp}$.

(2) 设 $\{\boldsymbol{e}_1,\boldsymbol{e}_2,\cdots,\boldsymbol{e}_m\}$ 是 U 的任一组标准正交基, $\{\boldsymbol{e}_{m+1},\cdots,\boldsymbol{e}_n\}$ 是 $U^{\perp}$ 的任一组标准正交基, 则显然 $\{\boldsymbol{e}_1,\boldsymbol{e}_2,\cdots,\boldsymbol{e}_n\}$ 是 V 的一组标准正交基. □

定义 9.2.3 设 V 是 n 维内积空间, $V_1, V_2, \cdots, V_k$ 是 V 的子空间. 如果对任意的 $\boldsymbol{\alpha} \in V_i$ 和任意的 $\boldsymbol{\beta} \in V_j$ 均有 $(\boldsymbol{\alpha}, \boldsymbol{\beta}) = 0$, 则称子空间 V_i 和 V_j 正交. 若 $V = V_1 + V_2 + \cdots + V_k$ 且 V_i 两两正交, 则称 V 是 $V_1, V_2, \cdots, V_k$ 的正交和, 记为

$$V = V_1 \perp V_2 \perp \cdots \perp V_k.$$

引理 9.2.3 正交和必为直和且任一 V_i 和其余子空间的和正交.

证明 对任意的 $\boldsymbol{v}_i \in V_i$ 和 $\sum\limits_{j \neq i} \boldsymbol{v}_j \, (\boldsymbol{v}_j \in V_j)$, 有

$$(\boldsymbol{v}_i, \sum_{j \neq i} \boldsymbol{v}_j) = \sum_{j \neq i} (\boldsymbol{v}_i, \boldsymbol{v}_j) = 0,$$

因此后一个结论成立. 任取 $\boldsymbol{v} \in V_i \cap (\sum\limits_{j \neq i} V_j)$, 则由上述论证可得 $(\boldsymbol{v}, \boldsymbol{v}) = 0$, 故 $\boldsymbol{v} = \boldsymbol{0}$, 从而 $V_i \cap (\sum\limits_{j \neq i} V_j) = 0$, 即正交和必为直和. □

由于上述引理, 正交和通常也称为正交直和.

定义 9.2.4 设 $V = V_1 \perp V_2 \perp \cdots \perp V_k$, 定义 V 上的线性变换 $\boldsymbol{E}_i \, (i = 1, 2, \cdots, k)$ 如下: 若 $\boldsymbol{v} = \boldsymbol{v}_1 + \cdots + \boldsymbol{v}_i + \cdots + \boldsymbol{v}_k \, (\boldsymbol{v}_i \in V_i)$, 令 $\boldsymbol{E}_i(\boldsymbol{v}) = \boldsymbol{v}_i$. 容易验证 $\boldsymbol{E}_i$ 是 V 上的线性变换, 且满足

$$\boldsymbol{E}_i^2 = \boldsymbol{E}_i, \quad \boldsymbol{E}_i \boldsymbol{E}_j = \boldsymbol{0} \ (i \neq j), \quad \boldsymbol{E}_1 + \boldsymbol{E}_2 + \cdots + \boldsymbol{E}_k = \boldsymbol{I}_V.$$

线性变换 $\boldsymbol{E}_i$ 称为 V 到 V_i 上的正交投影 (简称投影).

命题 9.2.1 设 U 是内积空间 V 的子空间, $V = U \perp U^{\perp}$. 设 $\boldsymbol{E}$ 是 V 到 U 上的正交投影, 则对任意的 $\boldsymbol{\alpha}, \boldsymbol{\beta} \in V$, 有

$$(\boldsymbol{E}(\boldsymbol{\alpha}), \boldsymbol{\beta}) = (\boldsymbol{\alpha}, \boldsymbol{E}(\boldsymbol{\beta})).$$

证明 设 $\boldsymbol{\alpha} = \boldsymbol{u}_1 + \boldsymbol{w}_1$, $\boldsymbol{\beta} = \boldsymbol{u}_2 + \boldsymbol{w}_2$, 其中 $\boldsymbol{u}_1, \boldsymbol{u}_2 \in U$, $\boldsymbol{w}_1, \boldsymbol{w}_2 \in U^{\perp}$, 则 $\boldsymbol{E}(\boldsymbol{\alpha}) = \boldsymbol{u}_1$, $\boldsymbol{E}(\boldsymbol{\beta}) = \boldsymbol{u}_2$, 于是

$$(\boldsymbol{E}(\boldsymbol{\alpha}), \boldsymbol{\beta}) = (\boldsymbol{u}_1, \boldsymbol{u}_2 + \boldsymbol{w}_2) = (\boldsymbol{u}_1, \boldsymbol{u}_2) + (\boldsymbol{u}_1, \boldsymbol{w}_2) = (\boldsymbol{u}_1, \boldsymbol{u}_2),$$

$$(\boldsymbol{\alpha}, \boldsymbol{E}(\boldsymbol{\beta})) = (\boldsymbol{u}_1 + \boldsymbol{w}_1, \boldsymbol{u}_2) = (\boldsymbol{u}_1, \boldsymbol{u}_2) + (\boldsymbol{w}_1, \boldsymbol{u}_2) = (\boldsymbol{u}_1, \boldsymbol{u}_2).$$

由此即得结论. □

下面的结论是 “斜边大于直角边” 这一几何命题在内积空间中的推广.

命题 9.2.2 (Bessel (贝塞尔) 不等式) 设 $\boldsymbol{v}_1,\boldsymbol{v}_2,\cdots,\boldsymbol{v}_m$ 是内积空间 V 中的正交非零向量组, $\boldsymbol{y}$ 是 V 中任一向量, 则

$$\sum_{k=1}^{m}\frac{|(\boldsymbol{y},\boldsymbol{v}_k)|^2}{\|\boldsymbol{v}_k\|^2}\leq\|\boldsymbol{y}\|^2,$$

且等号成立的充分必要条件是 $\boldsymbol{y}$ 属于由 $\{\boldsymbol{v}_1,\boldsymbol{v}_2,\cdots,\boldsymbol{v}_m\}$ 张成的子空间.

证明 令

$$\boldsymbol{x}=\sum_{k=1}^{m}\frac{(\boldsymbol{y},\boldsymbol{v}_k)}{\|\boldsymbol{v}_k\|^2}\boldsymbol{v}_k,$$

则 $\boldsymbol{x}$ 属于由 $\{\boldsymbol{v}_1,\boldsymbol{v}_2,\cdots,\boldsymbol{v}_m\}$ 张成的子空间. 容易验证

$$(\boldsymbol{y}-\boldsymbol{x},\boldsymbol{v}_k)=0,\ k=1,2,\cdots,m,$$

因此 $(\boldsymbol{y}-\boldsymbol{x},\boldsymbol{x})=0$. 由勾股定理可得

$$\|\boldsymbol{y}\|^2=\|\boldsymbol{y}-\boldsymbol{x}\|^2+\|\boldsymbol{x}\|^2,$$

故

$$\|\boldsymbol{x}\|^2\leq\|\boldsymbol{y}\|^2.$$

又由 $\boldsymbol{v}_1,\boldsymbol{v}_2,\cdots,\boldsymbol{v}_m$ 两两正交不难算出

$$\|\boldsymbol{x}\|^2=\sum_{k=1}^{m}\frac{|(\boldsymbol{y},\boldsymbol{v}_k)|^2}{\|\boldsymbol{v}_k\|^2}.$$

若 $\boldsymbol{y}$ 属于由 $\{\boldsymbol{v}_1,\boldsymbol{v}_2,\cdots,\boldsymbol{v}_m\}$ 张成的子空间, 则 $\boldsymbol{y}=\boldsymbol{x}$, 故等号成立. 反之, 若等号成立, 则 $\|\boldsymbol{y}-\boldsymbol{x}\|^2=0$, 故 $\boldsymbol{y}=\boldsymbol{x}$, 即 $\boldsymbol{y}$ 属于由 $\{\boldsymbol{v}_1,\boldsymbol{v}_2,\cdots,\boldsymbol{v}_m\}$ 张成的子空间. □

Bessel 不等式在数学分析中有重要的应用.

习 题 9.2

1. 用 Gram-Schmidt 方法求由下列向量张成的子空间的标准正交基:

(1) $\boldsymbol{u}_1=(1,1,1)$, $\boldsymbol{u}_2=(1,1,0)$, $\boldsymbol{u}_3=(1,0,0)$;

(2) $\boldsymbol{u}_1=(1,2,2,-1)$, $\boldsymbol{u}_2=(1,1,-5,3)$, $\boldsymbol{u}_3=(3,2,8,-7)$;

(3) $\boldsymbol{u}_1=(1,1,-1,-2)$, $\boldsymbol{u}_2=(5,8,-2,-3)$, $\boldsymbol{u}_3=(3,9,3,8)$.

2. 设 $\boldsymbol{e}_1,\boldsymbol{e}_2,\cdots,\boldsymbol{e}_n$ 为内积空间 V 的一组标准正交基, 求证: 对任意的 $\boldsymbol{\alpha},\boldsymbol{\beta}\in V$, 有

$$(\boldsymbol{\alpha},\boldsymbol{\beta})=(\boldsymbol{\alpha},\boldsymbol{e}_1)\overline{(\boldsymbol{\beta},\boldsymbol{e}_1)}+(\boldsymbol{\alpha},\boldsymbol{e}_2)\overline{(\boldsymbol{\beta},\boldsymbol{e}_2)}+\cdots+(\boldsymbol{\alpha},\boldsymbol{e}_n)\overline{(\boldsymbol{\beta},\boldsymbol{e}_n)}.$$

3. 设 V 是内积空间, U 是 V 的子空间, 若 U 由向量组 $\{\boldsymbol{u}_1,\boldsymbol{u}_2,\cdots,\boldsymbol{u}_m\}$ 生成, 求证:

$$U^{\perp}=\{\boldsymbol{v}\in V\,|\,(\boldsymbol{v},\boldsymbol{u}_i)=0,\ i=1,2,\cdots,m\}.$$

4. 设 U,U_1,U_2 是有限维内积空间 V 的子空间, 求证:
(1) $(U^{\perp})^{\perp}=U$;
(2) $(U_1+U_2)^{\perp}=U_1^{\perp}\cap U_2^{\perp}$;
(3) $(U_1\cap U_2)^{\perp}=U_1^{\perp}+U_2^{\perp}$;
(4) $V^{\perp}=0,\ 0^{\perp}=V$.

5. 设 S 是有限维内积空间 V 的子集, 证明:
(1) $S^{\perp}=\{\boldsymbol{\alpha}\in V\,|\,(\boldsymbol{\alpha},S)=0\}$ 是 V 的子空间;
(2) $(S^{\perp})^{\perp}$ 等于由 S 生成的子空间.

6. 设线性子空间 U 为下列线性方程组的解空间:

$$\begin{cases}2x_1+x_2+3x_3-x_4=0,\\3x_1+2x_2-2x_4=0,\\3x_1+x_2+9x_3-x_4=0,\end{cases}$$

试求 $U^{\perp}$ 适合的线性方程组.

7. 设 V 为 n 阶实矩阵空间 (取 Frobenius 内积), V_1 是 n 阶实对称阵构成的子空间, V_2 是 n 阶实反对称阵构成的子空间, 求证:

$$V=V_1\perp V_2.$$

8. 设 V 是 n 维欧氏空间, $\{\boldsymbol{e}_1,\boldsymbol{e}_2,\cdots,\boldsymbol{e}_n\}$ 是 V 的一组基, $c_1,c_2,\cdots,c_n$ 是 n 个实数, 求证: 存在唯一的向量 $\boldsymbol{\alpha}\in V$, 使

$$(\boldsymbol{\alpha},\boldsymbol{e}_i)=c_i,\quad i=1,2,\cdots,n.$$

9. 设 $\boldsymbol{u}_1,\boldsymbol{u}_2,\cdots,\boldsymbol{u}_m$ 是欧氏空间 V 中的 m 个向量, 矩阵

$$\boldsymbol{G}(\boldsymbol{u}_1,\boldsymbol{u}_2,\cdots,\boldsymbol{u}_m)=\begin{pmatrix}(\boldsymbol{u}_1,\boldsymbol{u}_1)&(\boldsymbol{u}_1,\boldsymbol{u}_2)&\cdots&(\boldsymbol{u}_1,\boldsymbol{u}_m)\\(\boldsymbol{u}_2,\boldsymbol{u}_1)&(\boldsymbol{u}_2,\boldsymbol{u}_2)&\cdots&(\boldsymbol{u}_2,\boldsymbol{u}_m)\\\vdots&\vdots&&\vdots\\(\boldsymbol{u}_m,\boldsymbol{u}_1)&(\boldsymbol{u}_m,\boldsymbol{u}_2)&\cdots&(\boldsymbol{u}_m,\boldsymbol{u}_m)\end{pmatrix}$$

称为 $\boldsymbol{u}_1,\boldsymbol{u}_2,\cdots,\boldsymbol{u}_m$ 的 Gram 矩阵. 证明: 若用 Gram-Schmidt 方法将线性无关向量组 $\{\boldsymbol{u}_1,\boldsymbol{u}_2,\ \cdots,\ \boldsymbol{u}_m\}$ 变成正交向量组 $\{\boldsymbol{v}_1,\boldsymbol{v}_2,\cdots,\boldsymbol{v}_m\}$, 则这两组向量的 Gram 矩阵的行列式值不变, 即

$$|\boldsymbol{G}(\boldsymbol{u}_1,\boldsymbol{u}_2,\cdots,\boldsymbol{u}_m)|=|\boldsymbol{G}(\boldsymbol{v}_1,\boldsymbol{v}_2,\cdots,\boldsymbol{v}_m)|=\|\boldsymbol{v}_1\|^2\|\boldsymbol{v}_2\|^2\cdots\|\boldsymbol{v}_m\|^2.$$

10. 证明: 向量 $\boldsymbol{u}_1, \boldsymbol{u}_2, \cdots, \boldsymbol{u}_m$ 线性无关的充分必要条件是它们的 Gram 矩阵为非异阵.

11. 证明下列不等式:

$$0 \leq |\boldsymbol{G}(\boldsymbol{u}_1, \boldsymbol{u}_2, \cdots, \boldsymbol{u}_m)| \leq \|\boldsymbol{u}_1\|^2 \|\boldsymbol{u}_2\|^2 \cdots \|\boldsymbol{u}_m\|^2,$$

后一个等号成立的充分必要条件是 $\boldsymbol{u}_i$ 两两正交或者某个 $\boldsymbol{u}_i = \boldsymbol{0}$.

12. 设 $\boldsymbol{A} = (a_{ij})$ 是 n 阶实矩阵, 证明下列 Hadamard (阿达玛) 不等式:

$$|\boldsymbol{A}|^2 \leq \prod_{j=1}^{n} \sum_{i=1}^{n} a_{ij}^2.$$

13. 令 V 是区间 $[-1, 1]$ 上次数不超过 n 的实系数多项式构成的实线性空间, V 上的内积定义为

$$(f, g) = \int_{-1}^{1} f(x)g(x)\mathrm{d}x,$$

证明: V 是 $n+1$ 维欧氏空间, 并且下列多项式组成 V 的一组正交基:

$$P_0(x) = 1, \quad P_k(x) = \frac{1}{2^k k!} \cdot \frac{\mathrm{d}^k}{\mathrm{d}x^k}\left[(x^2-1)^k\right] \ (k = 1, 2, \cdots, n),$$

称之为 Legendre (勒让德) 多项式.

§ 9.3　伴　　随

在这一节里我们将考察内积空间中的线性变换, 内积空间中的线性变换常常被称为线性算子.

现设 V 是 n 维内积空间 (不妨设之为酉空间), 取 V 的一组标准正交基 $\{\boldsymbol{e}_1, \boldsymbol{e}_2, \cdots, \boldsymbol{e}_n\}$. 假设 $\boldsymbol{\varphi}$ 是 V 上的线性变换, 且它在这组基下的表示矩阵是

$$\boldsymbol{A} = \begin{pmatrix} a_{11} & a_{12} & \cdots & a_{1n} \\ a_{21} & a_{22} & \cdots & a_{2n} \\ \vdots & \vdots & & \vdots \\ a_{n1} & a_{n2} & \cdots & a_{nn} \end{pmatrix}.$$

又设 $\boldsymbol{\alpha} = a_1\boldsymbol{e}_1 + a_2\boldsymbol{e}_2 + \cdots + a_n\boldsymbol{e}_n$, $\boldsymbol{\beta} = b_1\boldsymbol{e}_1 + b_2\boldsymbol{e}_2 + \cdots + b_n\boldsymbol{e}_n$. 记 $\boldsymbol{x} = (a_1, a_2, \cdots, a_n)'$, $\boldsymbol{y} = (b_1, b_2, \cdots, b_n)'$ 分别是 $\boldsymbol{\alpha}, \boldsymbol{\beta}$ 的坐标向量, 则

$$(\boldsymbol{\varphi}(\boldsymbol{\alpha}), \boldsymbol{\beta}) = (\boldsymbol{A}\boldsymbol{x})'\overline{\boldsymbol{y}} = \boldsymbol{x}'\boldsymbol{A}'\overline{\boldsymbol{y}} = \boldsymbol{x}'\overline{(\overline{\boldsymbol{A}}'\boldsymbol{y})}. \tag{9.3.1}$$

记矩阵 $\overline{\boldsymbol{A}}'$ 在 V 上定义的线性变换为 $\boldsymbol{\psi}$, 即对任意的 $\boldsymbol{\beta}=b_1\boldsymbol{e}_1+b_2\boldsymbol{e}_2+\cdots+b_n\boldsymbol{e}_n$, 定义 $\boldsymbol{\psi}(\boldsymbol{\beta})=c_1\boldsymbol{e}_1+c_2\boldsymbol{e}_2+\cdots+c_n\boldsymbol{e}_n$, 其中

$$c_i=\overline{a}_{1i}b_1+\overline{a}_{2i}b_2+\cdots+\overline{a}_{ni}b_n\,(i=1,2,\cdots,n),$$

即 $\boldsymbol{\psi}(\boldsymbol{\beta})$ 的坐标向量

$$\begin{pmatrix}c_1\\c_2\\\vdots\\c_n\end{pmatrix}=\overline{\boldsymbol{A}}'\boldsymbol{y}=\begin{pmatrix}\overline{a}_{11}&\overline{a}_{21}&\cdots&\overline{a}_{n1}\\\overline{a}_{12}&\overline{a}_{22}&\cdots&\overline{a}_{n2}\\\vdots&\vdots&&\vdots\\\overline{a}_{1n}&\overline{a}_{2n}&\cdots&\overline{a}_{nn}\end{pmatrix}\begin{pmatrix}b_1\\b_2\\\vdots\\b_n\end{pmatrix}.$$

于是 (9.3.1) 式表明

$$(\boldsymbol{\varphi}(\boldsymbol{\alpha}),\boldsymbol{\beta})=(\boldsymbol{\alpha},\boldsymbol{\psi}(\boldsymbol{\beta}))$$

对一切 $\boldsymbol{\alpha},\boldsymbol{\beta}\in V$ 成立.

读者很容易验证上述结论对欧氏空间也成立.

定义 9.3.1 设 $\boldsymbol{\varphi}$ 是内积空间 V 上的线性算子, 若存在 V 上的线性算子 $\boldsymbol{\varphi}^*$, 使等式

$$(\boldsymbol{\varphi}(\boldsymbol{\alpha}),\boldsymbol{\beta})=(\boldsymbol{\alpha},\boldsymbol{\varphi}^*(\boldsymbol{\beta}))$$

对一切 $\boldsymbol{\alpha},\boldsymbol{\beta}\in V$ 成立, 则称 $\boldsymbol{\varphi}^*$ 是 $\boldsymbol{\varphi}$ 的伴随算子, 简称为 $\boldsymbol{\varphi}$ 的伴随.

定理 9.3.1 设 V 是 n 维内积空间, $\boldsymbol{\varphi}$ 是 V 上的线性变换, 则存在 V 上唯一的线性变换 $\boldsymbol{\varphi}^*$, 使对一切 $\boldsymbol{\alpha},\boldsymbol{\beta}\in V$, 成立

$$(\boldsymbol{\varphi}(\boldsymbol{\alpha}),\boldsymbol{\beta})=(\boldsymbol{\alpha},\boldsymbol{\varphi}^*(\boldsymbol{\beta})).\tag{9.3.2}$$

证明 只需证明唯一性. 若 $\boldsymbol{\varphi}^\sharp$ 是 V 上的线性变换且

$$(\boldsymbol{\varphi}(\boldsymbol{\alpha}),\boldsymbol{\beta})=(\boldsymbol{\alpha},\boldsymbol{\varphi}^\sharp(\boldsymbol{\beta}))$$

对一切 $\boldsymbol{\alpha},\boldsymbol{\beta}\in V$ 成立, 则 $(\boldsymbol{\alpha},\boldsymbol{\varphi}^\sharp(\boldsymbol{\beta}))=(\boldsymbol{\alpha},\boldsymbol{\varphi}^*(\boldsymbol{\beta}))$ 对一切 $\boldsymbol{\alpha}\in V$ 成立, 即 $(\boldsymbol{\alpha},\boldsymbol{\varphi}^\sharp(\boldsymbol{\beta})-\boldsymbol{\varphi}^*(\boldsymbol{\beta}))=0$ 对一切 $\boldsymbol{\alpha}\in V$ 成立, 特别, 对 $\boldsymbol{\alpha}=\boldsymbol{\varphi}^\sharp(\boldsymbol{\beta})-\boldsymbol{\varphi}^*(\boldsymbol{\beta})$ 也成立. 由内积定义即知 $\boldsymbol{\varphi}^\sharp(\boldsymbol{\beta})-\boldsymbol{\varphi}^*(\boldsymbol{\beta})=\boldsymbol{0}$, 即 $\boldsymbol{\varphi}^\sharp(\boldsymbol{\beta})=\boldsymbol{\varphi}^*(\boldsymbol{\beta})$. 而 $\boldsymbol{\beta}$ 是任意的, 故有 $\boldsymbol{\varphi}^\sharp=\boldsymbol{\varphi}^*$. □

定理 9.3.1 表明, 对有限维内积空间 V 上的任一线性算子, 它的伴随必存在且唯一. 从本节开始的分析我们还知道, 线性算子和它的伴随在同一组标准正交基下的表示矩阵有下面的关系.

定理 9.3.2 设 V 是 n 维内积空间, $\{\boldsymbol{e}_1,\boldsymbol{e}_2,\cdots,\boldsymbol{e}_n\}$ 是 V 的一组标准正交基. 若 V 上的线性算子 $\boldsymbol{\varphi}$ 在这组基下的表示矩阵为 $\boldsymbol{A}$, 则当 V 是酉空间时, $\boldsymbol{\varphi}^*$ 在同一组基下的表示矩阵为 $\overline{\boldsymbol{A}}'$, 即 $\boldsymbol{A}$ 的共轭转置; 当 V 是欧氏空间时, $\boldsymbol{\varphi}^*$ 的表示矩阵为 $\boldsymbol{A}'$, 即 $\boldsymbol{A}$ 的转置.

证明 由伴随的唯一性知道本节一开始由 $\overline{\boldsymbol{A}}'$ 定义的线性变换 $\boldsymbol{\psi}$ 就是 $\boldsymbol{\varphi}$ 的伴随, 而 $\boldsymbol{\psi}$ 的表示矩阵就是 $\overline{\boldsymbol{A}}'$. □

伴随算子有下列性质.

定理 9.3.3 设 V 是有限维内积空间, 若 $\boldsymbol{\varphi}$ 及 $\boldsymbol{\psi}$ 是 V 上的线性变换, c 为常数, 则

(1) $(\boldsymbol{\varphi}+\boldsymbol{\psi})^*=\boldsymbol{\varphi}^*+\boldsymbol{\psi}^*$;

(2) $(c\boldsymbol{\varphi})^*=\bar{c}\boldsymbol{\varphi}^*$;

(3) $(\boldsymbol{\varphi}\boldsymbol{\psi})^*=\boldsymbol{\psi}^*\boldsymbol{\varphi}^*$;

(4) $(\boldsymbol{\varphi}^*)^*=\boldsymbol{\varphi}$.

证明 由矩阵和线性变换的一一对应关系及矩阵共轭转置的性质即得. □

关于伴随的不变子空间和特征值有下面的结果.

命题 9.3.1 设 V 是 n 维内积空间, $\boldsymbol{\varphi}$ 是 V 上的线性算子.

(1) 若 U 是 $\boldsymbol{\varphi}$ 的不变子空间, 则 $U^\perp$ 是 $\boldsymbol{\varphi}^*$ 的不变子空间;

(2) 若 $\boldsymbol{\varphi}$ 的全体特征值为 $\lambda_1,\lambda_2,\cdots,\lambda_n$, 则 $\boldsymbol{\varphi}^*$ 的全体特征值为 $\overline{\lambda}_1,\overline{\lambda}_2,\cdots,\overline{\lambda}_n$.

证明 (1) 任取 $\boldsymbol{\alpha}\in U$, $\boldsymbol{\beta}\in U^\perp$, 因为

$$(\boldsymbol{\alpha},\boldsymbol{\varphi}^*(\boldsymbol{\beta}))=(\boldsymbol{\varphi}(\boldsymbol{\alpha}),\boldsymbol{\beta})=0,$$

所以 $U^\perp$ 是 $\boldsymbol{\varphi}^*$ 的不变子空间.

(2) 取 V 的一组标准正交基, 设 $\boldsymbol{\varphi}$ 在这组基下的表示矩阵为 $\boldsymbol{A}$, 则无论 V 是酉空间还是欧氏空间, $\boldsymbol{\varphi}^*$ 的表示矩阵总可写为 $\overline{\boldsymbol{A}}'$. 由假设

$$|\lambda\boldsymbol{I}_n-\boldsymbol{A}|=(\lambda-\lambda_1)(\lambda-\lambda_2)\cdots(\lambda-\lambda_n),$$

则容易验证

$$|\lambda\boldsymbol{I}_n-\overline{\boldsymbol{A}}'|=(\lambda-\overline{\lambda}_1)(\lambda-\overline{\lambda}_2)\cdots(\lambda-\overline{\lambda}_n),$$

故结论成立. □

习 题 9.3

1. 设 V 是二维复行向量空间 (取标准内积), $\{\boldsymbol{e}_1,\boldsymbol{e}_2\}$ 是 V 的一组标准正交基. 设 V 上的线性算子 φ 满足:

$$\varphi(\boldsymbol{e}_1)=(1,-2),\quad \varphi(\boldsymbol{e}_2)=(\mathrm{i},-1),$$

求 φ 及 φ^* 在这组基下的表示矩阵. 又若 $\boldsymbol{x}=(x_1,x_2)$, 求 $\varphi^*(\boldsymbol{x})$.

2. 设 V 是有限维内积空间, φ 是 V 上的线性算子, 求证: $\mathrm{Im}\,\varphi^*=(\mathrm{Ker}\,\varphi)^{\perp}$.

3. 设 φ 是有限维内积空间 V 上的线性算子, 若 φ 是线性自同构, 求证: φ^* 也是线性自同构且 $(\varphi^*)^{-1}=(\varphi^{-1})^*$.

4. 设 $\boldsymbol{\alpha},\boldsymbol{\beta}$ 是 n 维酉空间 V 中的两个向量, V 上的变换 φ 定义为 $\varphi(\boldsymbol{x})=(\boldsymbol{x},\boldsymbol{\alpha})\boldsymbol{\beta}$, 求证: φ 是 V 上的线性变换, 并求 φ^*. 若 $\boldsymbol{\alpha},\boldsymbol{\beta}$ 是两个正交单位向量, 将它们扩展为 V 的一组标准正交基 $\{\boldsymbol{e}_1=\boldsymbol{\alpha},\boldsymbol{e}_2=\boldsymbol{\beta},\boldsymbol{e}_3,\cdots,\boldsymbol{e}_n\}$, 求 φ 和 φ^* 在这组基下的表示矩阵.

5. 设 V 是由 n 阶实矩阵全体构成的欧氏空间 (取 Frobenius 内积), $\boldsymbol{T}$ 是一个 n 阶实矩阵, 定义 V 上的线性变换 $\varphi(\boldsymbol{A})=\boldsymbol{TA}$, 求 φ 的伴随.

6. 设向量 $\boldsymbol{x}$ 既是线性算子 φ 的属于特征值 λ_1 的特征向量, 又是 φ^* 的属于特征值 λ_2 的特征向量, 证明: $\lambda_1=\overline{\lambda}_2$.

7. 设 φ 是酉空间 V 上的线性算子, φ 的极小多项式为 $g(x)$, 证明: φ^* 的极小多项式为 $\overline{g}(x)$, 这里 $\overline{g}(x)$ 的系数等于 $g(x)$ 系数的共轭.

8. 设 φ 是有限维内积空间 V 上的线性算子, U 是 V 的子空间. 若 U 既是 φ 的不变子空间, 又是 φ^* 的不变子空间, 求证: $(\varphi|_U)^*=\varphi^*|_U$.

§ 9.4 内积空间的同构、正交变换和酉变换

在第四章中, 我们曾经讨论过抽象的 n 维线性空间和 n 维列向量空间 (或行向量空间) 的同构. 我们知道若在 V 中取定一组基, 将 V 中向量映射到它在这组基下坐标向量的映射是一个线性同构. 现在设 V 是 n 维欧氏空间, $\{\boldsymbol{v}_1,\boldsymbol{v}_2,\cdots,\boldsymbol{v}_n\}$ 是 V 的一组标准正交基. 又设 $\mathbb{R}_n$ 是 n 维实列向量空间, $\mathbb{R}_n$ 的内积取为标准内积. 令 φ 为 $V\to\mathbb{R}_n$ 的线性映射, 它将 V 中向量 $\boldsymbol{x}$ 变为其坐标向量, 即若 $\boldsymbol{x}=x_1\boldsymbol{v}_1+x_2\boldsymbol{v}_2+\cdots+x_n\boldsymbol{v}_n$, 则 $\varphi(\boldsymbol{x})=(x_1,x_2,\cdots,x_n)'$. 我们已经知道 φ 是同构. 此外若令 $\boldsymbol{y}=y_1\boldsymbol{v}_1+y_2\boldsymbol{v}_2+\cdots+y_n\boldsymbol{v}_n$, 则

$$(\varphi(\boldsymbol{x}),\varphi(\boldsymbol{y}))=x_1y_1+x_2y_2+\cdots+x_ny_n=(\boldsymbol{x},\boldsymbol{y}).$$

因此映射 φ 是一个保持内积的同构. 因为向量的长度、向量之间的距离都是由内积决定的, 故 φ 保持向量的长度和向量之间的距离. 当 V 是酉空间时, 类似的结论也成立. 于是我们可以把对抽象内积空间的研究归结为对 $\mathbb{R}_n$ 或 $\mathbb{C}_n$ 的研究.

定义 9.4.1 设 V 与 U 是域 $\mathbb{K}$ 上的内积空间, $\mathbb{K}$ 是实数域或复数域, φ 是 $V \to U$ 的线性映射. 若对任意的 $\boldsymbol{x}, \boldsymbol{y} \in V$, 有

$$(\varphi(\boldsymbol{x}), \varphi(\boldsymbol{y})) = (\boldsymbol{x}, \boldsymbol{y}),$$

则称 φ 是 $V \to U$ 的保持内积的线性映射. 又若 φ 作为线性映射是同构, 则称 φ 是内积空间 V 到 U 上的保积同构.

注 (1) 在不引起误解的情况下, 我们常把内积空间的保积同构就称为同构.

(2) 保持内积的线性映射一定是单映射, 这是因为 $\|\varphi(\boldsymbol{x})\| = \|\boldsymbol{x}\|$, 从 $\|\varphi(\boldsymbol{x})\| = 0$ 得到 $\|\boldsymbol{x}\| = 0$, 故 $\boldsymbol{x} = \boldsymbol{0}$.

(3) 容易证明保持内积的同构关系是一个等价关系, 读者可自己证明之.

我们上面已经提到, 若线性映射 φ 保持内积, 则 φ 必保持向量的长度. 现在的问题是如果已知线性映射 φ 保持向量的长度或向量之间的距离, 那么它是否一定是保积映射?

命题 9.4.1 若 φ 是内积空间 V 到内积空间 U 的保持范数的线性映射, 则 φ 保持内积.

证明 向量的范数可以用内积表示, 反过来内积也可以用范数来表示. 设 $\boldsymbol{x}, \boldsymbol{y}$ 是 V 中的任意两个向量, 则

$$\|\boldsymbol{x}+\boldsymbol{y}\|^2 = (\boldsymbol{x}+\boldsymbol{y}, \boldsymbol{x}+\boldsymbol{y}) = (\boldsymbol{x}, \boldsymbol{x}) + (\boldsymbol{y}, \boldsymbol{y}) + (\boldsymbol{x}, \boldsymbol{y}) + (\boldsymbol{y}, \boldsymbol{x}),$$

$$\|\boldsymbol{x}-\boldsymbol{y}\|^2 = (\boldsymbol{x}-\boldsymbol{y}, \boldsymbol{x}-\boldsymbol{y}) = (\boldsymbol{x}, \boldsymbol{x}) + (\boldsymbol{y}, \boldsymbol{y}) - (\boldsymbol{x}, \boldsymbol{y}) - (\boldsymbol{y}, \boldsymbol{x}),$$

故

$$\|\boldsymbol{x}+\boldsymbol{y}\|^2 - \|\boldsymbol{x}-\boldsymbol{y}\|^2 = 2(\boldsymbol{x}, \boldsymbol{y}) + 2\overline{(\boldsymbol{x}, \boldsymbol{y})}. \tag{9.4.1}$$

另一方面,

$$\|\boldsymbol{x}+\mathrm{i}\boldsymbol{y}\|^2 = (\boldsymbol{x}+\mathrm{i}\boldsymbol{y}, \boldsymbol{x}+\mathrm{i}\boldsymbol{y}) = (\boldsymbol{x}, \boldsymbol{x}) + (\boldsymbol{y}, \boldsymbol{y}) + \mathrm{i}(\boldsymbol{y}, \boldsymbol{x}) - \mathrm{i}(\boldsymbol{x}, \boldsymbol{y}),$$

$$\|\boldsymbol{x}-\mathrm{i}\boldsymbol{y}\|^2 = (\boldsymbol{x}-\mathrm{i}\boldsymbol{y}, \boldsymbol{x}-\mathrm{i}\boldsymbol{y}) = (\boldsymbol{x}, \boldsymbol{x}) + (\boldsymbol{y}, \boldsymbol{y}) - \mathrm{i}(\boldsymbol{y}, \boldsymbol{x}) + \mathrm{i}(\boldsymbol{x}, \boldsymbol{y}),$$

故

$$\|\boldsymbol{x}+\mathrm{i}\boldsymbol{y}\|^2 - \|\boldsymbol{x}-\mathrm{i}\boldsymbol{y}\|^2 = -2\mathrm{i}(\boldsymbol{x}, \boldsymbol{y}) + 2\mathrm{i}\overline{(\boldsymbol{x}, \boldsymbol{y})}. \tag{9.4.2}$$

由 (9.4.1) 式和 (9.4.2) 式得

$$(\boldsymbol{x},\boldsymbol{y})=\frac{1}{4}\|\boldsymbol{x}+\boldsymbol{y}\|^2-\frac{1}{4}\|\boldsymbol{x}-\boldsymbol{y}\|^2+\frac{\mathrm{i}}{4}\|\boldsymbol{x}+\mathrm{i}\boldsymbol{y}\|^2-\frac{\mathrm{i}}{4}\|\boldsymbol{x}-\mathrm{i}\boldsymbol{y}\|^2, \tag{9.4.3}$$

由此即可得到结论. □

注 我们仅对复空间进行了讨论, 事实上对实空间, 可得下列等式:

$$(\boldsymbol{x},\boldsymbol{y})=\frac{1}{4}\|\boldsymbol{x}+\boldsymbol{y}\|^2-\frac{1}{4}\|\boldsymbol{x}-\boldsymbol{y}\|^2, \tag{9.4.4}$$

因此对实空间结论也成立. 由于保持内积与保持范数的等价性, 保持内积的同构也称为保范同构或保距同构.

定理 9.4.1 设 V 与 U 都是 n 维内积空间 (同为实空间或同为复空间), 若 $\boldsymbol{\varphi}$ 是 $V\to U$ 的线性映射, 则下列命题等价:

(1) $\boldsymbol{\varphi}$ 保持内积;

(2) $\boldsymbol{\varphi}$ 是保积同构;

(3) $\boldsymbol{\varphi}$ 将 V 的任一组标准正交基变成 U 的一组标准正交基;

(4) $\boldsymbol{\varphi}$ 将 V 的某一组标准正交基变成 U 的一组标准正交基.

证明 (1) $\Rightarrow$ (2): $\boldsymbol{\varphi}$ 保持内积, 因此 $\boldsymbol{\varphi}$ 为单映射. 由线性映射的维数公式可得

$$\dim \mathrm{Im}\,\boldsymbol{\varphi}=\dim V=\dim U=n,$$

因此 $\mathrm{Im}\,\boldsymbol{\varphi}=U$, 即 $\boldsymbol{\varphi}$ 是映上的, 故为同构.

(2) $\Rightarrow$ (3): 设 $\{\boldsymbol{e}_1,\boldsymbol{e}_2,\cdots,\boldsymbol{e}_n\}$ 是 V 的任意一组标准正交基. 由于 $\boldsymbol{\varphi}$ 保持内积, 故对 $i\neq j$, 有

$$(\boldsymbol{\varphi}(\boldsymbol{e}_i),\boldsymbol{\varphi}(\boldsymbol{e}_j))=(\boldsymbol{e}_i,\boldsymbol{e}_j)=0,$$

又

$$(\boldsymbol{\varphi}(\boldsymbol{e}_i),\boldsymbol{\varphi}(\boldsymbol{e}_i))=(\boldsymbol{e}_i,\boldsymbol{e}_i)=1.$$

这表明 $\{\boldsymbol{\varphi}(\boldsymbol{e}_1),\boldsymbol{\varphi}(\boldsymbol{e}_2),\cdots,\boldsymbol{\varphi}(\boldsymbol{e}_n)\}$ 是 U 的标准正交基.

(3) $\Rightarrow$ (4): 显然.

(4) $\Rightarrow$ (1): 设 $\{\boldsymbol{e}_1,\boldsymbol{e}_2,\cdots,\boldsymbol{e}_n\}$ 是 V 的标准正交基且 $\{\boldsymbol{\varphi}(\boldsymbol{e}_1),\boldsymbol{\varphi}(\boldsymbol{e}_2),\cdots,\boldsymbol{\varphi}(\boldsymbol{e}_n)\}$ 是 U 的标准正交基. 假设

$$\boldsymbol{u}=\sum_{i=1}^n a_i\boldsymbol{e}_i,\ \boldsymbol{v}=\sum_{i=1}^n b_i\boldsymbol{e}_i,$$

则

$$\varphi(\boldsymbol{u})=\sum_{i=1}^{n}a_i\varphi(\boldsymbol{e}_i),\quad \varphi(\boldsymbol{v})=\sum_{i=1}^{n}b_i\varphi(\boldsymbol{e}_i),$$

$$\begin{aligned}(\varphi(\boldsymbol{u}),\varphi(\boldsymbol{v})) &= \Big(\sum_{i=1}^{n}a_i\varphi(\boldsymbol{e}_i),\sum_{i=1}^{n}b_i\varphi(\boldsymbol{e}_i)\Big)\\ &= a_1\bar{b}_1+a_2\bar{b}_2+\cdots+a_n\bar{b}_n\\ &= (\boldsymbol{u},\boldsymbol{v}).\ \square\end{aligned}$$

推论 9.4.1 两个有限维内积空间 V 与 U (同为实空间或同为复空间) 同构的充分必要条件是它们有相同的维数.

证明 只需证明充分性. 设 $\{\boldsymbol{e}_1,\boldsymbol{e}_2,\cdots,\boldsymbol{e}_n\}$ 是 V 的标准正交基, $\{\boldsymbol{f}_1,\boldsymbol{f}_2,\cdots,\boldsymbol{f}_n\}$ 是 U 的标准正交基, 令 φ 是 $V\to U$ 的线性映射:

$$\varphi(\boldsymbol{e}_i)=\boldsymbol{f}_i,\ i=1,2,\cdots,n,$$

则 φ 将标准正交基变为标准正交基, 由定理 9.4.1 可知 φ 是保积同构. □

现在我们来讨论同一个内积空间上的保积自同构及其表示矩阵.

定义 9.4.2 设 φ 是内积空间 V 上保持内积的线性变换, 若 V 是欧氏空间, 则称 φ 为正交变换或正交算子; 若 V 是酉空间, 则称 φ 为酉变换或酉算子.

显然正交变换及酉变换都是可逆线性变换. 由定理 9.4.1, 正交变换可定义为把欧氏空间中一组标准正交基变成标准正交基的线性变换; 酉变换可定义为把酉空间中一组标准正交基变成标准正交基的线性变换.

定理 9.4.2 设 φ 是欧氏空间或酉空间上的线性变换, 则 φ 是正交变换或酉变换的充分必要条件是 φ 非异, 且

$$\varphi^*=\varphi^{-1}.$$

证明 设 φ 是欧氏空间 V 上的正交变换, 则对 V 中的任意向量 $\boldsymbol{\alpha},\boldsymbol{\beta}$, 有

$$(\varphi(\boldsymbol{\alpha}),\boldsymbol{\beta})=(\varphi(\boldsymbol{\alpha}),\varphi(\varphi^{-1}(\boldsymbol{\beta})))=(\boldsymbol{\alpha},\varphi^{-1}(\boldsymbol{\beta})),$$

此即 $\varphi^*=\varphi^{-1}$.

反过来, 若 $\varphi^* = \varphi^{-1}$, 则

$$(\varphi(\boldsymbol{\alpha}), \varphi(\boldsymbol{\beta})) = (\boldsymbol{\alpha}, \varphi^*\varphi(\boldsymbol{\beta})) = (\boldsymbol{\alpha}, \boldsymbol{\beta}),$$

即 φ 保持内积, 故 φ 是正交变换.

对酉变换可类似证明. □

如果在内积空间 V 中取定一组标准正交基, 那么正交 (酉) 变换的表示矩阵有什么特点呢?

定义 9.4.3 设 $\boldsymbol{A}$ 是 n 阶实方阵, 若 $\boldsymbol{A}' = \boldsymbol{A}^{-1}$, 则称 $\boldsymbol{A}$ 是正交矩阵. 设 $\boldsymbol{C}$ 是 n 阶复方阵, 若 $\overline{\boldsymbol{C}}' = \boldsymbol{C}^{-1}$, 则称 $\boldsymbol{C}$ 是酉矩阵.

定理 9.4.3 设 φ 是欧氏空间 (酉空间) V 上的正交变换 (酉变换), 则在 V 的任一组标准正交基下, φ 的表示矩阵是正交矩阵 (酉矩阵).

证明 由定理 9.4.2, 当 φ 是正交变换时, 若 φ 在 V 的一组标准正交基下的表示矩阵为 $\boldsymbol{A}$, 则 φ^* 在同一组基下的表示矩阵为 $\boldsymbol{A}'$, 由 $\varphi^* = \varphi^{-1}$ 得 $\boldsymbol{A}' = \boldsymbol{A}^{-1}$, 即 $\boldsymbol{A}$ 是正交矩阵. 同理, 当 φ 是酉变换时, φ 在一组标准正交基下的表示矩阵 $\boldsymbol{A}$ 应适合 $\overline{\boldsymbol{A}}' = \boldsymbol{A}^{-1}$, 即 $\boldsymbol{A}$ 是酉矩阵. □

注 上述定理的逆命题也是正确的, 即若线性变换 φ 在一组标准正交基下的表示矩阵为正交 (酉) 矩阵, 则 φ 是正交 (酉) 变换. 这由线性变换与其表示矩阵的关系即得.

由正交矩阵与酉矩阵的定义可知正交矩阵适合条件 $\boldsymbol{A}\boldsymbol{A}' = \boldsymbol{A}'\boldsymbol{A} = \boldsymbol{I}_n$, 酉矩阵适合条件 $\boldsymbol{A}\overline{\boldsymbol{A}}' = \overline{\boldsymbol{A}}'\boldsymbol{A} = \boldsymbol{I}_n$.

定理 9.4.4 设 $\boldsymbol{A} = (a_{ij})$ 是 n 阶实矩阵, 则 $\boldsymbol{A}$ 是正交矩阵的充分必要条件是:

$$a_{i1}a_{j1} + a_{i2}a_{j2} + \cdots + a_{in}a_{jn} = 0,\ i \neq j,$$
$$a_{i1}^2 + a_{i2}^2 + \cdots + a_{in}^2 = 1,$$

或

$$a_{1i}a_{1j} + a_{2i}a_{2j} + \cdots + a_{ni}a_{nj} = 0,\ i \neq j,$$
$$a_{1i}^2 + a_{2i}^2 + \cdots + a_{ni}^2 = 1.$$

也就是说, $\boldsymbol{A}$ 为正交矩阵的充分必要条件是它的 n 个行向量是 n 维实行向量空间 (取标准内积) 的标准正交基, 或它的 n 个列向量是 n 维实列向量空间 (取标准内积) 的标准正交基.

证明 由 $\boldsymbol{A}\boldsymbol{A}'=\boldsymbol{I}_n$ 得到第一个结论, 由 $\boldsymbol{A}'\boldsymbol{A}=\boldsymbol{I}_n$ 得到第二个结论. □

同理我们可证明下述定理.

定理 9.4.5 设 $\boldsymbol{A}=(a_{ij})$ 是 n 阶复矩阵, 则 $\boldsymbol{A}$ 是酉矩阵的充分必要条件是:

$$a_{i1}\overline{a}_{j1}+a_{i2}\overline{a}_{j2}+\cdots+a_{in}\overline{a}_{jn}=0,\ i\neq j,$$

$$|a_{i1}|^2+|a_{i2}|^2+\cdots+|a_{in}|^2=1,$$

或

$$a_{1i}\overline{a}_{1j}+a_{2i}\overline{a}_{2j}+\cdots+a_{ni}\overline{a}_{nj}=0,\ i\neq j,$$

$$|a_{1i}|^2+|a_{2i}|^2+\cdots+|a_{ni}|^2=1.$$

也就是说, $\boldsymbol{A}$ 为酉矩阵的充分必要条件是它的 n 个行向量是 n 维复行向量空间 (取标准内积) 的标准正交基, 或它的 n 个列向量是 n 维复列向量空间 (取标准内积) 的标准正交基.

定理 9.4.6 若 n 阶实矩阵 $\boldsymbol{A}$ 是正交矩阵, 则

(1) $\boldsymbol{A}$ 的行列式值等于 1 或 -1;

(2) $\boldsymbol{A}$ 的特征值的模长等于 1.

证明 (1) 由 $\boldsymbol{A}\boldsymbol{A}'=\boldsymbol{I}_n$, 取行列式即得结论.

(2) 设 λ 是 $\boldsymbol{A}$ 的特征值, $\boldsymbol{x}$ 是属于 λ 的特征向量, 则 $\boldsymbol{A}\boldsymbol{x}=\lambda\boldsymbol{x}$, 于是 $\overline{\boldsymbol{x}}'\boldsymbol{A}'=\overline{\lambda}\overline{\boldsymbol{x}}'$. 因此

$$\overline{\boldsymbol{x}}'\boldsymbol{A}'\boldsymbol{A}\boldsymbol{x}=\overline{\lambda}\overline{\boldsymbol{x}}'\lambda\boldsymbol{x},$$

即

$$\overline{\boldsymbol{x}}'\boldsymbol{x}=\overline{\lambda}\lambda(\overline{\boldsymbol{x}}'\boldsymbol{x}),$$

从而 $\overline{\lambda}\lambda=1$, 即 $|\lambda|=1$. □

定理 9.4.7 若 n 阶复矩阵 $\boldsymbol{A}$ 是酉矩阵, 则

(1) $\boldsymbol{A}$ 的行列式值的模长等于 1;

(2) $\boldsymbol{A}$ 的特征值的模长等于 1.

证明 同上定理. □

例 9.4.1 (1) 单位阵是正交矩阵也是酉矩阵;

(2) 对角阵是正交矩阵的充分必要条件是主对角线上的元素为 1 或 -1.

例 9.4.2 (1) 下列矩阵是正交矩阵:

$$\begin{pmatrix} \cos\theta & -\sin\theta \\ \sin\theta & \cos\theta \end{pmatrix};$$

(2) 下列矩阵为酉矩阵:

$$\frac{1}{9}\begin{pmatrix} 4+3\mathrm{i} & 4\mathrm{i} & -6-2\mathrm{i} \\ -4\mathrm{i} & 4-3\mathrm{i} & -2-6\mathrm{i} \\ 6+2\mathrm{i} & -2-6\mathrm{i} & 1 \end{pmatrix}.$$

下面我们证明矩阵分解理论中的一个重要定理, 称为矩阵的 QR 分解.

定理 9.4.8 设 $\boldsymbol{A}$ 是 n 阶实 (复) 矩阵, 则 $\boldsymbol{A}$ 可分解为

$$\boldsymbol{A} = \boldsymbol{Q}\boldsymbol{R},$$

其中 $\boldsymbol{Q}$ 是正交 (酉) 矩阵, $\boldsymbol{R}$ 是一个主对角线上的元素均大于等于零的上三角阵, 并且若 $\boldsymbol{A}$ 是非异阵, 则这样的分解必唯一.

证明 设 $\boldsymbol{A}$ 是 n 阶实矩阵, $\boldsymbol{A} = (\boldsymbol{u}_1, \boldsymbol{u}_2, \cdots, \boldsymbol{u}_n)$ 是 $\boldsymbol{A}$ 的列分块. 考虑 n 维实列向量空间 $\mathbb{R}_n$, 并取其标准内积, 我们先通过类似于 Gram-Schmidt 方法的正交化过程, 把 $\{\boldsymbol{u}_1, \boldsymbol{u}_2, \cdots, \boldsymbol{u}_n\}$ 变成一组两两正交的向量 $\{\boldsymbol{w}_1, \boldsymbol{w}_2, \cdots, \boldsymbol{w}_n\}$, 并且 $\boldsymbol{w}_k$ 或者是零向量或者是单位向量.

我们用数学归纳法来定义上述向量. 假设 $\boldsymbol{w}_1, \cdots, \boldsymbol{w}_{k-1}$ 已经定义好, 现来定义 $\boldsymbol{w}_k$. 令

$$\boldsymbol{v}_k = \boldsymbol{u}_k - \sum_{j=1}^{k-1} (\boldsymbol{u}_k, \boldsymbol{w}_j)\boldsymbol{w}_j.$$

若 $\boldsymbol{v}_k = \boldsymbol{0}$, 则令 $\boldsymbol{w}_k = \boldsymbol{0}$; 若 $\boldsymbol{v}_k \neq \boldsymbol{0}$, 则令 $\boldsymbol{w}_k = \dfrac{\boldsymbol{v}_k}{\|\boldsymbol{v}_k\|}$. 容易验证 $\{\boldsymbol{w}_1, \boldsymbol{w}_2, \cdots, \boldsymbol{w}_n\}$ 是一组两两正交的向量, $\boldsymbol{w}_k$ 或者是零向量或者是单位向量, 并且满足

$$\boldsymbol{u}_k = \sum_{j=1}^{k-1} (\boldsymbol{u}_k, \boldsymbol{w}_j)\boldsymbol{w}_j + \|\boldsymbol{v}_k\|\boldsymbol{w}_k, \ k = 1, 2, \cdots, n. \tag{9.4.5}$$

由 (9.4.5) 式可得

$$\boldsymbol{A} = (\boldsymbol{u}_1, \boldsymbol{u}_2, \cdots, \boldsymbol{u}_n) = (\boldsymbol{w}_1, \boldsymbol{w}_2, \cdots, \boldsymbol{w}_n)\boldsymbol{R}, \tag{9.4.6}$$

其中 $\boldsymbol{R}$ 是一个上三角阵且主对角线上的元素依次为 $\|\boldsymbol{v}_1\|, \|\boldsymbol{v}_2\|, \cdots, \|\boldsymbol{v}_n\|$, 均大于等于零, 并且由 (9.4.5) 式知, 如果 $\boldsymbol{w}_k = \boldsymbol{0}$, 则 $\boldsymbol{R}$ 的第 k 行元素全为零.

假设 $\boldsymbol{w}_{i_1}, \boldsymbol{w}_{i_2}, \cdots, \boldsymbol{w}_{i_r}$ 是其中的非零向量全体, 由定理 9.2.2 可将它们扩张为 $\mathbb{R}_n$ 的一组标准正交基 $\{\widetilde{\boldsymbol{w}}_1, \widetilde{\boldsymbol{w}}_2, \cdots, \widetilde{\boldsymbol{w}}_n\}$, 其中 $\widetilde{\boldsymbol{w}}_j = \boldsymbol{w}_j$, $j = i_1, i_2, \cdots, i_r$. 令 $\boldsymbol{Q} = (\widetilde{\boldsymbol{w}}_1, \widetilde{\boldsymbol{w}}_2, \cdots, \widetilde{\boldsymbol{w}}_n)$, 由定理 9.4.4 知 $\boldsymbol{Q}$ 是正交矩阵. 注意到若 $\boldsymbol{w}_k = \boldsymbol{0}$, 则 $\boldsymbol{R}$ 的第 k 行元素全为零, 此时用 $\widetilde{\boldsymbol{w}}_k$ 代替 $\boldsymbol{w}_k$ 仍然可使 (9.4.6) 式成立, 因此

$$\boldsymbol{A} = (\boldsymbol{u}_1, \boldsymbol{u}_2, \cdots, \boldsymbol{u}_n) = (\widetilde{\boldsymbol{w}}_1, \widetilde{\boldsymbol{w}}_2, \cdots, \widetilde{\boldsymbol{w}}_n)\boldsymbol{R} = \boldsymbol{Q}\boldsymbol{R},$$

从而得到了 $\boldsymbol{A}$ 的 QR 分解.

复矩阵情形的证明完全类似. 至于非异阵 QR 分解的唯一性, 我们作为习题留给读者自己证明. □

例 9.4.3 求下列矩阵的 QR 分解:

$$\boldsymbol{A} = \begin{pmatrix} 1 & 2 & 5 \\ 1 & 0 & 1 \\ 0 & 1 & 2 \end{pmatrix}.$$

解 采用与定理 9.4.8 证明中相同的记号, 经过计算可得:

$$\begin{aligned}
\boldsymbol{v}_1 &= \boldsymbol{u}_1 = (1,1,0)', \quad \boldsymbol{w}_1 = \frac{1}{\sqrt{2}}(1,1,0)'; \\
\boldsymbol{v}_2 &= \boldsymbol{u}_2 - \sqrt{2}\boldsymbol{w}_1 = (1,-1,1)', \quad \boldsymbol{w}_2 = \frac{1}{\sqrt{3}}(1,-1,1)'; \\
\boldsymbol{v}_3 &= \boldsymbol{u}_3 - 3\sqrt{2}\boldsymbol{w}_1 - 2\sqrt{3}\boldsymbol{w}_2 = (0,0,0)', \quad \boldsymbol{w}_3 = (0,0,0)',
\end{aligned}$$

从而有

$$\boldsymbol{A} = (\boldsymbol{u}_1, \boldsymbol{u}_2, \boldsymbol{u}_3) = (\boldsymbol{w}_1, \boldsymbol{w}_2, \boldsymbol{w}_3)\begin{pmatrix} \sqrt{2} & \sqrt{2} & 3\sqrt{2} \\ 0 & \sqrt{3} & 2\sqrt{3} \\ 0 & 0 & 0 \end{pmatrix}.$$

用 $\widetilde{\boldsymbol{w}}_3 = \dfrac{1}{\sqrt{6}}(-1,1,2)'$ 代替 $\boldsymbol{w}_3$ 可得 $\boldsymbol{A}$ 的 QR 分解为

$$\boldsymbol{Q} = \begin{pmatrix} \dfrac{1}{\sqrt{2}} & \dfrac{1}{\sqrt{3}} & -\dfrac{1}{\sqrt{6}} \\ \dfrac{1}{\sqrt{2}} & -\dfrac{1}{\sqrt{3}} & \dfrac{1}{\sqrt{6}} \\ 0 & \dfrac{1}{\sqrt{3}} & \dfrac{2}{\sqrt{6}} \end{pmatrix}, \quad \boldsymbol{R} = \begin{pmatrix} \sqrt{2} & \sqrt{2} & 3\sqrt{2} \\ 0 & \sqrt{3} & 2\sqrt{3} \\ 0 & 0 & 0 \end{pmatrix}.$$

习 题 9.4

1. 证明: 正交 (酉) 变换的积仍是正交 (酉) 变换, 正交 (酉) 变换的逆也是正交 (酉) 变换. 正交 (酉) 矩阵的积仍是正交 (酉) 矩阵, 正交 (酉) 矩阵的逆仍是正交 (酉) 矩阵.

2. 证明二阶正交矩阵具有下列形状 (按行列式值等于 1 和 -1 进行分类):

$$\begin{pmatrix}\cos\theta & -\sin\theta\\ \sin\theta & \cos\theta\end{pmatrix},\quad \begin{pmatrix}\cos\theta & \sin\theta\\ \sin\theta & -\cos\theta\end{pmatrix}.$$

3. 证明: 上三角 (或下三角) 正交矩阵必是对角阵且主对角线上的元素为 1 或 -1. 利用此结论证明定理 9.4.8 中非异阵 $\boldsymbol{A}$ 的 QR 分解必唯一.

4. 求下列矩阵的 QR 分解:

(1) $\begin{pmatrix}3 & -1 & 2\\ 0 & 0 & 9\\ 4 & 7 & 11\end{pmatrix}$; (2) $\begin{pmatrix}1 & 1 & 0 & 2\\ 0 & 1 & 1 & 1\\ 1 & 1 & 2 & 4\\ 0 & 1 & 1 & 3\end{pmatrix}$; (3) $\begin{pmatrix}1 & 2 & 4 & 7\\ 1 & 0 & -2 & -1\\ 1 & 0 & 2 & 3\\ 1 & 2 & 0 & 3\end{pmatrix}$.

5. 设 $\boldsymbol{A},\boldsymbol{B}$ 是 n 阶正交矩阵且 $|\boldsymbol{A}|+|\boldsymbol{B}|=0$, 求证: $|\boldsymbol{A}+\boldsymbol{B}|=0$.

6. 求证: 正定实对称阵 $\boldsymbol{A}$ 是正交矩阵的充分必要条件是 $\boldsymbol{A}$ 为单位阵.

7. 设 V,U 都是 n 维欧氏空间, $\{\boldsymbol{e}_1,\boldsymbol{e}_2,\cdots,\boldsymbol{e}_n\}$ 和 $\{\boldsymbol{f}_1,\boldsymbol{f}_2,\cdots,\boldsymbol{f}_n\}$ 分别是 V 和 U 的一组基 (不一定是标准正交基), 线性映射 $\boldsymbol{\varphi}:V\to U$ 满足 $\boldsymbol{\varphi}(\boldsymbol{e}_i)=\boldsymbol{f}_i\ (i=1,2,\cdots,n)$. 求证: $\boldsymbol{\varphi}$ 是保积同构的充分必要条件是这两组基的 Gram 矩阵相等, 即

$$\boldsymbol{G}(\boldsymbol{e}_1,\boldsymbol{e}_2,\cdots,\boldsymbol{e}_n)=\boldsymbol{G}(\boldsymbol{f}_1,\boldsymbol{f}_2,\cdots,\boldsymbol{f}_n).$$

8. 设 $\boldsymbol{x}_1,\boldsymbol{x}_2,\cdots,\boldsymbol{x}_k$ 及 $\boldsymbol{y}_1,\boldsymbol{y}_2,\cdots,\boldsymbol{y}_k$ 是欧氏空间 V 中两组向量. 证明: 存在 V 上的正交变换 $\boldsymbol{\varphi}$, 使

$$\boldsymbol{\varphi}(\boldsymbol{x}_i)=\boldsymbol{y}_i\ (i=1,2,\cdots,k)$$

成立的充分必要条件是这两组向量的 Gram 矩阵相等.

9. (1) 设 $\boldsymbol{e}$ 是欧氏空间 V 中长度为 1 的向量, 定义线性变换

$$\boldsymbol{\varphi}(\boldsymbol{x})=\boldsymbol{x}-2(\boldsymbol{e},\boldsymbol{x})\boldsymbol{e},$$

证明: $\boldsymbol{\varphi}$ 是正交变换且 $\det\boldsymbol{\varphi}=-1$ (上述 $\boldsymbol{\varphi}$ 称为镜像变换);

(2) 设 $\boldsymbol{\xi}$ 是 n 维欧氏空间 V 中的正交变换, 1 是 $\boldsymbol{\xi}$ 的特征值且几何重数等于 $n-1$, 证明: 必存在 V 中长度为 1 的向量 $\boldsymbol{e}$, 使

$$\boldsymbol{\xi}(\boldsymbol{x})=\boldsymbol{x}-2(\boldsymbol{e},\boldsymbol{x})\boldsymbol{e}.$$

10. 设 n 阶矩阵 $\boldsymbol{M}=\boldsymbol{I}_n-2\boldsymbol{v}\boldsymbol{v}'$, 其中 $\boldsymbol{v}$ 是 n 维实列向量且 $\boldsymbol{v}'\boldsymbol{v}=1$, 这样的 $\boldsymbol{M}$ 称为镜像阵. 设 φ 是 n 维欧氏空间 V 上的线性变换, 求证: φ 是镜像变换的充分必要条件是 φ 在 V 的某一组 (任一组) 标准正交基下的表示矩阵为镜像阵.

11. 设 $\boldsymbol{u},\boldsymbol{v}$ 是欧氏空间 V 中两个长度相等的不同向量, 求证: 必存在镜像变换 φ, 使 $\varphi(\boldsymbol{u})=\boldsymbol{v}$.

12. 证明: n 维欧氏空间 V 中任一正交变换均可表示为不超过 n 个镜像变换之积.

注: 上述结论称为 Cartan-Dieudonné (嘉当–迪厄多内) 定理.

§ 9.5 自伴随算子

在下面的几节里我们将讨论与相似标准型类似的问题: 一个内积空间上的线性变换适合什么条件, 它在一组标准正交基下的表示矩阵具有比较简单的形状? 设 n 维内积空间 V 上的线性变换 φ 在一组标准正交基下的表示矩阵为 $\boldsymbol{A}$, 在另一组标准正交基下的表示矩阵为 $\boldsymbol{B}$, 两组基之间的过渡矩阵为 $\boldsymbol{P}$, 我们首先要问: $\boldsymbol{P}$ 是一个什么样的矩阵?

引理 9.5.1 欧氏空间中两组标准正交基之间的过渡矩阵是正交矩阵, 酉空间中两组标准正交基之间的过渡矩阵是酉矩阵.

证明 设 V 是 n 维欧氏空间, $\{\boldsymbol{e}_1,\boldsymbol{e}_2,\cdots,\boldsymbol{e}_n\}$ 和 $\{\boldsymbol{f}_1,\boldsymbol{f}_2,\cdots,\boldsymbol{f}_n\}$ 是 V 的两组标准正交基且

$$\begin{cases}\boldsymbol{f}_1=a_{11}\boldsymbol{e}_1+a_{21}\boldsymbol{e}_2+\cdots+a_{n1}\boldsymbol{e}_n,\\ \boldsymbol{f}_2=a_{12}\boldsymbol{e}_1+a_{22}\boldsymbol{e}_2+\cdots+a_{n2}\boldsymbol{e}_n,\\ \qquad\cdots\cdots\cdots\cdots\\ \boldsymbol{f}_n=a_{1n}\boldsymbol{e}_1+a_{2n}\boldsymbol{e}_2+\cdots+a_{nn}\boldsymbol{e}_n.\end{cases}$$

因为 $(\boldsymbol{f}_i,\boldsymbol{f}_i)=1$, 故

$$a_{1i}^2+a_{2i}^2+\cdots+a_{ni}^2=1. \tag{9.5.1}$$

又若 $i\neq j$, 则 $(\boldsymbol{f}_i,\boldsymbol{f}_j)=0$, 故

$$a_{1i}a_{1j}+a_{2i}a_{2j}+\cdots+a_{ni}a_{nj}=0. \tag{9.5.2}$$

(9.5.1) 式、(9.5.2) 式和定理 9.4.4 表明过渡矩阵

$$P=\begin{pmatrix}a_{11}&a_{12}&\cdots&a_{1n}\\a_{21}&a_{22}&\cdots&a_{2n}\\\vdots&\vdots&&\vdots\\a_{n1}&a_{n2}&\cdots&a_{nn}\end{pmatrix}$$

是正交矩阵. 同理可证明酉空间中两组标准正交基之间的过渡矩阵是酉矩阵. □

根据引理我们知道, 当 V 是欧氏空间时, 有

$$B=P^{-1}AP=P'AP;$$

当 V 是酉空间时, 有

$$B=P^{-1}AP=\overline{P}'AP.$$

定义 9.5.1 设 A, B 是 n 阶实矩阵, 若存在正交矩阵 P, 使 $B=P'AP$, 则称 B 和 A 正交相似. 设 A, B 是 n 阶复矩阵, 若存在酉矩阵 P, 使 $B=\overline{P}'AP$, 则称 B 和 A 酉相似.

和矩阵的相似关系一样, 我们不难证明正交 (酉) 相似关系是等价关系, 即:

(1) n 阶矩阵 A 和自己正交 (酉) 相似;

(2) 若 B 和 A 正交 (酉) 相似, 则 A 和 B 也正交 (酉) 相似;

(3) 若 B 和 A 正交 (酉) 相似, C 和 B 正交 (酉) 相似, 则 C 和 A 也正交 (酉) 相似.

我们的问题是寻找一类矩阵的正交 (酉) 相似标准型. 显而易见, 正交 (酉) 相似比普通的相似要求更高, 因此对一般的矩阵寻求它们的正交 (酉) 相似标准型将是很困难的. 在这一节里我们将把注意力限制在一类特殊的矩阵 —— 实对称阵和 Hermite 矩阵上.

定义 9.5.2 设 φ 是内积空间 V 上的线性变换, φ^* 是 φ 的伴随, 若 $\varphi^*=\varphi$, 则称 φ 是自伴随算子. 当 V 是欧氏空间时, φ 也称为对称算子或对称变换; 当 V 是酉空间时, φ 也称为 Hermite 算子或 Hermite 变换.

例 9.5.1 设 V 是 n 维内积空间, V_0 是 V 的子空间, $V=V_0\oplus V_0^{\perp}$. 令 E 是 V 到 V_0 上的正交投影, 由命题 9.2.1 知道 E 是自伴随算子.

设 V 是 n 维欧氏空间, $\{e_1,e_2,\cdots,e_n\}$ 是一组标准正交基, 若 φ 在这组基下的表示矩阵为 A, 则 φ^* 在同一组基下的表示矩阵为 A'. 若 $\varphi^*=\varphi$, 则

$\boldsymbol{A}' = \boldsymbol{A}$. 也就是说欧氏空间上的自伴随算子在任一组标准正交基下的表示矩阵都是实对称阵. 同理可证明酉空间上的自伴随算子在任一组标准正交基下的表示矩阵都是 Hermite 矩阵. 反之亦容易看出, 若欧氏空间上的线性变换 φ 在某一组标准正交基下的表示矩阵是实对称阵, 则 $\varphi^* = \varphi$. 对酉空间也有类似结论.

定理 9.5.1 设 V 是 n 维酉空间, φ 是 V 上的自伴随算子, 则 φ 的特征值全是实数且属于不同特征值的特征向量互相正交.

证明 设 λ 是 φ 的特征值, $\boldsymbol{x}$ 是属于 λ 的特征向量, 则

$$\begin{aligned}\lambda(\boldsymbol{x},\boldsymbol{x}) &= (\lambda\boldsymbol{x},\boldsymbol{x}) = (\varphi(\boldsymbol{x}),\boldsymbol{x}) = (\boldsymbol{x},\varphi^*(\boldsymbol{x}))\\ &= (\boldsymbol{x},\varphi(\boldsymbol{x})) = (\boldsymbol{x},\lambda\boldsymbol{x}) = \overline{\lambda}(\boldsymbol{x},\boldsymbol{x}).\end{aligned}$$

因为 $(\boldsymbol{x},\boldsymbol{x}) \neq 0$, 故 $\overline{\lambda} = \lambda$, 即 λ 是实数. 又若设 μ 是 φ 的另一个特征值, $\boldsymbol{y}$ 是属于 μ 的特征向量, 注意到 λ,μ 都是实数, 故有

$$\begin{aligned}\lambda(\boldsymbol{x},\boldsymbol{y}) &= (\lambda\boldsymbol{x},\boldsymbol{y}) = (\varphi(\boldsymbol{x}),\boldsymbol{y}) = (\boldsymbol{x},\varphi^*(\boldsymbol{y}))\\ &= (\boldsymbol{x},\varphi(\boldsymbol{y})) = (\boldsymbol{x},\mu\boldsymbol{y}) = \mu(\boldsymbol{x},\boldsymbol{y}).\end{aligned}$$

由于 $\lambda \neq \mu$, 故 $(\boldsymbol{x},\boldsymbol{y}) = 0$, 即 $\boldsymbol{x} \perp \boldsymbol{y}$. □

推论 9.5.1 Hermite 矩阵的特征值全是实数, 实对称阵的特征值也全是实数. 这两种矩阵属于不同特征值的特征向量互相正交.

证明 Hermite 矩阵的结论是定理的显然推论, 而实对称阵也是 Hermite 矩阵, 因此结论成立. □

定理 9.5.2 设 V 是 n 维内积空间, φ 是 V 上的自伴随算子, 则存在 V 的一组标准正交基, 使 φ 在这组基下的表示矩阵为实对角阵, 且这组基恰为 φ 的 n 个线性无关的特征向量.

证明 首先需要说明的是, 若 V 是欧氏空间, 则由于自伴随算子 φ 的特征值都是实数, 故有实的特征向量. 不妨设 $\boldsymbol{u}$ 是 φ 的特征向量, 令 $\boldsymbol{v}_1 = \dfrac{\boldsymbol{u}}{\|\boldsymbol{u}\|}$, 则 $\boldsymbol{v}_1$ 是 φ 的长度等于 1 的特征向量. 我们对维数 n 用归纳法.

若 $\dim V = 1$, 结论已成立. 设对小于 n 维的内积空间结论成立. 令 W 为由 $\boldsymbol{v}_1$ 张成的子空间, $W^\perp$ 为 W 的正交补空间, 则 W 是 φ 的不变子空间且

$$V = W \oplus W^\perp,\quad \dim W^\perp = n-1.$$

由命题 9.3.1 可知 $W^\perp$ 是 $\varphi^*=\varphi$ 的不变子空间. 将 φ 限制在 $W^\perp$ 上仍是自伴随算子. 由归纳假设, 存在 $W^\perp$ 的一组标准正交基 $\{\boldsymbol{v}_2,\cdots,\boldsymbol{v}_n\}$, 使 φ 在这组基下的表示矩阵为实对角阵, 且 $\{\boldsymbol{v}_2,\cdots,\boldsymbol{v}_n\}$ 是其特征向量. 因此, $\{\boldsymbol{v}_1,\boldsymbol{v}_2,\cdots,\boldsymbol{v}_n\}$ 构成了 V 的一组标准正交基, φ 在这组基下的表示矩阵为实对角阵, 且 $\{\boldsymbol{v}_1,\boldsymbol{v}_2,\cdots,\boldsymbol{v}_n\}$ 为 φ 的 n 个线性无关的特征向量. □

定理 9.5.3 (1) 设 $\boldsymbol{A}$ 是 n 阶实对称阵, 则存在正交矩阵 $\boldsymbol{P}$, 使 $\boldsymbol{P}'\boldsymbol{A}\boldsymbol{P}$ 为对角阵, 且 $\boldsymbol{P}$ 的 n 个列向量恰为 $\boldsymbol{A}$ 的 n 个两两正交的单位特征向量.

(2) 设 $\boldsymbol{A}$ 是 n 阶 Hermite 矩阵, 则存在酉矩阵 $\boldsymbol{P}$, 使 $\overline{\boldsymbol{P}}'\boldsymbol{A}\boldsymbol{P}$ 为实对角阵, 且 $\boldsymbol{P}$ 的 n 个列向量恰为 $\boldsymbol{A}$ 的 n 个两两正交的单位特征向量.

证明 由定理 9.5.2 即知实对称阵正交相似于对角阵, Hermite 矩阵酉相似于实对角阵. 从 § 6.2 知道 $\boldsymbol{P}$ 的列向量都是 $\boldsymbol{A}$ 的特征向量, 又 $\boldsymbol{P}$ 是正交 (酉) 矩阵, 故这些列向量两两正交且长度等于 1. □

上述对角阵称为实对称 (Hermite) 矩阵 $\boldsymbol{A}$ 的正交 (酉) 相似标准型. 对角阵主对角线上的元素就是 $\boldsymbol{A}$ 的全体特征值.

现在的问题是实对称 (Hermite) 矩阵在正交 (酉) 相似关系下的全系不变量是什么呢?

推论 9.5.2 实对称阵的全体特征值是实对称阵在正交相似关系下的全系不变量, Hermite 矩阵的全体特征值是 Hermite 矩阵在酉相似关系下的全系不变量.

证明 只证明实的情形. 显然正交相似的矩阵有相同的特征值. 另一方面, 由定理 9.5.3 知道只需对对角阵证明, 若它们的特征值相同, 则必正交相似即可. 设

$$\boldsymbol{B}=\mathrm{diag}\{\lambda_1,\lambda_2,\cdots,\lambda_n\},\quad \boldsymbol{D}=\mathrm{diag}\{\lambda_{i_1},\lambda_{i_2},\cdots,\lambda_{i_n}\},$$

其中 $\{\lambda_{i_1},\lambda_{i_2},\cdots,\lambda_{i_n}\}$ 是 $\{\lambda_1,\lambda_2,\cdots,\lambda_n\}$ 的一个排列. 由于任一排列可通过若干次对换来实现, 因此只要证明对 $\boldsymbol{B}$ 的第 (i,i) 元素和第 (j,j) 元素对换后得到的矩阵与 $\boldsymbol{B}$ 正交相似即可. 设 $\boldsymbol{P}_{ij}$ 是第一类初等矩阵, 则 $\boldsymbol{P}_{ij}$ 是正交矩阵且 $\boldsymbol{P}_{ij}'=\boldsymbol{P}_{ij}$, 因此 $\boldsymbol{P}_{ij}'\boldsymbol{B}\boldsymbol{P}_{ij}$ 和 $\boldsymbol{B}$ 正交相似. 这就是我们要证明的结论. □

实对称阵的正交相似标准型理论在实二次型理论中有重要的应用. 从几何的角度来看, 以三维欧氏空间为例, 就是要在不改变度量的条件下将二次曲面的方程化为标准型. 这也是解析几何中所谓的主轴问题.

定理 9.5.4　设 $f(\boldsymbol{x})=\boldsymbol{x}'\boldsymbol{A}\boldsymbol{x}$ 是 n 元实二次型，系数矩阵 $\boldsymbol{A}$ 的特征值为 $\lambda_1,\lambda_2,\cdots,\lambda_n$，则 f 经过正交变换 $\boldsymbol{x}=\boldsymbol{P}\boldsymbol{y}$ 可以化为下列标准型：

$$\lambda_1y_1^2+\lambda_2y_2^2+\cdots+\lambda_ny_n^2.$$

因此，f 的正惯性指数等于 $\boldsymbol{A}$ 的正特征值的个数，负惯性指数等于 $\boldsymbol{A}$ 的负特征值的个数，f 的秩等于 $\boldsymbol{A}$ 的非零特征值的个数.

证明　注意到正交相似既是相似又是合同，故由定理 9.5.3 即得结论. □

推论 9.5.3　设 $f(\boldsymbol{x})=\boldsymbol{x}'\boldsymbol{A}\boldsymbol{x}$ 是 n 元实二次型，则 f 是正定型当且仅当系数矩阵 $\boldsymbol{A}$ 的特征值全是正数，f 是负定型当且仅当 $\boldsymbol{A}$ 的特征值全是负数，f 是半正定型当且仅当 $\boldsymbol{A}$ 的特征值全非负，f 是半负定型当且仅当 $\boldsymbol{A}$ 的特征值全非正.

下面我们通过具体例子来说明对实对称阵 $\boldsymbol{A}$，如何求正交矩阵 $\boldsymbol{P}$，使 $\boldsymbol{P}'\boldsymbol{A}\boldsymbol{P}$ 是对角阵. 我们的方法和 § 6.2 类似，只是增加了特征向量的标准正交化过程.

例 9.5.2　求正交矩阵 $\boldsymbol{P}$，使 $\boldsymbol{P}'\boldsymbol{A}\boldsymbol{P}$ 为对角阵，其中

$$\boldsymbol{A}=\begin{pmatrix}4&2&2\\2&4&2\\2&2&4\end{pmatrix}.$$

解　先求特征值

$$|\lambda\boldsymbol{I}-\boldsymbol{A}|=\begin{vmatrix}\lambda-4&-2&-2\\-2&\lambda-4&-2\\-2&-2&\lambda-4\end{vmatrix}=(\lambda-8)(\lambda-2)^2.$$

因此，$\boldsymbol{A}$ 的特征值为 $\lambda_1=8$，$\lambda_2=\lambda_3=2$. 当 $\lambda=8$ 时，求解齐次线性方程组 $(\lambda\boldsymbol{I}-\boldsymbol{A})\boldsymbol{x}=\boldsymbol{0}$，得到基础解系 (只有一个向量)：

$$\boldsymbol{\eta}_1=(1,1,1)'.$$

当 $\lambda=2$ 时，求解齐次线性方程组 $(\lambda\boldsymbol{I}-\boldsymbol{A})\boldsymbol{x}=\boldsymbol{0}$，得到基础解系 (有两个向量)：

$$\boldsymbol{\eta}_2=(-1,1,0)',\quad \boldsymbol{\eta}_3=(-1,0,1)'.$$

由于实对称阵属于不同特征值的特征向量必正交，因此只要对上面两个向量正交化，用 Gram-Schmidt 方法将 $\boldsymbol{\eta}_2,\boldsymbol{\eta}_3$ 正交化得到

$$\boldsymbol{\xi}_2=(-1,1,0)',\quad \boldsymbol{\xi}_3=(-\frac{1}{2},-\frac{1}{2},1)'.$$

再将 $\boldsymbol{\eta}_1,\boldsymbol{\xi}_2,\boldsymbol{\xi}_3$ 化为单位向量得到

$$\boldsymbol{v}_1=(\frac{1}{\sqrt{3}},\frac{1}{\sqrt{3}},\frac{1}{\sqrt{3}})',\quad \boldsymbol{v}_2=(-\frac{1}{\sqrt{2}},\frac{1}{\sqrt{2}},0)',\quad \boldsymbol{v}_3=(-\frac{1}{\sqrt{6}},-\frac{1}{\sqrt{6}},\frac{2}{\sqrt{6}})'.$$

令

$$\boldsymbol{P}=(\boldsymbol{v}_1,\boldsymbol{v}_2,\boldsymbol{v}_3)=\begin{pmatrix}\frac{1}{\sqrt{3}} & -\frac{1}{\sqrt{2}} & -\frac{1}{\sqrt{6}}\\ \frac{1}{\sqrt{3}} & \frac{1}{\sqrt{2}} & -\frac{1}{\sqrt{6}}\\ \frac{1}{\sqrt{3}} & 0 & \frac{2}{\sqrt{6}}\end{pmatrix},$$

于是

$$\boldsymbol{P}'\boldsymbol{A}\boldsymbol{P}=\begin{pmatrix}8&0&0\\0&2&0\\0&0&2\end{pmatrix}.$$

注 上述方法也适用于 Hermite 矩阵, 即对 Hermite 矩阵 $\boldsymbol{A}$, 求酉矩阵 $\boldsymbol{P}$, 使 $\overline{\boldsymbol{P}}'\boldsymbol{A}\boldsymbol{P}$ 为对角阵.

例 9.5.3 设 $\boldsymbol{A}$ 是三阶实对称阵, $\boldsymbol{A}$ 的特征值为 0,3,3. 已知属于特征值 0 的特征向量为 $\boldsymbol{v}_1=(1,1,1)'$, 又向量 $\boldsymbol{v}_2=(-1,1,0)'$ 是属于特征值 3 的特征向量, 求矩阵 $\boldsymbol{A}$.

解 设 $\boldsymbol{A}$ 属于特征值 3 的另一特征向量 $\boldsymbol{v}_3=(x_1,x_2,x_3)'$ 和 $\boldsymbol{v}_1,\boldsymbol{v}_2$ 都正交, 则

$$\begin{cases}x_1+x_2+x_3=0,\\-x_1+x_2=0,\end{cases}$$

求出一个非零解 $\boldsymbol{v}_3=(1,1,-2)'$. 因为 $\boldsymbol{v}_1,\boldsymbol{v}_2,\boldsymbol{v}_3$ 已经两两正交, 故只需将 $\boldsymbol{v}_1,\boldsymbol{v}_2,\boldsymbol{v}_3$ 标准化, 得到

$$\boldsymbol{\xi}_1=\begin{pmatrix}\frac{1}{\sqrt{3}}\\ \frac{1}{\sqrt{3}}\\ \frac{1}{\sqrt{3}}\end{pmatrix},\quad \boldsymbol{\xi}_2=\begin{pmatrix}-\frac{1}{\sqrt{2}}\\ \frac{1}{\sqrt{2}}\\ 0\end{pmatrix},\quad \boldsymbol{\xi}_3=\begin{pmatrix}\frac{1}{\sqrt{6}}\\ \frac{1}{\sqrt{6}}\\ -\frac{2}{\sqrt{6}}\end{pmatrix}.$$

令

$$P=(\xi_1,\xi_2,\xi_3)=\begin{pmatrix}\frac{1}{\sqrt{3}} & -\frac{1}{\sqrt{2}} & \frac{1}{\sqrt{6}}\\ \frac{1}{\sqrt{3}} & \frac{1}{\sqrt{2}} & \frac{1}{\sqrt{6}}\\ \frac{1}{\sqrt{3}} & 0 & -\frac{2}{\sqrt{6}}\end{pmatrix},\quad B=\begin{pmatrix}0&0&0\\0&3&0\\0&0&3\end{pmatrix},$$

则

$$A=PBP'=\begin{pmatrix}2&-1&-1\\-1&2&-1\\-1&-1&2\end{pmatrix}.$$

例 9.5.4 设 A 是 n 阶实对称阵且 $A^3=I_n$, 证明: $A=I_n$.

证明 设 A 的特征值为 λ, 则 $\lambda^3=1$. 因为 λ 是实数, 故 $\lambda=1$, 这就是说 A 的特征值全是 1. 由定理 9.5.3, 存在正交矩阵 P, 使 $P'AP=I_n$, 于是 $A=PI_nP'=I_n$. □

习 题 9.5

1. 求正交矩阵 P, 使 $P'AP$ 为对角阵:

(1) $A=\begin{pmatrix}2&2&-2\\2&5&-4\\-2&-4&5\end{pmatrix}$;

(2) $A=\begin{pmatrix}5&-1&3\\-1&5&-3\\3&-3&3\end{pmatrix}$;

(3) $A=\begin{pmatrix}-1&-3&3&-3\\-3&-1&-3&3\\3&-3&-1&-3\\-3&3&-3&-1\end{pmatrix}$;

(4) $A=\begin{pmatrix}3&1&0&-1\\1&3&0&1\\0&0&4&0\\-1&1&0&3\end{pmatrix}$.

2. 求酉矩阵 P, 使 $\overline{P}'AP$ 为对角阵:

(1) $A=\begin{pmatrix}3&2+2\mathrm{i}\\2-2\mathrm{i}&1\end{pmatrix}$;

(2) $A=\begin{pmatrix}3&2-\mathrm{i}\\2+\mathrm{i}&7\end{pmatrix}$.

3. 设实对称阵

$$A=\begin{pmatrix}a&1&1&-1\\1&a&-1&1\\1&-1&a&1\\-1&1&1&a\end{pmatrix}$$

有一个单特征值 -3, 求 a 的值并求正交矩阵 $\boldsymbol{P}$, 使 $\boldsymbol{P}'\boldsymbol{A}\boldsymbol{P}$ 为对角阵.

4. 设三阶实对称阵 $\boldsymbol{A}$ 的各行元素之和均为 3, 向量 $\boldsymbol{\alpha}_1=(-1,2,-1)'$, $\boldsymbol{\alpha}_2=(0,-1,1)'$ 是线性方程组 $\boldsymbol{A}\boldsymbol{x}=\boldsymbol{0}$ 的两个解.

(1) 求 $\boldsymbol{A}$ 的特征值和特征向量;

(2) 求正交矩阵 $\boldsymbol{Q}$ 和对角阵 $\boldsymbol{D}$, 使 $\boldsymbol{Q}'\boldsymbol{A}\boldsymbol{Q}=\boldsymbol{D}$.

5. 设四阶实对称阵 $\boldsymbol{A}$ 的特征值为 $0,0,0,4$, 且属于特征值 0 的线性无关特征向量为 $(-1,1,0,0)'$, $(-1,0,1,0)'$, $(-1,0,0,1)'$, 求出矩阵 $\boldsymbol{A}$.

6. 设实二次型 $f(x_1,x_2,x_3)=2x_1^2+5x_2^2+5x_3^2+2ax_1x_2+2bx_1x_3-8x_2x_3$, 经过正交变换后 f 可化为 $y_1^2+y_2^2+cy_3^2$, 求出 a,b,c 的值和正交变换矩阵 $\boldsymbol{P}$.

7. 已知曲面 $x^2+ay^2+z^2+2bxy+2xz+2yz=4$ 可以经过正交变换

$$\begin{pmatrix} x \\ y \\ z \end{pmatrix}=\boldsymbol{P}\begin{pmatrix} u \\ v \\ w \end{pmatrix}$$

化为椭圆柱面 $v^2+4w^2=4$, 求 a,b 之值和正交矩阵 $\boldsymbol{P}$.

8. 设 $\boldsymbol{\varphi},\boldsymbol{\psi}$ 是内积空间 V 上的两个自伴随算子, 求证:

(1) $\boldsymbol{\varphi}+\boldsymbol{\psi}$, $\boldsymbol{\varphi}\boldsymbol{\psi}+\boldsymbol{\psi}\boldsymbol{\varphi}$, $\mathrm{i}(\boldsymbol{\varphi}\boldsymbol{\psi}-\boldsymbol{\psi}\boldsymbol{\varphi})$ 也都是自伴随算子;

(2) $\boldsymbol{\varphi}\boldsymbol{\psi}$ 是自伴随算子的充分必要条件是 $\boldsymbol{\varphi}\boldsymbol{\psi}=\boldsymbol{\psi}\boldsymbol{\varphi}$.

9. 设 V 是 n 维欧氏空间, $\boldsymbol{G}$ 是 V 关于基 $\{\boldsymbol{e}_1,\boldsymbol{e}_2,\cdots,\boldsymbol{e}_n\}$ 的度量矩阵, 线性变换 $\boldsymbol{\varphi}$ 在这组基下的表示矩阵为 $\boldsymbol{A}$, 求 $\boldsymbol{\varphi}$ 是自伴随算子的充分必要条件.

10. 设 $\boldsymbol{\varphi},\boldsymbol{\psi}$ 是 n 维内积空间 V 上的两个自伴随算子, 证明: V 有一组由 $\boldsymbol{\varphi}$ 和 $\boldsymbol{\psi}$ 的公共特征向量构成的标准正交基的充分必要条件是 $\boldsymbol{\varphi}\boldsymbol{\psi}=\boldsymbol{\psi}\boldsymbol{\varphi}$.

§ 9.6 复正规算子

我们现在来讨论这样一个问题: 如果 n 维酉空间 V 上的线性变换 $\boldsymbol{\varphi}$ 在一组标准正交基下的表示矩阵是对角阵, 则 $\boldsymbol{\varphi}$ 必须满足什么条件? 设 $\{\boldsymbol{e}_1,\boldsymbol{e}_2,\cdots,\boldsymbol{e}_n\}$ 是 V 的标准正交基, $\boldsymbol{\varphi}$ 在这组基下的表示矩阵为

$$\boldsymbol{A}=\mathrm{diag}\{c_1,c_2,\cdots,c_n\},$$

则

$$\boldsymbol{\varphi}(\boldsymbol{e}_i)=c_i\boldsymbol{e}_i,\ i=1,2,\cdots,n,$$

即 φ 以 $c_1,c_2,\cdots,c_n$ 为特征值, $\boldsymbol{e}_1,\boldsymbol{e}_2,\cdots,\boldsymbol{e}_n$ 为对应的特征向量. 设 φ^* 为 φ 的伴随, 则 φ^* 在这组基下的表示矩阵为

$$\overline{\boldsymbol{A}}'=\mathrm{diag}\{\overline{c}_1,\overline{c}_2,\cdots,\overline{c}_n\}.$$

于是, 我们有

$$\overline{\boldsymbol{A}}'\boldsymbol{A}=\boldsymbol{A}\overline{\boldsymbol{A}}',\ \ \varphi\varphi^*=\varphi^*\varphi.$$

定义 9.6.1 设 φ 是内积空间 V 上的线性变换, φ^* 是其伴随, 若 $\varphi\varphi^*=\varphi^*\varphi$, 则称 φ 是 V 上的正规算子. 为了不引起混淆, 我们也称酉空间 (欧氏空间) V 上的正规算子 φ 为复正规算子 (实正规算子). 复矩阵 $\boldsymbol{A}$ 若适合 $\overline{\boldsymbol{A}}'\boldsymbol{A}=\boldsymbol{A}\overline{\boldsymbol{A}}'$, 则称其为复正规矩阵. 实矩阵 $\boldsymbol{A}$ 若适合 $\boldsymbol{A}'\boldsymbol{A}=\boldsymbol{A}\boldsymbol{A}'$, 则称其为实正规矩阵.

注 (1) 容易验证酉算子 (酉矩阵) 和 Hermite 算子 (Hermite 矩阵) 都是复正规算子 (矩阵). 正交变换 (正交矩阵) 和对称变换 (实对称矩阵) 都是实正规算子 (矩阵). 我们将在下一节中详细讨论实正规算子和实正规矩阵.

(2) 容易证明酉空间 (欧氏空间) V 上的线性变换 φ 是复 (实) 正规算子的充分必要条件是 φ 在 V 的某一组或任一组标准正交基下的表示矩阵都是复 (实) 正规矩阵. 因此, 复 (实) 矩阵的正规性在酉 (正交) 相似下是不变的.

从上面的论证我们看出: 一个复矩阵如果酉相似于对角阵, 则它一定是复正规矩阵. 那么复正规矩阵是否必酉相似于对角阵呢?

我们先证明复正规算子 (复正规矩阵) 的特征值和特征向量的一些重要性质.

引理 9.6.1 设 φ 是内积空间 V 上的正规算子, 则对任意的 $\boldsymbol{\alpha}\in V$, 成立

$$\|\varphi(\boldsymbol{\alpha})\|=\|\varphi^*(\boldsymbol{\alpha})\|.$$

证明 由 φ 的正规性, 有

$$\begin{aligned}\|\varphi(\boldsymbol{\alpha})\|^2 &= (\varphi(\boldsymbol{\alpha}),\varphi(\boldsymbol{\alpha}))=(\boldsymbol{\alpha},\varphi^*\varphi(\boldsymbol{\alpha}))\\ &= (\boldsymbol{\alpha},\varphi\varphi^*(\boldsymbol{\alpha}))=(\varphi^*(\boldsymbol{\alpha}),\varphi^*(\boldsymbol{\alpha}))\\ &= \|\varphi^*(\boldsymbol{\alpha})\|^2.\ \square\end{aligned}$$

命题 9.6.1 设 V 是 n 维酉空间, φ 是 V 上的正规算子.

(1) 向量 $\boldsymbol{u}$ 是 φ 属于特征值 λ 的特征向量的充分必要条件为 $\boldsymbol{u}$ 是 φ^* 属于特征值 $\overline{\lambda}$ 的特征向量;

(2) 属于 φ 不同特征值的特征向量必正交.

证明 (1) 若 λ 是任一数, 则 $(\lambda\boldsymbol{I}-\varphi)^*=\overline{\lambda}\boldsymbol{I}-\varphi^*$, 且

$$(\lambda\boldsymbol{I}-\varphi)(\overline{\lambda}\boldsymbol{I}-\varphi^*)=(\overline{\lambda}\boldsymbol{I}-\varphi^*)(\lambda\boldsymbol{I}-\varphi),$$

即 $\lambda\boldsymbol{I}-\varphi$ 也是正规算子. 于是由引理 9.6.1,

$$\|(\lambda\boldsymbol{I}-\varphi)(\boldsymbol{\alpha})\|=\|(\overline{\lambda}\boldsymbol{I}-\varphi^*)(\boldsymbol{\alpha})\|$$

对一切 $\boldsymbol{\alpha}\in V$ 成立, 故 $(\lambda\boldsymbol{I}-\varphi)(\boldsymbol{u})=\boldsymbol{0}$ 当且仅当 $(\overline{\lambda}\boldsymbol{I}-\varphi^*)(\boldsymbol{u})=\boldsymbol{0}$ 成立.

(2) 设 $\varphi(\boldsymbol{u})=\lambda\boldsymbol{u}$, $\varphi(\boldsymbol{v})=\mu\boldsymbol{v}$ 且 $\lambda\neq\mu$, 则由 (1) 知 $\varphi^*(\boldsymbol{v})=\overline{\mu}\boldsymbol{v}$, 于是

$$\lambda(\boldsymbol{u},\boldsymbol{v})=(\lambda\boldsymbol{u},\boldsymbol{v})=(\varphi(\boldsymbol{u}),\boldsymbol{v})=(\boldsymbol{u},\varphi^*(\boldsymbol{v}))=(\boldsymbol{u},\overline{\mu}\boldsymbol{v})=\mu(\boldsymbol{u},\boldsymbol{v}).$$

因为 $\lambda\neq\mu$, 故 $(\boldsymbol{u},\boldsymbol{v})=0$. □

引理 9.6.2 设 V 是 n 维酉空间, φ 是 V 上的线性变换, 又 $\{\boldsymbol{e}_1,\boldsymbol{e}_2,\cdots,\boldsymbol{e}_n\}$ 是 V 的一组标准正交基. 设 φ 在这组基下的表示矩阵 $\boldsymbol{A}$ 是一个上三角阵, 则 φ 是正规算子的充分必要条件是 $\boldsymbol{A}$ 为对角阵.

证明 若 $\boldsymbol{A}$ 是对角阵, 则 $\boldsymbol{A}\overline{\boldsymbol{A}}'=\overline{\boldsymbol{A}}'\boldsymbol{A}$, 故 $\varphi\varphi^*=\varphi^*\varphi$, 即 φ 是正规算子. 反之, 设 φ 是正规算子. 由于 $\boldsymbol{A}$ 是上三角阵, 可记 $\boldsymbol{A}=(a_{ij})$, $a_{ij}=0\,(i>j)$. 于是 $\varphi(\boldsymbol{e}_1)=a_{11}\boldsymbol{e}_1$, 再由上面的命题可知 $\varphi^*(\boldsymbol{e}_1)=\overline{a}_{11}\boldsymbol{e}_1$. 另一方面, 有

$$\varphi^*(\boldsymbol{e}_1)=\overline{a}_{11}\boldsymbol{e}_1+\overline{a}_{12}\boldsymbol{e}_2+\cdots+\overline{a}_{1n}\boldsymbol{e}_n.$$

因此 $a_{1j}=0$ 对一切 $j>1$ 成立. 又因为 $\boldsymbol{A}$ 是上三角阵, 所以

$$\varphi(\boldsymbol{e}_2)=a_{22}\boldsymbol{e}_2,$$

故又有 $\varphi^*(\boldsymbol{e}_2)=\overline{a}_{22}\boldsymbol{e}_2$ 及 $a_{2j}=0\,(j>2)$. 不断这样做下去即得 $\boldsymbol{A}$ 是对角阵. □

定理 9.6.1 (Schur (舒尔) 定理) 设 V 是 n 维酉空间, φ 是 V 上的线性算子, 则存在 V 的一组标准正交基, 使 φ 在这组基下的表示矩阵为上三角阵.

证明 对 V 的维数 n 用数学归纳法. 当 $n=1$ 时结论显然成立. 设对 $n-1$ 维酉空间结论成立, 现证 n 维酉空间的情形. 由于 V 是复线性空间, 故 φ^* 总存在特征值与特征向量, 即有

$$\varphi^*(\boldsymbol{e})=\lambda\boldsymbol{e}.$$

设 W 是由 $\boldsymbol{e}$ 张成的一维子空间的正交补空间, 由命题 9.3.1 知 W 是 $(\varphi^*)^*=\varphi$ 的不变子空间, 将 φ 限制在 W 上得到 W 上的一个线性变换. 注意到 $\dim W=n-1$,

故由归纳假设, 存在 W 的一组标准正交基 $\{\boldsymbol{e}_1, \boldsymbol{e}_2, \cdots, \boldsymbol{e}_{n-1}\}$, 使 $\boldsymbol{\varphi}|_W$ 在这组基下的表示矩阵为上三角阵. 令 $\boldsymbol{e}_n = \dfrac{\boldsymbol{e}}{\|\boldsymbol{e}\|}$, 则 $\{\boldsymbol{e}_1, \boldsymbol{e}_2, \cdots, \boldsymbol{e}_n\}$ 成为 V 的一组标准正交基, 使 $\boldsymbol{\varphi}$ 在这组基下的表示矩阵为上三角阵. □

推论 9.6.1 (Schur 定理) 任一 n 阶复矩阵均酉相似于一个上三角阵.

利用上面两个命题, 我们立即得到下列定理.

定理 9.6.2 设 V 是 n 维酉空间, $\boldsymbol{\varphi}$ 是 V 上的线性算子, 则 $\boldsymbol{\varphi}$ 为正规算子的充分必要条件是存在 V 的一组标准正交基, 使 $\boldsymbol{\varphi}$ 在这组基下的表示矩阵是对角阵. 特别, 这组基恰为 $\boldsymbol{\varphi}$ 的 n 个线性无关的特征向量.

定理 9.6.3 复矩阵 $\boldsymbol{A}$ 为复正规矩阵的充分必要条件是 $\boldsymbol{A}$ 酉相似于对角阵.

显而易见, 复正规矩阵的特征值就是复正规矩阵在酉相似关系下的全系不变量, 即两个复正规矩阵酉相似的充分必要条件是它们具有相同的特征值.

由推论 6.2.3 我们知道, 对一个可对角化线性变换, 它的所有特征子空间的直和就是全空间 V. 对复正规算子我们也有类似的结论.

命题 9.6.2 设 $\boldsymbol{\varphi}$ 是 n 维酉空间 V 上的线性算子, $\lambda_1, \lambda_2, \cdots, \lambda_k$ 是 $\boldsymbol{\varphi}$ 的全体不同特征值, $V_1, V_2, \cdots, V_k$ 是对应的特征子空间, 则 $\boldsymbol{\varphi}$ 是正规算子的充分必要条件是

$$V = V_1 \perp V_2 \perp \cdots \perp V_k. \tag{9.6.1}$$

证明 设 $\boldsymbol{\varphi}$ 是正规算子, 则它是一个可对角化线性变换, 因此

$$V = V_1 \oplus V_2 \oplus \cdots \oplus V_k.$$

又从命题 9.6.1 知道, 若 $i \neq j$, 则 $V_i \perp V_j$, 所以 (9.6.1) 式成立.

反之, 若 (9.6.1) 式成立, 则在每个 V_i 中取一组标准正交基, 将这些基向量组成 V 的一组标准正交基. 因为每个 V_i 都是 $\boldsymbol{\varphi}$ 的特征子空间, 即 $\boldsymbol{\varphi}(\boldsymbol{\alpha}) = \lambda_i \boldsymbol{\alpha}$ 对一切 $\boldsymbol{\alpha} \in V_i$ 成立, 故 $\boldsymbol{\varphi}$ 在这组基下的表示矩阵是对角阵, 因此 $\boldsymbol{\varphi}$ 是正规算子. □

由于酉矩阵是正规矩阵, 故有下列结论.

定理 9.6.4 任一 n 阶酉矩阵必酉相似于下列对角阵:

$$\mathrm{diag}\{c_1, c_2, \cdots, c_n\},$$

其中 c_i 为模长等于 1 的复数.

证明 由定理 9.6.3 知酉矩阵酉相似于 $\mathrm{diag}\{c_1, c_2, \cdots, c_n\}$. 由于与酉矩阵酉相似的矩阵仍是酉矩阵, 故 $\mathrm{diag}\{c_1, c_2, \cdots, c_n\}$ 是酉矩阵, 因此 $|c_i| = 1$. □

习 题 9.6

1. 构造一个二阶复矩阵, 它可对角化但不是复正规矩阵.

2. 设复矩阵 $\boldsymbol{A}$ 是斜 Hermite 矩阵, 即 $\overline{\boldsymbol{A}}' = -\boldsymbol{A}$. 证明: $\boldsymbol{A}$ 必酉相似于对角阵

$$\mathrm{diag}\{c_1, c_2, \cdots, c_n\},$$

其中 c_i 是零或纯虚数.

3. 求酉矩阵 $\boldsymbol{P}$, 使 $\overline{\boldsymbol{P}}'\boldsymbol{A}\boldsymbol{P}$ 是对角阵, 其中

$$\boldsymbol{A} = \begin{pmatrix} 1 & \mathrm{i} \\ \mathrm{i} & 1 \end{pmatrix}.$$

4. 设 $\boldsymbol{A}$ 是复正规矩阵, 求证: $\boldsymbol{A}$ 是 Hermite 矩阵的充分必要条件是 $\boldsymbol{A}$ 的特征值全是实数.

5. 设 $\boldsymbol{A}$ 是复正规矩阵, 求证: $\boldsymbol{A}$ 是酉矩阵的充分必要条件是 $\boldsymbol{A}$ 的特征值全是模长等于 1 的复数.

6. 设 $\boldsymbol{A}$ 是复正规矩阵, 求证: $\boldsymbol{A}$ 是幂零阵 (即存在正整数 k, 使 $\boldsymbol{A}^k = \boldsymbol{O}$) 的充分必要条件是 $\boldsymbol{A} = \boldsymbol{O}$.

7. 设 φ 是 n 维酉空间 V 上的正规算子, 求证: 对 φ 的任一特征值 λ_0, 总有

$$V = \mathrm{Ker}(\varphi - \lambda_0 \boldsymbol{I}_V) \perp \mathrm{Im}(\varphi - \lambda_0 \boldsymbol{I}_V).$$

8. 设 $\lambda_1, \lambda_2, \cdots, \lambda_n$ 是 n 阶复矩阵 $\boldsymbol{A} = (a_{ij})$ 的特征值, 求证:

$$\sum_{i=1}^{n} |\lambda_i|^2 \leq \sum_{i,j=1}^{n} |a_{ij}|^2,$$

等号成立的充分必要条件是 $\boldsymbol{A}$ 为复正规矩阵.

*§9.7 实正规矩阵

由上一节我们知道, 适合 $\boldsymbol{A}\boldsymbol{A}' = \boldsymbol{A}'\boldsymbol{A}$ 的实矩阵 $\boldsymbol{A}$ 称为正规矩阵. 实正规矩阵的正交相似标准型比复正规矩阵的酉相似标准型要复杂一些, 这是因为任一复

矩阵总有复特征值与复特征向量, 而实正规矩阵可能没有实特征值及实特征向量. 为了求得实正规矩阵的正交相似标准型, 我们采用“几何”的方法.

首先利用欧氏空间 V 上的正规算子 $\boldsymbol{\varphi}$ 的极小多项式的不可约分解可将 V 分解为若干个不变子空间的正交直和, 并且 $\boldsymbol{\varphi}$ 限制在每个不变子空间上的极小多项式不超过二次. 这样, 问题就归结为研究极小多项式次数不超过二次的正规算子. 因为极小多项式为一次的线性变换就是数量变换, 所以接下去就对极小多项式为二次不可约多项式的正规算子进行讨论. 这样就可以得到实正规矩阵的正交相似标准型.

引理 9.7.1 设 V 是 n 维欧氏空间, $f(x)$ 是一个实系数多项式, 若 $\boldsymbol{\varphi}$ 是 V 上的正规算子, 则 $f(\boldsymbol{\varphi})$ 也是 V 上的正规算子.

证明 设

$$f(x) = a_0 + a_1x + \cdots + a_mx^m,$$

则

$$f(\boldsymbol{\varphi}) = a_0\boldsymbol{I} + a_1\boldsymbol{\varphi} + \cdots + a_m\boldsymbol{\varphi}^m,$$

$$f(\boldsymbol{\varphi})^* = a_0\boldsymbol{I} + a_1\boldsymbol{\varphi}^* + \cdots + a_m(\boldsymbol{\varphi}^*)^m = f(\boldsymbol{\varphi}^*).$$

由 $\boldsymbol{\varphi}\boldsymbol{\varphi}^* = \boldsymbol{\varphi}^*\boldsymbol{\varphi}$, 不难验证

$$f(\boldsymbol{\varphi})f(\boldsymbol{\varphi})^* = f(\boldsymbol{\varphi})^*f(\boldsymbol{\varphi}). \ \Box$$

引理 9.7.2 设 $\boldsymbol{\varphi}$ 是欧氏空间 V 上的正规算子, $f(x), g(x)$ 是互素的实系数多项式. 假设 $\boldsymbol{u} \in \operatorname{Ker} f(\boldsymbol{\varphi})$, $\boldsymbol{v} \in \operatorname{Ker} g(\boldsymbol{\varphi})$, 则

$$(\boldsymbol{u}, \boldsymbol{v}) = 0.$$

证明 因为 $f(x), g(x)$ 互素, 故存在实系数多项式 $s(x), t(x)$, 使

$$f(x)s(x) + g(x)t(x) = 1,$$

于是

$$f(\boldsymbol{\varphi})s(\boldsymbol{\varphi}) + g(\boldsymbol{\varphi})t(\boldsymbol{\varphi}) = \boldsymbol{I}.$$

因此 $\boldsymbol{u} = g(\boldsymbol{\varphi})t(\boldsymbol{\varphi})(\boldsymbol{u})$,

$$(\boldsymbol{u}, \boldsymbol{v}) = (g(\boldsymbol{\varphi})t(\boldsymbol{\varphi})(\boldsymbol{u}), \boldsymbol{v}) = (t(\boldsymbol{\varphi})(\boldsymbol{u}), g(\boldsymbol{\varphi})^*(\boldsymbol{v})).$$

由上面的引理知 $g(\boldsymbol{\varphi})$ 是正规算子且 $g(\boldsymbol{\varphi})(\boldsymbol{v}) = \boldsymbol{0}$, 再由引理 9.6.1 得 $g(\boldsymbol{\varphi})^*(\boldsymbol{v}) = \boldsymbol{0}$, 因此 $(\boldsymbol{u}, \boldsymbol{v}) = 0$. $\Box$

定理 9.7.1 设 V 是 n 维欧氏空间, $\boldsymbol{\varphi}$ 是 V 上的正规算子. 令 $g(x)$ 是 $\boldsymbol{\varphi}$ 的极小多项式, $g_1(x),\cdots,g_k(x)$ 为 $g(x)$ 的所有互不相同的首一不可约因式, 且 $W_i=\operatorname{Ker}g_i(\boldsymbol{\varphi})\,(i=1,\cdots,k)$, 则

(1) $g(x)=g_1(x)\cdots g_k(x)$, 其中 $\deg g_i(x)\leq 2$;

(2) $V=W_1\perp\cdots\perp W_k$;

(3) W_i 是 $\boldsymbol{\varphi}$ 的不变子空间, 用 $\boldsymbol{\varphi}_i$ 表示 $\boldsymbol{\varphi}$ 在 W_i 上的限制, 则 $\boldsymbol{\varphi}_i$ 是 W_i 上的正规算子且 $g_i(x)$ 是 $\boldsymbol{\varphi}_i$ 的极小多项式.

证明 (1) 设 $\boldsymbol{\varphi}$ 在 V 的一组标准正交基下的表示矩阵为正规矩阵 $\boldsymbol{A}$, 则 $\boldsymbol{A}$ 也是复正规矩阵, 因此 $\boldsymbol{A}$ 酉相似于对角阵, 于是 $\boldsymbol{A}$ 的极小多项式 $g(x)$ 在复数域上无重根, 从而在实数域上无重因式. 又不可约实系数多项式的次数小于等于 2, 故 (1) 的结论成立.

(2) 令 $f_i(x)=g(x)/g_i(x)$, 则 $f_1(x),\cdots,f_k(x)$ 互素. 由 § 5.3 习题 7 知, 存在实系数多项式 $h_1(x),\cdots,h_k(x)$, 使

$$f_1(x)h_1(x)+\cdots+f_k(x)h_k(x)=1.$$

对任意的 $\boldsymbol{v}\in V$,

$$\boldsymbol{v}=f_1(\boldsymbol{\varphi})h_1(\boldsymbol{\varphi})(\boldsymbol{v})+\cdots+f_k(\boldsymbol{\varphi})h_k(\boldsymbol{\varphi})(\boldsymbol{v}). \tag{9.7.1}$$

注意到 $g_i(\boldsymbol{\varphi})f_i(\boldsymbol{\varphi})=g(\boldsymbol{\varphi})=\boldsymbol{0}$, 故对任一 i, $f_i(\boldsymbol{\varphi})h_i(\boldsymbol{\varphi})(\boldsymbol{v})\in\operatorname{Ker}g_i(\boldsymbol{\varphi})=W_i$, 于是由 (9.7.1) 式知

$$V=W_1+\cdots+W_k.$$

当 $i\neq j$ 时, $g_i(x)$ 与 $g_j(x)$ 互素, 由引理 9.7.2 得到 $W_i\perp W_j$, 故

$$V=W_1\perp\cdots\perp W_k.$$

(3) 任取 $\boldsymbol{u}\in W_i=\operatorname{Ker}g_i(\boldsymbol{\varphi})$, 注意到 $\boldsymbol{\varphi}\boldsymbol{\varphi}^*=\boldsymbol{\varphi}^*\boldsymbol{\varphi}$, 故

$$g_i(\boldsymbol{\varphi})(\boldsymbol{\varphi}(\boldsymbol{u}))=\boldsymbol{\varphi}g_i(\boldsymbol{\varphi})(\boldsymbol{u})=\boldsymbol{0},\quad g_i(\boldsymbol{\varphi})(\boldsymbol{\varphi}^*(\boldsymbol{u}))=\boldsymbol{\varphi}^*g_i(\boldsymbol{\varphi})(\boldsymbol{u})=\boldsymbol{0},$$

于是 $\boldsymbol{\varphi}(\boldsymbol{u})\in W_i$ 且 $\boldsymbol{\varphi}^*(\boldsymbol{u})\in W_i$, 因此 W_i 既是 $\boldsymbol{\varphi}$ 的不变子空间, 也是 $\boldsymbol{\varphi}^*$ 的不变子空间. 由伴随的定义容易验证 $\boldsymbol{\varphi}_i=\boldsymbol{\varphi}|_{W_i}$ 的伴随 $\boldsymbol{\varphi}_i^*$ 等于 $\boldsymbol{\varphi}^*|_{W_i}$, 于是

$$\boldsymbol{\varphi}_i\boldsymbol{\varphi}_i^*=\boldsymbol{\varphi}|_{W_i}\boldsymbol{\varphi}^*|_{W_i}=\boldsymbol{\varphi}^*|_{W_i}\boldsymbol{\varphi}|_{W_i}=\boldsymbol{\varphi}_i^*\boldsymbol{\varphi}_i,$$

即 $\boldsymbol{\varphi}_i$ 是 W_i 上的正规算子. 由于 $W_i = \operatorname{Ker} g_i(\boldsymbol{\varphi})$, 故 $\mathbf{0} = g_i(\boldsymbol{\varphi})|_{W_i} = g_i(\boldsymbol{\varphi}|_{W_i}) = g_i(\boldsymbol{\varphi}_i)$, 即 $\boldsymbol{\varphi}_i$ 适合多项式 $g_i(x)$, 于是 $\boldsymbol{\varphi}_i$ 的极小多项式 $m_i(x) \mid g_i(x)$. 注意到 $g_i(x)$ 首一不可约, 故只能是 $m_i(x) = g_i(x)$. □

接下去我们要讨论极小多项式是二次不可约多项式的实正规算子的表示矩阵, 先对比较简单的情形即极小多项式为 x^2+1 的正规算子进行讨论, 再过渡到一般情形.

引理 9.7.3 设 V 是 n 维欧氏空间, $\boldsymbol{\varphi}$ 是 V 上的正规算子且 $\boldsymbol{\varphi}$ 适合多项式 $g(x) = x^2+1$. 设 $\boldsymbol{v} \in V$, $\boldsymbol{u} = \boldsymbol{\varphi}(\boldsymbol{v})$, 则

$$\boldsymbol{\varphi}^*(\boldsymbol{v}) = -\boldsymbol{u},\ \boldsymbol{\varphi}^*(\boldsymbol{u}) = \boldsymbol{v},$$

且 $\|\boldsymbol{u}\| = \|\boldsymbol{v}\|$, $\boldsymbol{u} \perp \boldsymbol{v}$.

证明 由 $\boldsymbol{\varphi}(\boldsymbol{u}) = \boldsymbol{\varphi}^2(\boldsymbol{v}) = -\boldsymbol{v}$, 得

$$\begin{aligned} 0 &= \|\boldsymbol{\varphi}(\boldsymbol{v}) - \boldsymbol{u}\|^2 + \|\boldsymbol{\varphi}(\boldsymbol{u}) + \boldsymbol{v}\|^2 \\ &= \|\boldsymbol{\varphi}(\boldsymbol{v})\|^2 - 2(\boldsymbol{\varphi}(\boldsymbol{v}), \boldsymbol{u}) + \|\boldsymbol{u}\|^2 + \|\boldsymbol{\varphi}(\boldsymbol{u})\|^2 + 2(\boldsymbol{\varphi}(\boldsymbol{u}), \boldsymbol{v}) + \|\boldsymbol{v}\|^2. \end{aligned}$$

因为 $\boldsymbol{\varphi}$ 是正规算子, 由引理 9.6.1 知 $\|\boldsymbol{\varphi}(\boldsymbol{v})\|^2 = \|\boldsymbol{\varphi}^*(\boldsymbol{v})\|^2$, $\|\boldsymbol{\varphi}(\boldsymbol{u})\|^2 = \|\boldsymbol{\varphi}^*(\boldsymbol{u})\|^2$. 于是

$$\begin{aligned} 0 &= \|\boldsymbol{\varphi}^*(\boldsymbol{v})\|^2 + 2(\boldsymbol{\varphi}^*(\boldsymbol{v}), \boldsymbol{u}) + \|\boldsymbol{u}\|^2 + \|\boldsymbol{\varphi}^*(\boldsymbol{u})\|^2 - 2(\boldsymbol{\varphi}^*(\boldsymbol{u}), \boldsymbol{v}) + \|\boldsymbol{v}\|^2 \\ &= \|\boldsymbol{\varphi}^*(\boldsymbol{v}) + \boldsymbol{u}\|^2 + \|\boldsymbol{\varphi}^*(\boldsymbol{u}) - \boldsymbol{v}\|^2. \end{aligned}$$

从而 $\boldsymbol{\varphi}^*(\boldsymbol{v}) = -\boldsymbol{u}$, $\boldsymbol{\varphi}^*(\boldsymbol{u}) = \boldsymbol{v}$. 又

$$(\boldsymbol{v}, \boldsymbol{u}) = (\boldsymbol{\varphi}^*(\boldsymbol{u}), \boldsymbol{u}) = (\boldsymbol{u}, \boldsymbol{\varphi}(\boldsymbol{u})) = (\boldsymbol{u}, -\boldsymbol{v}) = -(\boldsymbol{v}, \boldsymbol{u}),$$

因此 $(\boldsymbol{v}, \boldsymbol{u}) = 0$, 即 $\boldsymbol{v} \perp \boldsymbol{u}$. 最后

$$\|\boldsymbol{v}\|^2 = (\boldsymbol{v}, \boldsymbol{v}) = (\boldsymbol{\varphi}^*(\boldsymbol{u}), \boldsymbol{v}) = (\boldsymbol{u}, \boldsymbol{\varphi}(\boldsymbol{v})) = (\boldsymbol{u}, \boldsymbol{u}) = \|\boldsymbol{u}\|^2. \ \square$$

引理 9.7.4 设 V 是 n 维欧氏空间, $\boldsymbol{\varphi}$ 是 V 上的正规算子且 $\boldsymbol{\varphi}$ 适合多项式 $g(x) = (x-a)^2 + b^2$, 其中 a, b 都是实数且 $b \neq 0$. 设 $\boldsymbol{v} \in V$, $\boldsymbol{u} = b^{-1}(\boldsymbol{\varphi} - a\boldsymbol{I})(\boldsymbol{v})$, 则 $\|\boldsymbol{u}\| = \|\boldsymbol{v}\|$, $\boldsymbol{u} \perp \boldsymbol{v}$, 且

$$\boldsymbol{\varphi}(\boldsymbol{v}) = a\boldsymbol{v} + b\boldsymbol{u},\ \boldsymbol{\varphi}(\boldsymbol{u}) = -b\boldsymbol{v} + a\boldsymbol{u};$$

$$\boldsymbol{\varphi}^*(\boldsymbol{v}) = a\boldsymbol{v} - b\boldsymbol{u},\ \boldsymbol{\varphi}^*(\boldsymbol{u}) = b\boldsymbol{v} + a\boldsymbol{u}.$$

证明　令 $\boldsymbol{\psi}=b^{-1}(\boldsymbol{\varphi}-a\boldsymbol{I})$, 则 $\boldsymbol{\psi}$ 是 V 上的正规算子且适合多项式 x^2+1. 又 $\boldsymbol{u}=\boldsymbol{\psi}(\boldsymbol{v})$, $\boldsymbol{\psi}^*=b^{-1}(\boldsymbol{\varphi}^*-a\boldsymbol{I})$, 故由引理 9.7.3 即得所需结论. □

定理 9.7.2　设 $\boldsymbol{\varphi}$ 是 n 维欧氏空间 V 上的正规算子, $\boldsymbol{\varphi}$ 的极小多项式为 $g(x)=(x-a)^2+b^2$, 其中 a,b 是实数且 $b\neq 0$, 则存在 V 的 s 个二维子空间 $V_1,\cdots,V_s$, 使

$$V=V_1\perp\cdots\perp V_s,$$

且每个 V_i 都有标准正交基 $\{\boldsymbol{u}_i,\boldsymbol{v}_i\}$, 满足

$$\boldsymbol{\varphi}(\boldsymbol{u}_i)=a\boldsymbol{u}_i-b\boldsymbol{v}_i,\ \ \boldsymbol{\varphi}(\boldsymbol{v}_i)=b\boldsymbol{u}_i+a\boldsymbol{v}_i. \tag{9.7.2}$$

证明　对 V 的维数 n 进行归纳. 当 $n=0$ 时, 结论是平凡的. 当 $n=1$ 时, 任取 V 中的非零向量 $\boldsymbol{v}$, 设 $\boldsymbol{\varphi}(\boldsymbol{v})=c\boldsymbol{v}$, 其中 c 是实数, 则 c 是 $\boldsymbol{\varphi}$ 的特征值. 因此 c 必须适合 $\boldsymbol{\varphi}$ 的极小多项式 $g(x)$, 但 $g(c)=(c-a)^2+b^2>0$, 矛盾. 这说明 $n=1$ 的情形不可能发生. 设维数小于 n 时结论已成立, 现证 n 维欧氏空间的情形.

任取 V 中长度等于 1 的向量 $\boldsymbol{v}_1$, 令 $\boldsymbol{u}_1=b^{-1}(\boldsymbol{\varphi}-a\boldsymbol{I})(\boldsymbol{v}_1)$, 则 $\boldsymbol{u}_1,\boldsymbol{v}_1$ 是两个长度等于 1 的正交向量. 令 V_1 是由 $\boldsymbol{u}_1,\boldsymbol{v}_1$ 张成的子空间, 则由引理 9.7.4 知

$$\boldsymbol{\varphi}(\boldsymbol{u}_1)=a\boldsymbol{u}_1-b\boldsymbol{v}_1,\ \ \boldsymbol{\varphi}(\boldsymbol{v}_1)=b\boldsymbol{u}_1+a\boldsymbol{v}_1,$$

$$\boldsymbol{\varphi}^*(\boldsymbol{u}_1)=a\boldsymbol{u}_1+b\boldsymbol{v}_1,\ \boldsymbol{\varphi}^*(\boldsymbol{v}_1)=-b\boldsymbol{u}_1+a\boldsymbol{v}_1,$$

因此 V_1 是 $\boldsymbol{\varphi}$ 和 $\boldsymbol{\varphi}^*$ 的不变子空间. 令 $W=V_1^{\perp}$, 则由命题 9.3.1 知 W 是 $\boldsymbol{\varphi}$ 和 $\boldsymbol{\varphi}^*$ 的不变子空间. 考虑 $\boldsymbol{\varphi}$ 在 W 上的限制, 容易验证 $\boldsymbol{\varphi}|_W$ 是 W 上的正规算子且极小多项式仍为 $g(x)$. 因为 $\dim W=n-2$, 故由归纳假设, 存在 $s-1$ 个二维子空间 $V_2,\cdots,V_s$, 使

$$W=V_2\perp\cdots\perp V_s,$$

且每个 $V_i\,(i=2,\cdots,s)$ 都有标准正交基 $\{\boldsymbol{u}_i,\boldsymbol{v}_i\}$ 满足 (9.7.2) 式. 因此

$$V=V_1\perp V_2\perp\cdots\perp V_s,$$

且每个 $V_i\,(i=1,2,\cdots,s)$ 都有满足条件的标准正交基 $\{\boldsymbol{u}_i,\boldsymbol{v}_i\}$, 结论得证. 特别, $\boldsymbol{\varphi}$ 在 V 的标准正交基 $\{\boldsymbol{u}_1,\boldsymbol{v}_1,\boldsymbol{u}_2,\boldsymbol{v}_2,\cdots,\boldsymbol{u}_s,\boldsymbol{v}_s\}$ 下的表示矩阵为分块对角阵:

$$\boldsymbol{A}=\mathrm{diag}\left\{\begin{pmatrix}a&b\\-b&a\end{pmatrix},\begin{pmatrix}a&b\\-b&a\end{pmatrix},\cdots,\begin{pmatrix}a&b\\-b&a\end{pmatrix}\right\}.\ □$$

将上面的讨论综合起来, 就可得到这一节的主要结论.

定理 9.7.3 设 V 是 n 维欧氏空间, φ 是 V 上的正规算子, 则存在一组标准正交基, 使 φ 在这组基下的表示矩阵为下列分块对角阵:

$$\mathrm{diag}\{\boldsymbol{A}_1, \cdots, \boldsymbol{A}_r, c_{2r+1}, \cdots, c_n\}, \tag{9.7.3}$$

其中 $c_j\,(j = 2r+1, \cdots, n)$ 是实数, $\boldsymbol{A}_i$ 为形如

$$\begin{pmatrix} a_i & b_i \\ -b_i & a_i \end{pmatrix}$$

的二阶实矩阵.

证明 由定理 9.7.1 知

$$V = W_1 \perp W_2 \perp \cdots \perp W_k,$$

其中 $W_i = \mathrm{Ker}\, g_i(\varphi)$, $g_i(x)$ 是次数不超过 2 的多项式, 并且 φ 在 W_i 上的限制 φ_i 是 W_i 上的正规算子, 其极小多项式是 $g_i(x)$. 对每个 W_i, 若 $g_i(x)$ 是二次多项式, 则由定理 9.7.2 知 W_i 可分解为若干个二维子空间的正交直和. 若 $g_i(x) = x - c_i$, 则 $\varphi_i - c_i\boldsymbol{I} = \boldsymbol{0}$, 即 $\varphi_i = c_i\boldsymbol{I}$. 由此即可得到所需结论. □

注 (9.7.3) 式就是实正规矩阵的正交相似标准型. 在不计主对角线上分块的次序的意义下, 实正规矩阵的正交相似标准型是唯一确定的. 因此, 实正规矩阵的全体特征值是正交相似关系的全系不变量.

利用实正规矩阵的正交相似标准型, 我们立即可得到正交矩阵的正交相似标准型.

定理 9.7.4 设 $\boldsymbol{A}$ 是 n 阶正交矩阵, 则 $\boldsymbol{A}$ 正交相似于下列分块对角阵:

$$\mathrm{diag}\{\boldsymbol{A}_1, \cdots, \boldsymbol{A}_r; 1, \cdots, 1; -1, \cdots, -1\},$$

其中

$$\boldsymbol{A}_i = \begin{pmatrix} \cos\theta_i & \sin\theta_i \\ -\sin\theta_i & \cos\theta_i \end{pmatrix},\ i = 1, \cdots, r.$$

证明 由于正交矩阵是正规矩阵, 故由定理 9.7.3 知道 $\boldsymbol{A}$ 必正交相似于

$$\mathrm{diag}\{\boldsymbol{A}_1, \cdots, \boldsymbol{A}_r; c_{2r+1}, \cdots, c_n\}.$$

又由正交矩阵的性质知 $|c_j| = 1\,(j = 2r+1, \cdots, n)$. 另一方面, 设

$$\boldsymbol{A}_i = \begin{pmatrix} a_i & b_i \\ -b_i & a_i \end{pmatrix},$$

则 $a_i^2 + b_i^2 = 1$, 故可设 $a_i = \cos\theta_i$, $b_i = \sin\theta_i$. □

设 $\boldsymbol{A}$ 是 n 阶实方阵, 若 $\boldsymbol{A}$ 适合 $\boldsymbol{A}' = -\boldsymbol{A}$, 则称 $\boldsymbol{A}$ 是实反对称阵或实斜对称阵. 由于 $\boldsymbol{A}\boldsymbol{A}' = -\boldsymbol{A}^2 = \boldsymbol{A}'\boldsymbol{A}$, 故实反对称阵是正规矩阵. 若 $\boldsymbol{P}$ 是正交矩阵, 则

$$(\boldsymbol{P}'\boldsymbol{A}\boldsymbol{P})' = \boldsymbol{P}'\boldsymbol{A}'\boldsymbol{P} = -\boldsymbol{P}'\boldsymbol{A}\boldsymbol{P}.$$

因此, 反对称性在正交相似下保持不变. 下面是实反对称阵的正交相似标准型.

定理 9.7.5 设 $\boldsymbol{A}$ 是实反对称阵, 则 $\boldsymbol{A}$ 正交相似于下列分块对角阵:

$$\mathrm{diag}\{\boldsymbol{B}_1, \cdots, \boldsymbol{B}_r; 0, \cdots, 0\},$$

其中

$$\boldsymbol{B}_i = \begin{pmatrix} 0 & b_i \\ -b_i & 0 \end{pmatrix},\ i = 1, \cdots, r.$$

证明 设 $\boldsymbol{A}$ 正交相似于

$$\mathrm{diag}\{\boldsymbol{B}_1, \cdots, \boldsymbol{B}_r; c_{2r+1}, \cdots, c_n\}.$$

由 $\boldsymbol{B}' = -\boldsymbol{B}$ 即得 $c_j = 0\,(j = 2r+1, \cdots, n)$. 再由 $\boldsymbol{B}_i' = -\boldsymbol{B}_i$ 知道, $\boldsymbol{B}_i$ 必具有定理所需之形状. □

推论 9.7.1 实反对称阵的秩必是偶数, 且其实特征值必为 0, 虚特征值为纯虚数.

习 题 9.7

1. 设 φ 是 n 维欧氏空间 V 上的正规算子, 其极小多项式为 $g(x) = (x-a)^2 + b^2$, 其中 $b \neq 0$, 证明: φ 是 V 上的自同构且

$$\varphi^* = (a^2 + b^2)\varphi^{-1}.$$

2. 设 φ 是 n 维欧氏空间 V 上的正规算子, ψ 是 V 上的线性算子, 满足 $\varphi\psi=\psi\varphi$, 证明: $\varphi^*\psi=\psi\varphi^*$.

3. 设 $\boldsymbol{A},\boldsymbol{B}$ 是 n 阶实正规矩阵, 求证: 若 $\boldsymbol{A},\boldsymbol{B}$ 相似, 则它们必正交相似.

4. 设 φ 是 n 维欧氏空间 V 上的正交变换, 若 $\det\varphi=1$, 则称 φ 是一个旋转; 若 $\det\varphi=-1$, 则称 φ 是一个反射. 求证:

(1) 奇数维空间的旋转必有保持不动的非零向量, 即存在 $\mathbf{0}\neq\boldsymbol{v}\in V$, 使 $\varphi(\boldsymbol{v})=\boldsymbol{v}$;

(2) 反射必有反向的非零向量, 即存在 $\mathbf{0}\neq\boldsymbol{v}\in V$, 使 $\varphi(\boldsymbol{v})=-\boldsymbol{v}$.

5. 证明: n 阶实方阵必正交相似于下列分块上三角阵:

$$\begin{pmatrix} \boldsymbol{A}_1 & & & & & \\ & \ddots & & & * & \\ & & \boldsymbol{A}_r & & & \\ & & & c_1 & & \\ & & & & \ddots & \\ & & & & & c_k \end{pmatrix},$$

其中 $\boldsymbol{A}_i\,(i=1,\cdots,r)$ 是二阶实矩阵, 其特征值为 $a_i\pm b_i\sqrt{-1}$, $c_j\,(j=1,\cdots,k)$ 是实数.

6. 设 $\boldsymbol{A}$, $\boldsymbol{B}$ 是实方阵且分块矩阵

$$\begin{pmatrix} \boldsymbol{A} & \boldsymbol{C} \\ \boldsymbol{O} & \boldsymbol{B} \end{pmatrix}$$

是实正规矩阵, 求证: $\boldsymbol{C}=\boldsymbol{O}$ 且 $\boldsymbol{A}$, $\boldsymbol{B}$ 也是实正规矩阵.

7. 利用第 5 题和第 6 题证明实正规矩阵的正交相似标准型定理.

8. 设 $\boldsymbol{A}$, $\boldsymbol{B}$ 是 n 阶实正规矩阵, 满足 $\boldsymbol{AB}=\boldsymbol{BA}$, 求证: 存在 n 阶正交矩阵 $\boldsymbol{P}$, 使 $\boldsymbol{P}'\boldsymbol{AP}$ 与 $\boldsymbol{P}'\boldsymbol{BP}$ 同时为正交相似标准型.

* § 9.8 谱分解与极分解

设 V 是 n 维酉空间, φ 是 V 上的正规算子, $\lambda_1,\lambda_2,\cdots,\lambda_k$ 为 φ 的全体不同特征值. 由命题 9.6.2 知道, 存在 V 的一组标准正交基, 使 φ 在这组基下的表示矩阵为对角阵

$$\boldsymbol{A}=\mathrm{diag}\{\lambda_1,\cdots,\lambda_1;\lambda_2,\cdots,\lambda_2;\cdots;\lambda_k,\cdots,\lambda_k\}.$$

假设特征值 λ_i 的重数等于 r_i, 则在分解式

$$V = W_1 \perp W_2 \perp \cdots \perp W_k$$

中, W_i 是 φ 的特征子空间且维数等于 r_i. 若记 $\boldsymbol{D}_i$ 为如下对角阵

$$\boldsymbol{D}_i = \text{diag}\{0, \cdots, 0; \cdots; 1, \cdots, 1; \cdots; 0, \cdots, 0\},$$

即主对角元有 r_i 个 1, 其余都是 0 的对角阵, 则

$$\boldsymbol{A} = \lambda_1 \boldsymbol{D}_1 + \lambda_2 \boldsymbol{D}_2 + \cdots + \lambda_k \boldsymbol{D}_k.$$

诸 $\boldsymbol{D}_i$ 满足条件 $\boldsymbol{D}_i^2 = \boldsymbol{D}_i$, $\boldsymbol{D}_i\boldsymbol{D}_j = \boldsymbol{O}\,(i \neq j)$, $\boldsymbol{D}_1 + \boldsymbol{D}_2 + \cdots + \boldsymbol{D}_k = \boldsymbol{I}_n$.

对实对称阵也有类似的结论. 如果把上面的结论“翻译”成几何语言就是下面的谱分解定理. 我们将给出一个用“几何”方法的证明.

定理 9.8.1 设 V 是有限维内积空间, φ 是 V 上的线性算子, 当 V 是酉空间时 φ 为正规算子; 当 V 是欧氏空间时 φ 为自伴随算子. 设 $\lambda_1, \lambda_2, \cdots, \lambda_k$ 是 φ 的全体不同特征值, W_i 为 φ 属于 λ_i 的特征子空间, 则 V 是 $W_1, W_2, \cdots, W_k$ 的正交直和. 设 $\boldsymbol{E}_i$ 是 V 到 W_i 上的正交投影, 则 φ 有下列分解式:

$$\varphi = \lambda_1 \boldsymbol{E}_1 + \lambda_2 \boldsymbol{E}_2 + \cdots + \lambda_k \boldsymbol{E}_k. \tag{9.8.1}$$

证明 由命题 9.6.2 知道

$$V = W_1 \perp W_2 \perp \cdots \perp W_k.$$

又因为 $\boldsymbol{E}_i$ 是 $V \to W_i$ 的正交投影, 故

$$\boldsymbol{I} = \boldsymbol{E}_1 + \boldsymbol{E}_2 + \cdots + \boldsymbol{E}_k,$$

注意 $\varphi \boldsymbol{E}_i = \lambda_i \boldsymbol{E}_i$, 于是

$$\begin{aligned} \varphi &= \varphi \boldsymbol{E}_1 + \varphi \boldsymbol{E}_2 + \cdots + \varphi \boldsymbol{E}_k \\ &= \lambda_1 \boldsymbol{E}_1 + \lambda_2 \boldsymbol{E}_2 + \cdots + \lambda_k \boldsymbol{E}_k. \ \Box \end{aligned}$$

谱分解定理有许多重要的应用, 下面我们择要介绍其应用.

引理 9.8.1 设 $f_j(x)=\prod\limits_{i\neq j}\dfrac{x-\lambda_i}{\lambda_j-\lambda_i}$, 则 $\boldsymbol{E}_j=f_j(\boldsymbol{\varphi})$.

证明 当 $i\neq j$ 时, $\boldsymbol{E}_i\boldsymbol{E}_j=\boldsymbol{0}$, 故

$$\boldsymbol{\varphi}^2=\lambda_1^2\boldsymbol{E}_1+\lambda_2^2\boldsymbol{E}_2+\cdots+\lambda_k^2\boldsymbol{E}_k.$$

同理不难证明

$$\boldsymbol{\varphi}^n=\lambda_1^n\boldsymbol{E}_1+\lambda_2^n\boldsymbol{E}_2+\cdots+\lambda_k^n\boldsymbol{E}_k$$

对一切正整数 n 成立. 若设

$$f(x)=a_0+a_1x+\cdots+a_nx^n,$$

则

$$\begin{aligned}f(\boldsymbol{\varphi}) &= a_0\boldsymbol{I}+a_1\boldsymbol{\varphi}+\cdots+a_n\boldsymbol{\varphi}^n\\ &= a_0\Big(\sum_{i=1}^k\boldsymbol{E}_i\Big)+a_1\Big(\sum_{i=1}^k\lambda_i\boldsymbol{E}_i\Big)+\cdots+a_n\Big(\sum_{i=1}^k\lambda_i^n\boldsymbol{E}_i\Big)\\ &= \sum_{i=1}^k f(\lambda_i)\boldsymbol{E}_i.\end{aligned}$$

由 $f_j(\lambda_j)=1$, $f_j(\lambda_i)=0\,(i\neq j)$ 即得 $f_j(\boldsymbol{\varphi})=\boldsymbol{E}_j$. □

推论 9.8.1 设 $\boldsymbol{\varphi}$ 是酉空间 V 上的线性算子, 则 $\boldsymbol{\varphi}$ 是正规算子的充分必要条件是存在复系数多项式 $f(x)$, 使 $\boldsymbol{\varphi}^*=f(\boldsymbol{\varphi})$.

证明 若存在复系数多项式 $f(x)$, 使 $\boldsymbol{\varphi}^*=f(\boldsymbol{\varphi})$, 则 $\boldsymbol{\varphi}\boldsymbol{\varphi}^*=\boldsymbol{\varphi}^*\boldsymbol{\varphi}$, 即 $\boldsymbol{\varphi}$ 是正规算子. 若 $\boldsymbol{\varphi}$ 是正规算子, 由定理 9.8.1 知 $\boldsymbol{\varphi}$ 存在谱分解:

$$\boldsymbol{\varphi}=\lambda_1\boldsymbol{E}_1+\lambda_2\boldsymbol{E}_2+\cdots+\lambda_k\boldsymbol{E}_k.$$

注意到 $\boldsymbol{E}_i$ 是自伴随算子, 故

$$\boldsymbol{\varphi}^*=\overline{\lambda}_1\boldsymbol{E}_1+\overline{\lambda}_2\boldsymbol{E}_2+\cdots+\overline{\lambda}_k\boldsymbol{E}_k.$$

采用与引理 9.8.1 相同的记号, 令 $f(x)=\sum\limits_{j=1}^k\overline{\lambda}_jf_j(x)$, 则

$$f(\boldsymbol{\varphi})=\sum_{j=1}^k\overline{\lambda}_jf_j(\boldsymbol{\varphi})=\sum_{j=1}^k\overline{\lambda}_j\boldsymbol{E}_j=\boldsymbol{\varphi}^*. \ \square$$

定义 9.8.1 设 φ 是内积空间 V 上的自伴随算子, 若对任意的非零向量 $\boldsymbol{\alpha} \in V$, 总有 $(\varphi(\boldsymbol{\alpha}), \boldsymbol{\alpha}) > 0$ ($(\varphi(\boldsymbol{\alpha}), \boldsymbol{\alpha}) \geq 0$), 则称 φ 为正定 (半正定) 自伴随算子.

容易证明, φ 是正定自伴随算子当且仅当 φ 在 V 的一组标准正交基下的表示矩阵是正定 Hermite 矩阵 (酉空间时) 或正定实对称阵 (欧氏空间时); φ 是半正定自伴随算子当且仅当 φ 在 V 的一组标准正交基下的表示矩阵是半正定 Hermite 矩阵 (酉空间时) 或半正定实对称阵 (欧氏空间时).

虽然下面的定理用标准型很容易证明, 但是用谱分解来证明亦不失为一个好方法.

定理 9.8.2 设 φ 是酉空间 V 上的正规算子. 若 φ 的特征值全是实数, 则 φ 是自伴随算子; 若 φ 的特征值全是非负实数, 则 φ 是半正定自伴随算子; 若 φ 的特征值全是正实数, 则 φ 是正定自伴随算子; 若 φ 的特征值的模长等于 1, 则 φ 是酉算子.

证明 设 φ 的谱分解为

$$\varphi = \lambda_1 \boldsymbol{E}_1 + \lambda_2 \boldsymbol{E}_2 + \cdots + \lambda_k \boldsymbol{E}_k,$$

则

$$\varphi^* = \overline{\lambda}_1 \boldsymbol{E}_1 + \overline{\lambda}_2 \boldsymbol{E}_2 + \cdots + \overline{\lambda}_k \boldsymbol{E}_k.$$

若 φ 的特征值全是实数, 则 $\varphi^* = \varphi$, 即 φ 是自伴随算子. 若 λ_i 全是非负实数, 则对任意的非零向量 $\boldsymbol{\alpha} \in V$, 有

$$\begin{aligned} \boldsymbol{\alpha} &= \boldsymbol{E}_1(\boldsymbol{\alpha}) + \boldsymbol{E}_2(\boldsymbol{\alpha}) + \cdots + \boldsymbol{E}_k(\boldsymbol{\alpha}), \\ \varphi(\boldsymbol{\alpha}) &= \lambda_1 \boldsymbol{E}_1(\boldsymbol{\alpha}) + \lambda_2 \boldsymbol{E}_2(\boldsymbol{\alpha}) + \cdots + \lambda_k \boldsymbol{E}_k(\boldsymbol{\alpha}), \end{aligned}$$

从而

$$(\varphi(\boldsymbol{\alpha}), \boldsymbol{\alpha}) = \lambda_1 \|\boldsymbol{E}_1(\boldsymbol{\alpha})\|^2 + \lambda_2 \|\boldsymbol{E}_2(\boldsymbol{\alpha})\|^2 + \cdots + \lambda_k \|\boldsymbol{E}_k(\boldsymbol{\alpha})\|^2 \geq 0.$$

同理, 若特征值全是正实数, 则 φ 是正定自伴随算子. 最后, 若 $|\lambda_i| = 1$, 则

$$\begin{aligned} \varphi\varphi^* &= \lambda_1 \overline{\lambda}_1 \boldsymbol{E}_1 + \lambda_2 \overline{\lambda}_2 \boldsymbol{E}_2 + \cdots + \lambda_k \overline{\lambda}_k \boldsymbol{E}_k \\ &= |\lambda_1|^2 \boldsymbol{E}_1 + |\lambda_2|^2 \boldsymbol{E}_2 + \cdots + |\lambda_k|^2 \boldsymbol{E}_k \\ &= \boldsymbol{E}_1 + \boldsymbol{E}_2 + \cdots + \boldsymbol{E}_k = \boldsymbol{I}, \end{aligned}$$

即 φ 是酉算子. □

下面的定理也可用代数方法证明, 但是唯一性的证明会比较困难, 而用谱分解定理证明则比较容易.

定理 9.8.3 设 V 是有限维内积空间, $\boldsymbol{\varphi}$ 是 V 上的半正定自伴随算子, 则存在 V 上唯一的半正定自伴随算子 $\boldsymbol{\psi}$, 使 $\boldsymbol{\psi}^2 = \boldsymbol{\varphi}$.

证明 设 $\boldsymbol{\varphi}$ 的谱分解为

$$\boldsymbol{\varphi} = \lambda_1 \boldsymbol{E}_1 + \lambda_2 \boldsymbol{E}_2 + \cdots + \lambda_k \boldsymbol{E}_k.$$

令 $d_i = \sqrt{\lambda_i}\,(i = 1, 2, \cdots, k)$, 则

$$\boldsymbol{\psi} = d_1 \boldsymbol{E}_1 + d_2 \boldsymbol{E}_2 + \cdots + d_k \boldsymbol{E}_k$$

适合 $\boldsymbol{\psi}^2 = \boldsymbol{\varphi}$ 且 $\boldsymbol{\psi}$ 也是半正定自伴随算子.

现设 $\boldsymbol{\theta}$ 是 V 上的半正定自伴随算子且 $\boldsymbol{\theta}^2 = \boldsymbol{\varphi}$, 我们要证明 $\boldsymbol{\theta} = \boldsymbol{\psi}$. 令

$$\boldsymbol{\theta} = b_1 \boldsymbol{F}_1 + b_2 \boldsymbol{F}_2 + \cdots + b_r \boldsymbol{F}_r$$

是 $\boldsymbol{\theta}$ 的谱分解, 其中 $\boldsymbol{F}_i$ 是正交投影算子且 b_i 为非负实数. 由 $\boldsymbol{\theta}^2 = \boldsymbol{\varphi}$ 得

$$\boldsymbol{\varphi} = b_1^2 \boldsymbol{F}_1 + b_2^2 \boldsymbol{F}_2 + \cdots + b_r^2 \boldsymbol{F}_r.$$

因为非负实数 b_i 互不相同, 故 $b_1^2, b_2^2, \cdots, b_r^2$ 是 $\boldsymbol{\varphi}$ 的全体不同特征值, 于是 $r = k$, $b_i^2 = \lambda_i$, 从而 $b_i = d_i$ (这里允许差一个次序). 注意到 $\boldsymbol{E}_i(V)$ 及 $\boldsymbol{F}_i(V)$ 都是 $\boldsymbol{\varphi}$ 的关于特征值 λ_i 的特征子空间, 因此 $\boldsymbol{F}_i = \boldsymbol{E}_i$, 这就证明了 $\boldsymbol{\theta} = \boldsymbol{\psi}$. □

推论 9.8.2 设 $\boldsymbol{A}$ 是半正定实对称 (Hermite) 矩阵, 则必存在唯一的半正定实对称 (Hermite) 矩阵 $\boldsymbol{B}$, 使 $\boldsymbol{A} = \boldsymbol{B}^2$.

定理 9.8.4 设 V 是 n 维酉空间 (欧氏空间), $\boldsymbol{\varphi}$ 是 V 上的任一线性算子, 则存在 V 上的酉算子 (正交算子) $\boldsymbol{\omega}$ 以及 V 上的半正定自伴随算子 $\boldsymbol{\psi}$, 使 $\boldsymbol{\varphi} = \boldsymbol{\omega}\boldsymbol{\psi}$, 其中 $\boldsymbol{\psi}$ 是唯一的, 并且若 $\boldsymbol{\varphi}$ 是非异线性算子, 则 $\boldsymbol{\omega}$ 也唯一.

证明 若已有 $\boldsymbol{\varphi} = \boldsymbol{\omega}\boldsymbol{\psi}$, 其中 $\boldsymbol{\omega}$ 为酉算子 (正交算子), $\boldsymbol{\psi}$ 为半正定自伴随算子, 则

$$\boldsymbol{\varphi}^* = \boldsymbol{\psi}^* \boldsymbol{\omega}^* = \boldsymbol{\psi}\boldsymbol{\omega}^*,$$

$$\boldsymbol{\varphi}^* \boldsymbol{\varphi} = \boldsymbol{\psi}\boldsymbol{\omega}^* \boldsymbol{\omega}\boldsymbol{\psi} = \boldsymbol{\psi}^2.$$

由定义容易验证 $\boldsymbol{\varphi}^*\boldsymbol{\varphi}$ 是半正定自伴随算子, 故由定理 9.8.3 知, $\boldsymbol{\psi}$ 被 $\boldsymbol{\varphi}$ 唯一确定.

现来证明存在性. 令 $\boldsymbol{\psi}$ 是定理 9.8.3 中的 $\boldsymbol{\psi}$ 且使 $\boldsymbol{\psi}^2=\boldsymbol{\varphi}^*\boldsymbol{\varphi}$. 若 $\boldsymbol{\varphi}$ 是非异线性变换, 则 $\boldsymbol{\psi}$ 也是非异的. 事实上, 这时

$$(\boldsymbol{\psi}(\boldsymbol{v}),\boldsymbol{\psi}(\boldsymbol{v}))=(\boldsymbol{\psi}^2(\boldsymbol{v}),\boldsymbol{v})=(\boldsymbol{\varphi}^*\boldsymbol{\varphi}(\boldsymbol{v}),\boldsymbol{v})=(\boldsymbol{\varphi}(\boldsymbol{v}),\boldsymbol{\varphi}(\boldsymbol{v})) \tag{9.8.2}$$

对一切 $\boldsymbol{v}\in V$ 成立. 显然从 $\boldsymbol{\varphi}$ 非异即可推出 $\boldsymbol{\psi}$ 也非异. 这时可令 $\boldsymbol{\omega}=\boldsymbol{\varphi}\boldsymbol{\psi}^{-1}$, 只需证明 $\boldsymbol{\omega}$ 是酉算子 (正交算子) 即可. 注意到

$$\boldsymbol{\omega}^*=(\boldsymbol{\varphi}\boldsymbol{\psi}^{-1})^*=(\boldsymbol{\psi}^{-1})^*\boldsymbol{\varphi}^*=(\boldsymbol{\psi}^*)^{-1}\boldsymbol{\varphi}^*=\boldsymbol{\psi}^{-1}\boldsymbol{\varphi}^*,$$

$$\boldsymbol{\omega}^*\boldsymbol{\omega}=\boldsymbol{\psi}^{-1}\boldsymbol{\varphi}^*\boldsymbol{\varphi}\boldsymbol{\psi}^{-1}=\boldsymbol{\psi}^{-1}\boldsymbol{\psi}^2\boldsymbol{\psi}^{-1}=\boldsymbol{I},$$

因此 $\boldsymbol{\omega}$ 是酉算子 (正交算子).

若 $\boldsymbol{\varphi}$ 不是非异线性变换, 现来定义 $\boldsymbol{\omega}$. 设 $W=\operatorname{Im}\boldsymbol{\psi}$, $W^{\perp}$ 是其正交补空间. 定义 $W=\operatorname{Im}\boldsymbol{\psi}\to\operatorname{Im}\boldsymbol{\varphi}$ 的映射 $\boldsymbol{\eta}$ 如下: 若 $\boldsymbol{\psi}(\boldsymbol{u})\in W$, 则

$$\boldsymbol{\eta}(\boldsymbol{\psi}(\boldsymbol{u}))=\boldsymbol{\varphi}(\boldsymbol{u}).$$

这时我们必须验证 $\boldsymbol{\eta}$ 定义的合理性, 即若 $\boldsymbol{\psi}(\boldsymbol{u})=\boldsymbol{\psi}(\boldsymbol{v})$, 则必须有 $\boldsymbol{\varphi}(\boldsymbol{u})=\boldsymbol{\varphi}(\boldsymbol{v})$. 由 (9.8.2) 式可知对任意的 $\boldsymbol{\alpha}\in V$, $\|\boldsymbol{\psi}(\boldsymbol{\alpha})\|^2=\|\boldsymbol{\varphi}(\boldsymbol{\alpha})\|^2$, 因此 $\boldsymbol{\psi}(\boldsymbol{u}-\boldsymbol{v})=\boldsymbol{0}$ 当且仅当 $\boldsymbol{\varphi}(\boldsymbol{u}-\boldsymbol{v})=\boldsymbol{0}$. 这表明 $\boldsymbol{\eta}$ 是一个合理定义的映射. 又 $\boldsymbol{\eta}$ 显然是线性的.

再定义 $W^{\perp}\to(\operatorname{Im}\boldsymbol{\varphi})^{\perp}$ 的映射 $\boldsymbol{\xi}$: 由 (9.8.2) 式可知 $\boldsymbol{\varphi}$ 与 $\boldsymbol{\psi}$ 的核空间相同, 故像空间的维数相等. 于是 $W^{\perp}$ 与 $(\operatorname{Im}\boldsymbol{\varphi})^{\perp}$ 的维数相等, 故必存在一个保持内积的同构, 这个同构记为 $\boldsymbol{\xi}$. 由于 $V=W\oplus W^{\perp}$, 故 V 中任一向量 $\boldsymbol{v}$ 均可唯一地表示为

$$\boldsymbol{v}=\boldsymbol{w}+\boldsymbol{w}',$$

其中 $\boldsymbol{w}\in W$, $\boldsymbol{w}'\in W^{\perp}$. 令

$$\boldsymbol{\omega}(\boldsymbol{v})=\boldsymbol{\eta}(\boldsymbol{w})+\boldsymbol{\xi}(\boldsymbol{w}'),$$

不难看出 $\boldsymbol{\omega}$ 是 V 上的线性变换. 若设 $\boldsymbol{w}=\boldsymbol{\psi}(\boldsymbol{u})$, 则

$$\begin{aligned}
(\boldsymbol{\omega}(\boldsymbol{v}),\boldsymbol{\omega}(\boldsymbol{v})) &= (\boldsymbol{\eta}(\boldsymbol{w})+\boldsymbol{\xi}(\boldsymbol{w}'),\boldsymbol{\eta}(\boldsymbol{w})+\boldsymbol{\xi}(\boldsymbol{w}'))\\
&= (\boldsymbol{\varphi}(\boldsymbol{u})+\boldsymbol{\xi}(\boldsymbol{w}'),\boldsymbol{\varphi}(\boldsymbol{u})+\boldsymbol{\xi}(\boldsymbol{w}'))\\
&= (\boldsymbol{\varphi}(\boldsymbol{u}),\boldsymbol{\varphi}(\boldsymbol{u}))+(\boldsymbol{\xi}(\boldsymbol{w}'),\boldsymbol{\xi}(\boldsymbol{w}'))\\
&= (\boldsymbol{\psi}(\boldsymbol{u}),\boldsymbol{\psi}(\boldsymbol{u}))+(\boldsymbol{w}',\boldsymbol{w}')\\
&= (\boldsymbol{w},\boldsymbol{w})+(\boldsymbol{w}',\boldsymbol{w}')\\
&= (\boldsymbol{v},\boldsymbol{v}),
\end{aligned}$$

因此 ω 是酉算子 (正交算子). 显然这时 $\varphi = \omega\psi$. □

我们称 $\varphi = \omega\psi$ 是一个极分解. φ 也可作这样的分解: $\varphi = \psi_1\omega$, 这里 ω 仍为之前的酉算子 (正交算子), $\psi_1 = \omega\psi\omega^*$ 为半正定自伴随算子. 这个式子也称为极分解.

推论 9.8.3 设 $\boldsymbol{A}$ 是 n 阶实矩阵, 则存在 n 阶正交矩阵 $\boldsymbol{Q}$ 以及 n 阶半正定实对称阵 $\boldsymbol{S}$, 使 $\boldsymbol{A} = \boldsymbol{QS}$. 设 $\boldsymbol{B}$ 是 n 阶复矩阵, 则存在 n 阶酉矩阵 $\boldsymbol{U}$ 以及 n 阶半正定 Hermite 矩阵 $\boldsymbol{H}$, 使 $\boldsymbol{B} = \boldsymbol{UH}$. 当 $\boldsymbol{A}, \boldsymbol{B}$ 为非异阵时, 上述分解式被唯一确定.

矩阵极分解的另一形式读者不难自己写出. 从定理 9.8.4 的证明过程很容易得到非异阵极分解的计算方法, 我们将通过下面的例子进行阐述. 对于奇异阵的极分解, 若将定理 9.8.4 的证明过程转化为计算方法则过于繁琐, 因此我们将通过 § 9.9 矩阵的奇异值分解来求相应的极分解.

例 9.8.1 求下列非异阵的极分解:

$$\boldsymbol{A} = \begin{pmatrix} 10 & 7 & 11 \\ 5 & 10 & 5 \\ -5 & -1 & 2 \end{pmatrix}.$$

解 经计算可得

$$\boldsymbol{A}'\boldsymbol{A} = \begin{pmatrix} 150 & 125 & 125 \\ 125 & 150 & 125 \\ 125 & 125 & 150 \end{pmatrix}.$$

采用与例 9.5.2 相同的计算方法可得正交矩阵

$$\boldsymbol{P} = \begin{pmatrix} -\dfrac{1}{\sqrt{2}} & -\dfrac{1}{\sqrt{6}} & \dfrac{1}{\sqrt{3}} \\ \dfrac{1}{\sqrt{2}} & -\dfrac{1}{\sqrt{6}} & \dfrac{1}{\sqrt{3}} \\ 0 & \dfrac{2}{\sqrt{6}} & \dfrac{1}{\sqrt{3}} \end{pmatrix},$$

使 $\boldsymbol{P}'\boldsymbol{A}'\boldsymbol{A}\boldsymbol{P} = \mathrm{diag}\{25, 25, 400\}$. 令

$$\boldsymbol{S} = \boldsymbol{P}\begin{pmatrix} 5 & 0 & 0 \\ 0 & 5 & 0 \\ 0 & 0 & 20 \end{pmatrix}\boldsymbol{P}' = \begin{pmatrix} 10 & 5 & 5 \\ 5 & 10 & 5 \\ 5 & 5 & 10 \end{pmatrix},$$

则 $\boldsymbol{S}$ 为正定阵且 $\boldsymbol{A}'\boldsymbol{A}=\boldsymbol{S}^2$. 再令

$$\boldsymbol{Q}=\boldsymbol{A}\boldsymbol{S}^{-1}=\begin{pmatrix}10&7&11\\5&10&5\\-5&-1&2\end{pmatrix}\begin{pmatrix}10&5&5\\5&10&5\\5&5&10\end{pmatrix}^{-1}=\begin{pmatrix}\frac{3}{5}&0&\frac{4}{5}\\0&1&0\\-\frac{4}{5}&0&\frac{3}{5}\end{pmatrix},$$

则 $\boldsymbol{A}=\boldsymbol{Q}\boldsymbol{S}$ 即为所求的极分解.

习 题 9.8

1. 设 φ 是 n 维酉空间 V 上的线性算子, 证明: φ 正规的充分必要条件是 $\varphi=\varphi_1+\mathrm{i}\varphi_2$, 其中 φ_1,φ_2 为自伴随算子且 $\varphi_1\varphi_2=\varphi_2\varphi_1$.

2. 设 φ 是 n 维酉空间 V 上的线性算子, 证明: φ 正规的充分必要条件是 $\varphi=\boldsymbol{\omega}\boldsymbol{\psi}$, 其中 $\boldsymbol{\omega}$ 为酉算子, $\boldsymbol{\psi}$ 为半正定自伴随算子且 $\boldsymbol{\omega}\boldsymbol{\psi}=\boldsymbol{\psi}\boldsymbol{\omega}$.

3. 证明: 谱分解定理之逆也成立, 即若酉空间 V 上存在一组线性算子 $\{\boldsymbol{E}_1,\boldsymbol{E}_2,\cdots,\boldsymbol{E}_k\}$, 适合 $\boldsymbol{E}_1+\boldsymbol{E}_2+\cdots+\boldsymbol{E}_k=\boldsymbol{I}$, $\boldsymbol{E}_i\boldsymbol{E}_j=\boldsymbol{0}\,(i\neq j)$, $\boldsymbol{E}_i^2=\boldsymbol{E}_i=\boldsymbol{E}_i^*$, 并且线性算子 $\varphi=\lambda_1\boldsymbol{E}_1+\lambda_2\boldsymbol{E}_2+\cdots+\lambda_k\boldsymbol{E}_k$, 则 φ 是正规算子.

4. 求证: n 阶实对称阵 $\boldsymbol{A}$ 是半正定阵的充分必要条件是存在同阶实对称阵 $\boldsymbol{B}$, 使 $\boldsymbol{A}=\boldsymbol{B}^2$.

5. 设 $\boldsymbol{A}$ 为 $m\times n$ 列满秩实矩阵, $\boldsymbol{P}=\boldsymbol{A}(\boldsymbol{A}'\boldsymbol{A})^{-1}\boldsymbol{A}'$, 求证: 存在 $m\times n$ 实矩阵 $\boldsymbol{Q}$, 使 $\boldsymbol{I}_n=\boldsymbol{Q}'\boldsymbol{Q}$ 且 $\boldsymbol{P}=\boldsymbol{Q}\boldsymbol{Q}'$.

6. 设 $\boldsymbol{A}$ 为 n 阶实矩阵, 求证: 存在可逆矩阵 $\boldsymbol{Q}$, 使 $\boldsymbol{Q}\boldsymbol{A}\boldsymbol{Q}=\boldsymbol{A}'$.

7. 求下列非异阵的极分解:

(1) $\begin{pmatrix}11&-5\\-2&10\end{pmatrix}$;　　(2) $\begin{pmatrix}1&1\\2&-2\end{pmatrix}$;　　(3) $\begin{pmatrix}20&4&0\\0&0&1\\4&20&0\end{pmatrix}$.

*§9.9 奇异值分解

定义 9.9.1 设 $\boldsymbol{A}$ 是 $m\times n$ 实矩阵, 如果存在非负实数 σ 以及 n 维非零实列向量 $\boldsymbol{\alpha}$, m 维非零实列向量 $\boldsymbol{\beta}$, 使

$$\boldsymbol{A}\boldsymbol{\alpha}=\sigma\boldsymbol{\beta},\quad \boldsymbol{A}'\boldsymbol{\beta}=\sigma\boldsymbol{\alpha},$$

则称 σ 是 $\boldsymbol{A}$ 的奇异值, $\boldsymbol{\alpha},\boldsymbol{\beta}$ 分别称为 $\boldsymbol{A}$ 关于 σ 的右奇异向量与左奇异向量.

为了从几何上描述奇异值问题, 我们引入线性映射的伴随概念, 它可以看成是内积空间上线性变换的伴随概念的推广.

定义 9.9.2 设 V, U 分别是 n 维, m 维欧氏空间, $\boldsymbol{\varphi}$ 是 $V \to U$ 的线性映射. 若存在 $U \to V$ 的线性映射 $\boldsymbol{\varphi}^*$, 使对任意的 $\boldsymbol{v} \in V$, $\boldsymbol{u} \in U$, 都有

$$(\boldsymbol{\varphi}(\boldsymbol{v}), \boldsymbol{u}) = (\boldsymbol{v}, \boldsymbol{\varphi}^*(\boldsymbol{u}))$$

成立, 则称 $\boldsymbol{\varphi}^*$ 是 $\boldsymbol{\varphi}$ 的伴随.

定理 9.9.1 设 V, U 分别是 n 维, m 维欧氏空间, $\boldsymbol{\varphi}$ 是 $V \to U$ 的线性映射, 则 $\boldsymbol{\varphi}$ 的伴随 $\boldsymbol{\varphi}^*$ 存在且唯一.

证明 与定理 9.3.1 (即线性变换伴随的存在唯一性) 的证明类似, 故从略. □

从伴随的定义我们不难发现, 若取定 V 的一组标准正交基 $\{\boldsymbol{e}_1, \boldsymbol{e}_2, \cdots, \boldsymbol{e}_n\}$, U 的一组标准正交基 $\{\boldsymbol{f}_1, \boldsymbol{f}_2, \cdots, \boldsymbol{f}_m\}$, 设 $\boldsymbol{\varphi}$ 在这两组基下的表示矩阵为 $\boldsymbol{A}$, 则 $\boldsymbol{\varphi}^*$ 在这两组基下的表示矩阵为 $\boldsymbol{A}'$, 证明也和线性变换的情形相同. 因此, 奇异值与奇异向量的几何定义即为下列等式成立:

$$\boldsymbol{\varphi}(\boldsymbol{v}) = \sigma\boldsymbol{u}, \quad \boldsymbol{\varphi}^*(\boldsymbol{u}) = \sigma\boldsymbol{v},$$

其中 $\sigma \geq 0$, $\boldsymbol{v} \in V$, $\boldsymbol{u} \in U$ 都是非零向量. 不难验证 $\boldsymbol{\varphi}^*\boldsymbol{\varphi}$ 是 V 上的半正定自伴随算子, $\boldsymbol{\varphi}\boldsymbol{\varphi}^*$ 是 U 上的半正定自伴随算子. 又

$$\boldsymbol{\varphi}^*\boldsymbol{\varphi}(\boldsymbol{v}) = \boldsymbol{\varphi}^*(\sigma\boldsymbol{u}) = \sigma\boldsymbol{\varphi}^*(\boldsymbol{u}) = \sigma^2\boldsymbol{v},$$

因此, σ^2 是 $\boldsymbol{\varphi}^*\boldsymbol{\varphi}$ 的特征值, $\boldsymbol{v}$ 是 $\boldsymbol{\varphi}^*\boldsymbol{\varphi}$ 的属于 σ^2 的特征向量. 同理, σ^2 也是 $\boldsymbol{\varphi}\boldsymbol{\varphi}^*$ 的特征值, $\boldsymbol{u}$ 是 $\boldsymbol{\varphi}\boldsymbol{\varphi}^*$ 的属于 σ^2 的特征向量.

定理 9.9.2 设 V, U 分别是 n 维, m 维欧氏空间, $\boldsymbol{\varphi}$ 是 $V \to U$ 的线性映射, 则存在 V 和 U 的标准正交基, 使 $\boldsymbol{\varphi}$ 在这两组基下的表示矩阵为

$$\begin{pmatrix} \boldsymbol{S} & \boldsymbol{O} \\ \boldsymbol{O} & \boldsymbol{O} \end{pmatrix},$$

其中

$$\boldsymbol{S} = \begin{pmatrix} \sigma_1 & & & \\ & \sigma_2 & & \\ & & \ddots & \\ & & & \sigma_r \end{pmatrix}$$

是一个 r 阶对角阵, $\sigma_1 \geq \sigma_2 \geq \cdots \geq \sigma_r > 0$ 是 $\boldsymbol{\varphi}$ 的非零奇异值.

证明 因为 $\boldsymbol{\varphi}^*\boldsymbol{\varphi}$ 是 V 上的半正定自伴随算子, 故存在 V 的一组标准正交基 $\{\boldsymbol{e}_1,\boldsymbol{e}_2,\cdots,\boldsymbol{e}_n\}$, 使 $\boldsymbol{\varphi}^*\boldsymbol{\varphi}$ 在这组基下的表示矩阵为 n 阶对角阵 $\mathrm{diag}\{\lambda_1,\cdots,\lambda_r, 0,\cdots,0\}$, 其中 $r=\mathrm{r}(\boldsymbol{\varphi}^*\boldsymbol{\varphi})=\mathrm{r}(\boldsymbol{\varphi})$ 且 $\lambda_1\geq\cdots\geq\lambda_r>0$ 为 $\boldsymbol{\varphi}^*\boldsymbol{\varphi}$ 的正特征值, 从而有

$$\boldsymbol{\varphi}^*\boldsymbol{\varphi}(\boldsymbol{e}_i)=\lambda_i\boldsymbol{e}_i,\ 1\leq i\leq r;\ \ \boldsymbol{\varphi}^*\boldsymbol{\varphi}(\boldsymbol{e}_j)=\boldsymbol{0},\ r+1\leq j\leq n.$$

令 $\sigma_i=\sqrt{\lambda_i}\,(i=1,2,\cdots,r)$ 为算术平方根. 注意到对任意的 $1\leq i\leq r$,

$$\|\boldsymbol{\varphi}(\boldsymbol{e}_i)\|^2=(\boldsymbol{\varphi}(\boldsymbol{e}_i),\boldsymbol{\varphi}(\boldsymbol{e}_i))=(\boldsymbol{\varphi}^*\boldsymbol{\varphi}(\boldsymbol{e}_i),\boldsymbol{e}_i)=\lambda_i(\boldsymbol{e}_i,\boldsymbol{e}_i)=\sigma_i^2\|\boldsymbol{e}_i\|^2=\sigma_i^2,$$

即 $\|\boldsymbol{\varphi}(\boldsymbol{e}_i)\|=\sigma_i$; 对任意的 $1\leq i\neq j\leq r$,

$$(\boldsymbol{\varphi}(\boldsymbol{e}_i),\boldsymbol{\varphi}(\boldsymbol{e}_j))=(\boldsymbol{\varphi}^*\boldsymbol{\varphi}(\boldsymbol{e}_i),\boldsymbol{e}_j)=\lambda_i(\boldsymbol{e}_i,\boldsymbol{e}_j)=0;$$

又对任意的 $r+1\leq j\leq n$,

$$\|\boldsymbol{\varphi}(\boldsymbol{e}_j)\|^2=(\boldsymbol{\varphi}(\boldsymbol{e}_j),\boldsymbol{\varphi}(\boldsymbol{e}_j))=(\boldsymbol{\varphi}^*\boldsymbol{\varphi}(\boldsymbol{e}_j),\boldsymbol{e}_j)=0,$$

即 $\boldsymbol{\varphi}(\boldsymbol{e}_j)=\boldsymbol{0}$. 令

$$\boldsymbol{f}_i=\frac{1}{\sigma_i}\boldsymbol{\varphi}(\boldsymbol{e}_i),\ i=1,2,\cdots,r,$$

则 $\boldsymbol{f}_1,\boldsymbol{f}_2,\cdots,\boldsymbol{f}_r$ 是 U 中一组两两正交的单位向量, 由定理 9.2.2 可将它们扩张为 U 的一组标准正交基 $\{\boldsymbol{f}_1,\cdots,\boldsymbol{f}_r,\boldsymbol{f}_{r+1},\cdots,\boldsymbol{f}_m\}$. 于是在 V 的标准正交基 $\{\boldsymbol{e}_1,\boldsymbol{e}_2,\cdots,\boldsymbol{e}_n\}$ 和 U 的标准正交基 $\{\boldsymbol{f}_1,\boldsymbol{f}_2,\cdots,\boldsymbol{f}_m\}$ 下, $\boldsymbol{\varphi}$ 满足:

$$\boldsymbol{\varphi}(\boldsymbol{e}_i)=\sigma_i\boldsymbol{f}_i,\ 1\leq i\leq r;\ \ \boldsymbol{\varphi}(\boldsymbol{e}_j)=\boldsymbol{0},\ r+1\leq j\leq n.$$

由 $\boldsymbol{\varphi}^*$ 在上述两组标准正交基下的表示矩阵是 $\boldsymbol{\varphi}$ 的表示矩阵的转置可得

$$\boldsymbol{\varphi}^*(\boldsymbol{f}_i)=\sigma_i\boldsymbol{e}_i,\ 1\leq i\leq r;\ \ \boldsymbol{\varphi}^*(\boldsymbol{f}_j)=\boldsymbol{0},\ r+1\leq j\leq m,$$

这就得到了要证的结论. □

推论 9.9.1 设 $\boldsymbol{A}$ 是 $m\times n$ 实矩阵, 则存在 m 阶正交矩阵 $\boldsymbol{P}$ 以及 n 阶正交矩阵 $\boldsymbol{Q}$, 使

$$\boldsymbol{P}'\boldsymbol{A}\boldsymbol{Q}=\begin{pmatrix}\boldsymbol{S}&\boldsymbol{O}\\\boldsymbol{O}&\boldsymbol{O}\end{pmatrix},$$

其中

$$\boldsymbol{S} = \begin{pmatrix} \sigma_1 & & & \\ & \sigma_2 & & \\ & & \ddots & \\ & & & \sigma_r \end{pmatrix}$$

是一个 r 阶对角阵, $\sigma_1 \geq \sigma_2 \geq \cdots \geq \sigma_r > 0$ 是 $\boldsymbol{A}$ 的非零奇异值.

$\boldsymbol{P}'\boldsymbol{A}\boldsymbol{Q} = \begin{pmatrix} \boldsymbol{S} & \boldsymbol{O} \\ \boldsymbol{O} & \boldsymbol{O} \end{pmatrix}$ 称为矩阵 $\boldsymbol{A}$ 的正交相抵标准型, 而 $\boldsymbol{A} = \boldsymbol{P}\begin{pmatrix} \boldsymbol{S} & \boldsymbol{O} \\ \boldsymbol{O} & \boldsymbol{O} \end{pmatrix}\boldsymbol{Q}'$ 则称为矩阵 $\boldsymbol{A}$ 的奇异值分解. 矩阵的奇异值分解在信息理论、控制理论和大数据科学等领域有着重要的应用.

如何计算 $m \times n$ 实矩阵 $\boldsymbol{A}$ 的奇异值分解? 事实上, 从定理 9.9.2 的证明过程中可以得到具体的计算方法. 首先, 求出 $\boldsymbol{A}'\boldsymbol{A}$ 的正交相似标准型, 即求出 n 阶正交矩阵 $\boldsymbol{Q}$, 使

$$\boldsymbol{Q}'\boldsymbol{A}'\boldsymbol{A}\boldsymbol{Q} = \mathrm{diag}\{\lambda_1, \cdots, \lambda_r, 0, \cdots, 0\},$$

其中 $r = \mathrm{r}(\boldsymbol{A}'\boldsymbol{A}) = \mathrm{r}(\boldsymbol{A})$ 且 $\lambda_1 \geq \cdots \geq \lambda_r > 0$ 为 $\boldsymbol{A}'\boldsymbol{A}$ 的正特征值. 其次, 设 $\boldsymbol{Q} = (\boldsymbol{\alpha}_1, \boldsymbol{\alpha}_2, \cdots, \boldsymbol{\alpha}_n)$ 为列分块, 令

$$\sigma_i = \sqrt{\lambda_i},\ \ \boldsymbol{\beta}_i = \frac{1}{\sigma_i}\boldsymbol{A}\boldsymbol{\alpha}_i,\ i = 1, 2, \cdots, r,$$

则 $\boldsymbol{\beta}_1, \boldsymbol{\beta}_2, \cdots, \boldsymbol{\beta}_r$ 是两两正交长度为 1 的 m 维列向量, 将它们扩张为 $\mathbb{R}_m$ 的一组标准正交基 $\{\boldsymbol{\beta}_1, \boldsymbol{\beta}_2, \cdots, \boldsymbol{\beta}_m\}$. 最后, 令 $\boldsymbol{P} = (\boldsymbol{\beta}_1, \boldsymbol{\beta}_2, \cdots, \boldsymbol{\beta}_m)$ 为 m 阶正交矩阵, 则

$$\boldsymbol{A}\boldsymbol{Q} = \boldsymbol{P}\begin{pmatrix} \boldsymbol{S} & \boldsymbol{O} \\ \boldsymbol{O} & \boldsymbol{O} \end{pmatrix},$$

从而

$$\boldsymbol{A} = \boldsymbol{P}\begin{pmatrix} \boldsymbol{S} & \boldsymbol{O} \\ \boldsymbol{O} & \boldsymbol{O} \end{pmatrix}\boldsymbol{Q}' \tag{9.9.1}$$

即为 $\boldsymbol{A}$ 的奇异值分解.

在上述计算过程中, 正交矩阵 $\boldsymbol{Q}$ 的选取并不唯一; 当 $\boldsymbol{Q}$ 取定之后, 若 $\mathrm{r}(\boldsymbol{A}) = r < m$, 则正交矩阵 $\boldsymbol{P}$ 的选取也不唯一. 因此在奇异值分解中, 除了 $\mathrm{diag}\{\boldsymbol{S}, \boldsymbol{O}\}$ (即 $\boldsymbol{A}$ 的奇异值) 是由 $\boldsymbol{A}$ 唯一确定之外, 正交矩阵 $\boldsymbol{P}, \boldsymbol{Q}$ 的选取一般都不唯一.

从 n 阶矩阵 $\boldsymbol{A}$ 的奇异值分解很容易得到 $\boldsymbol{A}$ 的极分解. 事实上, 由 (9.9.1) 式可得

$$\boldsymbol{A}=(\boldsymbol{P}\boldsymbol{Q}')\boldsymbol{Q}\begin{pmatrix}\boldsymbol{S}&\boldsymbol{O}\\\boldsymbol{O}&\boldsymbol{O}\end{pmatrix}\boldsymbol{Q}',\tag{9.9.2}$$

其中 $\boldsymbol{R}=\boldsymbol{P}\boldsymbol{Q}'$ 是 n 阶正交矩阵, $\boldsymbol{B}=\boldsymbol{Q}\,\mathrm{diag}\{\boldsymbol{S},\boldsymbol{O}\}\boldsymbol{Q}'$ 是 n 阶半正定实对称阵, 从而 $\boldsymbol{A}=\boldsymbol{R}\boldsymbol{B}$ 即为 $\boldsymbol{A}$ 的极分解. 通过奇异值分解来求极分解, 在处理奇异阵时很有用.

例 9.9.1 求下列矩阵的奇异值分解和极分解:

$$\boldsymbol{A}=\begin{pmatrix}1&2&5\\1&0&1\\0&1&2\end{pmatrix}.$$

解 经计算可得

$$\boldsymbol{A}'\boldsymbol{A}=\begin{pmatrix}2&2&6\\2&5&12\\6&12&30\end{pmatrix}.$$

采用与例 9.5.2 相同的计算方法可得正交矩阵

$$\boldsymbol{Q}=\begin{pmatrix}\dfrac{1}{\sqrt{30}}&\dfrac{2}{\sqrt{5}}&\dfrac{1}{\sqrt{6}}\\\dfrac{2}{\sqrt{30}}&-\dfrac{1}{\sqrt{5}}&\dfrac{2}{\sqrt{6}}\\\dfrac{5}{\sqrt{30}}&0&-\dfrac{1}{\sqrt{6}}\end{pmatrix},$$

使 $\boldsymbol{Q}'\boldsymbol{A}'\boldsymbol{A}\boldsymbol{Q}=\mathrm{diag}\{36,1,0\}$. 设 $\boldsymbol{Q}$ 的 3 个列向量依次为 $\boldsymbol{\alpha}_1,\boldsymbol{\alpha}_2,\boldsymbol{\alpha}_3$, 令

$$\sigma_1=6,\quad \boldsymbol{\beta}_1=\frac{1}{6}\boldsymbol{A}\boldsymbol{\alpha}_1=\frac{1}{\sqrt{30}}(5,1,2)',$$

$$\sigma_2=1,\quad \boldsymbol{\beta}_2=\boldsymbol{A}\boldsymbol{\alpha}_2=\frac{1}{\sqrt{5}}(0,2,-1)'.$$

添加单位向量 $\boldsymbol{\beta}_3=\dfrac{1}{\sqrt{6}}(-1,1,2)'$, 使 $\boldsymbol{\beta}_1,\boldsymbol{\beta}_2,\boldsymbol{\beta}_3$ 成为 $\mathbb{R}_3$ 的一组标准正交基. 令

$\boldsymbol{P}=(\boldsymbol{\beta}_1,\boldsymbol{\beta}_2,\boldsymbol{\beta}_3)$, 则 $\boldsymbol{P}$ 为正交矩阵. 由 (9.9.1) 式可得 $\boldsymbol{A}$ 的奇异值分解为

$$\boldsymbol{A}=\begin{pmatrix}\frac{5}{\sqrt{30}} & 0 & -\frac{1}{\sqrt{6}}\\ \frac{1}{\sqrt{30}} & \frac{2}{\sqrt{5}} & \frac{1}{\sqrt{6}}\\ \frac{2}{\sqrt{30}} & -\frac{1}{\sqrt{5}} & \frac{2}{\sqrt{6}}\end{pmatrix}\begin{pmatrix}6 & & \\ & 1 & \\ & & 0\end{pmatrix}\begin{pmatrix}\frac{1}{\sqrt{30}} & \frac{2}{\sqrt{30}} & \frac{5}{\sqrt{30}}\\ \frac{2}{\sqrt{5}} & -\frac{1}{\sqrt{5}} & 0\\ \frac{1}{\sqrt{6}} & \frac{2}{\sqrt{6}} & -\frac{1}{\sqrt{6}}\end{pmatrix}.$$

由 (9.9.2) 式可得 $\boldsymbol{A}$ 的极分解为

$$\boldsymbol{A}=\begin{pmatrix}0 & 0 & 1\\ 1 & 0 & 0\\ 0 & 1 & 0\end{pmatrix}\begin{pmatrix}1 & 0 & 1\\ 0 & 1 & 2\\ 1 & 2 & 5\end{pmatrix}.$$

如果我们选取 $-\boldsymbol{\beta}_3$ 与 $\boldsymbol{\beta}_1,\boldsymbol{\beta}_2$ 组成 $\mathbb{R}_3$ 的一组标准正交基, 令 $\boldsymbol{P}_1=(\boldsymbol{\beta}_1,\boldsymbol{\beta}_2,-\boldsymbol{\beta}_3)$, 则可得 $\boldsymbol{A}$ 的另一种奇异值分解, 由此诱导的 $\boldsymbol{A}$ 的另一种极分解为

$$\boldsymbol{A}=\begin{pmatrix}\frac{1}{3} & \frac{2}{3} & \frac{2}{3}\\ \frac{2}{3} & -\frac{2}{3} & \frac{1}{3}\\ -\frac{2}{3} & -\frac{1}{3} & \frac{2}{3}\end{pmatrix}\begin{pmatrix}1 & 0 & 1\\ 0 & 1 & 2\\ 1 & 2 & 5\end{pmatrix}.$$

例 9.9.2 设 V,U 分别是 n 维, m 维欧氏空间, $\boldsymbol{\varphi},\boldsymbol{\psi}$ 是 $V\to U$ 的线性映射, $\boldsymbol{\varphi}^*$ 和 $\boldsymbol{\psi}^*$ 分别是 $\boldsymbol{\varphi}$ 和 $\boldsymbol{\psi}$ 的伴随. 若 $\boldsymbol{\varphi}^*\boldsymbol{\varphi}=\boldsymbol{\psi}^*\boldsymbol{\psi}$, 证明: 存在 U 上的正交变换 $\boldsymbol{\omega}$, 使 $\boldsymbol{\varphi}=\boldsymbol{\omega}\boldsymbol{\psi}$.

证明 我们将沿用定理 9.9.2 证明中的记号. 设在 V 的标准正交基 $\{\boldsymbol{e}_1,\boldsymbol{e}_2,\cdots,\boldsymbol{e}_n\}$ 下, $\boldsymbol{\varphi}^*\boldsymbol{\varphi}=\boldsymbol{\psi}^*\boldsymbol{\psi}$ 的表示矩阵为 n 阶对角阵 $\mathrm{diag}\{\lambda_1,\cdots,\lambda_r,0,\cdots,0\}$, 则由定理 9.9.2 的证明知存在 U 的标准正交基 $\{\boldsymbol{f}_1,\boldsymbol{f}_2,\cdots,\boldsymbol{f}_m\}$, 使 $\boldsymbol{\varphi}$ 在这两组基下的表示矩阵为分块对角阵 $\mathrm{diag}\{\boldsymbol{S},\boldsymbol{O}\}$. 同理, 存在 U 的另一组标准正交基 $\{\boldsymbol{g}_1,\boldsymbol{g}_2,\cdots,\boldsymbol{g}_m\}$, 使 $\boldsymbol{\psi}$ 在 $\{\boldsymbol{e}_1,\boldsymbol{e}_2,\cdots,\boldsymbol{e}_n\}$ 和 $\{\boldsymbol{g}_1,\boldsymbol{g}_2,\cdots,\boldsymbol{g}_m\}$ 下的表示矩阵也是 $\mathrm{diag}\{\boldsymbol{S},\boldsymbol{O}\}$. 现定义 U 上的线性变换 $\boldsymbol{\omega}$ 为 $\boldsymbol{\omega}(\boldsymbol{g}_i)=\boldsymbol{f}_i\,(i=1,2,\cdots,m)$, 则 $\boldsymbol{\omega}$ 是 U 上的正交变换且

$$\boldsymbol{\omega}\boldsymbol{\psi}(\boldsymbol{e}_i)=\boldsymbol{\omega}(\sigma_i\boldsymbol{g}_i)=\sigma_i\boldsymbol{\omega}(\boldsymbol{g}_i)=\sigma_i\boldsymbol{f}_i=\boldsymbol{\varphi}(\boldsymbol{e}_i),\ i=1,\cdots,r;$$

$$\boldsymbol{\omega}\boldsymbol{\psi}(\boldsymbol{e}_j)=\boldsymbol{\omega}(\boldsymbol{0})=\boldsymbol{0}=\boldsymbol{\varphi}(\boldsymbol{e}_j),\ j=r+1,\cdots,n,$$

故 $\boldsymbol{\varphi}=\boldsymbol{\omega}\boldsymbol{\psi}$. $\square$

实矩阵 (欧氏空间之间的线性映射) 的奇异值分解理论完全可以类似地推广到复矩阵 (酉空间之间的线性映射) 的情形, 我们把这些推广留给读者自己完成.

习 题 9.9

1. 求下列矩阵的奇异值分解:

(1) $\begin{pmatrix} 1 & 1 \\ 1 & 1 \\ -1 & -1 \end{pmatrix}$; (2) $\begin{pmatrix} 1 & 1 \\ 0 & 1 \\ 1 & 0 \\ 1 & 1 \end{pmatrix}$; (3) $\begin{pmatrix} 1 & 1 & 1 \\ 1 & 0 & -1 \\ 1 & -2 & 1 \\ 1 & 1 & 1 \end{pmatrix}$.

2. 求下列矩阵的极分解:

(1) $\begin{pmatrix} 1 & 2 \\ 1 & 2 \end{pmatrix}$; (2) $\begin{pmatrix} 1 & 1 & -3 & 1 \\ -3 & 1 & 1 & 1 \\ 1 & 1 & 1 & -3 \\ 1 & -3 & 1 & 1 \end{pmatrix}$.

*§ 9.10 最小二乘解

我们先来讨论一个几何问题. 设在三维欧氏空间 V 中有一个平面 W, 平面外有一点 C, 现在要求这一点到该平面的最短距离. 为方便起见, 不妨设这平面由 V 的一组标准正交基 $\{\boldsymbol{e}_1, \boldsymbol{e}_2, \boldsymbol{e}_3\}$ 中的两个向量 $\boldsymbol{e}_1, \boldsymbol{e}_2$ 张成 (图 9.1).

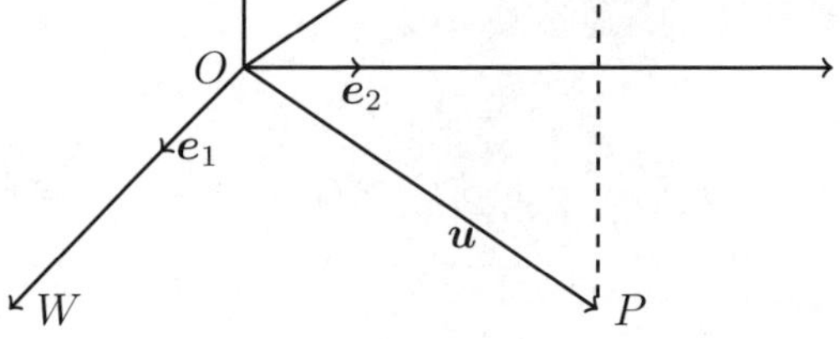

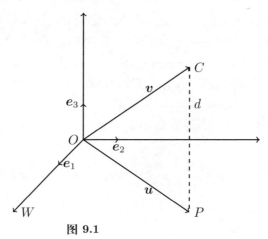

图 9.1

C 为向量 $\boldsymbol{v}$ 的终点, 则 $\boldsymbol{v}$ 到平面 W 的距离 d 等于 C 到垂足点 P 的距离, 即

$$d = \|\boldsymbol{v} - \boldsymbol{u}\|.$$

因此只需求出 $\boldsymbol{u}$, 就可以求出 d 来. 由于 $\boldsymbol{u} \in W$, 故可设

$$\boldsymbol{u} = \lambda_1 \boldsymbol{e}_1 + \lambda_2 \boldsymbol{e}_2,$$

由 $(\boldsymbol{v} - \boldsymbol{u}) \perp \boldsymbol{e}_i\,(i = 1, 2)$, 得

$$(\boldsymbol{v} - \boldsymbol{u}, \boldsymbol{e}_i) = 0,\ i = 1, 2.$$

因此

$$\lambda_1 = (\boldsymbol{u}, \boldsymbol{e}_1) = (\boldsymbol{v}, \boldsymbol{e}_1),\quad \lambda_2 = (\boldsymbol{u}, \boldsymbol{e}_2) = (\boldsymbol{v}, \boldsymbol{e}_2),$$

即

$$\boldsymbol{u} = (\boldsymbol{v}, \boldsymbol{e}_1)\boldsymbol{e}_1 + (\boldsymbol{v}, \boldsymbol{e}_2)\boldsymbol{e}_2.$$

另一方面,

$$\boldsymbol{v} = (\boldsymbol{v}, \boldsymbol{e}_1)\boldsymbol{e}_1 + (\boldsymbol{v}, \boldsymbol{e}_2)\boldsymbol{e}_2 + (\boldsymbol{v}, \boldsymbol{e}_3)\boldsymbol{e}_3,$$

即有

$$d = |(\boldsymbol{v}, \boldsymbol{e}_3)|. \tag{9.10.1}$$

我们称向量 $\boldsymbol{u}$ 为向量 $\boldsymbol{v}$ 在子空间 W 上的正交投影向量.

现在我们把问题提得更一般些. 设 V 是一个内积空间, W 是 V 的子空间 $(W \neq V)$, $\boldsymbol{v}$ 是 V 中的一个向量, 现要在 W 中找一个向量 $\boldsymbol{u}$, 使 $\|\boldsymbol{v} - \boldsymbol{u}\|$ 最小. 如果这样的 $\boldsymbol{u}$ 存在, 则称 $\boldsymbol{u}$ 是 $\boldsymbol{v}$ 在 W 中的正交投影向量, 长度 $\|\boldsymbol{v} - \boldsymbol{u}\|$ 被称为 $\boldsymbol{v}$ 到 W 的距离.

定理 9.10.1 设 W 是有限维内积空间 V 的子空间, $\boldsymbol{v} \in V$, 则

(1) 在 W 中存在唯一的向量 $\boldsymbol{u}$, 使 $\|\boldsymbol{v} - \boldsymbol{u}\|$ 最小且这时 $(\boldsymbol{v} - \boldsymbol{u}) \perp W$;

(2) 若 $\{\boldsymbol{e}_1, \cdots, \boldsymbol{e}_m\}$ 是 W 的标准正交基, 又 $\{\boldsymbol{e}_{m+1}, \cdots, \boldsymbol{e}_n\}$ 是 $W^\perp$ 的标准正交基, 这样 $\{\boldsymbol{e}_1, \boldsymbol{e}_2, \cdots, \boldsymbol{e}_n\}$ 就成为 V 的一组标准正交基, 则

$$\boldsymbol{u} = (\boldsymbol{v}, \boldsymbol{e}_1)\boldsymbol{e}_1 + (\boldsymbol{v}, \boldsymbol{e}_2)\boldsymbol{e}_2 + \cdots + (\boldsymbol{v}, \boldsymbol{e}_m)\boldsymbol{e}_m,$$

$$\boldsymbol{v} - \boldsymbol{u} = (\boldsymbol{v}, \boldsymbol{e}_{m+1})\boldsymbol{e}_{m+1} + \cdots + (\boldsymbol{v}, \boldsymbol{e}_n)\boldsymbol{e}_n,$$

$$\|\boldsymbol{v} - \boldsymbol{u}\| = \left(|(\boldsymbol{v}, \boldsymbol{e}_{m+1})|^2 + \cdots + |(\boldsymbol{v}, \boldsymbol{e}_n)|^2\right)^{\frac{1}{2}}. \tag{9.10.2}$$

证明　设 $\boldsymbol{w}$ 是 W 中任一向量, 要证明 $\|\boldsymbol{v}-\boldsymbol{u}\| \leq \|\boldsymbol{v}-\boldsymbol{w}\|$. 注意到这时 $\boldsymbol{v}-\boldsymbol{w}=(\boldsymbol{v}-\boldsymbol{u})+(\boldsymbol{u}-\boldsymbol{w})$, 其中 $(\boldsymbol{v}-\boldsymbol{u}) \perp W$, $\boldsymbol{u}-\boldsymbol{w} \in W$. 因此, 由勾股定理有

$$\|\boldsymbol{v}-\boldsymbol{w}\|^2=\|\boldsymbol{v}-\boldsymbol{u}\|^2+\|\boldsymbol{u}-\boldsymbol{w}\|^2.$$

若 $\boldsymbol{w} \neq \boldsymbol{u}$, 则

$$\|\boldsymbol{v}-\boldsymbol{w}\|^2>\|\boldsymbol{v}-\boldsymbol{u}\|^2.$$

这样我们不仅证明了 $\|\boldsymbol{v}-\boldsymbol{u}\|$ 的最小性, 也证明了 $\boldsymbol{u}$ 的唯一性. □

现在我们举例来说明定理 9.10.1 在求最小二乘解方面的应用. 在许多实际问题中我们经常会碰到所谓的 "矛盾线性方程组" 的求解问题. 为说得更清楚一些, 举一个简单的例子.

在经济学中, 个人的收入与消费之间存在着密切的关系. 收入越多, 消费水平也越高. 收入较少, 消费水平也较低. 从一个社会整体来看, 个人的平均收入与平均消费之间大致呈线性关系. 若 u 表示收入, v 表示支出, 则 u, v 适合

$$u=a+bv, \tag{9.10.3}$$

其中 a, b 是两个常数, 需要根据具体的统计数据来确定. 假设现在有一组统计数据表示 3 年中每年的收入与消费情况 (表 9.1), 现要根据这一组统计数据求出 a, b.

表 9.1　(单位: 万元)

年	1	2	3
u	1.6	1.7	2.0
v	1.2	1.4	1.8

将 u, v 的值代入 (9.10.3) 式得到一个两个未知数 3 个方程式的线性方程组:

$$\begin{cases} a+1.2b=1.6, \\ a+1.4b=1.7, \\ a+1.8b=2.0. \end{cases}$$

从第一、第二个方程式可求出 $a=1$, $b=0.5$, 代入第三个方程式:

$$1+1.8\times 0.5=1.9\neq 2.0,$$

这说明上面的线性方程组无解. 那么这样一来是不是说我们的问题就没有意义了呢? 当然不是! 事实上, 收入与消费的关系通常极为复杂, 我们把它当成线性关系

只是一种近似的假设. 另外, 统计数据本身不可避免地会产生误差, 也就是说统计表只是实际情况的近似反映. 我们的目的是求出 a,b 的值以供理论分析之用. 既然统计数据有误差, 就不可能也没有必要求出 a,b 的精确解. 此矛盾的出现并不意味着我们因此而束手无策了. 我们可以对 a,b 提出这样的要求: 求出 a 与 b, 使得到的关系式 $u=a+bv$ 能尽可能好地符合实际情形. 用数学语言来说就是求 a,b, 使平方偏差

$$\Big((a+1.2b)-1.6\Big)^2+\Big((a+1.4b)-1.7\Big)^2+\Big((a+1.8b)-2.0\Big)^2$$

取最小值. 这就是所谓的最小二乘问题. 一般来说, 为了使理论关系式更符合实际, 通常要求统计数据多一点, 即方程式的个数多一点.

如何求"最小二乘解"? 让我们来作一些理论上的分析. 假设有下列矛盾线性方程组:

$$\begin{cases} a_{11}x_1+a_{12}x_2+\cdots+a_{1n}x_n=b_1, \\ a_{21}x_1+a_{22}x_2+\cdots+a_{2n}x_n=b_2, \\ \cdots\cdots\cdots\cdots \\ a_{m1}x_1+a_{m2}x_2+\cdots+a_{mn}x_n=b_m, \end{cases}$$

其中 $m>n$, 它的系数矩阵记为 $\boldsymbol{A}$. 为方便, 将上述线性方程组写为矩阵形式:

$$\boldsymbol{Ax}=\boldsymbol{\beta}, \tag{9.10.4}$$

其中

$$\boldsymbol{x}=\begin{pmatrix} x_1 \\ x_2 \\ \vdots \\ x_n \end{pmatrix}, \quad \boldsymbol{\beta}=\begin{pmatrix} b_1 \\ b_2 \\ \vdots \\ b_m \end{pmatrix}.$$

现要求出 $\boldsymbol{x}$, 使

$$\sum_{i=1}^{m}\Big(\sum_{j=1}^{n}a_{ij}x_j-b_i\Big)^2$$

取最小值. 记

$$\boldsymbol{\alpha}_1=\begin{pmatrix} a_{11} \\ a_{21} \\ \vdots \\ a_{m1} \end{pmatrix}, \quad \boldsymbol{\alpha}_2=\begin{pmatrix} a_{12} \\ a_{22} \\ \vdots \\ a_{m2} \end{pmatrix}, \quad \cdots, \quad \boldsymbol{\alpha}_n=\begin{pmatrix} a_{1n} \\ a_{2n} \\ \vdots \\ a_{mn} \end{pmatrix},$$

考虑向量

$$x_1\boldsymbol{\alpha}_1+x_2\boldsymbol{\alpha}_2+\cdots+x_n\boldsymbol{\alpha}_n-\boldsymbol{\beta},$$

这是一个 m 维列向量, 第 i 个坐标为 $\sum\limits_{j=1}^{n}a_{ij}x_j-b_i$. 因此, 若记 $V=\mathbb{R}_m$, 内积取标准内积, 则

$$\|(x_1\boldsymbol{\alpha}_1+x_2\boldsymbol{\alpha}_2+\cdots+x_n\boldsymbol{\alpha}_n)-\boldsymbol{\beta}\|^2=\sum_{i=1}^{m}\Big(\sum_{j=1}^{n}a_{ij}x_j-b_i\Big)^2.$$

而

$$\|(x_1\boldsymbol{\alpha}_1+x_2\boldsymbol{\alpha}_2+\cdots+x_n\boldsymbol{\alpha}_n)-\boldsymbol{\beta}\|=\|\boldsymbol{A}\boldsymbol{x}-\boldsymbol{\beta}\|=\|\boldsymbol{\beta}-\boldsymbol{A}\boldsymbol{x}\|.$$

当 $x_1,x_2,\cdots,x_n$ 变动时, $x_1\boldsymbol{\alpha}_1+x_2\boldsymbol{\alpha}_2+\cdots+x_n\boldsymbol{\alpha}_n$ 就是由 $\boldsymbol{\alpha}_1,\boldsymbol{\alpha}_2,\cdots,\boldsymbol{\alpha}_n$ 张成的 V 的子空间, 记为 W. 要使 $\|\boldsymbol{\beta}-\boldsymbol{A}\boldsymbol{x}\|$ 取最小值, 实际上就是要求 $\boldsymbol{\beta}$ 到 W 的距离. 由定理 9.10.1 知道, 只需取 $\boldsymbol{\beta}$ 在 W 上的正交投影向量 $\boldsymbol{\gamma}$ 就可以了. 于是求方程组 (9.10.4) 的最小二乘解又归结为求下列线性方程组的解:

$$\boldsymbol{A}\boldsymbol{x}=\boldsymbol{\gamma}. \tag{9.10.5}$$

由定理 9.10.1 知道这样的解总是存在的. 我们可以按照定理 9.10.1 中的办法先求 W 的标准正交基, 再扩展为 V 的标准正交基, 从而求出 $\boldsymbol{\gamma}$, 最后解线性方程组 (9.10.5) 便可求出 $\boldsymbol{x}$. 但是这样做比较麻烦, 我们希望能有一个比较简便的方法求出 $\boldsymbol{x}$ 来.

首先我们注意到在实际问题中, 矩阵 $\boldsymbol{A}$ 的秩通常都等于 n. 因此, 可设 $\boldsymbol{A}$ 是列满秩阵, 即 $\mathrm{r}(\boldsymbol{A})=n$. 这也就是说, 向量 $\boldsymbol{\alpha}_1,\boldsymbol{\alpha}_2,\cdots,\boldsymbol{\alpha}_n$ 线性无关, W 是由 $\boldsymbol{\alpha}_1,\boldsymbol{\alpha}_2,\cdots,\boldsymbol{\alpha}_n$ 张成的 n 维子空间. 设

$$\boldsymbol{\gamma}=x_1\boldsymbol{\alpha}_1+x_2\boldsymbol{\alpha}_2+\cdots+x_n\boldsymbol{\alpha}_n, \tag{9.10.6}$$

由定理 9.10.1 知道 $(\boldsymbol{\beta}-\boldsymbol{\gamma})\perp W$, 因此 $(\boldsymbol{\beta}-\boldsymbol{\gamma})\perp\boldsymbol{\alpha}_i\,(i=1,2,\cdots,n)$, 即 $((\boldsymbol{\beta}-\boldsymbol{\gamma}),\boldsymbol{\alpha}_i)=0$, 或者 $(\boldsymbol{\gamma},\boldsymbol{\alpha}_i)=(\boldsymbol{\beta},\boldsymbol{\alpha}_i)$. 这样便有下列线性方程组:

$$\begin{cases}(\boldsymbol{\alpha}_1,\boldsymbol{\alpha}_1)x_1+(\boldsymbol{\alpha}_2,\boldsymbol{\alpha}_1)x_2+\cdots+(\boldsymbol{\alpha}_n,\boldsymbol{\alpha}_1)x_n=(\boldsymbol{\beta},\boldsymbol{\alpha}_1),\\(\boldsymbol{\alpha}_1,\boldsymbol{\alpha}_2)x_1+(\boldsymbol{\alpha}_2,\boldsymbol{\alpha}_2)x_2+\cdots+(\boldsymbol{\alpha}_n,\boldsymbol{\alpha}_2)x_n=(\boldsymbol{\beta},\boldsymbol{\alpha}_2),\\\cdots\cdots\cdots\cdots\\(\boldsymbol{\alpha}_1,\boldsymbol{\alpha}_n)x_1+(\boldsymbol{\alpha}_2,\boldsymbol{\alpha}_n)x_2+\cdots+(\boldsymbol{\alpha}_n,\boldsymbol{\alpha}_n)x_n=(\boldsymbol{\beta},\boldsymbol{\alpha}_n).\end{cases}$$

若记 $\boldsymbol{A}'$ 为 $\boldsymbol{A}$ 的转置, 则上面的方程组可写为矩阵形式:

$$\boldsymbol{A}'\boldsymbol{A}\boldsymbol{x}=\boldsymbol{A}'\boldsymbol{\beta}.$$

由于 $\boldsymbol{A}$ 的秩为 n, 故 $\boldsymbol{A}'\boldsymbol{A}$ 的秩也是 n, 即 $\boldsymbol{A}'\boldsymbol{A}$ 为 n 阶非异阵, 于是

$$\boldsymbol{x}=(\boldsymbol{A}'\boldsymbol{A})^{-1}\boldsymbol{A}'\boldsymbol{\beta}.$$

这就是线性方程组 (9.10.4) 的最小二乘解.

下面我们来求前面例子中提出的线性方程组的最小二乘解:

$$\begin{cases} a+1.2b=1.6,\\ a+1.4b=1.7,\\ a+1.8b=2.0. \end{cases}$$

这时

$$\boldsymbol{A}=\begin{pmatrix}1 & 1.2\\ 1 & 1.4\\ 1 & 1.8\end{pmatrix},\quad \boldsymbol{A}'=\begin{pmatrix}1 & 1 & 1\\ 1.2 & 1.4 & 1.8\end{pmatrix},\quad \boldsymbol{\beta}=\begin{pmatrix}1.6\\ 1.7\\ 2.0\end{pmatrix}.$$

不难看出 $\boldsymbol{A}$ 的秩等于 2, 并通过计算得

$$\boldsymbol{A}'\boldsymbol{A}=\begin{pmatrix}3 & 4.4\\ 4.4 & 6.64\end{pmatrix},\quad (\boldsymbol{A}'\boldsymbol{A})^{-1}=\frac{1}{0.56}\begin{pmatrix}6.64 & -4.4\\ -4.4 & 3\end{pmatrix},$$

$$\boldsymbol{A}'\boldsymbol{\beta}=\begin{pmatrix}5.3\\ 7.9\end{pmatrix},\quad (\boldsymbol{A}'\boldsymbol{A})^{-1}\boldsymbol{A}'\boldsymbol{\beta}=\frac{1}{0.56}\begin{pmatrix}0.432\\ 0.38\end{pmatrix}\approx\begin{pmatrix}0.77\\ 0.68\end{pmatrix}.$$

由此得最小二乘解 (近似值):

$$\begin{cases} a=0.77,\\ b=0.68. \end{cases}$$

因此, 收入与消费的关系式为

$$u=0.77+0.68v.$$

习　题　9.10

1. 设 $\boldsymbol{A}$ 为 $m\times n$ 实矩阵, 求证: 对任意的 m 维实列向量 $\boldsymbol{\beta}$, n 元线性方程组 $\boldsymbol{A}'\boldsymbol{A}\boldsymbol{x}=\boldsymbol{A}'\boldsymbol{\beta}$ 一定有解.

历史与展望

将度量加入线性空间的公理系统取决于如何定义向量的长度. Grassmann 和 Gibbs (吉布斯) 建议利用向量的内积来得到向量的长度, 从而提出了内积空间的概念. 内积空间是 Euclid 空间的推广, 它的引入对数学的发展有着深刻的影响. 利用内积运算可以对一些直观的几何概念进行形式化定义, 例如向量的长度, 向量之间的距离、夹角和正交性等, 而且丰富的内积结构可以使线性空间和线性变换的研究更加深入. 另外, 内积空间还为一些重要的数学概念 (例如 Riemann (黎曼) 流形等) 提供了局部化模型. 在高等代数课程中, 我们主要研究有限维内积空间理论, 而泛函分析等后续课程将深入研究无限维内积空间的相关理论.

本章的阐述模式是, 先用几何语言引入概念 (例如内积空间上的各类线性算子等), 再用几何方法证明其结构定理, 最后平行地得到代数版本的结论 (例如各类矩阵的正交相似标准型等). 事实上, 这些矩阵理论, 特别是各类矩阵分解, 对现代科技的发展起到了重要的推动作用.

高等代数中第一个重要的问题就是求解线性方程组 $\boldsymbol{Ax} = \boldsymbol{\beta}$. 虽然我们已经从理论上完全解决了这个问题, 但在实际应用时, 未定元个数以及方程个数太多使计算变得复杂. 在数值分析课程中, 我们将使用各类矩阵分解来实现高效的矩阵算法, 比如矩阵的满秩分解 (§ 3.6 习题 11), 正定阵的 Cholesky 分解 (复习题八第 1 题), 矩阵的 LU 分解 (复习题八第 2 题) 和 QR 分解 (定理 9.4.8) 等. 各类特殊矩阵 (例如实对称阵、Hermite 矩阵和正规矩阵等) 的正交相似标准型或酉相似标准型也称为矩阵的谱分解, 由此得到半正定阵的方根 (推论 9.8.2) 以及矩阵的极分解 (推论 9.8.3), 这些分解在计算数学中也有着广泛的用途.

奇异值分解的引入, 最初是用作确定一个实双线性型能否通过两个空间的独立正交变换变成另一个实双线性型. Beltrami (贝尔特拉米) 和 Jordan 在 1873 年和 1874 年独立发现, 双线性型表示矩阵的全体奇异值构成了双线性型在正交相抵关系下的全系不变量. 1889 年, Sylvester 也独立地发现了实方阵的奇异值分解. 第四个独立发现奇异值分解的是 Autonne (奥托恩), 1915 年他通过极分解导出奇异值分解. 另外, Eckart (埃克特) 和 Young (杨) 在 1936 年给出了长方阵和复矩阵奇异值分解的首个证明, 他们把奇异值分解看成是 Hermite 矩阵主轴变换的推广. 1907 年, Schmidt 给出了积分算子奇异值的类似定义, 但他似乎没注意到矩阵奇异值的平行工作. 这一理论被 Picard (皮卡) 进一步发展, 他在 1910 年首次称那些数 σ_k 为奇异值 (singular value).

现在奇异值分解广泛应用于大数据科学的各个领域, 例如图像处理和新闻分类等, 是数据挖掘的重要工具. 奇异值分解的算法研究也是计算数学中的重要研究方向, 几万乘以几万的矩阵的奇异值分解可以通过 MATLAB 等数学软件来完成, 上百万乘以上百万的矩阵的奇异值分解可以通过并行算法来实现.

复习题九

1. 设 V 为 n 维内积空间, $\{\boldsymbol{e}_1, \boldsymbol{e}_2, \cdots, \boldsymbol{e}_n\}$ 和 $\{\boldsymbol{f}_1, \boldsymbol{f}_2, \cdots, \boldsymbol{f}_n\}$ 分别是 V 的两组基.

设基 $\{\boldsymbol{e}_1,\boldsymbol{e}_2,\cdots,\boldsymbol{e}_n\}$ 的 Gram 矩阵为 $\boldsymbol{G}$, 基 $\{\boldsymbol{f}_1,\boldsymbol{f}_2,\cdots,\boldsymbol{f}_n\}$ 的 Gram 矩阵为 $\boldsymbol{H}$, 从基 $\{\boldsymbol{e}_1,\boldsymbol{e}_2,\cdots,\boldsymbol{e}_n\}$ 到基 $\{\boldsymbol{f}_1,\boldsymbol{f}_2,\cdots,\boldsymbol{f}_n\}$ 的过渡矩阵为 $\boldsymbol{C}$. 求证: 若 V 为欧氏空间, 则 $\boldsymbol{H}=\boldsymbol{C}'\boldsymbol{G}\boldsymbol{C}$; 若 V 为酉空间, 则 $\boldsymbol{H}=\boldsymbol{C}'\boldsymbol{G}\overline{\boldsymbol{C}}$.

2. 设 V 是 n 维实 (复) 内积空间, $\boldsymbol{H}$ 是一个 n 阶正定实对称阵 (正定 Hermite 矩阵), 求证: 必存在 V 上的一组基 $\{\boldsymbol{f}_1,\boldsymbol{f}_2,\cdots,\boldsymbol{f}_n\}$, 使它的 Gram 矩阵就是 $\boldsymbol{H}$.

3. 证明: 在 n 维欧氏空间 V 中, 两两夹角大于直角的向量个数至多是 $n+1$ 个.

4. 设 $\boldsymbol{A}$ 是 n 阶半正定实对称阵, 求证: 对任意的 n 维实列向量 $\boldsymbol{x},\boldsymbol{y}$, 有

$$(\boldsymbol{x}'\boldsymbol{A}\boldsymbol{y})^2\le(\boldsymbol{x}'\boldsymbol{A}\boldsymbol{x})(\boldsymbol{y}'\boldsymbol{A}\boldsymbol{y}).$$

5. 设 V 是 n 维欧氏空间, $\boldsymbol{A}$ 是 m 阶半正定实对称阵且 $\mathrm{r}(\boldsymbol{A})=r\le n$, 求证: 必存在 V 上的向量组 $\{\boldsymbol{\alpha}_1,\boldsymbol{\alpha}_2,\cdots,\boldsymbol{\alpha}_m\}$, 使其 Gram 矩阵就是 $\boldsymbol{A}$.

6. 设 $\boldsymbol{A}$ 为 $m\times n$ 实矩阵, 齐次线性方程组 $\boldsymbol{A}\boldsymbol{x}=\boldsymbol{0}$ 的解空间为 U, 求 $U^\perp$ 适合的线性方程组.

7. 设 $\boldsymbol{A}$ 为 $m\times n$ 实矩阵, 求证: 非齐次线性方程组 $\boldsymbol{A}\boldsymbol{x}=\boldsymbol{\beta}$ 有解的充分必要条件是向量 $\boldsymbol{\beta}$ 属于齐次线性方程组 $\boldsymbol{A}'\boldsymbol{y}=\boldsymbol{0}$ 解空间的正交补空间.

8. 设 V 是由 n 阶实矩阵全体构成的欧氏空间 (取 Frobenius 内积), V 上的线性变换 φ 定义为 $\varphi(\boldsymbol{A})=\boldsymbol{P}\boldsymbol{A}\boldsymbol{Q}$, 其中 $\boldsymbol{P},\boldsymbol{Q}\in V$.

(1) 求 φ 的伴随 φ^*;

(2) 若 $\boldsymbol{P},\boldsymbol{Q}$ 都是可逆阵, 求证: φ 是正交算子的充分必要条件是 $\boldsymbol{P}'\boldsymbol{P}=c\boldsymbol{I}_n$, $\boldsymbol{Q}\boldsymbol{Q}'=c^{-1}\boldsymbol{I}_n$, 其中 c 是正实数;

(3) 若 $\boldsymbol{P},\boldsymbol{Q}$ 都是可逆阵, 求证: φ 是自伴随算子的充分必要条件是 $\boldsymbol{P}'=\pm\boldsymbol{P}$, $\boldsymbol{Q}'=\pm\boldsymbol{Q}$;

(4) 若 $\boldsymbol{P},\boldsymbol{Q}$ 都是可逆阵, 求证: φ 是正规算子的充分必要条件是 $\boldsymbol{P},\boldsymbol{Q}$ 都是正规矩阵.

9. 设 V 是 n 阶实对称阵构成的欧氏空间 (取 Frobenius 内积).

(1) 求出 V 的一组标准正交基;

(2) 设 $\boldsymbol{T}$ 是一个 n 阶实矩阵, V 上的线性变换 φ 定义为 $\varphi(\boldsymbol{A})=\boldsymbol{T}'\boldsymbol{A}\boldsymbol{T}$, 求证: φ 是自伴随算子的充分必要条件是 $\boldsymbol{T}$ 为对称阵或反对称阵.

10. 设 V 是 n 维欧氏空间, $\boldsymbol{\alpha}_1,\boldsymbol{\alpha}_2,\cdots,\boldsymbol{\alpha}_n$, $\boldsymbol{\beta}_1,\boldsymbol{\beta}_2,\cdots,\boldsymbol{\beta}_n\in V$. 证明: 若存在非零向量 $\boldsymbol{\alpha}\in V$, 使 $\sum\limits_{i=1}^n(\boldsymbol{\alpha},\boldsymbol{\alpha}_i)\boldsymbol{\beta}_i=\boldsymbol{0}$, 则必存在非零向量 $\boldsymbol{\beta}\in V$, 使 $\sum\limits_{i=1}^n(\boldsymbol{\beta},\boldsymbol{\beta}_i)\boldsymbol{\alpha}_i=\boldsymbol{0}$.

11. 设 V 是 n 维欧氏空间, $\{\boldsymbol{\alpha}_1,\boldsymbol{\alpha}_2,\cdots,\boldsymbol{\alpha}_m\}$ 是一组向量, $\boldsymbol{G}=\boldsymbol{G}(\boldsymbol{\alpha}_1,\boldsymbol{\alpha}_2,\cdots,\boldsymbol{\alpha}_m)$ 是其 Gram 矩阵, 求证: $\mathrm{r}(\boldsymbol{\alpha}_1,\boldsymbol{\alpha}_2,\cdots,\boldsymbol{\alpha}_m)=\mathrm{r}(\boldsymbol{G})$.

12. 设 $\{\boldsymbol{\alpha}_1,\boldsymbol{\alpha}_2,\boldsymbol{\alpha}_3,\boldsymbol{\alpha}_4\}$ 是欧氏空间 V 中的向量, 其 Gram 矩阵为 $\boldsymbol{G}=\boldsymbol{A}'\boldsymbol{A}$, 其中

$$\boldsymbol{A}=\begin{pmatrix}1&4&5&3\\1&1&-1&3\\1&7&11&9\\1&0&-3&1\end{pmatrix}.$$

试求 $\{\boldsymbol{\alpha}_1,\boldsymbol{\alpha}_2,\boldsymbol{\alpha}_3,\boldsymbol{\alpha}_4\}$ 的一组极大无关组, 以及由这一极大无关组通过 Gram-Schmidt 方法得到的标准正交向量组.

13. 设 $\boldsymbol{A},\boldsymbol{B}$ 是 $m\times n$ 实矩阵, 求证: $\boldsymbol{A}'\boldsymbol{A}=\boldsymbol{B}'\boldsymbol{B}$ 的充分必要条件是存在 m 阶正交矩阵 $\boldsymbol{Q}$, 使 $\boldsymbol{A}=\boldsymbol{Q}\boldsymbol{B}$.

14. 设 $\boldsymbol{Q}$ 为 n 阶正交矩阵, 1 不是 $\boldsymbol{Q}$ 的特征值. 设 $\boldsymbol{P}=\boldsymbol{I}_n-2\boldsymbol{\alpha}\boldsymbol{\alpha}'$, 其中 $\boldsymbol{\alpha}$ 是 n 维实列向量且 $\boldsymbol{\alpha}'\boldsymbol{\alpha}=1$. 求证: 1 是 $\boldsymbol{PQ}$ 的特征值.

15. 设 $\boldsymbol{A}$ 是 n 阶正交矩阵, 求证: $\boldsymbol{A}$ 的任一 k 阶子式 $\boldsymbol{A}\begin{pmatrix}i_1&i_2&\cdots&i_k\\j_1&j_2&\cdots&j_k\end{pmatrix}$ 的值等于 $|\boldsymbol{A}|^{-1}$ 乘以其代数余子式的值.

16. 证明: 正交矩阵任一 k 阶子阵的特征值的模长都不超过 1.

17. 设 $\boldsymbol{P}$ 是 n 阶正交矩阵, $\boldsymbol{D}=\mathrm{diag}\{d_1,d_2,\cdots,d_n\}$ 是实对角阵, 记 m 和 M 分别是诸 $|d_i|$ 中的最小者和最大者. 求证: 若 λ 是矩阵 $\boldsymbol{PD}$ 的特征值, 则 $m\le|\lambda|\le M$.

18. 设 $\boldsymbol{A}=(a_{ij})$ 为三阶实对称阵, $\boldsymbol{A}^*$ 为 $\boldsymbol{A}$ 的伴随阵,

$$f(x_1,x_2,x_3,x_4)=\begin{vmatrix}x_1^2&x_2&x_3&x_4\\-x_2&a_{11}&a_{12}&a_{13}\\-x_3&a_{21}&a_{22}&a_{23}\\-x_4&a_{31}&a_{32}&a_{33}\end{vmatrix}.$$

若 $|\boldsymbol{A}|=-12$, $\mathrm{tr}(\boldsymbol{A})=1$, 且 $(1,0,-2)'$ 为线性方程组 $(\boldsymbol{A}^*-4\boldsymbol{I}_3)\boldsymbol{x}=\boldsymbol{0}$ 的解, 试给出正交变换 $\boldsymbol{x}=\boldsymbol{P}\boldsymbol{y}$ 将 $f(x_1,x_2,x_3,x_4)$ 化为标准型.

19. 设 $\boldsymbol{A}$ 是 n 阶实对称阵, 其特征值为 $\lambda_1\le\lambda_2\le\cdots\le\lambda_n$, 求证: 对任意的 n 维实列向量 $\boldsymbol{\alpha}$, 均有

$$\lambda_1\boldsymbol{\alpha}'\boldsymbol{\alpha}\le\boldsymbol{\alpha}'\boldsymbol{A}\boldsymbol{\alpha}\le\lambda_n\boldsymbol{\alpha}'\boldsymbol{\alpha},$$

且前一个不等式等号成立的充分必要条件是 $\boldsymbol{\alpha}$ 属于特征值 λ_1 的特征子空间, 后一个不等式等号成立的充分必要条件是 $\boldsymbol{\alpha}$ 属于特征值 λ_n 的特征子空间.

20. 设 $\boldsymbol{A},\boldsymbol{B}$ 是 n 阶实对称阵, 其特征值分别为

$$\lambda_1\le\lambda_2\le\cdots\le\lambda_n,\quad \mu_1\le\mu_2\le\cdots\le\mu_n.$$

求证: $\boldsymbol{A}+\boldsymbol{B}$ 的特征值全落在 $[\lambda_1+\mu_1,\lambda_n+\mu_n]$ 中.

21. 设 $\lambda=a+bi$ 是 n 阶实矩阵 $\boldsymbol{A}$ 的特征值, 实对称阵 $\boldsymbol{A}+\boldsymbol{A}'$ 和 Hermite 矩阵 $-\mathrm{i}(\boldsymbol{A}-\boldsymbol{A}')$ 的特征值分别为

$$\mu_1\le\mu_2\le\cdots\le\mu_n,\quad \nu_1\le\nu_2\le\cdots\le\nu_n.$$

求证: $\mu_1\le 2a\le\mu_n$, $\nu_1\le 2b\le\nu_n$.

22. 设 $\boldsymbol{A}$ 是 n 阶实矩阵, $\boldsymbol{A}'\boldsymbol{A}$ 的特征值为 $\mu_1\le\mu_2\le\cdots\le\mu_n$. 求证: 若 λ 是 $\boldsymbol{A}$ 的特征值, 则

$$\sqrt{\mu_1}\le|\lambda|\le\sqrt{\mu_n}.$$

23. 求证: 若 $\boldsymbol{A}$ 是 n 阶正定实对称阵, 则 $\boldsymbol{A}+\boldsymbol{A}^{-1}-2\boldsymbol{I}_n$ 是半正定阵.

24. 设 $\boldsymbol{B}$ 是 n 阶半正定实对称阵, $\mu_1,\mu_2,\cdots,\mu_n$ 是 $\boldsymbol{B}$ 的全体特征值, 证明: 对任意给定的正整数 $k>1$, 存在一个只和 $\mu_1,\mu_2,\cdots,\mu_n$ 有关的实系数多项式 $f(x)$, 满足: $\boldsymbol{B}=f(\boldsymbol{B}^k)$.

25. 设 $\boldsymbol{A}$ 是 n 阶半正定实对称阵, 求证: 对任意的正整数 $k>1$, 必存在唯一的 n 阶半正定实对称阵 $\boldsymbol{B}$, 使 $\boldsymbol{A}=\boldsymbol{B}^k$. 这样的半正定阵 $\boldsymbol{B}$ 称为半正定阵 $\boldsymbol{A}$ 的 k 次方根, 记为 $\boldsymbol{B}=\boldsymbol{A}^{\frac{1}{k}}$.

26. 若 $\boldsymbol{A}$ 是半正定实对称阵, $\boldsymbol{B}$ 是同阶实矩阵且 $\boldsymbol{AB}=\boldsymbol{BA}$, 求证: $\boldsymbol{A}^{\frac{1}{2}}\boldsymbol{B}=\boldsymbol{B}\boldsymbol{A}^{\frac{1}{2}}$.

27. 设 $\boldsymbol{A}$ 为 n 阶实对称阵, 求证: $\boldsymbol{A}$ 为正定阵 (半正定阵) 的充分必要条件是

$$c_r=\sum_{1\le i_1<i_2<\cdots<i_r\le n}\boldsymbol{A}\begin{pmatrix}i_1 & i_2 & \cdots & i_r\\ i_1 & i_2 & \cdots & i_r\end{pmatrix}>0\,(\ge 0),\quad r=1,2,\cdots,n.$$

28. 设 $\boldsymbol{A}$, $\boldsymbol{B}$ 都是 n 阶实对称阵, 证明:

(1) 若 $\boldsymbol{A}$ 半正定或者 $\boldsymbol{B}$ 半正定, 则 $\boldsymbol{AB}$ 的特征值全是实数;

(2) 若 $\boldsymbol{A}$, $\boldsymbol{B}$ 都半正定, 则 $\boldsymbol{AB}$ 的特征值全是非负实数;

(3) 若 $\boldsymbol{A}$ 正定, 则 $\boldsymbol{B}$ 正定的充分必要条件是 $\boldsymbol{AB}$ 的特征值全是正实数.

29. 设 $\boldsymbol{A},\boldsymbol{B}$ 都是半正定实对称阵, 其特征值分别为

$$\lambda_1\le\lambda_2\le\cdots\le\lambda_n,\quad \mu_1\le\mu_2\le\cdots\le\mu_n.$$

求证: $\boldsymbol{AB}$ 的特征值全落在 $[\lambda_1\mu_1,\lambda_n\mu_n]$ 中.

30. 设 $\boldsymbol{A}$ 是 n 阶正定实对称阵, $\boldsymbol{B}$ 是同阶实矩阵, 使 $\boldsymbol{AB}$ 是实对称阵. 求证: $\boldsymbol{AB}$ 是正定阵的充分必要条件是 $\boldsymbol{B}$ 的特征值全是正实数.

31. 设 $\boldsymbol{A}$, $\boldsymbol{B}$ 都是 n 阶正定实对称阵, 求证: $\boldsymbol{AB}$ 是正定实对称阵的充分必要条件是 $\boldsymbol{AB}=\boldsymbol{BA}$.

32. 设 $\boldsymbol{A}$, $\boldsymbol{B}$ 都是 n 阶正定实对称阵, 满足 $\boldsymbol{AB}=\boldsymbol{BA}$, 求证: $\boldsymbol{A}-\boldsymbol{B}$ 是正定阵的充分必要条件是 $\boldsymbol{A}^2-\boldsymbol{B}^2$ 是正定阵.

33. 设 $\boldsymbol{A},\boldsymbol{C}$ 都是 n 阶正定实对称阵, 求证: 矩阵方程 $\boldsymbol{AX}+\boldsymbol{XA}=\boldsymbol{C}$ 存在唯一解 $\boldsymbol{B}$, 并且 $\boldsymbol{B}$ 也是正定实对称阵.

34. 设 $\boldsymbol{A},\boldsymbol{B}$ 是 n 阶实对称阵, 满足 $\boldsymbol{AB}+\boldsymbol{BA}=\boldsymbol{O}$, 证明: 若 $\boldsymbol{A}$ 半正定, 则存在正交矩阵 $\boldsymbol{P}$, 使

$$\boldsymbol{P}'\boldsymbol{AP}=\mathrm{diag}\{\lambda_1,\cdots,\lambda_r,0,\cdots,0\},\quad \boldsymbol{P}'\boldsymbol{BP}=\mathrm{diag}\{0,\cdots,0,\mu_{r+1},\cdots,\mu_n\}.$$

35. 设 $\boldsymbol{A}$ 为 n 阶半正定实对称阵, $\boldsymbol{S}$ 为 n 阶实反对称阵, 满足 $\boldsymbol{AS}+\boldsymbol{SA}=\boldsymbol{O}$. 证明: $|\boldsymbol{A}+\boldsymbol{S}|>0$ 的充分必要条件是 $\mathrm{r}(\boldsymbol{A})+\mathrm{r}(\boldsymbol{S})=n$.

36. 设 $\boldsymbol{A}$ 是 n 阶实矩阵, $\boldsymbol{B}$ 是 n 阶正定实对称阵, 满足 $\boldsymbol{A}'\boldsymbol{B}=\boldsymbol{BA}$, 证明: $\boldsymbol{A}$ 可对角化.

37. 设 $\boldsymbol{A},\boldsymbol{B}$ 都是 n 阶半正定实对称阵, 证明: $\boldsymbol{AB}$ 可对角化.

38. 设 $\boldsymbol{A}$ 是 n 阶正定实对称阵, $\boldsymbol{B}$ 是同阶实对称阵, 求证: 必存在可逆阵 $\boldsymbol{C}$, 使

$$\boldsymbol{C}'\boldsymbol{AC}=\boldsymbol{I}_n,\quad \boldsymbol{C}'\boldsymbol{BC}=\mathrm{diag}\{\lambda_1,\lambda_2,\cdots,\lambda_n\},$$

其中 $\lambda_1,\lambda_2,\cdots,\lambda_n$ 是 $\boldsymbol{A}^{-1}\boldsymbol{B}$ 的特征值.

39. 设 $\boldsymbol{A}$ 是 n 阶正定实对称阵, $\boldsymbol{B}$ 是 n 阶半正定实对称阵. 求证:

$$|\boldsymbol{A}+\boldsymbol{B}|\geq|\boldsymbol{A}|+|\boldsymbol{B}|,$$

等号成立的充分必要条件是 $n=1$ 或当 $n\geq 2$ 时, $\boldsymbol{B}=\boldsymbol{O}$.

40. 设 $\boldsymbol{A}$, $\boldsymbol{B}$ 都是 n 阶正定实对称阵, 求证:

$$|\boldsymbol{A}+\boldsymbol{B}|\geq 2^n|\boldsymbol{A}|^{\frac{1}{2}}|\boldsymbol{B}|^{\frac{1}{2}},$$

等号成立的充分必要条件是 $\boldsymbol{A}=\boldsymbol{B}$.

41. 设 $\boldsymbol{A},\boldsymbol{B}$ 都是 n 阶正定实对称阵, 满足 $\boldsymbol{A}\geq\boldsymbol{B}$, 求证: $\boldsymbol{B}^{-1}\geq\boldsymbol{A}^{-1}$.

42. 设 $\boldsymbol{A},\boldsymbol{B}$ 都是 n 阶正定实对称阵, 满足 $\boldsymbol{A}\geq\boldsymbol{B}$, 求证: $\boldsymbol{A}^{\frac{1}{2}}\geq\boldsymbol{B}^{\frac{1}{2}}$.

43. 设 $\boldsymbol{A}$, $\boldsymbol{B}$ 是 n 阶实对称阵, 其中 $\boldsymbol{A}$ 正定且 $\boldsymbol{B}$ 与 $\boldsymbol{A}-\boldsymbol{B}$ 均半正定, 求证: $|\lambda\boldsymbol{A}-\boldsymbol{B}|=0$ 的所有根全落在 $[0,1]$ 中, 并且 $|\boldsymbol{A}|\geq|\boldsymbol{B}|$.

44. 设 $\boldsymbol{A}$ 是 $m\times n$ 实矩阵, $\boldsymbol{B}$ 是 $s\times n$ 实矩阵, 又假设它们都是行满秩的. 令 $\boldsymbol{M}=\boldsymbol{AB}'(\boldsymbol{BB}')^{-1}\boldsymbol{BA}'$, 求证: $\boldsymbol{M}$ 和 $\boldsymbol{AA}'-\boldsymbol{M}$ 都是半正定阵, 并且 $|\boldsymbol{M}|\leq|\boldsymbol{AA}'|$.

45. 设 $\boldsymbol{A}$, $\boldsymbol{B}$ 都是 n 阶半正定实对称阵, 求证: 存在可逆阵 $\boldsymbol{C}$, 使

$$\boldsymbol{C}'\boldsymbol{AC}=\mathrm{diag}\{1,\cdots,1,0,\cdots,0\},\quad \boldsymbol{C}'\boldsymbol{BC}=\mathrm{diag}\{\mu_1,\cdots,\mu_r,\mu_{r+1},\cdots,\mu_n\}.$$

46. 设 $\boldsymbol{A},\boldsymbol{B},\boldsymbol{C}$ 都是 n 阶半正定实对称阵, 使 $\boldsymbol{ABC}$ 是对称阵, 即满足 $\boldsymbol{ABC}=\boldsymbol{CBA}$, 求证: $\boldsymbol{ABC}$ 是半正定阵.

47. 设 $\boldsymbol{A}$ 是 n 阶实矩阵, 虚数 $a+b\mathrm{i}$ 是 $\boldsymbol{A}$ 的一个特征值, $\boldsymbol{u}+\boldsymbol{v}\mathrm{i}$ 是对应的特征向量, 其中 $\boldsymbol{u},\boldsymbol{v}$ 是实列向量. 求证: $\boldsymbol{u},\boldsymbol{v}$ 必线性无关. 若 $\boldsymbol{A}$ 是正规矩阵, 则 $\boldsymbol{u},\boldsymbol{v}$ 相互正交且长度相同 (取实列向量空间的标准内积).

48. 设 $\boldsymbol{A}$, $\boldsymbol{B}$ 和 $\boldsymbol{AB}$ 都是 n 阶复正规阵, 求证: $\boldsymbol{BA}$ 也是复正规阵.

49. 设 φ 是 n 维欧氏空间 V 上的线性变换, 求证: φ 是正规算子的充分必要条件是 $\varphi=\varphi_1+\varphi_2$, 其中 φ_1 是自伴随算子, φ_2 是斜对称算子, 且 $\varphi_1\varphi_2=\varphi_2\varphi_1$.

50. 设 φ 是 n 维欧氏空间 V 上的线性变换, 求证: φ 是正规算子的充分必要条件是存在某个实系数多项式 $g(x)$, 使 $\varphi^*=g(\varphi)$.

51. 设 φ 是 n 维欧氏空间 V 上的线性变换, 求证: φ 是正规算子的充分必要条件是 $\varphi=\boldsymbol{\omega\psi}$, 其中 $\boldsymbol{\omega}$ 是正交算子, $\boldsymbol{\psi}$ 是半正定自伴随算子, 且 $\boldsymbol{\omega\psi}=\boldsymbol{\psi\omega}$.

52. 设 φ 是 n 维欧氏空间 V 上的非零线性变换, 求证: φ 保持向量的正交性不变的充分必要条件是存在正实数 k, 使 $\varphi^*\varphi=k\boldsymbol{I}_V$.

53. 设 φ 是 n 维欧氏空间 V 上的线性变换, 求证: φ 是斜对称算子 (即 $\varphi^*=-\varphi$) 的充分必要条件是对任意的向量 $\boldsymbol{v}$, $\varphi(\boldsymbol{v})$ 与 $\boldsymbol{v}$ 都正交.

54. 设 $\boldsymbol{A}$ 为 n 阶正定实对称阵, $\boldsymbol{S}$ 是同阶实反对称阵, 求证: 存在可逆阵 $\boldsymbol{C}$, 使

$$\boldsymbol{C}'\boldsymbol{AC}=\boldsymbol{I}_n,\quad \boldsymbol{C}'\boldsymbol{SC}=\mathrm{diag}\left\{\begin{pmatrix}0 & b_1\\ -b_1 & 0\end{pmatrix},\cdots,\begin{pmatrix}0 & b_r\\ -b_r & 0\end{pmatrix},0,\cdots,0\right\},$$

其中 $b_1,\cdots,b_r$ 是非零实数.

55. 设 n 阶实矩阵 $\boldsymbol{A}$ 满足 $\boldsymbol{A}+\boldsymbol{A}'$ 正定, 求证:

$$|\boldsymbol{A}+\boldsymbol{A}'|\leq 2^n|\boldsymbol{A}|,$$

且等号成立的充分必要条件是 $\boldsymbol{A}$ 为对称阵.

56. 设 $\boldsymbol{A}$ 为 n 阶实正规矩阵, 求证: 存在特征值为 1 或 -1 的正交矩阵 $\boldsymbol{P}$, 使 $\boldsymbol{P}'\boldsymbol{AP}=\boldsymbol{A}'$.

57. 证明: (1) 任一正交矩阵均可表示为不超过两个实对称阵之积;

(2) 任一 n 阶实矩阵均可表示为不超过 3 个实对称阵之积.

58. 设 $\boldsymbol{A},\boldsymbol{B}$ 为 n 阶正交矩阵, 求证: $|\boldsymbol{A}|+|\boldsymbol{B}|=0$ 当且仅当 $n-\mathrm{r}(\boldsymbol{A}+\boldsymbol{B})$ 为奇数.

59. 设 $S=\{n$ 阶实反对称阵 $\boldsymbol{A}\}$, $T=\{\boldsymbol{I}_n+\boldsymbol{B}$ 可逆的 n 阶正交矩阵 $\boldsymbol{B}\}$. 映射 $\varphi:S\to T$ 定义为 $\varphi(\boldsymbol{A})=(\boldsymbol{I}_n-\boldsymbol{A})(\boldsymbol{I}_n+\boldsymbol{A})^{-1}$, 映射 $\boldsymbol{\psi}:T\to S$ 定义为 $\boldsymbol{\psi}(\boldsymbol{B})=(\boldsymbol{I}_n-\boldsymbol{B})(\boldsymbol{I}_n+\boldsymbol{B})^{-1}$. 求证: $\boldsymbol{\psi}\varphi=\boldsymbol{I}_S$, $\varphi\boldsymbol{\psi}=\boldsymbol{I}_T$, 即 $\varphi,\boldsymbol{\psi}$ 实现了集合 S,T 之间的一一对应.

60. 设 $\boldsymbol{A}$ 为 n 阶正定实对称阵, $\boldsymbol{B},\boldsymbol{C}$ 为 n 阶半正定实对称阵, 使 $\boldsymbol{BA}^{-1}\boldsymbol{C}$ 是对称阵. 求证:

$$|\boldsymbol{A}|\cdot|\boldsymbol{A}+\boldsymbol{B}+\boldsymbol{C}|\leq|\boldsymbol{A}+\boldsymbol{B}|\cdot|\boldsymbol{A}+\boldsymbol{C}|,$$

且等号成立的充分必要条件是 $\boldsymbol{BA}^{-1}\boldsymbol{C}=\boldsymbol{O}$.

*第十章 双线性型

§ 10.1 对偶空间

设 V 是数域 $\mathbb{K}$ 上的线性空间, 称 $V \to \mathbb{K}$ 的线性映射 ($\mathbb{K}$ 作为一维空间) 为 V 上的线性函数. 令 V^* 为由 V 上的线性函数全体组成的集合. 我们可以在 V^* 上定义加法与数乘, 使 V^* 成为 $\mathbb{K}$ 上的线性空间 (参考 § 4.2). V^* 称为 V 的共轭空间, 当 V 是有限维空间时, 常称 V^* 是 V 的对偶空间.

现设 V 是 $\mathbb{K}$ 上的 n 维线性空间, $\{\boldsymbol{e}_1, \boldsymbol{e}_2, \cdots, \boldsymbol{e}_n\}$ 是 V 的一组基, 则 $V \to \mathbb{K}$ 的任一线性函数 $\boldsymbol{f}$ 被它在 V 基上的值唯一确定. 现定义 $\boldsymbol{f}_i\,(i = 1, 2, \cdots, n)$ 如下:

$$\boldsymbol{f}_i(\boldsymbol{e}_j) = \delta_{ij},$$

这里 δ_{ij} 称为 Kronecker 符号, 即当 $i = j$ 时, $\delta_{ii} = 1$; 当 $i \neq j$ 时, $\delta_{ij} = 0$. 我们得到了 n 个 V 上的线性函数 $\{\boldsymbol{f}_1, \boldsymbol{f}_2, \cdots, \boldsymbol{f}_n\}$, 现要证明这 n 个线性函数组成了 V^* 的一组基. 注意若

$$\boldsymbol{x} = a_1\boldsymbol{e}_1 + a_2\boldsymbol{e}_2 + \cdots + a_n\boldsymbol{e}_n,$$

则

$$\boldsymbol{f}_i(\boldsymbol{x}) = a_i,\ i = 1, 2, \cdots, n.$$

设 $\boldsymbol{f}$ 是 V^* 中任一元素, 且 $\boldsymbol{f}(\boldsymbol{e}_j) = b_j\,(j = 1, 2, \cdots, n)$, 令

$$\boldsymbol{g} = b_1\boldsymbol{f}_1 + b_2\boldsymbol{f}_2 + \cdots + b_n\boldsymbol{f}_n,$$

则

$$\begin{aligned}
\boldsymbol{g}(\boldsymbol{x}) &= (b_1\boldsymbol{f}_1 + b_2\boldsymbol{f}_2 + \cdots + b_n\boldsymbol{f}_n)(\boldsymbol{x}) \\
&= b_1a_1 + b_2a_2 + \cdots + b_na_n \\
&= a_1\boldsymbol{f}(\boldsymbol{e}_1) + a_2\boldsymbol{f}(\boldsymbol{e}_2) + \cdots + a_n\boldsymbol{f}(\boldsymbol{e}_n) = \boldsymbol{f}(\boldsymbol{x}).
\end{aligned}$$

因为 $\boldsymbol{x}$ 是 V 中的任一向量, 故

$$\boldsymbol{f} = \boldsymbol{g} = b_1\boldsymbol{f}_1 + b_2\boldsymbol{f}_2 + \cdots + b_n\boldsymbol{f}_n.$$

这说明 V^* 中任一元素均可表示为 $\boldsymbol{f}_1, \boldsymbol{f}_2, \cdots, \boldsymbol{f}_n$ 的线性组合. 另一方面, 若存在 $c_1, c_2, \cdots, c_n$, 使

$$c_1\boldsymbol{f}_1 + c_2\boldsymbol{f}_2 + \cdots + c_n\boldsymbol{f}_n = \boldsymbol{0},$$

则将上式依次作用于 $\boldsymbol{e}_1, \boldsymbol{e}_2, \cdots, \boldsymbol{e}_n$ 上即得

$$c_1 = c_2 = \cdots = c_n = 0.$$

因此 $\{\boldsymbol{f}_1, \boldsymbol{f}_2, \cdots, \boldsymbol{f}_n\}$ 是 V^* 中线性无关的向量组, 组成了 V^* 的一组基, 称为 $\{\boldsymbol{e}_1, \boldsymbol{e}_2, \cdots, \boldsymbol{e}_n\}$ 的对偶基. 从这里我们顺便得到结论:

$$\dim V^* = \dim V = n. \tag{10.1.1}$$

需要注意的是当 V 是无限维空间时, (10.1.1) 式不再成立.

现在引进一个记号 $\langle\ ,\ \rangle$:

$$\langle \boldsymbol{f}, \boldsymbol{x} \rangle = \boldsymbol{f}(\boldsymbol{x}),$$

其中 $\boldsymbol{x} \in V$, $\boldsymbol{f} \in V^*$. 容易证明 $\langle\ ,\ \rangle$ 有下列性质.

记号 $\langle\ ,\ \rangle$ 的性质

(1) 若 $\langle \boldsymbol{f}, \boldsymbol{x} \rangle = 0$ 对一切 $\boldsymbol{x} \in V$ 成立, 则 $\boldsymbol{f} = \boldsymbol{0}$;

(2) 若 $\langle \boldsymbol{f}, \boldsymbol{x} \rangle = 0$ 对一切 $\boldsymbol{f} \in V^*$ 成立, 则 $\boldsymbol{x} = \boldsymbol{0}$.

证明 (1) 是显然的. 现来证明 (2). 若 $\boldsymbol{x} \neq \boldsymbol{0}$, 把 $\boldsymbol{x}$ 作为 V 的一个基向量并扩充它为 V 的一组基 $\{\boldsymbol{e}_1 = \boldsymbol{x}, \boldsymbol{e}_2, \cdots, \boldsymbol{e}_n\}$. 令 $\boldsymbol{f}(\boldsymbol{e}_1) = 1, \boldsymbol{f}(\boldsymbol{e}_i) = 0\,(i > 1)$, 则 $\boldsymbol{f}$ 可定义成为 V 上的线性函数, 这时 $\langle \boldsymbol{f}, \boldsymbol{x} \rangle \neq 0$. □

固定 $\boldsymbol{f}$, 则 $\langle \boldsymbol{f}, - \rangle$ 便是 V 上的线性函数且 $\langle \boldsymbol{f}, - \rangle = \boldsymbol{f}$. 同样地, 固定 $\boldsymbol{x}$, $\langle -, \boldsymbol{x} \rangle$ 可看成是 V^* 上的线性函数. 事实上, 对任意的 $\boldsymbol{f}, \boldsymbol{g} \in V^*$ 及任意的 $k \in \mathbb{K}$, 有

$$\begin{aligned} \langle \boldsymbol{f} + \boldsymbol{g}, \boldsymbol{x} \rangle &= (\boldsymbol{f} + \boldsymbol{g})(\boldsymbol{x}) = \boldsymbol{f}(\boldsymbol{x}) + \boldsymbol{g}(\boldsymbol{x}) \\ &= \langle \boldsymbol{f}, \boldsymbol{x} \rangle + \langle \boldsymbol{g}, \boldsymbol{x} \rangle, \\ \langle k\boldsymbol{f}, \boldsymbol{x} \rangle &= (k\boldsymbol{f})(\boldsymbol{x}) = k\boldsymbol{f}(\boldsymbol{x}) = k\langle \boldsymbol{f}, \boldsymbol{x} \rangle, \end{aligned}$$

因此 $\langle -, \boldsymbol{x} \rangle$ 是 V^* 上的线性函数. 记 V^* 上的全体线性函数为 $(V^*)^* = V^{**}$, 则 V^{**} 就是 V^* 的共轭空间. 上面的讨论表明:

$$\langle -, \boldsymbol{x} \rangle \in V^{**}.$$

定义 $V \to V^{**}$ 的映射 $\boldsymbol{\eta}$:

$$\boldsymbol{\eta}(\boldsymbol{x}) = \langle -, \boldsymbol{x} \rangle,$$

则

$$\boldsymbol{\eta}(\boldsymbol{x}+\boldsymbol{y}) = \langle -, \boldsymbol{x}+\boldsymbol{y} \rangle = \langle -, \boldsymbol{x} \rangle + \langle -, \boldsymbol{y} \rangle = \boldsymbol{\eta}(\boldsymbol{x}) + \boldsymbol{\eta}(\boldsymbol{y}),$$

$$\boldsymbol{\eta}(k\boldsymbol{x}) = \langle -, k\boldsymbol{x} \rangle = k\langle -, \boldsymbol{x} \rangle = k\boldsymbol{\eta}(\boldsymbol{x}),$$

因此 $\boldsymbol{\eta}$ 是线性空间 $V \to V^{**}$ 的线性映射. 又若 $\boldsymbol{\eta}(\boldsymbol{x}) = \mathbf{0}$ (这里的 $\mathbf{0}$ 表示 V^{**} 的零向量), 即对任意的 $\boldsymbol{f} \in V^*$, $\langle \boldsymbol{f}, \boldsymbol{x} \rangle = 0$. 由前面的分析得知, 必有 $\boldsymbol{x} = \mathbf{0}$, 这就是说 $\operatorname{Ker} \boldsymbol{\eta} = 0$, 因此 $\boldsymbol{\eta}$ 是一个单映射. 这时若 $\dim V = n$, 则 $\dim V^{**} = \dim V^* = n$, 故 $\boldsymbol{\eta}$ 也是满映射, 即 $\boldsymbol{\eta}$ 是线性同构. 如果把 V 与 V^{**} 在这个同构下等同起来, 则 V 可以看成是 V^* 的对偶空间. 这样 V 与 V^* 具有平等的地位, 它们互为对偶.

现在我们来研究如何把线性映射诱导到对偶空间上去. 设 $\boldsymbol{\varphi}$ 是 $\mathbb{K}$ 上线性空间 V 到 $\mathbb{K}$ 上线性空间 U 中的线性映射, V^*, U^* 分别是 V, U 的共轭空间. 设 $\boldsymbol{g} \in U^*$, 则 $\boldsymbol{g}\boldsymbol{\varphi}$ 是 V 上的线性函数. 定义 $U^* \to V^*$ 的映射 $\boldsymbol{\varphi}^*$ 如下:

$$\boldsymbol{\varphi}^*(\boldsymbol{g}) = \boldsymbol{g}\boldsymbol{\varphi},$$

则

$$\boldsymbol{\varphi}^*(\boldsymbol{g}_1 + \boldsymbol{g}_2) = (\boldsymbol{g}_1 + \boldsymbol{g}_2)\boldsymbol{\varphi} = \boldsymbol{g}_1\boldsymbol{\varphi} + \boldsymbol{g}_2\boldsymbol{\varphi} = \boldsymbol{\varphi}^*(\boldsymbol{g}_1) + \boldsymbol{\varphi}^*(\boldsymbol{g}_2),$$

$$\boldsymbol{\varphi}^*(k\boldsymbol{g}) = (k\boldsymbol{g})\boldsymbol{\varphi} = k(\boldsymbol{g}\boldsymbol{\varphi}) = k\boldsymbol{\varphi}^*(\boldsymbol{g}),$$

因此 $\boldsymbol{\varphi}^*$ 是线性映射. 我们称 $\boldsymbol{\varphi}^*$ 是线性映射 $\boldsymbol{\varphi}$ 的对偶映射.

定理 10.1.1 设 V, U 是数域 $\mathbb{K}$ 上的线性空间, $\boldsymbol{\varphi}$ 是 $V \to U$ 的线性映射, $\boldsymbol{\varphi}^* : U^* \to V^*$ 是 $\boldsymbol{\varphi}$ 的对偶映射, 则

(1) 对任意的 $\boldsymbol{x} \in V$ 及任意的 $\boldsymbol{g} \in U^*$, 总成立:

$$\langle \boldsymbol{\varphi}^*(\boldsymbol{g}), \boldsymbol{x} \rangle = \langle \boldsymbol{g}, \boldsymbol{\varphi}(\boldsymbol{x}) \rangle, \tag{10.1.2}$$

若 $\widetilde{\boldsymbol{\varphi}}$ 是 $U^* \to V^*$ 的线性映射且等式

$$\langle \widetilde{\boldsymbol{\varphi}}(\boldsymbol{g}), \boldsymbol{x} \rangle = \langle \boldsymbol{g}, \boldsymbol{\varphi}(\boldsymbol{x}) \rangle \tag{10.1.3}$$

对一切 $\boldsymbol{x} \in V$, $\boldsymbol{g} \in U^*$ 成立, 那么 $\widetilde{\boldsymbol{\varphi}} = \boldsymbol{\varphi}^*$.

(2) 若 V, U 是有限维线性空间, 设 $\{\boldsymbol{e}_1, \boldsymbol{e}_2, \cdots, \boldsymbol{e}_n\}$ 是 V 的一组基, $\{\boldsymbol{f}_1, \boldsymbol{f}_2, \cdots, \boldsymbol{f}_n\}$ 是其对偶基; $\{\boldsymbol{u}_1, \boldsymbol{u}_2, \cdots, \boldsymbol{u}_m\}$ 是 U 的一组基, $\{\boldsymbol{g}_1, \boldsymbol{g}_2, \cdots, \boldsymbol{g}_m\}$ 是其对偶基. 设 $\boldsymbol{\varphi}$ 在基 $\{\boldsymbol{e}_1, \boldsymbol{e}_2, \cdots, \boldsymbol{e}_n\}$ 和基 $\{\boldsymbol{u}_1, \boldsymbol{u}_2, \cdots, \boldsymbol{u}_m\}$ 下的表示矩阵是 $\boldsymbol{A}$, 则 $\boldsymbol{\varphi}^*$ 在基 $\{\boldsymbol{g}_1, \boldsymbol{g}_2, \cdots, \boldsymbol{g}_m\}$ 和基 $\{\boldsymbol{f}_1, \boldsymbol{f}_2, \cdots, \boldsymbol{f}_n\}$ 下的表示矩阵为 $\boldsymbol{A}'$.

证明　(1) 由 $\boldsymbol{\varphi}^*$ 之定义, 有

$$\begin{aligned}\langle\boldsymbol{\varphi}^*(\boldsymbol{g}),\boldsymbol{x}\rangle &= \boldsymbol{\varphi}^*(\boldsymbol{g})(\boldsymbol{x})=(\boldsymbol{g}\boldsymbol{\varphi})(\boldsymbol{x})\\ &= \boldsymbol{g}(\boldsymbol{\varphi}(\boldsymbol{x}))=\langle\boldsymbol{g},\boldsymbol{\varphi}(\boldsymbol{x})\rangle.\end{aligned}$$

又若 $\widetilde{\boldsymbol{\varphi}}$ 使 (10.1.3) 式成立, 则对任意的 $\boldsymbol{x}\in V$, 有

$$\widetilde{\boldsymbol{\varphi}}(\boldsymbol{g})(\boldsymbol{x})=\langle\widetilde{\boldsymbol{\varphi}}(\boldsymbol{g}),\boldsymbol{x}\rangle=\langle\boldsymbol{g},\boldsymbol{\varphi}(\boldsymbol{x})\rangle=\langle\boldsymbol{\varphi}^*(\boldsymbol{g}),\boldsymbol{x}\rangle=\boldsymbol{\varphi}^*(\boldsymbol{g})(\boldsymbol{x}),$$

因此 $\widetilde{\boldsymbol{\varphi}}(\boldsymbol{g})=\boldsymbol{\varphi}^*(\boldsymbol{g})$ 对一切 $\boldsymbol{g}\in U^*$ 成立, 即有 $\widetilde{\boldsymbol{\varphi}}=\boldsymbol{\varphi}^*$.

(2) 设 $\boldsymbol{A}=(a_{ij})_{m\times n}$, 且 $\boldsymbol{B}=(b_{ij})_{n\times m}$ 为 $\boldsymbol{\varphi}^*$ 在对偶基下的表示矩阵, 即有

$$\boldsymbol{\varphi}(\boldsymbol{e}_j)=\sum_{i=1}^m a_{ij}\boldsymbol{u}_i,\ j=1,2,\cdots,n,$$

$$\boldsymbol{\varphi}^*(\boldsymbol{g}_i)=\sum_{j=1}^n b_{ji}\boldsymbol{f}_j,\ i=1,2,\cdots,m.$$

对任意的 $1\leq k\leq m$, $1\leq l\leq n$, 在 (10.1.2) 式中令 $\boldsymbol{g}=\boldsymbol{g}_k$, $\boldsymbol{x}=\boldsymbol{e}_l$, 计算可得

$$\langle\boldsymbol{\varphi}^*(\boldsymbol{g}_k),\boldsymbol{e}_l\rangle=\langle\sum_{j=1}^n b_{jk}\boldsymbol{f}_j,\boldsymbol{e}_l\rangle=b_{lk},$$

$$\langle\boldsymbol{g}_k,\boldsymbol{\varphi}(\boldsymbol{e}_l)\rangle=\langle\boldsymbol{g}_k,\sum_{i=1}^m a_{il}\boldsymbol{u}_i\rangle=a_{kl}.$$

因此 $b_{lk}=a_{kl}$ 对任意的 $1\leq k\leq m$, $1\leq l\leq n$ 成立, 即 $\boldsymbol{B}=\boldsymbol{A}'$. □

推论 10.1.1　设 V, U, W 是数域 $\mathbb{K}$ 上的线性空间, $\boldsymbol{\varphi},\boldsymbol{\varphi}_1,\boldsymbol{\varphi}_2$ 是 $V\to U$ 的线性映射, $\boldsymbol{\psi}$ 是 $U\to W$ 的线性映射, 则

(1) $(k_1\boldsymbol{\varphi}_1+k_2\boldsymbol{\varphi}_2)^*=k_1\boldsymbol{\varphi}_1^*+k_2\boldsymbol{\varphi}_2^*$, 其中 $k_1,k_2\in\mathbb{K}$.

(2) $(\boldsymbol{\psi}\boldsymbol{\varphi})^*=\boldsymbol{\varphi}^*\boldsymbol{\psi}^*$.

(3) 若 $\boldsymbol{\varphi}: V\to U$ 是线性同构, 则 $\boldsymbol{\varphi}^*: U^*\to V^*$ 也是线性同构, 此时 $(\boldsymbol{\varphi}^*)^{-1}=(\boldsymbol{\varphi}^{-1})^*$.

(4) 若 V, U 都是有限维线性空间, 则 $\boldsymbol{\varphi}$ 是单映射的充分必要条件是 $\boldsymbol{\varphi}^*$ 为满映射, $\boldsymbol{\varphi}$ 是满映射的充分必要条件是 $\boldsymbol{\varphi}^*$ 为单映射. 特别, $\boldsymbol{\varphi}$ 是线性同构的充分必要条件是 $\boldsymbol{\varphi}^*$ 也是线性同构.

证明 (1) 和 (2) 都可以用定理 10.1.1 (1) 来证明. 我们只证明 (2), 而把 (1) 留给读者自己证明. 对任意的 $\boldsymbol{x} \in V$, $\boldsymbol{h} \in W^*$, 有

$$\begin{aligned}\langle(\boldsymbol{\psi}\boldsymbol{\varphi})^*(\boldsymbol{h}), \boldsymbol{x}\rangle &= \langle\boldsymbol{h}, \boldsymbol{\psi}\boldsymbol{\varphi}(\boldsymbol{x})\rangle = \langle\boldsymbol{\psi}^*(\boldsymbol{h}), \boldsymbol{\varphi}(\boldsymbol{x})\rangle \\ &= \langle\boldsymbol{\varphi}^*(\boldsymbol{\psi}^*(\boldsymbol{h})), \boldsymbol{x}\rangle = \langle(\boldsymbol{\varphi}^*\boldsymbol{\psi}^*)(\boldsymbol{h}), \boldsymbol{x}\rangle.\end{aligned}$$

由定理 10.1.1 (1) 即得 $(\boldsymbol{\psi}\boldsymbol{\varphi})^* = \boldsymbol{\varphi}^*\boldsymbol{\psi}^*$.

(3) 显然 $(\boldsymbol{I}_V)^* = \boldsymbol{I}_{V^*}$ 成立. 若 $\boldsymbol{\varphi}$ 是线性同构, 则 $\boldsymbol{\varphi}^{-1}\boldsymbol{\varphi} = \boldsymbol{I}_V$, 由 (2) 可得 $\boldsymbol{I}_{V^*} = (\boldsymbol{\varphi}^{-1}\boldsymbol{\varphi})^* = \boldsymbol{\varphi}^*(\boldsymbol{\varphi}^{-1})^*$. 同理可证 $\boldsymbol{I}_{U^*} = (\boldsymbol{\varphi}^{-1})^*\boldsymbol{\varphi}^*$, 故 (3) 的结论成立.

(4) 由推论 4.4.3 知, $\boldsymbol{\varphi}$ 是单映射的充分必要条件是 $\boldsymbol{\varphi}$ 的表示矩阵 $\boldsymbol{A}$ 是列满秩阵, $\boldsymbol{\varphi}$ 是满映射的充分必要条件是 $\boldsymbol{\varphi}$ 的表示矩阵 $\boldsymbol{A}$ 是行满秩阵. 又 $\boldsymbol{A}$ 是列满秩阵 (行满秩阵) 当且仅当 $\boldsymbol{A}'$ 是行满秩阵 (列满秩阵), 故由定理 10.1.1 (2) 知 (4) 的结论成立. □

例 10.1.1 设 V 是数域 $\mathbb{K}$ 上的 n 维列向量空间, V' 是 $\mathbb{K}$ 上的 n 维行向量空间. 现利用 V' 定义 V 上的线性函数如下: 设 $\boldsymbol{v} \in V$, $\boldsymbol{u}$ 为 V' 中固定的向量, 若

$$\boldsymbol{u} = (u_1, u_2, \cdots, u_n), \quad \boldsymbol{v} = (v_1, v_2, \cdots, v_n)',$$

定义

$$\langle\boldsymbol{u}, \boldsymbol{v}\rangle = u_1v_1 + u_2v_2 + \cdots + u_nv_n,$$

则 $\langle\boldsymbol{u}, -\rangle$ 是 V 上的线性函数 (读者不妨验证之). 另一方面, 设 $\boldsymbol{f}$ 是 V 上的任一线性函数, $\{\boldsymbol{e}_1, \boldsymbol{e}_2, \cdots, \boldsymbol{e}_n\}$ 是 V 的标准基, 若 $\boldsymbol{f}(\boldsymbol{e}_i) = a_i$, 令

$$\boldsymbol{u} = (a_1, a_2, \cdots, a_n),$$

则不难验证对任意的 $\boldsymbol{v} \in V$, $\boldsymbol{f}(\boldsymbol{v}) = \langle\boldsymbol{u}, \boldsymbol{v}\rangle$. 这表明我们可以把 V' 看成是 V 的对偶空间. 同理可把 V 看成是 V' 的对偶空间. 又因为

$$\langle\boldsymbol{e}_i', \boldsymbol{e}_j\rangle = \delta_{ij},$$

所以 $\{\boldsymbol{e}_1', \boldsymbol{e}_2', \cdots, \boldsymbol{e}_n'\}$ 是 $\{\boldsymbol{e}_1, \boldsymbol{e}_2, \cdots, \boldsymbol{e}_n\}$ 的对偶基. 设 $\boldsymbol{A}$ 是 n 阶方阵, 则 $\boldsymbol{A}$ 定义了 V 上的线性变换 $\boldsymbol{\varphi}$:

$$\boldsymbol{\varphi}(\boldsymbol{v}) = \boldsymbol{A}\boldsymbol{v},$$

$\boldsymbol{A}$ 也定义了 V' 上的线性变换 $\boldsymbol{\psi}$:

$$\boldsymbol{\psi}(\boldsymbol{u}) = \boldsymbol{u}\boldsymbol{A}.$$

由于

$$\langle \boldsymbol{uA}, \boldsymbol{v}\rangle = (\boldsymbol{uA})\boldsymbol{v} = \boldsymbol{u}(\boldsymbol{Av}) = \langle \boldsymbol{u}, \boldsymbol{Av}\rangle,$$

故 $\boldsymbol{\psi} = \boldsymbol{\varphi}^*$.

习 题 10.1

1. 设 n 维线性空间 V 中的一组基 $\{\boldsymbol{e}_1, \boldsymbol{e}_2, \cdots, \boldsymbol{e}_n\}$ 到另一组基 $\{\boldsymbol{v}_1, \boldsymbol{v}_2, \cdots, \boldsymbol{v}_n\}$ 的过渡矩阵为 $\boldsymbol{P}$, 求这两组基的对偶基之间的过渡矩阵.

2. 设 V_1 是线性空间 V 的子空间, 记

$$V_1^{\perp} = \{\boldsymbol{f} \in V^* \mid \langle \boldsymbol{f}, V_1\rangle = 0\}.$$

求证: $V_1^{\perp}$ 是 V^* 的子空间, 且若 V_2 是 V 的另一子空间, 则

$$V_1^{\perp} \cap V_2^{\perp} = (V_1 + V_2)^{\perp}.$$

3. 设 V 是 $\mathbb{K}$ 上的有限维线性空间, V_1 是 V 的子空间, 求证:

$$\dim V = \dim V_1 + \dim V_1^{\perp}.$$

4. 设 V 是 $\mathbb{K}$ 上的有限维线性空间, V_1, V_2 是 V 的子空间, 把 V 看成是 V^* 的对偶空间 (按本节中的方式), 求证:

$$(V_1^{\perp})^{\perp} = V_1, \quad (V_1 \cap V_2)^{\perp} = V_1^{\perp} + V_2^{\perp}.$$

5. 设 V, U 是 $\mathbb{K}$ 上的有限维线性空间, $\boldsymbol{\varphi}, \boldsymbol{\psi}$ 是 $V \to U$ 的线性映射, 求证: $\boldsymbol{\varphi} = \boldsymbol{\psi}$ 当且仅当 $\boldsymbol{\varphi}^* = \boldsymbol{\psi}^*$. 利用这一结论以及复习题四的第 3 题给出推论 10.1.1 (4) 的另一证明.

6. 设 V, U 是 $\mathbb{K}$ 上的有限维线性空间, $\boldsymbol{\varphi}$ 是 $V \to U$ 的线性映射. 求证: 若将 V 与 V^*, U 与 U^* 看成是互为对偶的空间, 则 $(\boldsymbol{\varphi}^*)^* = \boldsymbol{\varphi}$.

§ 10.2 双线性型

在上一节中, 我们在两个线性空间 V^*, V 上定义了一个函数 $\langle\ ,\ \rangle$. 它可以看成是一个 "双变元" 函数, 其中一个变元在 V^* 中, 另一个变元在 V 中. 这个双变

元函数对每个变元都是线性的, 即

$$\begin{aligned}\langle \boldsymbol{f}, \boldsymbol{x}+\boldsymbol{y}\rangle &= \langle \boldsymbol{f}, \boldsymbol{x}\rangle + \langle \boldsymbol{f}, \boldsymbol{y}\rangle,\\ \langle \boldsymbol{f}, k\boldsymbol{y}\rangle &= k\langle \boldsymbol{f}, \boldsymbol{y}\rangle,\\ \langle \boldsymbol{f}+\boldsymbol{g}, \boldsymbol{x}\rangle &= \langle \boldsymbol{f}, \boldsymbol{x}\rangle + \langle \boldsymbol{g}, \boldsymbol{x}\rangle,\\ \langle k\boldsymbol{f}, \boldsymbol{x}\rangle &= k\langle \boldsymbol{f}, \boldsymbol{x}\rangle.\end{aligned}$$

这样的性质称为双线性, $\langle\ ,\ \rangle$ 称为 V^* 与 V 上的双线性函数. 现在我们要在数域 $\mathbb{K}$ 上的任意两个线性空间上定义双线性函数.

定义 10.2.1 设 U, V 是数域 $\mathbb{K}$ 上的线性空间, $U \times V$ 是它们的积集合. 若存在集合 $U \times V \to \mathbb{K}$ 的映射 g, 满足下列条件:

(1) 对任意的 $\boldsymbol{x}, \boldsymbol{y} \in U$, $\boldsymbol{z} \in V$, $k \in \mathbb{K}$,

$$\begin{aligned}g(\boldsymbol{x}+\boldsymbol{y}, \boldsymbol{z}) &= g(\boldsymbol{x}, \boldsymbol{z}) + g(\boldsymbol{y}, \boldsymbol{z}),\\ g(k\boldsymbol{x}, \boldsymbol{z}) &= kg(\boldsymbol{x}, \boldsymbol{z});\end{aligned}$$

(2) 对任意的 $\boldsymbol{x} \in U$, $\boldsymbol{z}, \boldsymbol{w} \in V$, $k \in \mathbb{K}$,

$$\begin{aligned}g(\boldsymbol{x}, \boldsymbol{z}+\boldsymbol{w}) &= g(\boldsymbol{x}, \boldsymbol{z}) + g(\boldsymbol{x}, \boldsymbol{w}),\\ g(\boldsymbol{x}, k\boldsymbol{z}) &= kg(\boldsymbol{x}, \boldsymbol{z}),\end{aligned}$$

则称 g 是 U 与 V 上的双线性函数或双线性型.

显然, 若固定 $\boldsymbol{z} \in V$, $g(-, \boldsymbol{z})$ 是 U 上的线性函数. 同样, 若固定 $\boldsymbol{x} \in U$, $g(\boldsymbol{x}, -)$ 是 V 上的线性函数. 显而易见, § 10.1 中的 $\langle\ ,\ \rangle$ 是定义在 V^* 与 V 上的双线性函数.

现在我们要研究双线性型的表示. 因为双线性型对每个变元都是线性的, 不难看出双线性函数的值完全被该函数在基向量上的值唯一确定. 设 U 及 V 分别是数域 $\mathbb{K}$ 上的 m 维与 n 维线性空间, $\{\boldsymbol{e}_1, \boldsymbol{e}_2, \cdots, \boldsymbol{e}_m\}$ 与 $\{\boldsymbol{v}_1, \boldsymbol{v}_2, \cdots, \boldsymbol{v}_n\}$ 分别是 U 与 V 的基, g 是定义在 U 和 V 上的双线性型. 设 $\boldsymbol{A}$ 是一个 $m \times n$ 矩阵, 它的第 (i, j) 元素等于 $g(\boldsymbol{e}_i, \boldsymbol{v}_j)$, 即

$$\boldsymbol{A} = \begin{pmatrix} g(\boldsymbol{e}_1, \boldsymbol{v}_1) & g(\boldsymbol{e}_1, \boldsymbol{v}_2) & \cdots & g(\boldsymbol{e}_1, \boldsymbol{v}_n)\\ g(\boldsymbol{e}_2, \boldsymbol{v}_1) & g(\boldsymbol{e}_2, \boldsymbol{v}_2) & \cdots & g(\boldsymbol{e}_2, \boldsymbol{v}_n)\\ \vdots & \vdots & & \vdots\\ g(\boldsymbol{e}_m, \boldsymbol{v}_1) & g(\boldsymbol{e}_m, \boldsymbol{v}_2) & \cdots & g(\boldsymbol{e}_m, \boldsymbol{v}_n) \end{pmatrix}.$$

若 $\boldsymbol{x}\in U,\boldsymbol{y}\in V$,

$$\boldsymbol{x}=\sum_{i=1}^{m}a_i\boldsymbol{e}_i,\quad \boldsymbol{y}=\sum_{j=1}^{n}b_j\boldsymbol{v}_j,$$

则

$$\begin{aligned}g(\boldsymbol{x},\boldsymbol{y})&=g(\sum_{i=1}^{m}a_i\boldsymbol{e}_i,\sum_{j=1}^{n}b_j\boldsymbol{v}_j)\\&=\sum_{i=1}^{m}\sum_{j=1}^{n}a_ib_jg(\boldsymbol{e}_i,\boldsymbol{v}_j)\\&=(a_1,a_2,\cdots,a_m)\boldsymbol{A}(b_1,b_2,\cdots,b_n)'.\end{aligned}\tag{10.2.1}$$

(10.2.1) 式告诉我们, 若记 $\boldsymbol{x}$ 的坐标向量 (用列向量表示) 为 $\boldsymbol{\alpha}$, 记 $\boldsymbol{y}$ 的坐标向量为 $\boldsymbol{\beta}$, 则

$$g(\boldsymbol{x},\boldsymbol{y})=\boldsymbol{\alpha}'\boldsymbol{A}\boldsymbol{\beta}.\tag{10.2.2}$$

(10.2.1) 式还表明, 取定基后, U 和 V 上的双线性型 g 可以决定 $\mathbb{K}$ 上的 $m\times n$ 矩阵 $\boldsymbol{A}=(g(\boldsymbol{e}_i,\boldsymbol{v}_j))$. 反过来, 若取定 U 和 V 的基以及 $\mathbb{K}$ 上的 $m\times n$ 矩阵 $\boldsymbol{A}$, 则由 (10.2.1) 式可以定义 U 和 V 上的双线性函数 g. 因此在固定基下, U 和 V 上的双线性函数全体与 $\mathbb{K}$ 上的 $m\times n$ 矩阵之间有一个一一对应. 它使我们能够用矩阵作为工具来研究双线性型.

我们自然关心这样一件事: 若 U 与 V 的基发生变化, 同一个双线性函数在不同基下的表示矩阵有什么关系? 现设 $\{\boldsymbol{e}_1,\boldsymbol{e}_2,\cdots,\boldsymbol{e}_m\}$, $\{\boldsymbol{e}_1',\boldsymbol{e}_2',\cdots,\boldsymbol{e}_m'\}$ 是 U 的两组基, $\{\boldsymbol{v}_1,\boldsymbol{v}_2,\cdots,\boldsymbol{v}_n\}$, $\{\boldsymbol{v}_1',\boldsymbol{v}_2',\cdots,\boldsymbol{v}_n'\}$ 是 V 的两组基, 它们之间的过渡矩阵分别为 $\boldsymbol{C}$ 及 $\boldsymbol{D}$. 又设 $\boldsymbol{x}\in U$ 在基 $\{\boldsymbol{e}_i\}$ 下的坐标向量为 $\boldsymbol{\alpha}$, 在基 $\{\boldsymbol{e}_i'\}$ 下的坐标向量为 $\boldsymbol{\beta}$, 则 $\boldsymbol{\alpha}=\boldsymbol{C}\boldsymbol{\beta}$. 类似地, 设 $\boldsymbol{y}\in V$ 在基 $\{\boldsymbol{v}_j\}$ 下的坐标向量为 $\boldsymbol{\gamma}$, 在基 $\{\boldsymbol{v}_j'\}$ 下的坐标向量为 $\boldsymbol{\delta}$, 则 $\boldsymbol{\gamma}=\boldsymbol{D}\boldsymbol{\delta}$. 设双线性型 g 在基 $\{\boldsymbol{e}_i\}$ 和基 $\{\boldsymbol{v}_j\}$ 下的表示矩阵为 $\boldsymbol{A}$, 在基 $\{\boldsymbol{e}_i'\}$ 和基 $\{\boldsymbol{v}_j'\}$ 下的表示矩阵为 $\boldsymbol{B}$, 于是

$$g(\boldsymbol{x},\boldsymbol{y})=\boldsymbol{\alpha}'\boldsymbol{A}\boldsymbol{\gamma}=(\boldsymbol{C}\boldsymbol{\beta})'\boldsymbol{A}(\boldsymbol{D}\boldsymbol{\delta})=\boldsymbol{\beta}'(\boldsymbol{C}'\boldsymbol{A}\boldsymbol{D})\boldsymbol{\delta}.$$

另一方面

$$g(\boldsymbol{x},\boldsymbol{y})=\boldsymbol{\beta}'\boldsymbol{B}\boldsymbol{\delta}.$$

因为 $\boldsymbol{x},\boldsymbol{y}$ 是任意的, 所以

$$\boldsymbol{B}=\boldsymbol{C}'\boldsymbol{A}\boldsymbol{D}.$$

这说明, g 在不同基下的表示矩阵是相抵的. 由矩阵理论知道存在非异阵 $\boldsymbol{C}$ 及 $\boldsymbol{D}$, 使 $\boldsymbol{C}'\boldsymbol{A}\boldsymbol{D}$ 为相抵标准型. 这就是说, 我们可以选择 U,V 的基, 使 g 在这两组基下的表示矩阵是相抵标准型

$$\begin{pmatrix} \boldsymbol{I}_r & \boldsymbol{O} \\ \boldsymbol{O} & \boldsymbol{O} \end{pmatrix}.$$

矩阵 $\boldsymbol{A}$ 的秩 r 称为 g 的秩, 它不随基的改变而改变. 这样就证明了下面的定理.

定理 10.2.1 设 g 是 U 和 V 上的双线性型, 则必存在 U 的基 $\{\boldsymbol{e}_1,\boldsymbol{e}_2,\cdots,\boldsymbol{e}_m\}$ 及 V 的基 $\{\boldsymbol{v}_1,\boldsymbol{v}_2,\cdots,\boldsymbol{v}_n\}$, 使

$$g(\boldsymbol{e}_i,\boldsymbol{v}_j)=\delta_{ij},\ i,j=1,\cdots,r;$$

$$g(\boldsymbol{e}_i,\boldsymbol{v}_j)=0,\ i>r \text{ 或 } j>r,$$

其中 r 为 g 的秩.

定义 10.2.2 设 g 是 U 和 V 上的双线性型. 令

$$L=\{\boldsymbol{u}\in U\,|\,g(\boldsymbol{u},\boldsymbol{y})=0 \text{ 对一切 } \boldsymbol{y}\in V \text{ 成立}\},$$

$$R=\{\boldsymbol{v}\in V\,|\,g(\boldsymbol{x},\boldsymbol{v})=0 \text{ 对一切 } \boldsymbol{x}\in U \text{ 成立}\},$$

则 L 与 R 分别是 U 与 V 的子空间, 分别称为 g 的左根子空间与右根子空间.

设 U 是 m 维线性空间, V 是 n 维线性空间, 且 g 的秩等于 r, 则由定理 10.2.1 知道可选择 U 和 V 的基 $\{\boldsymbol{e}_i\}_{i=1,\cdots,m}$ 及 $\{\boldsymbol{v}_j\}_{j=1,\cdots,n}$, 使左根子空间 L 恰好由 $\boldsymbol{e}_{r+1},\cdots,\boldsymbol{e}_m$ 张成, 右根子空间 R 恰好由 $\boldsymbol{v}_{r+1},\cdots,\boldsymbol{v}_n$ 张成. 因此我们有

$$\dim L=m-r,\quad \dim R=n-r. \tag{10.2.3}$$

定义 10.2.3 若双线性型 g 的左、右根子空间都为零, 则 g 称为非退化的.

定理 10.2.2 U 和 V 上的双线性型 g 为非退化双线性型的充分必要条件是

$$\dim U=\dim V=r,$$

其中 r 为 g 的秩.

证明 由 (10.2.3) 式即得. □

推论 10.2.1 U 和 V 上的双线性型 g 为非退化的充分必要条件是 g 在 U 和 V 的任意两组基下的表示矩阵都是非异阵.

现设 g 是 U 和 V 上非退化的双线性型, 固定 $\boldsymbol{x}$, $g(\boldsymbol{x},-)$ 就成了 V 上的线性函数. 作 $U\to V^*$ 的映射 φ:

$$\varphi(\boldsymbol{x})=g(\boldsymbol{x},-),$$

则 φ 是一个线性映射. 若 $\varphi(\boldsymbol{x})=\boldsymbol{0}$, 即 $g(\boldsymbol{x},\boldsymbol{y})=0$ 对一切 $\boldsymbol{y}\in V$ 成立, 由于 g 是非退化的, 故 $\boldsymbol{x}=\boldsymbol{0}$. 这说明 $\operatorname{Ker}\varphi=0$, 也就是 φ 为 $U\to V^*$ 的单映射. 另一方面, $\dim V^*=\dim V=\dim U$, 故 φ 是一个线性同构. 若将 $\boldsymbol{x}$ 与 $g(\boldsymbol{x},-)$ 等同起来, 则 U 就成了 V 的对偶空间 V^*, 这时有

$$\langle\varphi(\boldsymbol{x}),\boldsymbol{y}\rangle=g(\boldsymbol{x},\boldsymbol{y}).$$

类似地, 我们可将 V 与 U^* 等同起来, 即存在线性同构 $\boldsymbol{\psi}:V\to U^*$, 使

$$\langle\boldsymbol{x},\boldsymbol{\psi}(\boldsymbol{y})\rangle=g(\boldsymbol{x},\boldsymbol{y})$$

对一切 $\boldsymbol{x}\in U$, $\boldsymbol{y}\in V$ 成立. 这一事实表明非退化双线性型在同构的意义下与 § 10.1 中定义的双线性型 $\langle\ ,\ \rangle$ 没有什么区别, 许多问题的讨论可归结为 V^* 和 V 上的双线性型 $\langle\ ,\ \rangle$ 的讨论.

一般地, 我们还有下列定理.

定理 10.2.3 设 g_1 及 g_2 是 U 和 V 上的两个非退化双线性型, 则存在 U 上的非异线性变换 φ 及 V 上的非异线性变换 ψ, 使

$$g_2(\boldsymbol{\varphi}(\boldsymbol{x}),\boldsymbol{y})=g_1(\boldsymbol{x},\boldsymbol{y}),\quad g_2(\boldsymbol{x},\boldsymbol{\psi}(\boldsymbol{y}))=g_1(\boldsymbol{x},\boldsymbol{y})$$

对一切 $\boldsymbol{x}\in U$, $\boldsymbol{y}\in V$ 成立.

证明　由上面的讨论知道存在 $U\to V^*$ 的线性同构 $\boldsymbol{\varphi}_1$, 使

$$\langle\boldsymbol{\varphi}_1(\boldsymbol{x}),\boldsymbol{y}\rangle=g_1(\boldsymbol{x},\boldsymbol{y}).$$

同理, 存在线性同构 $\boldsymbol{\varphi}_2:U\to V^*$, 使

$$\langle\boldsymbol{\varphi}_2(\boldsymbol{x}),\boldsymbol{y}\rangle=g_2(\boldsymbol{x},\boldsymbol{y}).$$

令 $\boldsymbol{\varphi}=\boldsymbol{\varphi}_2^{-1}\boldsymbol{\varphi}_1$, 则 $\boldsymbol{\varphi}$ 是 U 上的非异线性变换, 且

$$\begin{aligned}g_2(\boldsymbol{\varphi}(\boldsymbol{x}),\boldsymbol{y})&=\langle\boldsymbol{\varphi}_2\boldsymbol{\varphi}(\boldsymbol{x}),\boldsymbol{y}\rangle\\&=\langle\boldsymbol{\varphi}_1(\boldsymbol{x}),\boldsymbol{y}\rangle\\&=g_1(\boldsymbol{x},\boldsymbol{y}).\end{aligned}$$

同理可证明另一等式. □

对偶映射的概念也可推广到双线性型上. 设 g_1 及 g_2 是 U 和 V 上的非退化双线性型, φ 是 V 上的线性变换, 若存在 U 上的线性变换 φ^*, 使

$$g_2(\boldsymbol{\varphi}^*(\boldsymbol{x}),\boldsymbol{y})=g_1(\boldsymbol{x},\boldsymbol{\varphi}(\boldsymbol{y}))$$

对一切 $\boldsymbol{x}\in U$, $\boldsymbol{y}\in V$ 成立, 则称 $\boldsymbol{\varphi}^*$ 是 φ 关于 g_1,g_2 的对偶. 不难证明 φ 关于 g_1,g_2 对偶的存在性. 事实上, 令 $\boldsymbol{\varphi}^*=\varphi_2^{-1}\widetilde{\varphi}\varphi_1$, 其中 φ_1 和 φ_2 是定理 10.2.3 证明中的同构, $\widetilde{\varphi}$ 是 φ 关于 $\langle\ ,\ \rangle$ 的对偶, 即 $\widetilde{\varphi}$ 适合

$$\langle\widetilde{\boldsymbol{\varphi}}(\boldsymbol{v}),\boldsymbol{y}\rangle=\langle\boldsymbol{v},\boldsymbol{\varphi}(\boldsymbol{y})\rangle,$$

于是

$$\begin{aligned}g_2(\boldsymbol{\varphi}^*(\boldsymbol{x}),\boldsymbol{y})&=\langle\boldsymbol{\varphi}_2\boldsymbol{\varphi}^*(\boldsymbol{x}),\boldsymbol{y}\rangle=\langle\widetilde{\boldsymbol{\varphi}}\boldsymbol{\varphi}_1(\boldsymbol{x}),\boldsymbol{y}\rangle\\&=\langle\boldsymbol{\varphi}_1(\boldsymbol{x}),\boldsymbol{\varphi}(\boldsymbol{y})\rangle=g_1(\boldsymbol{x},\boldsymbol{\varphi}(\boldsymbol{y})).\end{aligned}$$

唯一性可这样来证明: 若 $\boldsymbol{\xi}$ 是 U 上的线性变换, 且

$$g_2(\boldsymbol{\xi}(\boldsymbol{x}),\boldsymbol{y})=g_1(\boldsymbol{x},\boldsymbol{\varphi}(\boldsymbol{y})),$$

则

$$g_2(\boldsymbol{\xi}(\boldsymbol{x}),\boldsymbol{y})=g_2(\boldsymbol{\varphi}^*(\boldsymbol{x}),\boldsymbol{y})$$

对一切 $\boldsymbol{x}\in U$, $\boldsymbol{y}\in V$ 成立, 因此

$$g_2(\boldsymbol{\xi}(\boldsymbol{x})-\boldsymbol{\varphi}^*(\boldsymbol{x}),\boldsymbol{y})=0$$

对一切 $\boldsymbol{y}\in V$ 成立. 由于 g_2 是非退化的双线性型, 故 $\boldsymbol{\xi}(\boldsymbol{x})-\boldsymbol{\varphi}^*(\boldsymbol{x})=\mathbf{0}$, 即 $\boldsymbol{\xi}(\boldsymbol{x})=\boldsymbol{\varphi}^*(\boldsymbol{x})$ 对一切 $\boldsymbol{x}\in U$ 成立, 因此 $\boldsymbol{\xi}=\boldsymbol{\varphi}^*$.

习　题　10.2

1. 设 g_1 及 g_2 是 $\mathbb{K}$ 上的线性空间 U 和 V 上的双线性型, 定义

$$(g_1+g_2)(\boldsymbol{x},\boldsymbol{y})=g_1(\boldsymbol{x},\boldsymbol{y})+g_2(\boldsymbol{x},\boldsymbol{y}),$$

对 $\mathbb{K}$ 中任一数 k, 定义

$$(kg_1)(\boldsymbol{x},\boldsymbol{y})=kg_1(\boldsymbol{x},\boldsymbol{y}).$$

求证: g_1+g_2 和 kg_1 仍是 U 和 V 上的双线性型, 且在此定义下, U 和 V 上的全体双线性型成为 $\mathbb{K}$ 上的线性空间. 若 $\dim U=m$, $\dim V=n$, 则上述线性空间的维数为 mn.

2. 设 g 是 U 和 V 上的双线性型, V^* 是 V 的对偶空间, L 是 g 的左根子空间. 定义 $U\to V^*$ 的映射 $\boldsymbol{\varphi}$:

$$\boldsymbol{\varphi}(\boldsymbol{x})=g(\boldsymbol{x},-),$$

求证: $\boldsymbol{\varphi}$ 是线性映射且 $\operatorname{Ker}\boldsymbol{\varphi}=L$.

3. 设 g 是 U 和 V 上的非退化双线性型. 若 $\{\boldsymbol{e}_1,\boldsymbol{e}_2,\cdots,\boldsymbol{e}_n\}$, $\{\boldsymbol{v}_1,\boldsymbol{v}_2,\cdots,\boldsymbol{v}_n\}$ 分别是 U,V 的一组基, 使

$$g(\boldsymbol{e}_i,\boldsymbol{v}_j)=\delta_{ij},\ i,j=1,2,\cdots,n,$$

则称 $\{\boldsymbol{e}_i\}$, $\{\boldsymbol{v}_i\}$ 是关于 g 的对偶基. 设 $\boldsymbol{\varphi}$ 是 V 上的线性变换, $\boldsymbol{\varphi}^*$ 是 $\boldsymbol{\varphi}$ 关于 g 的对偶映射. 证明: 若 $\boldsymbol{\varphi}$ 在 $\{\boldsymbol{v}_i\}$ 下的表示矩阵为 $\boldsymbol{A}$, 则 $\boldsymbol{\varphi}^*$ 在 $\{\boldsymbol{e}_i\}$ 下的表示矩阵为 $\boldsymbol{A}'$.

4. 设 g 是 U 和 V 上的非零双线性型, 证明: 必存在 U,V 的子空间 U_0,V_0, 使 g 限制在 U_0,V_0 上是非退化的双线性型, 且

$$\dim U_0=\dim V_0=\dim U-\dim L,$$

其中 L 是 g 的左根子空间.

5. 设 g 是 U 和 V 上的非退化双线性型, S,T 分别是 U,V 的子集, 且

$$S^\perp=\{\boldsymbol{v}\in V\,|\,g(S,\boldsymbol{v})=0\},\quad T^\perp=\{\boldsymbol{u}\in U\,|\,g(\boldsymbol{u},T)=0\},$$

求证: $S^\perp$ 是 V 的子空间, $T^\perp$ 是 U 的子空间.

6. 试将 § 10.1 习题 2 ~ 习题 4 推广到 U 和 V 上的非退化双线性型的情形.

§ 10.3 纯量积

定义 10.3.1 设 g 是 $V\times V\to\mathbb{K}$ 的双线性函数, 则称 g 是 V 上的纯量积或数量积. 若

$$g(\boldsymbol{x},\boldsymbol{y})=g(\boldsymbol{y},\boldsymbol{x})$$

对一切 $\boldsymbol{x},\boldsymbol{y}\in V$ 成立, 则称 g 是 V 上的对称型. 若

$$g(\boldsymbol{x},\boldsymbol{y})=-g(\boldsymbol{y},\boldsymbol{x})$$

对一切 $\boldsymbol{x},\boldsymbol{y}\in V$ 成立, 则称 g 是 V 上的交错型.

交错型又称为反对称型. 交错型的另一等价说法是, 对 V 中任一元素 $\boldsymbol{x}$, $g(\boldsymbol{x},\boldsymbol{x})=0$. 事实上, 由 $g(\boldsymbol{x},\boldsymbol{x})=-g(\boldsymbol{x},\boldsymbol{x})$ 可推出 $g(\boldsymbol{x},\boldsymbol{x})=0$. 另一方面, 若 $g(\boldsymbol{x},\boldsymbol{x})=0$ 对一切 $\boldsymbol{x}$ 成立, 则 $g(\boldsymbol{x}+\boldsymbol{y},\boldsymbol{x}+\boldsymbol{y})=0$, 由此即可推出 $g(\boldsymbol{x},\boldsymbol{y})=-g(\boldsymbol{y},\boldsymbol{x})$.

V 上的纯量积也可用矩阵来表示, 但是与一般的双线性型的矩阵表示有一点区别. 我们只取 V 的一组基而不是取两组基. 因此若 $\{\boldsymbol{e}_1,\boldsymbol{e}_2,\cdots,\boldsymbol{e}_n\}$ 是 V 的一组基, 则 g 的表示矩阵为

$$\boldsymbol{A}=(g(\boldsymbol{e}_i,\boldsymbol{e}_j)).$$

若

$$\boldsymbol{x}=\sum_{i=1}^{n}a_i\boldsymbol{e}_i,\quad \boldsymbol{y}=\sum_{i=1}^{n}b_i\boldsymbol{e}_i,$$

则

$$g(\boldsymbol{x},\boldsymbol{y})=(a_1,a_2,\cdots,a_n)\boldsymbol{A}(b_1,b_2,\cdots,b_n)'. \tag{10.3.1}$$

设 $\{\boldsymbol{v}_i\}$ 是 V 的另一组基, $\boldsymbol{B}$ 是 g 在 $\{\boldsymbol{v}_i\}$ 下的表示矩阵, 若从 $\{\boldsymbol{e}_i\}$ 到 $\{\boldsymbol{v}_i\}$ 的过渡矩阵为 $\boldsymbol{C}$, 则

$$\boldsymbol{B}=\boldsymbol{C}'\boldsymbol{A}\boldsymbol{C}.$$

这就是说纯量积 g 在不同基下的表示矩阵是合同的.

显然, 对称型的表示矩阵是对称阵, 反对称型的表示矩阵是反对称阵. 反过来, 在取定 V 的一组基后, 若给定一个对称阵 (反对称阵), 则 (10.3.1) 式定义了 V 上的一个对称型 (反对称型).

设 g 是 V 上的纯量积, $\boldsymbol{x},\boldsymbol{y}$ 是 V 中两个向量. 若 $g(\boldsymbol{x},\boldsymbol{y})=0$, 则称 $\boldsymbol{x}$ 左垂直于 $\boldsymbol{y}$ 或 $\boldsymbol{y}$ 右垂直于 $\boldsymbol{x}$, 记为 $\boldsymbol{x}\perp\boldsymbol{y}$. 当 g 是对称型或交错型时, $\boldsymbol{x}\perp\boldsymbol{y}$ 等价于 $\boldsymbol{y}\perp\boldsymbol{x}$, 这时称 $\boldsymbol{x}$ 与 $\boldsymbol{y}$ 正交. 反过来, 如果 g 有下列性质: 由 $\boldsymbol{x}\perp\boldsymbol{y}$ 总可推出 $\boldsymbol{y}\perp\boldsymbol{x}$, 那么 g 是否必为对称型或交错型呢? 下面的定理将给予肯定的回答.

定理 10.3.1 设 g 是 V 上的纯量积, 则在 V 中 $\boldsymbol{x}\perp\boldsymbol{y}$ 等价于 $\boldsymbol{y}\perp\boldsymbol{x}$ 的充分必要条件是 g 为对称型或交错型.

证明 只需证明必要性. 设 $\boldsymbol{x},\boldsymbol{y},\boldsymbol{z}\in V$, 令

$$\boldsymbol{w}=g(\boldsymbol{x},\boldsymbol{y})\boldsymbol{z}-g(\boldsymbol{x},\boldsymbol{z})\boldsymbol{y},$$

则

$$\begin{aligned} g(\boldsymbol{x},\boldsymbol{w}) &= g(\boldsymbol{x},g(\boldsymbol{x},\boldsymbol{y})\boldsymbol{z}-g(\boldsymbol{x},\boldsymbol{z})\boldsymbol{y}) \\ &= g(\boldsymbol{x},\boldsymbol{y})g(\boldsymbol{x},\boldsymbol{z})-g(\boldsymbol{x},\boldsymbol{z})g(\boldsymbol{x},\boldsymbol{y}) \\ &= 0, \end{aligned}$$

$$\begin{aligned} g(\boldsymbol{w},\boldsymbol{x}) &= g(g(\boldsymbol{x},\boldsymbol{y})\boldsymbol{z}-g(\boldsymbol{x},\boldsymbol{z})\boldsymbol{y},\boldsymbol{x}) \\ &= g(\boldsymbol{x},\boldsymbol{y})g(\boldsymbol{z},\boldsymbol{x})-g(\boldsymbol{x},\boldsymbol{z})g(\boldsymbol{y},\boldsymbol{x}). \end{aligned}$$

由于从 $\boldsymbol{x}\perp\boldsymbol{w}$ 可推出 $\boldsymbol{w}\perp\boldsymbol{x}$, 故

$$g(\boldsymbol{x},\boldsymbol{y})g(\boldsymbol{z},\boldsymbol{x})=g(\boldsymbol{y},\boldsymbol{x})g(\boldsymbol{x},\boldsymbol{z}) \tag{10.3.2}$$

对任意的 $\boldsymbol{x},\boldsymbol{y},\boldsymbol{z}\in V$ 均成立. 令 $\boldsymbol{x}=\boldsymbol{y}$ 得

$$g(\boldsymbol{x},\boldsymbol{x})(g(\boldsymbol{x},\boldsymbol{z})-g(\boldsymbol{z},\boldsymbol{x}))=0. \tag{10.3.3}$$

因此或者 $g(\boldsymbol{x},\boldsymbol{x})=0$ 或者 $g(\boldsymbol{x},\boldsymbol{z})=g(\boldsymbol{z},\boldsymbol{x})$. 若 $g(\boldsymbol{x},\boldsymbol{x})=0$ 对一切 $\boldsymbol{x}\in V$ 成立, 则 g 是交错型. 我们的目的是要证明 (10.3.3) 式或者对所有的 $\boldsymbol{x}$ 有 $g(\boldsymbol{x},\boldsymbol{x})=0$, 或者对所有的 $\boldsymbol{x},\boldsymbol{z}$ 有 $g(\boldsymbol{x},\boldsymbol{z})=g(\boldsymbol{z},\boldsymbol{x})$. 假设不然, 则存在 $\boldsymbol{u},\boldsymbol{v},\boldsymbol{w}\in V$, 使 $g(\boldsymbol{u},\boldsymbol{v})\neq g(\boldsymbol{v},\boldsymbol{u})$, $g(\boldsymbol{w},\boldsymbol{w})\neq 0$. 由 (10.3.3) 式知道, $g(\boldsymbol{u},\boldsymbol{u})=g(\boldsymbol{v},\boldsymbol{v})=0$, 并且

$$g(\boldsymbol{w},\boldsymbol{u})=g(\boldsymbol{u},\boldsymbol{w}),\ g(\boldsymbol{w},\boldsymbol{v})=g(\boldsymbol{v},\boldsymbol{w}).$$

因为 $g(\boldsymbol{u},\boldsymbol{v})\neq g(\boldsymbol{v},\boldsymbol{u})$, 由 (10.3.2) 式知道 $g(\boldsymbol{u},\boldsymbol{w})=g(\boldsymbol{w},\boldsymbol{u})=0$ 以及 $g(\boldsymbol{v},\boldsymbol{w})=g(\boldsymbol{w},\boldsymbol{v})=0$, 于是

$$g(\boldsymbol{u},\boldsymbol{w}+\boldsymbol{v})=g(\boldsymbol{u},\boldsymbol{v})\neq g(\boldsymbol{v},\boldsymbol{u})=g(\boldsymbol{w}+\boldsymbol{v},\boldsymbol{u}).$$

由 (10.3.3) 式得 $g(\boldsymbol{w}+\boldsymbol{v},\boldsymbol{w}+\boldsymbol{v})=0$, 但是

$$g(\boldsymbol{w}+\boldsymbol{v},\boldsymbol{w}+\boldsymbol{v})=g(\boldsymbol{w},\boldsymbol{w})+g(\boldsymbol{v},\boldsymbol{v})+g(\boldsymbol{w},\boldsymbol{v})+g(\boldsymbol{v},\boldsymbol{w})=g(\boldsymbol{w},\boldsymbol{w})\neq 0,$$

这就出现了矛盾. □

推论 10.3.1 若 g 是 V 上的对称型或交错型, U 是 V 的子空间, 记

$$\begin{aligned} U^{\perp l} &= \{\boldsymbol{x}\in V\,|\,g(\boldsymbol{x},U)=0\}, \\ U^{\perp r} &= \{\boldsymbol{x}\in V\,|\,g(U,\boldsymbol{x})=0\}, \end{aligned}$$

则 $U^{\perp l}=U^{\perp r}$. 特别地, g 的左根子空间等于右根子空间.

注 这时记 $U^{\perp} = U^{\perp l} = U^{\perp r}$, 称为 U 的正交补空间. g 的左右根子空间重合, 称为 g 的根子空间.

需要注意的是, 这里的正交补概念比内积空间中的正交补概念更一般. 因为实线性空间 V 上的内积显然是一种纯量积, 而内积空间中正交向量的有关性质在这里不一定成立. 比如在内积空间中, 子空间与其正交补之交必是零空间. 但即使在非退化纯量积的情形, 子空间 U 与其正交补 $U^{\perp}$ 之交未必为零.

例如, 设 V 是二维实线性空间, $\boldsymbol{e}_1, \boldsymbol{e}_2$ 是 V 的一组基, g 为由矩阵

$$\begin{pmatrix} 1 & 0 \\ 0 & -1 \end{pmatrix}$$

定义的纯量积, 显然 g 是非退化的对称型. 令 $\boldsymbol{u} = \boldsymbol{e}_1 + \boldsymbol{e}_2$, 则 $g(\boldsymbol{u}, \boldsymbol{u}) = 0$, $\boldsymbol{u} \perp \boldsymbol{u}$! 若记 U 为 $\boldsymbol{u}$ 生成的子空间, 则有 $U \perp U$.

定理 10.3.2 设 g 是 n 维线性空间 V 上的对称型 (交错型), U 是 V 的子空间, 则 $U \cap U^{\perp} = 0$ 的充分必要条件是 g 限制在 U 上是 U 的一个非退化的纯量积. 这时有直和分解:

$$V = U \oplus U^{\perp}.$$

证明 设 $U \cap U^{\perp} = 0$, 若 g 限制在 U 上退化, 则存在 U 中非零向量 $\boldsymbol{u}$, 使得 $g(\boldsymbol{u}, U) = 0$, 从而 $\boldsymbol{u} \in U \cap U^{\perp}$, 推出矛盾. 反之, 设 g 限制在 U 上非退化, 任取 $\boldsymbol{u} \in U \cap U^{\perp}$, 则 $g(\boldsymbol{u}, U) = 0$, 从而 $\boldsymbol{u} = \boldsymbol{0}$, 这表明 $U \cap U^{\perp} = 0$.

对于第二个结论, 我们先证明若 g 限制在 U 上非退化, 则

$$\dim U + \dim U^{\perp} = n.$$

对任意的 $\boldsymbol{v} \in V$, $g(\boldsymbol{v}, -)$ 限制在 U 上是 U 上的线性函数. 作线性映射

$$\boldsymbol{\varphi} : V \to U^*, \quad \boldsymbol{\varphi}(\boldsymbol{v}) = g(\boldsymbol{v}, -),$$

则 $\operatorname{Ker} \boldsymbol{\varphi} = U^{\perp}$. 因为 g 限制在 U 上非退化, 故限制映射 $\boldsymbol{\varphi}|_U : U \to U^*$ 是单映射, 又 $\dim U = \dim U^*$, 从而 $\boldsymbol{\varphi}|_U : U \to U^*$ 是同构. 因此对任意的 $\boldsymbol{f} \in U^*$, 存在 $\boldsymbol{u} \in U$, 使 $\boldsymbol{f} = g(\boldsymbol{u}, -)$, 于是 $\boldsymbol{\varphi}$ 是满映射. 最后, 由线性映射的维数公式即得 $\dim U + \dim U^{\perp} = n$, 又因为 $U \cap U^{\perp} = 0$, 所以 $V = U \oplus U^{\perp}$. □

注 当 g 非退化时, 有 $(U^{\perp})^{\perp} = U$, 故由定理 10.3.2 知, 此时 g 限制在 U 上非退化当且仅当 g 限制在 $U^{\perp}$ 上也非退化.

定理 10.3.3 设 g 与 h 是 V 上的两个非退化的纯量积, 则存在 V 上唯一的非异线性变换 φ, 使

$$h(\boldsymbol{x},\boldsymbol{y})=g(\varphi(\boldsymbol{x}),\boldsymbol{y})$$

对一切 $\boldsymbol{x},\boldsymbol{y}\in V$ 成立.

证明 我们用矩阵方法来证明这一结论. 取 V 的一组基 $\{\boldsymbol{e}_1,\boldsymbol{e}_2,\cdots,\boldsymbol{e}_n\}$, 设 $\boldsymbol{A}=(h(\boldsymbol{e}_i,\boldsymbol{e}_j))$, $\boldsymbol{B}=(g(\boldsymbol{e}_i,\boldsymbol{e}_j))$,

$$\boldsymbol{x}=\sum_{i=1}^{n}a_i\boldsymbol{e}_i,\ \boldsymbol{y}=\sum_{i=1}^{n}b_i\boldsymbol{e}_i,$$

则

$$\begin{aligned}h(\boldsymbol{x},\boldsymbol{y})&=(a_1,a_2,\cdots,a_n)\boldsymbol{A}(b_1,b_2,\cdots,b_n)',\\g(\boldsymbol{x},\boldsymbol{y})&=(a_1,a_2,\cdots,a_n)\boldsymbol{B}(b_1,b_2,\cdots,b_n)'.\end{aligned}$$

设 φ 在给定基下的表示矩阵为 $\boldsymbol{C}$, 满足 $\boldsymbol{C}'=\boldsymbol{A}\boldsymbol{B}^{-1}$, 则 $\varphi(\boldsymbol{x})$ 的坐标向量为 $\boldsymbol{C}(a_1,a_2,\cdots,a_n)'$, 于是

$$\begin{aligned}g(\varphi(\boldsymbol{x}),\boldsymbol{y})&=(a_1,a_2,\cdots,a_n)\boldsymbol{C}'\boldsymbol{B}(b_1,b_2,\cdots,b_n)'\\&=(a_1,a_2,\cdots,a_n)\boldsymbol{A}(b_1,b_2,\cdots,b_n)'\\&=h(\boldsymbol{x},\boldsymbol{y}).\end{aligned}$$

唯一性的证明留给读者完成. □

习 题 10.3

1. 设 g 是 V 上的纯量积 (不一定非退化), φ 是 V 上的线性变换. 设 $\{\boldsymbol{e}_1,\boldsymbol{e}_2,\cdots,\boldsymbol{e}_n\}$ 是 V 的一组基, g 在这组基下的表示矩阵为 $\boldsymbol{A}=(g(\boldsymbol{e}_i,\boldsymbol{e}_j))$, φ 在这组基下的表示矩阵为 $\boldsymbol{B}$. 求证: $g(\varphi(\boldsymbol{x}),\boldsymbol{y})$ 是 V 上的纯量积且它在这组基下的表示矩阵为 $\boldsymbol{B}'\boldsymbol{A}$.

2. 设 g 与 h 是 V 上秩相同的纯量积, 求证: 必存在 V 上的非异线性变换 φ 和 ψ, 使

$$h(\boldsymbol{x},\boldsymbol{y})=g(\varphi(\boldsymbol{x}),\psi(\boldsymbol{y}))$$

对一切 $\boldsymbol{x},\boldsymbol{y}\in V$ 成立.

3. 求证: V 上任一纯量积均可表示为一个对称型与一个交错型之和.

4. 设 $W=U\oplus V$, g 及 h 分别是 U 及 V 上的纯量积. 现定义 W 上的纯量积 q 如下:

$$q(\boldsymbol{x}+\boldsymbol{y},\boldsymbol{u}+\boldsymbol{v})=g(\boldsymbol{x},\boldsymbol{u})+h(\boldsymbol{y},\boldsymbol{v}),$$

其中 $\boldsymbol{x},\boldsymbol{u}\in U$, $\boldsymbol{y},\boldsymbol{v}\in V$. 求证:

(1) 若 g,h 非退化, 则 q 也非退化;

(2) 若 g,h 为对称型 (交错型), 则 q 也为对称型 (交错型);

(3) 若 $\{\boldsymbol{e}_i\}_{i=1,\cdots,m}$, $\{\boldsymbol{v}_i\}_{i=1,\cdots,n}$ 分别是 U,V 的一组基且 g,h 在这两组基下的表示矩阵分别为 $\boldsymbol{A},\boldsymbol{B}$, 则 q 在 W 的基 $\{\boldsymbol{e}_i\}\cup\{\boldsymbol{v}_i\}$ 下的表示矩阵为

$$\begin{pmatrix}\boldsymbol{A}&\boldsymbol{O}\\\boldsymbol{O}&\boldsymbol{B}\end{pmatrix}.$$

§ 10.4 交错型与辛几何

定理 10.4.1 设 g 是 n 维线性空间 V 上的交错型, 则存在 V 的一组基

$$\{\boldsymbol{u}_1,\boldsymbol{v}_1,\boldsymbol{u}_2,\boldsymbol{v}_2,\cdots,\boldsymbol{u}_r,\boldsymbol{v}_r;\boldsymbol{w}_1,\cdots,\boldsymbol{w}_{n-2r}\},$$

使 g 在这组基下的表示矩阵为分块对角阵:

$$\mathrm{diag}\{\boldsymbol{S},\boldsymbol{S},\cdots,\boldsymbol{S};0,\cdots,0\},\tag{10.4.1}$$

其中共有 r 个二阶方阵 $\boldsymbol{S}$, $\boldsymbol{S}$ 为如下形状:

$$\begin{pmatrix}0&1\\-1&0\end{pmatrix}.$$

证明 不妨设 $g\neq 0$. 这时有 $\boldsymbol{u},\boldsymbol{v}\in V$, 使 $g(\boldsymbol{u},\boldsymbol{v})=a\neq 0$. 令 $\boldsymbol{u}_1=a^{-1}\boldsymbol{u}$, $\boldsymbol{v}_1=\boldsymbol{v}$, 则 $g(\boldsymbol{u}_1,\boldsymbol{v}_1)=-g(\boldsymbol{v}_1,\boldsymbol{u}_1)=1$. 又 $\boldsymbol{u}_1,\boldsymbol{v}_1$ 必线性无关, 否则将有 $g(\boldsymbol{u}_1,\boldsymbol{v}_1)=0$. 现设已选定 $\boldsymbol{u}_1,\boldsymbol{v}_1,\cdots,\boldsymbol{u}_j,\boldsymbol{v}_j$ 共 $2j$ 个线性无关的向量, 适合

$$g(\boldsymbol{u}_i,\boldsymbol{v}_i)=1=-g(\boldsymbol{v}_i,\boldsymbol{u}_i),\ i=1,\cdots,j;$$

$$g(\boldsymbol{u}_i,\boldsymbol{y})=0,\quad \boldsymbol{y}\in\{\boldsymbol{u}_1,\boldsymbol{v}_1,\cdots,\boldsymbol{u}_j,\boldsymbol{v}_j\}\setminus\{\boldsymbol{v}_i\};$$

$$g(\boldsymbol{x},\boldsymbol{v}_i)=0,\quad \boldsymbol{x}\in\{\boldsymbol{u}_1,\boldsymbol{v}_1,\cdots,\boldsymbol{u}_j,\boldsymbol{v}_j\}\setminus\{\boldsymbol{u}_i\}.$$

设 V_0 为由 $\{\boldsymbol{u}_1,\boldsymbol{v}_1,\cdots,\boldsymbol{u}_j,\boldsymbol{v}_j\}$ 生成的子空间, 令

$$V_0^{\perp}=\{\boldsymbol{v}\in V\,|\,g(\boldsymbol{v},V_0)=0\},$$

注意到 g 限制在 V_0 上是非退化的, 故由定理 10.3.2 得到 $V=V_0\oplus V_0^{\perp}$. 若 g 在 $V_0^{\perp}$ 上的限制为零, 则定理已得证. 若 g 在 $V_0^{\perp}$ 上的限制不等于零, 则可找到 $\boldsymbol{u}_{j+1},\boldsymbol{v}_{j+1}\in V_0^{\perp}$, 使

$$g(\boldsymbol{u}_{j+1},\boldsymbol{v}_{j+1})=1=-g(\boldsymbol{v}_{j+1},\boldsymbol{u}_{j+1}).$$

不断这样做下去, 便可找到我们所需要的基. □

注 上述定理也可以用矩阵方法证明, 参考 § 8.1 习题 8.

推论 10.4.1 数域 $\mathbb{K}$ 上的反对称阵的秩必为偶数, 且它的行列式等于 $\mathbb{K}$ 中某个元素的平方.

推论 10.4.2 数域 $\mathbb{K}$ 上的两个 n 阶反对称阵合同的充分必要条件是它们具有相同的秩.

定义 10.4.1 设 V 是 $\mathbb{K}$ 上的有限维线性空间, 若 V 上定义了一个非退化的交错型, 则称 V 是一个辛空间.

由推论 10.4.1 知道辛空间的维数总是偶数, 且由定理 10.4.1 可知任一 n 维辛空间总有一组基 $\{\boldsymbol{u}_1,\boldsymbol{v}_1,\boldsymbol{u}_2,\boldsymbol{v}_2,\cdots,\boldsymbol{u}_r,\boldsymbol{v}_r\}$, 使 g 在这组基下的表示矩阵为分块对角阵:

$$\mathrm{diag}\{\boldsymbol{S},\boldsymbol{S},\cdots,\boldsymbol{S}\},$$

其中 $n=2r$, $\boldsymbol{S}$ 为如下形状的二阶方阵:

$$\begin{pmatrix}0 & 1\\ -1 & 0\end{pmatrix}.$$

我们称这样的基为 V 的辛基. 在辛基下, g 的形式十分简单. 设

$$\boldsymbol{x}=a_1\boldsymbol{u}_1+b_1\boldsymbol{v}_1+a_2\boldsymbol{u}_2+b_2\boldsymbol{v}_2+\cdots+a_r\boldsymbol{u}_r+b_r\boldsymbol{v}_r, \tag{10.4.2}$$

$$\boldsymbol{y}=a_1'\boldsymbol{u}_1+b_1'\boldsymbol{v}_1+a_2'\boldsymbol{u}_2+b_2'\boldsymbol{v}_2+\cdots+a_r'\boldsymbol{u}_r+b_r'\boldsymbol{v}_r, \tag{10.4.3}$$

则

$$g(\boldsymbol{x},\boldsymbol{y})=a_1b_1'-a_1'b_1+a_2b_2'-a_2'b_2+\cdots+a_rb_r'-a_r'b_r. \tag{10.4.4}$$

定义 10.4.2 设 V 是一个辛空间, φ 是 V 上的非异线性变换, 若

$$g(\varphi(\boldsymbol{x}),\varphi(\boldsymbol{y}))=g(\boldsymbol{x},\boldsymbol{y})$$

对一切 $\boldsymbol{x},\boldsymbol{y}\in V$ 成立, 则 φ 称为 V 上的一个辛变换.

辛变换有下列性质.

定理 10.4.2 设 V 是数域 $\mathbb{K}$ 上的辛空间, 则

(1) V 上的线性变换 φ 是辛变换的充分必要条件是 φ 将辛基变为辛基;

(2) 两个辛变换之积仍是辛变换;

(3) 恒等变换是辛变换;

(4) 辛变换的逆变换是辛变换.

证明 (1) 必要性显然成立, 下证充分性. 设 φ 将辛基变为辛基, 则 φ 是非异线性变换. 设 $\boldsymbol{x},\boldsymbol{y}$ 如 (10.4.2) 式及 (10.4.3) 式所示, 又 $\boldsymbol{u}_i'=\varphi(\boldsymbol{u}_i)$, $\boldsymbol{v}_i'=\varphi(\boldsymbol{v}_i)$, 则 $\{\boldsymbol{u}_1',\boldsymbol{v}_1',\boldsymbol{u}_2',\boldsymbol{v}_2',\cdots,\boldsymbol{u}_r',\boldsymbol{v}_r'\}$ 构成 V 的一组辛基, 且

$$\varphi(\boldsymbol{x})=a_1\boldsymbol{u}_1'+b_1\boldsymbol{v}_1'+a_2\boldsymbol{u}_2'+b_2\boldsymbol{v}_2'+\cdots+a_r\boldsymbol{u}_r'+b_r\boldsymbol{v}_r',$$

$$\varphi(\boldsymbol{y})=a_1'\boldsymbol{u}_1'+b_1'\boldsymbol{v}_1'+a_2'\boldsymbol{u}_2'+b_2'\boldsymbol{v}_2'+\cdots+a_r'\boldsymbol{u}_r'+b_r'\boldsymbol{v}_r'.$$

由 (10.4.4) 式即知

$$g(\varphi(\boldsymbol{x}),\varphi(\boldsymbol{y}))=g(\boldsymbol{x},\boldsymbol{y}).$$

(2)、(3) 和 (4) 由辛变换的定义直接验证即得, 下面以 (4) 为例. 设 φ^{-1} 是 φ 的逆变换, 则

$$g(\varphi^{-1}(\boldsymbol{x}),\varphi^{-1}(\boldsymbol{y}))=g(\varphi(\varphi^{-1}(\boldsymbol{x})),\varphi(\varphi^{-1}(\boldsymbol{y})))=g(\boldsymbol{x},\boldsymbol{y}),$$

故 φ^{-1} 也是辛变换. □

辛空间上的几何学称为辛几何. 辛几何近年来发展很快, 并在数学、力学及其他学科中有重要的应用.

习 题 10.4

1. 设 4 维辛空间 (V,g) 在一组基 $\{\boldsymbol{e}_1,\boldsymbol{e}_2,\boldsymbol{e}_3,\boldsymbol{e}_4\}$ 下的表示矩阵为

$$\boldsymbol{A}=\begin{pmatrix}0&2&-1&3\\-2&0&4&-2\\1&-4&0&1\\-3&2&-1&0\end{pmatrix},$$

求 V 的一组辛基.

2. 设 V 是辛空间, φ 是 V 上的辛变换, φ 在一组辛基下的表示矩阵称为辛矩阵. 令

$$\boldsymbol{A} = \mathrm{diag}\{\boldsymbol{S}, \boldsymbol{S}, \cdots, \boldsymbol{S}\},$$

其中有 r 个 $\boldsymbol{S}$ 且

$$\boldsymbol{S} = \begin{pmatrix} 0 & 1 \\ -1 & 0 \end{pmatrix}.$$

求证: $n\,(n=2r)$ 阶方阵 $\boldsymbol{T}$ 是辛矩阵的充分必要条件是

$$\boldsymbol{T}'\boldsymbol{A}\boldsymbol{T} = \boldsymbol{A}.$$

3. 证明: 辛变换的行列式的值等于 1 或 -1.

§ 10.5 对称型与正交几何

设 V 是数域 $\mathbb{K}$ 上的线性空间, g 是 V 上的对称型. 取 V 的一组基 $\{\boldsymbol{e}_1, \boldsymbol{e}_2, \cdots, \boldsymbol{e}_n\}$, 设 g 在这组基下的表示矩阵为 $\boldsymbol{A}$, 则 $\boldsymbol{A}$ 是对称阵. 若

$$\boldsymbol{x} = x_1\boldsymbol{e}_1 + x_2\boldsymbol{e}_2 + \cdots + x_n\boldsymbol{e}_n,$$

则

$$g(\boldsymbol{x}, \boldsymbol{x}) = (x_1, x_2, \cdots, x_n)\boldsymbol{A}(x_1, x_2, \cdots, x_n)'.$$

这时我们得到了一个 V 上的二次型. 反过来, 若 f 是 V 上的二次型, 定义

$$g(\boldsymbol{x}, \boldsymbol{y}) = \frac{1}{2}\Big(f(\boldsymbol{x}+\boldsymbol{y}) - f(\boldsymbol{x}) - f(\boldsymbol{y})\Big).$$

在基 $\{\boldsymbol{e}_1, \boldsymbol{e}_2, \cdots, \boldsymbol{e}_n\}$ 下, 设二次型 f 的相伴对称阵为 $\boldsymbol{A}$. 若

$$\boldsymbol{x} = x_1\boldsymbol{e}_1 + x_2\boldsymbol{e}_2 + \cdots + x_n\boldsymbol{e}_n, \quad \boldsymbol{y} = y_1\boldsymbol{e}_1 + y_2\boldsymbol{e}_2 + \cdots + y_n\boldsymbol{e}_n,$$

$\boldsymbol{\alpha}$, $\boldsymbol{\beta}$ 分别是 $\boldsymbol{x}$, $\boldsymbol{y}$ 在给定基下的坐标向量, 即

$$\boldsymbol{\alpha} = (x_1, x_2, \cdots, x_n)', \quad \boldsymbol{\beta} = (y_1, y_2, \cdots, y_n)',$$

则

$$
\begin{aligned}
g(\boldsymbol{x},\boldsymbol{y}) &= \frac{1}{2}\Big((\boldsymbol{\alpha}'+\boldsymbol{\beta}')\boldsymbol{A}(\boldsymbol{\alpha}+\boldsymbol{\beta})-\boldsymbol{\alpha}'\boldsymbol{A}\boldsymbol{\alpha}-\boldsymbol{\beta}'\boldsymbol{A}\boldsymbol{\beta}\Big)\\
&= \frac{1}{2}(\boldsymbol{\alpha}'\boldsymbol{A}\boldsymbol{\alpha}+\boldsymbol{\beta}'\boldsymbol{A}\boldsymbol{\beta}+\boldsymbol{\beta}'\boldsymbol{A}\boldsymbol{\alpha}+\boldsymbol{\alpha}'\boldsymbol{A}\boldsymbol{\beta}-\boldsymbol{\alpha}'\boldsymbol{A}\boldsymbol{\alpha}-\boldsymbol{\beta}'\boldsymbol{A}\boldsymbol{\beta})\\
&= \frac{1}{2}(\boldsymbol{\alpha}'\boldsymbol{A}\boldsymbol{\beta}+\boldsymbol{\beta}'\boldsymbol{A}\boldsymbol{\alpha}).
\end{aligned}
$$

因为 $\boldsymbol{A}$ 是对称阵, 故 $\boldsymbol{\alpha}'\boldsymbol{A}\boldsymbol{\beta}=\boldsymbol{\beta}'\boldsymbol{A}\boldsymbol{\alpha}$, 于是

$$
g(\boldsymbol{x},\boldsymbol{y})=g(\boldsymbol{y},\boldsymbol{x})=\boldsymbol{\alpha}'\boldsymbol{A}\boldsymbol{\beta}.
$$

显然, g 是 V 上的对称型. 从这里可以看出, 对称型与二次型是等价的. 在这个意义下, 双线性型可以看成是二次型的推广.

我们已经知道, 任一 $\mathbb{K}$ 上的对称阵必合同于 $\mathbb{K}$ 上的对角阵. 因此, 若 g 是 V 上的对称型, 则必存在 V 的一组基, 使 g 在这组基下的表示矩阵为对角阵

$$
\operatorname{diag}\{b_1,\cdots,b_r;0,\cdots,0\}\ (b_i\neq 0).
$$

这组基称为 V 的正交基.

欧氏空间的内积实际上就是一个正定对称型. 若一个线性空间 V 上定义了一个非退化的对称型, 则 V 上的几何学称为正交几何学. 正交几何是欧氏几何的推广. 下面我们来研究正交几何学中的一些基本结论.

定义 10.5.1 设 $V_i\,(i=1,2)$ 是有限维线性空间, $g_i\,(i=1,2)$ 是 V_i 上非退化的对称型. 若存在 $V_1\to V_2$ 的线性同构 $\boldsymbol{\eta}$, 使

$$
g_2(\boldsymbol{\eta}(\boldsymbol{x}),\boldsymbol{\eta}(\boldsymbol{y}))=g_1(\boldsymbol{x},\boldsymbol{y})
$$

对一切 $\boldsymbol{x},\boldsymbol{y}\in V_1$ 成立, 则称 $\boldsymbol{\eta}$ 是 $V_1\to V_2$ 的保距同构. 特别, 当 $V_1=V_2=V$, $g_1=g_2=g$ 时, 则 $\boldsymbol{\eta}$ 称为 (V,g) 上的一个正交变换.

定理 10.5.1 设 V 是数域 $\mathbb{K}$ 上的有限维线性空间, g 是 V 上非退化的对称型, 则

(1) V 上两个正交变换之积仍是正交变换;

(2) V 上恒等映射是正交变换;

(3) V 上正交变换的逆变换也是正交变换.

证明　由正交变换的定义直接验证即得. □

给定 $\boldsymbol{u}\in V$ 且 $g(\boldsymbol{u},\boldsymbol{u})\neq 0$, 构造下列映射 $\boldsymbol{S_u}$:

$$\boldsymbol{S_u}(\boldsymbol{x})=\boldsymbol{x}-\frac{2g(\boldsymbol{x},\boldsymbol{u})}{g(\boldsymbol{u},\boldsymbol{u})}\boldsymbol{u},$$

我们有

$$\begin{aligned} g(\boldsymbol{S_u}(\boldsymbol{x}),\boldsymbol{S_u}(\boldsymbol{y})) &= g\left(\boldsymbol{x}-\frac{2g(\boldsymbol{x},\boldsymbol{u})}{g(\boldsymbol{u},\boldsymbol{u})}\boldsymbol{u},\boldsymbol{y}-\frac{2g(\boldsymbol{y},\boldsymbol{u})}{g(\boldsymbol{u},\boldsymbol{u})}\boldsymbol{u}\right)\\ &= g(\boldsymbol{x},\boldsymbol{y})-\frac{2g(\boldsymbol{y},\boldsymbol{u})}{g(\boldsymbol{u},\boldsymbol{u})}g(\boldsymbol{x},\boldsymbol{u})\\ &\quad -\frac{2g(\boldsymbol{x},\boldsymbol{u})}{g(\boldsymbol{u},\boldsymbol{u})}g(\boldsymbol{u},\boldsymbol{y})+\frac{4g(\boldsymbol{x},\boldsymbol{u})g(\boldsymbol{y},\boldsymbol{u})}{g(\boldsymbol{u},\boldsymbol{u})^2}g(\boldsymbol{u},\boldsymbol{u})\\ &= g(\boldsymbol{x},\boldsymbol{y}). \end{aligned}$$

因此 $\boldsymbol{S_u}$ 是正交变换. 显然有 $\boldsymbol{S_u}(\boldsymbol{u})=-\boldsymbol{u}$. 又若 $\boldsymbol{u}\perp\boldsymbol{v}$, 则 $\boldsymbol{S_u}(\boldsymbol{v})=\boldsymbol{v}$. $\boldsymbol{S_u}$ 称为 V 上的镜像变换, 它把 $\boldsymbol{u}$ 映为 $-\boldsymbol{u}$, 而一切与 $\boldsymbol{u}$ 正交的向量保持不动. 由此不难验证 $\boldsymbol{S_u}^2=\boldsymbol{I}$, 即 $\boldsymbol{S_u}$ 是一个对合变换.

由 §9.4 习题 12 知道, n 维欧氏空间中任一正交变换均可表示为不超过 n 个镜像变换之积. 在正交几何中, 上述结论依然成立, 这就是下面的 Cartan-Dieudonné 定理. 证明这个定理需要进一步引入正交几何学中的一些概念和结论, 因此在这里我们就不给出相应的证明了, 有兴趣的读者可以参考 [4].

定理 10.5.2 设 V 是数域 $\mathbb{K}$ 上的 n 维线性空间, g 是 V 上非退化的对称型. 若 $\boldsymbol{\eta}$ 是 V 上的正交变换, 则 $\boldsymbol{\eta}$ 可以表示为不超过 n 个镜像变换之积.

正交几何有许多与欧氏几何相仿的性质, 但也有一个明显的不同. 在欧氏空间中, 任一非零向量不能与自身垂直, 但在正交几何中这是可能的.

定义 10.5.2 设 V 是有限维线性空间, g 是 V 上非退化的对称型. 若 $\boldsymbol{v}$ 是 V 中的非零向量, 且 $g(\boldsymbol{v},\boldsymbol{v})=0$, 则称 $\boldsymbol{v}$ 是 V 上的一个迷向向量. 含有迷向向量的子空间称为迷向子空间, 不含任何迷向向量的子空间称为全不迷向子空间. 若一个子空间的非零向量全是迷向向量, 则称之为全迷向子空间.

一个二维线性空间若带有一个非退化的对称型且含有迷向向量, 则称之为双曲平面. 对双曲平面有如下基本结论.

定理 10.5.3 (1) V 是双曲平面的充分必要条件是 V 有一组基 $\{\boldsymbol{u},\boldsymbol{v}\}$, 满足条件:

$$g(\boldsymbol{u},\boldsymbol{u})=g(\boldsymbol{v},\boldsymbol{v})=0,$$

$$g(\boldsymbol{u},\boldsymbol{v})=g(\boldsymbol{v},\boldsymbol{u})=1,$$

即 g 在这组基下的表示矩阵为

$$\begin{pmatrix}0&1\\1&0\end{pmatrix};$$

(2) 任何两个双曲平面皆保距同构;

(3) 任何一个双曲平面有且只有两个一维的全迷向子空间.

证明 (1) 设 V 是双曲平面, 则存在 $\boldsymbol{u}\neq\boldsymbol{0}$, 使 $g(\boldsymbol{u},\boldsymbol{u})=0$. 因为 g 是非退化的, 故存在 $\boldsymbol{v}_0\in V$, 使 $g(\boldsymbol{u},\boldsymbol{v}_0)\neq 0$. 显然 $\boldsymbol{u},\boldsymbol{v}_0$ 线性无关, 故 $\{\boldsymbol{u},\boldsymbol{v}_0\}$ 构成 V 的一组基. 不失一般性, 可令 $g(\boldsymbol{u},\boldsymbol{v}_0)=1$ (否则在 $\boldsymbol{v}_0$ 上乘一个常数). 又若 $k\in\mathbb{K}$, 则

$$g(k\boldsymbol{u}+\boldsymbol{v}_0,k\boldsymbol{u}+\boldsymbol{v}_0)=g(\boldsymbol{v}_0,\boldsymbol{v}_0)+2k,$$

令 $\boldsymbol{v}=\boldsymbol{v}_0-\dfrac{1}{2}g(\boldsymbol{v}_0,\boldsymbol{v}_0)\boldsymbol{u}$, 便有 $g(\boldsymbol{v},\boldsymbol{v})=0$, 而这时仍有 $g(\boldsymbol{u},\boldsymbol{v})=1$. 因此我们可以找到所需要的基. 逆命题是显然的.

(2) 由 (1) 可设两个双曲平面分别有一组基 $\{\boldsymbol{u},\boldsymbol{v}\}$, $\{\boldsymbol{u}',\boldsymbol{v}'\}$ 适合 (1) 中的条件, 作线性映射 $\boldsymbol{\varphi}$, 使 $\boldsymbol{\varphi}(\boldsymbol{u})=\boldsymbol{u}'$, $\boldsymbol{\varphi}(\boldsymbol{v})=\boldsymbol{v}'$. 不难验证 $\boldsymbol{\varphi}$ 是保距同构.

(3) 设 $\{\boldsymbol{u},\boldsymbol{v}\}$ 是适合 (1) 中条件的一组基. 对任意的 $k,t\in\mathbb{K}$,

$$g(k\boldsymbol{u}+t\boldsymbol{v},k\boldsymbol{u}+t\boldsymbol{v})=2kt,$$

因此 $k\boldsymbol{u}+t\boldsymbol{v}$ 为迷向向量的充分必要条件是 $k\neq 0$, $t=0$ 或 $k=0$, $t\neq 0$. 这就是说, 分别由 $\boldsymbol{u},\boldsymbol{v}$ 生成的子空间是 V 仅有的两个全迷向子空间. □

例 10.5.1 设 V 是实数域上的四维空间, 若 g 是一个非退化的对称型且其正惯性指数等于 3, 则称 (V,g) 是一个 Minkowski (闵可夫斯基) 空间. g 在 V 适当的一组基下的表示矩阵为

$$\begin{pmatrix}1&0&0&0\\0&1&0&0\\0&0&1&0\\0&0&0&-1\end{pmatrix}.$$

V 上的正交变换称为 Lorentz (洛伦兹) 变换, V 中的迷向向量称为光向量, V 中适合 $g(\boldsymbol{x},\boldsymbol{x})>0$ 的向量 $\boldsymbol{x}$ 称为空间向量, 而适合 $g(\boldsymbol{x},\boldsymbol{x})<0$ 的向量 $\boldsymbol{x}$ 称为时间向量. Minkowski 空间在相对论中有重要的应用.

习 题 10.5

1. 设 g 是 V 上非退化的对称型, φ 是 V 上的正交变换, 求证: $\det \varphi = \pm 1$.

2. 若 φ 是 (V, g) 上的正交变换且 $\det \varphi = 1$, 求证: φ 可以表示为偶数个镜像变换之积.

3. 设 φ 是 (V, g) 上的线性变换, φ^* 是 φ 关于 g 的对偶映射, 证明: φ 是正交变换的充分必要条件是 $\varphi^* \varphi = \boldsymbol{I}$.

4. 设 V 是双曲平面, φ 是 V 上的正交变换且 $\det \varphi = -1$, 求证: φ 必是镜像变换.

5. 若 $V = U_1 \oplus \cdots \oplus U_r$ 且 $U_i \perp U_j \, (i \neq j)$, 则称 V 是 U_i 的正交直和, 记为

$$V = U_1 \perp \cdots \perp U_r.$$

若 $V = U_1 \perp \cdots \perp U_r = V_1 \perp \cdots \perp V_r$ 且存在保距同构 $\varphi_i : U_i \to V_i \, (i = 1, \cdots, r)$, 求证: 存在 V 上的正交变换 φ, 使 φ 限制在每个 U_i 上就是 φ_i.

6. 若 φ 是 (V, g) 的正交变换且 $V_1 = \{\boldsymbol{x} \in V \mid \varphi(\boldsymbol{x}) = \boldsymbol{x}\}$, 求证:

$$\dim V = \dim V_1 + \dim(\boldsymbol{I} - \varphi)V.$$

历 史 与 展 望

1868 年, Weierstrass 完成了二次型的理论并将其推广到双线性型

$$a_{11}x_1y_1 + a_{12}x_1y_2 + \cdots + a_{nn}x_ny_n.$$

Frobenius 在 1878 年的论文《关于线性替换和双线性型》中, 用双线性型的语言极大地发展了矩阵理论, 他说:“双线性型可以看成是排成 n 行 n 列的 n^2 个变量的系统.” Frobenius 受其老师 Weierstrass 的启发, 并在论文中遵循 Weierstrass 的传统, 那就是强调严谨的方法, 寻求理论中的基本思想. 例如, 他深入研究了双线性型的标准型问题, 并将一些特例归功于 Kronecker 和 Weierstrass.

n 维欧氏空间就是一个 n 维实线性空间 V 并带有一个正定对称的双线性型 (即内积) $g(\boldsymbol{x}, \boldsymbol{y}) = \sum\limits_{i,j=1}^{n} a_{ij}x_iy_j$. 如果考虑一般的非退化对称型 $g(\boldsymbol{x}, \boldsymbol{y})$, 就得到了正交几何, 它在相对论中有重要的应用. 如果考虑一般的非退化交错型 $g(\boldsymbol{x}, \boldsymbol{y})$, 就得到了辛几何, 它在复几何和弦理论中有重要的应用.

复 习 题 十

1. 设 V 是数域 $\mathbb{K}$ 上的线性空间 (不必假设维数有限), $\boldsymbol{f},\boldsymbol{g}$ 是 V 上的非零线性函数, 求证: $\boldsymbol{f}$ 和 $\boldsymbol{g}$ 线性相关的充分必要条件是 $\operatorname{Ker}\boldsymbol{f}=\operatorname{Ker}\boldsymbol{g}$.

2. 设 V 是数域 $\mathbb{K}$ 上的 n 维线性空间, U 是 V 的非平凡子空间, 求证: 必存在 V 上的线性函数 $\boldsymbol{f}_i\,(i=1,\cdots,r)$, 使

$$U=\bigcap_{i=1}^{r}\operatorname{Ker}\boldsymbol{f}_i.$$

3. 设 U,V 是数域 $\mathbb{K}$ 上的有限维线性空间, U^*,V^* 分别是它们的对偶空间. 求证:

$$U^*\oplus V^*\cong(U\oplus V)^*.$$

4. 设 $\boldsymbol{\varphi}$ 是线性空间 V (不要求是有限维) 上的幂等线性变换 (即 $\boldsymbol{\varphi}^2=\boldsymbol{\varphi}$), $\boldsymbol{\varphi}^*$ 是 $\boldsymbol{\varphi}$ 的对偶变换, 求证:

$$\operatorname{Im}\boldsymbol{\varphi}^*=(\operatorname{Ker}\boldsymbol{\varphi})^{\perp}.$$

5. 设 V 是 n 维欧氏空间, 则对任一固定的 $\boldsymbol{u}\in V$, $(\boldsymbol{u},-)$ 是 V 上的线性函数, 作映射 $\boldsymbol{\eta}:V\to V^*$, $\boldsymbol{\eta}(\boldsymbol{u})=(\boldsymbol{u},-)$. 证明:

(1) $\boldsymbol{\eta}$ 是线性同构, 特别, 若将 $\boldsymbol{u}$ 与 $(\boldsymbol{u},-)$ 等同起来, 则 $\langle\boldsymbol{u},\boldsymbol{v}\rangle=(\boldsymbol{u},\boldsymbol{v})$, 即可将 V 看成是自身的对偶空间;

(2) V 的任一组标准正交基 $\boldsymbol{e}_1,\boldsymbol{e}_2,\cdots,\boldsymbol{e}_n$ 的对偶基是其自身;

(3) V 上任一线性变换 $\boldsymbol{\varphi}$ 的对偶变换就是 $\boldsymbol{\varphi}$ 的伴随.

6. 设 U,V 是 $\mathbb{K}$ 上的线性空间, g 是 U 和 V 上的非退化双线性型, $\boldsymbol{\varphi},\boldsymbol{\psi}$ 是 V 上的线性变换. 证明:

(1) $(k\boldsymbol{\varphi}+l\boldsymbol{\psi})^*=k\boldsymbol{\varphi}^*+l\boldsymbol{\psi}^*$, 其中 $k,l\in\mathbb{K}$;

(2) $(\boldsymbol{\psi}\boldsymbol{\varphi})^*=\boldsymbol{\varphi}^*\boldsymbol{\psi}^*$;

(3) 若 $\boldsymbol{\varphi}$ 是 V 的自同构, 则 $\boldsymbol{\varphi}^*$ 是 U 的自同构, 此时 $(\boldsymbol{\varphi}^*)^{-1}=(\boldsymbol{\varphi}^{-1})^*$;

(4) $(\boldsymbol{\varphi}^*)^*=\boldsymbol{\varphi}$.

7. 设 h 是三维线性空间 V 上的非零交错型, 求证: 存在 V 上的线性函数 $\boldsymbol{f},\boldsymbol{g}$, 使对任意的 $\boldsymbol{x},\boldsymbol{y}\in V$, 有

$$h(\boldsymbol{x},\boldsymbol{y})=f(\boldsymbol{x})g(\boldsymbol{y})-f(\boldsymbol{y})g(\boldsymbol{x}).$$

8. 设 g 是 n 维实线性空间 V 上的非退化对称型, g 的正惯性指数为 p, 负惯性指数为 q. 设 W 是 V 的极大全迷向子空间, 求证:

$$\dim W=\min\{p,q\}.$$

9. 证明 Minkowski 空间的下列性质:

(1) 任意两个时间向量不可能互相正交;

(2) 任意一个时间向量不可能正交于一个光向量;

(3) 两个光向量正交的充分必要条件是它们线性相关.

参考文献

[1] 姚慕生. 抽象代数学 (第二版). 上海: 复旦大学出版社, 2005.

[2] 蒋尔雄, 高坤敏, 吴景琨. 线性代数. 北京: 人民教育出版社, 1978.

[3] Tosio Kato. Perturbation Theory for Linear Operators. Springer-Verlag, Berlin, 1995.

[4] N. Jacobson. 基础代数. 上海师范大学数学系代数教研室译. 北京: 高等教育出版社, 1987.

[5] 谢启鸿, 姚慕生. 高等代数 (第四版). 上海: 复旦大学出版社, 2022.

[6] M. Kline. 古今数学思想 (第三册). 万伟勋、石生明、孙树本等译. 上海: 上海科学技术出版社, 2002.

[7] J. Derbyshire. 代数的历史: 人类对未知量的不舍追踪 (修订版). 张浩译. 北京: 人民邮电出版社, 2021.

[8] I. Kleiner. A History of Abstract Algebra. Birkhäuser, 2007.

索　　引

图书在版编目(CIP)数据

高等代数学/谢启鸿,姚慕生,吴泉水编著. —4 版. —上海: 复旦大学出版社, 2022.11
(2024.10 重印)
(复旦博学. 数学系列)
ISBN 978-7-309-16336-0

Ⅰ.①高… Ⅱ.①谢…②姚…③吴… Ⅲ.①高等代数-高等学校-教材 Ⅳ.①O15

中国版本图书馆 CIP 数据核字(2022)第 139895 号

高等代数学(第四版)
谢启鸿 姚慕生 吴泉水 编著
责任编辑/陆俊杰

复旦大学出版社有限公司出版发行
上海市国权路 579 号 邮编: 200433
网址: fupnet@fudanpress.com http://www.fudanpress.com
门市零售: 86-21-65102580 团体订购: 86-21-65104505
出版部电话: 86-21-65642845
杭州日报报业集团盛元印务有限公司

开本 787 毫米×960 毫米 1/16 印张 30.75 字数 584 千字
2024 年 10 月第 4 版第 6 次印刷

ISBN 978-7-309-16336-0/O · 716
定价: 79.00 元
